中国国家标准汇编

2014年修订-20

中国标准出版社　编

中国标准出版社
北　京

图书在版编目(CIP)数据

中国国家标准汇编:2014年修订.20/中国标准出版社编.—北京:中国标准出版社,2015.11
ISBN 978-7-5066-7956-5

Ⅰ.①中… Ⅱ.①中… Ⅲ.①国家标准-汇编-中国-2014 Ⅳ.①T-652.1

中国版本图书馆CIP数据核字(2015)第179922号

中 国 标 准 出 版 社 出 版 发 行
北京市朝阳区和平里西街甲2号(100029)
北京市西城区三里河北街16号(100045)

网址 www.spc.net.cn
总编室:(010)68533533 发行中心:(010)51780238
读者服务部:(010)68523946
中国标准出版社秦皇岛印刷厂印刷
各地新华书店经销

*

开本 880×1230 1/16 印张 34.5 字数 1 062 千字
2015年11月第一版 2015年11月第一次印刷

*

定价 220.00 元

出 版 说 明

1.《中国国家标准汇编》是一部大型综合性国家标准全集。自1983年起，按国家标准顺序号以精装本、平装本两种装帧形式陆续分册汇编出版。它在一定程度上反映了我国建国以来标准化事业发展的基本情况和主要成就，是各级标准化管理机构，工矿企事业单位，农林牧副渔系统，科研、设计、教学等部门必不可少的工具书。

2.《中国国家标准汇编》收入我国每年正式发布的全部国家标准，分为“制定”卷和“修订”卷两种编辑版本。

“制定”卷收入上一年度我国发布的、新制定的国家标准，顺延前年度标准编号分成若干分册，封面和书脊上注明“20××年制定”字样及分册号，分册号一直连续。各分册中的标准是按照标准编号顺序连续排列的，如有标准顺序号缺号的，除特殊情况注明外，暂为空号。

“修订”卷收入上一年度我国发布的、被修订的国家标准，视篇幅分设若干分册，但与“制定”卷分册号无关联，仅在封面和书脊上注明“20××年修订-1，-2，-3，……”字样。“修订”卷各分册中的标准，仍按标准编号顺序排列(但不连续)；如有遗漏的，均在当年最后一分册中补齐。需提请读者注意的是，个别非顺延前年度标准编号的新制定的国家标准没有收入在“制定”卷中，而是收入在“修订”卷中。

读者配套购买《中国国家标准汇编》“制定”卷和“修订”卷则可收齐由我社出版的上一年度我国制定和修订的全部国家标准。

3. 由于读者需求的变化，自1996年起，《中国国家标准汇编》仅出版精装本。

4. 2014年我国制修订国家标准共1 611项。本分册为“2014年修订-20”，收入新制修订的国家标准17项。

中国标准出版社

2015年8月

目　　录

ICS 29.020;29.140;33.100.10
L 06

中华人民共和国国家标准

GB/T 18595—2014/IEC 61547:2009
代替 GB/T 18595—2001

一般照明用设备电磁兼容抗扰度要求

Equipment for general lighting purposes—EMC immunity requirements

(IEC 61547:2009,IDT)

2014-12-22 发布　　2015-06-01 实施

中华人民共和国国家质量监督检验检疫总局
中国国家标准化管理委员会　发布

前　言

本标准按照 GB/T 1.1—2009 和 GB/T 20000.2—2009 给出的规则起草。

本标准代替 GB/T 18595—2001《一般照明用设备的电磁兼容抗扰度要求》，与 GB/T 18595—2001 相比主要技术变化如下：

——删除了 IEC 前言（见 2001 版 IEC 前言）；

——范围中“本标准适用于”修改为“本标准关于电磁抗扰度的要求适用于”，“辅助设备”修改为“附件”（见第 1 章，2001 版第 1 章）；

——范围中将“视频显示设备”修改为“多媒体设备”（见第 1 章，2001 版第 1 章）；

——将“应符合本标准中的要求”改为“应符合本标准中的电磁抗扰度要求”（见第 1 章，2001 版第 1 章）；

——删除了“本标准和相应的基础标准和（或产品标准共同使用）”（见 2001 版第 1 章）；

——规范性引用文件中根据所引用的 IEC 标准对应的国标制定情况进行更新（见第 2 章，2001 版第 2 章）；

——为了和通用的 EMC 标准保持一致，机壳端口的定义删除了图 1 中的接地端口；将 GB/T 18595—2001 图 1 中的注释移到正文的 5.1 总述下（见 3.2、5.1，2001 版 3.2、5.1）；

——将对光源寿命的影响，改为对受试设备寿命的影响（见 4.4，2001 版 4.4）；

——将设备抗扰度 360 要求中所涉及的“射频及电源相关干扰”改为“电源相关骚扰”（见 5.1，2001 版 5.1）；

——静电放电，试验电压由“8 kV、4 kV”变为“±8 kV、±4 kV”（见 5.2，2001 版 5.2）；

——快速瞬变，正、负极性脉冲群由 2 min 变为最少 2 min；信号/控制端口以及直流电源输出/输入端口的试验电压由“0.5 kV（峰值）”变为“±0.5 kV（峰值）”；交流电源输出/输入端口的试验电压由“1 kV（峰值）”变为“±1 kV（峰值）”（见 5.5，2001 版 5.5）；

——注入电流，更新了 CDN 的名称；信号/控制端口试验及交流电源输入/输出端口试验，适用范围均由“只适用于与之连接的电缆总长（根据制造商的规定）超过 1 m 的接口”变为“只适用于与之连接的电缆总长（根据制造商的规定）超过 3 m 的接口”（见 5.6，2001 版 5.6）；

——浪涌，规定了较低等级不需要试验；仅在交流电压峰值时测量，删除了过零点测量的要求；试验电压由“+”变为“±”；对较低等级要求增加注释（见 5.7，2001 版 5.7）；

——5.8 标题修改为“电压暂降和短时中断”，阐明了过零点电压电平的变化（见 5.8，2001 版 5.8）；

——试验要求所适用的范围增加了半灯具（见 6.1）；

——独立式附件，简化了表 14，因为大部分的独立式附件具有完全相同的性能指标（见 6.3.3，2001 版 6.3.2）；

——灯具，简化了表 15，因为大部分的灯具具有完全相同的性能指标；更正了气体放电灯电子式镇流器灯具注入电流的性能等级，由 B 改为 A；此外，为满足 GB 7000.2 的要求，对用于高危工作区的应急照明灯具的性能等级进行更新（见 6.3.4，2001 版 6.3.3）；

——试验条件，规定了试验的电源电压和频率；删除了启动装置工作条件的“正在考虑中”；为了缩短抗扰度试验时间，对于带有调光器的设备，由原来分别在三种光输出水平下测试改为只在 50%±10%的光输出水平下测试（见第 7 章，2001 版第 7 章）。

本标准使用翻译法等同采用 IEC 61547:2009《一般照明用设备的电磁兼容抗扰度要求》。

与本标准中规范性引用的国际文件有一致性对应关系的我国文件如下：

——GB/T 4365—2003 电工术语 电磁兼容[IEC 60050(161):1990,IDT]

——GB/T 2900.65—2004 电工术语 照明(IEC 60050-845:1987,MOD)

——GB 7000.1—2007 灯具 第1部分:一般要求与试验(IEC 60598-1:2003,IDT)

——GB 7000.2—2008 灯具 第2-22部分:特殊要求 应急照明灯具(IEC 60598-2-22:2002,IDT)

——GB/T 17626.2—2006 电磁兼容 试验和测量技术 静电放电抗扰度试验(IEC 61000-4-2:2001,IDT)

——GB/T 17626.3—2006 电磁兼容 试验和测量技术 射频电磁场辐射抗扰度试验(IEC 61000-4-3:2002,IDT)

——GB/T 17626.6—2008 电磁兼容 试验和测量技术 射频场感应的传导骚扰抗扰度(IEC 61000-4-6:2006,IDT)

——GB/T 17626.8—2006 电磁兼容 试验和测量技术 工频磁场抗扰度试验(IEC 61000-4-8:2001,IDT)

——GB/T 17799.1—1999 电磁兼容 通用标准 居住、商业和轻工业环境中的抗扰度试验(IEC 61000-6-1:1997,IDT)

为了便于使用,本标准做了下列编辑性修改:

a) '本国际标准'一词改为'本标准';

b) 删除IEC 61547:2009的前言。

本标准由中国轻工业联合会提出。

本标准由全国照明电器标准化技术委员会(SAC/TC 224)归口。

本标准起草单位:中国质量认证中心、浙江省计量科学研究院、杭州远方光电信息股份有限公司、惠州雷士光电科技有限公司、泰州亿嘉电子科技有限公司、上海亚明灯泡厂有限公司、杭州安得电子有限公司、德清县新城照明器材有限公司、杭州杭科光电有限公司、欧普照明有限公司、宁波大学、杭州奥能照明电器有限公司、浙江深度光电科技有限公司、北京电光源研究所。

本标准主要起草人:郑雪生、盖敏、陈志明、李明、潘建根、熊飞、杨立功、徐小良、伍兆兆、易青、严钱军、周明兴、汪鹏君、杨国仁、张臻、江姗、段彦芳、赵秀荣。

本标准于2001年首次发布,本版是第一次修订。

一般照明用设备电磁兼容抗扰度要求

1 范围

本标准关于电磁抗扰度的要求适用于灯及其相关设备，如低压电源或电池组供电的灯泡、附件及灯具。

本标准不适用于在其他 IEC 或 CISPR 标准中对抗扰度要求已作出规定了的设备，如：

——运输车辆用照明设备；

——专业用娱乐照明控制设备；

——内置于其他设备中的照明器具，如：

- 测量用照明设备或指示灯；
- 影印机；
- 幻灯机和投影仪；
- 多媒体设备。

对于那些多功能设备中可以独立于其他设备工作的照明部分，应符合本标准中的电磁抗扰度要求。

本标准是以 IEC 61000-6-1:2005 所规定的室内、商业及工业环境照明要求的内容制定的，根据照明工程实际情况作了修订。

符合本标准的照明设备在其他环境中也应能满意地工作。在某些特殊的情况下必须采取措施以保证产品更好的抗扰度。本标准未能涵盖所有可能的环境要求，某些特殊要求需在供应商及客户之间另行规定。

2 规范性引用文件

下列文件对于本文件的应用是必不可少的。凡是注日期的引用文件，仅注日期的版本适用于本文件。凡是不注日期的引用文件，其最新版本(包括所有的修改单)适用于本文件。

GB/T 17626.4—2008 电磁兼容 试验和测量技术 电快速瞬变脉冲群抗扰度试验(IEC 61000-4-4:2004,IDT)

GB/T 17626.5—2008 电磁兼容 试验和测量技术 浪涌(冲击)抗扰度试验(IEC 61000-4-5:2005,IDT)

GB/T 17626.11—2008 电磁兼容 试验和测量技术 电压暂降、短时中断和电压变化的抗扰度试验(IEC 61000-4-11:2004,IDT)

IEC 60050-161 电工术语 电磁兼容(International Electrotechnical Vocabulary—Chapter 161:Electromagnetic Compatibility)

IEC 60050-845 电工术语 照明(International Electrotechnical Vocabulary—Chapter 845:Lighting)

IEC 60598-1:2008 灯具 第1部分:一般要求与试验(Luminaires—Part 1:General requirements and tests)

IEC 60598-2-22 灯具 第2-22部分:特殊要求 应急照明灯具(Luminaires—Part 2-22:Particular requirements—Luminaires for emergency lighting)

IEC 61000-4-2:2008 电磁兼容 试验和测量技术 静电放电抗扰度试验[Electromagnetic compatibility(EMC)—Part 4-2:Testing and measurement techniques—Electrostatic discharge immunity test]

IEC 61000-4-3:2006 电磁兼容 试验和测量技术 射频电磁场辐射抗扰度试验[Electromagnetic compatibility(EMC)—Part 4-3:Testing and measurement techniques—Radiated, radio frequency,electromagnetic field immunity test 1 Amendment 1]

IEC 61000-4-6:2008 电磁兼容 试验和测量技术 射频场感应的传导骚扰抗扰度[Electromagnetic compatibility(EMC)—Part 4-6:Testing and measurement techniques—Immunity to conducted disturbances,induced by radio-frequency fields]

IEC 61000-4-8:1993 电磁兼容 试验和测量技术 工频磁场抗扰度试验[Electromagnetic compatibility(EMC)—Part 4:Testing and measurement techniques—Section 8:Power frequency magnetic field immunity test 2 Amendment 1(2000)]

IEC 61000-6-1:2005 电磁兼容 通用标准 居住、商业和轻工业环境中的抗扰度试验[Electromagnetic compatibility(EMC)—Part 6-1:Generic standards—Immunity for residential, commercial and light-industrial environments]

3 术语和定义

IEC 60050-845 和 IEC 60050-161 界定的以及下列术语适用于本文件。

3.1

端口 port

处于外部电磁环境中的指定设备的特殊电界面。

3.2

机壳端口 enclosure port

电磁场可能辐射或穿透的设备的物理界面(见图 1)。

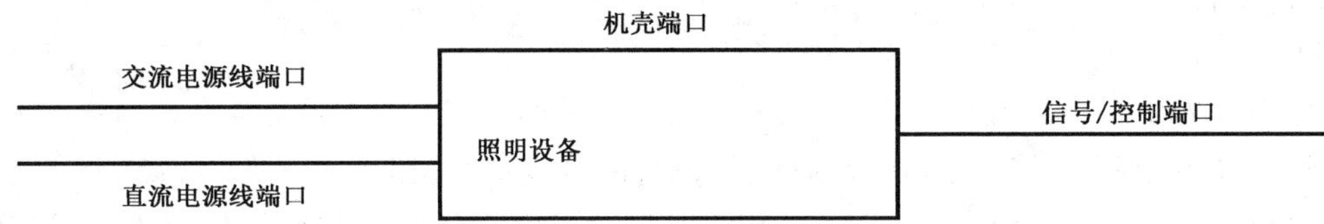

注:交流/直流电源端口可以包括保护接地导体。

图 1 端口图例

4 性能等级

4.1 对设备在测试过程中或测试结束时应该满足的性能等级,制造商应予说明并记入测试报告中。

照明设备的性能应通过以下性能指标进行评估:

——灯泡或灯具的光强;

——调节控制器或包含调节控制器的设备控制功能;

——启动装置的功能(如有的话)。

4.2 下述性能等级适用于照明设备:

a) 性能等级 A

在测试期间光强不应发生变化。如被测设备具有调节控制器,在测试过程中应该处于工作状态。

b) 性能等级 B

在测试期间光强可任意变化，但应在测试结束后 1 min 内恢复到初始值。在测试期间，调节控制器无需工作。如在测试过程中没有给出状态转换指令，那么在测试前后的控制状态应保持一致。

c) 性能等级 C

在测试期间及结束后允许光强有任意变化，灯也可以熄灭，在结束后 30 min 内所有功能应恢复到正常状态(如需要可暂时中断主电源或进行调控操作等)。

带有启动装置的照明设备的附加要求：测试后关闭电源，半小时后再开启，被测设备应能正常启动和工作。

4.3 光强的变化可以用目测法检验，但如有疑问的话，可用以下方法检验：

——灯具或灯泡的光强可用照度计测量，把照度计放在垂直于灯具或灯泡的主平面并通过其中心的轴上，保持能使照度计正常工作的距离。如果所测光强的偏差不超过 15%，应认为所测的光强是无变化的。

——应注意不要让环境亮度影响测量值。

——应采用相应的预防措施以保证结果的可重复性。

4.4 本标准不包括所述的电磁现象对受试设备寿命的影响。

5 试验要求

5.1 总述

本标准中定义的设备抗扰度要求涉及：

——静电放电；

——持续及瞬变骚扰；

——辐射及传导骚扰；

——电源相关骚扰。

具体描述详见 5.2～5.9 的内容。

试验适用于各条款指定的相关端口。对于木标准，认为调节控制器的直流电源端口是信号端口。试验应以明确的可重复的方式进行。试验应逐个按顺序进行，试验顺序具有可选择性。

考虑到电性能及特殊设备的使用，一些试验是不可行的因而也是不必要的，在这种情况下应在试验报告中记录不进行试验这一决定。

基础标准对试验的描述、试验设备、设置及方法已作了规定，具体详见基础标准中的相关条款。

试验的等级一般建议为基础标准中的 2 级。

5.2 静电放电

静电放电试验按照 IEC 61000-4-2:2008 进行。试验等级见表 1。接触放电是首选的试验方法，对机壳的每一可触及的金属部件(不包括接线端)进行 20 次放电(正负极性各为 10 次)。在不能进行接触放电的部位可使用空气放电，放电应根据 IEC 61000-4-2:2008 的规定施加于水平或垂直耦合的平面上。

注：“可触及的”是指包括用户维修在内的正常工作情况下的可触及。

表 1 静电放电——机壳端口的试验等级

特 性	试验电压
空气放电	±8 kV
接触放电	±4 kV

5.3 射频电磁场

射频电磁场试验按照 IEC 61000-4-3:2006 进行。试验等级见表 2。

表 2 射频电磁场——机壳端口的试验等级

特 性	试验等级
频率范围 测试场强 调制	80 MHz～1 000 MHz 3 V/m(未调制的) 1 kHz,80%AM 正弦

5.4 工频磁场

工频磁场试验按照 IEC 61000-4-8:1993 的规定进行。试验等级见表 3,它只适用于包含易受磁场影响元件的设备,如霍尔元件或磁场传感器。在市电下工作的设备,试验频率应锁定为电源频率。

表 3 工频磁场——机壳端口的试验等级

特 性	试验等级
频率 磁场强度	50/60 Hz 3 A/m

5.5 快速瞬变

快速瞬变试验按照 GB/T 17626.4—2008 进行。试验等级见表 4～表 6。快速瞬变操作时分别包含最少 2 min 的正极性脉冲群和最少 2 min 的负极性脉冲群。

表 4 快速瞬变——信号/控制端口的试验等级

特 性	试验等级
试验电压 上升时间/持续时间 重复频率	±0.5 kV(峰值) 5/50 ns 5 kHz
注 1:只适用于与之连接的电缆总长(根据制造商的规定)超过 3 m 的端口。 注 2:在试验中不执行状态指令变化的操作。	

表 5　快速瞬变——直流电源输出/输入端口的试验等级

特　　性	试验等级
试验电压 上升时间/持续时间 重复频率	±0.5 kV(峰值) 5/50 ns 5 kHz
注：不适用于在使用时不与电源连接的设备。	

表 6　快速瞬变——交流电源输出/输入端口的试验等级

特　　性	试验等级
试验电压 上升时间/持续时间 重复频率	±1 kV(峰值) 5/50 ns 5 kHz

5.6　注入电流(射频共模方式)

注入电流试验方法按照 IEC 61000-4-6:2008 进行。试验等级见表 7～表 9。首选的耦合及去耦合设备是:

交流电源:　　CDN-Mn

屏蔽信号电缆:　　CDN-Sn

非屏蔽信号电缆:　　CDN-AFn/CDN-Tn

表 7　射频共模方式——信号/控制端口的试验等级

特　　性	试验等级
频率范围 试验电压 调制 阻抗	0.15 MHz～80 MHz 3 V r.m.s(未调制的) 1 kHz,80%AM,正弦 150 Ω
注：只适用于与之连接的电缆总长(根据制造商的规定)超过 3 m 的端口。	

表 8　射频共模方式——直流电源输入/输出端口的试验等级

特　　性	试验等级
频率范围 试验电压 调制 阻抗	0.15 MHz～80 MHz 3 V r.m.s(未调制的) 1 kHz,80%AM,正弦 150 Ω
注：不适用于在使用时不与电源连接的设备。	

表 9 射频共模方式——交流电源输入/输出端口的试验等级

特　　性	试验等级
频率范围 试验电压 调制 阻抗	0.15 MHz～80 MHz 3 V r.m.s(未调制的) 1 kHz,80%AM,正弦 150 Ω
注：只适用于与之连接的电缆总长(根据制造商的规定)超过 3 m 的端口。	

5.7 浪涌

浪涌试验按照 GB/T 17626.5—2008 进行。试验等级见表 10。较低试验等级不需要试验。应对下列交流电压波形施加脉冲;在 90°相位角施加 5 个正极性脉冲,在 270°相位角施加 5 个负极性脉冲。不同照明设备的 2 个试验等级在表中给出。

表 10 浪涌——交流电源输入端口的试验等级

<table>
<tr><td rowspan="5">特性</td><td colspan="3">试验等级</td></tr>
<tr><td colspan="3">设备</td></tr>
<tr><td rowspan="3">自镇流灯及
半灯具</td><td colspan="2">灯具及
独立式附件</td></tr>
<tr><td colspan="2">输入功率</td></tr>
<tr><td>≤25 W</td><td>>25 W</td></tr>
<tr><td>波形数据
试验等级:线-线
线-地</td><td>1.2/50 μs
±0.5 kV
±1.0 kV</td><td>1.2/50 μs
±0.5 kV
±1.0 kV</td><td>1.2/50 μs
±1.0 kV
±2.0 kV</td></tr>
<tr><td colspan="4">注：除规定的试验等级之外,还应符合 GB/T 17626.5—2008 所述的所有较低试验等级要求。</td></tr>
</table>

5.8 电压暂降及短时中断

电压暂降及短时中断试验按照 GB/T 17626.11—2008 进行。试验等级见表 11～表 12。电压等级应在交流电压波形的过零点发生变化。

表 11 电压暂降——交流电源输入端口的试验等级

特　　性	试验等级
试验电压 周期数	70% 10

表 12 电压短时中断——交流电源输入端口试验等级

特　　性	试验等级
试验电压 周期数	0% 0.5

5.9 电压波动

有关电压波动的试验是设备产品标准的一部分。

6 试验要求的应用

6.1 总述

试验要求适用于下列照明设备：

——自镇流灯和半灯具；

——独立式附件；

——灯具或与之等同的器具。

本标准所述抗扰度要求不适用于自镇流灯之外的灯，也不适用于装在灯具、自镇流灯或半灯具的部件。如果单独的测试能验证内装式部件，例如镇流器或转换器，符合独立式附件要求，则可认为该灯具是符合本标准要求不需另行测试。

6.2 非电子照明设备

除应急照明灯具之外，任何由电源或电池组装供电、且不含任何有源电子元件的照明设备，可认为其抗扰度满足本标准要求无需进行试验。

6.3 电子照明设备

6.3.1 总述

对于包含有源电子元件的照明设备，例如对光源的工作电压和/或频率转换和调节的设备，其抗扰度要求见 6.3.2～6.3.4。

6.3.2 自镇流灯

电子式自镇流灯试验按照第 5 章的规定进行，性能等级见表 13。

表 13 自镇流灯的试验要求

设备类型	试验(章条)和性能等级							
	5.2	5.3	5.4	5.5	5.6	5.7	5.8 表 11	5.8 表 12
自镇流灯	B	A	A	B	A	C	C	B

6.3.3 独立式附件

独立式附件试验按照第 5 章的规定进行，性能等级见表 14。

表 14 独立式附件的试验要求

设备类型	试验(章条)和性能等级							
	5.2	5.3	5.4	5.5	5.6	5.7	5.8 表 11	5.8 表 12
独立式电子附件	B	A	A	B	A	C	C	B[a]

[a] 对于因灯的物理限制不能在 1 min 内再启动的灯，镇流器应符合性能等级 C。

6.3.4 灯具

灯具试验按照第5章的规定进行,性能等级见表15。

表15 灯具的试验要求

设备类型	试验(章条)和性能等级							
	5.2	5.3	5.4	5.5	5.6	5.7	5.8 表11	5.8 表12
包含有源电子元件的灯具	B	A	A	B	A	C	C	B[a]
应急照明灯具[c]	B[b]	A	A	B[b]	A	B[b]	[d]	[d]

[a] 对于因灯的物理限制不能在1 min内再启动的灯,灯具应符合性能等级C。

[b] 对于设计用于高危工作区域的应急照明灯具,试验后发光强度应在0.5 s内恢复到其初始值。

[c] 应急照明灯具应在正常工作和应急模式下均进行试验。

[d] 此试验已由IEC 60598-2-22所覆盖,所以无需在此进行试验。

7 试验条件

被测设备需在产品标准所规定的正常工作条件下接受测试,即具有稳定的光输出和正常的实验室条件。试验只要求在制造商规定的电源电压和频率下进行。

带有调光器的设备应在50%±10%的光输出水平下进行测试。受试设备的灯负载应为允许的最大值。

灯具及独立式附件应使用与之匹配的灯进行测试,如果此设备适用于不同功率的灯,则选用最大功率的灯进行测试。测试灯应符合IEC 60598-1:2008附录B的要求。

对于独立式附件,设备与灯之间的电缆长度应为3 m,制造商另有规定除外。

试验报告中应对试验配置和状态进行详细描述。

8 符合性评估

对于系列生产的照明设备应通过型式试验来验证,试验样品可选择一个具有代表性的设备或从系列生产抽取。制造商及供应商应通过自身的质量控制体系来保证从系列生产中抽取的样品具有代表性。

所有非系列生产的设备应单独进行测试。

ICS 75.180.30
E 98

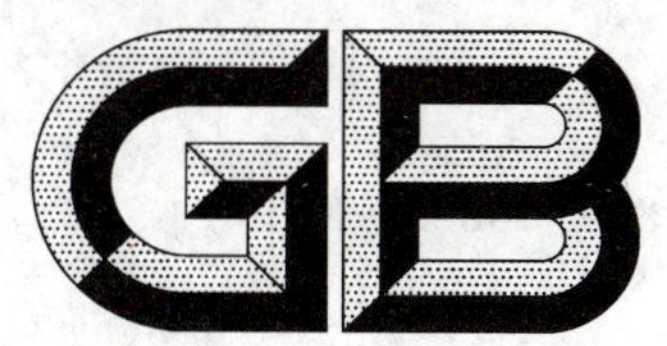

中华人民共和国国家标准

GB/T 18603—2014
代替 GB/T 18603—2001

天然气计量系统技术要求

Technical requirements of measuring systems for natural gas

2014-12-05 发布　　2015-05-01 实施

中华人民共和国国家质量监督检验检疫总局
中国国家标准化管理委员会　发布

前　言

本标准按照 GB/T 1.1—2009 给出的规则起草。

本标准代替 GB/T 18603—2001《天然气计量系统技术要求》。

本标准与 GB/T 18603—2001 相比，除编辑性修改外主要技术内容变化如下：

——增加了赋值、干基的定义（见 3.13 和 3.14）；

——对天然气计量站计量系统按规模进行了重新分级，修改了不同等级计量系统的准确度要求和不同准确度等级计量系统配套仪表的准确度要求（见 5.2 和附录 B）；

——增加了在线实流检定或校准接口和计量橇系统的要求（见 5.1.2）；

——取消了 5.2.6 密度直接测量和 6.2.3.1 发热量直接测量的内容；

——增加了在线色谱仪性能评价的要求（见 6.3.1）；

——增加了发热量赋值的要求（见 6.1 和 6.5）；

——增加了在计量系统设计阶段和选择流量计时应考虑不稳定流动影响的要求（见 7.2.2.5）；

——增加了利用核查流量计比对方法来保证流量计的现场计量性能内容（见 8.4.4）；

——增加了旋进旋涡流量计、科里奥利质量流量计的内容（见 10.2 和附录 C）；

——取消了附录 E 密度传感器内容。

本标准在起草过程中参考了 OIML R 140：2007(E)“气体燃料计量系统”和 EN1776：1998(2007)《供气系统　天然气计量站　功能要求》。

本标准由中国石油天然气集团公司提出。

本标准由全国石油天然气标准化技术委员会(TC 355)归口。

本标准起草单位：中国石油集团工程设计有限责任公司西南分公司、国家石油天然气大流量计量站成都分站和南京分站、中国石油西南油气田分公司。

本标准主要起草人：黄和、宋德琦、段继芹、张福元、文代龙、何敏、任佳、杨文川、张维臣、钟小木、徐刚、何衍、李峰、黄永忠。

本标准所代替标准的历次版本发布情况为：

——GB/T 18603—2001。

天然气计量系统技术要求

1 范围

本标准规定了新建和改扩建的天然气计量站贸易计量系统的设计、建设、投产运行、维护方面的技术要求。输送的天然气气质应符合 GB 17820 的要求。

本标准适用于设计通过能力不小于 100 m^3/h(标准参比条件下),工作压力不低于 0.1 MPa(表压)的天然气计量站贸易计量系统。

本标准不涉及与其应用有关的所有安全问题。在使用本标准前,使用者有责任制定相应的安全和保护措施,并明确其限定的适用范围。

2 规范性引用文件

下列文件对于本文件的应用是必不可少的。凡是注日期的引用文件,仅注日期的版本适用于本文件。凡是不注日期的引用文件,其最新版本(包括所有的修改单)适用于本文件。

GB 3836.1 爆炸性环境 第1部分:设备 通用要求

GB/T 5274 气体分析 校准用混合气体的制备 称量法

GB/T 10248 气体分析 校准用混合气体的制备 静态容积法

GB/T 11062 天然气发热量、密度、相对密度和沃泊指数的计算方法

GB/T 13609 天然气取样导则

GB/T 13610 天然气的组成分析 气相色谱法

GB 13837 声音和电视广播接收机及有关设备无线电骚扰特性 限值和测量方法

GB/T 14023 车辆、船和由内燃机驱动的装置 无线电骚扰特性 限值和测量方法

GB/T 17281 天然气从丁烷至十六烷烃的测定 气相色谱法

GB/T 17626.1 电磁兼容 试验和测量技术 抗扰度试验总论

GB/T 17626.3 电磁兼容 试验和测量技术 射频电磁场辐射抗扰度试验

GB/T 17626.6 电磁兼容 试验和测量技术 射频场感应的传导骚扰抗扰度

GB/T 17626.9 电磁兼容 试验和测量技术 脉冲磁场抗扰度试验

GB/T 17743 电气照明和类似设备的无线电骚扰特性的限制和测量方法

GB/T 17747(所有部分) 天然气压缩因子的计算

GB 17820 天然气

GB/T 18604 用气体超声流量计测量天然气流量

GB/T 19000 质量管理体系 基础和术语

GB/T 21391 用气体涡轮流量计测量天然气流量

GB/T 21446 用标准孔板流量计测量天然气流量

GB/T 22723—2008 天然气能量的测定

GB 50251 输气管道工程设计规范

GB/T 50540—2009 石油天然气站内工艺管道工程施工及验收规范

SY/T 6658 用旋进旋涡流量计测量天然气流量

SY/T 6659 用科里奥利质量流量计测量天然气流量

SY/T 6660 用旋转容积式气体流量计测量天然气流量

JJG 700 气相色谱仪

JJG 1003 流量积算仪

JJG 1055 在线气相色谱仪

ISO 10723 天然气 在线分析系统的性能评定(Natural gas—Performance evaluation for on-line analytical systems)

3 术语和定义

下列术语和定义适用于本文件。

3.1

计量站 mearsuring station

由入口和出口管道、截断阀及其他设备安装成可被封隔的、用于天然气贸易计量的设施。

3.2

计量设备 mearsuring instrument

单独或和其他辅助设备联合进行计量的设备。例如,压力变送器、密度计、流量计、计算机、显示器和记录仪等。

3.3

计量系统 mearsuring system

用于实现专门计量的全套计量仪表和其他设备。

3.4

核查流量计 check flow meter

只用于核查比对已知准确度的流量计。

3.5

安装影响 installation effect

计量设备或计量系统在实际安装后,工作条件不能完全达到标准规定的条件或校准(或检定)工作的条件而引起的计量结果偏差。

3.6

流量计算机 flow computer

计算和指示标准参比条件下的流量等参数的装置。

3.7

转换装置 conversion device

由一台流量计算机和各个传感器组成的装置。用于以压力、温度和气体组成或以密度或以发热量为参数进行标准参比条件下体积流量和质量流量及标准参比条件下能量流量的转换。

3.8

有效性 availability

在任何时间,计量系统或组成计量系统的计量仪表,能按照其技术指标要求运行的可能性。

3.9

可靠性 reliability

计量系统或计量仪表在规定的时间周期内完成规定功能的能力。

3.10

压力　pressure

3.10.1

最大工作压力　maximum operating pressure

p_{mop}

在正常工作情况下，计量系统能连续工作的最大工作压力。

3.10.2

临时工作压力　temporary operating pressure

p_{top}

在调压装置控制下计量系统能够临时工作的压力。

3.10.3

最大瞬时压力　maximum incidental pressure

p_{mip}

在短时间内，计量系统能够承受安全装置极限内的最大工作压力。

3.10.4

设计压力　design pressure

设计计算时所依据的压力。

3.11

温度　temperature

3.11.1　**最高操作温度　minimum operating temperature**

T_{min}

在正常工作情况下，计量系统能连续工作的最高温度。

3.11.2　**最低操作温度　minimum operating temperature**

T_{min}

在正常工作情况下，计量系统能连续工作的最低温度。

3.12

实流检定或校准　actual flow verification or calibration

以天然气等为介质所进行的流量计检定或校准。

3.13

赋值　assignment

3.13.1

固定赋值　fixed assignment

对于在某个特定的发热量测量站测定的发热量，或者为通过一个或多个界面的气体预先公告的发热量，在使用期间其值不进行修正。

3.13.2

可变赋值　variable assignment

基于发热量站的测量值，以一种赋值程序确定通过一个或多个界面发热量的方法。

注：所应用的发热量可能会涉及将气体从发热量测定站输送到相应体积计量站所需要的时间和其他影响因素，以获得管网的平均发热量，及整个管网发热量变化的状态重构等。

3.14

干基 dry basis

含水蒸气摩尔分数不大于 0.000 05 的天然气;在进行天然气发热量计算时,水的含量设定为零。

4 物理原理和一般要求

4.1 标准参比条件

本标准采用的天然气流量计量的标准参比条件为:20 ℃(热力学温度为 293.15 K)、压力为 101.325 kPa、干基。也可采用合同规定的其他压力和温度作为标准参比条件。

4.2 流量测量

可采用不同的物理原理确定天然气的体积流量和质量流量,本标准包括了最常用的技术。也可用其他的方法,但需保证所用方法具有溯源性和可靠性,并且满足气体流量测量和能量测量的基本要求,如准确度、安全及经济准则。

对于所有的流量计,都需要用工作条件下和标准参比条件下的密度,把流量计在工作条件下测得的体积流量转换成标准参比条件下的体积流量或质量流量或标准参比条件下的能量。工作条件下和标准参比条件下的密度可连续测量或通过气体组成计算。密度的计算要求连续测量温度和压力,因此所用温度和压力参数同样要求连续测量。

常用的转换和计算公式参见附录 A。

4.3 发热量测量

测量天然气在标准参比条件下体积(或质量)发热量,最常用的技术是采用发热量测定仪直接测量或气相色谱仪间接测量。

关于发热量测量见第 6 章。

4.4 能量测量

根据不同的要求,计量系统的输出量可以是能量单位,其值是气体量和相应单位发热量的乘积。

4.5 连续输气保障

天然气输送是连续的。为确保连续输气,必要时可增加附加设备。

4.6 环境条件

4.6.1 一般要求

天然气计量站的设计、选址和建设,应使干扰和危险因素对于站本身以及它的运行控制在一个可接受的极限之内。

4.6.2 环境噪声水平

计量站应保证运行期间的环境噪声水平控制在国家相关标准和当地相关法规的范围内,任何设计或修改都不得超过既定噪声标准的范围。

4.6.3 工作区噪声

计量站应确保采取适当的措施防止噪声对操作人员产生伤害。

4.6.4 环境温度

某些设备，例如：计算机及其他电子设备、标准器，只能在一定的温度范围内正常工作，为保证其准确度应控制环境温度。

4.6.5 环境压力

计量站设备一般应安装在大气环境压力条件下，当采用正压强制通风时，应确保正压通风符合要求。

4.6.6 放空

计量站的设计者和操作者必须把天然气向大气的排放量控制在最小极限范围内。设计时应满足此要求，并考虑到特殊情况下排放时安全措施。

4.7 安全

4.7.1 安全管理

计量站所有的建设、投运、操作和维护人员均应是经过安全培训、考核合格的专业人员，应明确和落实不同区域的安全责任制。

4.7.2 警告事项

应在计量系统或附近设置警示标志并进行维护，还应关注系统特性。

应在计量系统或附近设置醒目标示，指出在气体泄漏时应采取的措施。

4.7.3 安全程序

计量站应制定系统操作和维护的安全程序，并经认可。

如果计量站位于一工厂内，工厂的危险操作分析应将该计量站考虑在内。

4.8 质量管理体系

在设计与建设阶段，质量管理体系对计量系统的完整性起决定作用。在整个运行期间，均应保持这种体系的完整性。

设计、建设、施工和投产、运行和维护的每一环节都要保持适宜的质量管理体系，并充分考虑危险区域的现状。这个质量管理体系宜经多方认可，可建立在 GB/T 19000 标准(ISO 9000)基础上。

5 设计和建设

5.1 设计

5.1.1 概述

5.1.1.1 天然气计量站所有设计、建设和安全方面的要求应符合相应的国家标准、行业标准和有关规定的要求。计量系统的设计应满足流量计的安装、使用、操作和运行等要求。

5.1.1.2 计量站的设计应在所规定的压力、温度(即 p_{mop}、p_{top}、p_{mip} 进站最低压力、T_{min}、T_{max}、环境温度等)范围内正常工作，同时也应考虑气流中的杂质、粉尘和冷凝物对计量的影响。

5.1.1.3 计量系统在设计和安装时，宜作为一个独立的系统。与计量系统配套的其他装置也可与其安装在一起。

5.1.1.4 计量站的设计应保证在故障模式下可以安全操作。紧急情况时可以安全关闭计量站。

5.1.1.5 计量系统的设置应在不影响操作和准确度情况下根据实际环境条件安装于室内或室外。

5.1.1.6 检定或校准和核查场所应具有适宜和稳定的环境条件,并应消除振动。

5.1.1.7 为防止发生回流,应考虑安装单流阀或类似装置。

5.1.2 设计基本准则

5.1.2.1 附录B中表B.1提供了不同等级计量系统的准确度要求,表B.2提供了不同准确度等级计量系统配套仪表的准确度要求。

5.1.2.2 所选择的计量系统应充分减少随机误差和系统误差,履行法制性和合同性职责,并通过技术与经济论证。

5.1.2.3 应注意避免脉动流和振动。

5.1.2.4 A级和B级贸易计量站应设置备用回路,C级贸易计量站可设置旁通。确定并行管路的数量应遵循如下原则:当某一流量计暂停工作时,其余流量计应在其技术要求范围内运行并能测量最大流量。

5.1.2.5 如果流量计带有测量管,应将其安装在符合要求的上、下游直管段之间。

5.1.2.6 一般情况下,每条计量管路应至少安装一只上游截断阀和一只下游截断阀。

5.1.2.7 计量管路中安装快速开关阀的地方或仪表入口阀差压超过0.1 MPa(表压)的地方应安装一个小口径旁通,旁通管应通过一只小阀慢速开启来控制,以促使流量计和相关管道缓慢增压,避免设备、流量计等仪器仪表的损坏。

5.1.2.8 根据计量站的规模和技术要求,为提高计量结果的有效性,重要的仪器仪表或计量系统应有备用并可独立操作。该设计准则应经有关各方一致同意。

5.1.2.9 加入加臭剂不应影响计量系统的性能。

5.1.2.10 计量系统任何外围设备的设计都不能影响计量过程。如果加臭剂的添加位置和天然气计量位于同一计量站内,宜在流量计下游注入加臭剂。流量调节阀或类似装置引起的气体压力和流量的波动,可能影响计量仪表的准确度,在设计阶段应将其影响控制在最小。

5.1.2.11 安装加热器的计量站,流量计上游管段的气流温度应控制在一个可接受的范围内,这个范围是在正常的工作条件下额定流量的5%~100%设定的。这个设定温度可接受的范围取决于所指定的主要仪表及转换装置的温度范围。

5.1.2.12 仪表读数设备和记录仪以及监控设备可与通信系统连接。

5.1.2.13 在计量系统设计中,流量计口径大于或等于DN250及以上,宜设置在线实流检定或校准接口。

5.1.2.14 应提供计量系统的量值溯源图。量值溯源应简捷方便,能满足计量器具的检定或校准要求。

5.1.2.15 计量系统可按成橇的方式设计,应根据对工程投资、建设周期、道路条件、环境条件、站场地质条件等诸多因素进行综合分析和统筹考虑,确定计量系统是否成橇。

5.1.3 计量站的设备

根据需要,计量站主要配置如下:

a) 确定天然气标准参比条件下的体积流量或质量流量或标准参比条件下的能量流量的计量设备;
b) 确定天然气特性的气分析设备,如色谱仪、水露点检测仪、硫化氢检测仪等;
c) 控制天然气气流的截断阀;
d) 监视系统,如记录仪器和仪表;
e) 管道、管件、垫片和热绝缘等;

f) 天然气分离器、过滤器；
g) 预热天然气的加热设备；
h) 降低噪声的消声设备；
i) 控制流量、压力的设备；
j) 用来选择流量计量管路的适当数量以满足计量站实际负荷的切换设备；
k) 防止水合物和防止结冰的防冻设备；
l) 降低脉动和减振的阻尼设备(脉动衰减器或缓冲装置)；
m) 防雷及其他设备。

5.1.4 计量站设计能力

计量站的设计应依据以下各参数的最大值和最小值：
a) 天然气在标准参比条件下的体积流量或质量流量或标准参比条件下的能量流量和流速；
b) 设计压力和工作压力；
c) 工作温度以及环境温度；
d) 天然气的组成。

5.1.5 计量系统

5.1.5.1 概述

每座计量站都需要安装进行测量和计算所需变量的必要设备，以满足计量准确度要求。

计量系统由流量计和带不同参数变送器的转换装置组成，以确定各输出参数。根据系统的组成，输出量可以是：
a) 标准参比条件下的体积；
b) 质量；
c) 标准参比条件下的能量。

在特定的情况下(双方合同约定)，对压力、温度和气体组成使用定值也是有效的。

应适当考虑进行现场维护、检查、校准的可能性。

5.1.5.2 流量计

计量站采用孔板流量计应符合 GB/T 21446，采用涡轮流量计应符合 GB/T 21391，采用超声流量计应符合 GB/T 18604，采用旋进旋涡流量计应符合 SY/T 6658，采用科里奥利质量流量计应符合 SY/T 6659，采用旋转容积式气体流量计应符合 SY/T 6660。也可使用符合要求的其他流量计。

流量计应这样选择：在系统出现可预见故障的状态下，都不超过流量计设计和试验的最大工作压力；流量计应在所有规定的压力、温度和流量范围内正常运行。

几种天然气常用流量计选型参见附录 C。

5.1.5.3 转换装置

在现场工作条件下，应考虑在计量系统中安装一台转换装置(或一台流量计算机)。转换装置的输出可以是标准参比条件下的体积、质量或标准参比条件下的能量。

体积转换装置及其他类型的转换装置需经过论证，在可用的条件下使用。

5.1.5.4 附加设备

计量系统中可安装脉冲发生器，为传输被测天然气体积和质量产生相应适当的脉冲至累加器、记录器和远传设备。

计量系统的被测变量可以是模拟量或数字量的形式进行显示和记录，并可以通过适当的装置进行记录和存储。

5.1.6 管道

计量管道内径应依据最大流速 20 m/s 进行初算。

管道的布置应满足入口速度分布要求，见 7.2.2。

5.2 计量站的建设

5.2.1 概述

流量计和相关仪表应妥善处置，将它们储存于干燥洁净的环境，在堆放和装卸过程中应充分考虑制造厂的建议。安装前流量计的进口端和出口端应一直加以保护，以防外来物和水分进入。

所有仪表的安装都应确保其标识醒目易见。

计量开孔(包括测温孔、测压孔、取样口等)不应用作任何其他目的。

5.2.2 流量计安装

流量计在管道上的安装应避免对管道产生附加的安装应力。必要时，设置支架(座)。流量计安装应易于拆卸更换。在一般情况下临时使用的过滤器/筛网安装于流量计所要求上游直管段外的管道上。

5.2.3 腐蚀防护

计量站的所有设备都应抗腐蚀或做防腐处理，可采用设备涂漆和镀层，或通过就地阴极保护系统达到要求。

5.2.4 温度

5.2.4.1 温度传感器的安装应符合我国相应的标准和制造厂的要求。

5.2.4.2 除旋转容积式流量计(或孔板流量计)以外的流量计，其温度计插孔宜设置于流量计下游规定的位置上，以避免对入口速度分布造成干扰。

5.2.4.3 安装温度计插孔时应考虑安置一个备用温度计插孔，用来进行比对，各个温度计插孔它应与原来的插孔成同一角度。

5.2.4.4 温度计套管应伸入管道至公称内径的大约三分之一处，对于大于 300 mm 口径的管道，设计插入深度应在 75 mm～150 mm。

5.2.4.5 为保证在温度计插入处测得的温度与流过流量计的天然气真实温度相一致，根据天然气与其环境之间的预计温差及所需的准确度，必要时将温度计插孔的外部和流量计的上下游适当的管段进行隔热。

5.2.4.6 如设有温度计套管，应避免水的浸入，且应使用导热物质填充。

5.2.5 压力和差压

5.2.5.1 压力传感器的安装应符合我国相应的标准和制造厂的要求。

5.2.5.2 应注意压力和差压变送器的安装。除孔板流量计以外的其他流量计，压力应从流量计测压孔获取，并标记为“p_+”。

5.2.5.3 安装时，不应将安装应力或通过导压管将机械应力传入传感器。应避免在导压管低处安装仪表，以防止液体或污物沉积及出现错误压力读数。

5.2.5.4 安装传感器应避免机械振动。

5.2.5.5 压力测量系统应进行维护、检查和校准。在检查和校准时,要求压力传感器能与导压管隔开,为其提供标准的压力信号。

差压测量仪表宜与压力测量仪表的取压口和导压管分开设置,在保证双重联接不导致差压测量误差时,允许将上游静压(或下游静压)取压口与差压测量仪表的上游(或下游)取压口共用。

为避免差压、静压测量的错误,导压管与气体组分分析的取样导管不能共用。为便于检查和校准,差压与压力仪表之间,仪表与导压管之间应用阀(或阀组)隔开。阀(或阀组)应有封记,以防未经许可的操作影响整个测量准确度。

5.2.6 密度

天然气的密度采用间接测量方法,按 GB/T 11062 和 GB/T 17747(所有部分)的计算方法获得。

5.2.7 附加设备

5.2.7.1 加热器、过滤器、阀和其他设备以及组件等应不影响计量操作。

5.2.7.2 流量计上、下游的截断阀和旁通阀宜采用位置指示器,清楚的标出操作方向,以便打开或关闭。阀安装处,宜再安装一个检漏试验装置(例如:截断阀和放气阀)。宜选用带控制器操作和手动操作任选的阀。

5.2.7.3 如天然气中液体或(和)粉尘可能影响计量结果时,应在流量计上游管道尽可能远的位置安装适宜的分离器或(和)过滤器、除尘器。

5.2.7.4 如降低压力或控制流量产生的水合物影响计量站的正常工作,应安装加热器或其他适宜的设备。

5.2.7.5 在计量站正常工作时,不允许天然气经旁通绕行工作流量计而造成非计量漏失。更换、检修流量计需拆、装时,应缓慢启动备用计量管路阀或旁通阀,以使天然气平稳流动。

5.2.7.6 计量系统应有泄压措施。

5.2.8 电气设备

电气设备应遵循相应的国家或行业标准。

5.2.8.1 防爆要求:可能的危险区域应按 GB 3836.1 进行分级。在危险区域内,任何电气设备安装都应符合 GB 3836 的规定。

5.2.8.2 防雷与接地要求:

a) 应设有适宜的防雷装置,防雷保护接地电阻不应大于 10 Ω;
b) 屏蔽接地,应选择合适的接地点;
c) 交流工作接地电阻不应大于 4 Ω;
d) 安全保护接地电阻不应大于 4 Ω;
e) 计量站应采用联合接地设计,采用联合接地系统接地电阻为 1 Ω。

6 发热量测量

6.1 概述

6.1.1 天然气的发热量采用直接或间接的测量方法获得,推荐使用组成分析数据计算的间接测量方法。对于管网系统当使用在线色谱仪分析组成数据不经济时,其结算用的发热量应该使用赋值计算方法获得,见 B.1。

6.1.2 选用的发热量测量方法应至少符合附录 B 要求的准确度,应能准确地将不确定度减小至满足合同要求,并满足技术可行和经济合理的要求。

6.2 测量系统

6.2.1 系统组成

发热量测量系统组成如下:

a) 天然气的取样系统;

b) 测量(直接或间接)和计算的设备;

c) 校准装置(包括标准气);

d) 数据的存储和记录设备。

6.2.2 取样

安装处理设备作为取样设备的一部分。

根据天然气组成的稳定性和性质,可以采用在线或离线测量装置。

在线测量装置应连续直接取样。

对于离线测量装置,应设置专用离线取样口,根据取样天然气组成与性质的波动情况,应采用如下取样技术:

a) 周期定点取样;

b) 累积取样。

周期性定点取样和累积取样可以用来获取被测天然气的单个或累积样品气。如果累积取样是按流动体积比例取样,那么这些样品气可以周期性地传送给发热量测量系统。

连续测量时,取样器应获得有代表性的天然气。取样器应从合适的位置取得样品气。取样点和分析器之间的滞后时间应尽量短,至少要少于分析周期。应采用小口径不锈钢管减压输送。

应清除天然气中固体、液体和凝析物,天然气处理后应不影响测量结果。取样导管中的流动要稳定,且应和其他测量过程变量(如压力、温度和流速等)保持独立。减压应紧靠取样点。

取样系统的设计和操作导则见GB/T 13609。

6.2.3 测量装置

间接测量可分为组成计算法和关联技术法。

用组成计算法需分析气体的组成。分析方法通常采用离线或在线的气相色谱法,采用的标准为GB/T 13610、GB/T 17281。用组成数据可计算天然气发热量及其他物性参数,计算方法采用GB/T 11062。

通过天然气的一个或多个物化参数的测量,采用关联技术法计算获得天然气发热量。

示例1:仅含有烷烃的天然气作为燃料时,可利用化学计量配比特性来计算发热量。

示例2:可利用天然气密度和声速来确定发热量。

6.2.4 校准

发热量测量系统应提供一种包括校准用标准物资在内的校准方法。这个校准系统组成如下:

a) 储存于钢瓶内标出发热量和(或)气体组成、可溯源的有证标准气,此标准气用于校准气相色谱仪。

b) 必要的减压设备和连接标准气体钢瓶和测量仪器的专用管线;

c) 必要时对标准气进行加热的设施。

6.2.5 数据的储存和记录

所有相关数据(如测量数据、校准因子、运行状况)均应根据规定或合同要求的时间间隔储存在适当的记录装置内并可输出和远传,可由计算机、打印机和记录装置等完成。气体发热量和其他物性参数既可遥测,也可就地计算。

6.3 性能要求

6.3.1 测量系统

测量系统的性能特征可由下述指标表示:

a) 准确度;

b) 重复性;

c) 分辨力;

d) 灵敏度;

e) 可靠性;

f) 有效性。

气相色谱仪分离天然气组成的能力是极重要的。根据 GB/T 13610 设置气相色谱仪对天然气组成进行分析。气相色谱仪的检定采用 JJG 700,在线色谱仪在使用前应该参照 ISO 10723 和 JJG 1055 进行性能评价。

测量系统的准确度受多种因素影响,主要来自使用中的测量系统,其余的因素有:

a) 工作条件;

b) 维护周期和质量;

c) 标准气;

d) 取样/净化;

e) 气质变化;

f) 测量仪器的老化。

发热量测量系统的不确定度应符合附录 B 中对应计量系统等级的要求。

6.3.2 校准要求

校准用标准气的气质是测量系统测量结果准确与否的关键。校准系统的性能要求应与发热量测量系统总不确定度的要求相一致。

作为校准标准使用的混合气,其组成在预定储存和使用条件下应保持稳定。适合校准用的单一组成气的纯度应有明确规定。例如:用来校准记录式发热量测定仪的甲烷的纯度应为 99.999%。

在设计校准系统时,如需使用混合气就应采取措施消除随使用条件变化而变化的可能性。例如:为防止高碳烃化合物在预定环境温度下冷凝,可以加热钢瓶及与测量仪器相连接的管线。

校准过程的不确定度影响被测发热量总的不确定度,该不确定度影响因素如下:

a) 有证标准气的发热量、气体组成的不确定度;

b) 根据标准气导出校准因子测量值的重复性;

c) 仪表的线性、发热量的误差、标准气和测试气的组成。

以下各种方法可以减小上述影响:

a) 燃烧法发热量测定仪和其他仪表,标准气可以是已知发热量不确定度的纯气,如高纯度甲烷;

b) 对于气相色谱仪,需采用多组分标准气,高准确度标准气可用称量法配制;

c) 可采用多点读数平均值而不是单点读数值来尽量减小测量重复性的影响;

d） 标准气的发热量和组成应尽可能接近测试气或采用多点校准以减小仪表的非线性影响。

6.4 操作与维护

6.4.1 测量

定点取样或累积取样进行发热量测量，可用离线气相色谱仪。有在线色谱仪和实验室色谱仪。后者可用来对天然气进行延伸分析，所有组成都可单独测定和量化。

在线气相色谱仪大多应用在远控计量站，并且和管道天然气适当的取样点相连接。电子控制器一般不宜用于危险区，具有防爆结构的过程色谱仪可安装在危险区。

6.4.2 校准

制定校准程序应考虑如下因素：

a） 发热量测量的最大允许不确定度；

b） 有证标准气发热量或组分的不确定度；

c） 覆盖测量范围的标准气的数量；

d） 测量设备的重复性；

e） 取决于测量设备稳定性和重复性的校准时间间隔；

f） 气相色谱仪系统的校准次数；

g） 校准要求。

对于气相色谱仪，标准气组成应接近于预设的被测气组成，也可采用多点校准程序。后一种情况需要用几种标准气校准超出已规定的预计被测发热量和组成的测量范围。

标准气按 GB/T 5274 或 GB/T 10248 进行配制。

标准气应具有可溯源性。

6.4.3 系统检查和数据验证

用标准气对系统再次进行独立的检查，保证校准因子漂移不能超过预定值。检查系统时应使用一种已知组分或发热量的独立气（验证气）。如果超过了预定值，应检查发热量测量系统。

6.4.4 验收准则

对于气相色谱仪，对未归一摩尔分数的总和与归一结果的差值应设定一个限定值。

6.5 赋值

6.5.1 赋值方法

赋值是解决没有发热量测定站点获取发热量的方法之一。从赋值数学模型分，可分为固定赋值和可变赋值两种。从气源分，可分为单气源赋值、双气源赋值和多气源赋值。

固定赋值是所赋的值不随气体流量、气质变化和距离而变，在一定时间内赋给一个固定值。可变赋值是所赋的值与赋值源有一个时间差，该时间差与赋值源和赋值点之间的管道体积（距离）、气体流动速度、压力和温度等因素有关。

具体赋值方法参见 GB/T 22723—2008 中第 9 章。

6.5.2 赋值准确性

赋值的准确性取决于：

a） 赋值源的准确性和稳定性；

b） 赋值的数据模型的代表性；

c） 赋值源至赋值点之间管道体积计算的准确性；

d） 赋值源至赋值点之间气体流量测量的准确性；

e） 赋值源至赋值点之间气体流流速计算的准确性。

6.5.3 赋值方法选择

赋值方法的选择应该遵循如下原则：

a） 固定赋值方法只能用于C级计量系统和气质比较稳定的小流量B级计量系统；

b） 双气源或多气源的固定赋值方法只能用于C级计量系统；

c） 除非能够证明气质的变化和赋值结果的准确性能保证符合要求，否则A级计量系统不应该使用赋值方法获取发热量或组成数据，并应该选择可变单气源赋值方法。

选择的赋值方法在使用前，应该进行评价，以保证赋的值满足附录B对应计量系统准确度要求。

注：本条和GB/T 22723—2008中第9章介绍的赋值方法的对象都只是发热量，当使用在线色谱仪分析数据作为赋值源时，建议赋值对象采用组成分析数据，由流量计算机计算发热量，所赋的天然气组成数据还可以用于流量测量和体积换算所需的物性参数计算。

7 天然气计量系统的可靠性与校准

7.1 准确度要求

7.1.1 通则

组成计量系统的流量计和配套仪表的准确度至少应满足国家法规或合同要求，计量系统准确度及配套仪表准确度应符合附录B的规定。

计量系统应遵循附加的合同职责。

计量系统中的每一种仪表特性应与预期的被测量特性及所要求的准确度水平相匹配。应注意仪表所使用的量程范围，以及对被测量波动的动态响应（参见附录D）。

注：过高的准确度要求会增加不合理的费用。

7.1.2 最大允许误差

按下列方法确定测量结果的最大允许误差：

a） 计量系统中可分别予以校准和调整，并在出现故障时可以更换的独立计量仪表；

b） 整个计量系统（如果合同要求）。

示例1：

对于大型计量系统，它可以是一个单传感器，对于小型计量系统，它可以是一套完整的带所有传感器的体积量等转换装置。

应将最大允许误差规定为一个测量结果的百分数或规定为一个绝对值。

计量系统中一台计量仪表的系统误差不应用另一台计量仪表的相反系统误差去消除。

示例2：

一个压力传感器的2%的读数误差不应用一个温度传感器的读数误差－2%予以补偿。

7.1.3 最大允许误差的符合性要求

计量站能以一个两倍标准偏差的水平表明，用来表示计量系统最大允许误差的各个计量仪表的误差和/或整个计量系统的误差在规定的最大允许误差范围内。因此，至少需要一份完整的计量系统测量不确定度分析报告。不确定度分析包括：

a) 基于仪表校准给出的测量结果经修正后的示值误差;
b) 基于说明书或校准证书和确认的安装影响引起的不确定度;
c) 根据重复校准的结果或已知的性能,评估计量系统随时间的漂移,和漂移引起的不确定度;
d) 评估安装影响引起的不确定度;
e) 评估校准装置的不确定度影响。

7.1.4 校准

7.1.4.1 通则

计量系统中具有相应测量准确度的仪表应通过校准溯源至国家标准。校准应在与实际工作条件相近的条件下进行。如果在计算不确定度时考虑到这个因素,也可在不同条件下对计量仪表进行校准。

用于校准的标准设备应在法定计量机构进行检定,应使用有证标准气。

7.1.4.2 校准证书

如果与校准范围的功能相关,校准证书应规定测量结果的系统误差。校准证书还应对校准结果的不确定度加以说明。

7.1.4.3 校准间隔时间

应根据用于计量系统中各仪表的型式试验和/或这类的经验资料,评估首次校准结果的漂移和漂移造成的不确定度。在此基础上,确定核查和校准的间隔。

7.1.5 有效性

应对计量仪表和计量系统的有效性进行评估。计量站应当指明,如果某一计量仪表或整个计量系统发生故障,测量结果应采用什么方式予以替代。应对代替值的不确定度给测量值的不确定度造成的影响进行评估。即使在使用代替值的情况下,整个规定时间周期内的测量结果都应处于有关各方认可的范围内。

7.2 安装要求

7.2.1 基本要求

流量计的安装应遵循相关国家标准或行业标准或国际标准的要求,并满足制造厂要求。

7.2.2 入口速度分布的要求

7.2.2.1 条件

当旋涡角小于仪表制造厂或适当的产品标准指标规定时,所产生的涡流及速度分布畸变是可以接受的。

对于所有的流量计,一个充分发展的轴对称的速度分布和消除涡流对获得准确的流量测量是至关重要的,旋转容积式流量计对速度分布的要求敏感性较小。

注:附录C中表C.1中列出的典型管段长度只适用于上游流动条件可以接受的安装。如果存在严重的不对称流或涡流,要获得一个充分发展的速度分布,规定的管段则还不够。除非试验已经表明处于上述情况下的流量计能准确计量,否则就要求长得多的直管段或安装流动调整器。

7.2.2.2 管路布置要求

在7.2.3~7.2.7中分别对几种不同的仪表型式给出有关的专门说明,并非所有仪表对扰流剖面同样敏感。其他的评估方法见7.2.2.4。为获得可接受的速度分布，采取以下的管路布置要求：

a) 所需上、下游直管段和流量计的公称直径应相同；
b) 流量计上、下游截断阀内径应与管道内径一致，宜采用全通径阀；
c) 如果在流量计上游安装调节阀，那么应采取预防措施；
d) 应根据流量计类型避免使用会产生非对称速度分布和涡流的管件或设备(如：单弯管、U型管、不同平面的双弯管、部分关闭阀等)，否则应保证流量计上游有足够的直管段或加装流动调整器。

7.2.2.3 流动调整器

如果上游条件不能保证所用流量计要求的准确度，则应使用适当的流动调整器。

流动调整器的下游应安装符合要求的直管段。

7.2.2.4 可接受速度分布的评估

如采用直管段、流动调整器仍达不到规定要求，有两种方法可供选择：

a) 可以测量速度分布以证实流量计入口的流动状况；
b) 可以考虑对流量计、包括其上游管道和流动调整器进行校准。

7.2.2.5 不稳定流

压力脉动、流速脉动和振动现象可能引起流量测量中的较大误差。影响性能的频率范围和幅度取决于流量计的类型、流量计的设计以及气体密度等。在计量系统设计阶段和选择流量计时应考虑不稳定流动的影响。

7.2.2.5.1 脉动

当流量计安装在以下装置的上、下游时，应检查脉动的影响：

a) 活塞式压缩机；
b) 旋转活塞式流量计；
c) 产生共振的管道盲肠段；
d) 不稳定的压力调节阀。

增加流量计和脉动源之间的距离或使用适当的脉动衰减器可以减少脉动对流量测量的影响。

7.2.2.5.2 振动

在管道系统的固有频率等于或接近由如上(7.2.2.5.1)所述装置、流量计本身或天然气流动所造成的脉动的频率时，就可能产生振动。为了防止或尽量减少流量计的振动影响，最好是在设计阶段就应对整个计量系统进行适当的考虑。特别应注意的是，超声流量计不应安装在振动频率(或其谐振)可能接近超声波传感器工作频率的环境。

7.2.3 旋转容积式流量计

7.2.3.1 上游速度分布的影响

旋转容积式流量计在低压时对管路形状不是很敏感。高压(工作压力大于0.4 MPa)时，应确保流量计入口的气流为充分发展流。安装要求见SY/T 6660的有关规定。

7.2.3.2 流量计引起的压力脉动

由于流量计的工作原理，可能产生小的压力脉动，但对流量计自身工作没有影响。当有另外的管路联入流量计管路,或者流量计被用在管汇处,要注意避免共振的可能性。由于压力脉动,设计时不要将旋转容积式流量计和其他流量计混合使用。

7.2.4 涡轮流量计

保持准确度所需的上游速度分布取决于流量计的设计。应考虑有上游干扰涡轮流量计灵敏度的测试结果。安装要求见 GB/T 21391 的有关规定。

7.2.5 涡街流量计

涡街流量计对上游管路布置比较敏感,校准涡街流量计时宜连同其上游直管段一并校准。并且在流量计安装时应保持同样的管路布置。安装要求见 SY/T 6658 的有关规定。

7.2.6 超声流量计

超声流量计的安装要求见 GB/T 18604 的有关规定。

7.2.7 孔板流量计

孔板流量计的安装要求见 GB/T 21446 的有关规定。

7.2.8 旋进旋涡流量计

旋进旋涡流量计的安装要求见 SY/T 6658 的有关规定。

7.2.9 科里奥利质量流量计

科里奥利质量流量计安装要求见 SY/T6659 的有关规定。

7.2.10 电子仪器

7.2.10.1 通则

流量计和传感器的信号传输应消除干扰,处理接收到的信号应不引入系统误差或噪声。

以下方法可用来评价电子系统是否符合 7.2.10.2 和 7.2.10.3:

a) 仪表有适当标记指明:一份试验报告表明该仪表性能符合要求;

b) 仪表无适当标记,但制造厂提供了一份书面陈述和一份报告表明该仪表性能符合要求;

c) 仪表盘经过全面检验后得出一份报告表明该仪表盘性能符合要求;

d) 一个仪表盘上每台仪表都应有适当的标记标明:一份试验报告表明这些仪表的性能均符合要求。仪表盘内电缆的安装应使仪表盘符合抗电磁干扰要求。

7.2.10.2 抗电磁干扰要求

为了与 EMC(电磁兼容)的要求相符,仪表的安装应符合 GB/T 17626.3、GB/T 17626.6、GB/T 17626.9 的规定。

大多数气体计量站应达到 GB/T 17626.1 中严酷度等级水平 3 的要求。

注 1:3 级环境条件的计量站可由以下因素表示出来:

a) 对单独电缆没有严格要求;

b) 数据线可不经过滤进入;

c) 仪表的接地可与动力线的安全接地相连接;

d) 室内较大的感应负荷可开启和关闭。

注 2：符合 EMC 的指标就意味着所有电子仪表连续工作，在功能上不会受 3 级环境中可能发生电磁干扰的影响，尤其意味着：

a） 系统对警报或跳闸不作出反应；

b） 任何传感器的测量结果在任何时候都不偏离真值(处于传感器的准确度范围内)。

注 3：可能有局部环境必须符合 4 级。

7.2.10.3 电磁辐射要求

GB 4824、GB 9254、GB 13837、GB/T 14023 和 GB/T 17743 中给出了与 EMC 指示相符的最大允许输出值。

一般来说，这就要求仪表的设计和安装应使其电磁辐射水平足够低，以保证仪表自身电子系统正常工作，且不会对其他电子设备造成电磁辐射干扰。

8 投产试运

8.1 概述

气体计量站由复杂的机械及电子设备组成，应进行适当的试运行以保证它们满足正式运行的设计要求。在运抵现场之前，应在制造厂内尽可能对系统进行全面的出厂验收测试。这种详细的系统测试包括机械部件，进行系统的二次仪器仪表和流量计算机检验，证实不同电子元件间的信号处理和数据传输。安装后，在系统投产前还应进行试运的检查，计量站的机械完整性应符合 GB 50251 的有关要求。

8.2 测试设备

用于投产的所有测试设备应符合有效性要求，或者使用已校准合格的、参与投产的各方都认可的测试设备。这个要求不包括只用来产生电流或电讯号的设备。然而，这种设备的输出应稳定并具有重复性。

用于调试的测试设备，其测量的不确定度，至少应为被测试仪表中特定项目的不确定度的三分之一(在测试条件下)。在所用之处，测试设备测量的不确定度应符合国家法规。

所有测试设备均应用于其所用的环境。如果要把这种设备用于危险区域，它应具有适当的安全合格证。

8.3 试运行

安装就位之后，应确保所有的切屑和残渣均已清除，系统已经吹洗、试压、气流进入并升压至流量计入口阀。应对系统进行目测检查以保证其完整性符合设计要求。特别是对自动、手动截断阀和放空阀要认真检查以确保安全可靠地操作。

应对所有电气系统及其危险区域电缆电路的设备合格证书进行检查以确保它们符合相关的标准。

所有参与投产的人员均应是专业的。

开启出口阀时应避免流量计过高差压或过高流速。当通过涡轮流量计和旋转容积式流量计给下游大管道升压时，更应注意。

制造厂规定的任何特别的试运行检查都必须进行。

8.4 测试和校准程序

8.4.1 概述

测试和校准程序应依赖于安装设计，视计量管路是否安装旁通而定。应确保计量系统良好运行和不确定度满足计量要求，测试和校准程序应在计量站投入正常使用前进行。应制订明确的测试和校准程序。

典型测试设备的测试和校准见 8.4.2～8.4.5。

流量计和其他仪器应在装入计量管路前进行检查。

流量计投入使用前,应按相应国家标准或规程进行检定或实流校准。

8.4.2 测试设备的温度稳定

在对使用温度有要求的测试设备进行测试和校准之前,测试和标准设备应在规定条件下保证充足的时间使其温度稳定。

8.4.3 流量计

8.4.3.1 旋转容积式流量计

应检查润滑剂等级、质量和黏度符合制造厂要求;

应检查通过给定指示流速的差压,以满足制造厂提出的要求;

应检查流量计的脉冲输出信号,并与一次指示装置进行对比。

8.4.3.2 涡轮流量计

应检查润滑剂等级、质量和黏度是否符合制造厂要求;

应目测观察涡轮流量计,包括自旋测试和检查是否有异常声音;

应检查涡轮流量计的脉冲输出信号,并与一次指示装置进行对比。

8.4.3.3 涡街流量计

应进行流量计和其相关的入口及出口管道的目测检查;

流量计安装应与管道同心;

应检查传感器的脉冲输出信号以及把信号转换成定标脉冲的转换装置。

8.4.3.4 超声流量计

应进行检查以确保产生适当的信号。在工作条件稳定的情况下,测量声速与理论声速间的偏差、各声道间的最大声速差在 GB/T 18604 规定的范围内。

8.4.3.5 科里奥利质量流量计

应对流量计的安装进行检查,尽量减少流量计的管道应力的影响。应对管道进行初步吹扫后安装质量流量计,以减少固体颗粒对测量管的磨蚀。

8.4.3.6 孔板流量计

应对孔板流量计进行检查以确保安装过程中未受任何损伤。应特别注意孔板开孔的上游直角边和上游表面。应用直尺检查孔板的上游表面以确保无翘曲和变形。

应按照 GB/T 21446 进行检查。应在一特定环境中对尺寸和实际条件(孔板孔径、孔板平直度、粗糙度、上游直管段内径)进行确定并作为证据予以记录。

应对孔板装置进行检查以确保没有残渣,使孔板处于正常的密封配合。应对附件内任何流体的性质和数量予以注意并将其排空。应对取压孔进行检查,必要时可用一内孔检查设备,以确保已无黄油、防锈剂或淤泥存在。

在每项检查完毕后,应对孔板装置密封的良好性进行检查。

8.4.3.7 旋进旋涡流量计

应缓慢地升压和启动，防止瞬间气流冲击损坏管路和仪表。

智能流量计应注意比对压力和温度测量值。

8.4.4 实流校准

为保证流量计的计量性能，应对流量计进行实流校准。实流校准的工作条件应接近现场工作条件，实流校准的安装条件应尽量与现场安装条件一致，由于安装条件差异带来的不确定度应不超过 0.3%。其余详细要求见相关国家标准或规程。

8.4.5 核查

为进一步保证流量计的现场计量性能，可以串联安装核查流量计对流量计进行在线比对核查，在线比对核查应符合以下要求：

a) 在考虑核查流量计和工作流量计间的压差和温差的情况下，体积测量结果的计算误差应小于认可的极限值。这个极限值在计量站投运时就应建立，并且在以后的核查中两个流量计间的差值均应在此极限值范围内。

b) 核查流量计和工作流量计宜采用不同工作原理的流量计，两者的流量范围应匹配。

c) 在进行安装设计时应注意防止上游流量计对下游流量计入口流速成分布的影响。

8.4.6 配套仪表

8.4.6.1 通则

所有影响最终测量结果的配套仪表在现场安装前均应已按可溯源至国家标准的标准进行过校准。为了防止出现运输过程中的不利影响，还应进行一次现场测试。

传感器和所有相关元件，例如连接设备、信号转换器、供电设备、包括电缆线路和其他构成计量链的电气设备，均应作为一个整体进行测试和校准。

测量结果读数可从计量系统中的显示器、监视器、记录器或打印机上获取，并应与传感器上所处的实际条件相比较。

所有测试结果，包括环境温度，均应在测试时记录下来。每份记录报告应由正式参与的各方代表签字。

其余参见附录 E。

8.4.6.2 差压传感器

差压传感器应在其整个工作范围内进行 3 个或 3 个以上指定点值的测试。差压传感器的输出应观察到既有上行程又有下行程的差压。差压传感器在上、下行程的测试中应过载至 110%。

差压传感器最好是在工作条件下进行测试。如果不能进行测试，则应在压力从环境压力上升至工作压力时用修正值对传感器输出结果的漂移进行修正。

8.4.6.3 压力传感器

传感器应与管道隔开进行测试，测试应在该仪表的整个工作范围内 3 个指定点上进行，以获得既有上行程又有下行程的压力。压力传感器在上、下行程的测试中应过载至 110%。

8.4.6.4 温度传感器

校准温度传感器的方法取决于传感器类型和是否有供校准用的测温孔。

8.4.6.5 气相色谱仪

气相色谱仪按 ISO 10723 进行校准。

8.4.6.6 流量计算机

流量计算机应符合 JJG 1003 和其他相关标准及规范的要求，以确保相关的参数和公式可以被正常地输入软件，并且它可以根据相应的标准进行流量计算。

典型流量计算机的校准，应在全功能校准(8.4.6.7)前进行，它主要包括以下几项：

a) 包括零和全量程在内的整个工作范围内进行 5 个指定点上的数字转换模拟测试，误差应在允许误差范围内；
b) 计算的密度应与计算机在分辨范围内显示的计算密度相一致；
c) 输入范围内以 5 个模拟温度进行的温度输入线性测试，模拟温度和计算温度应在允许范围内相一致；
d) 流量计算机显示的流量值应与按照适当标准计算的流量值一致；
e) 脉冲输入测试。

8.4.6.7 全功能校准

在对配套仪表进行测试和校准之后，应用模拟输入对计量系统进行一次全面的功能测试。该测试应包括传感器、信号传输、模拟数字转换和流量计算在内的整个系统的不确定度的验证。

9 验收

9.1 概述

对计量站进行验收的基本要求应在有关各方达成的协议中明文规定。

强度和密封试验按 GB/T 50540—2009 中 9.3.2 进行。

计量系统要通过技术上的验收，至少应满足以下条件：

a) 系统的成功投产；
b) 交接计量设施运转正常；
c) 所有全套文件。

9.2 投产后检查

计量站在经过有关各方一致同意的一段时间商业运行后，应进行投产后的检查，以确保它仍在技术要求范围内运行。检查应按照或接近 8.4 中详细叙述的测试和校准程序进行，配套仪表测试程序参见附录 E。

10 运行和维护

10.1 概述

10.1.1 计量站应准备和提供一个可审查计量站的操作程序。这些程序应确保计量站在其使用寿命期限内始终在其设计性能范围内运行并保持这种性能。这些程序应经有关各方一致认可。

10.1.2 计量站所有的操作和维护人员应进行考核，并明文规定他们的责任和义务。

10.1.3 为了确保计量系统在要求的准确度范围内操作并保持高可靠性，应进行常规检查和校准。检查和校准的周期应依据对计量系统不确定度的要求、计量设备性能和计量工艺参数变化情况而定。检查和校准结果应进行记录,用来评价计量仪表的性能。

10.1.4 电子设备的检查和校准应根据相应标准的有关规定和制造厂的要求进行。

10.1.5 对计量系统有影响的工艺设备,例如:旁通阀、计量管道截断阀、调节阀和过滤器等,除经常性的常规检查外,还应定期检查。

10.1.6 所有维护工作都应按照国家健康安全法规进行。

10.1.7 定期检查实测流量和工作压力,以确保计量系统(包括配套仪表)在限定值内工作。

10.1.8 当使用一确定的压力系数转换值,调节阀的设定值和温度控制的设定值(如果预热)都应定期进行检查。

10.1.9 一种监测计量系统性能的方法是安装一套完整的附加计量系统(核查系统),该系统既能连续持久地运行,也可在整个系统需要校准检查时进行串连接入。工作系统测量结果与核查系统(或实流校准系统)测量结果之间误差的最大允许值应明确规定。

10.1.10 为避免由不同标准的系统误差引起读数误差,应按照同一标准对系统进行检定。在估计工作系统和核查系统(或实流校准系统)间的误差时,应考虑系统的不确定度和可能出现的安装影响。

10.2 流量计

10.2.1 一般规定

应对流量计的外观进行检查,看是否有运行异常的迹象,如噪声过高、指针不规则运动,检查是否有腐蚀或其他损坏的情况出现。

对流量计需要定期润滑的,应按照制造厂的要求进行润滑。

如果计量站安装了核查流量计,则应定期进行比较核查。如果核查(或实流校准)流量计与工作流量计之间的读数误差(考虑计量条件下的误差)超出了许可的范围,则应再进行检查。

流量计如有电子脉冲输出结果应定期相互比对,并与流量计的累加器进行比对。

如果对流量计的性能有怀疑,则应查明原因。必要时需更换流量计。

应当对照制造厂的要求对流量计进行专门检查和调整以使流量计的不确定度维持在技术要求范围内。

10.2.2 旋转容积式流量计

如果压差明显上升,则表明可能出现机械故障或阻塞,这时应将流量计从管道中拆下并进行内部检查。

10.2.3 涡轮流量计

如果对涡轮流量计的运行有怀疑,必要时可将其拆下进行内部检查。同时注意检查安装中的附着物、磨蚀和对流量计内部的损伤以及入口衬套、流动调整器和叶轮等。

涡轮流量计的型号结构不同,污垢物对工作和计量性能的影响也不一样。

此外,应在自然通风环境中进行一次自转测试。把测得的自转时间和制造厂新的流量计所规定的值相比,了解流量计轴承的使用情况。

10.2.4 涡街流量计

如果对涡街流量计的运行情况产生怀疑,则应将其拆下进行内部检查。传感器(热电阻器)容易引起故障。应注意检查安装、附着物、磨蚀和对流量计管壁的损伤以及非流线体和非流线体边缘的尖锐度。

10.2.5 超声流量计

气体超声流量计内径应使用光学探头对一个或多个换能器内端口进行目视检查。流量计管内的任何残渣和可能集结于管壁上的任何附着物都应清除掉。

检查超声波换能器孔,以确保孔内无阻塞。

应定期检查接收信号的信噪比。信噪比降低就意味着超声波换能器孔被污垢覆盖或磨蚀。如果检测机构漏掉部分脉冲,就会产生长时间的系统误差。这种情况可能发生至什么程度和流量计自身能检查到什么程度,均取决于电子仪器的设计和流量计的信号检查程序。

10.2.6 科里奥利质量流量计

应定期检查仪表的工作状态,如仪表出现报警信息,需及时检查流量管内部是否有脏污物附着或测量管的磨蚀。发现仪表出现报警信息时,要及时查明原因,必要时需对仪表零点示值漂移进行检查,以便及时消除管道安装应力及流量管内部是否有脏污物附着或测量管的磨蚀影响程度。

10.2.7 孔板流量计

孔板、孔板夹持器以及相连的测量管应定期检查它们的磨蚀和粘污情况,看有否损坏,见 8.4.3.6。

对于孔板应特别注意:

a) 孔板开孔直径;

b) 孔板直角入口边缘尖锐度;

c) 孔板平面度;

d) 孔板上游表面应无脏物和残渣附着。

对于孔板夹持器和相连测量管应特别注意:

a) 上游直管段内壁无脏物、残渣、磨蚀和损坏;

b) 孔板夹持器密封情况良好;

c) 孔板夹持器与孔板开孔以及上、下游直管段应同心同轴。

如果发现有明显的磨蚀和损坏情况,应及时更换。并且还应检查其他所有的部件,以满足 GB/T 21446 标准规定的技术要求。

10.2.8 旋进旋涡流量计

如果旋进旋涡流量计出现故障,多数可能是在电路部分,因为它无转动部件。一般来说计量回路的管道系统在计量站建设、验收和投产时经多次查证符合生产厂和相应标准的安装要求,除非周围新安装了有强磁场干挠和强机械振动的设备。

应根据出现故障现象予以检查,主要是根据流量计显示值与输出信号之间出现的各种情况检查相应的电路和电源。同时要注意检查压力和温度传感器安装是否恰当,线路有否毛病等问题。

如果发现流量计超差,应将流量计从管道上拆下来进行内部检查。应注意检查附着物、磨蚀、管壁损伤等不正常情况。

10.3 转换装置

应定期对转换装置和校准情况进行检查。

10.4 维护后的检查

当维护、检查流量计及配套仪表(见 8.4.6)后,负责测试人员应确保计量系统的正常工作。

10.5 一致性

在计量站的整个运行寿命期限内，应确保它始终满足合同的要求。计量系统的任何明显的变化均应记录。

10.6 资料档案

10.6.1 一般要求

计量站应建立并保存一份档案，档案中应包括计量站操作维护所需的全部记录资料。

10.6.2 维护记录资料

维护记录应按有关各方一致同意的方式保存，至少应保存一年。

10.6.3 记录资料的认可

在检查、测试或校准期间的每个阶段，应由承担该项目工作的人员完成一份测试记录单。所有记录都应按照计量站的操作程序保持其持久性和完整性。

10.6.4 记录资料的检查

计量站应确保所有记录资料、特别是论证计量站性能所需的用于报表目的的记录资料，在授权人员和主管部门要求检查时应随时提供。

详情参见附录 F。

附 录 A
（资料性附录）
天然气体积、质量及能量的计算公式

A.1 总则

本附录提供的这组方程通常用来计算天然气的相关量，用立方米(m^3)表示标准参比条件下的体积，用千克(kg)表示质量，用焦耳(J)表示标准参比条件下的能量。

这些假设测量提供的是工作条件下以 m^3 为单位的天然气体积 V_f。孔板流量计的计算见 GB/T 21446。

本附录使用的符号列于表 A.1。

表 A.1 符号和代号

代 号	名 称	量 纲	单位符号
ρ_f	工作条件下的天然气密度	ML^{-3}	kg/m^3
ρ_n	标准参比条件下的天然气密度	ML^{-3}	kg/m^3
E_n	标准参比条件下的天然气能量	ML^2T^{-2}	J
H_{snm}	标准参比条件下的质量发热量	L^2T^{-2}	J/kg
H_{snv}	标准参比条件下的体积发热量	$ML^{-1}T^{-2}$	J/m^3
m	质量	M	kg
M_m	摩尔质量	$Mmol^{-1}$	kg/kmol
p_f	工作条件下的压力	$ML^{-1}T^{-2}$	Pa
p_n	标准参比条件下的压力	$ML^{-1}T^{-2}$	Pa
R_a	通用气体常数	$ML^2T^{-2}mol^{-1}\theta^{-1}$	J/K・kmol
T_f	工作条件下的热力学温度	θ	K
T_n	标准参比条件下的热力学温度	θ	K
V_f	工作条件下的体积	L^3	m^3
V_n	标准参比条件下的体积	L^3	m^3
Z_f	工作条件下的天然气压缩因子	1	
Z_n	标准参比条件下的天然气压缩因子	1	
注：在“量纲”栏中，长度、质量、时间、热力学温度、摩尔的量纲，分别用 L、M、T、θ、mol 表示。			

A.2 体积计算

标准参比条件下的体积 V_n 由式(A.1)计算：

$$V_n = V_f \times \frac{\rho_f}{\rho_n} \qquad \cdots\cdots(A.1)$$

或者，用式(A.2)计算工作条件下的天然气密度 ρ_f：

$$\rho_f = \frac{p_f \times M_m}{T_f \times Z_f \times R_a} \tag{A.2}$$

变换为式(A.3)：

$$V_n = V_f \frac{p_f \times T_n \times Z_n}{p_n \times T_f \times Z_f} \tag{A.3}$$

A.3 质量计算

质量 m 由式(A.4)计算：

$$m = V_f \times \rho_f \tag{A.4}$$

或者把式(A.2)所得的工作条件下的密度再代入后得式(A.5)：

$$m = \frac{V_f \times p_f \times M_m}{T_f \times Z_f \times R_a} \tag{A.5}$$

A.4 能量计算

能量 E_n 可以通过体积或通过质量与发热量 H_{sn} 的乘积计算得到。

按体积计算为式(A.6)：

$$E_n = V_n \times H_{snv} \tag{A.6}$$

式中：

V_n 由式(A.1)或式(A.3)计算求得。

按质量计算式(A.7)为：

$$E_n = m \times H_{snm} \tag{A.7}$$

式中：

m 由式(A.4)或式(A.5)计算求得。

附　录　B
（规范性附录）
仪器仪表配备指南

B.1　计量系统

表 B.1　不同等级的计量系统

设计能力(标准参比条件)q_n/(m^3/h)	q_n≤1 000	1 000<q_n≤10 000	10 000<q_n≤100 000	q_n>100 000
流量计的曲线误差校正		√		√
在线核查(校对)系统				√
温度转换	√	√		√
压力转换	√	√		√
压缩因子转换		√		√
在线发热量和气质测量				√
离线或赋值发热量值测定	√	√		
每一时间周期的流量记录				√
密度测量(代替 P、T、Z)				√
准确度等级	C(3%)	B(2%)	B(2%)或 A(1%)[a]	A(1%)

[a] 按 6.5.3 选择 A 级或 B 级计量系统。

B.2　配套仪表

表 B.2　计量系统配套仪表准确度

测量参数	最大允许误差		
	A 级	B 级	C 级
温度	0.5 ℃[a]	0.5 ℃	1.0 ℃
压力	0.2%	0.5%	1.0%
密度	0.35%	0.7%	1.0%
压缩因子	0.3%	0.3%	0.5%
在线发热量	0.5%	1.0%	1.0%
离线或赋值发热量	0.6%	1.25%	2.0%
工作条件下体积流量	0.7%	1.2%	1.5%
计量结果	1.0%	2.0%	3.0%

[a] 当使用超声流量计并计划开展使用中检验时，温度测量不确定度应该优于 0.3 ℃。

附 录 C
（资料性附录）
流量计选型指南

C.1 流量计选型指南

表C.1提供了常用流量计性能特征概要，它并不是一个用来选择某一用途流量计的严格执行的程序，而只是作为设计人员在设计气体计量站时应当注意的参考。在流量计选型时，应根据各种流量计的优、缺点以及流量计流量范围、操作压力、流动状态、介质洁净程度、物性参数、环境条件、检定条件和工程投资等因素综合考虑选用合适的流量计。所选用的流量计在正常的流量、压力、温度操作条件下，应性能稳定、计量准确。

表 C.1 流量计选型指南表

应用因素	旋转式容积流量计	涡轮流量计	涡街流量计	超声流量计	科里奥利质量流量计	旋进旋涡流量计	孔板流量计
操作条件下的气体密度	影响不大	最小流量随密度增加而变得更低	最小流量随密度增加而变得更低	在规定密度范围内不受影响	影响不大	影响不大	决定测量结果
气中夹带固体	可能堵塞叶轮，需要过滤器	可能有沉积物、叶片可能受损可能影响旋转，需要过滤器	可能有沉积物，非流线体可能受侵蚀，需要过滤器	一般不受影响，如果传感器孔被污垢阻塞，流量计功能会受到影响，建议增加过滤器；气体中有粉尘，对超声流量计换能器存在冲蚀影响	可能会有磨蚀，会影响仪表的长期使用，建议加装过滤器	有沉积，可能影响测量值需装过滤器	可能有侵蚀和沉积物需加过滤器
气中夹带液体	可能有腐蚀、结垢，结构材料会受影响	可能有腐蚀、结垢，润滑油被稀释，转子出现不平衡	测量导管内可能有液体沉积物，这会影响计量值	可能变坏的信噪比会影响功能，如果传感器孔受阻，流量计功能会受影响	影响不大	影响不大	由流量计腐蚀引起的磨损会造成流量误差，孔板端面和孔板取压孔内有沉积物会影响准确度
压力和流量变化	突然变化会造成损坏。因为转子的惯性，流量的突变会致使上游或下游管道内压力时高时低	压力突变可能造成损坏	不会造成损坏，但可能造成计量误差	影响不大	影响较大	增大测量误差	压力突变会造成损坏

表 C.1（续）

应用因素	旋转式容积流量计	涡轮流量计	涡街流量计	超声流量计	科里奥利质量流量计	旋进旋涡流量计	孔板流量计
脉动流	不受影响	流量快速的周期变化会使测量结果过高，影响取决于流量变化的频率和幅度，气体的密度和叶轮的惯性	准确度受影响。影响的程度取决于流量变化的频率和幅度	只要脉动的周期大于流量计的采样周期，就不会受影响	不受影响	准确度受影响，其大小取决于脉动频率和幅度	准确度取决于仪表响应速度。准确度要受影响
允许误差范围内典型的量程比	30∶1	30∶1 密度越高，流量比就越大	30∶1 密度越高，流量比越大	30∶1	30∶1	12∶1 气体密度大测量范围大	10∶1 如果采用双量程差压计
过载流动	可短时间过载	可短时间过载	可过载	可过载	可过载	短时间超量程可以	可过载至孔板上的允许压差
增大公称设计能力	增大最大流量需要加大流量计、或增加气路或提高压力	同前	同前	同前	同前	加大流量计的口径或增加计量回路或提高计量压力	增大最大流量需要加大孔板流量计内径或增加气路或提高压力
供气安全性	流量计故障可能中断供气	流量计故障不造成影响	同前	同前		同前	同前
流量计及其管道所需配管设置要求	依据 SY/T 6660，对上下游管道无特殊要求，遵照制造厂的说明，为保证连续供气需加旁通	依据 GB/T 21391，上下游需直管段长度	上下游需直管段长度，长度根据适用标准的安装说明而定	依据 GB/T 18604，上下游需直管段长度	上下游不需直管段	依据 SY/T 6658，对上下游管道无特殊要求，遵照制造厂的说明	依据 GB/T 21446，上下游需直管段长度
典型直管长度： 上游 下游	（依据配置） $4D$ $2D$	（依据配置） $10D$ $5D$	 $20D$ $5D$	（依据配置） $10D$ $5D$		（依据配置） $4D$ $2D$	（依据配置） $30D$ $7D$

注 1：流量计最初用的型号过大会影响小流量的测量准确度。

注 2：D 为流量计内径。

附 录 D
（资料性附录）
计量系统性能特征

D.1 总则

本附录阐述了计量系统的性能特征与计量设备之间关系的方法。所用的概念符合 JJF 1059 测量不确定度评定与表示。本附录依照最大允许误差处理测量不确定度与准确度要求之间的关系。

本附录使用的符号列于表 D.1。

表 D.1 符号和代号

代号	名 称	量 纲	单位符号
β	系统误差	1	—
D	漂移	1	—
MPE	最大允许误差	1	—
p	压力	$ML^{-1}T^{-2}$	Pa
T	时间	T	s
T	温度	θ	K
U	合成不确定度	1	—
U_A	A 类不确定度（“随机”）	1	—
U_B	B 类不确定度（“系统”）	1	—
U_D	漂移引起的不确定度	1	—
V	体积	L^3	m^3
Z	压缩因子	1	—
注：在“量纲”栏中，长度、质量、时间、热力学温度量纲，分别用 L、M、T、θ 表示。			

D.2 测量仪表准确度的技术要求

D.2.1 新仪表

对于计量仪表的准确度，一个可量化的表述可由系统误差 β 和不确定度 U 给出。

系统误差 β 定义为：同一被测量无数个重复测量结果的平均值减去该被测量的真值。

因为被测量的真值是未知的，β 可通过校准来近似取值，校准过程就是将测量结果与代表常规真值的某一标准值进行比较。校准的目的也是通过调整仪表或确定一个修正值或修正系数以消除系统误差的影响。由于 β 会在仪表的整个计量范围内变化且在整个范围内 β 不可能设定为零，所以系统误差的影响就不可能完全消除。

不确定度 U 是一个参数，它与测量结果有关，它表征了可能受被测量适当影响的测量结果值的离散程度，它可分为两类：

D.2.1.1 A类不确定度可以通过对一系列观测值进行统计分析予以确定,各个测量结果的离散性是由测量过程中出现的随机变化造成的。通常 U_A 表示标准偏差(或标准偏差的倍数,通常为系数2)或者一个有规定置信水平区间宽度的一半(通常为95%)。

注:A类不确定度用来表示"随机不确定度"。

D.2.1.2 B类不确定度是不能根据统计分析进行评定的不确定度。

测量结果与真值有固定的但未知的偏差,重复测量值不能确定B类不确定度。如由仪表校准的不确定度产生的,或由安装效应产生的B类不确定度客观存在,但不能量化。U_B 可以解释为对 β 的理解,B类不确定度只能通过估计获得。一个好的方法是完全独立的重复测量(即:用不同的仪表、独立的可溯源性,由不同的操作人员进行等)。

U_A 和 U_B 可以由式(D.1)合成为一个不确定度值:

$$U=\sqrt{U_A^2+U_B^2} \qquad \cdots\cdots(D.1)$$

β 和 U 表征的是计量仪表在其新的条件下的性能。其他所有可以量化的参数(例如:滞后性、重复性、温度相关性)都可包括在这两个参数中。最终唯一关注的是测量结果与真值的偏差值及其可靠性。所有影响参数均可用于降低 β 或 U 的变化。

仪表的现场安装效应造成的附加系统误差有多种原因。流量计附加系统误差可能是流量计上游的实际速度分布与校准时的实际速度分布不一致造成的。传感器和电子仪器可能是环境温度影响或功率变化造成的。如安装影响是已知并稳定的、或可以通过现场检查予以确定,该安装影响经校准对 β 进行修正。通常安装影响不能确定,会导致 U 增大。

D.2.2 在用仪表

仪表投入运行后,需再考虑其漂移 D 及漂移的不确定度 U_D。仪表易漂移,漂移 D 是计量仪表的计量特性随时间发生的缓慢变化。

应对仪表的漂移 D 进行估计,随之产生漂移 D 的不确定度 U_D,U_D 可以是A类,也可以是B类,或是A、B两类的合成。

可用不同的方法来估计 D 值。很多仪表都将经过型式试验,这种测试结果会有指导意义。另一种信息来源是来自重复校准的数据。它们可以是对单台仪表的重复校准值、也可以是全部仪表的重复校准值。

重复校准的数据的范围会造成 U_D 对A类的影响用两倍标准偏差表示。型式试验数据或技术条件会造成 U_D 对B类的影响。

注1:D 和 U_D 可以按照公认的仪表使用经验进行调整。

注2:如未获得 D 的数据,将对 U 产生附加影响。

D.2.3 总结

仪表的准确度可用4个参数进行量化描述:β、U、D 和 U_D。β 和 D 随着时间的变化而变化并影响系统误差,U 和 U_D 表示不确定度的变化情况。

注:如标准给出了计算计量仪表或系统的不确定度导则(如GB/T 21446对孔板流量计),应遵循该标准估算 U。此时不考虑可能的系统误差和性能随时间的变化。

D.3 准确度要求:最大允许误差(MPE)

表达准确度要求的适当方法是规定最大允许误差。最大允许误差定义为:测量仪表读数与被测量的(常规)真值之间允许误差的极值。

D.2 所描述的仪表，其最大允许误差用式(D.2)和式(D.3)表示：

$$|\beta + U| < \mathrm{MPE} \qquad \cdots\cdots (\mathrm{D.2})$$

$$|\beta + U \times t + \sqrt{U^2 + (U_D \times t)^2}| < \mathrm{MPE} \qquad \cdots\cdots (\mathrm{D.3})$$

注1：原则上，最大允许误差的确定应考虑各方利益。理论上，最大允许误差取决于计量站仪表的性能。其性能还不可避免地受到其他因素的影响。特别是首次确定最大允许误差时，应考虑经济合理、技术可行。

注2：由多个仪表组成的计量站，最大允许误差可由整个系统确定；但由于实际原因，各个仪表的最大允许误差也可单独使用。

D.4 不确定度评估示例

D.4.1 概述

以使用涡轮流量计的计量站为例，进行压力、温度测量和压缩因子计算。

注：本例仅为阐明参数的用法，并非实际数据。

D.4.2 不确定度评定

涡轮流量计的不确定度按以下方法评定。

D.4.2.1 经校准的涡轮流量计，其流量的系统误差是已知的，并始终存在。其实用方法是使用流量加权平均误差表示。本例假设 $\beta = +0.03\%$。

D.4.2.2 校准证书规定校准结果的不确定度，通常在2倍标准偏差水平为0.25%。

D.4.2.3 应对安装引起的不确定度进行评定。假设非理想安装的影响估计达0.20%。

D.4.2.4 温度对流量计的影响估计为0.05%。

D.4.2.5 流量计B类不确定度应为：

$$U_B = \sqrt{(0.25^2 + 0.20^2 + 0.05^2)} = 0.32\%$$

D.4.2.6 流量计性能的随机变化(重复性)可以估计为0.05%，则 $U_A = 0.05\%$。

D.4.2.7 通过相同类型的其他流量计的校准结果，可对 D 进行估计。假设此类流量计每10年漂移 -0.8%，则每年 $D = 0.08\%$。

D.4.2.8 从计算 D 的数据范围，可以计算出 D 不确定度为2倍标准偏差，其结果是：

$$U_D = 0.06\% / 年$$

同理可估算出压力和温度传感器的不确定度。本例中使用的参数值全部列于表D.2中。为了充实本例的内容，对压力传感器给予了一个+0.15%/年的大漂移。

表 D.2 不确定度参数举例

参数	β	U_B	U_A	D	U_D
V	+0.03	0.32	0.05	−0.08	0.16
p	+0.10	0.30	0.10	+0.15	0.16
T	+0.02	0.10	0.00	0.00	0.05
Z	0.00	0.20	0.10		
结果	+0.11	0.51		+0.07	0.18
注：温度的影响是相反的，因此应当减去。					

D.4.2.9 压缩因子 Z 没有系统误差，但肯定有B类不确定度。如果流量计算机的程序中设置的是一个固定气体组成值而实际组成又在变化，则 Z 可以有一个A类不确定度。

D.4.2.10 计量系统不确定度随时间的变化

表D.3列出了整个计量系统是怎样随着时间的变化而变化的。

表 D.3 用表 D.2 的值随时间变化而变化的不确定度

时间	$\beta+D\times t$	$U=\sqrt{U^2+(U_D\times t)^2}$
新的	+0.11	0.51
使用1年	+0.18	0.54
使用2年	+0.25	0.62
使用5年	+0.46	1.03
使用10年	+0.81	1.87

D.4.3 与最大允许误差的关系

假设对计量系统已规定最大允许误差为被测量的1%。

性能变化列于图D.1。

在 $t=0$ 时，新系统投入运行，此时 $\beta=0.11\%$，不确定度为0.51%。显然，计量站在最大允许误差范围内运行。

随着时间的推移，性能按表D.3发生变化。如果计量站自动运行，在实时的每一时刻，计量站所处的性能状态均可从图D.1或表D.3中找到答案。

很清楚，在大约 $t=34$ 个月时，不确定度与最大允许误差相交。因此从那以后，就不能再保证计量站的性能仍处于准确度要求的最大允许误差范围内，不确定度与最大允许误差相交，就表明那是计量站必须采取措施的最晚时间。利用表D.2，它可以制定重新校准方案以查看与极限交叉那一刻的影响。

在本例中，为压力传感器假设了一个相当大的漂移。通过重新校准，例如：每2年校准一次，有效漂移就会变小。变化情况如图D.2所示。当两线相交时，最大允许误差已变成了 $t=6$ 年，主要是由流量计的假定负漂移引起。如果流量计每隔6年再校准一次，其结果列于图D.3。计量站总的性能在波动，但仍处于合同认可的最大允许误差范围内。

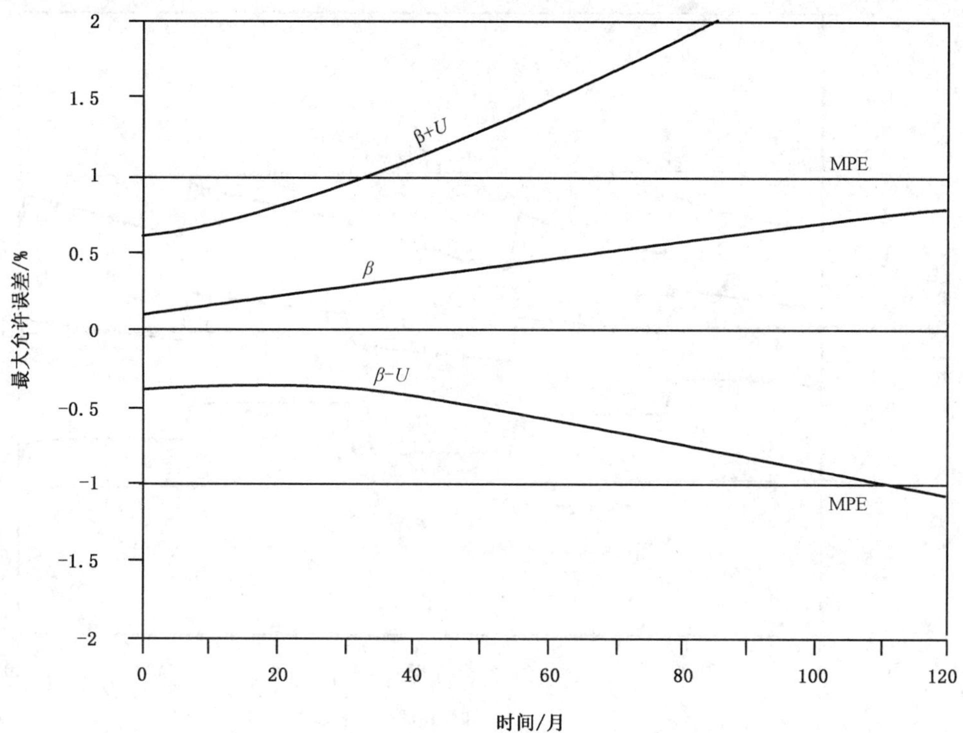

图 D.1 最大允许误差随时间变化而变化的情况——无重新校准

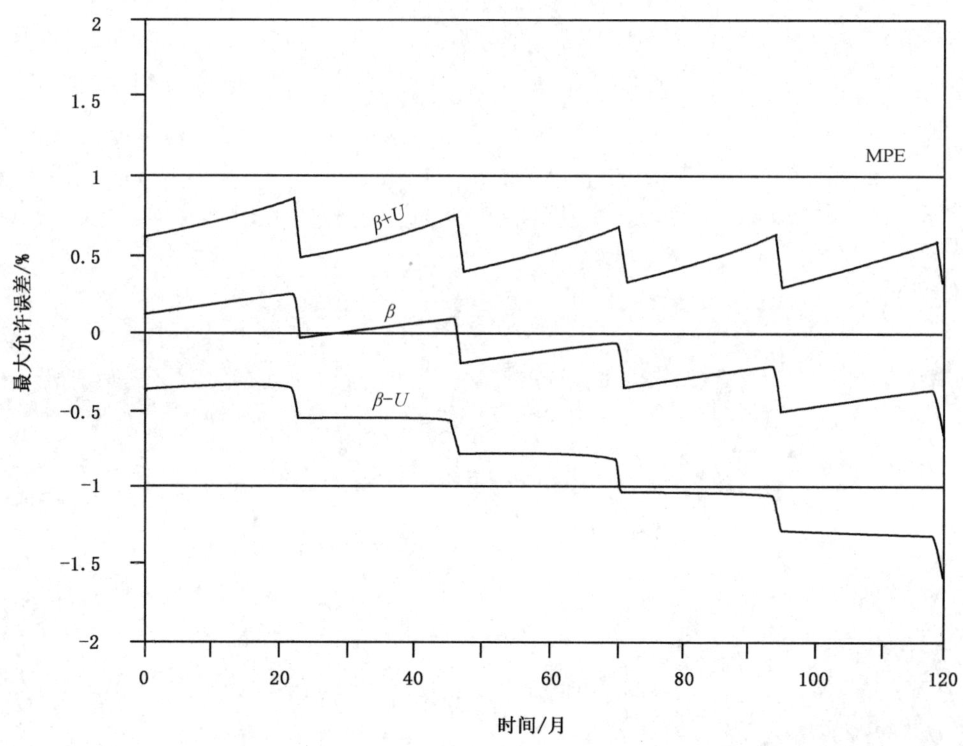

图 D.2 最大允许误差随时间变化而变化的情况——压力传感器，每 2 年重新校准一次

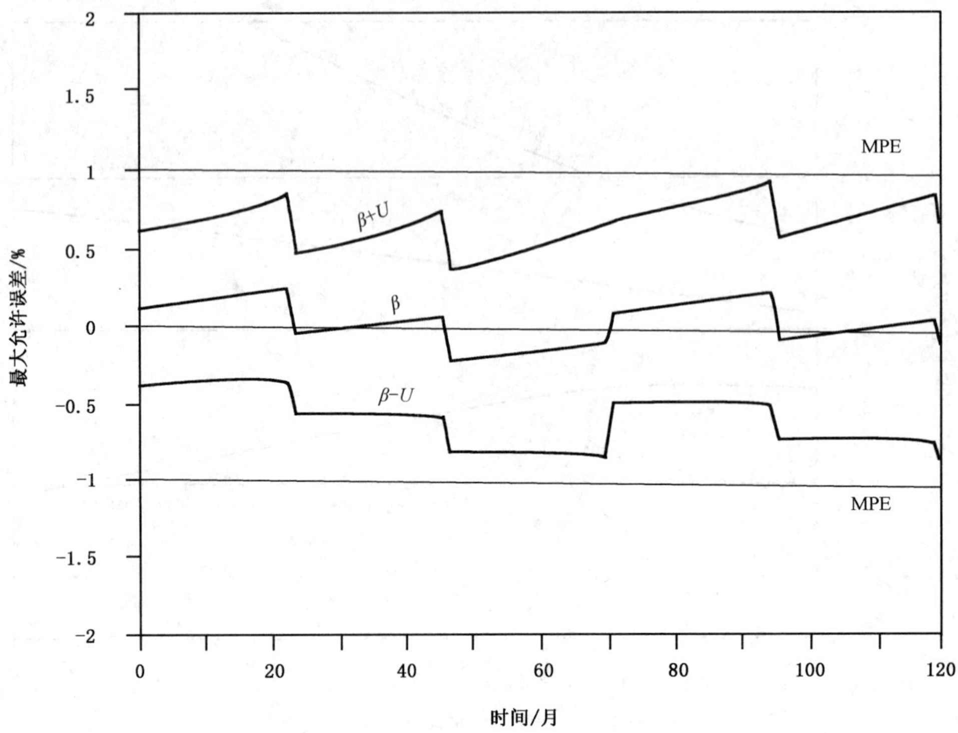

图 D.3　最大允许误差随时间变化——压力传感器(2 年)重新校准,流量计(6 年)重新校准

附 录 E
（资料性附录）
配套仪表测试程序

E.1 差压传感器

E.1.1 总则

差压传感器应按以下方法之一进行测试：

a） 高静压测试；

b） 轨迹测试；

c） 常压校准。

采用哪种方法应取决于测量的静压，计量站的位置和适用的测试设备的可用性。

E.1.2 高静压测试

每一台差压传感器都应使用一合格高静压气体差压活塞式压力标准或具有合格不确定度（至少是被检传感器不确定度的1/3）的另一标准仪表进行现场测试。应将它增压至与正常工作条件计量管线相同的压力。

考虑到当地重力和工作温度（如果它与高静压气体差压活塞式压力标准的校准温度相差很大）的影响，应对高静压气体差压活塞式压力标准的标准压力模块进行修正。

传感器和压力标准之间如果在标准上存在着差别，还应使用一个浮力校正系数。

应在整个工作范围的3个或多个公称压力点上对差压传感器的输出进行监测并和上、下行程的升降压力一道记录下来。差压传感器的范围应大于上、下行程升降测试中其工作范围的110%。

可能需要进行零点修正和量程调整，以使传感器的误差在允许的范围内。

E.1.3 "轨迹测试"

要进行"轨迹测试"，首先应在与上述相同的基础下在一授权校准实验室内对差压传感器进行高静压测试和调整，然后再在常压下进行校准并提供一份测试记录（"轨迹"）。

在计量站上应该用一合格活塞式压力标准对每一差压传感器进行现场测试，测试时将其高压孔与压力标准相连，低压孔放空。

在上述测试结束之后，应在工作静压下进行一次零点值检查。

应将上述测试所记录的测量结果与上述实验室所产生的"轨迹"上的结果进行比较，如果它们超过了允许误差范围，则应将差压传感器送回实验室进行再校准和调整。

E.1.4 常压校准

作为上述方法中一种替代的方法是可以只在常压下测试差压传感器。每一差压传感器均应该用一合格的活塞式压力标准进行现场测试，测试时将其高压孔与校正器相连接，低压孔放空。

应当注意，差压传感器往往对从常压转换到工作压力比较敏感，可能需对这种校准方法固有的输出结果的系统漂移进行修正。

如果所记录的测量结果超过了允许误差的范围，则应更换传感器，或者可对零位和刻度进行调整，以使其处于允许范围内（如果计量站的操作程序允许这样做）。

E.2 压力传感器

每一点上的测量结果都应处于允许误差范围内，否则就应更换传感器。如果计量站的操作程序允许的话，可以对刻度和零位进行调整，使压力传感器处于允许误差范围内。

E.3 温度传感器

E.3.1 概述

如果没有测试用温度计插孔套，则应将铂电阻温度计从其插孔中取出并和一已校准的温度计装置一起置于常温下盛装流体的绝缘烧杯内。当温度计的读数稳定时，再按下述两种方法分别进行测试。

E.3.2 铂电阻温度计(PRT)

铂电阻温度传感器的线性是在设计和制作时就已形成了，不易漂移和老化。因此，对这些传感器的校准只需在其操作范围内的某一个点上进行。

如果提供了测试用温度计插孔套，就应将一已校准的温度计装置置于插孔套中。当温度计读数稳定时，就将该读数与流量计算机显示的温度读数进行比较。如果比较结果在认可范围内，就将测量结果记录在测试记录单上。如果这个读数超过了仪表的测量限范围，则应更换该元件。

E.3.3 其他温度传感器

对于其他半导体温度传感器，至少在操作范围的 2 点上进行测试，因为它们容易老化和漂移。在这种情况下，应将该装置从温度计插孔套中取出，和一已校准的温度计装置一道，首先置于一正常温度下的冰水混和物中，再置于盛着油的绝缘烧杯内。然后再按上述步骤去做。或者可用温度校准仪建立并维持在所需的温度值上。

附　录　F
（资料性附录）
档案和记录

F.1　档案

F.1.1　档案应包括（但不限于）以下内容：

a）　所有设计文件资料，包括技术条件、计算结果、图纸和试验报告；

b）　有关计量站安装、投产和后来运行情况的综合性记录；

c）　损坏情况报告；

d）　整改及设备更换详细记录；

e）　故障及事故报告；

f）　计量站日常供气报告（在适当之处）；

g）　计量站基本的计算机数据库资料（在适当之处）。

F.1.2　测试记录单至少应包括：

a）　记录人员的打印姓名及亲笔签名；

b）　所有在场人员的打印姓名及亲笔签名。

F.2　记录

计量站的记录应包括（但不限于）以下主要数据：

a）　所有安装仪器仪表的标签号和序号；

b）　仪器仪表和与之相关的标签号、序号以及流量计累加器读数更换或变化的日期及时间；

c）　计量系统再次校准及流量计累加器读数变化的起、止日期和时间；

d）　对流量计计算机键盘输入、报警设定和包括日期、时间及流量计累加器读数在内的常数的任何修改；

e）　与计量系统相关的所有日常事务；

f）　关于误差和对误差的修改报告；

g）　组成、黏度、比热比等工艺参数的任何变化；

h）　装置、仪表、计量系统的全部明细；

i）　包括最后校准的日期在内的所用测试设备的全部明细；

j）　所有测试和结果数据。

F.3　档案确认

所有测试和维护报告都应由完成人员及计量站的负责人员签字。

参 考 文 献

［1］ GB 4824 工业、科学和医疗(ISM)射频设备电磁骚扰特性 限值和测量方法
［2］ GB 9254 信息技术设备的无线电骚扰限值和测量方法
［3］ GB/T 19001 质量管理体系 要求
［4］ OIML R 140:2007(E) 气体燃料计量系统
［5］ EN1776:1998(2007) 供气系统 天然气计量站 功能要求

ICS 75.180.30
E 98

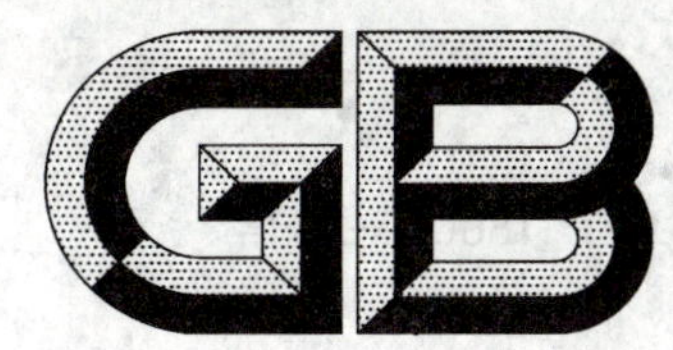

中华人民共和国国家标准

GB/T 18604—2014
代替 GB/T 18604—2001

用气体超声流量计测量天然气流量

Measurement of natural gas flow by gas ultrasonic flow meters

2014-02-19 发布　　　　2014-06-01 实施

中华人民共和国国家质量监督检验检疫总局
中国国家标准化管理委员会　发布

前　言

本标准按照 GB/T 1.1—2009 给出的规则起草。

本标准代替 GB/T 18604—2001《用气体超声流量计测量天然气流量》。与 GB/T 18604—2001 相比，除编辑性修改外主要技术变化如下：

——增加了一个声道失效时测量误差的最大偏移、声速偏差和流量计组件 3 个定义（见 3.2.17、3.2.18 和 3.2.19）；

——修改了测量准确度的影响因素，将影响因素分为内因和外因两类（见第 4 章）；

——工作温度范围进一步明确为介质温度和环境温度（见 5.3）；

——提高了多声道气体超声流量计零流量读数要求，增加了声速偏差和最大声速差两个干标技术要求。修改了分界流量以上的最大峰间误差要求（见 6.1）；

——增加了根据环境条件和工作条件，对流量计组件（包括上下游直管段、流量计及流动调整器、取温孔和取样孔）采取必要的隔热、防冻等措施的要求，以及声学噪声、脉动的相关要求（见 8.1.1、8.1.4、8.1.5 和附录 E）；

——修订了管道安装上游直管段和流动调整器安装位置、测温孔和取样孔插入深度、流动调整器的相关要求（见 8.2.2、8.2.5 和 8.2.7 和附录 F）；

——增加了日常维护中为保证超声流量计现场测量性能的要求（见 8.3.1 和附录 G）；

——增加了理论声速按 AGA Report No.10《天然气和其他相关烃类气体中的声速》提供的方法或其他相关与其计算结果相同的方法计算的要求（见 9.1.3）；

——增加了质量流量和能量流量计算方法和不确定度估算（见第 10 章）；

——将实流校准修订为流量计组件的实流校准，并对温度、压力的稳定度要求，测试流量点进行了修改（见 B.2.2 和 B.3.3.3）；

——删除了原附录 E“上、下游直管段长度要求”；

——增加了“声学噪声的产生及防治措施”技术要求（见附录 E）；

——增加了“流量计和流动调整器的性能验证测试”技术要求（见附录 F）；

——增加了“流量计现场测量性能的监测和保证”技术要求（见附录 G）。

本标准使用重新起草法参考 AGA Report No.9：2007《用多声道超声流量计测量天然气流量》进行修订。

本标准由全国石油天然气标准化技术委员会（SAC/TC 355）提出并归口。

本标准起草单位：国家石油天然气大流量计量站成都分站、中石油西南油气田分公司、中石油集团工程设计有限责任公司西南分公司。

本标准主要起草人：段继芹、何敏、文代龙、任佳、黄和、刘勇明、陈荟宇、王强、陈琦、倪锐。

用气体超声流量计测量天然气流量

1 范围

本标准规定了气体超声流量计的测量性能要求、流量计本体要求、安装和维护、现场验证测试要求，以及流量计算方法及测量不确定度估算。

本标准适用于插入式传播时间差法气体超声流量计(以下简称流量计)，一般用于集输装置、输气管线、储存设施、配气系统和用户计量系统中的天然气流量测量。外夹式气体超声流量计的使用可参考本标准。

2 规范性引用文件

下列文件对于本文件的应用是必不可少的。凡是注日期的引用文件，仅注日期的版本适用于本文件。凡是不注日期的引用文件，其最新版本(包括所有的修改单)适用于本文件。

GB 3836.1 爆炸性环境 第1部分:设备 通用要求

GB 3836.2 爆炸性环境 第2部分:由隔爆外壳“d”保护的设备

GB 3836.4 爆炸性环境 第4部分:由本质安全型“i”保护的设备

GB/T 4208 外壳防护等级(IP代码)(IEC 60529)

GB/T 11062—1998 天然气发热量、密度、相对密度和沃泊指数的计算方法

GB/T 13610 天然气的组成分析 气相色谱法

GB/T 17747(所有部分) 天然气压缩因子的计算

GB/T 21446—2008 用标准孔板流量计测量天然气流量

SY/T 0599—2006 天然气地面设施抗硫化物应力开裂和抗应力腐蚀开裂的金属材料要求

JJG 1030—2007 超声流量计

ISO 5167-1:2003 用安装在充满流体的圆形截面管道中的差压装置测量流量 第1部分:总则和技术要求(Measurement of fluid flow by means of pressure differential devices inserted in circular cross-section conduits running full—Part 1:General principles and requirements)

AGA Report No.10 天然气和其他相关烃类气体中的声速(Speed of sound in natural gas and other related hydrocarbon gases)

3 量、术语和定义

3.1 量

本标准所用量和单位的名称及符号见表1。

表1 量和单位的名称及符号

量的符号	量的名称	量 纲	单位符号
D	流量计内径	L	m
k_c	速度分布校正系数	1	
L	声道长度	L	m
P	静压	$ML^{-1}T^{-2}$	Pa
q_v	体积流量	L^3T^{-1}	m^3/s
q_m	质量流量	MT^{-1}	kg/s
q_e	能量流量	L^3T^{-1}	J/s
q_t	分界流量	L^3T^{-1}	m^3/h
Q_n	标准参比条件下一段时间内的体积累积量	L^3	m^3
T	气流热力学温度	Θ	K
t	时间	T	s
V	气体轴向平均流速	LT^{-1}	m/s
$\overline{V}$	气体沿声道的平均流速	LT^{-1}	m/s
X	声道距离	L	m
Z	压缩因子	1	
φ	倾斜角	1	rad
注1：量纲中：符号L为长度，符号T为时间，符号M为质量，符号Θ为热力学温度。 注2：表中未列符号在文中出现处加以说明。			

3.2 术语和定义

下列术语和定义适用于本文件。

3.2.1

传播时间差法 transit-time difference method

在流动气体中的相同行程内，用顺流和逆流传播的两个超声信号的传播时间差来确定沿声道的气体平均流速所进行的气体流量测量方法。

3.2.2

超声换能器 ultrasonic transducer

把声能转换成电信号和反过来把电信号转换成声能的组件，一般都是成对安装，并同时工作。

3.2.3

信号处理单元 signal processing unit

流量计的一部分，由电子组件和微处理器系统组成。

3.2.4

流量计表体 meter body

安装超声换能器和测压接头等部件，并经过特殊制造，在各方面都符合有关标准规定的被测气体通过的管段。

3.2.5

声道　acoustic path

在一对发射和接受超声换能器间的超声信号的实际路径。

3.2.6

声道长度　path length

L

一对超声换能器端面之间的直线长度(见图1)。

3.2.7

声道距离　axial distance

X

声道长度在管道轴线的平行线上的投影长度(见图1)。

图1　插入式气体超声流量测量的简化几何关系示意图

3.2.8

倾斜角　path angle

φ

声道与管道轴线间的夹角(见图1)。

3.2.9

气体沿声道的平均流速　average flow velocity along acoustic path

$\overline{V}$

在声道和流动方向所决定的平面内的气体流速。

3.2.10

气体轴向平均流速　mean axial fluid velocity

V

流量与测量横截面面积之比。

3.2.11

速度分布校正系数　velocity distribution correction

k_c

气体轴向平均流速与沿声道的平均流速之比。

3.2.12

速度采样间隔　velocity sampling interval

由一对超声换能器或声道进行相邻两次气体流速测量的时间间隔。

3.2.13

零流量读数　zero-flow reading

在气体静止状态下的最大允许流速读数。

3.2.14

分界流量　transition flow rate

q_t

在最大流量和最小流量之间的流量值，它将流量范围分割成允许误差不同的两个区，即“高区”和“低区”（见图2）。

3.2.15

最大峰间误差　maximum peak-to-peak error

上限最大误差点和下限最大误差点之间的差值（见图2）。

3.2.16

实流校准系数　flow calibration factor

将流量计进行实流校准，并将测试结果按一定修正方法得出的流量计系数，以下简称校准系数。

3.2.17

一个声道失效时测量误差的最大偏移　maximum error shift with one path failed

在同一流量下，全部声道工作时的测量误差与其中任一声道失效时的测量误差之间的最大差值。

3.2.18

声速偏差　speed of sound(SOS) deviation

流量计测量得到的气体中的平均声速与理论声速间的最大相对偏差。

3.2.19

流量计组件　metering package

由流量计、配套使用的上下游直管段、测温孔、取压孔以及流动调整器共同组成的组件。

4　测量原理

4.1　基本原理

传播时间差法气体超声流量计是通过测量高频声脉冲传播时间得出气体流量的速度式流量计。传播时间是通过在管道外或管道内成对的换能器之间传送和接收到的声脉冲进行测量的。声脉冲沿斜线方向传播（见图1），顺流传送的声脉冲被气流加速，而逆流传送的声脉冲则会被减速。其传播时间差与气体的轴向平均流速有关，从而使用数值计算技术计算出在工作条件下通过气体超声流量计的气体轴向平均流速和流量。只有一个声道的流量计称为单声道气体超声流量计，有两个或两个以上声道的流量计称为多声道气体超声流量计。超声换能器与气体直接接触时，称为插入式。超声换能器不与气体直接接触时，称为外夹式。

更详细的内容参见附录A。

4.2　测量准确度的影响因素

4.2.1　内部因素，包括：

a)　流量计表体几何尺寸和超声换能器位置参数的准确度及稳定性；

b） 用于传播时间测量的超声换能器和电子部件的质量和准确度(包括电子时钟的稳定性)；

c） 用于传播时间检测和平均流速计算的采样周期和积分计算方法；

d） 校准(包括对电子部件和超声换能器信号滞后的补偿)。

4.2.2 外部因素，包括：

a） 气流速度分布；

b） 温度梯度；

c） 气流脉动；

d） 声学和电磁噪声；

e） 固体和液体沉积；

f） 几何尺寸随时间推移的变化。

5 工作条件

5.1 天然气气质

流量计所测量的天然气组分一般应在GB/T 17747(所有部分)所规定的范围内，天然气的相对密度为0.55～0.80。

如果出现下列任一情况，应向制造厂咨询流量计的材质、超声换能器的选型，以及流量计计量准确度是否满足要求：

a） CO_2 含量超过10%；

b） 在接近天然气混合物临界密度的条件下工作；

c） 总硫含量超过460 mg/m^3，包括硫醇、硫化氢和元素硫。

正常输气工作条件下，在流量计表体内的附着物(如凝析液或带有加工杂质的油品残留物、灰和砂等)会减少流量计的流通面积而影响计量准确度，同时附着物还会阻碍或衰减超声换能器发射和接收超声信号，或者影响超声信号在流量计表体内壁的反射，因此对流量计应定期检查清洗。

5.2 压力

超声换能器对气体的最小密度(它是压力的函数)有一定要求，最低工作压力应保证声脉冲在天然气中能正常传播。

5.3 温度

制造厂应根据用户的实际工况要求提供满足温度范围要求的流量计。流量计的工作介质温度为－20 ℃～60 ℃，工作环境温度范围为－40 ℃～60 ℃。

5.4 流量范围及流动方向

流量计的流量测量范围由气体的实际流速确定，被测天然气的典型流速范围一般为0.3 m/s～30 m/s。用户应核实被测气体流速在制造厂规定的流量范围内，其相应的测量准确度应符合第6章的规定。

流量计具有双向测量的能力，且双向测量的准确度相同。用户应当指出是否需要双向测量，以便制造厂适当组态信号处理单元参数。

5.5 速度分布

理想条件下，进入流量计的天然气流态应是对称的充分发展的紊流速度分布。上游管路配置(即各种上游管道配件、调压阀以及直管段的长度等)会影响进入流量计的气体速度剖面，从而影响测量准确度，影响的大小和正负在一定程度上与流量计的补偿能力相关。

6 测量性能要求

本章规定了流量计应满足的一组最低测量性能要求。在进行实流校准系数调整之前，流量计就应满足这些性能要求，以保证不因进行校准系数调整而掩盖了流量计自身的问题和缺陷。

用户应根据第7章和附录B的规定，要求对流量计进行检验和实流校准，并应遵守第8章的安装要求，以保证在满足最低性能要求基础上提高流量计的测量准确度。

对每一结构尺寸的流量计，制造厂应规定流量界限值，即最小流量 q_{min}、分界流量 q_t 和最大流量 q_{max}。不论是否经过实流校准，在制造厂规定的流量范围内，流量计都应满足本章的测量性能要求。

6.1 多声道气体超声流量计测量性能要求

6.1.1 通则

在进行任何校准系数调整之前，所有多声道气体超声流量计的一般测量性能应满足下列要求：

a) 重复性：

0.2%，$q_t \leqslant q \leqslant q_{max}$；

0.4%，$q_{min} \leqslant q < q_t$；

注：q 为被测流量，下同。

b) 分辨力：0.001 m/s；

c) 速度采样间隔：≤1 s；

d) 零流量读数：对于每一声道：<6 mm/s；

e) 声速偏差：±0.2%；

f) 各声道间的最大声速差：0.5 m/s。

6.1.2 大口径流量计的准确度

在进行任何校准系数调整之前，口径等于或大于300 mm的多声道气体超声流量计应满足下列测量准确度要求(见图2)：

a) 最大误差：

$\pm 0.7\%$，$q_t \leqslant q \leqslant q_{max}$；

$\pm 1.4\%$，$q_{min} \leqslant q < q_t$；

b) 最大峰间误差：

0.7%，$q_t \leqslant q \leqslant q_{max}$；

1.4%，$q_{min} \leqslant q < q_t$。

6.1.3 小口径流量计的准确度

在进行任何校准系数调整之前，口径小于300 mm的多声道气体超声流量计应满足下列测量准确度要求(见图2)：

a) 最大误差：

$\pm 1.0\%$，$q_t \leqslant q \leqslant q_{max}$；

$\pm 1.4\%$，$q_{min} \leqslant q < q_t$；

b) 最大峰间误差：

1.0%，$q_t \leqslant q \leqslant q_{max}$；

1.4%，$q_{min} \leqslant q < q_t$。

注：当声道长度较短时，在紊流气体中测量声波传播时间比较困难，因此对小口径流量计的要求较低。

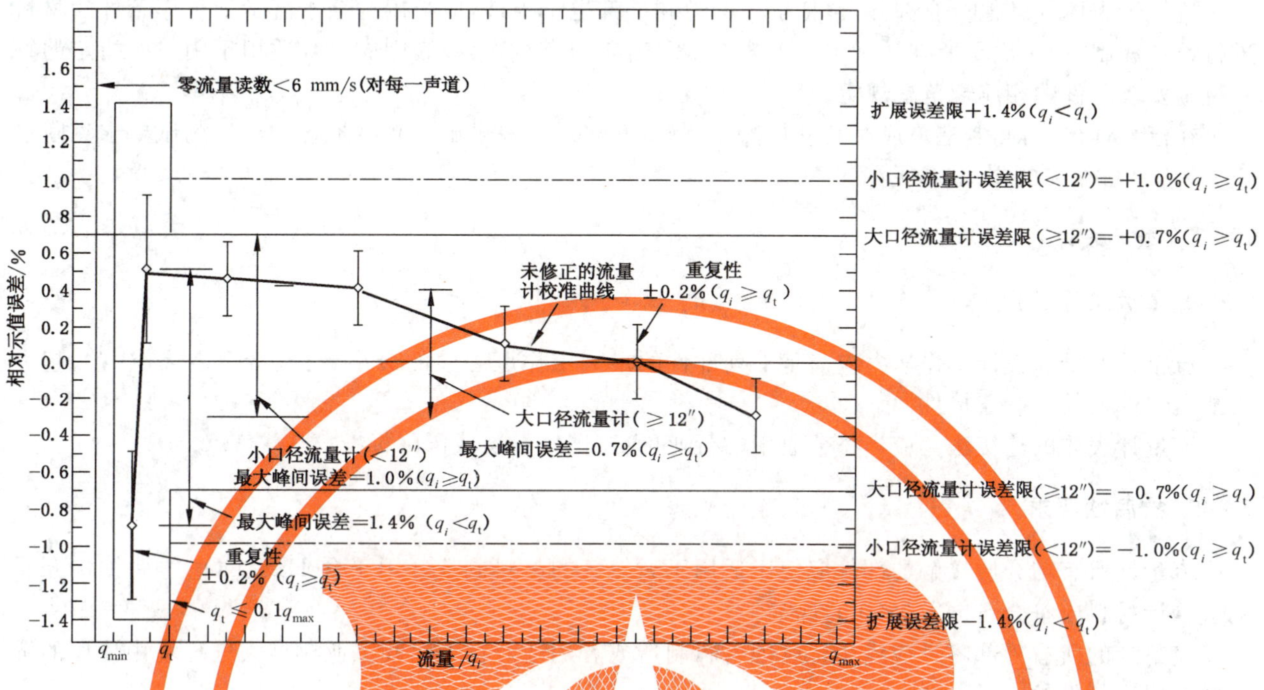

图2 多声道气体超声流量计测量性能要求汇总

6.2 单声道气体超声流量计测量性能要求

单声道气体超声流量计的测量性能可比多声道气体超声流量计的测量性能要求低，具体指标由制造厂提供。

6.3 工作条件对测量性能的影响

在第5章规定的工作条件下，流量计不需任何人工调整就应当满足6.1和6.2规定的测量性能要求。如果需要人工输入物性参数来确定天然气流动条件下的物性参数(密度和黏度等)，制造厂应给出流量计受这些参数影响的敏感程度，以便当工作条件改变时，用户可确定这些改变所带来的影响是否可以接受。

7 流量计要求

7.1 组成和基本规定

7.1.1 组成

流量计主要由以下两部分组成：

a) 流量计表体、超声换能器及其安装部件。

b) 由电子组件和微处理器系统组成的信号处理单元(SPU)，它接受超声换能器信号，且具有处理测量信号和显示、输出及记录测量结果等功能。位于现场的电信号处理及转换部分安装在转换器内。

7.1.2 基本规定

流量计表体和其他所有部件,包括承压构件和外部电子组件,应当用适合于流量计工作条件的材料进行设计和制造,并满足所在计量系统工艺要求。若用户有特殊要求,则应符合适用于用户所指定的每一特定安装条件的相应规范或规定。

在流量计出厂前,制造厂应对其进行出厂测试,并向用户提供出厂测试报告。出厂测试要求见附录C。并应具备相应的文件,参见附录D。

7.2 流量计表体

7.2.1 最大工作压力

流量计的最大设计工作压力应当是下列部件的最大工作压力中的最小者:流量计表体、法兰、超声换能器部件及其安装连接件。

流量计表体的连接法兰应当符合通用的行业标准、国家标准或国际标准。

7.2.2 抗腐蚀要求

流量计所有与介质接触的部件应使用适用于天然气的材料制造。用于含 H_2S、CO_2 等腐蚀性介质的流量计材料应符合 SY/T 0599 的规定。

流量计的所有外部零件应当用抗腐蚀材料制造或者用适合在天然气工业典型大气环境中使用的抗腐蚀涂层进行保护。

7.2.3 适应环境的能力

流量计外壳、铭牌和各个组件应能符合 GB/T 4208 的规定,至少应达到 IP65 的等级要求。

7.2.4 长度和口径

制造厂应给出各个压力等级和口径下的流量计表体的标准长度。为了与已有的管路相匹配,用户可指定不同的长度和口径。

7.2.5 超声换能器端口

天然气中可能含有杂质(如:凝析液或粉尘),所设计的超声换能器端口应尽量减少液体或固体在其上停留的可能性,根据用户要求可设置带压拆装超声换能器的阀。

7.2.6 取压孔

流量计表体上应至少有一个取压孔用以测量静压。每个取压孔的公称直径应在 4 mm~10 mm 之间,若流量计表体的壁厚小于 20 mm,取压孔公称直径为 4 mm,并且从流量计表体内壁起,至少在 2.5 倍取压孔直径的长度内为圆柱形,且取压孔轴线应垂直于测量管轴线。流量计表体内壁取压孔边缘应为直角,且无毛刺和卷边。

每个取压孔应具有装隔离阀的内螺纹,并且具有能将隔离阀直接装在取压孔上的回转空间。内螺纹的规格宜为 1/4″NPTF 或 1/2″NPTF。取压孔应设在流量计表体的顶部、左侧或右侧。必要时可增设取压孔,以便为用户提供安装压力变送器的灵活性,并利于维护和将压力变送器导压管内的凝液排回流量计表体内。

7.2.7 流量计标记

在流量计上应设置至少含有下列内容的铭牌:

a) 制造厂名称，流量计的型号、系列号和制造年月；
b) 公称压力和总质量；
c) 公称直径和内径；
d) 最高和最低储存温度；
e) 工作压力和工作温度范围；
f) 在工作状态下最大和最小的每小时流量；
g) 气体流动的正方向；
h) 防爆等级。

为便于识别，每一个超声换能器端口应标有永久性的独特标志。如果在流量计表体上用压模标记，则应使用低应力压模形式，即圆底印迹。

7.2.8 外观质量要求

外观质量要求包括：

a) 流量计的外表应整洁、美观，表面应有良好的处理，不应有毛刺、刻痕、裂纹、锈蚀、霉斑和涂层剥落现象；
b) 所有文字和符号应鲜明、清晰；
c) 密封面应光滑，不应有损伤。

7.2.9 其他要求

流量计应设计成当将其放在坡度达10%的光滑平面上时不滚动，以防止在安装或维护期间将其临时放在地面上时损坏突出的超声换能器和信号处理单元。

流量计还应设计成在运输和安装期间容易安全搬动，并应设计有吊孔和吊索放置的空间。

用户可要求制造厂提供流量计上下游法兰上的定位销，以保证流量计现场安装的正确定位。

7.3 超声换能器

7.3.1 技术要求

制造厂应给出超声换能器的一般技术指标，如：关键的尺寸、最大允许工作压力、工作压力范围、工作温度范围及气体组分限制等。

制造厂应根据超声换能器型号、超声流量计尺寸和期望的工作条件指定最小工作压力。该最小工作压力应标记在流量计上，以便提醒现场工作人员，当管道压力低于该压力时流量计可能不记录流量。

7.3.2 压力变化率

流量计突然降压时，超声换能器内部存留的气体膨胀可导致其损坏，制造厂应对安装、启动、维护和工作期间流量计的降压和升压速率给予明确的说明。流量计的压降速率不宜超过0.5 MPa/min。

7.3.3 更换、拆卸和重新安装

更换、拆卸或重新安装超声换能器时，应不会明显改变流量计的性能。也就是在更换超声换能器和对信号处理单元软件常数作相应调整后，流量计的测量性能仍然满足第6章的要求。制造厂应指明更换超声换能器的工作程序及需要进行的机械、电气和其他方面的测试及调整。

7.3.4 测试

制造厂应对每一只或每一对超声换能器进行测试，其测试结果应作为超声流量计质量保证体系的

一部分以文档的形式记录并保存。每一只超声换能器应标有永久系列号并由制造厂提供7.3.1要求的技术参数。如果信号处理单元要求专门的超声换能器特性参数，则应提供每一只或每一对超声换能器的测试文件，其中包括专门的校准测试数据、使用的校准方法及特性参数。

7.4 电子部件

7.4.1 一般要求

流量计的电子部件，即电源、微处理器、信号处理组件和超声换能器激振电路等，可组装在一个或多个箱体内并安装在流量计上或流量计旁，统称为信号处理单元(SPU)。制造厂应给出SPU的唯一性的标识。电子部件的测试应符合JJG 1030—2007附录A“型式评价”中的相关要求。

电源部分和工作接口等远程单元可选择安装在非危险区域，并用屏蔽电缆将其与信号处理单元连接。

信号处理单元应在第6章中规定的流量计测量性能要求指标范围内和第5章规定的环境条件下工作，并且当更换整个信号处理单元或更换任何现场替换模块时，不会导致流量计测量性能的明显改变(见7.3.3)。制造厂应提醒用户，更换整个SPU或其中的模块时是否会明显地影响流量计的测量性能。

信号处理单元应有监视计时器功能，以保证在程序故障锁死的情况下重新启动信号处理单元。

流量计供电电源一般为50 Hz、220 VAC的交流电源或者12 V～24 VDC的直流电源或电池。

7.4.2 输出信号技术要求

信号处理单元应至少具有下列输出信号：

a) 代表工作条件下体积流量的频率信号；

b) 串行通信数据接口，例如RS-232、RS-485或等效的接口。

流量计还应具有针对工作条件下体积流量的4 mA～20 mA模拟信号。流量信号应当可调节到最大流量q_{max}的120%。

应设置小流量切除功能，即当流量低于某一最小值时设定其输出为0(但对串行通信数据输出时不适用)。

当超过流量计的最大流量时，制造厂应向用户提供可以选择的流量输出，这些流量输出可以是零、最大流量或用户确定的流量。

对双向流应用场合，应提供两个独立的流量输出和一个流向状态输出及串行通信数据值，由相应的流量计算机和流向状态输出信号分别进行流量的累积计算。

所有输出信号应与地隔离并具备必要的过电压保护。

7.4.3 电气安全要求

流量计的所有电子部件，应当由具备资质的实验室进行分析、测试和取证，然后在每台流量计上贴上标签。流量计的电气设备和仪表的防爆等级应符合GB 3836.1的规定，隔爆型电器设备和仪表应符合GB 3836.2的规定，本质安全型电路和电器设备应符合GB 3836.4的规定，其他防爆型式的电器设备也应符合相应专用标准的规定。用户可指定流量计应满足的防爆等级，以适应更加安全的安装要求。

电缆护套、橡胶、塑料和其他裸露部分应当耐紫外光、油脂和阻燃。

7.4.4 部件更换

更换或重新安装超声换能器、线缆、电子部件和软件后，制造厂应向用户提供一套可靠的工作程序和足够的数据，以保证任一部件进行更换或重新安装后，流量计的测量性能仍然满足第6章的要求，且更换后的功能不低于更换前的标准功能。

对这些部件进行更换而不对流量计重新校准时，可能会导致附加测量不确定度。在更换部件前，应保存一套参考数据(见 7.5.5)，当更换部件后，用户应将各声道间的速度比、声速比等与参考数据进行比较，确保流量计的测量性能仍然满足第 6 章的要求。

7.5 流量计算机

7.5.1 硬件

用于流量计控制和工作的计算机代码应当存储在非易失性存储器中，所有流量计算常数和人工输入的参数也应当存储在非易失性存储器中。

制造厂应当保存所有对硬件修改的记录，包括修改系列号、修改日期、适用的流量计型号、电路板修改和对硬件改变的描述。

检查者通过目测检查硬件模块、显示器或数据通信口，就应能得到硬件修改号、修改日期、系列号和检查次数。

制造厂可随时提供改进的硬件，以改变流量计的性能或增加更多的功能。制造厂应当通知用户硬件的修改是否影响经实流校准的流量计的准确度。

7.5.2 组态和维护软件

流量计应当具有对信号处理单元进行就地和遥控组态及监控流量计运行的能力。该软件至少应当显示和记录下列数据：瞬时流量、轴向平均流速、平均声速、沿每一声道的声速和气体流速、每一超声换能器所接受的声波信号的质量。制造厂可用流量计的部分嵌入软件来提供这些软件功能。

7.5.3 检查和检验功能

为了进行查验，当流量计工作时应当能在流量计算机上检查和确认所有流量计算常数和参数。

检查或检验人员可察看和打印信号处理单元的流量测量组态参数。

应当采取措施，确保影响流量计性能的参数不能意外或未察觉地被改变。其措施包括铅封的开关或跳线、固化的可编程只读存储器芯片或在信号处理单元中设置密码。检验人员应当能够验证任一特定流量计所采用的全部算法、常数和组态参数，确保流量计达到或优于原来流量计实流测试时的性能，或者达到或优于该特定流量计经最近一次实流校准且改变其校准系数时的性能。

用户应建立流量计的基础资料，保存流量计在出厂测试、实流校准和初始安装等过程中的声道传播时间、声道自动增益控制、沿每一声道的声速、平均声速、轴向平均流速以及未经修正的体积量等数据之间的关系，以确定不同条件下的流量计是否工作正常，并决定在更换电子组件或硬件后是否需要对流量计进行校准。

7.5.4 报警

应以故障安全型继电器触点或与地隔离的无源触点的形式提供下述报警状态输出：

a) 输出失效：当在管输条件下指示的流量无效时；

b) 故障状态：当若干个监视参数中的任何一个在设定的时间段内超出了正常工作范围；

c) 部分失效：当多个声道的一个或多个无法使用时。

7.5.5 诊断测量

制造厂应当通过 RS-232、RS-485 或同等的串行通信口至少提供下列诊断测量：

a) 每一声道的自动增益控制水平；

b) 每一声道的信噪比；

c) 通过流量计的平均轴向流速；
d) 每一声道的流速(或相当于评价流速分布)；
e) 沿每一声道的声速；
f) 平均声速；
g) 平均时间间隔；
h) 每一声道接收到的脉冲的百分比；
i) 状态和测量效果指示；
j) 报警、故障指示和相应的历史记录。

7.5.6 其他

流量计算机应具有工作条件下理论声速计算的功能，该理论声速计算方法应是 AGA Report No.10 中提供的声速计算方法或其他与其计算结果相同的方法。其他技术要求参见 GB/T 21446 附录 H“天然气流量计算机系统基本技术要求”。

8 安装要求及维护

8.1 安装影响因素

8.1.1 温度

安装流量计的外界环境温度应符合 5.3 的规定，同时应根据安装点具体的环境及工作条件，对流量计组件采取必要的隔热、防冻及其他保护措施(如遮雨、防晒等)。

8.1.2 振动

流量计的安装应尽可能避开振动环境，特别要避开可引起信号处理单元、超声换能器等部件发生共振的环境。

8.1.3 电气噪声

在安装流量计及其相关的连接导线时，应避开可能存在较强电磁或电子干扰的环境，否则应咨询制造厂并采取必要的防护措施。

8.1.4 声学噪声

流量计的安装应尽量防止声学噪声对测量性能产生的不利影响。在调压计量站中，流量计通常应安装在调节阀的上游。其他技术要求参见附录 E。

8.1.5 脉动

应考虑在流量计附近可能存在的流动脉动，并采取适当的措施，尽量减小脉动导致的附加测量不确定度。

8.2 管道配置

8.2.1 流动方向

如果流量计具有双向测量功能，并且也准备将其运用于这种测量场合，那么在设计安装时，流量计的两端都应视为上游，即下游的管道配置形式和相关技术要求应与上游一致，并符合 8.2.2～8.2.9 的规定。

8.2.2 管道安装

为保证在流量计的全量程范围内，流量计的现场测量性能满足第6章的要求，且安装条件引起的附加测量误差不超过±0.3%，制造厂应按照用户提供的流量计预期安装条件，推荐流量计上、下游直管段长度，以及是否带流动调整器。用户可要求制造厂提供遵照附录F的规定进行测试的相关测试报告。

如果制造厂未提供流量计上、下游直管段长度要求和流动调整器的安装要求时，或者用户无法提供预期的安装条件时，不带流动调整器的情况下，流量计上游至少需要 $50D$ 的直管段；带有流动调整器的情况下，流量计上游至少需要 $30D$ 的直管段，且流动调整器宜安装在流量计上游 $10D$ 处。流量计下游直管段长度至少应为 $5D$。

8.2.3 突入物和对中

流量计的内径、连接法兰及其紧邻的上、下游直管段应具有相同的内径，其偏差应在管径的1%以内，且不超过3 mm。流量计及其紧邻的直管段在组装时应严格对中，并保证其内部流通通道的光滑、平直，不应在连接部分出现台阶及突入的垫片等扰动气流的障碍。

8.2.4 内表面

与流量计匹配的直管段，其内壁应无锈蚀及其他机械损伤。在组装之前，应除去流量计及其连接管内的防锈油或沙石灰尘等附属物。使用中也应随时保持介质流通通道的干净、光滑。

8.2.5 测温孔和取样孔

如果流量计只是进行单向流测量，那么应将测温孔和取样孔设在流量计下游距法兰端面 $2D$～$5D$ 之间；如果流量计是用于双向流测量，那么测温孔和取样孔应设在距流量计法兰端面 $3D$～$5D$ 之间。多个测温孔不应呈直线排列，制造厂或供货商应向用户提供与流量计声道布置有关的最佳测温孔位置。

制造厂应推荐测温孔相对于声道的安装方位。一般来说，测温孔轴线与管道轴线垂直。测温孔的安装应保证管道的热传递、测温套的附属组件和太阳的热辐射不影响气体温度的测量。温度计和取样器插入深度宜为 $1/3D$，对于大口径流量计(DN 300及以上)，插入深度应不超过125 mm。应注意避免高速气流引起测温套的共振。

当环境温度和气体温度差异很大时，宜在流量计上游管道至下游管道上最远的测温孔下游 $1D$ 处加装隔热层，并在流量计上安装遮阳棚。

8.2.6 流动调整器

是否安装流动调整器以及安装哪种形式的流动调整器将主要取决于两个方面的因素：即所选择的流量计种类(单声道或多声道)及流量计上游速度剖面受干扰的严重程度。超声流量计宜安装整流板，整流板应符合ISO 5167-1：2003附录C“流动调整器”的相关要求，其性能测试要求参见附录F。

8.2.7 流量计安装方位

流量计应水平安装，其他安装方式应咨询制造厂。在设计和安装时，应留有足够的检修空间。

8.2.8 气体过滤

在气质较脏的场合，可在流量计的上游安装效果良好的气体过滤器，过滤器的结构和尺寸应能保证在最大流量下产生尽可能小的压力损失和流态改变。在使用过程中，应监测过滤器的差压，定期进行污物排放和清洗，确保过滤器在良好的状态下工作。

8.3 维护

8.3.1 一般操作维护

制造厂应负责对现场工作人员进行基本操作及维护技能培训。日常管理主要是根据超声流量计的自诊断系统反馈的信息有针对性地进行检查、维护,以确保流量计的现场测量性能,相关技术要求参见附录G。

8.3.2 定期检查

应根据制造厂的建议周期对流量计进行定期检查,比如信号处理单元及计时系统是否工作正常、声道有无故障、零流量测量是否准确、超声换能器表面是否有沉积物、信号增益是否有明显变化等。还应根据实际情况,检查邻近管道内是否有沉积物,根据检查情况进行排污。

9 现场验证测试要求

制造厂应向使用者提供进行流量计现场验证测试的书面文件,以当需要对气体超声流量计进行现场验证测试时,应按下列要求进行。

9.1 测试内容及步骤

9.1.1 外观检查

在外观检查中,应仔细检查流量计内腔和超声换能器端头是否有污物沉积、磨损或其他可能影响流量计性能的损伤。

9.1.2 零流量测试

在无流动介质的情况下,检查流量计的读数是否为零或在流量计本身规定的允许范围内。

9.1.3 声速测试

在进行现场验证测试时,若有必要,可进行声速测试。首先测出某一工作条件下的实际声速,再根据 AGA Report No.10 提供的方法或其他与其计算结果相同的方法计算出相同工作条件下的理论声速,二者之间的差值应符合 6.1.1 中的规定。

9.2 测试报告

根据 9.1 的测试、检查及分析结果,应做出包括流量计名称、型号规格、制造厂、投运日期、现场条件(气质、流量、压力、温度及安装方式等)、测试机构(人员)、测试内容及方法、测试结果、异常情况原因分析及建议措施等在内的测试报告。

10 流量计算方法及测量不确定度估算

10.1 标准参比条件下的流量计算

本标准采用的标准参比条件为:对于体积计量,压力为 101.325 kPa(绝对压力),温度为 20 ℃;对于能量计量,压力为 101.325 kPa(绝对压力),温度为 20 ℃,干基。也可使用合同规定的其他参比条件。

流量计是用超声传播原理和数字积分技术设计制造的,按式(A.18)计算出的流量是工作条件下的天然气流量。在标准参比条件下的流量应根据在线实测的气流静压和温度,按气体状态方程进行计算。

10.1.1 标准参比条件下的瞬时体积流量计算

标准参比条件下的瞬时体积流量按式(1)计算：

$$q_n = \frac{q_f \times p_f \times T_n \times Z_n}{p_n \times T_f \times Z_f} \quad \cdots\cdots(1)$$

式中：

q_n ——标准参比条件下的瞬时体积流量，单位为立方米每小时(m^3/h)；

q_f ——工作条件下的瞬时体积流量，单位为立方米每小时(m^3/h)；

p_n ——标准参比条件下的绝对压力，单位为兆帕(MPa)；

p_f ——工作条件下的绝对静压力，单位为兆帕(MPa)；

T_n ——标准参比条件下的热力学温度，单位为开尔文(K)；

T_f ——工作条件下的热力学温度，单位为开尔文(K)；

Z_n ——标准参比条件下的压缩因子，按 GB/T 17747 计算得出；

Z_f ——工作条件下的压缩因子，按 GB/T 17747 计算得出。

10.1.2 标准参比条件下的累积体积量计算

标准参比条件下的累积体积量按式(2)计算：

$$Q_n = \int_{t_0}^{t} q_n \mathrm{d}t \quad \cdots\cdots(2)$$

式中：

Q_n ——标准参比条件下在 $t_0 \sim t$ 一段时间内的累积体积量，单位为立方米(m^3)；

t_0 ——进行累积流量积分的初始时间，单位为秒(s)；

t ——进行累积流量积分的结束时间，单位为秒(s)；

$\mathrm{d}t$ ——时间的积分增量。

10.1.3 质量流量计算

质量流量按式(3)计算：

$$q_m = q_n \times \rho_n \quad \cdots\cdots(3)$$

式中：

q_m ——质量流量，单位为千克每小时(kg/h)；

ρ_n ——标准参比条件下的气体密度，单位为千克每立方米(kg/m^3)。

10.1.4 能量流量计算

能量流量按式(4)计算：

$$q_e = q_n \times \widetilde{H}_s \quad \cdots\cdots(4)$$

式中：

q_e ——能量流量，单位为焦耳每小时(J/h)；

$\widetilde{H}_s$ ——标准参比条件下的气体发热量，单位为焦耳每立方米(J/m^3)。

10.2 标准参比条件下的流量测量值的确定

制造厂已将流量计和相关流量计算机做成一个流量计量系统，其输出功能齐全、灵活，用户可根据自己的需要选择。

10.2.1 输出为合同参比条件下的流量

当输出为合同参比条件下的流量时，视合同参比条件是否与标准参比条件相同，如果相同，则输出指示值为标准参比条件下的流量值；如果不同，应按式(1)、式(2)计算标准参比条件下的流量，计算结果值为标准参比条件下的流量测量值。

10.2.2 输出为工作条件下的流量

当输出为工作条件下的流量时，应按式(1)、式(2)计算标准参比条件下的流量，计算结果值为标准参比条件下的流量测量值。

10.3 工作条件下的流量计算

在流量计选型时，应将标准参比条件下的流量 q_n 按式(1)计算到工作条件下的流量 q_f，合理地选择流量计规格。

10.4 流量测量不确定度估算

10.4.1 未经实流校准的标准参比条件下的流量测量不确定度估算

根据式(2)可用式(5)、式(6)估算未经实流校准的标准参比条件下流量测量扩展不确定度：

$$u_{q_n}=\sqrt{u_{q_f}^2+u_{p_f}^2+u_{T_f}^2+u_{Z_f}^2+u_{Z_n}^2+u_{a_n}^2} \qquad (5)$$

$$U_{q_n}=2u_{q_n} \quad (k=2) \qquad (6)$$

式中：

U_{q_n}——标准参比条件下的流量测量扩展不确定度；

u_{q_n}——标准参比条件下的流量测量标准不确定度；

u_{q_f}——操作条件下的流量测量标准不确定度，由流量计的准确度等级确定；

u_{p_f}——操作条件下的绝对静压测量标准不确定度，根据使用的静压测量仪表性能按式(9)估算；

u_{T_f}——操作条件下的热力学温度测量标准不确定度，根据使用的温度测量仪表性能按式(9)估算；

u_{Z_f}——操作条件下的压缩因子测量标准不确定度，压缩因子计算方法若采用 GB/T 17747，其扩展不确定度取 0.1%($k=2$)，采用 AGA NX-19:1997 则取 0.5%($k=2$)；

u_{Z_n}——标准参比条件下的压缩因子测量标准不确定度，与天然气组分分析方法和标准气体有关，按 GB/T 13610 规定进行计算；

u_{a_n}——安装引起的附加流量测量不确定度，取流量计最大允许误差的 1/3。

10.4.2 经实流校准的标准参比条件下的流量测量不确定度估算

可用式(7)、式(8)估算经实流校准的标准参比条件下流量测量扩展不确定度：

$$u_{q_n}=\sqrt{u_s^2+u_m^2+u_{T_f}^2+u_{Z_f}^2+u_{Z_n}^2+u_{a_n}^2} \qquad (7)$$

$$U_{q_n}=2u_{q_n} \quad (k=2) \qquad (8)$$

式中：

u_s——校准用标准装置的流量测量标准不确定度；

u_m——校准数据的标准不确定度，可近似取校准数据处理的流量计重复性。

10.4.3 质量流量测量不确定度估算

可用式(9)估算标准参比条件下质量流量测量合成不确定度：

$$u_{q_m}=\sqrt{{u_{q_n}}^2+{u_{\rho_n}}^2} \qquad \cdots\cdots(9)$$

扩展不确定度参照式(6)计算。

式中：

u_{ρ_n}——标准参比条件下的密度计算不确定度，按 GB/T 13610 规定进行计算。

10.4.4 能量流量测量不确定度估算

根据式(6)可用式(10)估算标准参比条件下能量流量测量合成不确定度：

$$u_{q_e}=\sqrt{u_{q_n}^2+u_{\tilde{H}_s}^2} \qquad \cdots\cdots(10)$$

扩展不确定度参照式(6)计算。

式中：

$u_{\tilde{H}_s}$——标准参比条件下的发热量计算不确定度，按 GB/T 11062—1998 计算，其扩展不确定度可取 0.05%($k=2$)。

10.4.5 绝对静压或热力学温度测量不确定度估算

绝对静压或热力学温度测量不确定度按式(11)估算：

$$u_Y=\frac{1}{\sqrt{3}}\xi_Y\frac{Y_K}{Y_i} \qquad \cdots\cdots(11)$$

式中：

u_Y ——绝对静压测量或热力学温度测量的标准不确定度；

ξ_Y ——静压测量仪表或温度测量仪表的准确度等级；

Y_K ——静压测量仪表或温度测量仪表的刻度上限值；

Y_i ——预定静压测量值或预定温度测量值。

附 录 A
（资料性附录）
基 本 原 理

A.1 概述

气体超声流量计是由流量计表体、电子组件及微处理器系统、超声换能器等构成的流量计量器具。超声换能器通常沿管壁安装，且直接同气体接触，并承受气体的压力。由一个超声换能器发射的超声波脉冲被另一个超声换能器所接收，反之亦然。如图 1 所示为 T_{x1} 和 T_{x2} 两个超声换能器的简化几何关系，声道与管轴线间的夹角为 φ，管径为 D，声道长度为 L，声道距离为 X。在某些流量计中采用了反射声道，此时声波脉冲在管壁上经一次或多次反射。

超声脉冲穿过管道如同渡船渡过河流。如果气体没有流动，声波将以相同速度向两个方向传播。当管道中的气体流速不为零时，沿气流方向顺流传播的脉冲将加快速度，而逆流传播的脉冲将减慢。因此，相对于没有气流的情况，顺流传播的时间 t_D 将缩短，逆流传播的时间 t_U 会增长，这两个传播时间都由电子部件进行测量。根据这两个传播时间，按式(A.1)可以计算测得的流速 $\overline{V}$：

$$\overline{V}=\frac{L^2}{2X}\frac{(t_U-t_D)}{t_U t_D} \quad \cdots\cdots\cdots\cdots (A.1)$$

式中：

$\overline{V}$ ——气体沿声道的平均流速，单位为米每秒(m/s)；

L ——声道长度，单位为米(m)；

X ——声道距离，单位为米(m)；

t_U ——声脉冲逆流传播的时间，单位为秒(s)；

t_D ——声脉冲顺流传播的时间，单位为秒(s)。

可根据式(A.2)计算声速：

$$C=\frac{L}{2}\frac{(t_U+t_D)}{t_U t_D} \quad \cdots\cdots\cdots\cdots (A.2)$$

式中：

C——声波在气流中的传播速度，单位为米每秒(m/s)。

A.2 天然气中的声速

流量计从上游和下游的两个方向，向天然气气流中发射声脉冲信号，声波的逆流传播时间和顺流传播时间之差为传播时间差，且消除了声速的影响。从式(A.1)可以明显地看到，用流量计进行流量测量，不要求知道声速就可测量气流速度。式(A.2)表明，用声道长度除以传播时间，流量计就能够测量声速。将实测的声速值与理论计算值相比较，可判断流量计是否正常工作。

然而，对于流量计的用户而言，了解气体性质变化对声速的影响规律是很重要的。天然气的声速与压力、温度、真实相对密度及组分有关，其变化如图 A.1 和图 A.2 所示。

图中的三种天然气混合物为美国西南研究院气体研究所(简称 SwRI GRI)GRI-93/0181 号报告中的 GRI 参比天然气，其组分和特性见表 A.1。

表 A.1　GRI 参比天然气混合物的组分和特性表

参数		Gulf Coast GRI 参比天然气混合物	Amarillo GRI 参比天然气混合物	Ekofisk GRI 参比天然气混合物	空气
声速/(m/s)		430.5	420.0	416.2	340.78
真实相对密度 G_r		0.581 078	0.608 657	0.649 521	1.00
高位发热量/(MJ/m^3)		38.600	38.556	41.285	
摩尔分数/%	甲烷	96.522 2	90.672 4	85.906 3	
	氮	0.259 5	3.228 4	1.006 8	78.03
	二氧化碳	0.595 6	0.467 6	1.495 4	0.03
	乙烷	1.818 6	4.527 9	8.491 9	
	丙烷	0.459 6	0.828 0	2.301 5	
	异丁烷	0.097 7	0.103 7	0.348 6	
	正丁烷	0.100 7	0.156 3	0.350 6	
	异戊烷	0.047 3	0.032 1	0.050 9	
	正戊烷	0.032 4	0.044 3	0.048 0	
	正己烷	0.066 4	0.039 3	0.000 0	

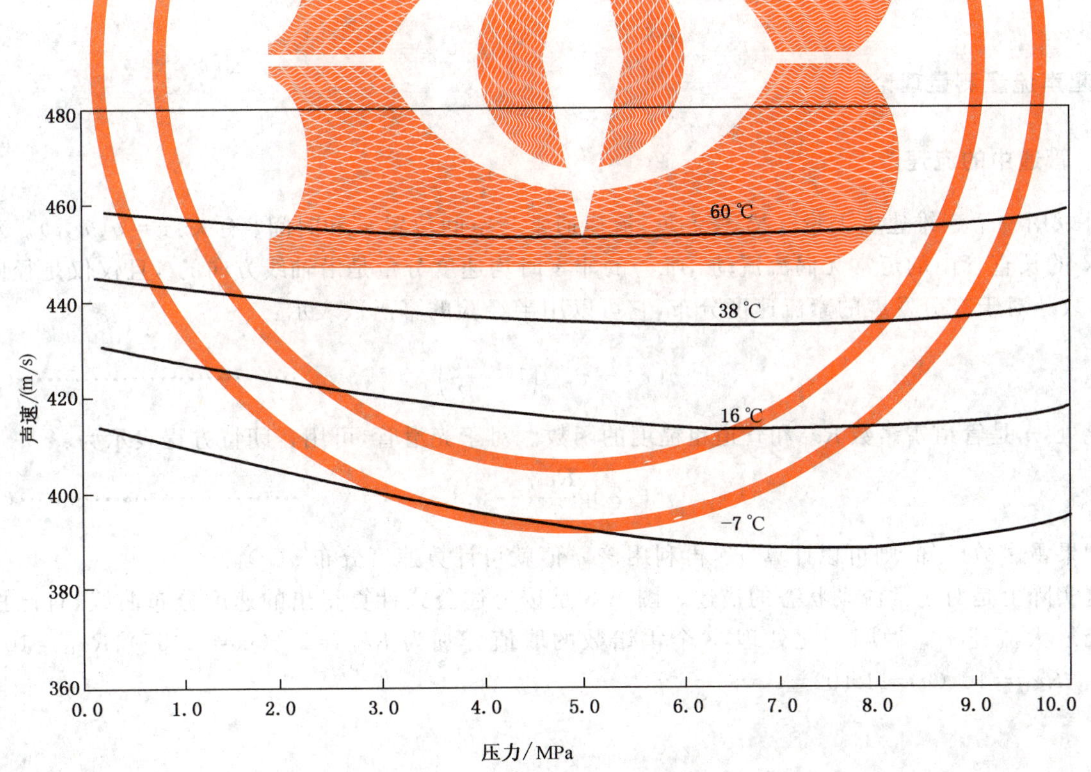

图 A.1　"Gulf Coast"天然气(G_r＝0.58)的声速

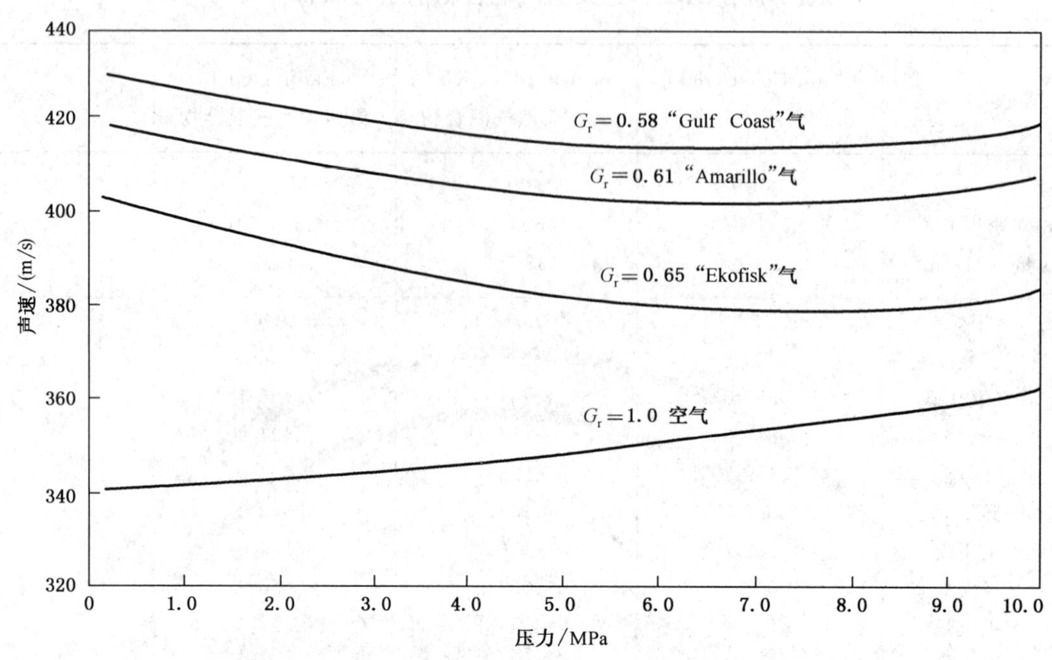

图 A.2 几种天然气和空气在 16 ℃下的声速

A.3 超声流量测量理论

A.3.1 管道中的流速

可以用一个三维速度矢量 v 描述流速，流速通常与空间位置 x 和时间 t 有关：$v=v(x,t)$。对于半径为 R 的长直管内的定常无涡流流动，唯一的非零时均速度分量是沿轴线方向的，且仅仅是径向位置 r 的函数。对于充分发展的紊流速度分布，它可以用半经验的幂函数表示：

$$v(r)=v_{\max}\left(1-\frac{r}{R}\right)^{\frac{1}{n}} \qquad \cdots\cdots\cdots\cdots(\text{A.3})$$

此处，n 是管道雷诺数 Re_D 和管道粗糙度的函数。对于光滑管，可用普朗特方程表示为：

$$n=2\lg\frac{Re_D}{n}-0.8 \qquad \cdots\cdots\cdots\cdots(\text{A.4})$$

如果雷诺数已知，则可以计算 n。再利用该 n 值就可计算速度分布 $v(r)$。

这实际上是对定常流动状态的描述。图 A.3 是按上述公式计算得出的速度分布曲线，且已按管道中心处最大流速 $v_{\max}$ 做归一化处理，3 个雷诺数的取值分别为 $Re_D=10^5(n=7.455)$、$Re_D=10^6(n=9.266)$、$Re_D=10^7(n=11.109)$。

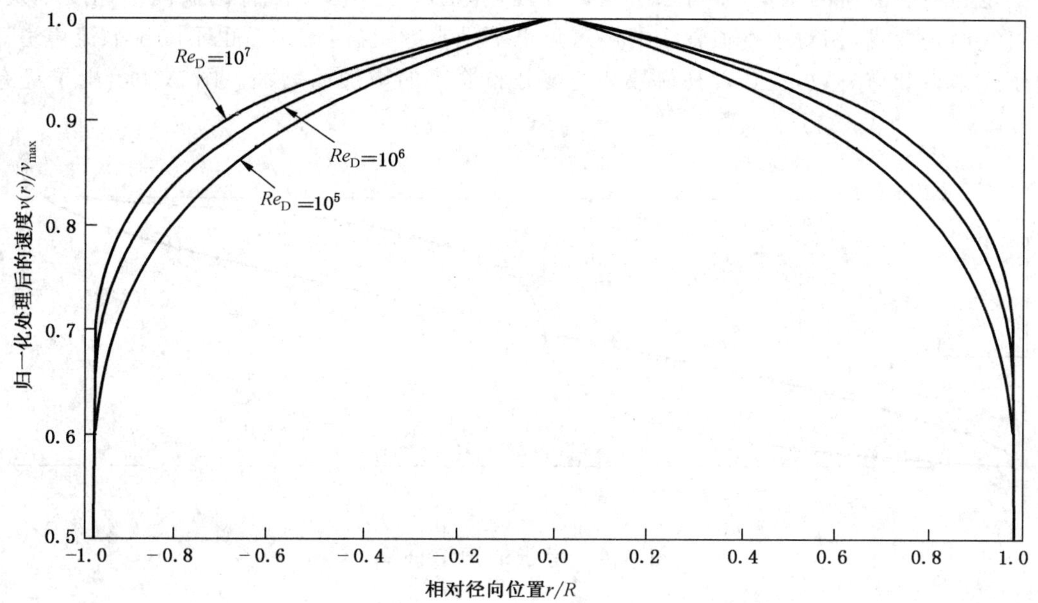

图 A.3 光滑管紊流速度分布

对于充分发展的紊流，瞬时流速是时间和空间的复合函数。根据海因兹（Hinze，1975）的推导，$v=v(x,t)$可以分解成：

$$v(x,t)=u(x,t)+w(x,t) \qquad \text{(A.5)}$$

此处 u 代表瞬时流速平均值（一般为时间的函数），w 代表零均紊流速度脉动值。这些紊流速度脉动总是以稳定紊流出现，故可以看作是随机过程。

A.3.2 超声流量测量

在超声流量测量中，声脉冲靠一对压电传感器发射和接收，声波在流体中的传播已有理论描述（Lighthill，1972），它是由一个特定的速度来表征的，通常是压力、密度和流体组分的函数。用热力学理论可计算该速度：

$$C^2=\frac{\partial p}{\partial \rho} \qquad \text{(A.6)}$$

此处 p 是压力，ρ 表示流体密度，∂表示偏导数。但是，热力学声速是无限大流体在零频率下的值（Goodwin，1994）。在管道中，由于温度和黏度的影响。在超声频率下的实际声速与热力学声速可能稍有不同。对于气体测量而言，这一差异可以忽略。超声脉冲沿声道传播，可以用几何声学的声线跟踪方法进行计算。如果声速只有轴向分量（x 方向），则它只与径向位置有关 $v=v(r)$，这样可用斯耐尔（Snell）定律（Morse 和 Ingard，1986）确定其形式：

$$\frac{c(r)}{\cos\varphi(r)}+v(r)=\text{常数} \qquad \text{(A.7)}$$

此处 $\varphi(r)$表示声道夹角。为了进一步简化，可假定声速 C 为常数，则根据 Boone 和 Vermaas（1991）的推导，声线跟踪方程可写成：

$$\frac{\mathrm{d}x}{\mathrm{d}t}=C\cdot\cos\varphi(r)+v(r) \qquad \text{(A.8)}$$

$$\frac{\mathrm{d}r}{\mathrm{d}t}=C\sin\varphi(r) \qquad \text{(A.9)}$$

$$\frac{\mathrm{d}\varphi}{\mathrm{d}t}=-\cos^2\varphi(r)\,\frac{\mathrm{d}v(r)}{\mathrm{d}r} \qquad \text{(A.10)}$$

如果给定超声换能器的位置,则可求解这些方程,确定声道。由于沿管道截面的速度不是常数,故声道不是直线而是曲线,相对于管道轴线的声道角也不是常数,且逆流声道也不同于顺流声道。声道的曲率取决于雷诺数和马赫数,且随着马赫数和速度分布曲率的增加而增加。图 A.4 给出了经夸张的声道曲率。

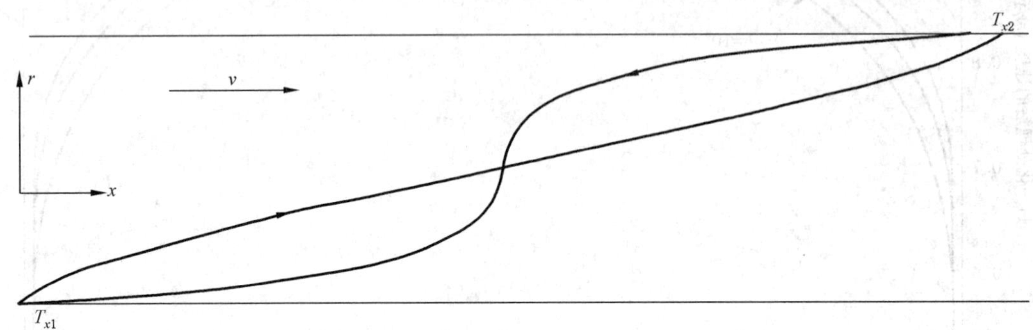

图 A.4 夸张的声道曲率

可将式(A.11)、式(A.12)代入式(A.1)和式(A.2):

$$t_{\mathrm{U}}=\frac{L}{\sqrt{C^2-\overline{V}^2\sin^2\varphi}-\overline{V}\cos\varphi} \qquad \text{(A.11)}$$

$$t_{\mathrm{D}}=\frac{L}{\sqrt{C^2-\overline{V}^2\sin^2\varphi}+\overline{V}\cos\varphi} \qquad \text{(A.12)}$$

此处上划线表示沿声道的线积分:

$$\overline{V}=\frac{1}{L}\int_{L}v(r)\mathrm{d}L \qquad \text{(A.13)}$$

换言之,流量计所检测到的速度等于沿声道方向流体速度分量的平均值。如果将超声换能器抽出至气流边界外,则应对式(A.11)和式(A.12)进行适当修改。如果存在温度梯度,则超声换能器安装凹座处会产生声速效应,故一般要求沿整个声道的声速应能代表流动介质的声速。

用户通常对气体的平均速度感兴趣,它是管道横截面 A 上的平均流速,为 $v(r)$ 在管道横截面 A 上的面积分再除以 A,即:

$$V=\frac{1}{A}\iint_{A}v(r)\mathrm{d}A \qquad \text{(A.14)}$$

如果 v 只有垂直于横截面的分量,则体平均流速为:

$$V=k_c\times\overline{V} \qquad \text{(A.15)}$$

这里 k_c 是由下式定义的速度分布校正系数:

$$k_c=\frac{\frac{1}{A}\iint_{A}v(r)\mathrm{d}A}{\frac{1}{L}\int_{L}v(r)\mathrm{d}L} \qquad \text{(A.16)}$$

若已知 $v(r)$、L 和 A,就可计算 k_c。因 $v(r)$ 是 Re_{D} 的函数,所以 k_c 也是 Re_{D} 的函数。如果声道在通过管道轴线的平面内,则由式(A.17)给出 k_c 的一个近似值(可以有多个近似值):

$$k_c\approx\frac{1}{1.12-0.011\lg Re_{\mathrm{D}}} \qquad \text{(A.17)}$$

对于充分发展的紊流,如果声道不在通过管道轴线的平面内(即沿着倾斜的弦线),则 k_c 系数及它与雷诺数的关系都将不同。

在许多实际场合,并不精确地已知雷诺数,但知道雷诺数的范围,此时可选择一个固定的 k_c 系数值,该值应能在给定的雷诺数范围内最大限度地减小相对于真值的偏差。例如,当弦线横向位置 y 等于 $R/2$ 时,在雷诺数为 $10^4 \sim 10^8$ 范围内,k_c 的平均值为 0.996。对于这一特定的横向声道位置,在给定的雷诺数范围内,k_c 的变化量小于 0.4%。这种方法同样能用于多声道结构,它可以减小因流速分布偏离假定的轴对称幂函数而引起的误差。

在多声道气体超声流量计中,超声换能器有多种布置形式。声道可以相互平行,也可能是其他取向。流量计可以沿两个或多个倾斜弦线直接传播声波或经反射传播声波。用于将各个声道的测量值合成为平均流速的方法也随流量计的特定结构而变化。特别值得一提的是,并非所有方法都要使用前述的速度分布校正系数计算平均流量。

在多声道气体超声流量计中,根据一系列不连续的 y 值计算 $\bar{v}(y)$。由于 V 可以表示为:

$$V=\frac{2}{A}\int_{-R}^{R}\bar{v}(y)\sqrt{R^2-y^2}\,\mathrm{d}y \qquad \cdots\cdots (A.18)$$

此处是沿声道(弦线横向位置为 y)方向的平均流速,采用适当的数字积分技术,如高斯积分方法,可对上式积分。这样,就可根据每一声道的 $\bar{v}(y)$ 计算出轴向平均流速 V 的近似值。其表达式如下:

$$V=\sum_{i=1}^{N} m_{c_i}\bar{v}(y_i) \qquad \cdots\cdots (A.19)$$

这里 m_{c_i} 是与所用积分技术有关的权重系数,y_i 是超声换能器的弦线横向位置。这是一种广泛使用的数字积分技术,在流量计中有多种方式能实现这种技术。所选择的声道位置应能使权重系数作为常数处理,而不要求对速度分布做假设,但这取决于所用的方法。

轴向平均流速与流通面积 A 的乘积是工作条件下的体积流量 q_f:

$$q_f=V\times A \qquad \cdots\cdots (A.20)$$

A.3.3 超声信号的产生

测量流量所需的超声信号由超声换能器发射和接收,压电超声换能器采用石英或陶瓷材料。给压电组件加上交变的电压后,就会产生振动,振动组件在流体中发出声波。由于压电效应的可逆性,在入射声波的作用下石英晶体产生变形,压电组件会出现电子偏振,产生与机械应力相关的电压。由于气体的声阻远远小于压电组件的声阻,通常要在气体和压电组件之间采用一层匹配材料以最大限度地发挥声音效率,该层材料的声阻介于气体和压电组件之间。

超声换能器表面通常为扁圆形,扁圆形柱状结构的声学特性已经过许多资料证明(Stepanishen,1971;Harris,1981)。当连续发射单一频率的声波时,声压场具有声波束的性质,其宽度取决于声波波长与圆柱直径之比,即该比值越大,声波波长越宽。而且,随着在气体中被吸收,声波会衰减。尽管在某些气体(如二氧化碳)中,吸收较为严重,但在天然气应用中,在声道长度内,通常可忽略吸收影响。

随着在每个方向上一次或多次发射,会同步或交替地激励超声换能器。声波频率和脉冲重复性会因设计结构的不同而变化。

A.3.4 信号处理

信号处理方法可划分为两类:一类属于时间范畴的方法;一类属于频率范畴的方法。采用这两类方法中的哪一种特定方法,取决于传播时间与超声脉冲周期的关系或声道长度与声波波长的关系。对用于天然气测量的大多数流量计而言,声道长度(0.1 m~1 m)比声波波长(通常约 3 mm)要大得多,因此都采用属于时间范畴的方法。

在属于时间范畴的方法中,采用最广泛的是单脉冲传播时间测量法和相关峰值位移法。第一种方法要求进行两项重要的操作:先检测接收脉冲,再估计其到达时间。实际上,所有检测技术的实现方法都是在接收脉冲中识别出一个或几个预先确定的零电平交点。简单但常用的方法是:当接收脉冲达到预定的幅值电压时,给出触发信号,接着检测其后的第一个零电平交点,如图 A.5 所示。采用更宽的脉冲并在脉冲稳定部分检测几个零电平交点可改进该技术,并能避免脉冲过渡阶段出现的脉冲周期变化。另外,每个脉冲的传播时间按对应于每个零电平交点的各个传播时间的平均值计算。第二种方法更先进,它是利用脉冲过渡阶段幅值相对不变的波形,其不同之处是采用了相关技术,即发射脉冲和接收脉冲相关联,按对应于峰值相关函数的时间来计算传播时间。

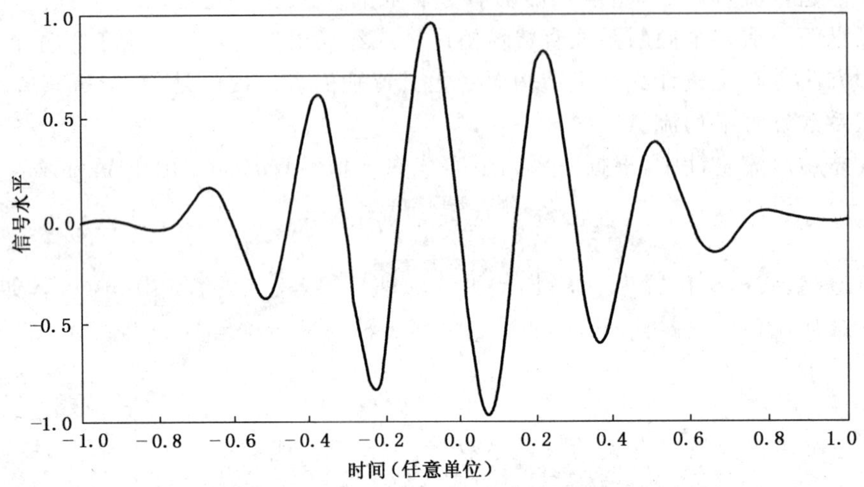

图 A.5 接收脉冲的简单检测

当声波信号出错时,增加了信号检测的难度,此时会出现两种误差:脉冲丢失和零位错误,后者会导致计时误差。接收幅值改变、波形变化或噪声,都不能合理地判别正确的计时点。合理设计检测器结构能最大限度地减少误差出现。在实践中,零位错误所带来的后果比脉冲丢失还严重。通过有效性检测,可以剔除错误信号。

通常要对传播时间进行伪值检验,并从数据组中剔除伪值。有若干可供选择的检验方法,应随时对数值进行检验,以保证这些数值所提供的流体速度和声速在实际中是可能存在的。最后,根据测得的几个顺流传播时间和几个逆流传播时间,可计算顺流平均传播时间和逆流平均传播时间。

附 录 B
（规范性附录）
流量计组件的实流校准

B.1 概述

流量计组件应该用可溯源至国家标准的流量校准设备或校准系统进行实流校准，用于减少因流量计声道长度、声道角度、测量管内径和声道位置等的误差所造成的流量测量误差。可以通过实流校准来确定流量计系数，并通过实流校准来判断流量计的测量性能是否满足第6章的要求。

B.2 校准条件

B.2.1 标准装置的要求

B.2.1.1 实流标准装置及其辅助测量仪表都应具有有效的校准证书，可溯源到相应的国家标准上。

B.2.1.2 标准装置的不确定度通常宜优于被检流量计的不确定度。

B.2.1.3 标准装置的所有电气仪表应采用等电位接地。

B.2.2 实流校准流体

实流校准流体为天然气或其他气体，其组分应基本稳定，天然气气质应符合5.1的要求，其物性或热物理参数值（如密度、压缩因子、声速、临界流函数等）应采用GB/T 17747.2“详细特征化方法状态方程”和GB/T 11062来计算。在实验室进行实流校准时，在100 s时间内，流体温度变化应不大于0.25 ℃，压力波动应不大于0.2%，流量波动应不大于3%。在线校准可参考此要求。

B.2.3 环境

实流校准的环境：大气温度一般为－40 ℃～60 ℃，相对湿度一般为45%～85%，大气压力一般为86 kPa～106 kPa。实流校准应没有外界磁场和机械振动的影响。

B.3 实流校准项目和方法

B.3.1 随机文件和外观检查

实流校准前应对流量计的随机文件和外观进行检查。

流量计应附有说明书、出厂证书（或上一周期检定证书）、测量误差或测量不确定度和其他有关技术指标文件。流量计表体上应有符合7.2.7要求的铭牌，流量计外观质量应符合7.2.8的规定。

B.3.2 零流量测试

零流量测试的方法、步骤及要求见C.5。

B.3.3 实流校准

实流校准应当尽可能在用户规定接近预计工作条件的气体温度、压力和密度下进行，如有必要，测试可在任何特定的压力、温度和密度范围内进行，应取得充分的测试数据。

B.3.3.1 测试指标

实流校准至少应测试重复性、流量示值误差、最大峰间误差等指标。必要时还应对流量(或流速)范围和压力范围等做出评定。

B.3.3.2 安装

流量计应安装有符合8.2.2的足够长的上下游直管段、测温孔、取样孔和任何流动调整器,该流动调整器能够保证在实验室测试时的气体流速分布与最终安装后的流速分布无明显不同,保证稳定、充分发展的紊流速度分布,不存在涡流和脉动流。流量计取压孔和测温孔应分别符合7.2.6和8.2.5的规定。将标准装置在标准参比条件下的流量转换成被校流量计处的工作条件下的流量时,其转换压力取压孔和转换温度的测温孔应与被校流量计的对应相同或在其附近。

B.3.3.3 测试流量点

实流校准时推荐至少测试下列流量点:q_{min},0.05 q_{max}, 0.10 q_{max},0.25 q_{max},0.40 q_{max},0.70 q_{max}和q_{max}。设计方也可以增加其他流量点进行附加实流校准试验。对于大口径流量计的实流校准可能达不到上限流量值,可指定低于q_{max}的实流校准流量范围,一般宜达到0.4 q_{max}以上,此时,应以标准装置实际能够达到的最大流量$q_{max,facility}$作为校准时的最大流量,推荐测试流量点为:q_{min},0.05 $q_{max,facility}$,0.10 $q_{max,facility}$,0.25 $q_{max,facility}$,0.40 $q_{max,facility}$,0.70$q_{max,facility}$和$q_{max,facility}$。在测试过程中,每个流量点的每次测试流量与布点流量相比,其偏差应不大于±5%。

B.3.3.4 测试次数

在实流校准时,每个流量点至少测试6次。

B.3.3.5 测试时间

每次数据采集时间不应小于100 s。

B.3.3.6 预运行

实流校准前,整个校准系统应在一定流量范围内预热运行至少5 min,待压力、温度和流量稳定并达到B.2.2的要求后方可进行校准。

B.3.3.7 采集数据内容

在每次测试过程中,除采集流量计显示仪表的示值、标准装置的示值和测试时间外,还应根据需要,测试并采集流量计安装处的流体温度、压力等。在校准过程中,应至少进行一次声速的检查。

B.3.3.8 双向流校准

对用于双向流测量的流量计,应进行正、反两个流动方向的实流校准。

B.3.4 数据处理

B.3.4.1 流量计的相对示值误差

流量计的流量和标准装置的流量应换算为同一状态下的流量。流量计各校准流量点的相对示值误差按式(B.1)~(B.3)计算:

$$E_i = \frac{q_i - (q_s)_i}{(q_s)_i} \times 100\% \qquad \text{(B.1)}$$

$$q_i = \frac{1}{n}\sum_{i=1}^{n} q_{ij} \quad \cdots\cdots(B.2)$$

$$(q_s)_i = \frac{1}{n}\sum_{j=1}^{n} (q_s)_{ij} \quad \cdots\cdots(B.3)$$

式中：

E_i ——第 i 校准点流量计的相对示值误差，无量纲；

q_i ——流量计第 i 校准点 n 次测量的平均流量，单位为立方米每小时（m^3/h）；

$(q_s)_i$ ——标准装置第 i 校准点的 n 次测量的平均流量，单位为立方米每小时（m^3/h）；

q_{ij} ——第 i 校准点第 j 次校准时流量计的流量示值，单位为立方米每小时（m^3/h）；

$(q_s)_{ij}$ ——第 i 校准点第 j 次校准时标准装置的流量示值，单位为立方米每小时（m^3/h）；

n ——第 i 校准点重复测量的次数。

$$E = |E_i|_{max} \quad \cdots\cdots(B.4)$$

式中：

E——流量计的相对示值误差，无量纲。

B.3.4.2 流量计的重复性

流量计的重复性按式(B.5)～(B.9)计算：

$$(E_r)_i = \frac{1}{k_i}\left[\frac{1}{(n-1)}\sum_{j=1}^{n}(k_{ij}-k_i)^2\right]^{\frac{1}{2}} \times 100\% \quad \cdots\cdots(B.5)$$

$$k_i = \frac{1}{n}\sum_{j=1}^{n} k_{ij} \quad \cdots\cdots(B.6)$$

$$k_{ij} = \frac{(q_s)_{ij}}{q_{ij}} \quad \cdots\cdots(B.7)$$

或

$$k_{ij} = \frac{(Q_s)_{ij}}{Q_{ij}} \quad \cdots\cdots(B.8)$$

式中：

$(E_r)_i$ ——第 i 校准点的重复性，无量纲；

k_i ——第 i 校准点的平均流量计系数；

k_{ij} ——第 i 校准点第 j 次校准的流量计系数；

Q_{ij} ——第 i 校准点第 j 次校准时在校准时间内流量计测得的累积量，单位为立方米（m^3）；

$(Q_s)_{ij}$ ——第 i 校准点第 j 次校准时在校准时间内标准装置测得的累积量，单位为立方米（m^3）。

其他符号的含义同上。

$$E_r = [(E_r)_i]_{max} \quad \cdots\cdots(B.9)$$

式中：

E_r——流量计的重复性，无量纲。

B.3.4.3 流量计的最大峰间误差

$$流量计的最大峰间误差 = (E_i)_{max} - (E_i)_{min} \quad \cdots\cdots(B.10)$$

B.3.5 校准系数调整方法

B.3.5.1 确定校准系数可采用以下方法：

a) 算术平均误差法；

b） 流量加权平均误差法；

c） 多点或多项式算法、分段线性插值法等。

B.3.5.2 校准系数调整：应使用校准修正系数对流量计的示值误差进行修正。

应用校准系数的方法有：

a） 在流量计的规定流量范围内使用流量加权平均误差；

b） 使用多项式算法、分段线性插值法或其他认可的方法等。

校准系数的调整量不应超出6.1中相应的最大误差要求。通过实流校准得出新的校准系数并置入流量计，对流量计的测量误差进行修正。在应用修正系数后至少应测试一个验证流量点，以确认修正计算和修正的应用是正确的。如果利用了线性化算法来修正流量计的性能，那么至少应测试两个验证点。确认后的校准系数在下次实流校准前不应作任何修改。

B.3.5.3 模拟现场测试：对实流校准后的流量计，可模拟使用现场安装条件作安装影响的测试，由于安装影响造成的流量计示值附加误差应不大于±0.3％。

B.3.5.4 对用于双向测量的流量计，需要第二组校准系数，以用于反向流动的测量。如果在零流量检验测试期间，建立了偏移系数，那么按照实流校准的结果可对其进行修正，以便使流量计的整个准确度性能最优化。制造厂应当把这一系数的变化记录下来，以提醒用户，为了提高 q_{min} 的准确度，零流量输出可能包括某些人为引入的偏差。

B.3.5.5 校准证书

对每项测试结果，应以书面报告形式记录下来，并形成校准证书，由制造厂或校准测试部门提供给用户。对每一台流量计，该证书应至少包括下列内容：

a） 制造厂名称及地址；

b） 标准装置名称及地址；

c） 流量计型号和系列号；

d） 信号处理单元硬件版本修订号；

e） 所有配管和流动调整器的系列号；

f） 校准时，软件配置参数的诊断报告；

g） 校准日期；

h） 测试人和检验人签名；

i） 安装条件；

j） 对校准步骤的简要描述；

k） 测试管道安装示意图；

l） 校准结果数据，包括重复性、流量计相对示值误差、最大峰间误差和流量、压力、温度、气体组分、标准装置的流量测量不确定度、校准系数等参数；

m） 与所要求的测试条件不同或有偏差的说明；

n） 不确定度评定结果。

附 录 C
（规范性附录）
出厂测试要求

C.1 概述

在流量计出厂之前，制造厂应对每一台流量计进行出厂测试和检查。出厂测试和检查可参照JJG 1030的有关规定或相关国际标准进行。所有的测试和检查结果应记录在制造厂的报告中，并提交给用户。

C.2 强度试验

对流量计表体应进行强度试验，试验介质为水或煤油，试验压力为1.5倍公称压力，并至少保持5 min，经检查无泄漏和损坏。

C.3 严密性试验

对装有超声换能器和取压隔离阀的流量计应进行严密性试验，试验介质为干空气或氮气，试验压力为公称压力，并至少保持5 min。经检查无泄漏。

C.4 几何尺寸测量

C.4.1 流量计表体的平均内径 *D*

用12个不同方位（大致等角距）的内径测量值，算出流量计表体平均内径 D，或由坐标测量仪确定其等效值，分别在流量计表体的三个截面上测量内径，三个截面分别位于：

a） 靠近上游的超声换能器组；

b） 靠近下游的超声换能器组；

c） 两组超声换能器的中间处。

C.4.2 声道长度的测量

可直接测量。如果声道长度不能直接测量，可采用直角三角函数法，用可直接测量的距离进行计算。有时虽然被测量角度不变，但难于得到准确结果，则该测量值不能用计算方法求距离。

C.4.3 温度影响修正

所有测量的尺寸应修正到温度为20 ℃时的长度。对修正过的多个测量值取平均数，并修约到0.01 mm。

C.4.4 记录

测量值和计算值应当记录在检验证书上，证书上应有流量计制造厂名称、型号、序列号、测量时流量计表体温度、测量人姓名和签署日期，还应有检验人的签名。

C.5 零流量检验测试

C.5.1 零流量检验测试步骤

零流量检测测试步骤如下：

a) 在流量计两端连接盲法兰后，用抽吸或置换的方法把流量计内的所有空气排出，压进声速已知的纯气体(或混合气体)，在这个测量腔内保持零流量；

b) 从测试开始，气体的压力和温度应保持稳定，对每一声道的声速应至少记录 30 s。并安装相应准确度等级的温度和压力测量仪表，然后计算出在零流量时的传播时间。从理论上讲，在零流量时，信号的顺流传播时间和逆流传播时间是相等的。但流量计测出的传播时间包括了超声换能器、电子电路和电缆中的延迟时间；

c) 计算出每一声道的气体平均声速和标准偏差，并与根据 AGA Report No.10 提供的方法或其他与其计算结果相同的方法计算出相同工作条件下的理论声速进行比较，对流量计进行必要的调整，使零流量读数达到制造厂的技术要求。

C.5.2 记录

流量计所用的全部参数，包括超声换能器和电子电路及电缆的传播时间延迟、递增延迟修正值、声道长度、角度、测量管内径和零流量偏移系数。

C.6 实流校准

为减少流量计的测量误差，出厂前可进行实流校准，实流校准应按照附录 B 的规定进行。

附 录 D
（资料性附录）
具备的文件

D.1 概述

除本标准其他部分要求提供流量计测量准确度、安装影响、电子部件检验测试、超声换能器和零流量检验测试的记录文件及实流校准证书外，对特定的流量计，制造厂还应对仪表的正确组态、启动和使用向用户提供必要的数据、证书和文件。这些文件包括用户手册、压力测试证书、材质证书、流量计表体内部几何尺寸测量报告和零流量检验证书。

D.2 记录文件

制造厂至少应当向用户提供具有下列内容的记录文件，所有记录文件应注明日期：

a） 对流量计的描述，给出其技术特点和工作原理；
b） 流量计轴测剖视图和照片；
c） 零部件名称和材料；
d） 带有零部件名称和编号的装配图；
e） 标有尺寸的安装图；
f） 表示检验标记和铅封位置的示图；
g） 与计量密切相关的零部件的尺寸图；
h） 标牌或面板以及刻字布置图；
i） 附属装置图；
j） 安装、操作、周期维护和故障检修说明书；
k） 维护记录文件，包括现场维护部分的图纸；
l） 信号处理单元及其布局的说明和工作说明；
m） 对输出信号的说明和对任何可调整部分的说明；
n） 电气接口和用户接线端子及其主要特征清单；
o） 软件功能和信号处理单元的组态参数说明，包括故障值和工作说明；
p） 符合安全规程规范要求的设计和制造文件；
q） 流量计测量性能满足第6章要求的记录文件；
r） 流量计系统完全通过JJG 1030规定的电子部件检验测试的记录文件；
s） 影响流量的附加误差不超过±0.3%的最小上下游直管段长度；
t） 影响流量的附加误差不超过±0.3%的最大允许速度分布干扰；
u） 如第9章所述的现场验证测试步骤；
v） 提交的文件清单。

D.3 收到订单后应提供的资料

收到订单后，制造厂应向用户提供下列资料：

a） 所指定的流量计的安装图，包括法兰端面间的尺寸、内径、维修空间、电缆管连接点和流量计的总质量；

b) 推荐的备件清单；

c) 所指定的流量计的仪表电子线路图。该图应示出用户接线端子点和相应的返回到第一个隔离部件(如光电隔离器、继电器、运算放大器等)的所有电子组件的电子接线图，使用户能合理设计接口电路。

D.4 发货前应准备的文件

在流量计发运前，制造厂应准备好下列文件供检验人员审查：

a) 材料的金相分析报告；

b) 焊接检查报告；

c) 压力测试报告；

d) 最终尺寸测试报告。

附　录　E
（资料性附录）
声学噪声的产生及防治措施

E.1　声学噪声的产生及影响

与气流扰动相关的很多因素，如：高速气流流经管道、突出的探头、流动调整器以及附近工作中的调节阀均可能会产生声学噪声。

当声学噪声的频率范围与流量计的工作频率相近时，就可能会干扰声脉冲检测，从而干扰传播时间的测量。如果流量计不能检测到声脉冲，就不能测量声脉冲在换能器间的传播时间，因此也无法进行流量测量。声学噪声干扰还会引起脉冲“误检测”，导致传播时间的错误测量，从而导致计量误差。

E.2　声学噪声的评估和防治

E.2.1　声学噪声的评估

制造厂规定了超声换能器的工作频率，根据工作频率就能知道特定流量计可能受噪声影响的频率范围。同时，流量计都有自诊断输出，可根据自诊断信息来评估噪声对流量计性能的影响程度。

一般来说，噪声源安装在超声流量计的上游比安装在下游时对流量计的影响要大，即使将调压阀和其他产生噪声的设备安装在流量计的下游，也不能保证对流量计的测量性能不造成影响。

用户应考虑在特定的安装条件下是否会存在噪声干扰，从而在站场设计阶段就采取措施，防止噪声干扰对流量计的性能产生不利影响。应特别注意采用了笼式消声结构设计的调压阀，由于其结构特点，产生的噪声超出了人的听力范围，但其频率往往是超声波频率的倍数。因此，对超声换能器的工作频率有较大的影响。

在考虑流量计的安装位置时，特别是安装在调节阀的附近，应在站场设计阶段对下列因素加以评估：

a）　调节阀（即噪声源）安装在流量计的上游还是下游；
b）　流量计与噪声源之间的安装距离；
c）　流量计与噪声源之间管件的数量和类型；
d）　流量计超声换能器的工作频率以及噪声源产生的噪声频率范围；
e）　是否需要增加管件以进一步衰减噪声。

E.2.2　声学噪声的防治

当在噪声源附近安装流量计时，建议用户在最终审定设计图纸前，向制造厂咨询声学噪声的影响。一般来说，可以通过以下方式来减小声学噪声对流量计的影响：

a）　增强信号处理功能，以提高声脉冲的识别和检测能力；
b）　信号过滤，以减小检测的带宽，从而更好更快地进行脉冲识别；
c）　安装盲三通、过滤器等管件将流量计和噪声源隔离。但同时应注意，紧凑连接的盲三通等管件可能会引起流态的畸变；
d）　研制专用消声器，并将其安装在流量计和噪声源之间，以隔离流量计和噪声源；
e）　增加噪声源与流量计之间的距离或管件数量。

E.3 调节阀产生的噪声对流量计性能影响的评估

E.3.1 总则

噪声的产生和频谱分布是由调压阀和管路布置决定的。特定频率声学噪声的释放特征可用调压阀权重系数(N_v)来表示。确定了这个调压阀特征参数后，就可定义一个包含流量计、管道安装条件(弯管、三通和/或消声器等)的数学模型，也包括计算调压阀权重系数的方法。为了评估给定条件下声学噪声对流量计性能的影响，应测量或计算以下参数：

a) 调压阀产生的噪声，与调压计量站工作条件成函数关系；

b) 调压阀到流量计的噪声传播(N_d)；

c) 流量计的信号强度(p_s)；

d) 得到流量计的信号和噪声的比率，比较流量计所需的最小信号噪声比(δ_{min})，就可以预测声学噪声对流量计性能的影响。

E.3.2 调压阀噪声的测量和计算

调压阀产生的声压和通过调压阀的压降、流量的平方根是成比例的。因此，可用式(E.1)来计算噪声：

$$p_n = N_v \times dp \times \sqrt{q_n} \qquad \text{(E.1)}$$

式中：

p_n——调压阀产生的声压，单位为帕(Pa)；

N_v——调压阀的权重系数，无量纲；

dp——调压阀产生的压降，单位为帕(Pa)；

q_n——标准参比条件下的流量，单位为立方米每小时(m^3/h)。

调压阀权重系数反映了特定频率和位置(上游或下游)的调压阀产生的噪声程度。N_v 值越大，调压阀产生的噪声就越大。为了确定操作条件下，特定的调压阀和管路布置组合时调压阀的权重系数，需要测量压降、流量和声压。图 E.1 中给出了噪声测量时的安装示意图。

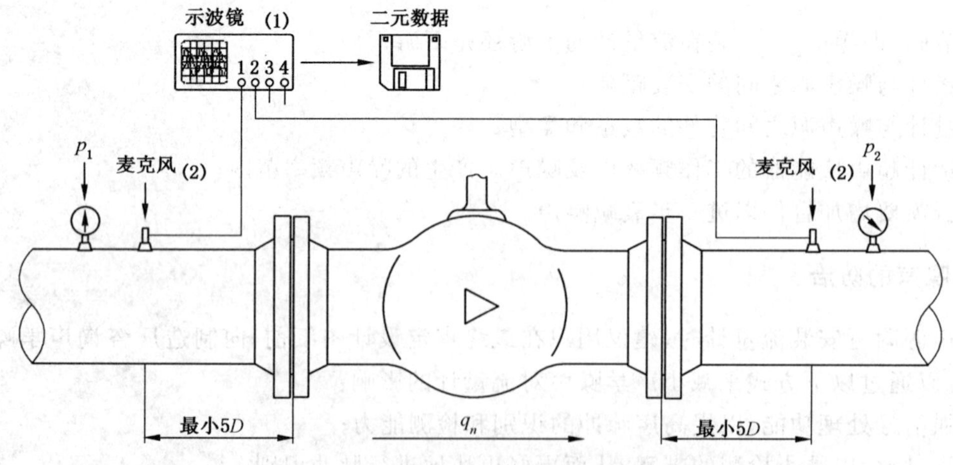

图 E.1 噪声测量安装示意图

安装时，麦克风和调压阀之间的距离可为 5D 或更长，中间的管道是直通的，无弯头和三通等管件。测量时，首先安装麦克风，与管道内壁垂直。在测量噪声相关参数前应首先测量背景噪声，测量背景噪声时，管道内气体应静止不流动，调压阀前后的压损 Δp 和流量均为零，压力为运行压力。应待操作条件稳定后再进行测量，每次测量至少重复 3～5 次。测量结束后，可再测量一次背景噪声。

E.3.3 从调压阀到超声流量计的噪声传播（N_d）

超声流量计是在高频范围工作，在这个范围噪声很容易传播。为减小高频超声噪声的强度，有必要阻碍声波的传播或让声波经过管壁反射，从而减弱噪声的能量。因此，管道组件（如：弯管和三通或专门开发的消声器等）可用做降低超声噪声。这里，用衰减系数 N_d 来表示从调压阀传到超声流量计的噪声的衰减。

所有的管道组件都可衰减噪声，衰减的程度与频率相关。根据线性系统理论效应，可用一个数字表示在相应频率段内，管道组件对超声噪声的衰减量。表 E.1 给出了噪声频率为 200 kHz 时，不同管道组件对噪声的衰减量。

表 E.1　200 kHz 时管道组件对噪声的衰减量

管道组件名称	系数 N_d	噪声衰减量/dB
90°弯头	0.56	5
45°弯头	0.79	2
三通	0.32	10
两个不同平面的弯头	0.20	14
100 m 直管道	0.56	5

弯头和三通对超声噪声具有明显的衰减作用，而直管道几乎没有降噪作用。当噪声强度超过可接受的限度时，可另外安装弯头或三通作为消声器，或安装专门设计的消声器。

E.3.4 超声流量计的信号强度（p_s）

超声流量计的信号强度适用以下原则：

a） 与压力成正比，压力越高信号越强；

b） 与声波的传播路径成反比，传播路径越长，信号就越弱；

c） 与积分时间或采样的数量成正比，积分时间越长，采样的数量越多，信号就越强。

E.3.5 超声流量计的信噪比

衰减系数 N_d 和调压阀产生的噪声共同产生了在超声流量计处的声压级 $P_{n,\text{meter}}$，按式 E.2 计算。

$$P_{n,\text{meter}} = N_d \times N_v \times dp \times \sqrt{q_n} \qquad \cdots\cdots(\text{E.2})$$

因此，可导出式(E.3)：

$$\delta = \frac{P_{n,\text{meter}} \times \sqrt{t}}{N_d \times N_v \times L \times dp \times \sqrt{q_n}} \qquad \cdots\cdots(\text{E.3})$$

式中：

δ ——流量计的信噪比；

t ——积分时间；

L ——声道的长度；

N_d ——噪声衰减系数。

流量计能够工作的最小信噪比 δ_{critical} 由制造厂给出，当计算得到超声流量计的信噪比 δ 大于等于 δ_{critical} 时，流量计就能够工作，否则，流量计就会出现故障。

附　录　F
（资料性附录）
流量计和流动调整器的性能验证测试

F.1　总则

为使流量计在不同的工作条件下均能够满足第6章的性能要求，制造厂应进行性能验证测试，并根据性能验证测试的结果，向用户提供流量计上、下游直管长度的最低要求，并说明是否需要安装流动调整器。

进行验证测试时，应在流量计上游位置安装一套标准的扰流组件（见F.2.2），用以验证流量计的测量性能。测试安装条件与流量计实际使用的安装条件应尽可能相同。

F.2　性能验证测试步骤

F.2.1　在基本管路安装条件下对流量计组件进行测试

基本管路安装条件即在流量计组件入口处的气体速度分布是充分发展的、对称的、无旋涡扰动的。在此条件下，至少需要在包括最大和最小流量的5个流量点下进行测试。如果可能，测试压力应尽可能接近流量计的实际工作压力。

F.2.2　扰流测试

在与基本管路测试相同的5个流量点下进行4种扰流测试，包括：

a)　两个紧凑连接、不在同一平面的90°长半径弯头安装在流量计组件上游，以评估中等旋涡流（旋涡角达到15°）和非对称速度分布的影响；

b)　一个弯头安装在流量计组件上游，以评估在无旋涡流情况下，强次生流和非对称速度分布的影响；

c)　一个半开的闸阀安装在流量计组件的上游，以评估强不对称速度分布的影响；

d)　在流量计组件上游安装一个类似于涡流产生器的管件，以评估强旋涡流（旋涡角超过25°）的影响。

以上扰流测试可验证现场可能出现的典型流速分布扰动对流量计测量性能的影响。通过将扰流测试结果与基本管路安装条件下的测试结果进行比较，评价流量计相对示值误差等的变化，从而得到流动扰动对流量计测量性能的影响。

附 录 G
（资料性附录）
流量计现场测量性能的监测和保证

G.1 总则

用户应对流量计进行跟踪检查，并充分利用流量计的自诊断功能，或采用串联核查流量计比对的方法，来保证流量计在使用过程中能持续地满足测量性能要求。

G.2 保存关键文件和关键特征参数

用户应收集流量计生产、工厂验收测试、校准（包括重新校准）和现场监测中产生的关键文件和关键特征参数，并以档案的形式保存。

关键文件主要包括以下：

a） 流量计生产许可证；

b） 出厂测试证书；

c） 校准证书；

d） 流量计参数变化记录；

e） 流量计组件更换记录；

f） 检查报告。

关键特征参数主要包括：

a） 声速随时间的变化曲线；

b） 增益设置和其他诊断数据的变化趋势；

c） 与核查流量计相互比对的结果（如果适用）；

d） 日志文件。

G.3 诊断信息的分析

G.3.1 测量声速和理论声速的比较（绝对声速比较）

可通过 AGA Report No.10 提供的方法或其他与其计算结果相同的方法计算出相同工作条件下的理论声速，然后将测量得到的声速与理论声速相比较。利用统计技术监测测量声速和理论声速随时间的变化，根据两者间差异，分析是否存在以下几个方面的问题：

a） 气体组分波动和分析时间延迟；

b） 流量计、压力测量、温度测量或气体组分分析设备故障：

c） 在换能器和/或流量计表体中有沉积物，改变了声道长度。

G.3.2 各声道测量声速的比较（相对声速比较）

三个声道及以上的流量计可通过每个声道声速值的比较对流量计各声道的工作情况进行监测。这种相对声速比较一般都包括在流量计的自诊断信息中，且与气体组分无关，可以在流动状态下进行分析。相对声速比较可用相对声速偏差曲线图表示。图 G.1 为一台 5 声道流量计的相对声速偏差曲线图，显示了在干标和实流校准时测得的各声道的相对声速偏差。图中，横坐标（声道编号比）按照声道数进行编号，5/1 表示声道 5 与声道 1 的相对声速偏差，依此类推。流量计声道的结构布置不同，产生的曲线图形状也可能不同。

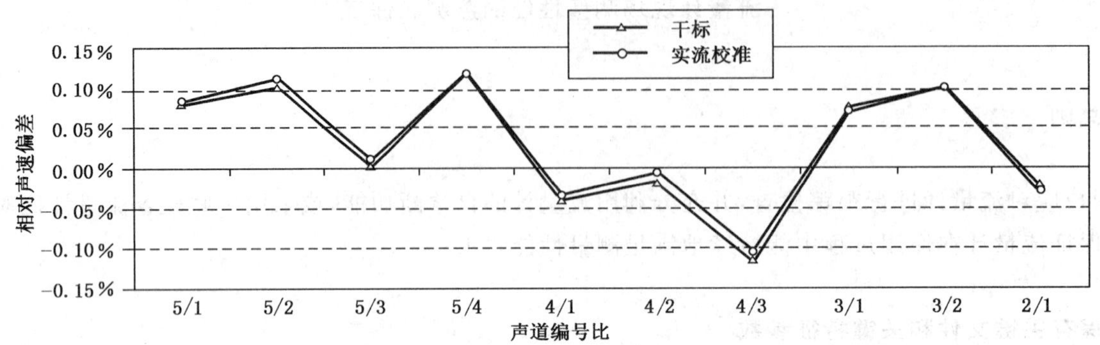

图 G.1　一台 5 声道流量计用氮气干标和实流校准时的相对声速偏差曲线图

相对声速比较随时间的变化趋势可显示流量计声道的故障及可能造成的测量误差。可对出厂测试、实流校准和流量计现场计量时的相对声速偏差曲线图进行比较，以监测流量计的工作状态。

G.3.3　流速比

流量计各声道测量得到的流速之间有着独特的关系，这种关系可反映由管路结构决定的速度剖面。在流量计的正常工作条件下，当流速高于 1 m/s～2 m/s 的时候，各声道测量流速间的比值（即：流速比）不会随着时间产生大的变化。因此，可以利用这一特性来了解各声道是否正常工作。

G.3.4　速度剖面系数

速度剖面系数描述了进入流量计的气体流速剖面的形状。恒定的速度剖面系数表明，流量计每个声道测得的流速之间相关性强，因此测量的质量就能得到保证。

G.3.5　其他参数

除了声速核查这一最重要的参数核查之外，还有许多的参数需要监测，以确保流量计的最佳性能。这些参数的组合可作为形成专用监测系统的基础。表 G.1 是有关自诊断信息分析方法的示例。

表 G.1　自诊断信息分析示例表（pp 代表每个声道）

存在的问题	性能 pp（接收率）	AGC pp	SNR pp	声速 pp	流速 pp
换能器故障	×	×			×
信号检测问题	×	×		×	×
超声噪声	×	×	×		
工作状态压力测量故障			×		
工作状态温度测量故障				×	
脏污	×	×		×	×
流速剖面的变化					×
流速过高	×	×	×		
注："×"表示存在问题。					

G.4 核查流量计比对法

可采用核查流量计的方法来对流量计的现场测量性能进行监测。核查流量计和流量计串联安装，可以是永久串联安装或短期串联安装，通过对每个流量计的输出和关键参数进行监测和比较，来确定两台流量计之间的一致性。推荐使用与工作流量计工作原理不同的流量计作为核查流量计。

不论核查流量计是永久还是短期使用，应在计量系统投运前就确定两台流量计之间的工况体积流量或标准参比条件下体积流量差异的控制限，并且在操作中定期检查两台流量计的差异。如果这些差异超过了控制限，那么应首先检查单个流量计是否出现故障，或者是否有外界因素对流量计的测量性能产生了影响。

ICS 11.220
B 41

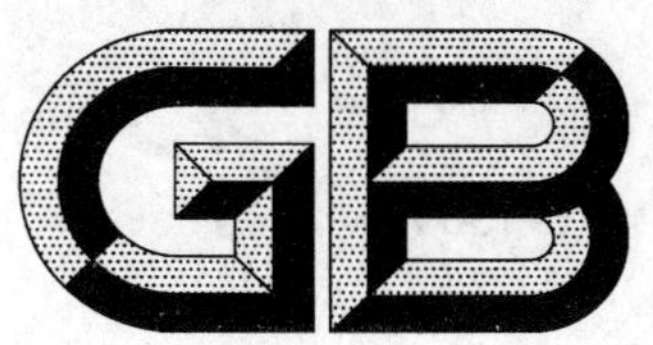

中华人民共和国国家标准

GB/T 18649—2014
代替 GB/T 18649—2002

牛传染性胸膜肺炎诊断技术

Diagnostic techniques of contagious bovine pleuropneumonia

2014-09-30 发布　　2015-03-01 实施

中华人民共和国国家质量监督检验检疫总局
中国国家标准化管理委员会　发布

前　言

本标准按照 GB/T 1.1—2009 给出的规则起草。

本标准代替 GB/T 18649—2002《牛传染性胸膜肺炎(牛肺疫)诊断技术》。本标准与 GB/T 18649—2002 相比,主要技术变化如下:

——删除了其中的微量凝集试验;

——修改了其中的补体结合试验;

——增加了聚合酶链式反应(PCR)检测方法和 C-ELISA 检测方法。

本标准由中华人民共和国农业部提出。

本标准由全国动物防疫标准化技术委员会(SAC/TC 181)归口。

本标准起草单位:中国农业科学院哈尔滨兽医研究所。

本标准主要起草人:辛九庆、李媛。

本标准所代替标准的历次版本发布情况为:

——GB/T 18649—2002。

牛传染性胸膜肺炎诊断技术

1 范围

本标准规定了牛传染性胸膜肺炎的病原学检查、聚合酶链式反应(PCR)、补体结合试验、竞争ELISA(C-ELISA)试验诊断技术要求。病原学检查和聚合酶链式反应(PCR)适用于急性、亚急性及慢性病牛的病原诊断,补体结合试验和竞争ELISA(C-ELISA)试验适用于牛传染性胸膜肺炎感染牛的抗体检测。

本标准适用于口岸、产地及集散地、养殖企业或养殖户对牛传染性胸膜肺炎的诊断。

2 流行病学

健康牛和病牛接触,由呼吸道吸入病牛的“飞沫”是本病的主要传染途径。在该病的常在地区多见亚急性和慢性病程,以地方流行性为特点。但在新发生本病地区以急性经过为主。慢性病牛长期带菌,成为隐蔽的传染源。

3 临床症状

暴发流行时多呈急性病程,体温在41 ℃以上稽留。呼吸系统症状非常明显,表现为:呼吸困难,呈腹式呼吸,咳嗽弱而无力,有浆液或脓性鼻汁流出。食欲废绝。

4 病理变化

急性期病变以浆液渗出性纤维素性胸膜肺炎,间质多孔多汁,肺小叶出现各期肝变、多色,呈大理石样肺,肺胸膜和肋胸膜粘连,以及胸腔渗出液大量潴留为特征。转为慢性后逐渐形成肺包膜或坏死块。

5 病原分离鉴定

5.1 材料准备

10%马血清马丁肉汤和琼脂培养基:见附录A。

5.2 病料采集

用灭菌器械(注射器、剪刀、青霉素瓶、棉拭子等)无菌采集关节液、胸腔积液、鼻腔拭子和全血,关节液和胸腔渗出液置于青霉素瓶内。

5.3 病料的保存

病料均放入4 ℃冰箱内保存,并在24 h内送到指定实验室。如果在24 h内不能送达,应放入−20 ℃冰箱内保存。

5.4 培养方法

在无菌条件下吸取胸腔渗出液或关节液0.1 mL～0.3 mL接种于培养基中即可。鼻腔拭子用

5 mL 灭菌生理盐水(含有 100 U/mL 青霉素)浸泡 15 min 后,吸取 0.1 mL～0.3 mL 接种于培养基中即可。

5.5 结果判定

5.5.1 培养特征

5.5.1.1 培养性状和菌落形态

牛传染性胸膜肺炎病原在 10%马血清马丁肉汤内生长初期呈轻微浑浊或呈白色点状、丝状生长,以后逐渐均匀混浊,半透明稍带乳光,不产生菌膜或沉淀,也无颗粒悬浮。在含有 10%马血清的马丁琼脂培养基上生长迟缓,为极小的水滴状圆形略带灰色的微小菌落,中央有乳头状突起。菌落直径约 0.2 mm～0.5 mm,肉眼不易看见,需用放大镜或低倍显微镜观察。

5.5.1.2 染色镜检

取马丁肉汤培养物涂片置于温箱中干燥后在酒精灯上轻微火焰固定,再用 3%～5%铬酸蒸馏水溶液固定 1 min～2 min,水洗,浸入用蒸馏水稀释的 1∶30 姬姆萨氏染液中染色,染液缸放入普通冰箱内过夜。染色后取出用蒸馏水清洗,自然干燥后用 800 倍～1 000 倍显微镜观察。菌型为多形态,以球点形最常见,大小在 125 nm～250 nm。

5.5.2 生化特征

5.5.2.1 糖发酵试验

在进行糖发酵试验时,将各种糖培养基管(见附录 B)加无菌的马血清 0.2 mL,再加被检菌液 0.1 mL 置 37 ℃下培养 5 d～7 d。

结果判定:丝状支原体丝状亚种 SC 型可轻度分解葡萄糖、麦芽糖、糊精、淀粉,产酸,使培养基变黄,而不产气;不能分解果糖、蕈糖、半乳糖和水杨苷。

5.5.2.2 硫化氢(H_2S)试验

将被检菌液接种于 10%马血清马丁肉汤或琼脂斜面上,取一片乙酸铅滤纸条(见附录 C),夹在试管的棉塞下悬挂,置 37 ℃培养 5 d～7 d,滤纸条变黑或棕褐色为阳性反应。

5.5.2.3 硝酸盐还原试验

向硝酸盐还原培养基(见附录 D 中 D.1)中加 10%无菌马血清,然后将被检菌液 0.1 mL 接种于硝酸盐还原培养基中,同时设不接种的对照,于 37 ℃培养 5 d～7 d。于 5 d 和 7 d 时取 1 mL 培养液置于干净试管中,再各滴 0.1 mL 试剂甲液和乙液(见 D.2),对照管同样加试剂。

结果判定:若试管菌液呈现红色或橙色者为阳性反应;如无红色出现,则可加 0.1 mL 二苯胺试剂,若呈现蓝色反应,则表示培养基中有硝酸盐存在;如不呈蓝色反应,表示硝酸盐和形成的亚硝酸盐已被还原成其他物质,则仍判定为硝酸盐还原试验阳性反应。

5.5.2.4 靛基质试验

向靛基质试验培养基(见附录 E 中 E.1)中加入 10%无菌马血清,再将被检菌液 0.1 mL 接种于培养基中,37 ℃培养 5 d～7 d 后,滴加试剂 0.1 mL 于培养物液面,轻轻摇动,红色为阳性反应,黄色为阴性反应。

5.5.2.5 甲基红(MR)试验

按10%的体积向甲基红(MR)试验培养基(见附录F中F.1)中加入无菌马血清,再接种被检菌液0.1 mL,37 ℃培养。于培养第五天时取1 mL培养液于另一支试管中,并加0.1 mL试剂,如培养液呈现红色为MR试验阳性;黄色者为阴性,继续培养至第七天,再进行试验。

5.5.2.6 维培二氏(V-P)试验

可用下列三种试剂进行V-P试验:

a) Barritt's试剂法

取被检菌液2 mL加甲液1 mL、乙液0.4 mL(见附录G中G.1),充分混合,在5 min内呈粉红色反应为阳性。

b) O'Meara's试剂法

取被检菌液2 mL加等量试剂(见G.2)混合,充分振荡试剂,在5 min内呈现粉红色者为阳性反应。

c) 硫酸铜试剂法

取被检菌液2 mL加等量硫酸铜试剂(见G.3)混合,充分振荡试剂,在5 min内呈粉红色反应为阳性。

上述三种方法为阴性,继续培养,再进行观察。

6 聚合酶链式反应(PCR)

6.1 材料与试剂

6.1.1 引物。

6.1.1.1 特异性引物:SC1和SC2为丝状支原体丝状亚种SC型(MmmSC)特异性引物。

6.1.1.2 引物序列。

SC1:ATATACTTCTGTTCTAGTAATATG;

SC2:CTGATTATGATGACAGTGGTCA。

6.1.1.3 引物浓度:浓度为5 pmol/μL。

6.1.2 *Taq*酶(5 U/μL)。

6.1.3 电泳缓冲液(TAE)。

6.1.4 琼脂糖:浓度为1.5%。

6.1.5 DNA分子质量标准。

6.2 试验程序

6.2.1 样品的采集与处理

6.2.1.1 组织样品的采集

参照5.2进行。

6.2.1.2 标准阳性样品的处理

用1 mL马丁汤培养基(含10%马血清,不含抗生素)溶解冻干菌种后,加入9 mL马丁汤内,混匀后从中吸取1 mL菌液加入到下一试管中,共稀释9管,另1管做空白对照。置于37 ℃培养箱内培养7 d～10 d,每日观察,待菌体个数达到每毫升10^8颜色变化单位(color change unit,CCU)时收获。

6.2.2 基因组 DNA 的提取

使用商品化的基因组 DNA 提取试剂盒,参照说明书进行操作。

6.2.3 PCR 反应

采用 20 μL 反应体系:

10×缓冲液	2.0 μL
2.5 mmol/L dNTPs	1.6 μL
10 μmol 引物 1	1.0 μL
10 μmol 引物 2	1.0 μL
模板 DNA	1.0 μL
10u/ μL *Taq* 酶	0.5 μL
纯水	12.9 μL
总体积	20.0 μL

瞬时离心,置 PCR 仪内进行 PCR 循环。95 ℃预变性 3 min;循环 94 ℃ 45 s,57 ℃ 45 s,72 ℃ 1 min,35 个循环后 72 ℃延伸 10 min。采用常规方法配制的 1.5%琼脂糖进行制板并电泳检测。

6.3 PCR 产物的判定

6.3.1 标准阳性样品扩增出 277 bp 片段而空白对照不能扩增出任何条带,则 PCR 反应判定为有效。如标准阳性样品不能扩增出目的大小片段,或空白对照扩增出目的片段,则反应无效。

6.3.2 在 PCR 反应有效的前提下,待检样品扩增出的 DNA 片段为 277 bp,可判定待检样品为阳性,否则待检样品为阴性。

7 补体结合试验

7.1 材料准备

7.1.1 试验用巴比妥缓冲液,使用时作 1∶5 稀释,配制方法见附录 H。

7.1.2 绵羊红细胞悬液使用阿氏液,制备方法见附录 I。

7.1.3 6%绵羊红细胞悬液制备见附录 J。

7.1.4 抗原、标准阳性血清、阴性血清采用国际标准品,溶血素由兽医生物药品厂供应,按说明书使用。溶血素效价滴定见附录 K。

7.1.5 致敏绵羊红细胞制备:使用 12 单位 HD_{50}(50%溶血程度)的溶血素与等体积的 6%绵羊红细胞混合,37 ℃水浴 30 min,期间间隔 5 min 摇动一次。

7.1.6 补体效价滴定方法见附录 L。

7.1.7 抗原效价滴定方法见附录 M。

7.2 操作方法

7.2.1 被检血清、标准阴性血清、阳性血清均用巴比妥缓冲液作 1∶10 稀释,于 56 ℃水浴中灭活 30 min。

7.2.2 在 96 孔微量反应板中,每孔加入 25 μL 抗原、25 μL 被检血清、25 μL 2.5 U 补体,振荡混匀后 37 ℃水浴 30 min。

7.2.3 每孔加入 25 μL 致敏后的绵羊红细胞,振荡混匀后 37 ℃水浴 30 min。

7.2.4 设标准阳性血清、阴性血清、补体对照、溶血素对照、红细胞对照以及抗原抗补体活性对照。具体试验步骤见表1。

表 1

步骤编号	1	2	3	4	5	6	7
试剂	抗原	被检血清	补体	振荡混匀后 37 ℃孵浴 30 min	致敏绵羊红细胞	振荡混匀后 37 ℃孵浴 30 min	观察试验结果
剂量	25 μL	25 μL	25 μL		25 μL		

7.3 结果判定

7.3.1 96孔微量反应板 125 *g* 离心 2 min 或静止 10 min，当所有对照成立的情况下，判定被检孔补体结合百分率。

7.3.2 判定补体结合百分率方法见附录 N。

7.3.3 判定标准：

当所有对照成立的情况下，判定＋＋＋＋为阳性；＋、＋＋、＋＋＋为疑似；－为阴性。

对于疑似样品需重新采集血清进行复检，如果仍为疑似，则应做病理学和病原学检查。

8 竞争酶联免疫吸附试验(C-ELISA)

8.1 材料与试剂

使用从世界卫生组织指定生产商处购买的商品化试剂盒。

8.2 试验程序

8.2.1 将待检血清(1/10)和工作浓度单抗(稀释液为 pH7.4 的 PBS，含 0.5%马血清和 0.05%的吐温 20)各 50 μL 加入各孔中，同时设立标准阴性血清、标准强阳性血清、标准弱阳性血清以及结合物对照孔、单抗对照孔。将 ELISA 反应板置于摇床上 37 ℃反应 1 h，缓缓摇动。

8.2.2 用 PBS 溶液(pH7.4，内含 0.05%的吐温 20)冲洗 ELISA 板两次，向所有孔中加入 100 μL 酶结合物，37 ℃反应 30 min。

8.2.3 用 PBS 溶液(pH7.4，内含 0.05%的吐温 20)冲洗 ELISA 板三次，向所有孔中加入 100 μL 底物，37 ℃反应 30 min。

8.2.4 向所有孔中加入 100 μL 2 mol/L H_2SO_4 终止反应，以 405 nm 波长读取 OD 值。

8.2.5 质量控制：

a) 单抗对照孔(Cm)OD 值应在 0.5～2.0 之间(最好接近于 1.0)；

b) 结合物对照孔(Cc)OD 值应小于 0.3；

c) 标准阴性血清(CN)抑制百分比应小于 35%；

d) 标准弱阳性血清(CP＋)抑制百分比在 50%～80%之间；

e) 标准强阳性血清(CP＋＋)抑制百分比在 60%～90%之间。

8.3 结果判定

8.3.1 单个样品抑制率按式(1)计算。

$$\text{单个样品抑制率} = [\text{单抗对照孔(Cm) 的 OD 值} - \text{样品的 OD 值}] / [\text{单抗对照孔(Cm) 的 OD 值} - \text{标准阴性血清对照(CN) 的 OD 值}] \times 100\% \quad \cdots\cdots\cdots(1)$$

8.3.2　被检样品抑制率等于或低于40％为阴性。

8.3.3　被检样品抑制率在40％～50％之间为疑似。

8.3.4　被检样品抑制率等于或大于50％为阳性。

8.3.5　对于疑似样品需重新采集血清进行复检，如果仍为疑似，则应做病理学和病原学检查。

9　综合判定

本病的最终确诊需综合流行病学、临床症状、病理剖检、血清学和病原学结果进行。血清学阳性并不表明感染本病。病原分离并鉴定是确诊本病的最重要根据。

附 录 A
（规范性附录）
支原体培养基的制备

A.1 10%马血清马丁肉汤(pH7.8～8.0)

将制备的马丁肉汤分装于灭菌试管内，每管 4.5 mL，添加无菌马血清 0.5 mL。

A.2 10%马血清马丁琼脂

马丁肉汤中加入琼脂，使含量达到 1.3%～1.5%，经 121 kPa 高压灭菌 30 min 即成马丁琼脂。在灭菌的 6 cm～8 cm 直径培养皿内加无菌马血清 1 mL，再添加煮沸融化降温至 55 ℃～60 ℃的马丁琼脂 9 mL，轻轻摇动混合均匀，静置凝固后即成马丁琼脂培养基。

附 录 B
（规范性附录）
糖培养基管的制备

取蛋白胨水（pH7.8～8.0）100 mL、氯化钠 0.5 g、所需各种糖类 0.5 g～1.0 g，溶解各成分，加入 1.6%溴甲酚紫酒精溶液指示剂 0.1 mL 混匀。分装到试管中，每管 2 mL，管内装有倒置的小玻璃管（杜汉氏发酵管）。经 106.4 kPa 20 min 灭菌备用。

附 录 C
(规范性附录)
乙酸铅纸条的制备

取滤纸剪成 6.5 cm×0.6 cm 大小的纸条,置平皿中,经 112 kPa 20 min 灭菌,烘干。再将滤纸条浸泡在灭菌的饱和乙酸铅溶液(10 g 乙酸铅溶于 50 mL 沸蒸馏水中,即为饱和乙酸铅溶液),浸透后取出,置无菌平皿内,37 ℃烘干,保存于灭菌的试管中备用。

附 录 D
（规范性附录）
硝酸盐还原试验培养基和指示剂的配制

D.1 硝酸盐还原试验培养基的配制

取营养肉汤或马丁肉汤 100 mL，硝酸钾（KNO_3）0.1 g，调 pH 至 7.8～8.0，分装试管，112 kPa 20 min 灭菌备用。

D.2 指示剂的配制

试剂 1：甲液：对氨基苯磺酸 0.5 g，5 mol/L 乙酸；乙液：α-萘胺 0.5 g，5 mol/L 乙酸 100 mL。

试剂 2：二苯胺试剂：二苯胺 0.5 g 溶于 100 mL 浓硫酸中，用 20 mL 蒸馏水稀释。

附　录　E
（规范性附录）
靛基质试验培养基和指示剂的配制

E.1　靛基质试验培养基的配制

蛋白胨 1 g，氯化钠 0.5 g，色氨酸 0.1 g，蒸馏水 100 mL。溶解各成分，调 pH 至 7.8～8.0，分装试管，经 106.4 kPa 20 min 灭菌备用。

E.2　指示剂的配制

对二甲基氨基苯甲醛 5 g，95％乙醇 75 mL，浓盐酸 25 mL。将对二甲基氨基苯甲醛溶于乙醇中，再缓缓加入浓盐酸即成。

附 录 F
（规范性附录）
甲基红（MR）试验培养基和指示剂的配制

F.1 甲基红（MR）试验培养基的配制

蛋白胨 0.7 g，葡萄糖 0.5 g，磷酸氢二钾 0.5 g，蒸馏水 100 mL。各成分溶解后，调 pH7.8～8.0，分装试管。经 106.4 kPa 20 min 灭菌备用。

F.2 指示剂的配制

甲基红 0.02 g，95％酒精 60 mL，蒸馏水 40 mL。先将甲基红研磨，溶解于酒精中，再加蒸馏水即成。

附 录 G
（规范性附录）
维培二氏（V-P）试验培养基的配制

G.1 Barritt's 试剂的配制

甲液：6% α-萘酚酒精溶液。乙液：40%氢氧化钾溶液。

G.2 O'Meara's 试剂的配制

氢氧化钾（或氢氧化钠）40 g，肌酐（creatine）0.3 g，溶于蒸馏水 100 mL，经 106.4 kPa 20 min 灭菌备用。

G.3 硫酸铜的配制

1 g 硫酸铜溶于 40 mL 浓氨水中，加 10%氢氧化钾 960 mL 即成。

附 录 H
（规范性附录）
巴比妥缓冲液（VB）配制

氯化钠	85 g
巴比妥酸	5.75 g
巴比妥钠	3.75 g
氯化镁（$MgCl_2 \cdot 6H_2O$）	1.68 g
氯化钙（$CaCl_2 \cdot 2H_2O$）	0.37 g
灭菌双蒸水	2 000 mL

用盐酸调节 pH 至 7.3，使用时用灭菌双蒸水作 1∶5 稀释。

附 录 I
（规范性附录）
阿氏液配制

A 液

葡萄糖	20.5 g
灭菌双蒸水	200 mL

B 液

柠檬酸钠	12.0 g
氯化钠	4.2 g
灭菌双蒸水	800 mL

用 5％柠檬酸调节 B 液 pH 至 6.1。混合 A 液、B 液，用蔡氏滤器过滤除菌。

附 录 J
（规范性附录）
6%绵羊红细胞的制备

无菌采集健康公绵羊静脉血，脱纤后用阿氏液悬浮，1 500 g 洗涤 3 次，每次 10 min。收集红细胞沉淀，用阿氏液配成 6%悬液，4 ℃放置 48 h 后使用，但最多使用不超过 3 周。

附 录 K
（规范性附录）
溶血素效价测定

溶血素效价的测定：取 0.1 mL 溶血素作 10 倍系列稀释至 1∶1 000 作为基础液，其稀释方法见表 K.1。

表 K.1

单位为毫升

试管号	1	2	3	4	5	6	7	8
稀释度	1∶2 000	1∶3 000	1∶4 000	1∶5 000	1∶6 000	1∶8 000	1∶10 000	1∶15 000
1∶1 000 溶血素	1.0	1.0	1.0	1.0	1.0	1.0	1.0	1.0
VB	1.0	2.0	3.0	4.0	5.0	7.0	9.0	14.0
总量	2.0	3.0	4.0	5.0	6.0	8.0	10.0	15.0

按照表 K.2 程序加入各种试验成分，在 37 ℃水浴 30 min，1 500 *g* 离心 10 min。将 100%溶血管的液体与等体积 VB 混合制成 50%溶血比色管。能使红细胞液 50%溶血（HD_{50}）的溶血素最大稀释度作为溶血素效价，使用 12 个单位的 HD_{50}。

表 K.2

单位为毫升

试管号	1	2	3	4	5	6	7	8	9	10	11
溶血素稀释度	1∶100	1∶1 000	1∶2 000	1∶3 000	1∶4 000	1∶5 000	1∶6 000	1∶8 000	1∶10 000	1∶15 000	
溶血素用量	0.2	0.2	0.2	0.2	0.2	0.2	0.2	0.2	0.2	0.2	
1∶20 补体	0.1	0.1	0.1	0.1	0.1	0.1	0.1	0.1	0.1	0.1	
6%红细胞	0.2	0.2	0.2	0.2	0.2	0.2	0.2	0.2	0.2	0.2	0.2
VB	0.50	0.50	0.50	0.50	0.50	0.50	0.50	0.50	0.50	0.50	0.8
振荡后 37 ℃～38 ℃水浴 30 min											
结果判定	—	—	—	—	—	—	±	±	±	±	+
注：“+”抑制溶血，“±”部分溶血，“—”全部溶血。											

如表 K.2 中第 8 管溶血程度达到 50%，而空白对照管都没有溶血现象，则该批溶血素的效价即为 1∶8 000，使用 12 个单位的 HD_{50}，则应将溶血素作 8 000/12=666.6 倍稀释。

附　录　L
（规范性附录）
补体效价测定

使用 VB 稀释补体，具体操作见表 L.1 和表 L.2。

表 L.1

管号	1	2	3	4	5	6
VB/mL	1.45	1.70	1.95	2.20	2.45	2.70
补体/mL	0.05	0.05	0.05	0.05	0.05	0.05
稀释度	1∶30	1∶35	1∶40	1∶45	1∶50	1∶55

表 L.2

管号	1	2	3	4	5	6
补体稀释度	1∶30	1∶35	1∶40	1∶45	1∶50	1∶55
VB/mL	0.5	0.5	0.5	0.5	0.5	0.5
补体/mL	0.5	0.5	0.5	0.5	0.5	0.5
最终补体稀释度	1∶60	1∶70	1∶80	1∶90	1∶100	1∶110

将 1∶30～1∶110 各稀释度补体 25 μL 加入 1.5 mL 离心管中，每个补体稀释度孔中加入 25 μL VB，再加入 25 μL 致敏后的绵羊红细胞，振荡混匀后 37 ℃水浴 30 min 后 125 *g* 离心 2 min，判定结果。

补体效价判定：使绵羊红细胞 100％溶解的补体最高稀释度即是该补体效价。检测时使用 2.5 U 补体。例如补体在 1∶60 时使绵羊红细胞 100％溶解，那么该补体效价为 60，使用时应作 60/2.5＝24 倍稀释。

附 录 M
（规范性附录）
抗原效价测定

M.1 用VB液2倍连续稀释抗原，从1∶10到1∶640。

M.2 用VB液2倍连续稀释阳性血清，从1∶10到1∶1 280。

M.3 使用96孔微量反应板对抗原进行方阵滴定。具体操作如图M.1。每孔分别加入对应稀释度的抗原25 μL、阳性血清25 μL、2.5 U补体25 μL，振荡混匀后37 ℃水浴30 min。每孔加入致敏后的绵羊红细胞25 μL，振荡混匀后37 ℃水浴30 min。125 *g* 离心2 min判定结果。同时设0.5 U、1 U、2.5 U补体对照，致敏红细胞对照，每个抗原稀释度的抗补体对照。

	1	2	3	4	5	6	7	8	抗原
A	++++	++++	++++	++++	+++	+	−	−	1∶10
B	++++	++++	++++	++++	++++	++	+	−	1∶20
C	++++	++++	++++	++++	++++	+++	+	−	1∶40
D	++++	++++	++++	++++	++++	+++	+	−	1∶80
E	+	++	+++	++	++	+	−	−	1∶160
F	−	−	−	−	−	−	−	−	1∶320
G	−	−	−	−	−	−	−	−	1∶640
阳性血清	1∶10	1∶20	1∶40	1∶80	1∶160	1∶320	1∶640	1∶1 280	

图 M.1

M.4 当对照全部成立的情况下，补体100%被结合的阳性血清最高稀释度对应的抗原最高稀释度即是抗原效价。如图M.1所示，当阳性血清1∶160、抗原1∶80时，抗原抗体复合物能够结合100%补体，那么该抗原效价为1∶80。检测时使用2个单位，将抗原作80/2=40倍稀释。

附 录 N
（规范性附录）
补体结合百分率判定

补体结合百分率判定见表 N.1。

表 N.1

补体结合百分率	判定结果
100％	＋＋＋＋
75％	＋＋＋
50％	＋＋
25％	＋
0％	－

ICS 73.040
D 21

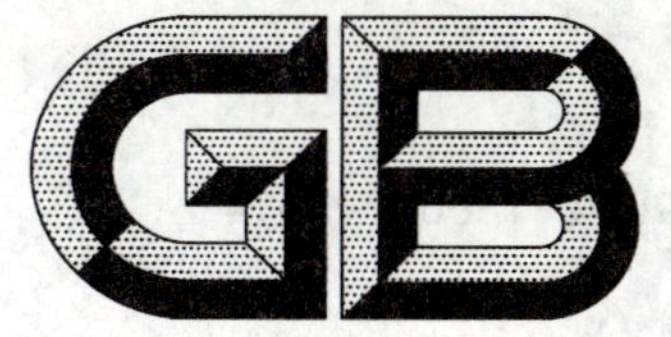

中华人民共和国国家标准

GB/T 18666—2014
代替 GB/T 18666—2002

商品煤质量抽查和验收方法

Method for quality sport check and acceptance of commerical coal

2014-06-09 发布 2014-10-01 实施

中华人民共和国国家质量监督检验检疫总局
中国国家标准化管理委员会 发布

前　言

本标准根据 GB/T 1.1—2009 给出的规则起草。

本标准代替 GB/T 18666—2002《商品煤质量抽查和验收方法》。本标准与 GB/T 18666—2002 相比主要变化如下：

——规范性引用文件中增加了 GB/T 19494.1、GB/T 19494.2、GB/T 19494.3 和 GB/T 25214（见第 2 章）；

——采样方法中增加移动煤流采样时的规定（见 4.3.2.4 和 5.3.2.4）；

——煤炭质量评定中，增加了检验双方至少有一方未采用基本采样方案时的允许差（见 4.4.2 和 5.4.2）。

本标准由中国煤炭工业协会提出。

本标准由全国煤炭标准化技术委员会归口（SAC/TC 42）。

本标准主要起草单位：煤炭科学研究总院检测研究分院、西安热工研究院有限公司。

本标准参与起草单位：湖北省电力公司电力科学研究院、神华国能集团有限公司、华电电力科学研究院。

本标准主要起草人：韩立亭、杜晓光、李英华、张太平、段云龙、王兴无、李宏图、李小江。

本标准所代替标准的历次版本发布情况为：

——GB/T 18666—2002。

商品煤质量抽查和验收方法

1 范围

本标准规定了商品煤质量抽查和验收方法的术语定义、方法提要、检验项目、煤样的采取、制备和化验、煤炭质量的评定和报告等。

本标准适用于商品煤质量监督抽查和验收检验。

2 规范性引用文件

下列文件对于本文件的应用是必不可少的。凡是注日期的引用文件，仅注日期的版本适用于本文件。凡是不注日期的引用文件，其最新版本(包括所有的修改单)适用于本文件。

GB/T 211 煤中全水分的测定方法

GB/T 212 煤的工业分析方法

GB/T 213 煤的发热量测定方法

GB/T 214 煤中全硫的测定方法

GB 474 煤样的制备方法

GB 475—2008 商品煤样人工采取方法

GB/T 19494.1 煤炭机械化采样 第1部分:采样方法

GB/T 19494.2 煤炭机械化采样 第2部分:煤样的制备

GB/T 19494.3 煤炭机械化采样 第3部分:精密度测定和偏倚试验

GB/T 25214 煤中全硫测定 红外光谱法

3 术语和定义

下列术语和定义适用于本文件。

3.1

检验值 inspected value

检验单位按国家标准方法对被检验批煤进行采样、制样和化验所得的煤炭质量指标值。

注：如被检批煤划分为多个采样单元，检验值为各总样化验值的加权平均值。

3.2

报告值 reported values

被检验单位出具的被检验批煤的质量指标值，包括被检验单位的测定值或贸易合同约定值、产品标准(或规格)规定值。

3.3

质量指标允许差 tolerance of quality parameter

被检验单位对一批煤的某一质量指标的报告值和检验单位对同一批煤的同一质量指标的检验值的差值在规定概率下的极限值。

3.4

采样基数 base for sampling

抽查或验收时，实施采样的批煤量。

4 商品煤质量抽查方法

4.1 方法提要

煤炭质量抽查单位从被抽查批煤中采取一个或数个总样，然后进行制样和有关项目测定，以被抽查单位的报告值(见 3.2)与抽查单位的检验值(见 3.1)进行比较，对被抽查批煤的质量进行评定。

4.2 检验项目

4.2.1 原煤、筛选煤和其他洗煤(包括非冶炼用精煤)

检验发热量(或灰分)和全硫。

4.2.2 冶炼用精煤

检验全水分、灰分和全硫。

4.3 煤样的采取、制备和化验

4.3.1 采样、制样和化验人员

采样、制样和化验人员应经过煤炭采样、制样和化验的专业技术培训，并持有有效的操作证书或岗位合格证书。

4.3.2 煤样的采取

4.3.2.1 采样机械和工具

机械化采样器和人工采样工具应满足 GB/T 19494.1 和 GB 475—2008 中规定的各项要求，且机械化采样器能无实质性偏倚地收集子样，并被具有资质的单位严格按照 GB/T 19494.3 规定进行的试验所证明。

机械化采样器的最大允许偏倚值应尽可能小，且对抽查或验收批煤质量评定无实质性影响。

4.3.2.2 采样地点

煤样应从被抽查单位销售或待销煤炭中，在移动煤流或火车、汽车载煤中采取。一般不直接在煤堆和轮船载煤中采取，而应在堆(装)煤和卸煤过程中、从转运煤流或小型转运工具如汽车载煤中采取。在因采样条件所限只能从煤堆上采样的特殊情况下，可从煤堆上分层采取，也可从高度小于 2 m 的煤堆上直接采取。

4.3.2.3 采样基数

抽查煤样的采样基数一般为 1 000 t 或一个发运批量。在采样基数小于 1 000 t 时，至少应为一个作业班的生产、堆存或运输量。在用被抽查单位的测定值进行质量评定时，抽查单位和被抽查单位的采样批煤应相同。

4.3.2.4 采样方法

4.3.2.4.1 煤样按 GB 475—2008 基本采样方案或 GB/T 19494.1 规定采取。当采样基数小于和等于 1 000 t 时，采取 1 个总样；大于 1 000 t 时，可采取 1 个或多个总样。当进行机械化采样时，采样方案的采样精密度应符合 GB/T 19494.1 的要求，并被具有资质的单位严格按照 GB/T 19494.3 规定进行的试

验所证明。

4.3.2.4.2 子样的分布除遵守 GB 475 或 GB/T 19494.1 的有关规定外还应遵守以下原则：

a) 在火车顶部采取煤样时，抽查煤样和非抽查煤样的子样应分布在不同的位置，并将可能重合的采样点在最近的距离内错开；

b) 在汽车顶部采样时，根据每车子样数目，按 a)项所述方法将抽查煤样和非抽查煤样的子样错开；

c) 在移动煤流中采取煤样时，抽查煤样和非抽查煤样的子样应分布在不同的位置，子样的起始位置应随机错开。

4.3.2.4.3 采样应由抽查单位至少两名人员进行，并参照附录 A 作好记录。

4.3.3 煤样的制备

4.3.3.1 制样设备应符合 GB 474 或 GB/T 19494.2 的要求。具有缩分功能的制样机械应无偏倚且精密度符合要求，并被具有资质的单位严格按照 GB/T 19494.3 规定进行的试验所证明。

4.3.3.2 煤样按 GB 474 或 GB/T 19494.2 进行制备。

4.3.3.3 离线制样或在实验室制样时，煤样缩分一般应使用二分器，煤样粒度过大或煤样过湿时，可按 GB 474 和 GB/T 19494.2 规定的其他缩分方法进行缩分。

4.3.3.4 全水分煤样可在一般分析煤样的制备过程中分取。制样过程中应尽可能避免水分损失。

4.3.3.5 煤样可在采样后就地制成质量符合规定的较小粒度的试验室煤样，带回抽查单位进一步制成分析用煤样。

4.3.3.6 在现场就地制样时，现场条件应满足 GB 474 或 GB/T 19494.2 的相应要求。

4.3.4 煤样的化验

4.3.4.1 全水分按 GB/T 211 测定。

4.3.4.2 一般分析煤样的水分和灰分按 GB/T 212 测定。

4.3.4.3 发热量按 GB/T 213 测定。

4.3.4.4 全硫按 GB/T 214 或 GB/T 25214 测定。

4.4 煤炭质量的评定

4.4.1 质量评定指标

4.4.1.1 原煤、筛选煤和其他洗煤(包括非冶炼用精煤)，以干基高位发热量(或干基灰分)和干基全硫作为质量评定指标。

4.4.1.2 冶炼用精煤，以全水分、干基灰分和干基全硫作为质量评定指标。

4.4.2 质量评定指标允许差

4.4.2.1 被抽查单位采用 GB 475—2008 基本采样方案

当被抽查单位采用 GB475—2008 基本采样方案时，商品煤质量抽查的各项质量评定指标允许差如表 1、表 2 和表 3 所示。

4.4.2.2 被抽查单位未采用 GB 475—2008 基本采样方案

4.4.2.2.1 当被抽查单位采用 GB 475—2008 专用采样方案或 GB/T 19494.1 采样时，被抽查单位应提供相应采样方案的采样精密度，抽查单位应予以确认。按式(1)计算合成采样精密度：

$$p_h = \sqrt{p_0^2 + p_b^2} \qquad \cdots\cdots (1)$$

式中：

p_h ——抽查单位和被抽查单位的合成采样精密度(A_d)，以质量分数(%)表示；

p_0 ——GB 475—2008 基本采样方案的精密度(A_d)，以质量分数(%)表示；

p_b ——被抽查单位的预期采样精密度(A_d)，以质量分数(%)表示。

4.4.2.2.2 当被抽查单位未采用 GB 475—2008 基本采样方案时，商品煤质量抽查的灰分和发热量允许差如表 4 所示。

4.4.3 质量评定

4.4.3.1 单项质量指标评定

4.4.3.1.1 按被抽查单位报告的测定值计价的商品煤的单项质量指标评定：被抽查单位的报告值和抽查单位的检验值的差值，满足下述条件时，该项质量指标评定为合格；否则评为不合格：

a) 灰分(A_d)：(报告值－检验值)≥表 1 或表 4 规定值；

b) 发热量($Q_{gr,d}$)：(报告值－检验值)≤表 1 或表 4 规定值；

c) 全水分(M_t)：(报告值－检验值)≥表 2 规定值；

d) 全硫($S_{t,d}$)：(报告值－检验值)≥表 3 规定值。

表 1 灰分和发热量允许差

煤的品种	灰分(以检验值计) A_d/%	允许差(报告值－检验值)	
		ΔA_d/%	$\Delta Q_{gr,d}$/(MJ/kg)
原煤和筛选煤	$20.00<A_d\leqslant40.00$	−2.82	+1.12
	$10.00\leqslant A_d\leqslant20.00$	$-0.141A_d$	$+0.056A_d$
	$A_d<10.00$	−1.41	+0.56
非冶炼用精煤	—	−1.13	按原煤、筛选煤计
其他洗煤	—	−2.12	
冶炼用精煤	—	−1.11	—

注 1：ΔA_d 为灰分(干基)允许差。

注 2：$\Delta Q_{gr,d}$为发热量(干基高位)允许差。

表 2 全水分允许差

煤的品种	允许差(报告值－检验值)/%
冶炼用精煤	−1.1

表 3 全硫允许差

煤的品种	全硫(以检验值计)$S_{t,d}$/%	允许差(报告值－检验值)/%
冶炼用精煤	$S_{t,d}<1.00$	−0.16
	$S_{t,d}\geqslant1.00$	$-0.16S_{t,d}$
其他煤	$S_{t,d}<1.00$	−0.17
	$1.00\leqslant S_{t,d}\leqslant2.00$	$-0.17S_{t,d}$
	$2.00<S_{t,d}\leqslant3.00$	−0.34

表 4　被抽查单位未采用 GB 475—2008 基本采样方案时，灰分和发热量允许差

煤的品种	允许差（报告值－检验值）	
	ΔA_d/%	$\Delta Q_{gr,d}$/(MJ/kg)
原煤和筛选煤 非冶炼用精煤 其他洗煤	$-p_h$	$+0.396p_h$
冶炼用精煤	$-p_h$	—
注：以上允许差值的绝对值不能大于表 1 相应允许差的绝对值。		

4.4.3.1.2　按贸易合同约定值或产品标准（或规格）规定值计价的商品煤的单项质量指标评定：以被抽查单位报告的合同约定值或产品标准（或规格）规定值和抽查单位的检验值、按 4.4.3.1.1 规定进行评定，但各项指标的实际允许差按式（2）修正：

$$T = T_0/\sqrt{2} \qquad \cdots\cdots (2)$$

式中：

T ——实际允许差，%或 MJ/kg；

T_0 ——表 1、表 2、表 3 规定的允许差，%或 MJ/kg。

注：当合同约定值或产品标准（或规格）规定值为一数值范围时，全水分、灰分和全硫以其约定值或规定值的上限值为被抽查单位报告值，发热量取下限值为报告值。

4.4.3.2　批煤质量评定

4.4.3.2.1　原煤、筛选煤和其他洗煤（包括非冶炼用精煤）：以灰分计价者，干基灰分和干基全硫都合格，该批煤质量评为合格；否则该批煤质量评为不合格。以发热量计价者，干基高位发热量和干基全硫都合格，该批煤质量评为合格，否则该批煤质量评为不合格。

4.4.3.2.2　冶炼用精煤：全水分、灰分和全硫三项都合格，该批煤质量评为合格，否则该批煤质量评为不合格。

4.5　抽查报告

抽查报告至少应包括以下主要内容：

——抽查单位名称、地址；

——被抽查单位名称、地址；

——采样时间、地点、气候状况和人员；

——抽查产品品种、规格和数量；

——所依据的采样、制样标准和采用的采样、制样方案；

——相应的采样精密度和关键参数；

——样品数量、包括总样数量和质量、子样数量和质量；

——测定项目和依据标准；

——试验数据；

——质量评定结论；

——主要检验人员、审查人员、批准人员。

5 商品煤质量验收方法

5.1 方法提要

由买受方从收到的、出卖方发给的一批煤(采样基数)中采取一个或数个总样,然后进行制样和有关项目测定,以出卖方的报告值和买受方的检验值进行比较,对该批煤质量进行评定。

5.2 检验项目

5.2.1 原煤、筛选煤和其他洗煤(包括非冶炼用精煤)

检验发热量(或灰分)和全硫。

5.2.2 冶炼用精煤

检验灰分和全硫。

5.3 煤样的采取、制备和化验

5.3.1 采样、制样和化验人员

见 4.3.1。

5.3.2 煤样的采取

5.3.2.1 采样机械和工具

见 4.3.2.1。

5.3.2.2 采样地点

煤样应从买受方收到的批煤中,在落地之前,在运输工具如皮带、火车、汽车以及轮船卸煤用的皮带、汽车或其他小型运输工具载煤中采取。在特殊情况下,也可从驳船载煤中采取。在发生质量纠纷的情况下,应从单独堆放的煤堆中,用迁移煤堆并在迁移过程中采样的方式采取。在特殊情况下,可从煤堆上分层(层高不大于 2 m)采取,也可从高度小于 2 m 的煤堆上直接采取。

5.3.2.3 采样基数

验收煤样的采样基数应为买受方收到的、出卖方发给的一批煤量(包括分数次或数日抵达买受方的同一批煤炭)。

5.3.2.4 采样方法

5.3.2.4.1 煤样按 GB 475 或 GB/T 19494.1 规定采取。当采样基数小于或等于 1 000 t 时,采取 1 个总样;大于 1 000 t 时,可采取 1 个或数个总样。当进行机械化采样时,采样方案的采样精密度应符合要求并被权威性的试验所证明。

5.3.2.4.2 子样的分布除遵守 GB 475 或 GB/T 19494.1 的有关规定外,还宜遵守以下原则:

a) 在火车顶部采取煤样时,买受方采样和出卖方采样的子样应分布在不同的位置,并将可能重合的采样点在最近的距离内错开;

b) 在汽车顶部采样时,根据每车子样数目、按 5.3.2.4.2 中 a)项所述方法将买受方采样和出卖方采样的子样错开;

c) 在移动煤流中采取煤样时，买受方采样和出卖方采样的子样应分布在不同的位置，子样的起始位置应随机错开。

5.3.2.4.3 采样应由验收单位至少两名人员进行，并参照附录 A 作好记录。

5.3.3 煤样的制备

5.3.3.1 制样设备应符合 GB 474 或 GB/T 19494.2 的要求。具有缩分功能的制样机械应无偏倚且精密度符合要求并被具备资质的单位认可。

5.3.3.2 煤样按 GB 474 和 GB/T 19494.2 进行制备。

5.3.3.3 离线制样或在实验室制样时，煤样缩分一般应使用二分器，煤样粒度过大或煤样过湿时，可按 GB 474 或 GB/T 19494.2 规定的其他缩分方法进行缩分。

5.3.3.4 煤样可在采样后就地制成质量符合规定的较小粒度的试验室煤样，带回实验室进一步制成分析用煤样。

5.3.3.5 在现场就地制样时，现场条件应满足 GB 474 或 GB/T 19494.2 的相应要求。

5.3.4 煤样的化验

5.3.4.1 一般分析煤样的水分和灰分按 GB/T 212 测定。

5.3.4.2 发热量按 GB/T 213 测定。

5.3.4.3 全硫按 GB/T 214 或 GB/T 25214 测定。

5.4 煤炭质量的评定

5.4.1 质量评定指标

5.4.1.1 原煤、筛选煤和其他洗煤(包括非冶炼用精煤)，以干基高位发热量(或干基灰分)和干基全硫作为质量评定指标。

5.4.1.2 冶炼用精煤，以干基灰分和干基全硫作为质量评定指标。

5.4.2 质量评定指标允许差

5.4.2.1 当买受方和出卖方均采用 GB 475—2008 基本采样方案采样时，商品煤质量验收的各项质量评定指标允许差如表 1 和表 3 所示。

5.4.2.2 当买受方和出卖方中，至少一方未采用 GB 475—2008 基本采样方案采样时，按式(3)计算合成采样精密度：

$$p_h = \sqrt{p_a^2 + p_b^2} \qquad \cdots\cdots(3)$$

式中：

p_h ——买受方和出卖方的合成采样精密度(A_d)，以质量分数(%)表示；

p_a ——买受方采用的采样精密度(A_d)，以质量分数(%)表示；

p_b ——出卖方采用的采样精密度(A_d)，以质量分数(%)表示。

此时，商品煤质量验收的灰分和发热量允许差如表 4 所示。

5.4.3 质量评定

5.4.3.1 单项质量指标评定

5.4.3.1.1 出卖方提供测定值的商品煤的单项质量指标评定：当买受方和出卖方分别对同一批煤采样、制样和化验时，如出卖方的报告值(测定值)和买受方的检验值满足下述条件，则该质量指标评为合格；否则评为不合格：

a) 灰分(A_d):(报告值-检验值)≥表1或表4规定值;

b) 发热量($Q_{gr,d}$):(报告值-检验值)≤表1或表4规定值;

c) 全硫($S_{t,d}$):(报告值-检验值)≥表3规定值。

5.4.3.1.2 有贸易合同约定值或产品标准(或规格)规定的商品煤质量指标评定:以合同约定值或产品标准(或规格)规定值和买受方检验值、按5.4.3.1.1规定进行评定,但各项指标的实际允许差按式(2)修正。

5.4.3.1.3 既有出卖方的测定值、又有贸易合同约定值或产品标准(或规格)规定值的商品煤的单项质量指标,应按5.4.3.1.1或5.4.3.1.2进行评定。

注:当合同约定值或产品标准(或规格)规定值为一数值范围时,灰分和全硫取合同约定值或规定值的上限值为出卖方报告值,发热量取下限值为报告值。

5.4.3.2 批煤质量评定

5.4.3.2.1 原煤、筛选煤和其他洗煤(包括非冶炼用精煤):以灰分计价者,干基灰分和干基全硫都合格,该批煤质量评为合格;否则该批煤质量评为不合格。以发热量计价者,干基高位发热量和干基全硫都合格,该批煤质量评为合格,否则该批煤质量评为不合格。

5.4.3.2.2 冶炼用精煤:干基灰分和干基全硫都合格,该批煤质量评为合格;否则该批煤质量评为不合格。

5.4.3.3 批煤质量验收结果争议解决方法

当买受方的检验值和出卖方的报告值不一致(二者的差值超过5.4.3.1.1或5.4.3.1.2规定的允许差)并发生争议时,先协商解决。如协商不一致,应改用下述两种方法之一进行验收检验并以检验结果作为最终结论,在此情况下,买受方应将收到的该批煤单独存放:

a) 双方共同对买受方收到的批煤进行采样、制样和化验,并以共同检验结果进行验收;

b) 双方请共同认可的具备相应资质的第三方对买受方收到的批煤进行采样、制样和化验并以此检验结果验收。

5.4.4 其他

除5.2规定的检测项目外,贸易双方也可根据有关工业用煤技术条件约定其他检测项目,并按合同规定进行质量评定。

5.5 验收报告

验收报告至少应包括以下主要内容:

——买受方名称、地址;

——出卖方名称、地址;

——验收实验室名称、地址;

——采样时间、地点、气候状况和人员;

——产品品种、规格和数量;

——所依据的采样、制样标准和采用的采样、制样方案;

——相应的采样精密度和关键参数;

——样品数量、包括总样数量和质量、子样数量和质量;

——测定项目和依据标准;

——试验数据;

——质量评定结论;

——主要检验人员、审查人员、批准人员。

附　录　A
（资料性附录）
现场采制样记录

<table>
<tr><td>编号：</td><td colspan="2"></td><td>执行标准：</td><td colspan="2"></td></tr>
<tr><td>被采样单位：</td><td colspan="5"></td></tr>
<tr><td>采样地点：</td><td colspan="2"></td><td>气候状况：</td><td colspan="2"></td></tr>
<tr><td>采样时间：</td><td colspan="2"></td><td>煤种/品种：</td><td colspan="2"></td></tr>
<tr><td>批号：</td><td></td><td>批量/t：</td><td></td><td colspan="2">标称最大粒度/mm：</td></tr>
<tr><td colspan="6">采样方式(煤流/火车/汽车/煤堆/驳船)：</td></tr>
<tr><td colspan="2">采样单元数/个：</td><td>采样单元号：</td><td></td><td>采样单元/t：</td><td></td></tr>
<tr><td>子样质量/kg：</td><td></td><td>子样个数/个：</td><td></td><td>总样质量/kg：</td><td></td></tr>
<tr><td colspan="6">子样采样部位(表面/0.2 m 以下/0.4 m 以下/全深度/深部分层/煤流上/煤流落头等)：</td></tr>
<tr><td>子样分布方式：</td><td colspan="2"></td><td>缩分方式：</td><td colspan="2"></td></tr>
<tr><td>采制样设备：</td><td colspan="5"></td></tr>
<tr><td>煤样粒度/mm：</td><td colspan="2"></td><td>煤样质量/kg：</td><td colspan="2"></td></tr>
<tr><td colspan="6">其他：如车皮号、煤堆草图、子样布置及有无喷水等</td></tr>
<tr><td colspan="6"></td></tr>
<tr><td>采样人员：
（签字）</td><td colspan="2"></td><td>被抽样方代表：
（签字）</td><td colspan="2"></td></tr>
</table>

ICS 11.120.01
B 38

中华人民共和国国家标准

GB/T 18672—2014
代替 GB/T 18672—2002

枸杞

Wolfberry

2014-06-09 发布 2014-10-27 实施

中华人民共和国国家质量监督检验检疫总局
中国国家标准化管理委员会 发布

前　言

本标准按照 GB/T 1.1—2009 给出的规则起草。

本标准代替 GB/T 18672—2002《枸杞(枸杞子)》。与 GB/T 18672—2002 相比,主要技术变化如下:

——修改了标准名称;

——修改了理化指标项目,调整了总糖的指标数值;

——删除了卫生指标及相关内容;

——修改了附录 A 测定步骤中“样品溶液的制备”的部分内容;

——修改了附录 B 的全部内容。

本标准由国家林业局提出并归口。

本标准起草单位:农业部枸杞产品质量监督检验测试中心、宁夏轻工设计研究院食品发酵研究所、宁夏农林科学院枸杞研究所、宁夏标准化协会。

本标准起草人:张艳、程淑华、伊倩如、李润淮、耿万成、李艳萍、冯建华、张运迪、何仲文。

本标准所代替标准的历次版本发布情况为:

——GB/T 18672—2002。

枸　　杞

1　范围

本标准规定了枸杞的质量要求、试验方法、检验规则、标志、包装、运输和贮存。

本标准适用于经干燥加工制成的各品种的枸杞成熟果实。

2　规范性引用文件

下列文件对于本文件的应用是必不可少的。凡是注日期的引用文件，仅注日期的版本适用于本文件。凡是不注日期的引用文件，其最新版本(包括所有的修改单)适用于本文件。

GB 5009.3　食品安全国家标准　食品中水分的测定

GB 5009.4　食品安全国家标准　食品中灰分的测定

GB 5009.5　食品安全国家标准　食品中蛋白质的测定

GB/T 5009.6　食品中脂肪的测定

GB/T 6682　分析实验室用水规格和试验方法

GB 7718　食品安全国家标准　预包装食品标签通则

SN/T 0878　进出口枸杞子检验规程

定量包装商品计量监督管理办法　国家质量监督检验检疫总局令〔2005〕第75号

3　术语和定义

下列术语和定义适用于本文件。

3.1

外观　appearance

整批枸杞的颜色、光泽、颗粒均匀整齐度和洁净度。

3.2

杂质　impurity

一切非本品物质。

3.3

不完善粒　imperfect dried berry

尚有使用价值的枸杞破碎粒、未成熟粒和油果。

3.3.1

破碎粒　broken dried berry

失去部分达颗粒体积三分之一以上的颗粒。

3.3.2

未成熟粒　immature berry

颗粒不饱满，果肉少而干瘪，颜色过淡，明显与正常枸杞不同的颗粒。

3.3.3

油果　over-mature or mal-processed dried berry

成熟过度或雨后采摘的鲜果因烘干或晾晒不当，保管不好，颜色变深，明显与正常枸杞不同的颗粒。

3.4

无使用价值颗粒 non-consumable berry

被虫蛀、粒面病斑面积达 2 mm^2 以上、发霉、黑变、变质的颗粒。

3.5

百粒重 weight of one hundred dried berries

100 粒枸杞的克数。

3.6

粒度 granularity

50 g 枸杞所含颗粒的个数。

4 质量要求

4.1 感官指标

感官指标应符合表 1 的规定。

表 1 感官指标

项 目	等级及要求			
	特优	特级	甲级	乙级
形状	类纺锤形略扁稍皱缩	类纺锤形略扁稍皱缩	类纺锤形略扁稍皱缩	类纺锤形略扁稍皱缩
杂质	不得检出	不得检出	不得检出	不得检出
色泽	果皮鲜红、紫红色或枣红色	果皮鲜红、紫红色或枣红色	果皮鲜红、紫红色或枣红色	果皮鲜红、紫红色或枣红色
滋味、气味	具有枸杞应有的滋味、气味	具有枸杞应有的滋味、气味	具有枸杞应有的滋味、气味	具有枸杞应有的滋味、气味
不完善粒质量分数/%	≤1.0	≤1.5	≤3.0	≤3.0
无使用价值颗粒	不允许有	不允许有	不允许有	不允许有

4.2 理化指标

理化指标应符合表 2 的规定。

表 2 理化指标

项 目	等级及指标			
	特优	特级	甲级	乙级
粒度/(粒/50 g)	≤280	≤370	≤580	≤900
枸杞多糖/(g/100 g)	≥3.0	≥3.0	≥3.0	≥3.0
水分/(g/100 g)	≤13.0	≤13.0	≤13.0	≤13.0
总糖(以葡萄糖计)/(g/100 g)	≥45.0	≥39.8	≥24.8	≥24.8
蛋白质/(g/100 g)	≥10.0	≥10.0	≥10.0	≥10.0

表 2（续）

项　目	等级及指标			
	特优	特级	甲级	乙级
脂肪/(g/100 g)	≤5.0	≤5.0	≤5.0	≤5.0
灰分/(g/100 g)	≤6.0	≤6.0	≤6.0	≤6.0
百粒重/(g/100 粒)	≥17.8	≥13.5	≥8.6	≥5.6

5 试验方法

5.1 感官检验

按 SN/T 0878 规定执行。

5.2 粒度、百粒重的测定

按 SN/T 0878 规定执行。

5.3 枸杞多糖的测定

按附录 A 规定执行。

5.4 水分的测定

按 GB 5009.3 减压干燥法或蒸馏法规定执行。

5.5 总糖的测定

按附录 B 规定执行。

5.6 蛋白质的测定

按 GB 5009.5 规定执行。

5.7 脂肪的测定

按 GB/T 5009.6 规定执行。

5.8 灰分的测定

按 GB 5009.4 规定执行。

6 检验规则

6.1 组批

由相同的加工方法生产的同一批次、同一品种、同一等级的产品为一批产品。

6.2 抽样

从同批产品的不同部位经随机抽取 1‰，每批至少抽 2 kg 样品，分别做感官、理化检验，留样。

6.3 检验分类

6.3.1 出厂检验

出厂检验项目包括:感官指标、粒度、百粒重、水分。产品经生产单位质检部门检验合格附合格证,方可出厂。

6.3.2 型式检验

型式检验每年进行一次,在有下列情况之一时应随时进行:

a) 新产品投产时;

b) 原料、工艺有较大改变、可能影响产品质量时;

c) 出厂检验结果与上次型式检验结果差异较大时;

d) 质量监督机构提出要求时。

6.4 判定规则

型式检验项目如有一项不符合本标准,判该批产品为不合格,不得复验。出厂检验如有不合格项时,则应在同批产品中加倍抽样,对不合格项目复验,以复验结果为准。

7 标志、包装、运输和贮存

7.1 标志

标志应符合 GB 7718 的规定。

7.2 包装

7.2.1 包装容器(袋)应用干燥、清洁、无异味并符合国家食品卫生要求的包装材料。

7.2.2 包装要牢固、防潮、整洁、美观、无异味,能保护枸杞的品质,便于装卸、仓储和运输。

7.2.3 预包装产品净含量允差应符合《定量包装商品计量监督管理办法》的规定。

7.3 运输

运输工具应清洁、干燥、无异味、无污染。运输时应防雨防潮,严禁与有毒、有害、有异味、易污染的物品混装、混运。

7.4 贮存

产品应贮存于清洁、阴凉、干燥、无异味的仓库中。不得与有毒、有害、有异味及易污染的物品共同存放。

附 录 A
（规范性附录）
枸杞多糖测定

A.1 原理

用80％乙醇溶液提取以除去单糖、低聚糖、甙类及生物碱等干扰性成分，然后用水提取其中所含的多糖类成分。多糖类成分在硫酸作用下，先水解成单糖，并迅速脱水生成糖醛衍生物，然后和苯酚缩合成有色化合物，用分光光度法于适当波长处测定其多糖含量。

A.2 仪器和设备

A.2.1 实验室用样品粉碎机。

A.2.2 分析天平，感量0.000 1 g。

A.2.3 分光光度计，用10 mm比色杯，可在490 nm下测吸光度。

A.2.4 玻璃回流装置。

A.2.5 电热恒温水浴。

A.2.6 玻璃仪器，250 mL容量瓶、各规格移液管、25 mL具塞试管。

A.3 试剂配制

除非另有说明，在分析中仅使用确认为分析纯的试剂和GB/T 6682中规定的至少三级的水。

A.3.1 80％乙醇溶液：用95％乙醇或无水乙醇加适量水配制。

A.3.2 硫酸。

A.3.3 苯酚液：取苯酚100 g，加铝片0.1 g与碳酸氢钠0.05 g，蒸馏收集172 ℃馏分，称取此馏分10 g，加水150 mL，置于棕色瓶中即得。

A.4 试样的选取和制备

取具有代表性试样200 g，用四分法将试样缩减至100 g，粉碎至均匀，装于袋中置干燥皿中保存，防止吸潮。

A.5 测定步骤

A.5.1 样品溶液的制备

准确称取样品粉末0.4 g（精确到0.000 1 g），置于圆底烧瓶中，加80％乙醇溶液200 mL，回流提取1 h，趁热过滤，烧瓶用80％热乙醇溶液洗涤3次～4次，残渣用80％热乙醇溶液洗涤8次～10次，每次约10 mL，残渣用热水洗至原烧瓶中，加水100 mL，加热回流提取1 h，趁热过滤，残渣用热水洗涤8次～10次，每次约10 mL，洗液并入滤液，冷却后移入250 mL容量瓶中，用水定容，待测。

A.5.2 标准曲线的绘制

准确称取105 ℃干燥恒重的标准葡萄糖0.1 g(精确到0.000 1 g),加水溶解并定容至1 000 mL。准确吸取此标准溶液0.1、0.2、0.4、0.6、0.8、1.0 mL分置于具塞试管中,各加水至2.0 mL,再各加苯酚液1.0 mL,摇匀,迅速滴加硫酸5.0 mL,摇匀后放置5 min,置沸水浴中加热15 min,取出冷却至室温;另以水2 mL加苯酚和硫酸,同上操作为空白对照,于490 nm处测定吸光度,绘制标准曲线。

A.5.3 试样的测定

准确吸取待测液一定量(视待测液含量而定),加水至2.0 mL,以下操作按标准曲线绘制的方法测定吸光度,根据标准曲线查出吸取的待测液中葡萄糖的质量。

A.6 测定结果的计算

A.6.1 计算公式

多糖含量按式(A.1)计算:

$$w=\frac{\rho \times 250 \times f}{m \times V \times 10^{6}} \times 100 \qquad \cdots\cdots\cdots\cdots\cdots\cdots (A.1)$$

式中:

w ——多糖含量,单位为克每百克(g/100 g);

ρ ——吸取的待测液中葡萄糖的质量,单位为微克(μg);

f ——3.19,葡萄糖换算多糖的换算因子;

m ——试样质量,单位为克(g);

V ——吸取待测液的体积,单位为毫升(mL)。

A.6.2 重复性

每个试样取两个平行样进行测定,以其算术平均值为测定结果,小数点后保留2位。在重复条件下两次独立测定结果的绝对差值不得超过算术平均值的10%。

附 录 B
（规范性附录）
总 糖 测 定

B.1 原理

在沸热条件下，用还原糖溶液滴定一定量的费林试剂时，将费林试剂中的二价铜还原为一价铜，以亚甲基蓝为指示剂，稍过量的还原糖立即使蓝色的氧化型亚甲基蓝还原为无色的还原型亚甲基蓝。

B.2 仪器设备

B.2.1 实验室用样品粉碎机。
B.2.2 电热恒温水浴。
B.2.3 100 W～200 W 小电炉。
B.2.4 玻璃仪器：100 mL、250 mL 容量瓶，250 mL 锥形瓶，半微量滴定管。

B.3 试剂配制

除非另有说明，在分析中仅使用确认为分析纯的试剂和 GB/T 6682 中规定的至少三级的水。
B.3.1 费林试剂甲液：称取 34.6 g 硫酸铜（$CuSO_4 \cdot 5H_2O$）溶于水中并定容至 500 mL，贮存于棕色瓶中。
B.3.2 费林试剂乙液：称取 173 g 酒石酸钾钠及 50 g 氢氧化钠，溶于水中并定容至 500 mL，贮存于橡胶塞试剂瓶中。
B.3.3 乙酸锌溶液：称取 21.9 g 乙酸锌，溶于水中，加入 3 mL 冰乙酸，加水定容至 100 mL。
B.3.4 10%亚铁氰化钾溶液：称取 10.0 g 亚铁氰化钾溶于水中并定容至 100 mL。
B.3.5 6 mol/L 盐酸：量取 50 mL 浓盐酸（相对密度 1.19），加水定容至 100 mL。
B.3.6 200 g/L 氢氧化钠溶液：称取 20 g 氢氧化钠溶于水中并定容至 100 mL。
B.3.7 0.1%甲基红溶液：称取 0.1 g 甲基红溶于乙醇中并定容至 100 mL。
B.3.8 亚甲基蓝指示剂：称取 0.1 g 亚甲基蓝溶于水中并定容至 100 mL。
B.3.9 葡萄糖标准溶液：精密称取 1 g（精确到 0.000 1 g），经过 98 ℃～100 ℃干燥至恒重的葡萄糖，加适量水溶解，再加入 5 mL 盐酸，加水定容至 1 000 mL。此溶液每毫升相当于 1 mg 葡萄糖。

B.4 样品溶液制备

B.4.1 取具有代表性试样 200 g，用四分法将试样缩减至 100 g，粉碎至均匀，准确称取 2.00 g～3.00 g 样品，转入 250 mL 容量瓶中，加水至容积约为 200 mL，置 80 ℃±2 ℃水浴保温 30 min，期间摇动数次，取出冷却至室温，加入乙酸锌及亚铁氰化钾溶液各 5 mL 摇匀，用水定容。过滤（弃去初滤液约 30 mL），滤液备用。
B.4.2 吸取滤液 50 mL 于 100 mL 容量瓶中，加入 6 mol/L 盐酸 10 mL，在 75 ℃～80 ℃水浴中加热水解 15 min，取出冷却至室温，加甲基红指示剂一滴，用 200 g/L 氢氧化钠溶液中和，然后用水定容，备用。

B.5 测定步骤

B.5.1 标定碱性酒石酸铜溶液

吸取费林试剂甲液、乙液各 2.0 mL，置于 250 mL 锥形瓶中，再补加 15.0 mL 葡萄糖标准溶液，从滴定管中加入比预测量少 1 mL～2 mL 葡萄糖标准溶液，将此混合液置于小电炉加热煮沸，立即加入亚甲基蓝指示剂 5 滴，并继续以 2 滴/s～3 滴/s 的滴速滴定至二价铜离子完全被还原生成砖红色氧化亚铜沉淀，溶液蓝色褪尽为终点，记录消耗葡萄糖标准溶液总体积(V_0)。

B.5.2 样品溶液测定

吸取费林试剂甲液、乙液各 2.0 mL，置于 250 mL 锥形瓶中，再吸待测液 5.0 mL～10.0 mL(V_1)(吸取量视样品含量高低而定)，补加适量葡萄糖标准溶液(如果样品含量高则不补加)，然后从滴定管中加入比预测量少 1 mL～2 mL 的葡萄糖标准溶液，将此混合液置于小电炉加热煮沸，立即加入亚甲基蓝指示剂 5 滴，并继续以 2 滴/s～3 滴/s 的滴速滴定至二价铜离子完全被还原生成砖红色氧化亚铜沉淀，溶液蓝色褪尽为终点，记录消耗葡萄糖标准溶液总体积(V_2)。

B.6 测定结果的计算

B.6.1 计算公式

总糖含量按式(B.1)计算：

$$w=\frac{(V_0-V_2)\times\rho\times A\times 250}{m\times V_1\times 10^3}\times 100 \qquad \cdots\cdots\cdots(\text{B.1})$$

式中：

w ——总糖含量(以葡萄糖计)，单位为克每百克(g/100 g)；

V_0 ——标定费林试剂消耗的葡萄糖标准溶液总体积，单位为毫升(mL)；

V_1 ——吸取样品溶液体积，单位为毫升(mL)；

V_2 ——样品溶液所消耗的葡萄糖标准溶液总体积，单位为毫升(mL)；

250——定容体积，单位为毫升(mL)；

A ——稀释倍数；

m ——样品质量单位为克(g)；

ρ ——葡萄糖标准溶液的质量浓度，单位为克每升(g/L)；

10^3 ——由毫克换算为克时的系数。

B.6.2 重复性

每个试样取两个平行样进行测定，以其算术平均值为测定结果，小数点后保留 1 位。在重复条件下两次独立测定结果的绝对差值不得超过算术平均值的 10%。

ICS 71.040.50
G 04

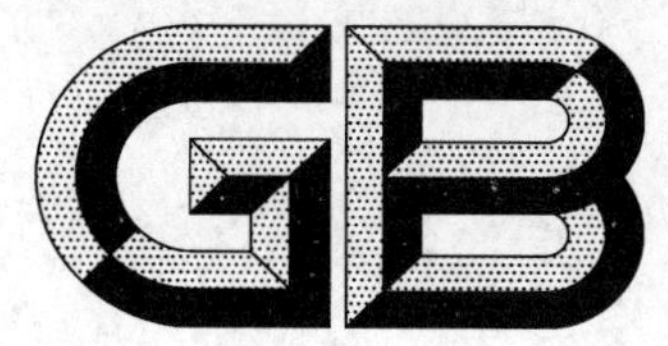

中华人民共和国国家标准

GB/T 18735—2014
代替 GB/T 18735—2002

微束分析　分析电镜(AEM/EDS)纳米薄标样通用规范

Microbeam analysis—General guide for the specification of nanometer thin reference materials for analytical transmission electron microscope (AEM/EDS)

2014-07-24 发布　　2015-03-01 实施

中华人民共和国国家质量监督检验检疫总局
中国国家标准化管理委员会　发布

前　言

本标准按照 GB/T 1.1—2009 给出的规则起草。

本标准代替 GB/T 18735—2002《分析电镜(AEM/EDS)纳米薄标样通用规范》。

本标准与 GB/T 18735—2002 相比主要变化如下：

——中英文名称修改为："微束分析　分析电镜(AEM/EDS)纳米薄标样通用规范"和"Microbeam ananlysis—General guide for the specification of nanometer thin reference materials for analytical transmission electron microscope (AEM/EDS)"；

——修改了适用范围的内容(见第 1 章)；

——更新和增加了引用标准(见第 2 章)；

——增加和修改了术语和定义，将公式和原理放在术语下面的注释中进行表述(见第 3 章)；

——将"标样"改为"薄标样"(见第 4 章、第 5 章)；

——修改了薄标样化学定值和薄标样个数的要求(见 4.1、4.2)；

——增加了对薄标样的厚度要求的说明和计算例证的注释(见 4.3)；

——增加了对薄标样稳定性要求的说明性注释(见 4.4)；

——将"碳膜支持网"修改为"超薄碳膜支持网"(见 4.5)；

——增加了"检测仪器"和"样品台"次级标题(见 5.1、5.2)；

——将"试样"修改为"研究材料"(见 5.1、5.2、5.3.4)；

——增加了分析时常用的几个典型工作电压值(见 5.3.1)；

——修改了测量样品个数和待测元素 X 射线强度统计测量的要求(见 5.3.3、5.3.5 和 5.3.8)；

——增加了比例因子测量时参考元素的说明性注释(见 5.3.6)；

——修改和增加了比例因子 K_{A-B} 的扩展不确定度和不确定度及相应的注释(见 5.3.8 和 5.3.9)；

——修改了薄标样的判别依据(见 5.4)；

——增加了标样的分级(见第 6 章)；

——增加了有助于理解本标准的必要的参考文献。

本标准由全国微束分析标准化技术委员会(SAC/TC 38)提出并归口。

本标准起草单位：武汉理工大学。

本标准主要起草人：孙振亚。

本标准于 2002 年 12 月首次发布，本次为第一次修订。

引　言

本标准规定的各项准则，主要适用于分析电镜，即配备 X 射线能谱仪附件的透射电子显微镜(AEM/EDS)依据比值法即 Cliff-Lorimer 法，在可以忽略试样基体的 X 射线吸收效应进行无机薄样品元素定量分析时，测量比例因子 K_{A-B} 所需纳米薄标样的通用规范和检测方法的一般原则。为进一步制定 AEM 的定量分析方法标准奠定基础。

本标准对于开展微粒和微区样品的分析电镜的元素定量分析，特别是适应迅速发展的纳米材料的成分定量分析和高加速电压分析型透射电镜的发展，建立基于标准样品的比较定量分析方法，提高定量分析准确度具有积极的指导作用。

微束分析　分析电镜(AEM/EDS)纳米薄标样通用规范

1　范围

本标准规定了分析电镜(AEM/EDS)即透射电子显微镜或装有扫描附件的透射电镜配备X射线能谱仪(EDS),测量比例因子 K_{A-B} 所用纳米薄标样的技术要求、检测条件和检测方法。

本标准适用于采用分析电镜(AEM/EDS)进行无机薄样品的微区元素定量分析。本标准不包括有机物和生物标样。

2　规范性引用文件

下列文件对于本文件的应用是必不可少的。凡是注日期的引用文件,仅注日期的版本适用于本文件。凡是不注日期的引用文件,其最新版本(包括所有的修改单)适用于本文件。

GB/T 4930—2008　微束分析　电子探针分析　标准样品技术条件导则(ISO 14595:2003,IDT)

GB/T 21636—2008　微束分析　电子探针显微分析(EPMA)　术语(ISO 23833:2006,IDT)

3　术语和定义

GB/T 21636—2008 界定的以及下列术语和定义适用于本文件。

3.1

分析电镜　analytical transmission electron microscope

指配备有X射线能谱仪(EDS)的透射电子显微镜或装有扫描附件的透射电镜,能同时对微区进行元素分析。

3.2

临界厚度　critical thickness

T_S

在一定的加速电压下,样品分析区域对X射线的吸收效应可以忽略而无须做吸收校正时的最大厚度。

注:临界厚度 T_S 可用式(1)表示:

$$T_S = 1(5\rho \mid \mu_B - \mu_A \mid \csc\alpha) \qquad \cdots\cdots(1)$$

式中:

ρ ——试样的密度;

μ_A——元素A的特征X射线在样品中的质量吸收系数;

μ_B——元素B的特征X射线在样品中的质量吸收系数;

α ——与X射线能谱仪相关的X射线检出角。

3.3

比例因子　ratio factor

K_{A-B}

在一定的工作电压下,对已知成分且厚度小于或等于临界厚度的薄试样,从同一微区同时测得元素

A与B的特征X射线某一谱线强度，则薄试样中元素A与B的浓度比值与其相应的特征X射线某一谱线强度的比值之比为常数。

注：比例因子 K_{A-B} 由式(2)给出：

$$K_{A-B}=\frac{C_A/C_B}{I_A/I_B} \qquad (2)$$

式中：

A和B分别为试样中待测元素和参考元素。C_A 和 C_B 则分别为元素A和B的化学定值质量分数；I_A 和 I_B 则为相同分析条件下，元素A和B相应的特征X射线测量强度。

同样的方法，可测得试样中其他元素的比例因子。如果已知第三个元素C的比例因子 K_{C-B}，则元素A、C的比例因子 K_{A-C} 直接由式(3)推导出来：

$$K_{A-C}=K_{A-B}/K_{C-B} \qquad (3)$$

类似的关系可推广到其他多个元素。

3.4

薄标样　thin reference materials

适用于测量比例因子(K_{A-B})且其厚度小于或等于临界厚度 T_S 条件的无机标准样品。

注：一般为纳米粉体或薄膜，厚度小于300 nm。

3.5

研究材料　research materials

在物理和化学特征上满足标样要求，但在认证为标样之前需要对其细节(包括化学成分、稳定性以及微区和宏观不均匀性)进行检测的材料。

4　薄标样的技术要求

4.1　薄标样的化学成分应测定，其定值方法应遵照GB/T 4930—2008中7.3和7.4的规定进行。

4.2　薄标样材料的母体应有足够量，除足够供应化学定值消耗外，保证能被确认后制成约200个标准样品。

4.3　薄标样的厚度要求视仪器分析条件和样品组成不同而异，一般厚度应小于300 nm，分析区域厚度应等于或小于待测元素的临界厚度。

注：薄标样的临界厚度还与电镜的加速电压、EDS的探测效率和特征X射线的检出角相关。因此，严格说来比例因子还包含着与透射电镜和能谱仪这些参数相关的影响因子，称之为仪器因子，对于同一种分析电镜，仪器因子是一个常数[3]。根据本标准3.2注中的式(1)临界厚度更重要的是与试样的密度和组成相关，例如相同的分析条件下，加速电压100 kV时，金属试样FeNi合金，其临界厚度可以允许达到300 nm；$CuAl_2$ 合金的临界厚度则必须小于50 nm。对多数中等无机元素组成的矿物材料，因其密度相对较低，如5 g/cm^3～8 g/cm^3，通常情况下，临界厚度小于300 nm能满足薄标样要求。

4.4　薄标样化学组成应稳定而均匀。其组成元素的特征X射线谱线重叠干扰少。

注：评价作为薄标样备选材料的稳定性可参照GB/T 4930—2008中第6章的原则进行认证。由于分析电镜的工作电压可高达200 kV，更高的工作电压下，试样的稳定性会变差。较之电子探针分析，有些情况下可适当降低分析电镜对标样的稳定性要求，这些情况应当在标样证书上论述。

4.5　纳米粉体标样在常规的分散剂中应有良好的分散性。一般以适量的蒸馏水或乙醇等为分散剂，经超声波振荡15 min左右，将粉体标样分散于超薄碳膜支持网或微栅上。纳米薄膜标样则直接固定于载网上。为避免铜支持网的铜特征X射线的干扰，推荐使用低X射线背景载网，如碳、铍网。

5 研究材料的检测

5.1 检测仪器

用分析电镜对准备用作薄标样的研究材料进行检测。

5.2 样品台

安装研究材料的样品台应使用配有碳或铍夹持座的X射线能谱分析专用样品台。

5.3 测量条件与方法

5.3.1 分析电镜工作电压为100 kV及以上，一般选用100 kV、120 kV和200 kV。

5.3.2 为减少试样分析区的污染，分析时应使用液氮冷阱。

5.3.3 在确定的工作电压下，所选束斑或束流和分析时间，使试样中参考元素B的X射线强度应该满足可接受的计数统计要求。一般希望其总计数达10 000以上。

5.3.4 对纳米粉体研究材料据其粒径尽量选择视域中独立分散的小而薄的颗粒样品进行分析。

5.3.5 从一个母体制备的研究材料中，随机选取一试样，每个试样随机选取 N 个（N 典型是7个～10个）测试点，是否取更多的点取决于试样本身情况；或在一个试样中随机选取 N 个左右厚度适合的颗粒，在相同的分析条件下进行测量，扣除背底，每个元素共计 N 个X射线强度计数测量值。

5.3.6 据式(2)计算出试样中待测元素的比例因子 K_{A-B} 值。参考元素B一般选择试样中含量较高的元素。

注：对于矿物等硅酸盐材料，通常选择Si为参考元素，测量 K_{A-Si}，对于金属材料，通常选择Fe为参考元素，测量 K_{A-Fe}。此外，测量比例因子时应标明测量时分析电镜的工作电压。

5.3.7 由式(4)至式(6)计算比例因子 K_{A-B} 的平均值 K、标准偏差 S 和标准不确定度 u：

$$K=\Sigma K_i/N \qquad \cdots\cdots(4)$$

$$S=\sqrt{\Sigma(K_i-K)^2/(N-1)} \qquad \cdots\cdots(5)$$

$$u=S/\sqrt{N} \qquad \cdots\cdots(6)$$

式中：

K ——比例因子 K_{A-B} 的平均值；

K_i ——比例因子 K_{A-B} 第 i 次测量值；

S ——比例因子 K_{A-B} 的标准偏差；

u ——比例因子 K_{A-B} 的标准不确定度；

N ——测量次数。

5.3.8 当置信度(p)在95%～99%置信区间时，比例因子 K_{A-B} 的扩展不确定度(U)由式(7)给出：

$$U=t_p^{N-1}\times u=t_p^{N-1}S/\sqrt{N} \qquad \cdots\cdots(7)$$

式中：

U ——比例因子 K_{A-B} 的扩展不确定度；

u ——比例因子 K_{A-B} 的标准不确定度；

S ——比例因子 K_{A-B} 的标准偏差；

N ——测量次数；

t_p^{N-1} ——置信度(p)在95%～99%区间时，N 次测量的 t 分布。

注1：当置信度(p)为95%时，t_{95}^{N-1} 取值为2；当置信度(p)为99%时，t_{99}^{N-1} 取值为3。

注2：比例因子测量的不确定度主要与试样内部和试样之间在微米-纳米分析尺度上的不均匀性及检测过程中的不

均匀性相关。理论上应分别测量和计算上述各因素的不确定度，再进行合成。不同于电子探针标样主要以较大的块体试样为主，考虑到分析电镜的薄标样将主要以纳米-微米尺度的粉体试样为主，本标准中将试样内部或试样之间及检测过程中的随机测量近似视为是等效的测量，因此式(6)则没有采用合成不确定度来计算以便于应用。同时，由于本标准中5.3.9中给出的比例因子的相对不确定度范围较宽(而电子探针标样要求浓度测量的相对不确定度的范围≤±2%，参见GB/T 4930—2008中的5.6)，这种简化处理能满足测量统计的要求。

5.3.9　比例因子 $K_{\mathrm{A-B}}$ 的测量平均值的相对不确定度(R)由式(8)给出：

$$R = \pm t_p^{N-1} \times u/K \times 100\% \qquad (8)$$

式中：

u　——比例因子 $K_{\mathrm{A-B}}$ 的标准不确定度；

K　——比例因子 $K_{\mathrm{A-B}}$ 的测量平均值；

t_p^{N-1}——置信度(p)在95%～99%区间时，N 次测量的 t 分布。

5.4　薄标样判别依据

如果在95%或99%的置信区间，若研究材料中A、B两元素测量的比例因子 $K_{\mathrm{A-B}}$ 按照式(8)计算的相对不确定度 $R \leqslant \pm 10\%$，则该研究材料可以作为测量比例因子 $K_{\mathrm{A-B}}$ 的薄标样的备选材料。对多元素研究材料，其他待测元素的比例因子的相对不确定度计算及标样判据依此类推。

6　标样的分级

6.1　薄标样化学成分的测定

用作薄标样的研究材料的化学成分测定应该至少由两个独立的实验室来完成，其结果的平均值或加权平均值就作为认证值。并且其分析方法和检测结果的准确度和精密度都应在标样证书上加以说明。

6.2　薄标样级别的确定

薄标样级别划分为三级，可参照GB/T 4930—2008附录B的电子探针分析用标样分级的检测要求作为指导，在薄标样分级的使用技术条件中应标明测量比例因子时适合的工作电压或其他应当论述的分析条件，并且在标样证书中标明其级别。

7　包装与贮运

7.1　标样包装

7.1.1　薄标样应置于透射电镜专用样品盒内。

7.1.2　薄标样的样品盒与干燥剂袋一起放在泡沫塑料中，连同标样说明书置于一个有密封盖的透明塑料盒中。

7.1.3　装有薄标样的塑料盒，应装在干燥、防潮、防尘和防霉的箱中，箱中应有装箱单。

7.1.4　装箱单、包装盒、包装箱的外表，应注明标样的名称、标准号、数量及包装者、生产日期、使用有效期、检验印章等。

7.2　运输

包装成箱的标样应在避免雨雪直接淋袭的条件下运送。

7.3 保管

标样应该存放于防止其变质的条件下。通常应保存在密封的干燥器或盒子里。

7.4 标样的有效期

分析电镜薄标样有规定的使用有效期。

参考文献

[1] Maher D M,Joy D C,Cliff G.Analytical electron microscopy-1984 [M].San Francisco Inc,1984:341-344.

[2] Lorimer G W. Quantitative X-ray microanalysis of thin specimen in the trandmission electron microscope;a rivew [J].Mineralogical Magazine,1987,55(3):49-60.

[3] 孙振亚,刘永康.分析电镜 cliff-lorimer 因子测量及薄标样标准化探讨[J].分析测试学报,1999,18(3):1-4.

ICS 29.020
J 07

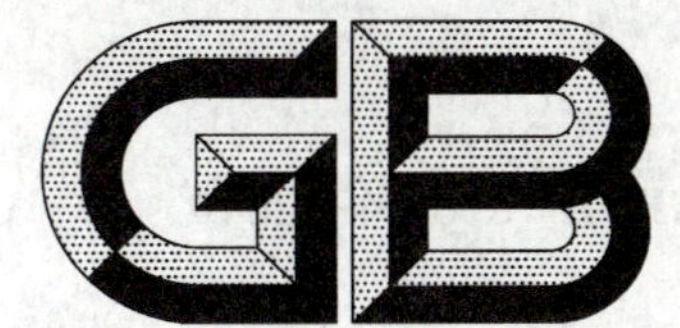

中华人民共和国国家标准

GB/T 18759.4—2014

机械电气设备　开放式数控系统
第4部分：硬件平台

Electrical equipment of machines—Open numerical control system—Part 4: Hardware platform

2014-09-03 发布　　　　2015-02-01 实施

中华人民共和国国家质量监督检验检疫总局
中国国家标准化管理委员会　发布

前　言

GB/T 18759《机械电气设备　开放式数控系统》分为如下几部分：

——第1部分：总则；

——第2部分：体系结构；

——第3部分：总线接口与通信协议；

——第4部分：硬件平台；

——第5部分：软件平台；

——第6部分：网络接口与通信协议；

——第7部分：通用技术条件；

——第8部分：试验与验收。

本部分为GB/T 18759的第4部分。

本部分按照GB/T 1.1—2009给出的规则起草。

本部分由中国机械工业联合会提出。

本部分由全国工业机械电气系统标准化技术委员会(SAC/TC 231)归口。

本部分负责起草单位：中国科学院沈阳计算技术研究所有限公司、国家机床质量监督检验中心。

本部分参加起草单位：广州数控设备有限公司、北京凯恩帝数控技术有限责任公司、沈阳高精数控技术有限公司、武汉华中数控股份有限公司、北京航天数控系统有限公司、大连光洋数控技术有限公司、上海交通大学、北京航空航天大学、山东大学、浙江大学、沈阳机床(集团)有限责任公司、杭州机床集团有限公司、北京易能立方科技有限公司。

本部分主要起草人：于东、黄祖广、陶耀东、尹震宇、赵钦志、杨堂勇、杨洪丽、杜瑞芳、王健、刘艳强、王宇晗、张承瑞、冯冬芹、化春雷、陈建明、陈虎、任清荣、胡毅、薛瑞娟。

机械电气设备 开放式数控系统
第4部分：硬件平台

1 范围

GB/T 18759 的本部分规定了机械电气设备开放式数控系统硬件平台的构造方式以及各硬件模块之间的连接规范，目的在于为开放式数控系统硬件平台的分析、设计和实现提供参考框架，确保硬件平台满足机械电气设备数控系统开放要求。

本部分适用于金属加工机械、纺织机械、印刷机械、缝制机械、塑料和橡胶机械、木工机械等电气设备用的开放式数控系统。其他工业机械设备用的开放式数控系统亦可参照执行。

2 规范性引用文件

下列文件对于本文件的应用是必不可少的。凡是注日期的引用文件，仅注日期的版本适用于本文件。凡是不注日期的引用文件，其最新版本(包括所有的修改单)适用于本文件。

GB 5226.1—2008 机械电气安全 机械电气设备 第1部分：通用技术条件

GB/T 15629.3—1995 信息处理系统 局域网 第3部分：带碰撞检测的载波侦听多址访问(CSMA/CD)的访问方法和物理层规范

GB 15629.11—2003 信息技术 系统间远程通信和信息交换 局域网和城域网 特定要求 第11部分：无线局域网媒体访问控制和物理层规范

GB/T 18759.3—2009 机械电气设备 开放式数控系统 第3部分：总线接口与通信协议

GB/T 21067—2007 工业机械电气设备 电磁兼容 通用抗扰度要求

GB 23313—2009 工业机械电气设备 电磁兼容 发射限值

GB 28526—2012 机械电气安全 安全相关电气、电子和可编程电子控制系统的功能安全

3 术语、定义、符号及缩略语

3.1 术语和定义

下列术语和定义适用于本文件。

3.1.1

开放式数控系统 open numerical control system

应用软件构筑于遵循公开性、可扩展性、兼容性原则的系统平台之上的数控系统，使应用软件具可移植性、互操作性和人机界面的一致性。

[GB/T 18759.1—2002，3.1]

3.1.2

硬件平台 hardware platform

软件平台和应用软件运行的基础部件，处于基本体系结构的最底层。

[GB/T 18759.1—2002，3.4]

3.1.3

软件平台 software platform

应用软件运行的基础部件,处于基本体系结构的硬件平台和应用软件之间。

[GB/T 18759.1—2002,3.5]

3.1.4

功能单元 functional unit

能够完成特定任务的硬件实体,或软件实体,或硬件实体和软件实体。

[GB/T 18759.1—2002,3.9]

3.1.5

功能模块 functional module

功能组件中的基础单元,用来实现功能组件中各功能的模块,它是一个独立的功能块,具有标志的数据接口。

一个功能组件可以选配和连接不同的功能模块实现不同的功能水准。模块可以通过系统配置直接嵌入ONC平台,并被通信系统访问。用户在对模块进行开发时,对外接口应符合所属模块的数据接口定义,以便实现"即插即用",其内部实现被封装,并允许加许可证。

[GB/T 18759.2—2006,3.2]

3.1.6

功能组件 functional component

控制器的独立组成部分,实现一类独立的功能。

[GB/T 18759.2—2006,3.3]

3.1.7

装置/设备 device

开放式数控系统中具有控制或检测功能(特定功能行为)的单元或单元集合,如数控装置、驱动装置、I/O装置、检测装置。

[GB/T 18759.3—2009,3.1]

3.1.8

精简指令集 reduced instruction set computing;RISC

一种中央处理器的指令集架构,每条指令均采用标准字长,执行时间短,中央处理器的实现细节对机器级程序可见。

3.1.9

复杂指令集 complex instruction set computing;CISC

一种中央处理器指令集架构,单一指令中可执行诸如内存读取、储存、计算等若干操作。

3.1.10

核心处理器 kernel CPU

开放式数控系统硬件平台中,完成运动控制、PLC、解释器等主要数控控制功能的处理器。

3.1.11

处理器模块 processor module

核心处理器所在的电路板单元。

3.1.12

数控设备 numerical control device

数控系统中除数控装置和驱动装置以外的其他设备,包括:I/O单元、操作站、光栅尺、编码器、视觉传感器、激光传感器等。

3.1.13

背板连接　backplane connection

处理器模块与功能单元采用印刷电路板的连接方式。

3.1.14

直接连接　direct connection

处理器模块与功能单元间采用板间连接器的连接方式。

3.1.15

安全 I/O　safety I/O

在异常情况下能执行预定安全操作的 I/O。

3.1.16

安全回路　safety loop

连接安全 I/O 等设备的电气回路。

3.2　符号及缩略语

下列符号及缩略语适用于本文件。

AHB	Advanced High performance Bus	高性能总线
AMBA	Advanced Microcontroller Bus Architecture	高级微控制器总线结构
APB	AMBA Peripheral Bus	AMBA 外设总线
ASB	AMBA System Bus	AMBA 系统总线
CAD	Computer Aided Design	计算机辅助设计
CAM	Computer Aided Manufacturing	计算机辅助制造
CNC	Computer Numerical Control	计算机数字控制
CPCI	Compact Peripheral Component Interconnect	紧凑型 PCI
DMIPS	Dhrystone Million Instructions Per Second	每秒百万条整数指令
EMC	Electromagnetic Compatibility	电磁兼容
EPIC	Embedded Platform for Industrial Computing	面向工业计算的嵌入式平台
ERP	Enterprise Resourse Planning	企业资源计划
ETX	Embedded Technology eXtended	嵌入式技术扩展
GPIO	General Purpose Input / Output	通用目标输入/输出
HDD	Hard Disk Drive	硬盘驱动器
LVDS	Low Voltage Differential Signaling	低压差分信号
MES	Manufacturing Execution System	制造执行系统
MIPS	Million Instructions Per Second	每秒百万条指令
MMC	Man Machine Control	人机控制
NCD	Numerical Control Device	数值控制外设
NCK	Numerical Control Kernel	数值控制核心
ONC	Open Numerical Control system	开放式数控系统
PLC	Programmable Logic Controller	可编程逻辑控制器
PXI	PCI eXtensions for Instrumentation	面向仪器设备的 PCI 扩展

4　硬件平台结构

4.1　概述

本章描述了开放式数控系统硬件体系结构及构造方式，规定了各功能单元（硬件模块）间的连接和约束关系，包括：系统拓扑关系、层次关系、通信行为关系、层次间协议与服务关系等，以便为系统分析、设计和实现提供参考框架。硬件平台与外围接口关系如图1所示。开放式数控系统硬件体系结构示例参见附录A。

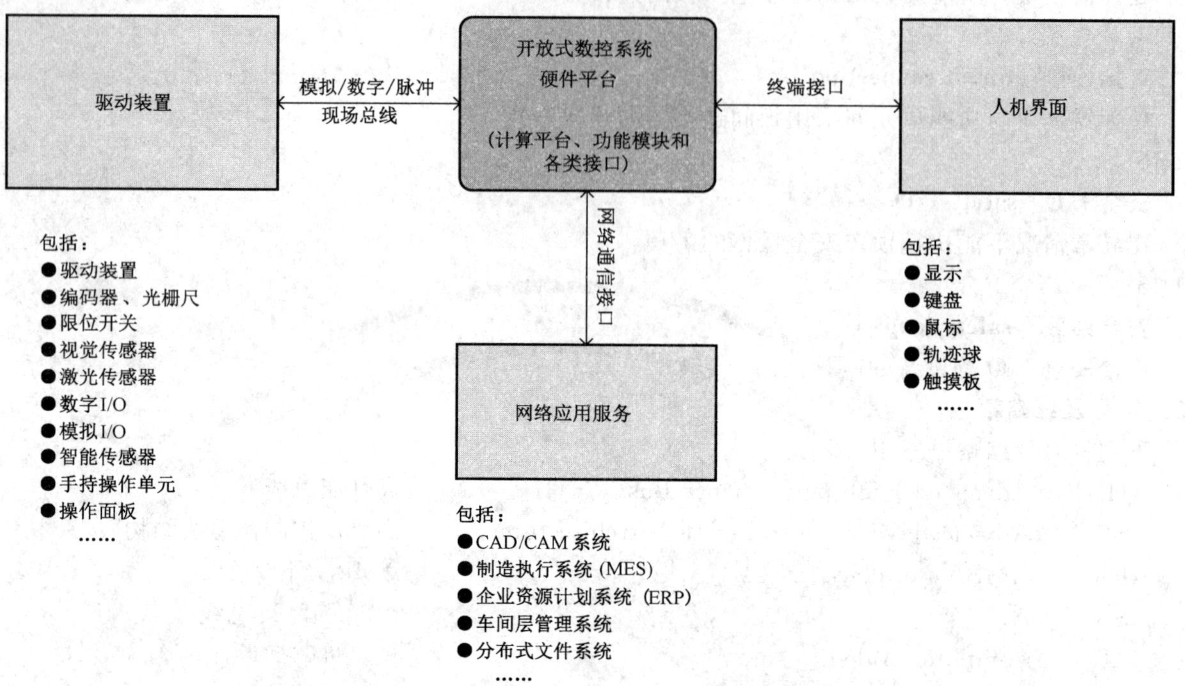

图1　硬件平台与外围接口关系

根据开放式数控系统控制模式要求(如图2所示)，数控系统硬件平台与控制功能关系如图3所示。

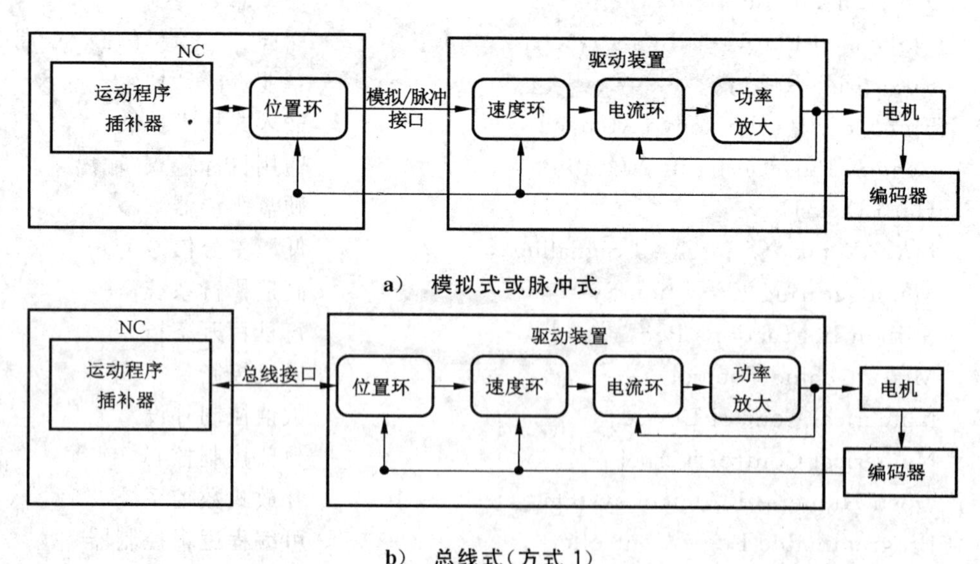

a)　模拟式或脉冲式

b)　总线式(方式1)

图2　开放式数控系统控制模式

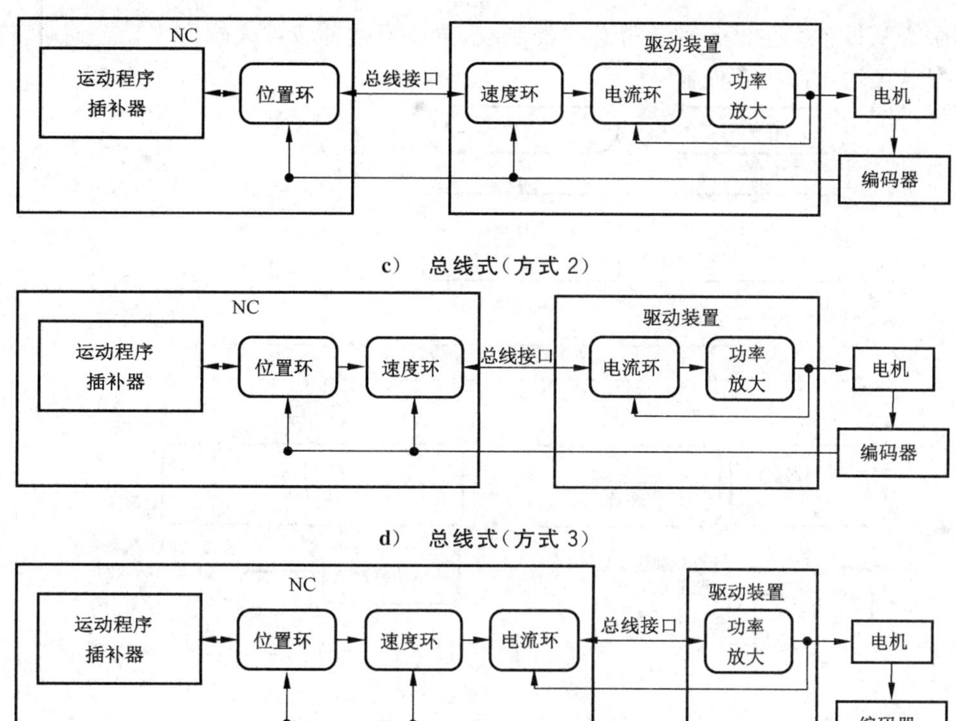

c） 总线式（方式 2）

d） 总线式（方式 3）

e） 总线式（方式 4）

图 2（续）

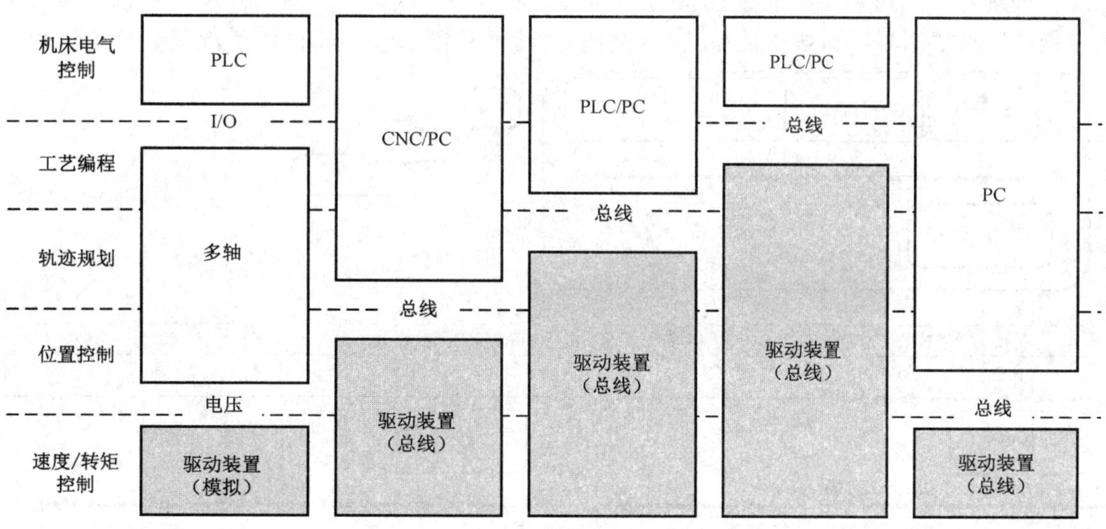

图 3　硬件平台与控制功能关系

4.2　硬件体系结构

4.2.1　集中式体系结构

4.2.1.1　单总线

单总线硬件体系结构如图 4 所示。该体系结构中包含一个或多个处理器，其中一个或多个处理器为主设备,其余为从设备。主设备可获得总线控制权,总线通过仲裁方式响应主设备请求。从设备不能获得总线控制权,无法访问主存储器。

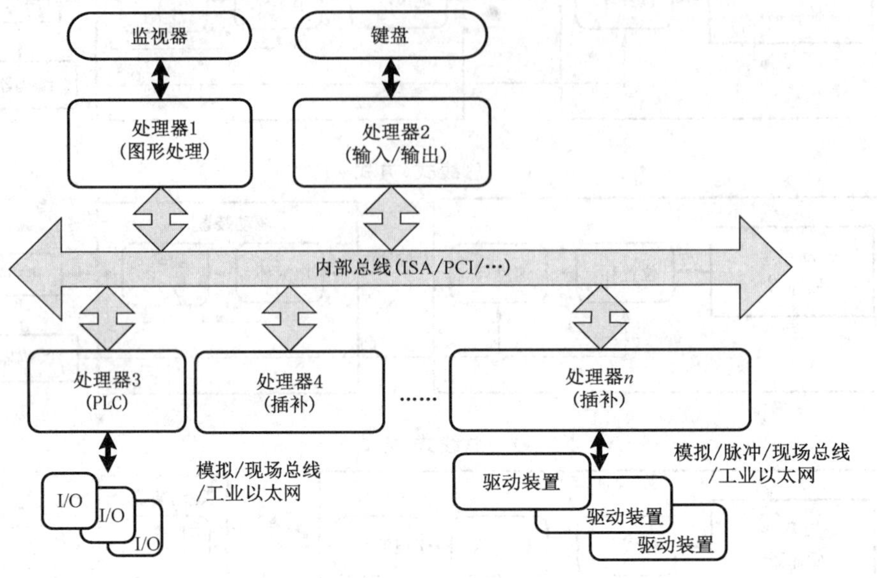

图4 单总线体系结构

4.2.1.2 层次化多总线

层次化多总线硬件体系结构如图5所示。该体系结构中包含多个处理器,每个处理器拥有独立的局部总线。处理器可通过各自的总线接口连接到共享(全局)总线[见图5a)]或通过外部总线与其他处理器实现通信[见图5b)]。局部总线与共享(全局)总线或外部总线一起构成层次化多总线结构。

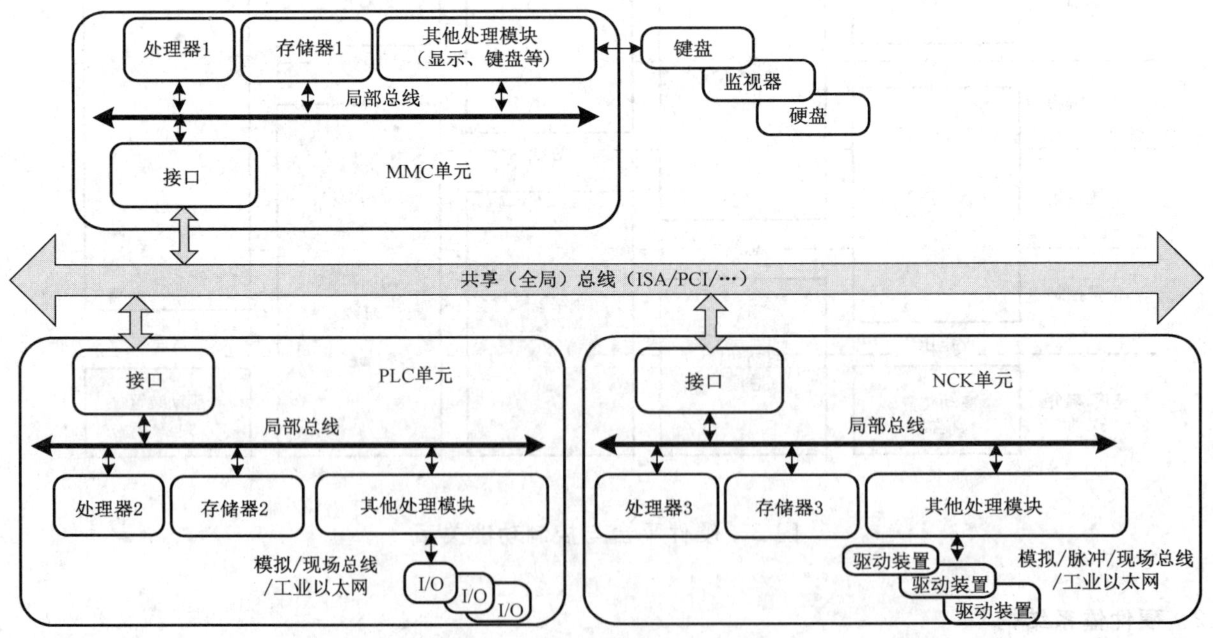

a) 方式1

图5 层次化多总线体系结构

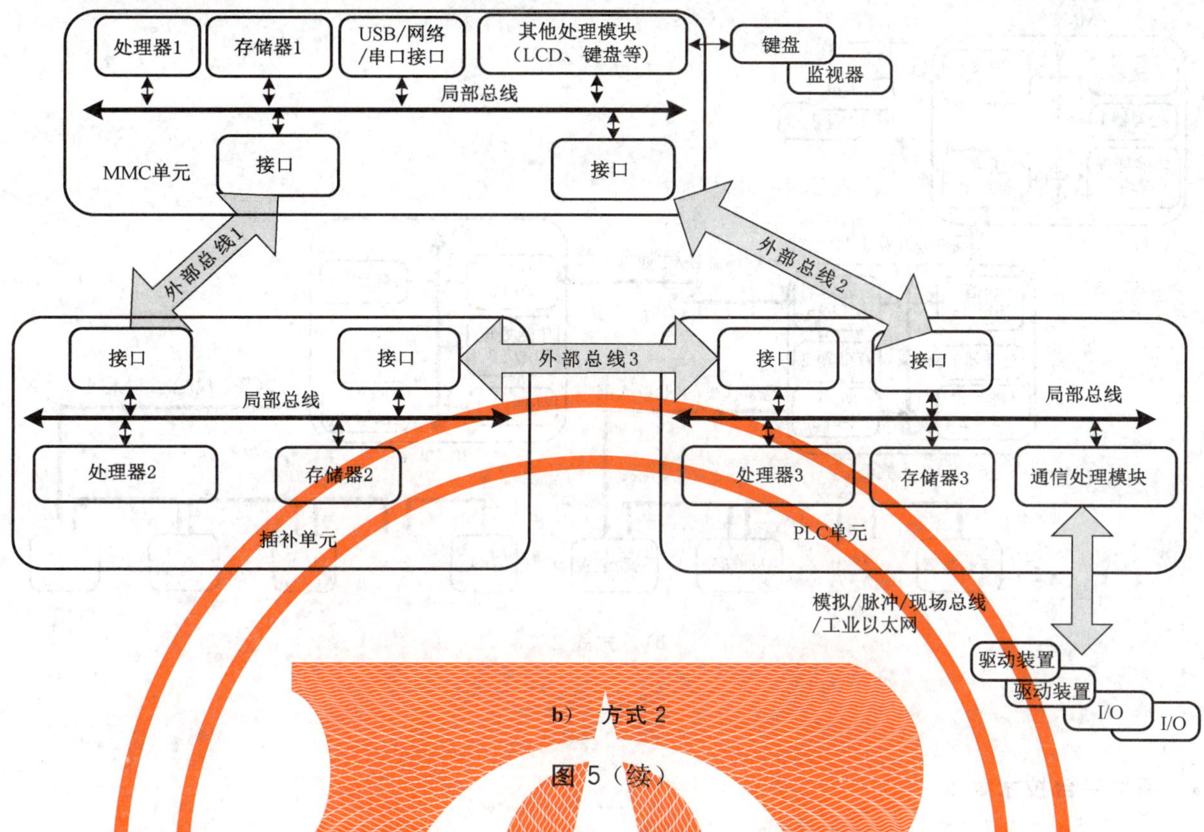

b） 方式 2

图 5（续）

4.2.2 分布式体系结构

分布式硬件体系结构如图 6 所示。该体系结构由多个单独的分布式系统通过以太网、现场总线等高速数据通路实现数控装置、驱动装置之间的松耦合互联。

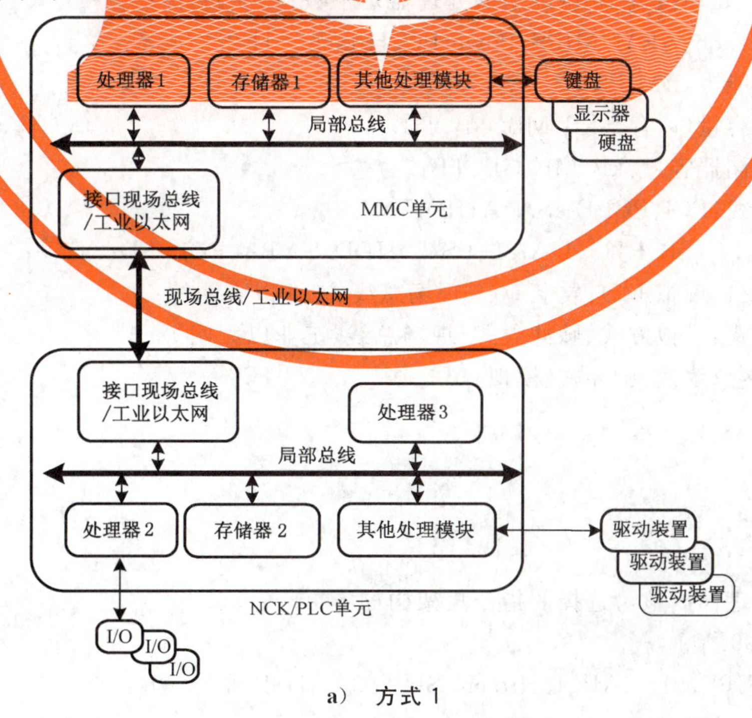

a） 方式 1

图 6 分布式体系结构

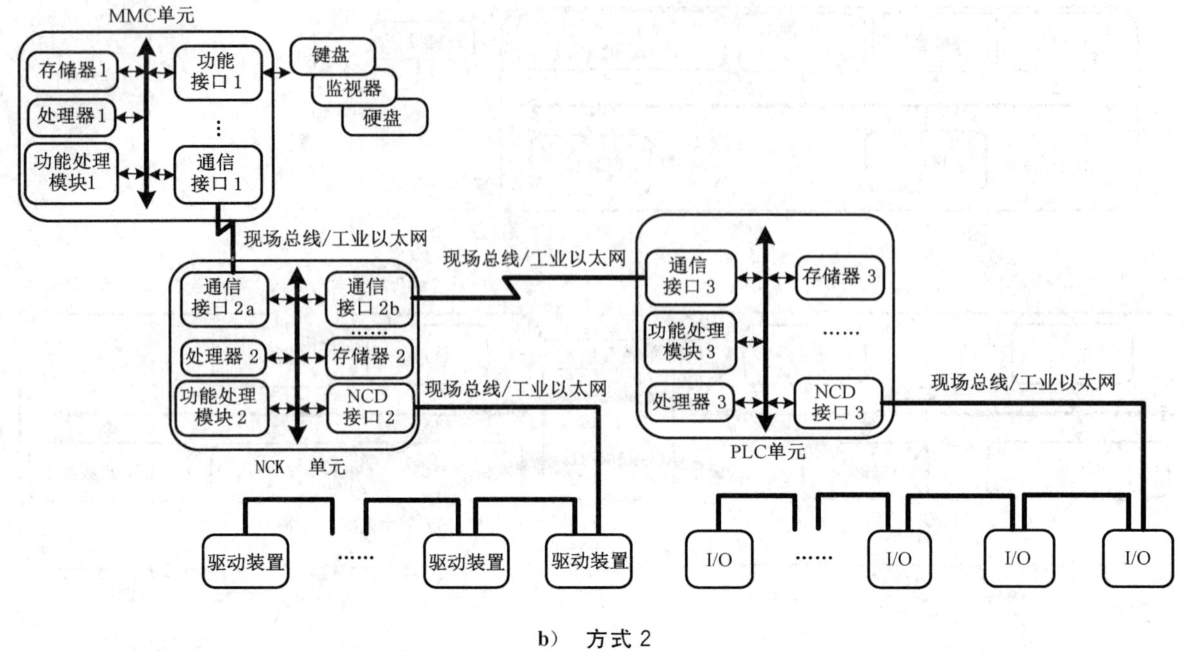

b） 方式2

图6（续）

4.3 硬件平台技术要求

开放式数控系统硬件平台主要技术要求如下：

——体系结构：集中式、分布式；

——体系结构的处理位宽：16位、32位、64位；

——处理器数量(处理位宽16位以上的处理器)：个数；

——处理器类型：x86、ARM、MIPS、PowerPC、Hitachi SH 2/3/4等；

——处理器计算能力：DMIPS；

——随机存储器容量(内存)：kB、MB、GB、TB；

——非易失性存储器容量：kB、MB、GB、TB；

——外设扩展总线：PCI、PCI-E、ISA、AHB等；

——对外PC接口：USB、RJ45、UART、PS/2、HDD、SATA、FDD、SD、CF等；

——数控外设接口：模拟I/O、数字I/O、现场总线、工业以太网等；

——驱动接口方式：模拟方式、脉冲方式、现场总线、工业以太网等；

——编码器接口：总线式、脉冲式、模拟式。

5 计算子系统

5.1 核心处理器

核心处理器或处理器内核可选择的指令集架构如下：

——CISC，如：x86等；

——RISC，如：MIPS、PPC、ARM、Hitachi SH 2/3/4、DSP等。

5.2 处理器模块

5.2.1 功能与接口

处理器模块的主要功能、接口如下：

——可编程定时器；

——中断控制器；

——启动装载程序(Bootloader)；

——显示接口(如:LVDS、TFT、VGA 等)；

——显示加速部件；

——随机存储器(内存)接口；

——非易失性存储器接口(如:SATA、IDE 等)；

——USB 接口；

——以太网口；

——RS232 接口；

——RS485/RS422 接口；

——键盘接口；

——鼠标接口；

——GPIO 接口；

——扩展总线接口(如:ISA、PCI、AMBA、AVALON 等)。

5.2.2 结构形式

5.2.2.1 PC/104

开放式数控系统硬件平台的处理器模块采用 PC/104 总线时,应遵循 PC/104 规范。

5.2.2.2 PC/104＋

开放式数控系统硬件平台的处理器模块采用 PC/104＋总线时,应遵循 PC/104＋规范。

5.2.2.3 ETX

开放式数控系统硬件平台的处理器模块采用工业嵌入式 ETX 结构时,应遵循 ETX 规范。

5.2.2.4 EPIC

开放式数控系统硬件平台的处理器模块采用 EPIC 结构时,对外总线扩展接口应遵循 PC/104＋规范。

5.2.2.5 Compact PCI

开放式数控系统硬件平台采用 CPCI 结构时,应遵循 PICMG 2.0 R3.0 CompactPCI 规范。

5.3 内部连接形式

5.3.1 直接连接

5.3.1.1 ISA

开放式数控系统硬件平台采用 ISA 总线内部互联时,应遵循 ISA 标准。

5.3.1.2 **PCI**

开放式数控系统硬件平台采用 PCI 总线内部互联时，应遵循 PCI 标准。

5.3.1.3 **PCI-E**

开放式数控系统硬件平台采用 PCI-E 总线内部互联时，应遵循 PCI-E 标准。

5.3.1.4 **AMBA**

当采用 AMBA 总线(ARM 处理器引出总线)时，开放式数控系统硬件平台应遵循 AMBA 2.0 总线规范，包含以下三类总线：

——AHB(AMBA 高性能总线)：用于高性能、高数据吞吐部件，如 CPU、DMA、DSP 之间的互联；

——ASB(AMBA 系统总线)：用于处理器与外设之间的互联；

——APB(AMBA 外设总线)：为系统的低速外部设备提供低功耗的简易互联。

5.3.1.5 **其他**

用户可定义 8 位、16 位、32 位、64 位处理器扩展总线。

5.3.2 **内部总线**

5.3.2.1 **概述**

开放式数控系统硬件平台的处理器单元、功能单元间可通过总线背板连接(如图 7 所示)。

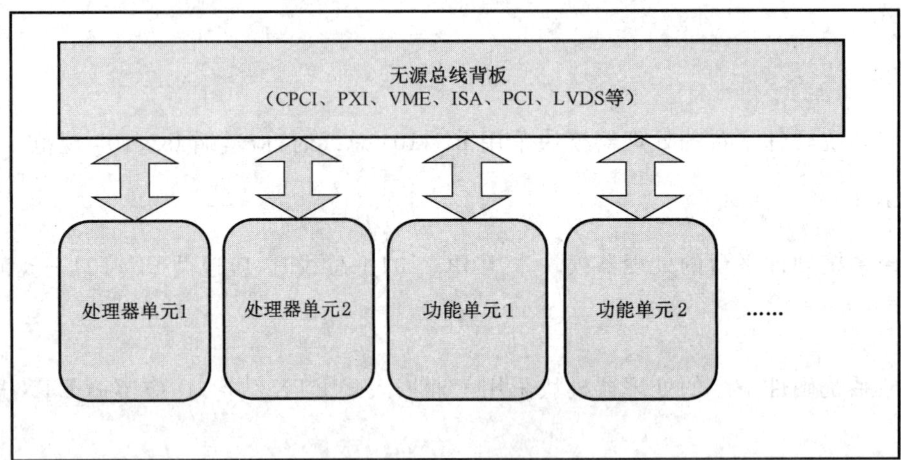

图 7 硬件平台的背板连接方式

5.3.2.2 **Compact PCI**

开放式数控系统总线背板连接采用 Compact PCI 总线时，应遵循 PICMG 2.0 R3.0 CompactPCI 规范。

5.3.2.3 **PXI**

开放式数控系统总线背板连接采用 PXI 结构时，应遵循 PCI eXtensions for Instrumentation 标准。

5.3.2.4 用户自定义标准

用户自定义的总线背板，应符合5.3.1的要求。

5.3.3 分布式互联

5.3.3.1 概述

处理器单元、CNC功能模块之间采用分布式互联结构时，应符合5.3.3.2、5.3.3.3或5.3.3.4的要求。

5.3.3.2 以太网

开放式数控系统分布式互联采用以太网时，应符合GB/T 15629.3—1995的要求。

5.3.3.3 现场总线及工业以太网

开放式数控系统分布式互联采用现场总线或工业以太网时，应符合GB/T 18759.3—2009的要求。

5.3.3.4 用户自定义标准

用户自定义的串行或并行总线，应符合5.3.1的要求。

6 接口与信号

6.1 人机界面

6.1.1 触摸式显示器

为实现触摸操作功能，开放式数控系统显示器可采用电阻式或电容式触摸屏，接口方式可采用PS/2、RS232等接口规范。

6.1.2 键盘与鼠标

开放式数控系统人机接口的组成部分，其接口应遵循USB、PS/2等接口规范。

6.1.3 音频

开放式数控系统人机接口的组成部分，其接口应遵循AC'97接口规范。

6.1.4 USB接口

开放式数控系统人机接口的组成部分，其接口应遵循USB 1.1/2.0/3.0接口规范。

6.1.5 触摸板

开放式数控系统人机接口的组成部分，其接口应遵循RS232、PS/2、USB等接口规范。

6.1.6 轨迹球

开放式数控系统人机接口的组成部分，其接口应遵循RS232、PS/2、USB等接口规范。

6.1.7 与外接显示设备连接

开放式数控系统硬件平台与外部显示设备的连接应遵循VGA、HDMI等接口规范。

6.1.8 RS232 接口

开放式数控系统硬件平台与外部人机接口设备的 RS232 接口部分应遵循 RS232 接口规范。

6.2 驱动装置和设备接口

6.2.1 概述

开放式数控系统硬件平台接口应满足相应的规范，以实现数控装置与驱动装置、I/O 单元、操作站、光栅尺、编码器等之间的互联，满足数控系统开放要求。

6.2.2 驱动装置接口

进给驱动和主轴驱动装置接口可采用三种接口形式：

——模拟式驱动接口：采用模拟量信号方式传递速度或扭矩指令控制驱动装置，应符合国际标准或国家标准的电气接口协议规范；

——脉冲式驱动接口：采用脉冲信号方式传递位置指令，应符合国际标准或国家标准的电气接口协议规范；

——总线式驱动接口：应符合国际标准或国家标准的总线接口协议规范。

驱动接口示例参见附录 B。

6.2.3 数控设备接口

6.2.3.1 基于 RS422/RS485 的 NCD 接口

开放式数控系统硬件平台与数控设备采用 RS422/RS485 接口互联时，应遵循 RS422/RS485 接口规范。

6.2.3.2 基于现场总线/工业以太网的 NCD 接口

应遵循 GB/T 18759.3—2009 的要求。

6.2.4 I/O 单元接口

开放式数控系统硬件平台 I/O 单元接口示例参见附录 B。

6.2.5 数控设备与手持操作单元的连接

6.2.5.1 I/O 点式手持操作单元接口

开放式数控系统硬件平台中采用 I/O 点式手持操作单元，其接口示例参见附录 B。

6.2.5.2 总线式手持单元接口

开放式数控系统硬件平台采用总线式手持单元接口时，应符合国际标准或国家标准的电气接口协议规范。

6.2.6 数控装置与光栅尺的连接

开放式数控系统硬件平台与光栅尺的连接接口，应符合国际标准或国家标准的电气接口协议规范。

6.3 网络应用服务接口

6.3.1 以太网连接

开放式数控系统硬件平台的网络应用服务接口采用以太网连接时,应遵循 GB/T 15629.3—1995 的要求。

6.3.2 无线连接

开放式数控系统硬件平台的网络应用服务接口采用无线连接时,应遵循 GB 15629.11—2003 的要求。

7 电气与环境要求

7.1 电磁兼容性(EMC)要求

开放式数控系统硬件平台的电磁兼容性要求应遵循 GB/T 21067—2007 和 GB 23313—2009 的要求。

7.2 电源接口

7.2.1 工作电压范围

开放式数控系统硬件平台可采用交流电源或直流电源供电。

采用交流电源输入时应满足以下要求:

——输入交流电压:~220 V、~380 V;

——输入交流电源电压(有效值)取值范围:交流输入电压标称值×(0.85~1.10);

——输入电源频率范围:50 Hz±1 Hz,连续变化的正弦函数。

采用直流电源输入时应满足以下要求:

——输入直流电压:+24 V;

——输入直流电压范围:+18 V ~ +36 V。

7.2.2 交流电压谐波

小于 10 倍标称频率的真谐波的总均方根达到总电压的 10%时,系统应能正常工作。

8 保护和安全要求

8.1 电气安全

开放式数控系统硬件平台电气安全设计应遵循 GB 5226.1—2008 的要求。

8.2 功能安全

开放式数控系统硬件平台功能安全设计应遵循 GB 28526—2012 的要求。

保护及安全要求示例参见附录 C。

附　录　A
（资料性附录）
开放式数控系统硬件体系结构示例

A.1　集中式体系结构示例见图 A.1。

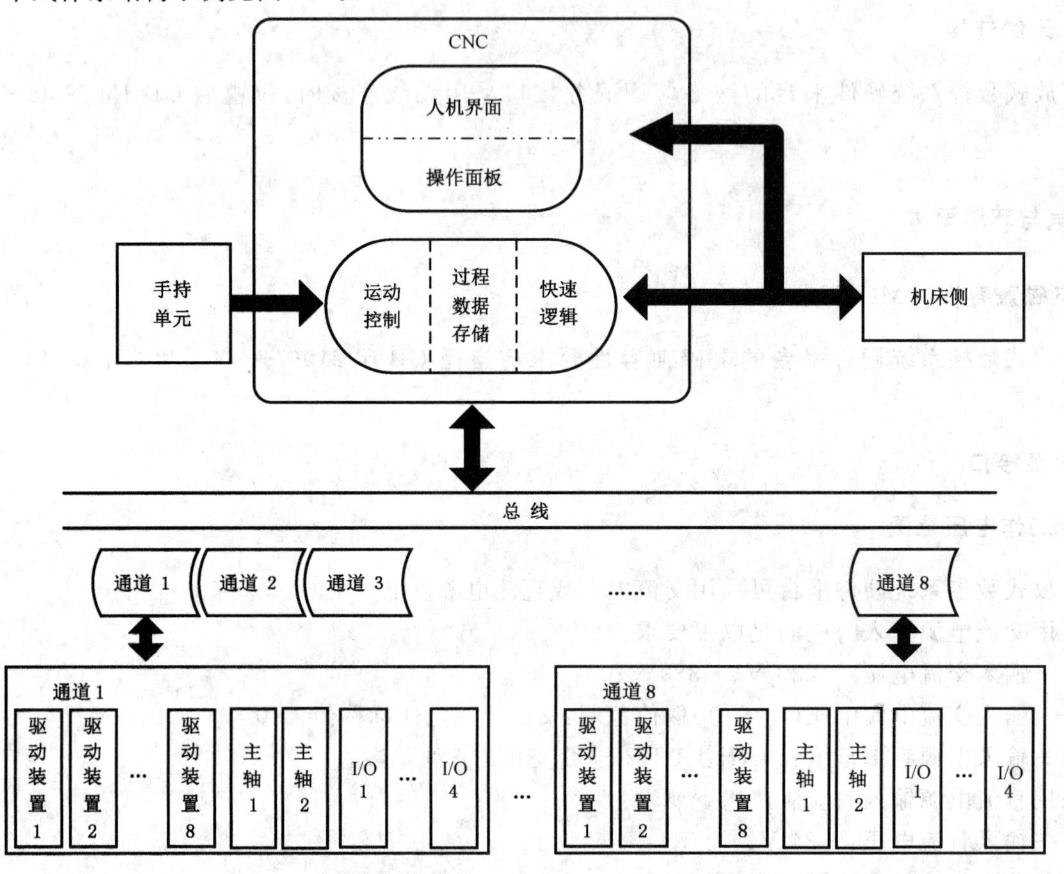

图 A.1　集中式数控系统体系结构示例

A.2 分布式体系结构示例见图 A.2。

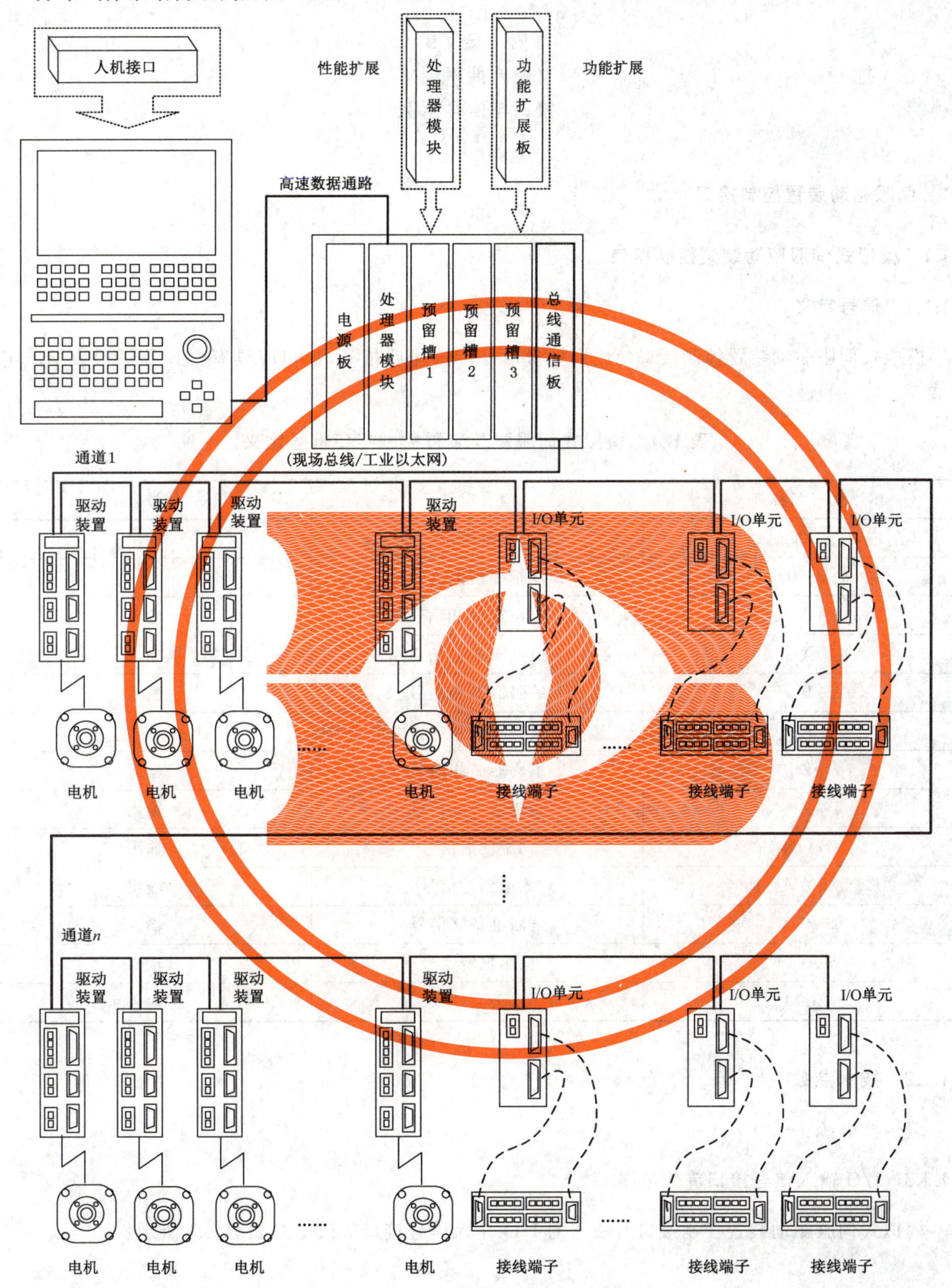

图 A.2 分布式数控系统体系结构示例

附　录　B
（资料性附录）
接口与信号示例

B.1　伺服驱动装置控制接口

B.1.1　模拟式伺服驱动装置控制接口

B.1.1.1　信号定义

模拟式伺服驱动装置控制接口使用模拟量信号传输速度指令，接口应具有（但不限于）表 B.1 定义的信号。

表 B.1　模拟式伺服驱动装置控制接口信号定义

信号名称	信号定义	信号方向
DA	速度指令模拟信号	输出
AGND	速度指令模拟信号地	
A	编码器 A 相信号	输入
$\overline{A}$	编码器 $\overline{A}$ 相信号	输入
B	编码器 B 相信号	输入
$\overline{B}$	编码器 $\overline{B}$ 相信号	输入
Z	编码器 Z 相信号	输入
$\overline{Z}$	编码器 $\overline{Z}$ 相信号	输入
S-ON	伺服使能信号	输出
S-0V	零速到达信号	输出
S-RDY	伺服准备好信号	输入
S-ALM	伺服报警信号	输入
COM	公共端	输入

B.1.1.2　技术参数

编码器电源：+5 V。

B.1.1.3　I/O 输入信号接口等效电路

模拟式伺服驱动装置控制接口所使用的 I/O 输入信号接口等效电路如图 B.1 所示。

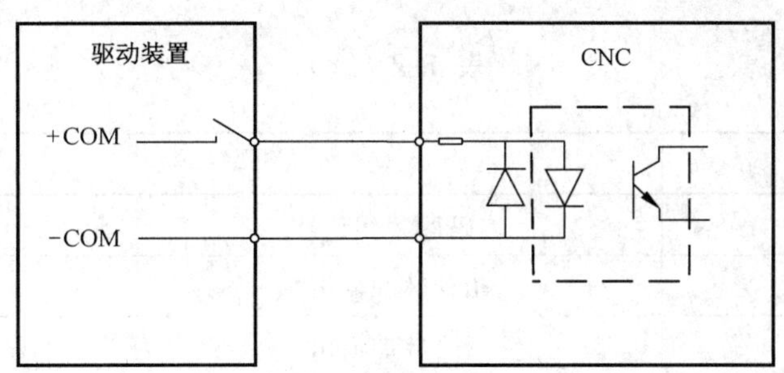

图 B.1 模拟式伺服驱动装置 I/O 输入信号接口等效电路

B.1.1.4 I/O 类型输出信号接口等效电路

模拟式伺服驱动装置控制接口所使用的 I/O 输出信号接口等效电路如图 B.2 所示。

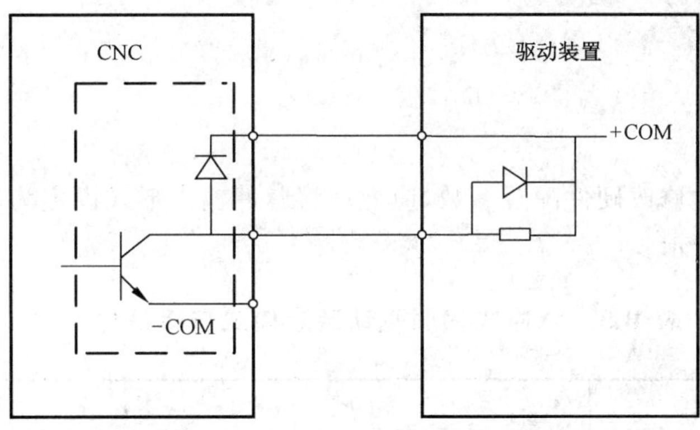

图 B.2 模拟式伺服驱动装置 I/O 输出信号接口等效电路

B.1.2 脉冲式伺服驱动装置控制接口

B.1.2.1 信号定义

脉冲式伺服驱动装置控制接口使用脉冲信号传输位置指令，接口应具有(但不限于)表 B.2 定义的信号。

表 B.2 脉冲式伺服驱动装置控制接口信号定义

信号名	说 明	信号方向
+5 V	数字信号电源+5 V	输出
GND	数字信号地	
A	编码器 A 相信号	输入
$\overline{A}$	编码器 $\overline{A}$ 相信号	输入
B	编码器 B 相信号	输入
$\overline{B}$	编码器 $\overline{B}$ 相信号	输入
Z	编码器 Z 相信号	输入

表 B.2（续）

信号名	说 明	信号方向
Z̄	编码器 Z̄ 相信号	输入
CP+	指令脉冲输出	输出
CP−	指令脉冲输出	输出
DIR+	方向信号	输出
DIR−	方向信号	输出

B.1.2.2 技术参数

最高脉冲频率：800 kHz。

编码器电源：+5 V。

B.1.2.3 脉冲形式

在数控装置内部，通过修改硬件配置参数，应允许将脉冲输出形式设定为脉冲加方向、双脉冲、两相正交三种模式，如表 B.3 所示。

表 B.3 脉冲式伺服驱动装置模式选择信号定义

模式	CP	DIR
模式一	脉冲	方向
模式二	正脉冲	负向脉冲
模式三	A 相	B 相

B.1.3 总线式伺服驱动装置控制接口

总线式伺服驱动装置控制接口应符合国际标准或国家标准的电气接口协议规范。

B.2 主轴驱动装置控制接口

B.2.1 模拟式主轴驱动装置控制接口

模拟式主轴驱动装置控制接口使用模拟量信号传输速度指令，接口应具有（但不限于）表 B.4 定义的信号。

表 B.4 模拟式主轴驱动装置控制接口信号定义

信号名称	信号定义	信号方向
DA	主轴速度指令模拟信号	输出
DAGND	速度指令模拟信号地	输出
FG	屏蔽	

B.2.2 脉冲式主轴驱动装置控制接口

B.2.2.1 信号定义

脉冲式主轴驱动装置控制接口使用脉冲信号传输速度指令，接口应具有(但不限于)表B.5定义的信号。

表B.5 脉冲式主轴驱动装置控制接口信号定义

信号名	说明	信号方向
+5 V	数字信号电源+5 V	输出
GND	数字信号地	
CP+	指令脉冲输出	输出
CP−	指令脉冲输出	输出
DIR+	方向信号	输出
DIR−	方向信号	输出

B.2.2.2 技术参数

最高脉冲频率：800 kHz。

编码器电源：+5 V。

B.2.2.3 脉冲形式

在数控装置内部，通过修改硬件配置参数，脉冲输出形式应允许设定为脉冲加方向、双脉冲、两相正交三种模式(如表B.6所示)。

表B.6 脉冲式主轴驱动装置模式选择信号定义

模式	CP	DIR
模式一	脉冲	方向
模式二	正脉冲	负向脉冲
模式三	A相	B相

B.2.3 总线式主轴驱动装置控制接口

总线式主轴驱动装置控制接口应符合国际标准或国家标准的电气接口协议规范。

B.3 I/O单元输入接口

B.3.1 I/O单元输入接口

B.3.1.1 I/O单元输入接口等效电路

I/O单元输入接口等效电路如图B.3所示。

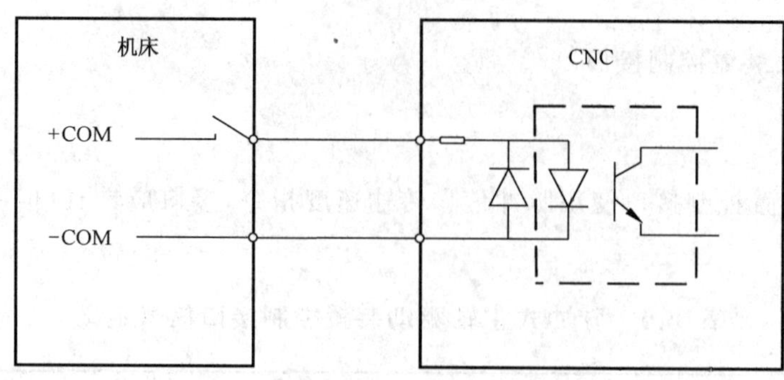

图 B.3 I/O 单元输入接口等效电路

B.3.1.2 技术参数

+COM:DC +24 V。

I_{max}:20 mA。

B.3.2 I/O 单元输入接口信号定义

表 B.7 以包含 16 路 I/O 输入信号的 I/O 单元为例,给出 I/O 单元输入接口信号定义。

表 B.7 I/O 单元输入接口信号定义

信号名	说明	信号类型	信号名	说明	信号类型
IN0	输入点 1	输入	IN8	输入点 9	输入
IN1	输入点 2	输入	IN9	输入点 10	输入
IN2	输入点 3	输入	IN10	输入点 11	输入
IN3	输入点 4	输入	IN11	输入点 12	输入
IN4	输入点 5	输入	IN12	输入点 13	输入
IN5	输入点 6	输入	IN13	输入点 14	输入
IN6	输入点 7	输入	IN14	输入点 15	输入
IN7	输入点 8	输入	IN15	输入点 16	输入
24VGND	输入+24 V 地	输入	24VGND	输入+24 V 地	输入
24VGND	输入+24 V 地	输入	24VGND	输入+24 V 地	输入
注:+24 V 电源可由外部电源提供,也可由系统“机床 24 V 电源输入接口”提供。电源为+24 V 直流稳压电源。					

B.4 I/O 单元输出接口

B.4.1 输出电流型 I/O 单元输出接口

B.4.1.1 等效电路

输出电流型 I/O 单元输出接口等效电路如图 B.4 所示。

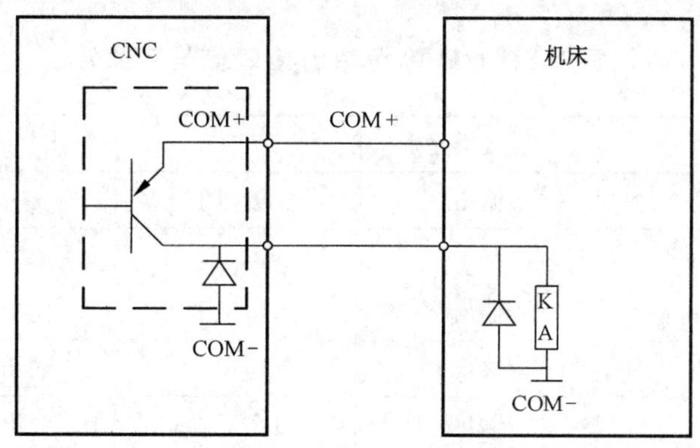

图 B.4 输出电流型 I/O 单元输出接口等效电路

B.4.1.2 技术参数

+COM:DC +24 V。

I:50 mA。

I_{max}:100 mA。

B.4.2 吸收电流型 I/O 单元输出接口

B.4.2.1 等效电路

吸收电流型 I/O 单元输出接口等效电路如图 B.5 所示。

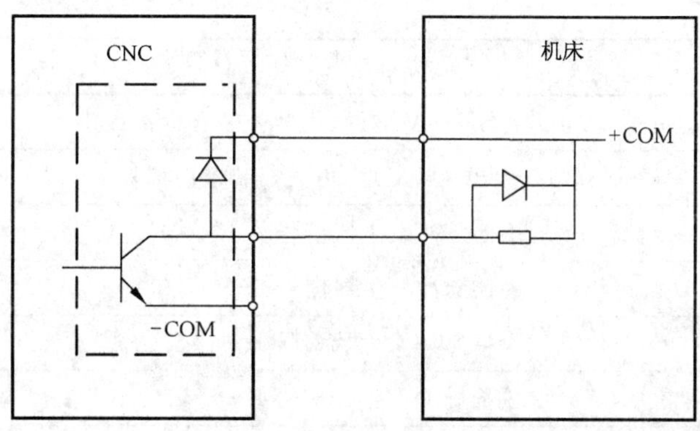

图 B.5 吸收电流型 I/O 单元输出接口等效电路

B.4.2.2 技术参数

+COM:DC +24 V。

I:50 mA。

I_{max}:100 mA。

B.4.3 I/O 单元输出接口信号定义

表 B.8 以包含 16 路 I/O 输出信号的 I/O 单元为例,给出 I/O 单元输出接口信号定义。

表 B.8 I/O 单元输出接口信号定义

信号名	说明	信号类型	信号名	说明	信号类型
OUT0	输出点 1	输出	OUT8	输出点 8	输出
OUT1	输出点 2	输出	OUT9	输出点 9	输出
OUT2	输出点 3	输出	OUT10	输出点 10	输出
OUT3	输出点 4	输出	OUT11	输出点 11	输出
OUT4	输出点 5	输出	OUT12	输出点 12	输出
OUT5	输出点 6	输出	OUT13	输出点 13	输出
OUT6	输出点 7	输出	OUT14	输出点 14	输出
OUT7	输出点 8	输出	OUT15	输出点 15	输出
+24 V	+24 V 输入	输入	+24 V	+24 V 输入	输入
24VGND	输入+24 V 地	输入	24VGND	输入+24 V 地	输入

B.5 I/O 点式手持操作单元接口

I/O 点式手持操作单元的接口,应具有(但不限于)表 B.9 给出的信号定义。

表 B.9 I/O 点式手持操作单元接口信号定义

信号名	标准定义	信号方向
+5 V	手摇脉冲发生器+5 V 电源,由数控装置内部提供	输出
5VGND	手摇脉冲发生器+5 V 地,由数控装置内部提供	输出
HA+	手摇脉冲发生器信号 A+	输入
HA−	手摇脉冲发生器信号 A−	输入
HB+	手摇脉冲发生器信号 B+	输入
HB−	手摇脉冲发生器信号 B−	输入
AXIS	坐标轴选择	输入
SEL1	增量倍率选择:×1	输入
SEL 10	增量倍率选择:×10	输入
SEL100	增量倍率选择:×100	输入
KEY1	手持操作站输入点(备用)	输入
KEY2	手持操作站输入点(备用)	输入
ESTOP	手持操作站急停输入	输入
+24 V	手持操作站开关量输入/输出信号用+24 V 电源	输出
24VGND	手持操作站开关量输入/输出信号用+24 V 地	输出
FG	屏蔽	

附 录 C
（资料性附录）
保护及安全示例

C.1 看门狗

系统应提供基于硬件计数器的看门狗电路控制装置，该装置应能够通过软件或者跳线方式启动或者关闭。基于硬件计数器的看门狗电路在系统软件工作异常时，应保证在 10 ms 之内发出看门狗复位控制信号。

驱动装置控制接口及 I/O 单元接口在看门狗复位后所有输出应恢复到系统上电时的状态。

C.2 布线保护

导线、线缆的连接和布线以及保护接地等均应符合 GB 5226.1—2008 的规定。

C.3 指示

指示颜色应符合 GB 5226.1、GB/T 18209.1 等有关规定。

指示颜色使用的一般原则如下：

——红色：紧急情况；

——黄色：警告、注意、危险、异常情况；

——绿色：正常情况；

——蓝色：应遵守的规定或强制性干预；

——其他：其他颜色指示未具体定义，可以根据实际情况选择使用。

C.4 安全回路的监视与报警

C.4.1 编码器断线报警和指示功能

硬件平台应提供 A、B、Z 编码器断线报警和指示功能，并为控制软件提供相应状态寄存器（状态位）。

C.4.2 数控系统现场总线设备断线输出复位

在总线连接电缆断线时，连接在数控系统现场总线上的设备应自动清除所有输出，恢复到上电时的起始状态，并提供指示标志。

C.4.3 安全 I/O 状态监视与系统输出复位

数控硬件平台应提供安全 I/O 状态监视功能，安全 I/O 处于异常状态时硬件平台的控制信号输出复位，并提供指示标志。

C.5 安全回路双环路保护

硬件平台连接安全门等重要回路应提供双环路保护(如图 C.1 所示)。

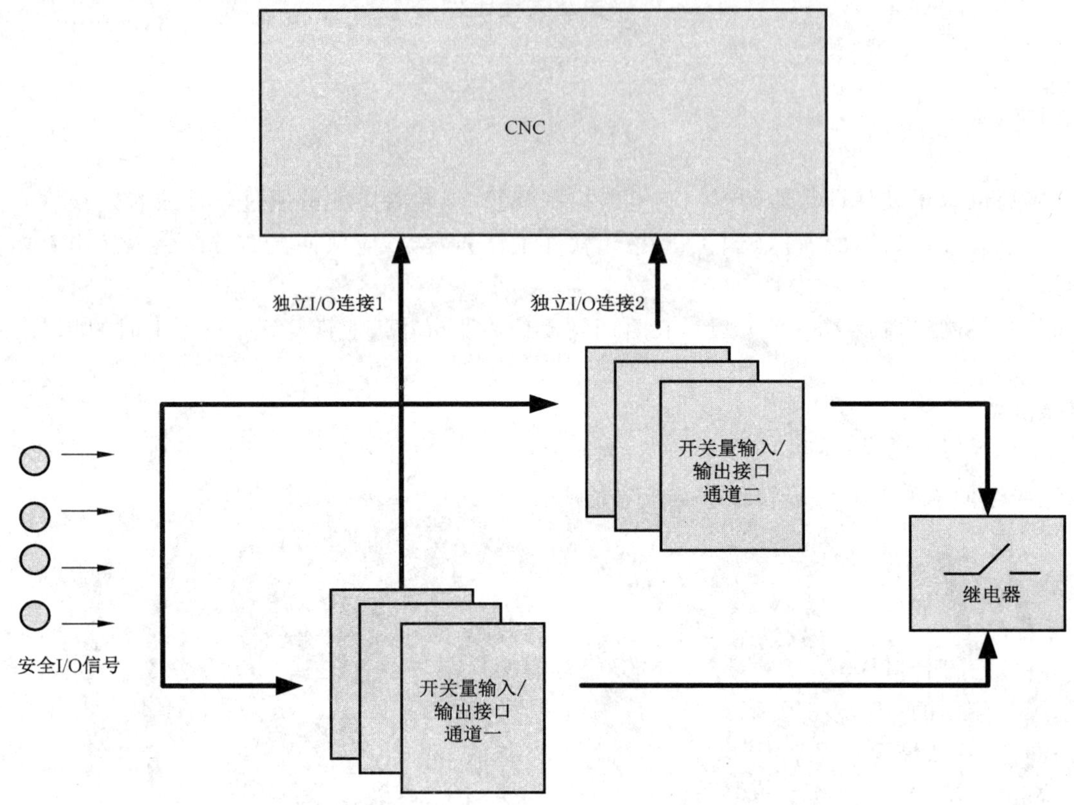

图 C.1 安全回路的双环路保护

ICS 29.240.10
K 30

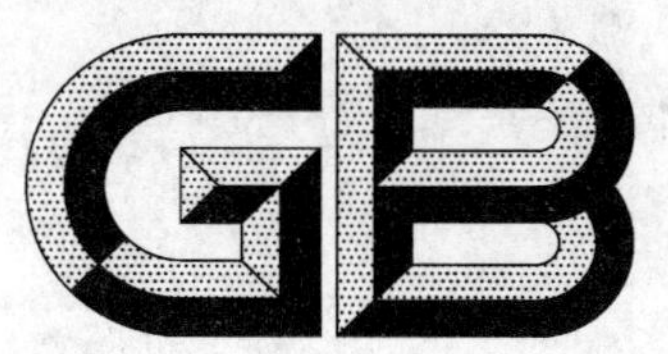

中华人民共和国国家标准

GB/T 18802.12—2014/IEC 61643-12:2008
代替 GB/T 18802.12—2006

低压电涌保护器(SPD)
第12部分:低压配电系统的电涌保护器选择和使用导则

Low-voltage surge protective devices—Part 12: Surge protective devices connected tolow-voltage power distribution systems—Selection and application principles

(IEC 61643-12:2008,IDT)

2014-06-24 发布 2015-01-22 实施

中华人民共和国国家质量监督检验检疫总局
中国国家标准化管理委员会 发布

前　言

GB/T 18802《低压电涌保护器(SPD)》分为以下几个部分:

——GB 18802.1　低压电涌保护器(SPD)　第1部分:低压配电系统的电涌保护器　性能要求和试验方法;

——GB/T 18802.12　低压电涌保护器(SPD)　第12部分:低压配电系统的电涌保护器　选择和使用导则;

——GB/T 18802.21　低压电涌保护器　第21部分:电信和信号网络的电涌保护器(SPD)　性能要求和试验方法;

——GB/T 18802.22　低压电涌保护器　第22部分:电信和信号网络的电涌保护器(SPD)　选择和使用导则;

——GB/T 18802.311　低压电涌保护器元件　第311部分:气体放电管(GDT)规范;

——GB/T 18802.321　低压电涌保护器元件　第321部分:雪崩击穿二极管(ABD)规范;

——GB/T 18802.331　低压电涌保护器元件　第331部分:金属氧化物压敏电阻(MOV)规范;

——GB/T 18802.341　低压电涌保护器元件　第341部分:电涌抑制晶闸管(TSS)规范。

本部分为GB/T 18802的第12部分。

本部分代替GB/T 1.1—2009给出的规则起草。

本部分代替GB/T 18802.12—2006《低压配电系统的电涌保护器(SPD)　第12部分:选择和使用导则》。

本部分与GB/T 18802.12—2006相比,除编辑性修改外主要技术变化如下:

——调整了规范性引用文件;

——增加了6个名词术语;

——增加了本部分所用符号一览表;

——对标准正文的条款及部分图例进行了修订;

——增加了附录M～附录P。

本部分使用翻译法等同采用IEC 61643-12:2008《低压电涌保护器　第12部分:低压配电系统的电涌保护器　选择和使用导则》。

与本标准中规范性引用的国际文件有一致性对应关系的我国文件如下:

——GB 16916.1—2003　家用和类似用途的不带过电流保护的剩余电流动作断路器(RCCB)　第1部分:一般规则(IEC 61008-1:1996,MOD)

——GB 16917.1—2003　家用和类似用途的带过电流保护的剩余电流动作断路器(RCBO)　第1部分:一般规则(IEC 61009-1:1996,MOD)

——GB/T 16927.1—2011　高电压试验技术　第1部分:一般定义及试验要求(IEC 60060-1:2010 MOD)

——GB 18802.1—2011　低压电涌保护器(SPD)　第1部分:低压配电系统的电涌保护器　性能要求和试验方法(IEC 61643-1:2005,MOD)

——GB/T 28547—2012　交流金属氧化物避雷器选择和使用导则(IEC 60099-5:2000,NEQ)

本部分由中国电器工业协会提出。

本部分由全国避雷器标准化技术委员会(SAC/TC 81)归口。

本部分主要起草单位:西安高压电器研究院有限责任公司、上海电器科学研究院、上海市防雷中心。

本部分参与起草单位:深圳市盾牌防雷技术有限公司、华为技术有限公司、四川中光防雷科技股份有限公司、德力西电气有限公司、北京突破电气有限公司、魏德米勒电联接(上海)有限公司、艾默生网络能源有限公司、深圳市铁创科技发展有限公司、施耐德电气(中国)有限公司上海分公司。

本部分主要起草人:王新霞、颜沧苇、赵洋、周岐斌、黄勇、马勍、王碧云、常超、郭亚平、戴传友、雷成勇、倪向宇、杨建峰、陶俊、孟奇、何亨文、刘振良。

本部分所代替标准的历次版本发布情况为:

——GB/T 18802.12—2006。

引　言

0.1　总则

本部分中提到的电涌保护器(SPD)是在规定条件下,用来保护电力系统和设备免受各种瞬态过电压(例如雷电过电压和操作过电压)和冲击电流损坏的一种保护电器。

应依据环境条件及设备和SPD可接受的失效率来选择SPD。

本部分对用户提供有关SPD选择和使用的典型资料。

本部分参照GB/T 21714.1—2008～GB/T 21714.4—2008和GB 16895,所提供的资料是用来评估在低压系统使用SPD的必要性。这些标准提供SPD选择和配合的资料,同时考虑其使用的所有环境条件。例如:被保护的设备和系统性能、绝缘水平、过电压、安装方法,SPD的安装位置、SPD的配合、失效模式和设备损坏后果。

本部分也提供进行风险分析的导则。

GB/T 16935.1—2008提供了产品绝缘配合的指导要求。GB 16895提供安全(火、过流和电击)和安装需要。

GB 16895对SPD安装者提供直接资料。IEC/TR 62066提供了更多有关电涌保护的科学背景资料。

0.2　理解本部分内容的说明

下列章节总结了本部分的结构,并且提供了每一章节和附录所含资料的摘要。主要章节提供了有关选择和使用SPD要素的基本资料。需要对第4章～第7章所提供的资料有更详细了解的读者,可查阅相应的附录。

第1章规定了本部分的范围。

第2章列出了本部分可以找到附加说明的引用标准。

第3章提供了理解本部分所用的定义。

第4章介绍了与SPD有关的系统和设备的参数,另外还讲述了由雷电产生的电应力,以及由电网本身产生的暂时过电压和操作过电压引起的电应力。

第5章列举了选择SPD所使用的电气参数及其相关说明,这些参数涉及的数据在IEC 61643-1中给出。

第6章是本部分的核心,讲述了来自电网的电应力(在第4章论述)和SPD特性(在第5章论述)之间的关系。它描述了SPD的安装模式如何影响其保护性能,给出了选择SPD的不同步骤,包括在一个装置中使用多个SPD之间的配合问题(附录F中详细给出了配合的要点)。

第7章是风险分析的简介(考虑何时使用SPD是有益的)。

第8章是信号和电源线之间的配合(正在考虑中)。

附录A论述了投标需要的资料并解释了IEC 61643-1中采用的试验程序。

附录B提供了SPD两个重要参数之间的关系示例,即ZnO压敏电阻的U_c和U_p,同时还列举了U_c和电网标称电压之间关系的示例。

附录C补充了第4章给出的低压系统中电涌电压的资料。

附录D论述了不同接地系统之间的雷电流分配的计算。

附录E论述了由高压系统故障引起的暂时过电压的计算。

附录F为第6章中关于一个系统使用多个SPD时配合原则的补充资料。

附录G给出了本部分使用的具体示例。

附录H给出了风险分析应用的具体示例。

附录I是第4章中有关系统电应力的补充资料。

附录J是第5章中SPD选择标准的补充资料。

附录K是第6章中关于在各种低压系统中SPD应用的补充资料。

附录L是第7章中关于风险分析中所使用的参数的补充资料。

附录M讨论了抗扰度与绝缘耐受的不同之处。

附录N是在一些国家中配电盘上安装SPD的实际示例。

附录O讨论了当设备具有信号端口和电源端口时的配合问题。

附录P提供了短路后备保护和电涌耐受相关信息。

低压电涌保护器(SPD)
第12部分:低压配电系统的电涌保护器选择和使用导则

1 范围

GB 18802 的本部分适用于连接到交流 50 Hz~60 Hz、电压不超过 1 000 V,或直流电压不超过 1 500 V 的 SPD 的选择、运行、安装位置和配合原理。

注 1:对特殊应用,如电力牵引等需提出附加要求。

注 2:应注意 GB 16895 和 GB/T 21714.4—2008 也适用。

注 3:本部分只论述 SPD,而不涉及含在设备内部的 SPD 元件。

2 规范性引用文件

下列文件对于本文件的应用是必不可少的。凡是注日期的引用文件,仅注日期的版本适用于本文件。凡是不注日期的引用文件,其最新版本(包括所有的修改单)适用于本文件。

GB 4208—2008 外壳防护等级(IP 代码)(IEC 60529:2001,IDT)

GB/T 16895.10—2010 低压电气装置 第 4-44 部分:安全防护 电压骚扰和电磁骚扰防护(IEC 60364-4-44:2007,IDT)

GB 16895.21—2011 低压电气装置 第 4-41 部分:安全防护 电击防护(IEC 60364-4-41:2005,IDT)

GB 16895.22—2004 建筑物电气装置 第 5-53 部分:电气设备的选择和安装 隔离、开关和控制设备 第 534 节:过电压保护电器(IEC 60364-5-53:2001 A1:2002,IDT)

GB/T 16935.1—2008 低压系统内设备的绝缘配合 第 1 部分:原理、要求和试验(IEC 60664-1:2007,IDT)

GB 17464—2012 连接器件 电气铜导线 螺纹型和无螺纹型夹紧件的安全要求 适用于 0.2 mm^2 以上至 35 mm^2(包括)导线的夹紧件的通用要求和特殊要求(IEC 60999-1:1999 Ed.2,IDT)[1)]

GB/T 17626.5—2008 电磁兼容 试验和测量技术 浪涌(冲击)抗扰度试验(IEC 61000-4-5:2005,IDT)

GB/T 18802.21—2004 低压电涌保护器 第 21 部分:电信和信号网络的电涌保护器(SPD)——性能要求和试验方法(IEC 61643-21:2000,IDT)[1)]

GB/T 18802.22—2008 低压电涌保护器 第 22 部分:电信和信号网络的电涌保护器(SPD) 选择和使用导则(IEC 61643-22:2004,IDT)[1)]

GB/T 21714.1—2008 雷电防护 第 1 部分:总则(IEC 62305-1:2006,IDT)

GB/T 21714.2—2008 雷电防护 第 2 部分:风险管理(IEC 62305-2:2006,IDT)

GB/T 21714.4—2008 雷电防护 第 4 部分:建筑物内电气和电子系统(IEC 62305-4:2006,IDT)

IEC 60060-1 高电压试验技术 第 1 部分:一般定义和实验要求(High-voltage test techniques—Part 1:General definitions and test requirements)

1) IEC 原文中遗漏,本次国家标准修订补充列出。

IEC 60099-5 避雷器 第5部分:选择和使用导则(Surge arresters—Part 5: Selection and application recommendations)[2)]

IEC 61008-1 家用和类似用途的不带过电流保护的剩余电流动作断路器(RCCB) 第1部分:一般规则(Residual current operated circuit-breakers without integral overcurrent protection for household and similar uses(RCCBs)—Part 1:General rules)

IEC 61009-1 家用和类似用途的带过电流保护的剩余电流动作断路器(RCBOs) 第1部分:总则(Residual current operated circuit-breakers with integral overcurrent protection for household and similar uses (RCBOs)—Part 1: General rules)

IEC 61643-1 低压电涌保护器(SPD) 第1部分:低压配电系统的电涌保护器 性能要求和试验方法(Low-voltage surge protective devices—Part 1:Surge protective devices connected to low-voltage power distribution systems—Requirements and tests)

3 术语和定义、缩略语

3.1 术语和定义

IEC 61643-1 界定的以及下列术语定义适用于本文件。

3.1.1

电涌保护器 surge protective device

SPD

用于限制瞬态过电压和泄放电涌电流的电器,它至少包含一个非线性的元件。

[IEC 61643-1,定义3.1]

3.1.2

持续工作电流 continuous operating current

I_c

在最大持续工作电压(U_c)下,流过SPD每种保护模式的电流值。

3.1.3

最大持续工作电压 maximum continuous operating voltage

U_c

可连续地施加在SPD保护模式上的最大交流电压有效值或直流电压。

[IEC 61643-1,定义3.11]

3.1.4

电压保护水平 voltage protection level

U_p

表征SPD限制接线端子间电压的性能参数,其值可从优选值的列表中选择。该值应大于限制电压的最高值。

[IEC 61643-1,定义3.15]

3.1.5

限制电压 measured limiting voltage

U_m

施加规定波形和幅值的冲击时,在SPD接线端子间测得的最大电压峰值。

[IEC 61643-1,定义3.16]

---

2) IEC原文中遗漏,本次国家标准修订补充列出。

3.1.6

残压　residual voltage

U_{res}

放电电流流过 SPD 时，在其端子间产生的电压峰值。

[IEC 61643-1，定义 3.17]

3.1.7

SPD 暂时过电压试验值　temporary overvoltage test value of the SPD

U_T

施加在 SPD 上并持续一个规定时间的试验电压，以模拟在 TOV 条件下的应力。

注 1：采纳 IEC 61643-1 中 3.18，并增加注 2。

注 2：U_T 是制造厂宣称的电压值，在该电压下，SPD 在给定时间内具有规定的特性（这表示施加暂时过电压后性能无变化，或者这种故障对人、设备或装置无伤害）。

3.1.8

电力系统暂时过电压　temporary overvoltage value of the power system

U_{TOV}

在电网给定区域，持续时间相对较长的工频过电压。TOV 是由 LV 系统（$U_{TOV(LV)}$）或 HV 系统（$U_{TOV(HV)}$）内部故障产生的过电压。

注：暂时过电压，典型持续时间可达几秒钟，通常是由开关操作或故障（例：甩负荷、单相接地故障等）引起的和/或由非线性（铁磁共振效应、谐波等）引起的。

3.1.9

标称放电电流　nominal discharge current

I_n

流过 SPD 具有 8/20 波形的电流峰值，用于Ⅱ类试验的 SPD 分类以及Ⅰ类、Ⅱ类试验的 SPD 的预处理试验。

[IEC 61643-1，定义 3.8]

3.1.10

冲击电流　impulse current

I_{imp}

由三个参数来定义：电流峰值 I_{peak}、电荷量 Q 和比能量 W/R。其试验应根据动作负载试验的程序进行，用于Ⅰ类试验的 SPD 分类试验。

[IEC 61643-1，定义 3.9]

3.1.11

复合波　combination wave

复合波由冲击发生器产生。开路时施加 1.2/50 冲击电压，短路时施加 8/20 冲击电流。提供给 SPD 的电压、电流幅值及其波形由冲击发生器和受冲击作用的 SPD 的阻抗而定。开路电压峰值和短路电流峰值之比为 2 Ω；该比值定义为虚拟阻抗 Z_f。短路电流用符号 I_{sc}表示。开路电压用符号 U_{oc}表示。

[IEC 61643-1，定义 3.24]

3.1.12

8/20 冲击电流　8/20 current impulse

视在波前时间为 8 μs，半峰值时间为 20 μs 的冲击电流。其中：

——波前时间根据 IEC 60060-1 的定义为 1.25×($t_{90}-t_{10}$),t_{90}和 t_{10}指波形上升沿中峰值的 90%和 10%的点。

——半峰值时间指视在原点至下降沿中峰值的 50%点的之间时间。视在原点指波形上升沿中经过峰值的 10%和 90%二点画的直线后与 $I=0$ 直线的交点。

[IEC 61643-1,定义 3.23]

3.1.13

1.2/50 冲击电压　1.2/50 voltage impulse

视在波前时间为 1.2 μs,半峰值时间为 50 μs 的冲击电压,其中:

——波前时间根据 IEC 60060-1 的定义为 1.67×($t_{90}-t_{30}$),其中 t_{90}和 t_{30}指波形上升沿中峰值的 90%和 30%的点。

——半峰值时间指视在原点至下降沿中峰值的 50%点之间的时间。视在原点指波形的上升沿中经过峰值的 30%和 90%二点画的直线与 $U=0$ 直线的交点。

[IEC 61643-1,定义 3.22]

3.1.14

热崩溃　thermal runaway

当 SPD 承受的功率损耗超过外壳和连接件的散热能力,引起内部元件温度逐渐升高,最终导致其损坏的过程。

[IEC 61643-1,定义 3.25]

3.1.15

热稳定　thermal stability

在引起 SPD 温度上升的动作负载试验后,在规定的环境温度条件下,给 SPD 施加规定的最大持续工作电压,如果 SPD 的温度能随时间而下降,则认为 SPD 是热稳定的。

[IEC 61643-1,定义 3.26]

3.1.16

SPD 的脱离器　SPD disconnector

把 SPD 从电源系统断开所需要的装置(内部的和/或外部的)。

注:这种断开装置不要求具有隔离能力,它防止系统持续故障并可用来给出 SPD 故障的指示。

可具有多于一种的脱离器功能,例如过电流保护功能和热保护功能。这些功能可以组合在一个装置中或由几个装置来完成。

[IEC 61643-1,定义 3.29]

3.1.17

型式试验　type tests

一种新的 SPD 设计开发完成时所进行的试验,通常用来确定典型性能,并用来证明它符合有关标准。试验完成后一般不需要再重复进行试验,除非当设计改变以致影响其性能时,才需重新做相关项目试验。

[IEC 61643-1,定义 3.31]

3.1.18

常规试验　routine tests

按要求对每个 SPD 或其部件和材料进行的试验,以保证产品符合设计规范。

[IEC 61643-1,定义 3.32]

3.1.19

验收试验　acceptance tests

经供需双方协议，对订购的 SPD 或其典型样品所做的试验。

[IEC 61643-1，定义 3.33]

3.1.20

外壳防护等级（IP 代码）　degrees of protection provided by enclosure（IP code）

外壳提供的防止触及危险的部件、防止外界的固体异物进入和/或防止水的进入壳内的防护程度（见 GB 4208—2008）。

[IEC 61643-1，定义 3.30]

3.1.21

电压降（用百分数表示）　voltage drop（in per cent）

$$\Delta U = [(U_{输入} - U_{输出})/U_{输入}] \times 100\%$$

式中：

$U_{输入}$——输入电压；

$U_{输出}$——同一时刻在连接额定阻性负载条件下测量的输出电压，该参数仅适用于二端口 SPD。

[IEC 61643-1，定义 3.20]

3.1.22

插入损耗　insertion loss

在给定频率下，连接到给定电源系统的 SPD 的插入损耗定义为：电源线上紧靠 SPD 接入点之后，在被试 SPD 接入前后的电压比，结果用分贝表示。

注：其要求和试验正在考虑中。

[IEC 61643-1，定义 3.21]

3.1.23

二端口 SPD 的负载端电涌耐受能力　load-side surge withstand capability for a two-port SPD

二端口 SPD 输出端子耐受其下游负载侧产生的电涌的能力。

[IEC 61643-1，定义 3.19]

3.1.24

耐受短路电流　short-circuit withstand

SPD 能够承受的最大预期短路电流值。

注 1：采纳 IEC 61643-1 中 3.28，并增加注 2。

注 2：本定义指直流和 50/60 Hz 交流。对二端口 SPD 或输入/输出分开的一端口 SPD，两种耐受短路电流可以定义为：一种相当于内部短路电流（内部带电部分旁路），另一种相当于直接在输出端的外部短路电流（负载失效）。在 IEC 61643-1 中，耐受短路电流试验仅为内部短路，外部短路试验待定。

3.1.25

一端口 SPD　one-port SPD

SPD 与被保护电路并联。一端口能分开输入端和输出端，在这些端子之间没有特殊的串联阻抗。

注 1：采纳 IEC 61643-1 中 3.2，并增加注 2。

注 2：图 1 为一些典型的一端口 SPD 和一端口 SPD 的示意图（图 1c）。一端口 SPD 可并联，如图 1a；或和电源线连接，如图 1b。第一种情况是负载电流不流过 SPD。第二种情况是负载电流流过 SPD 且在负载电流作用下，它的温度会上升，相关的最大允许负载电流或许同一个二端口 SPD 一样。图 3b 和 3d 为各种类型的一端口 SPD 对复合波发生器施加的 8/20 冲击的响应波形。

3.1.26

二端口 SPD two-port SPD

有两组输入和输出接线端子的 SPD,在这些端子之间有特殊的串联阻抗。

注 1：采纳 IEC 61643-1 中 3.3,并增加注 2。

注 2：输入端限制电压可能比输出端电压高。因此,被保护设备应和输出端相连接。图 2 为典型的二端口 SPD。图 3e 和图 3f 为二端口 SPD 对复合波发生器施加的 8/20 冲击的响应波形。

3.1.27

电压开关型 SPD voltage switching type SPD

没有电涌时具有高阻抗,当对电涌电压响应时能突变成低阻抗的 SPD。

注 1：电压开关型 SPD 常用的元件有放电间隙,气体放电管(GDT),晶闸管(可控硅整流器)和三端双向可控硅开关元件。

注 2：采纳 IEC 61643-1 中 3.4,并增加注 3。

注 3：电压开关型元件有不连续的 U-I 特性,图 3c 为典型的电压开关型 SPD 对复合波发生器施加的冲击的响应波形。

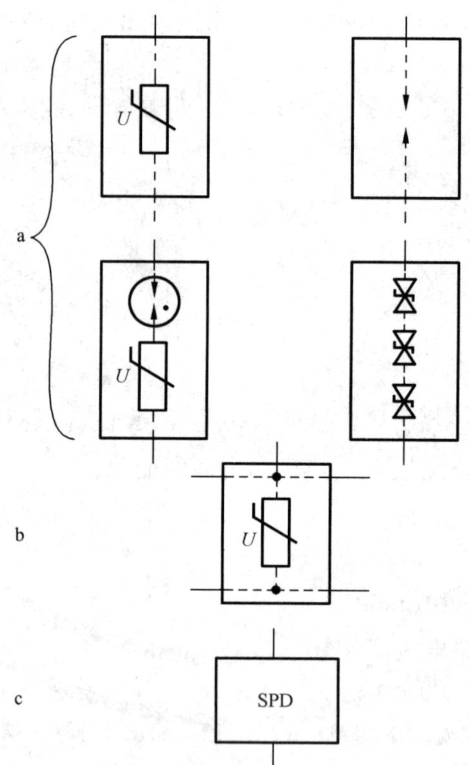

说明：

a ——口 SPD;

b ——输入/输出分开的一端口 SPD;

c ——一端口 SPD 的通用符号。

图 1 一端口 SPD 的示例

a

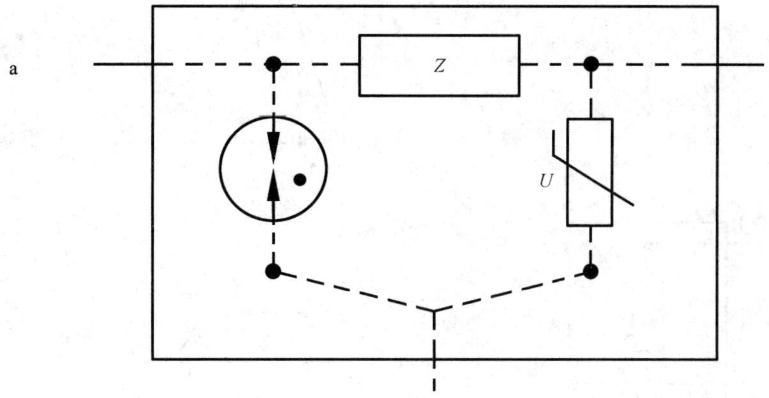

b

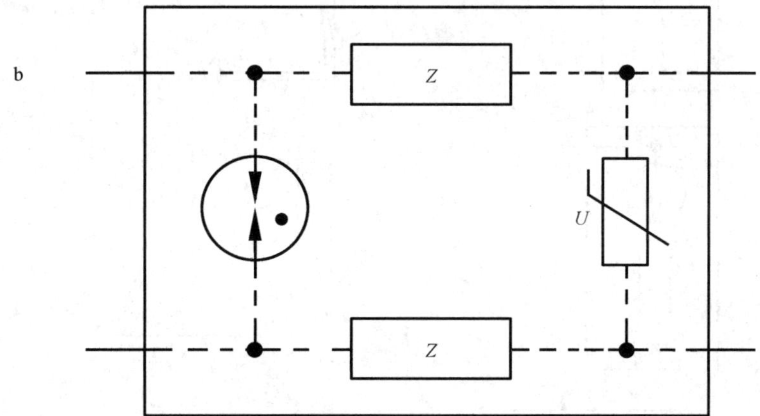

c

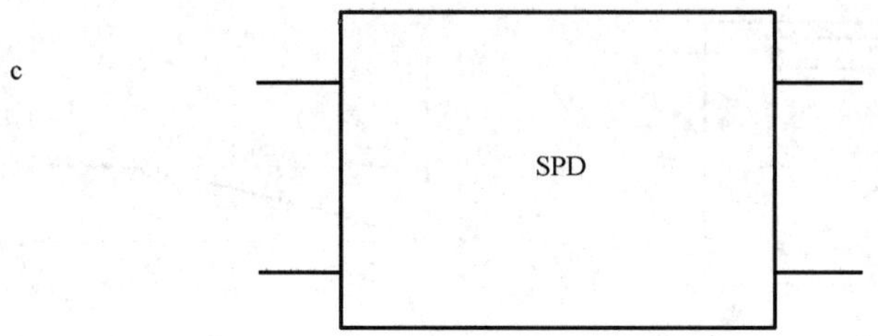

说明：

a——三端子二端口 SPD；

b——四端子二端口 SPD；

c——二端口 SPD 的通用符号；

Z——输入端和输出端之间的串联阻抗。

图 2　二端口 SPD 的示例

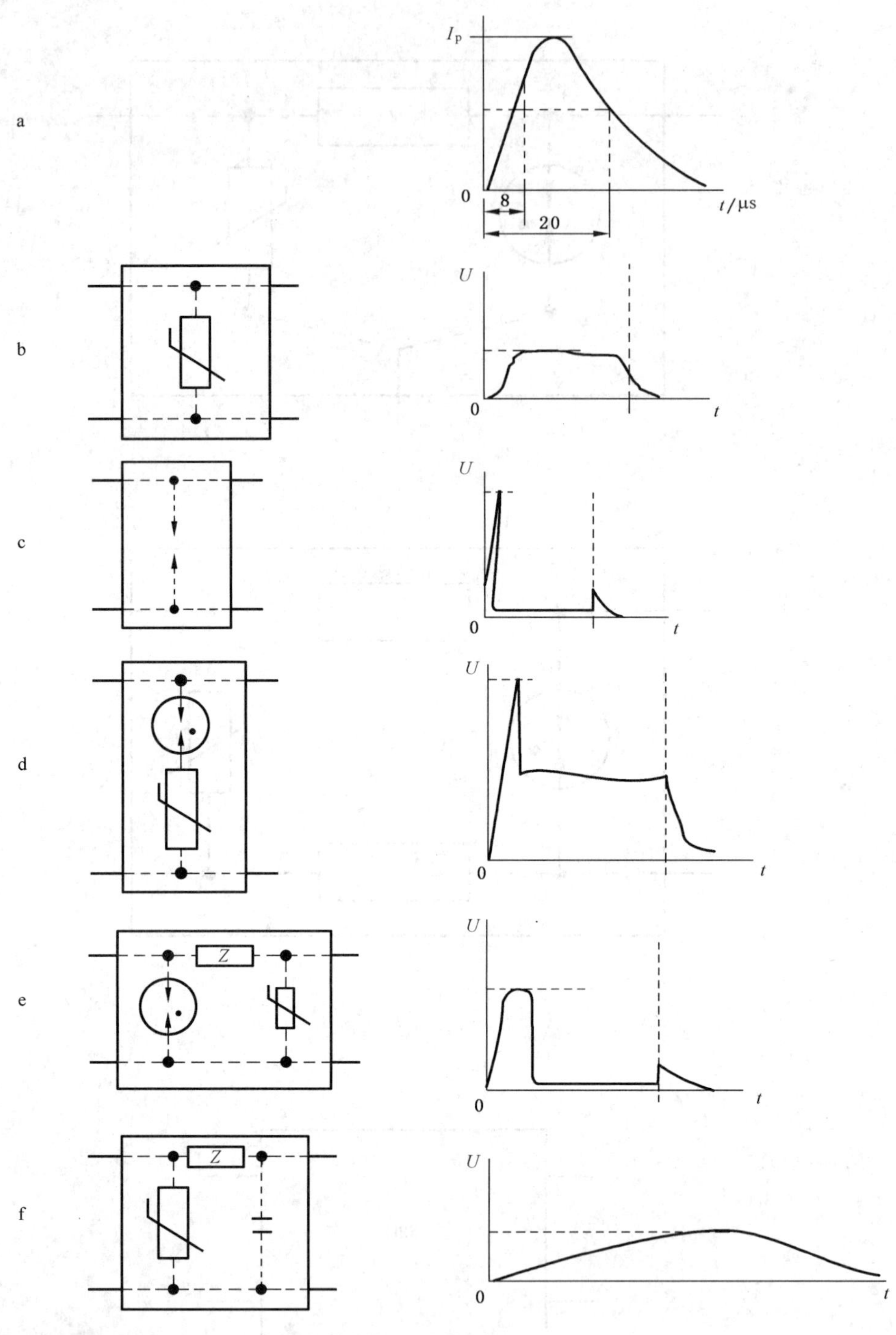

说明：

a——施加的电流波；

b——电压限制型 SPD 的响应；

c——电压开关型 SPD 的响应；

d——复合型一端口 SPD 的响应；

e——复合型二端口 SPD 的响应；

f——带滤波器的二端口电压限制型 SPD 的响应。

注：电压水平仅是示意而不是实际值。

图 3　一端口和二端口 SPD 对复合波冲击的响应波形[3)]

3）　IEC 原文中 8/20 波形有误，本次国家标准中已改正。

3.1.28

电压限制型 SPD　voltage limiting type SPD

没有电涌时具有高阻抗，但是随着电涌电流和电压的上升，其阻抗将持续地减小的 SPD。

注 1：常用的非线性元件是：ZnO 压敏电阻和抑制二极管。这类 SPD 有时也称作"箝位型 SPD"。

注 2：采纳 IEC 61643-1 中 3.5，并增加注 3。

注 3：电压限制型元件具有连续的 U-I 特性，图 3b 是一个典型的电压限制型 SPD 对复合波发生器产生的冲击的响应。

3.1.29

复合型 SPD　combination type SPD

由电压开关型元件和电压限制型元件组成的 SPD，其特性随所加电压的特性可以表现为电压开关型、电压限制型或两者皆有。

注 1：采纳 IEC 61643-1 中 3.6，并增加注 2。

注 2：图 3d 和图 3e 是不同典型的复合型 SPD 对复合波冲击的响应。

3.1.30

保护模式　modes of protection

SPD 保护元件可以连接在相对相、相对地、相对中线、中线对地及其组合。这些连接方式称作保护模式。

[IEC 61643-1，定义 3.7]

3.1.31

续流　follow current

I_f

冲击放电电流以后，由电源系统流入 SPD 的电流。续流与持续工作电流 I_c 有明显区别。

[IEC 61643-1，定义 3.13]

3.1.32

Ⅱ类试验最大放电电流　maximum discharge current for class Ⅱ test

I_{max}

流过 SPD，具有 8/20 波形电流的峰值，其值按Ⅱ类动作负载的程序确定。I_{max} 大于 I_n。

[IEC 61643-1，定义 3.10]

3.1.33

劣化　degradation

由于电涌，使用或不利环境的影响造成 SPD 原始性能参数的变化。

注 1：采纳 IEC 61643-1 中 3.27，并增加注 2。

注 2：劣化是对 SPD 在设计寿命期内环境耐受能力的一种测量方法，劣化用两种型式试验方法考核，一个是动作负载试验，另一个是老化试验，两个方法也可以结合起来进行。

动作负载试验是对 SPD 施加规定次数规定电流波形的试验，SPD 性能变化的允许范围见 IEC 61643-1。

老化试验是在特定温度下，在一个规定时间内，对 SPD 施加规定幅值的电压，本部分给出了 SPD 性能允许变化范围(该试验待定)。

根据以下内容确定 SPD 预期使用寿命：

——替代方式；

——使用场合和可行性；

——可接受的失效率；

——运行经验。

3.1.34

剩余电流装置　residual current device

RCD

在规定的条件下，当剩余电流或不平衡电流达到给定值时能使触头断开的机械开关电器或组合电器。

[IEC 61643-1,定义 3.37]

3.1.35

系统标称电压 nominal voltage of the system

系统或设备标明的电压,某些工作特性与该电压有关(如 230/400 V)。

注 1:在系统标称条件下,供电端的电压可能不同于标称电压,由供电系统的偏差来决定,本部分允许有±10%的偏差。

注 2:相对地系统标称电压称为 U_n。

注 3:系统标称的相对中性线的电压称为 U_0。

3.1.36

冲击试验分类 impulse test classification

3.1.36.1

Ⅰ类试验 class Ⅰ test

按 3.1.9 定义的标称放电电流(I_n)、3.1.13 定义的 1.2/50 冲击电压和 3.1.10 定义的Ⅰ类试验的最大冲击电流 I_{imp}进行的试验。

3.1.36.2

Ⅱ类试验 class Ⅱ test

按 3.1.9 定义的标称放电电流(I_n)、3.1.13 定义的 1.2/50 冲击电压和 3.1.32 定义的Ⅱ类试验的最大放电电流 I_{max}进行的试验。

3.1.36.3

Ⅲ类试验 class Ⅲ test

按 3.1.11 定义的复合波(1.2/50,8/20)进行的试验。

注:采纳 IEC 61643-1 中 3.35。

3.1.37

额定负载电流 rated load current

I_L

能提供给连接到 SPD 保护输出端的负载的最大持续额定交流电流有效值或直流电流。

注 1:采纳 IEC 61643-1 中 3.14,并增加注 2。

注 2:仅适合输入/输出分开的 SPD。

3.1.38

过电流保护 overcurrent protection

位于 SPD 外部的前端,作为电气装置的一部分的过电流器件(如断路器或熔断器)。

[IEC 61643-1,定义 3.36]

3.1.39

SPD 安装点电力系统最大持续工作电压 maximum continuous operating voltage of the power system at the SPD location

U_{cs}

在 SPD 安装点,SPD 可能受到的最大工频电压有效值或直流电压。

注 1:仅考虑了电压调节和电压降低或升高,U_{cs}也称为视在最大系统电压,与 U_0 有直接联系(见图 6)。

注 2:该电压不考虑谐振、失效、TOV 或瞬态条件。

3.1.40

电压开关型 SPD 的放电电压 sparkover voltage of a voltage-switching SPD

在 SPD 的间隙电极之间,发生击穿放电前的最大电压值。

注 1:采纳 IEC 61643-1 中 3.38,并增加注 2。

注 2:电压开关型 SPD 可以基于元件(例如硅元件)而不仅是间隙。

3.1.41

雷电保护系统　lightning protection system；LPS

用来保护建筑物及其内部设备免受雷击影响的完整系统。

3.1.42

多用途 SPD　multiservice SPD

在同一外壳内具有两种或更多保护功能的电涌保护器，例如，在电涌条件下，可对电源、电信和信号提供保护，这些保护共用一个参考点。

3.1.43

残流　residual current

I_{PE}

SPD 按制造厂的说明连接，施加最大持续工作电压(U_c)时，流过 PE 接线端子的电流。

[IEC 61643-1，定义 3.42]

3.1.44

供电电源的预期短路电流　prospective short-circuit current of a power supply

I_p

在电路中的给定位置，如果用一个阻抗可忽略的连接短路时可能流过的电流。

[IEC 61643-1，定义 3.40]

3.1.45

额定断开续流值　follow current interrupting rating

I_{fi}

SPD 本身能断开的预期短路电流。

[IEC 61643-1，定义 3.41]

3.1.46

Ⅰ类试验的比能量　specific energy for class Ⅰ test

W/R

冲击电流 I_{imp} 流过 1 Ω 单位电阻时消耗的能量。

3.1.47

额定冲击耐受电压　rated impulse withstand voltage

U_W

由设备制造单位对设备或设备的一部分规定的冲击耐受电压，它代表了设备的绝缘耐受过电压的能力。

注：本部分仅考虑在带电导线和接地之间耐受电压。

3.2　本部分所用符号及缩略语一览表

符　　号	
E_{max}	最大能量耐受
I_c	持续工作电流
I_f	续流
I_{fi}	额定断开续流值
I_{imp}	Ⅰ类试验冲击电流
I_L	额定负载电流

符　号	
I_{max}	Ⅱ类试验的最大放电电流
I_{n}	标称放电电流
I_{p}	供电电源的预期短路电流
I_{peak}	冲击电流峰值
I_{PE}	残流
I_{sc}	CWG 的短路电流
N_{g}	落雷密度
N_{k}	雷暴日水平
U_{c}	最大持续工作电压
U_{cs}	电源系统的最大持续工作电压
U_{m}	限制电压
U_{n}	系统的相对地的标称电压
U_{0}	系统标称的相对中性线的电压
U_{oc}	Ⅲ类试验开路电压
U_{p}	电压保护水平
U_{ref}	ZnO 压敏电阻的参考电压
U_{res}	残压
U_{T}	暂时过电压
U_{TOV}	电力系统暂时过电压
$U_{TOV(HV)}$	高压系统内的网络暂时过电压
$U_{TOV(LV)}$	低压系统内的网络暂时过电压
U_{W}	耐受电压
ΔU	压降(用百分数表示)
Z_{f}	虚拟阻抗

缩写列表	
ABD	雪崩击穿二极管
dB	分贝
CWG	复合波发生器
EMC	电磁兼容性
GDT	气体放电管
HV	高压
IP	外壳防护等级
L	电感

缩写列表	
LPS	雷电防护系统
LPZ	雷电防护区
LTE	通过能量
LV	低压
MEB	总等电位连接
MOV	金属氧化物压敏电阻
HVA	高压 A(中压,<50 kV)
MV	中压
PE	保护地线
Q	冲击电流的电荷量
RCD	剩余电流装置
TOV	暂时过电压
SPD	电涌保护器
W/R	比能量
ZnO	氧化锌

4 被保护的系统和设备

当评估使用 SPD 的设施时,需要考虑两方面因素:

——使用 SPD 的低压配电系统的特性,包括预期过电压、电流的类型和水平;

——被保护设备的特性。

4.1 低压配电系统

低压配电系统由系统接地的型式(TN-C、TN-S、TN-C-S、TT、IT)和标称电压(见 3.1.35)来表示,可能产生各种型式的过电压和过电流,本部分将过电压分为三类:

——雷电过电压;

——操作过电压;

——暂时过电压。

4.1.1 雷电过电压和电流

大多数情况下,雷电冲击强度是选择 SPD 试验类型和相关电流或电压值(I_{imp}、I_{max} 和 U_{oc} 见 IEC 61643-1)的主要因素。

要选择合适的 SPD,需要评估雷电涌的波形和电流(电压)幅值,确定 SPD 的电压保护水平是否足以保护在这种环境中的设备是相当重要的。

对于建筑物的雷电防护系统,有关雷电流的幅值和波形的说明参见 GB/T 21714.1—2008。

注:例如,雷电频繁区域安装的 SPD 要求耐受 Ⅰ 类或 Ⅱ 类试验。

一般来说,建筑物外部的电气装置受到的雷电冲击较高(例如,架空线遭受直击雷或雷电感应的情况),在建筑物外部,从装置的入口到内部电路,雷电冲击逐渐减小,这是由回路配置和阻抗变化引起的。

雷电防护的必要性取决于:

——当地落雷密度 N_g(建筑物所在地区年平均落雷密度,每年每平方公里的雷闪次数),现代的雷电定位系统可以提供相当精确的 N_g 数据;

——电力设备的外露部分,包括内部设备。一般认为地下系统比架空线系统暴露少。

即使由地下电缆供电,也可推荐使用 SPD 进行保护。为了确定是否需要电涌保护器,应考虑以下几方面:

——装置的附近有无雷电保护系统;

——电缆的长度是否足以提供网络的架空线到装置之间足够的距离(衰减);

——连接到装置的变压器的 MV(中压)侧的架空线易出现高的雷电过电压;

——在高土壤电阻率地区的地下电缆可能受到直击雷的影响;

——当由电缆供应电力的建筑物的规模和高度增大到一定程度,受到直击雷的危险性将显著增加,其他进(出)线(电话线、天线系统等)受到的直击雷将影响电力系统和设备;

——存在其他架空设施。

当许多建筑物由同一个电源系统供电时,没有安装 SPD 的建筑物的电力系统可能会产生较高的过电压。

对于外部具有雷电防护系统,内部具有 SPD 保护的建筑物,(在建筑物有直击雷的情况下),使用直流接地电阻值(例如:建筑物和配电系统、管等的接地)进行计算,用以确定通过 SPD 分配的电流值,一般认为是充分的。

GB/T 21714.1—2008 附录 E 给出了不同的雷击点(直击建筑物或其附近,直击导线或其附近)和不同情况下电流幅值和波形的估算值,该值是雷电保护水平的函数。

更多关于雷电冲击的资料见附录 C 和附录 I。

4.1.2 操作过电压

操作过电压的电流和电压的峰值通常比雷电过电压小,但持续时间较长。在某种情况下,在建筑物的内部深处或者接近操作过电压源的地方,操作过电压高于雷电过电压,需要知道操作过电压的能量,以便选择合适的 SPD。操作电涌(包括由于故障和熔断器动作产生的暂态电涌)的持续时间,会比雷电电涌持续的时间长得多。

通常情况下,SPD 额定参数的选择基于雷电冲击的强度。

更多关于操作冲击的资料见附录 C 和附录 I。

4.1.3 暂时过电压 U_{TOV}

4.1.3.1 概述

SPD 在其寿命期内可能会受到比电力系统最大持续工作电压高的暂时过电压 U_{TOV} 的影响。

暂时过电压有两个要素:幅值和时间。过电压持续时间主要取决于电力系统的接地情况(包括高压电力系统和接有 SPD 的低压系统)。在确定暂时过电压时,应考虑系统的最大持续工作电压(U_{cs})。

更多关于暂时过电压的资料见附录 E 和附录 I。

4.1.3.2 标准值

GB/T 16895.10—2010 给出了低压电网中预期的 U_{TOV} 的最大值(这些值的详细计算参见附录 E)。

较低的 U_{TOV} 取决于许多因素,如 SPD 的安装位置、电网型式等。

表 1 给出了变压器安装点(见表 1 的注 2)用户侧设备处 U_{TOV} 最大值(见图 4)。

表 1　GB/T 16895.10—2010 给出的最大 TOV 值

U_{TOV}发生处	系　　统	$U_{TOV(HV)}$最大值
相-地	TT、IT	U_0+250 V,持续时间>5 s
		U_0+1 200 V,持续时间≤5 s
中线-地	TT、IT	250 V,持续时间>5 s
		1 200 V,持续时间≤5 s
以上数值是与高压电网故障有关的极端值,可根据附录 E 按电力系统类型计算出		
U_{TOV}发生处	系　　统	$U_{TOV(HV)}$最大值
相-中线	TT 和 TN	$\sqrt{3}\times U_0$
以上数值与低压系统的中线断线有关		
相-地	IT 系统 (TT 系统见注 1)	$\sqrt{3}\times U_0$
以上数值与低压系统的相导线意外接地有关		
相-中线	TT、IT 和 TN	1.45×U_0,持续时间≤5 s
以上数值与相线和中线短路有关		
注 1:在 TT 系统中,持续时间≤5 s 时,已证明也会出现这样高的 TOV,详见附录 E。GB/T 16895.10—2010 中无相关规定。 **注 2**:在变压器安装点,最大的 TOV 值可能与上表不同(高或低)。详见附录 E。 **注 3**:选择 SPD 时不考虑中线断线。		

更进一步的资料详见附录 E。

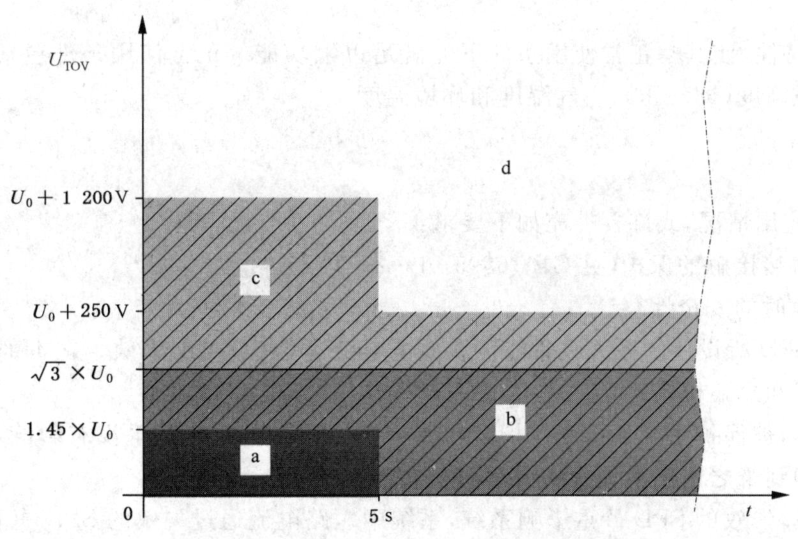

说明:

a——LV 装置故障(短路)时,TT、TN 和 IT 系统中相对中线间的 $U_{TOV(LV)}$ 区域;

b——LV 装置故障(单相导体意外接地)时,IT 系统(TT 见表 1 中注 1)相和地之间 $U_{TOV(LV)}$ 区域和 LV 装置故障时(中线断线)TT 和 TV 系统相和中线之间 $U_{TOV(LV)}$ 区域;

c——HV 系统产生故障时,TT 和 IT 系统中在用户的装置相和地之间最大 $U_{TOV(HV)}$ 值区域;

d——未定义区域。

图 4　依据 GB/T 16895.10—2010 的 U_{TOV}最大值

4.2 被保护设备的特性

瞬态条件下被保护设备的特性由以下两种试验确定：

——依据 GB/T 16935.1—2008 对设备进行冲击耐受试验，该试验仅为绝缘配合试验，试验期间设备不施加工作电压；

——依据 GB/T 17626.5—2008 对设备进行冲击抗扰度试验，该试验评估设备抗冲击干扰能力，对于不同级别，采用复合波发生器(1.2/50,8/20)进行试验，试验能够发现施加工作电压时设备产生的故障、缺陷和失效。

通过被使用设备在瞬态环境条件下的冲击耐受试验和冲击抗扰度试验的比较，确定了 SPD 的潜在需求，更进一步的资料详见附录 M。

注：所选择的 SPD 的保护水平 U_p 应比设备冲击耐受水平低，或者在某些情况下，设备持续运行是关键的，U_p 低于设备的冲击抗扰性。U_p 的选择应依据 6.2.2 和 6.2.5。另外，由于受试设备和发生器的可能的相互作用，设备的抗扰度不仅是 U_p，也是施加电涌波形的函数。

5 电涌保护器

5.1 SPD 基本功能

本部分考虑的 SPD 安装在被保护设备的外部。

其功能如下：

——电力系统无电涌时，SPD 不应对其所应用的系统工作特性有明显影响；

——电力系统出现电涌时，SPD 呈现低阻抗，电涌电流主要通过 SPD 泄放，把电压限制到其保护水平，电涌可能引起工频续流通过 SPD；

——当电力系统出现电涌时，SPD 在电涌过后及熄灭任何可能出现的工频续流以后，恢复到高阻抗状态。

规定 SPD 的特性，使其在正常使用条件下能满足以上功能。正常使用条件包括：电力系统电压频率、负载电流、海拔高度(即气压)、空气湿度和环境温度。

5.2 附加要求

根据 SPD 的应用情况，或许要补充如下要求：

——SPD 免直接接触的保护(见 GB 16895.21—2011)；

——SPD 失效时的安全性。

当电涌大于 SPD 所设计的最大吸收能量和放电电流时，SPD 可能失效。在本部分中，SPD 的失效模式分为开路模式和短路模式。

在开路模式下，被保护系统不再受保护，由于失效的 SPD 对系统几乎没有影响，所以难以被发现。为保证下一个电涌到来之前更换失效的 SPD，就需要有一个指示功能。

在短路模式下，失效的 SPD 严重影响系统，系统中短路电流通过失效的 SPD，短路电流导通时使能量过度释放可能引起火灾，IEC 61643-1 短路电流耐受能力试验就涵盖了该问题，如果被保护系统没有合适的装置将失效的 SPD 从系统中脱离，使用具有短路失效模式的 SPD 需配备一个合适的脱离器。

5.3 SPD 分类

5.3.1 SPD：分类

电涌保护器依照 IEC 61643-1 分类如下：

端口数：一或二；

设计类型：电压开关型、电压限制型、复合型；

Ⅰ、Ⅱ、Ⅲ类试验；

使用地点：户内或户外；

可触及性：可触及的、不可触及的；

安装模式：固定的或可移动的；

脱离器：位置(外部的、内部的、内外都有、没有)和保护功能(热、泄漏电流、过电流)；

过电流保护：规定或不规定；

SPD 外壳提供的防护等级(IP 代码)；

温度范围：正常范围或超过正常范围的。

依据定义，户外是指封闭空间以外，这类 SPD 易受外部环境条件影响。户内指封闭空间以内。这类 SPD 易受户内环境条件影响。不可触及的指不用工具或其他设备就不能接触到带电部件。

以上选择与制造工艺有关，由制造厂规定。

5.3.2 典型设计和布局

SPD 的主要保护元件分为两类：

——限压型元件：ZnO 压敏电阻、雪崩二极管或抑制二极管等；

——开关型元件：空气间隙、气体放电管、晶闸管(可控硅整流器)、三端双向可控硅开关等。

基于这些元件，典型 SPD 设计分类如下(见图 5)：

——仅电压限制型元件(图 5a)：限压型 SPD；

——仅电压开关型元件(图 5b)：开关型 SPD；

——限压型和开关型元件组合(图 5c 和图 5d)：复合型 SPD。

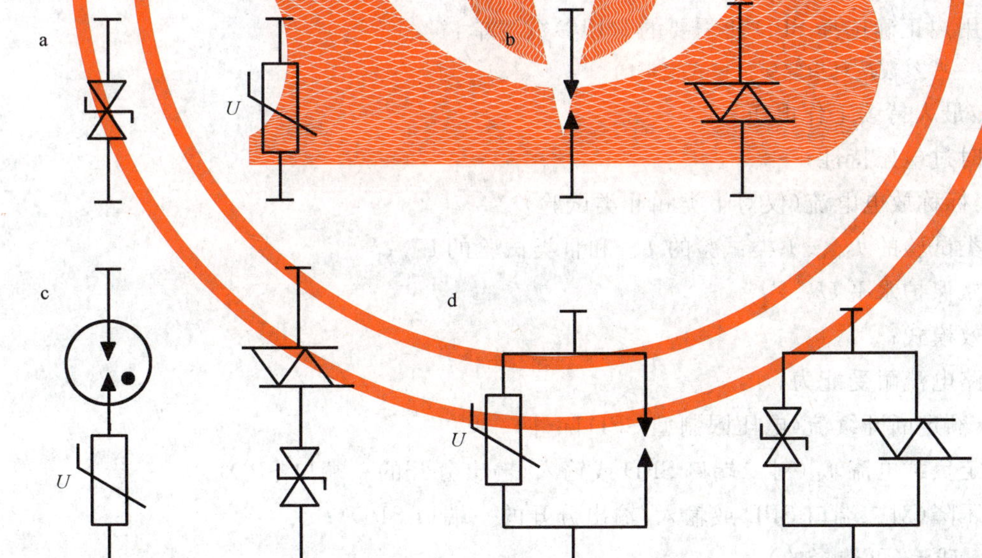

说明：

a——限压型元件；

b——开关型元件；

c——限压型和开关型元件串联；

d——限压型和开关型元件并联。

图 5 元件及组件示例

不是所有的SPD都是基本元件的简单排列，可以增加指示器、脱离器、熔断器、电感、电容和其他元件。

此外，SPD可设计为：一端口SPD（见3.1.25）和二端口SPD（见3.1.26）。

5.4 SPD特性

5.4.1 IEC 61643-1 规定的使用条件

正常使用条件：

——频率主要在48 Hz和62 Hz之间的交流电源或直流电源；

——海拔不超过2 000 m；

——工作温度：正常范围为−5 ℃～+40 ℃，极限范围为−40 ℃～+70 ℃；

——室温条件下相对湿度在30%～90%之间。

注1：用户决定SPD的使用场所（户内、户外等），并确定环境温度条件是在正常范围内或在扩展范围内。

注2：IEC 61643-1也给出了最大持续工作电压的数值。见本部分6.2.1。

注3：通常产品的存储温度范围大于工作温度的范围。

异常使用条件：

对处于异常使用条件下的SPD，在设计和使用时需要作特殊考虑，并应引起制造厂重视。

阳光辐射：大多数SPD不经受阳光辐射，通常型式试验不考虑阳光辐射，对于暴露于阳光辐射下的SPD应考虑并且要进行相应的试验。

注4：通常，SPD外壳的防护等级应高于IP2X，某些场合（例如，户外型SPD）可能使用其他防护等级。

5.4.2 选择SPD所需的参数清单

以下是用户正确选择SPD所需要的常用参数清单：

注：其中一些参数是对指定保护模式规定的。

a) U_c：最大持续工作电压；

b) 暂时过电压特性；

c) I_n：标称放电电流（仅对Ⅰ类和Ⅱ类试验）；

d) Ⅱ类试验的I_{max}、Ⅰ类试验的I_{imp}和Ⅲ类试验的U_{oc}；

e) 电压保护水平U_p；

f) 失效模式；

g) 短路电流耐受能力；

h) I_{fi}：额定断开续流（电压限制型SPD除外）；

i) 额定负载电流I_L（对二端口SPD或输入/输出分开的一端口SPD）；

j) 电压降（对二端口SPD或输入/输出分开的一端口SPD）；

k) I_{PE}：残流（可选择的）。

图6给出U_p、U_o、U_c和U_{cs}之间关系。

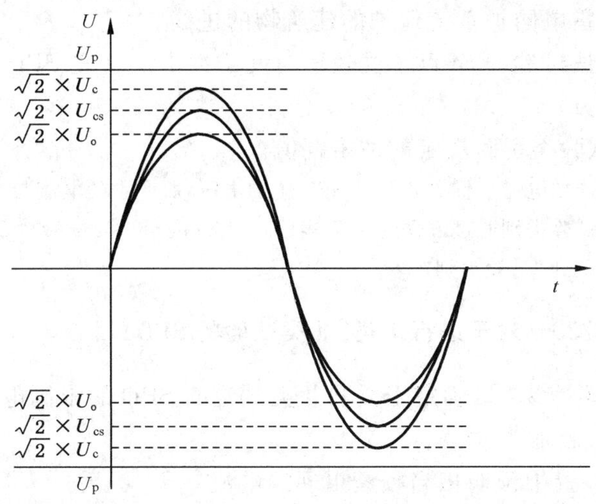

图 6 U_p、U_o、U_c 和 U_{cs}之间关系

5.5 SPD 特性的补充资料

5.5.1 与工频电压有关的资料

5.5.1.1 U_c 和 I_c:最大持续工作电压和持续工作电流

在正常条件下 U_c 的选择应使 SPD 的特性(老化、热崩溃等)在正常条件下变化最小。

I_c 是指施加 U_c 时通过 SPD 的电流值。流过接地端(PE)的电流就称为残流 I_{PE}。在选择 SPD 时要考虑残流 I_{PE},以避免过电流保护器或其他保护器(例如,RCD)误动作(见 GB 16895.22—2004)。

关于系统的配置如何影响过电流保护器或其他保护器工作的进一步资料见附录 J。

5.5.1.2 暂时过电压特性

用几组工频(或直流)过电压-时间(几秒以下)关系的数值足以表征 SPD 的暂时过电压的特性。

SPD 应耐受 TOV 试验而其特性没有发生不可接受的变化,或者以可接受的方式失效。

按照 GB 16895.22—2004 规定,安装的 SPD 应能耐受由低压系统故障引起的 TOV(见表 5 中持续时间为 5 s 的 TOV 值)。按照 CT2 连接方式(见图 11)安装在中性线和 PE 间的 SPD 也应能耐受由高压系统故障引起的 TOV(见表 5 中持续时间为 200 ms 的 TOV 值)。

IEC 61643-1 所考虑的 TOV 持续时间限于 200 ms 和 5 s,这两个持续时间所对应的试验电压值为 U_T。

制造厂应按照 IEC 61643-1 的规定提供产品的在暂时过电压下的特性。

注:在要求 SPD 保持与被保护设备保持协调的前提下,可能很难选择既有高暂时过电压耐受能力又有低电压保护水平的 SPD。

用户可通过比较 SPD 在暂时过电压下耐受特性和电力系统产生的暂时过电压(U_{TOV})来选择最合适的 SPD。表 5 给出了 SPD 试验用的标准值。

5.5.2 与电涌电流相关的资料

下面讨论的内容与电压、电流和电涌波形的时间特性有关。根据 SPD 预期承受能力,采用不同的电涌波形和幅值水平进行试验。

在 IEC 61643-1 的引言中给出了选择 SPD 合适试验类别的导则,规定如下:

——Ⅰ类试验用于模拟部分传导雷电流冲击的情况。符合Ⅰ类试验方法的 SPD 通常推荐用于高暴露地点，例如：由雷电防护系统保护的建筑物的进线。

——Ⅱ类或Ⅲ类试验方法试验的 SPD 承受较短时间的冲击。这些 SPD 通常被推荐用于较少暴露于直接受冲击的地方。

选择 SPD 时应考虑其试验类别和规定的冲击幅值。

注 1：Ⅱ类试验对 SPD 施加外加电流。Ⅲ类试验对 SPD 施加电压，所产生的电流与 SPD 的特性有关。

注 2：标注在 SPD 铭牌上的试验类别通过方框内的 T 表示："T1"表示Ⅰ类试验，"T2"表示Ⅱ类试验，"T3"表示Ⅲ类试验，或者用文字写出"试验类别"。

5.5.2.1 标称放电电流 I_n(8/20)(对于进行Ⅰ类、Ⅱ类试验的 SPD)

此电流用来作为一个试验参数，以确定Ⅰ类和Ⅱ类试验的 SPD 的限制电压。此电流也用于Ⅰ类和Ⅱ类动作负载试验的预处理(施加 15 次)。

I_n 较 I_{max} 低，并相当于装置中预期相当频繁出现的电流。

I_n 优选值：0.05 kA、0.1 kA、0.25 kA、0.5 kA、1.0 kA、1.5 kA、2.0 kA、2.5 kA、3.0 kA、5.0 kA、10 kA、15 kA 和 20 kA。

5.5.2.2 I_{imp} 和 I_{max}(对于进行Ⅰ类和Ⅱ类试验的 SPD)

I_{imp} 和 I_{max} 分别为Ⅰ类和Ⅱ类动作负载试验的试验参数。这些参数与最大放电电流值有关。在系统中安装 SPD 的场所，很少出现预期最大放电电流。I_{max} 用于Ⅱ类试验而 I_{imp} 用于Ⅰ类试验。

根据 IEC 61643-1，I_{imp}(I_{peak}、Q)优选值见表 2。

表 2 I_{imp} 的优选值

I_{peak}/kA	Q/C	W/R/(kJ/Ω)
20	10	100
12.5	6.25	39
10	5	25
5	2.5	6.25
2	1	1
1	0.5	0.25

注 1：通常 I_{imp} 比 I_n 的波形更长。

注 2：10/350 波形是满足表 2 要求的一种示例波形。

5.5.3 与电压保护水平相关的资料

5.5.3.1 限制电压的测量

a) Ⅰ类和Ⅱ类试验

限制电压的测量可由两个试验来确定：

——使用 8/20 波形测量各种电流值下的残压；

——使用 1.2/50 波形测量放电电压。

限制电压是下列电压的最高值：

——或者对应下列电流范围的残压；

Ⅰ类试验，从 0.1×I_n 直到 I_{peak} 或 I_n，取其中较高值；

Ⅱ类试验，从 0.1×I_n 直到 1.0×I_n。

——或者用 1.2/50 波形测得的波前放电电压。

● 对于具有限压型元件的 SPD

图 7 给出了 ZnO 压敏电阻 U_{res}-I 的典型曲线。图中说明在 I_{max} 下 SPD 的残压也应考虑。如果该残压比电压保护水平高，特别是比被保护设备的冲击耐受电压还高时，虽然 SPD 能承受这样的电应力，但设备将不被保护。因此应适当地选择 SPD 的电压保护水平和冲击电流耐受能力。

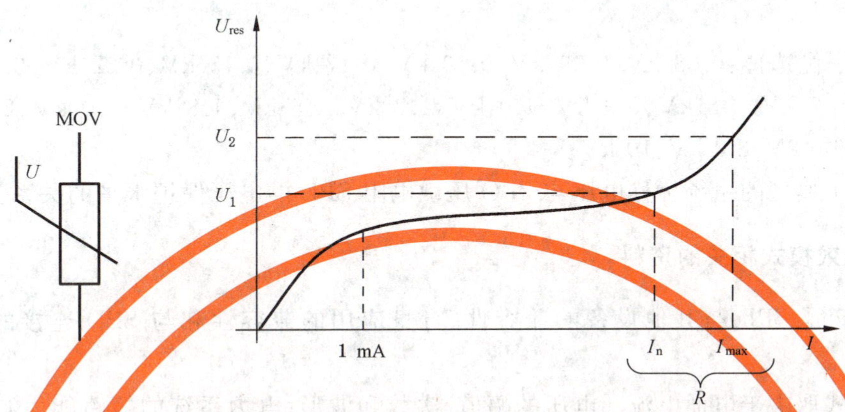

说明：

U_1——I_n 下的残压；

U_2——I_{max} 下的残压；

R ——几 kA 电流的范围。

图 7　ZnO 压敏电阻 U_{res}-I 典型曲线

● 对于具有限压开关型元件的 SPD

具有火花间隙的器件(气体放电管等)的冲击放电电压与所施加的瞬态过电压的上升率(dU/dt)有关。

一般来说，瞬态电压上升率(dU/dt)增加会导致冲击放电电压增加。在规定的 dU/dt 下，冲击放电电压是一个统计值，因此测量值具有一定的分散性(见图 8)。

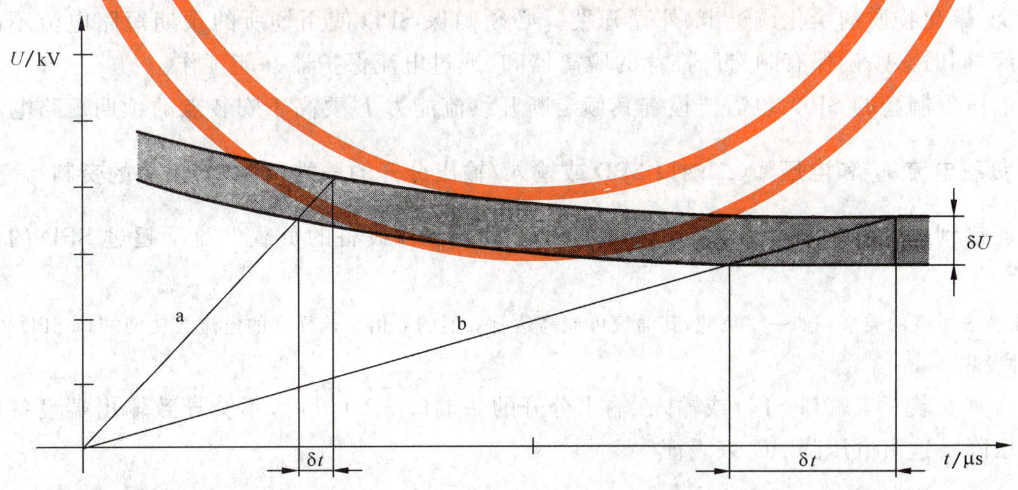

说明：

a ——较高上升率——10 kV/μs；

b ——较低上升率——1 kV/μs；

δt ——放电时间分布；

δU——放电电压分布。

图 8　放电间隙典型曲线

b) Ⅲ类试验

按Ⅲ类试验的 SPD，采用复合波发生器。试验过程中测量的最大值作为限制电压值。

5.5.3.2 电压保护水平 U_p

U_p 由制造厂提供。按定义，该值应等于或大于实测限制电压的最高值，制造厂确定该值时应考虑制造偏差。

电压保护水平优选值：0.08 kV、0.09 kV、0.10 kV、0.12 kV、0.15 kV、0.22 kV、0.33 kV、0.4 kV、0.5 kV、0.6 kV、0.7 kV、0.8 kV、0.9 kV、1.0 kV、1.2 kV、1.5 kV、1.8 kV、2.0 kV、2.5 kV、3.0 kV、4.0 kV、5.0 kV、6.0 kV、8.0 kV、10 kV。

附录 B 给出了典型的系统标称电压与 ZnO 压敏电阻 SPD 的电压保护水平的关系。

5.5.4 与 SPD 失效模式相关的资料

失效模式决定了 SPD 与其他设备的兼容性、自身应用的兼容性和与 SPD 连接的其他电器的兼容性。

SPD 失效模式取决于电涌电流和电压的幅值、次数和波形、电力系统的短路能力和失效时 SPD 上施加的电压值。本部分认为 SPD 有两种失效模式：

——短路或低阻抗；

——开路或高阻抗。

有时，SPD 在某一时段处于一个不确定状态，该状态吸收能量，并最终导致（自身或与脱离器或过电流保护）开路或短路状态。本部分认为，这个状态是暂时的，不予讨论。

关于系统配置如何影响过电流或其他保护装置动作的详细资料见附录 J。

失效模式的 SPD 特性变化不予考虑，但在 5.5.7 中解释。

5.5.5 与短路耐受能力相关的资料

SPD 本身或与其脱离器和过电流保护器一起能够耐受制造厂宣称的短路耐受电流，且试验过程中不应有燃烧、熔化物质的炭化或迸出、外壳开裂。必须确保 SPD 使用场所的预期短路电流不高于其短路耐受电流，同时必须确保有制造厂推荐的脱离器和/或过电流保护器并能工作。

对非电压限制型的 SPD，也需要检查其额定断开续流能力 I_{fi} 要高于安装点的预期短路电流 I_p。

5.5.6 与负载电流 I_L 和电压降（二端口 SPD 或输入/输出分开的一端口 SPD）相关的资料

对于连接到电源的二端口 SPD 和一端口 SPD，必须确保设备的负载电流不超过 SPD 的额定负载电流 I_L。

注： 需考虑负载的类型。如一些负载，其涌流可能高达有效值的 3 倍。这样高的电流会使两端口 SPD 内串联的元件发热。

必须检查安装了二端口 SPD 或输入/输出分开的一端口 SPD 以后，不会导致输出端设备出现不可接受的电压降。这由电压降 ΔU 来表征。

5.5.7 与 SPD 特性变化相关的资料

某些 SPD 在受到高于标准试验规定的电应力时，可能处于一个中间状态。在这种情况下，SPD 的某些特性可能偏离设计值，例如，U_p、I_n、I_c 等，尤其是并联带电部件的 SPD，在承受电涌以后，带电部件中的一个可能会断开。这时，用户可能不知道这些特性变化。在设计 SPD 时应避免任何这种中间状态，除非出现这种状态时有一个清晰的指示。

6 SPD在低压配电系统的应用

6.1 SPD的安装和保护效果

当对风险分析(见第7章)完成之后,就可以规定系统的电应力(见第4章)及SPD的特性(见第5章)。

SPD在配电系统中应用时,可采用图9的流程图。

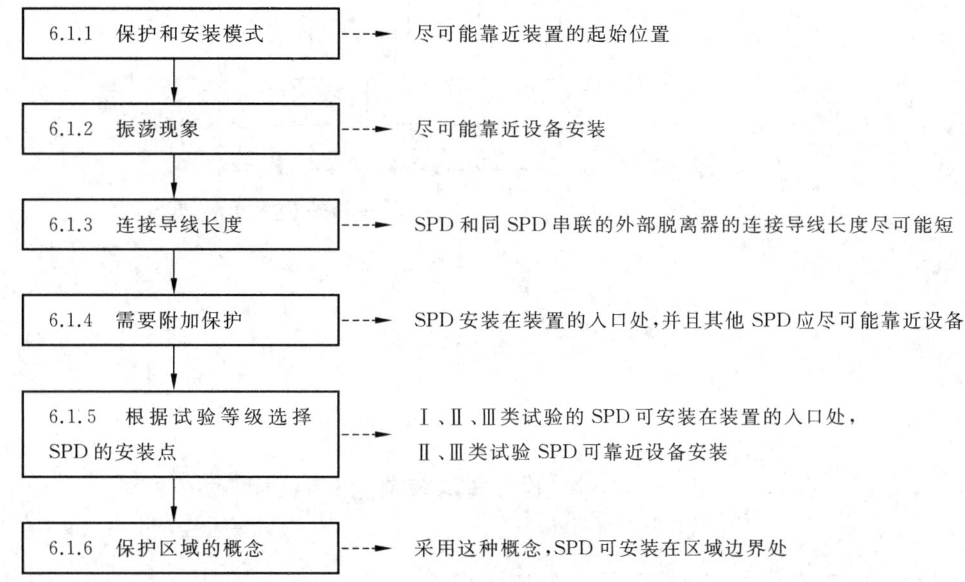

图9 SPD应用的流程图

SPD实际安装示例见附录N。

在入口处,可根据侵入的电涌应力选择符合Ⅰ类、Ⅱ类或Ⅲ类试验要求的SPD。考虑电涌电流所引起的电应力大小是正确选择SPD的关键。特别当存在雷电防护系统时,可参见GB/T 21714系列标准中的附加说明。依据Ⅱ类试验和Ⅲ类试验测试的SPD也适用于被安装在靠近保护设备的位置。

6.1.1 可能的保护模式及安装

当要保护的设备有足够的过电压耐受能力或其靠近主配电盘,使用一个SPD可能就足够了。在这种情况下,SPD的安装应尽可能靠近被保护装置的起始点。在这个位置,SPD应该有足够的冲击耐受能力。图K.1～图K.5给出了在不同系统类型上位于被保护装置的起始点的SPD的典型连接。图K.5为一个TN C-S系统中的具体示例。

位于或靠近被保护装置的起始点的SPD应至少被连接在以下几点之间:

a) 如果在或接近被保护装置的起始点处中性线和PE有直接连接,或没有中性线:

在每条相线和总接地端子之间或保护导线之间,以连接线较短为优先原则;

注1:在IT系统上,连接中性线和PE的阻抗不认为是一个连接。

b) 如果在或接近被保护装置的起始点处中性线和PE没有直接连接:

连接类型1(CT1)——在每条相线和总接地端子之间或保护导线之间,在中性线和总接地端子之间或保护导线之间,以连接线较短为优先原则,见图10。

连接类型 2(CT2)——在每条相线和中性线之间,在中性线和总接地端子或保护导线之间,以连接线较短为优先原则,见图 11。

注 2:如果某根相线接地,其即被认为相当于 b)款中的中性线。

F1
L1
L2
L3
N
PE
F2
SPD
SPD
SPD
SPD
PE

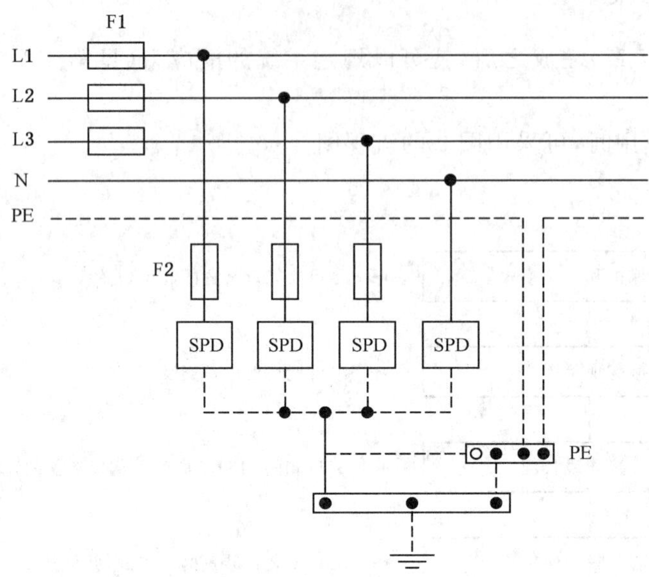

说明:

F1——熔断器。

图 10 连接类型 1(CT1)

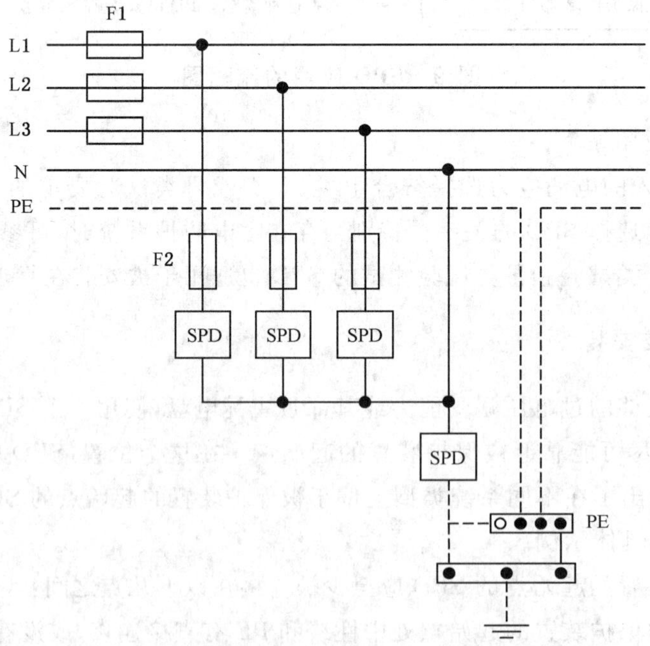

F1
L1
L2
L3
N
PE
F2
SPD
SPD
SPD
SPD
PE

说明:

F1——熔断器。

图 11 连接类型 2(CT2)

表 3 列出了各种低压系统可能需要的保护模式。

注 3：如果在相同导线上连接有两个以上的 SPD，有必要确保它们之间的协调。

注 4：保护模式的数量取决于被保护设备的类型（例如，如果设备没有接地，相线对地或中心线对地的保护可能就没有必要），由各种保护模式下设备的耐受能力、电气系统的结构、接地以及侵入电涌的特点而定。例如，一般在相线/中性线和 PE 导线之间或在相线和中性线之间施加保护一般就足够了，而不用再在相线和相线之间施加保护。

注 5：安装在供电部门计量表前的 SPD 装置必须经供电部门同意。

表 3 各种 LV 系统可能的保护模式

SPD 连接位置	SPD 安装位置的系统结构							
	TT		TN-C	TN-S		IT 带中线		IT 不带中线
	安装方式			安装方式		安装方式		
	CT1	CT2		CT1	CT2	CT1	CT2	
相和中线之间	+	*	NA	+	*	+	*	NA
相和 PE 之间	*	NA	NA	*	NA	*	NA	*
中线和 PE 之间	*	*	NA	* 见注 1	* 见注 2	*	*	NA
相和 PEN 之间	NA	NA	*	NA	NA	NA	NA	NA
相相之间	+	+	+	+	+	+	+	+

*：必须的；
NA：不适用；
+：可选的，除了必须的 SPD 以外；
CT：连接类型。

注 1：当 SPD 和 PE-N 等电位体之间距离过短（典型的不足 10 m）时，可以不安装 SPD。

注 2：采用 CT2 连接方式时，比较设备的耐受电压 U_W 应与串联的两个 SPD(L-N、N-PE) 的保护水平相比较，这可能不同于两个 SPD 的 U_P 的简单相加。

建议进入被保护结构的电力和信号网络互相接近并将其互相联结在一个共用的等电位排上。这对于非屏蔽材料建造的结构（木、砖、混凝土等）特别重要。

更进一步的资料见附录 K。

6.1.2 振荡现象对保护距离的影响

当 SPD 被用来保护特定设备或当 SPD 装在主配电盘上而不能为某些设备提供足够的保护时，SPD 应尽可能地靠近被保护设备。如果 SPD 和被保护设备之间的距离太长，设备端产生的振荡电压值普遍高至两倍的 U_p，在一些情况下，甚至超过这个水平。因此尽管装有 SPD，振荡现象仍能引起被保护设备失效（见图 K.8～图 K.10），适合的距离（称为保护距离）取决于 SPD 型式、系统类型、侵入电涌的陡度和波形及连接的负载。实际上，如果设备的阻抗高或设备内部断开，就有可能产生两倍的振荡电压。图 10 给出了在这种条件下，振荡现象产生两倍电压的示例。

一般情况下，距离不到 10 m 的震荡可以被忽略。有时设备有内部保护元件（例如，ZnO 压敏电阻），这将显著降低即使在长距离上的震荡。在最后这种情况中需要注意避免出现 SPD 和设备内部保护元件的配合问题。

注：由于雷电流在 SPD 和被保护设备之间的回路上直接感应引起的电压，保护距离可能要缩短。

更进一步资料见附录 K。

6.1.3 连接导线长度的影响

为了实现最佳的过压保护,SPD 的连接导线应尽可能短。长的连接导线将使 SPD 的保护能力降低。因此,可能需要选择一个有更低电压保护水平的 SPD 来提供有效的保护。传送至设备的残压为 SPD 的残压和沿导线感应电压降之和,这两个电压可能并不在同一时刻到达峰值,但出于实用目的,可以简单地相加;图 10 给出在冲击放电电流下,连接导线的电感对各 SPD 连接点测得电压的影响。

一般来说,假定导线的电感是 1 μH/m。当冲击波上升率为 1 kA/μs 时,电感沿导线长度的电压降大约为 1 kV/m。而且,如果 di/dt 的陡度更大,电压降值会更高。

最好尽可能地使用图 12 中的方案 b,这种方案的电感效应将会显著降低。当不能使用方案 b 时,可以应用使用了绞合导线的方案 c。尽可能避免使用方案 a,因为增加 SPD 连接导线的长度会降低过电压保护的有效性。当 SPD 连接导线的长度尽可能地短(总引线的长度最好不要超过 0.5 m)以及没有形成任何环路的情况下,使用方案 a 才可能获得最佳电压保护。

注:如果导线相互紧靠而使回流路径导体与入流导体产生磁耦合,其电感将降低(见图 12 中方案 c)。

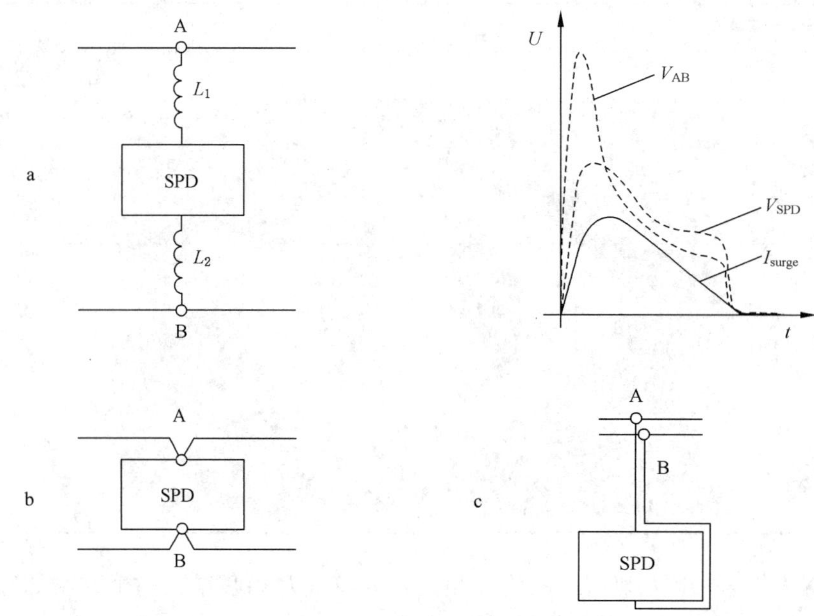

说明:

a　L_1、L_2——导线 l_1、l_2 的相应电感;

　I_{surge} ——电涌电流-时间的曲线;

　V_{SPD} ——通过电涌时,SPD 端子间的电压;

　V_{AB} ——A 点和 B 点之间通过电涌时的电压$=V_{SPD}+$电感(L_1+L_2)上的电压降;

　特别是当 L_1 或 L_2 较大时,应避免采用这种形式;

b　推荐首选形式;

c　当 b 方式不适合时,可采用这种方式。

图 12　SPD 连接导线长度的影响

进一步资料见附录 K。

6.1.4 附加保护的必要性

在一些情况下,一个 SPD 就能满足条件,例如,建筑物进线处电应力较低时,将 SPD 安装在电源进线处效果更好(见 6.1.1)。

在一些特殊情况下，可能需要在尽可能靠近被保护的设备处增加附加的保护器件，例如：

——存在很敏感的设备(电子设备，计算机)；

——位于入口处的SPD和被保护设备之间的距离过长(见6.1.2)；

——由雷电冲击和内部干扰源引起的建筑物内部的电磁场。

有必要考虑系统中需保护的最敏感设备的电压耐受值(U_W，见GB/T 16935.1—2008)，或者设备的抗冲击水平，尤其当该设备的持续运行是非常关键时。下文所示的例子中设备不是很关键，可仅考虑U_W，在最靠近设备处安装的SPD电压保护水平U_{p2}应至少比该设备的电压耐受值低20%。如果安装在入口处的SPD的保护水平(U_{p1})包含在6.1.2所描述的效果中，由于SPD和设备之间的距离导致终端设备上的电压低于$0.8 \times U_W$，那么在该设备的附近不需要再加装SPD(见图13)。

进一步资料见K.1.2和图K.9。

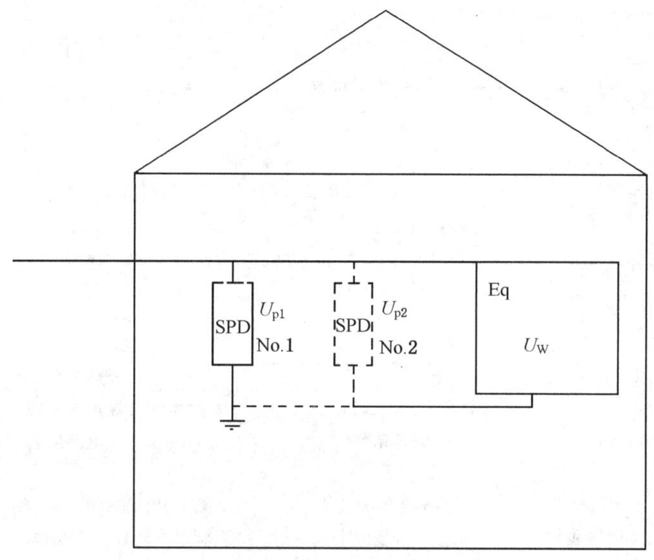

说明：

如果$U_{p1} \times k < 0.8 \times U_W$，仅需要SPD No.1(安装在进线处)；

如果$U_{p1} \times k > 0.8 \times U_W$，除SPD No.1外还应安装SPD No.2($U_{p2} < 0.8 \times U_W$)；

Eq是被保护设备，其耐受电压U_W的定义见GB/T 16935.1—2008；

k是可能产生振荡的系数($1 < k < 2$，见6.1.2)。

图13 附加保护的必要性

注：GB/T 17626.5—2008定义的设备抗扰度不同于GB/T 16935.1—2008定义的耐受电压(U_W)。其原因是GB/T 17626.5—2008使用复合波发生器进行试验，且部分的电涌电流可能流过设备(尤其是设备呈现低阻抗时)，在这种情况下，要求适当地进行配合(见6.2.6)。附录M给出了抗扰度和绝缘耐受之间对比的附加信息。应该注意的是，尽管GB/T 16935.1—2008描述了如何获得U_W，但是获得每一种类型的设备在实际情况下的U_W值可能比较困难。

在建筑物内操作电涌可产生潜在的损坏，在这种情况下可能需要附加的SPD。

在同一电路中使用两个SPD时，两者之间应该可以协调。

6.1.5 根据试验类别选择SPD的位置

应依照侵入电应力不同，来选取符合Ⅰ类、Ⅱ类或Ⅲ类试验要求的SPD。考虑包含于电涌中的电应力因素是正确选择SPD的关键。Ⅱ类、Ⅲ类试验的SPD也适用于靠近被保护设备安装。

6.1.6 保护区域概念

若是为了设计及合理应用电涌保护器,有必要考虑保护区域的梯度,详见 GB/T 21714.4—2008。

这一概念假定:由配电系统的分合或直击雷和感应雷引起的传导危险参数从未保护环境传至被保护的敏感设备时逐级减小(每一级之间的距离由 6.1.2 决定)。

关于建筑物中配电系统细分的保护区域以及 SPD 的安装位置的示例见图 K.11。

6.2 SPD 的选择

SPD 的选择依据图 14 中从 6.2.1~6.2.6 六个步骤。

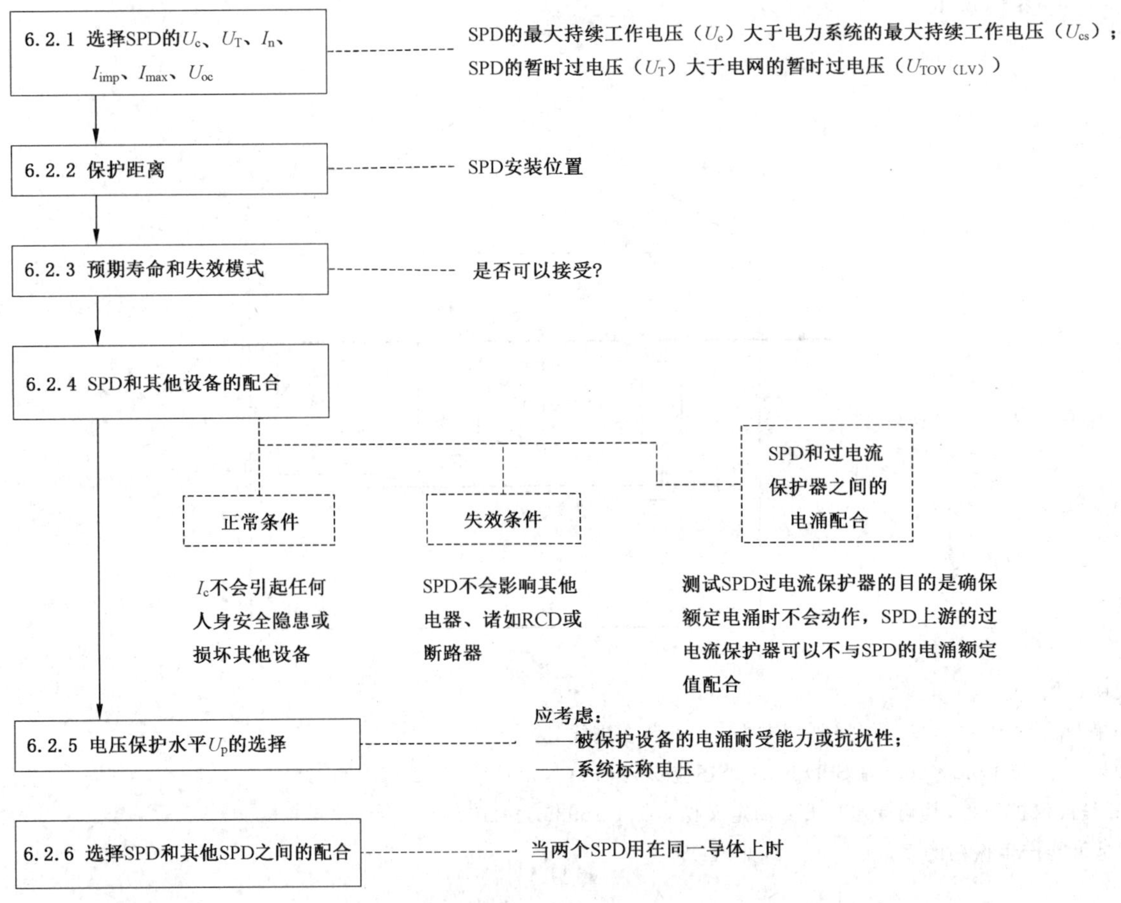

图 14 选择 SPD 的流程图

6.2.1 选择 SPD 的 U_c、U_T、I_n、I_{imp}、I_{max}、U_{oc}

6.2.1.1 SPD 的最大持续工作电压 U_c

SPD 的 U_c 值应该满足以下准则:

U_c 应该比系统中可能产生的最大持续工作电压 U_{cs}($=k\times U_0$)要高(见附录 J,建议值见附录 B)。

$$U_c > U_{cs}$$

注:另外,对于 IT 系统,U_c 应该足够高能耐受首次故障状态。表 4 给出的值已覆盖这种故障状态。

具体要求如下(见 GB/T 16895.22—2004):

表 4　对于各种电力系统推荐的 U_c 最小值

SPD 连接位置	配电网的系统结构				
	TT	TN-C	TN-S	IT 带中线	IT 不带中线
相和中线之间	$1.1\times U_0$	NA	$1.1\times U_0$	$1.1\times U_0$	NA
相和 PE 之间	$1.1\times U_0$	NA	$1.1\times U_0$	$\sqrt{3}\times U_0$ (见注 3)	线对线电压 (见注 3)
中线和 PE 之间	U_0 (见注 3)	NA	U_0 (见注 3)	U_0 (见注 3)	NA
相和 PEN 之间	NA	$1.1\times U_0$	NA	NA	NA

注 1：NA 表示不适用。

注 2：U_0 是低压系统的相电压。

注 3：这是最严重故障情况下的值，因此没有考虑 10%公差。

注 4：在扩展的 IT 系统中，需要更高的 U_c 值。

6.2.1.2　SPD 的暂时过电压的评估 U_T

U_T 的值应该高于由于低电压系统出现故障在被保护装置上预期出现的暂时过电压(TOV)，如图 15 所示。

$$U_T > U_{TOV(LV)}$$

注 1：持续时间超过 5 s 的 $U_{TOV(LV)}$ 应被认为是最大持续工作电压 U_c。如在 IT 系统中，接地故障将会持续很长时间(几个小时)，则连接在相和地之间 SPD 的 U_c 值至少等于最大的系统相-相电压($U_0\times\sqrt{3}$)。

注 2：表 5 满足 GB/T 16895.22—2004 给出的要求。因此，$U_{cs}=1.1\times U_0$。

注 3：没有按照相关安装规则的不同电网和接地可能与表 5 中给出的值不同。

表 5　典型的 TOV 试验值

实际应用	TOV 试验值 U_T/V	
持续时间	5 s	200 ms
SPD 连接到：		
TN 系统		
L—(PE)N 或 L—N	$1.32\times U_{cs}$	
N—PE		
L—L		
TT 系统		
L—PE	$1.55\times U_{cs}$	$1\ 200+U_{cs}$
L—N	$1.32\times U_{cs}$	
N—PE		1 200
L—L		

表 5（续）

实际应用	TOV 试验值 U_T/V	
持续时间	5 s	200 ms
IT 系统		
L－PE		1 200＋U_{cs}
L－N	1.32×U_{cs}	
N－PE		1 200
L－L		
TN、TT 和 IT 系统		
L－PE	1.55×U_{cs}	1 200＋U_{cs}
L－(PE)N	1.32×U_{cs}	
N－PE		1 200
L－L		

在 TOV 的幅值很高的情况下，可能很难找到一个可以对设备提供电涌保护的 SPD，如果发生的概率足够低，可以考虑使用一个不能耐受 TOV 过压的 SPD，在这种情况下，必须使用合适的脱离设备。

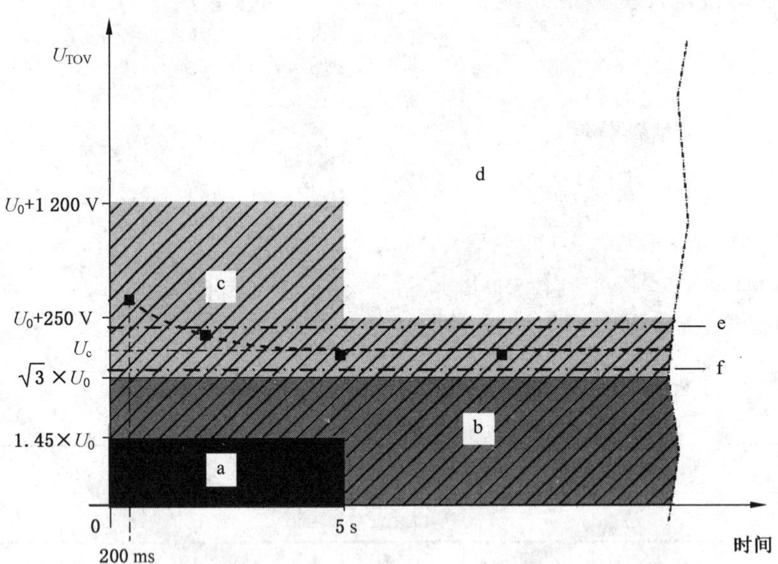

说明：

a ——LV 装置故障时(短路)，在 TT、TN 和 IT 系统相-中线之间的 $U_{TOV(LV)}$ 区域；

b ——LV 装置故障时(偶然接地)，IT(TT)系统相-地之间的 $U_{TOV(LV)}$ 作用区域和 TT 和 LV 装置故障(中线断线)，TN 系统相-中线之间 $U_{TOV(LV)}$ 的区域；

c ——在 HV 系统发生故障时，在 TT 和 IT 系统中，用户端相-地之间的 $U_{TOV(HV)}$ 最大值；

d ——未定义区域；

e ——$U_{TOV(LV)}$ 用于使用在 3W＋G(三线＋地线)、单相和 120/240 V 的系统上的 SPD；

f ——$U_{TOV(LV)}$ 用于使用在 4W＋G(四线＋地线)、三相和 120/208 V、277/480 V、347/600 V 系统上的 SPD。

注：北美用 e 和 f。

■ SPD 的 U_T 值。

图 15 U_T 和 U_{TOV}

注 4：如图 15 所示，可根据下列特性选择一个 SPD：

$$U_T = U_c \geqslant U_{TOV(LV)max}$$

尤其是在 IT 系统中的情况。

当选择的 SPD 的电压保护水平满足要求时，还应该考虑其在各种 TOV 情况下的特性（耐受特性或故障模式）。

如果发生的概率足够低，可以使用不能耐受 TOV 应力，但可以用 IEC 61643-1 规定的形式失效的 SPD，以达到所需的保护水平。

如果故障模式不能接受，在选择电压保护水平可满足要求的 SPD 前，应采取额外的措施来限制各种 TOV。

6.2.1.3 I_n，I_{max}，I_{imp}

I_n与保护水平 U_p 有关，I_{max}和 I_{imp}则由安装点需要耐受的能量来决定。

选择 SPD 的能量耐受（根据试验类别选择 I_{imp}、I_{max}或 U_{oc}）必须基于风险分析（见第 7 章）。它比较了电涌发生的概率、被保护设备的价格和可接受的事故率。当使用多个 SPD 时，需完成配合分析。

注 1：如果有必要的话，可选用比 5.5.2.1 和 5.5.2.2 提供的优选值更高的值。

如果需要 SPD 来保护雷电电涌，在被保护设施起始点处每种所需保护模式的额定放电电流 I_n 应不小于 8/20，5 kA。

依据连接类型 2 的安装（见图 11），在被保护设施起始点处连接在中性线和 PE 之间的电涌保护器的额定放电电流 I_n，在三相系统中应不小于 8/20，20 kA，在单相系统中应该不小于 8/20，10 kA。

如果有可能发生直击雷的雷电保护系统需要 SPD 时，应评估雷电冲击电流（见附录 I）。对于这个评估，安装在 SPD 上游的部件（熔断器，电线截面等）应该考虑，因为这些部件可能限制了整个系统的过载能力，因此也限制了 SPD 上的最大应力。如果可能没办法评估，每种所需的保护模式的 I_{imp}值不得小于 12.5 kA。

根据类型 2 的安装，连接在中性线和 PE 之间的电涌保护装置的雷电脉冲电流的计算应该与 GB/T 21714.4—2008 一致。如果不能估计电流值，I_{imp}的值在三相系统中应该不小于 50 kA，在单相系统中应该不小于 25 kA。

注 2：进一步的信息参见 GB/T 21714.1—2008 附录 E。

当用同一个 SPD 来防护雷电电涌和直击雷时，I_n 和 I_{imp}的评定应该与上面的值相一致。

附加 SPD 的 I_n 和 I_{max}选择应基于 6.2.6 中的配合规则。

注 3：一般情况下，I_n 已经足够表征Ⅱ类试验 SPD 的特性，I_{max}仅用于特殊情况。I_{max}给出了能量耐受的指标，因此给出了特定位置上的预期寿命的指示。

6.2.2 保护距离

为了决定 SPD 的位置（在入口处、靠近设备等），有必要知道保护距离，也就是 SPD 和 SPD 能提供充分保护的被保护设备之间的可接受的距离。

这一距离取决于 SPD 的特性（U_p 等）、SPD 在建筑物中的安装（导线长度等）以及系统特性（导线的长度和类型等），还有设备的特性（过电压耐受能力等）。更进一步的解释见 6.1.2 和 6.1.3，其均对所包括的现象作了详述。

注：要设计保护区域，必须注意到 SPD 和被保护设备之间的保护距离（见 6.1.6）。

6.2.3 预期寿命和失效模式

6.2.3.1 预期寿命与实际寿命

SPD 的预期寿命主要取决于超过 SPD 最大放电能力的电涌发生的概率。

SPD 的实际寿命可能会短于或长于预期寿命，这取决于电涌实际发生的频度。

例如，某个 SPD 的最大放电流通过是通过适当的风险评估后确定，但安装好后很快就遭受了超过 I_{max}值的电涌时，SPD 就可能出现故障。在这种情况下，它的实际寿命就会非常短。这种极端的情况表明制造者给出的任何预期寿命仅是一个统计数据，它绝不可能成为实际寿命的保证。

考虑到预期寿命仅是一种可能性。当异常电涌电流出现时，如果 SPD 的 I_{max}远低于冲击电流时，就会造成破坏，即使这种情况发生在安装后的几秒内。这种情况下，I_{max}比异常电涌电流低10倍或仅低2倍已经无关紧要。可是在一个特定的应用情况下，指定的较高I_{max}的SPD的预期寿命总是长于那些类似的但I_{max}较低的SPD，只要不超过SPD耐受的极限值。

选择SPD的要点归纳如下：

——应考虑U_{TOV}，预期的电涌和其他SPD之间的必要配合。

——当SPD失效时不会引起像着火或电击这样的危险。

6.2.3.2 失效模式

失效模式本身取决于电涌和过电压的类型。如果想避免供电受干扰或中断，SPD有必要和任何上一级的后备保护器件相配合。

6.2.4 SPD和其他设备的配合

参阅GB 16895有关本条款的叙述。

6.2.4.1 正常状态

持续工作电流(I_c)不得造成任何人身安全方面的危害(间接接触等)或干扰其他设备(例如RCD)。

注1：I_c应比RCD的1/3的额定剩余续流($I_{\Delta n}/3$)小，SPD和其他设备的积累效应也应考虑；

注2：如果SPD安装在RCD、熔断器或断路器的负载侧上，那么SPD对该电器在故障跳开、误动作及由于电涌产生的冲击损坏方面不能提供任何保护。

6.2.4.2 故障状态

SPD可安装必要的脱离器，以便不干扰其他保护设备，如RCD、熔断器和断路器。

SPD耐受的短路电流(SPD故障的情况下)和保护装置规定的相关的过载电流(内部或外部)应等于或高于安装点上预期的最大短路电流，SPD制造商应考虑保护装置规定的最大过载电流。

此外，当制造商已经声明额定断开续流值时，它的值应等于或高于安装点上预期的短路电流。

当SPD连接在TT或TN系统的中性线和PE之间时，其动作后会流过工频续流(例如，火花间隙)，该类SPD的额定断开续流值I_{fi}应大于或等于100 A。

在IT系统中，连接在中性线和PE之间的SPD的额定断开续流值应与连接在相线和中性线之间的SPD的值相同。

6.2.4.3 SPD和RCD或过电流保护器，如熔断器或断路器之间的电涌配合

在网络中使用的过电流保护器和漏电保护器RCD的耐受能力不作规定，除了S型RCD根据自己的标准(IEC 61008-1和IEC 61009-1)规定，应耐受3 kA 8/20的电流而不断开。

当SPD和过电流保护器或RCD配合时，在标称放电电流I_n下，建议过电流保护器或RCD应不动作。

然而，当电流比I_n大时，过电流保护器动作是可以的。对于可复位过电流保护器，例如一个断路器，不应被这种电涌损坏。

在这种情况下，由于这种过电流保护器的响应特性，即使过电流保护器动作，全部的电涌都将流过SPD。因此，SPD应具有足够的能量耐受能力。由于这种现象引起的RCD或过电流保护器的动作被认为不是SPD的失效，因为这种装置仍被保护。如果用户不接受供电中断，应使用特别的配置或过电流保护器。

注1：在能遭受大电流的地方，例如雷电保护系统或架空线，如果I_n大于过电流保护器所在位置的实际耐受能力，过电流保护器件动作电流可比I_n低。在这种情况下，SPD标称放电电流的选择仅取决于电涌性能。

注2：如果一个电压开关型SPD产生放电，电力供应服务的质量可能会降低。通常，续流会引起一个过电流保护器的动作，除非电压开关型SPD是自熄型，否则需要和上一级的SPD过电流保护器配合。

6.2.5 电压保护水平 U_p 的选择

在选择 SPD 合适的电压保护水平值时，应考虑被保护设备的电涌耐受(或关键设备的冲击抗扰度)和系统的标称电压。电压保护水平值越低，其保护性能越好。考虑到 U_c 和 U_T 的限制，SPD 的劣化和与其他 SPD 配合，见 6.1.2 和 6.1.3。

电压限制型 SPD 的电压保护水平与规定的 I 类试验中的 I_n 和 I_{peak} 及 Ⅱ 类试验中的 I_n 有关。Ⅲ 类试验中电压保护水平由组合波测试确定(U_{oc})。

电压开关型 SPD 或复合型 SPD 的电压保护水平也和放电电压有关。

6.2.6 选择 SPD 和其他 SPD 之间的配合

6.2.6.1 概述

如上所述，某些应用场合需要两个(或更多)SPD 以便使被保护设备的电应力减到一个可接受的值(较低的电压保护水平)，并且减低该建筑物内的瞬态电流。

依据两个 SPD 的能量耐受值，为了获得可接受的电应力分配，有必要进行配合。

图 16 给出了示例。

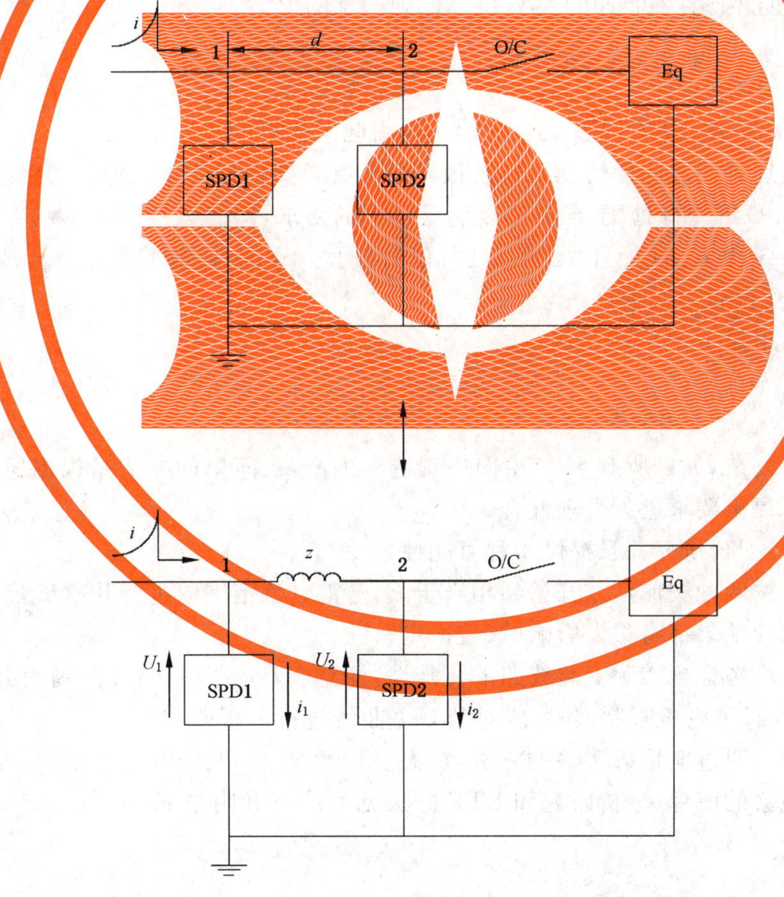

说明：

Eq ——正常工作时的被保护设备；

O/C——开路(设备从供电系统断开)；

i ——侵入电涌。

图 16 两个 SPD 的典型应用——电路图

两个SPD之间的阻抗Z(通常是一个电感)是一个物理阻抗(插在导线上的特殊元件,可促进两个SPD之间能量的分配)或代表两个SPD之间电缆长度的电感(通常我们认为1 μH/m)。当Z代表一个物理阻抗,导线的电感可以忽略,因为和Z比较起来,导线的电感很低。Z代表两种情况,并用图解的方式表示在图16中。

注1:图16显示了设备没有连接的最严重的情况。没有任何的电流流过设备,两个SPD分配了所有的压力。如果电涌来自于SPD的终端和负载之间,应该需要进一步考虑。

注2:本示例中连接导线被忽略。实际上,它们对两个SPD之间的电应力分配可能有影响。

注3:在导线进出比较紧密的地方,回路比较小,那么其电感比1 μH/m小,可低至0.5 μH/m。

注4:1 μH/m的值已经包含了进出线导线电感。

6.2.6.2 配合问题

配合问题可初步归纳为以下问题:当进入电涌电流为i时,其中有多少流入SPD1,有多少流入SPD2?此外,两个SPD能否耐受这些电应力?

如果两个SPD之间的距离相对于电涌持续时间很短,那么电感的影响可忽略,则SPD2可能承担较多的电应力。

选择合适的SPD应考虑两个SPD之间的阻抗,把i_2的值降低到可接受的水平,以达到良好的配合。当然,这个工作也能把第2个SPD的残压降低到期望的值。

应避免以下配合:

——SPD2过于安全的设计;

——如果i_2过高,一些EMC干扰就会在建筑物引起一些麻烦。

可是依据电流处理它们之间的协调并不是很充分。有必要依据能量处理它们之间的协调。

为了确保两个SPD都很好地配合,有必要满足以下的要求,即能量判据。

如果电涌电流在0和I_{max1}(I_{peak1})之间取任意值时,通过SPD2耗散的能量小于或等于其最大能量耐受值(E_{max2}),能量配合就可实现。

更多的信息参考附录K。

6.2.6.3 应用情况

配合研究可能会复杂,如果所有SPD由同一制造厂生产,最简单的办法是根据所选的SPD之间的距离或阻抗向制造厂提出要求进行合理配合。

否则,有必要进行配合研究并且提供4种可能性:

——用长波和短波两种波形从0开始到相当于E_{max1}雷电流范围内进行几次试验,要记住每一部件的公差对试验结果都有很大影响(试验待定);

——进行模拟时应考虑到实际安装线路的特殊性,注意应具有SPD特性的精确数据;

——当两个SPD属于电压限制型时,应对其U-I曲线进行分析研究;

——使用另一种叫通过能量(LTE)的方法,在大多数情况下,可给出一个保守的结果。

更多有关这种现象的解释、分析研究和LTE方法见附录F和附录K。

6.3 辅助器件的特性

6.3.1 切断装置

一个单独的脱离器可能具有3个基本的脱离功能(热保护、短路保护和间接接触保护),或者有必要使用1~3个脱离器。

它们被安装在SPD里面或与SPD连接。通过系统的后备保护来考虑某些功能,后备保护安装在SPD的指定位置处,脱离器是装在SPD回路中还是主要连接线上,取决于与过电流保护器的配合,也取决于是否需要持续保护还是持续供电两者之间的平衡(见J.2)。

可能也需要脱离器具有一些其他的功能,例如在很高的暂时过电压的情况下。

脱离器可能是一个熔断器、断路器、RCD或一个具有这些用途的器件。

6.3.2 事件计数器

这种计数器通常能给出检测到的电涌次数,有时也能给出有关电涌幅值和波形的信息。事件计数器也可用来判断SPD安装位置的严酷程度或是否需要更换。一些复杂的事件计数器给出了一些统计数据,例如发生的频率、时间和日期及所含的能量等。

注1:用户应该知道起始水平太低就会存在一个危险,即由这种器件给出的信息可能是错误的。

注2:目前没有IEC标准含有这种器件。

6.3.3 状态指示器

连接在脱离器上的状态指示器是用来为用户提供SPD的有关信息,根据其结构显示SPD是在工作状态还是已经失效。它可用来提醒用户更换SPD。一些状态指示器是在线的,一些是远距离的,它们可提供电的、可视的或听得见的报警。

7 风险分析

可进行两种类型的风险分析:基本分析是用来确定是否需要使用SPD,第二种类型的分析用来确定设备入口处或紧靠设备处SPD的能量耐受值(其他SPD的能量耐受值可通过SPD间的配合的研究确定)(见附录L)。

是否使用SPD的决定取决于范围很大的参数,这些参数由用户来决定,应考虑的参数列于附录L。如果确定使用SPD,就应根据暴露水平确定SPD的安装位置和等级。

GB/T 21714.2—2008给出了在雷电电涌情况下进行风险评估的一种方法。在一些情况下,可使用基于GB/T 21714.2—2008的简化方法。例如GB/T 16895.10—2010中的例子,见附录H。

注:当需要进行一个完整建筑物的分析时,尤其不仅要考虑进线,而且要考虑建筑物自身和内部时,建议使用GB/T 21714.2—2008。

8 信号和电源线之间的配合

正在考虑中。

附　录　A
（资料性附录）
需方和供方给出的典型资料及试验程序的解释

A.1　需方给出的资料

A.1.1　系统数据：

——U_0、U_{cs}；

——频率；

——暂时过电压 U_{TOV}；

——被保护设备的绝缘水平；

注：用户应知道绝缘耐受水平随过电压的陡度和持续时间而变化。例如：耐受 4 kV 1.2/50 的器件仅能耐受 1 kV 较长波的电压。

——在 SPD 安装点，系统的短路电流；

——配电系统的类型（IT，TT，TN 等）。

A.1.2　SPD 应用需考虑：

a)　连接：

- 相对地；
- 中线对地；
- 相对中线；
- 相对相。

b)　被保护设备的类型：

- 变压器；
- 电机；
- 包括电子器件；
- 其他设备；
- 电缆（型号和长度）等。

c)　SPD 和被保护设备之间导线的最大长度（保护距离）。

注：保护距离应尽可能短。

d)　SPD 和所有导线（相，中线，地）之间从 SPD 顶端算起的最大导线长度。

A.1.3　SPD 的特性：

——最大持续工作电压 U_c；

——电压保护水平 U_p；

——试验类别：Ⅰ类、Ⅱ类和Ⅲ类；

——SPD 失效情况下耐受的短路电流；

——SPD 安装环境（户外、户内等）；

——端口数量；

——外壳防护等级（IP 代码）；

——标称放电电流 I_n（Ⅰ类和Ⅱ类试验）；

——最大持续负载电流（如果需要）；

——I_{imp}、I_{max} 或 U_{oc}（分别为Ⅰ类、Ⅱ类和Ⅲ类试验）；

——TOV 特性 U_T；

——失效模式。

二端口 SPD 附加特性：

——最大持续负载电流(如果需要)I_L；

——电压降百分数。

A.1.4 附加设备和安装：

——安装类型；

——安装方位；

——如果需要，可安装 SPD 脱离器；

——连接导线的截面。

A.1.5 任何特殊的非正常条件：

例如很频繁地动作。

A.2 供方应给的资料

所有条款来自 A.1.4 和 A.1.5。

另外，依赖于下述技术：

——TOV 特性 U_T；

——残压-电流的曲线；

——可能的安装、钻孔位置、绝缘基座、支撑；

——SPD 端子的类型和允许的导线尺寸；

——尺寸和重量。

A.3 用于 IEC 61643-1 试验程序的解释

A.3.1 依据Ⅰ类和Ⅱ类试验来确定 SPD 的 U_{res}

测量残压时要求使用 8/20 波形发生器，该发生器序列幅值为 $0.1\times I_n$、$0.2\times I_n$、$0.5\times I_n$、$1.0\times I_n$ 和 $2\times I_n$，并且有两种极性。最后，至少一种冲击 I_{max} 或 I_{peak}(如果 I_{max} 或 I_{peak} 比 I_n 要高)被加到 SPD 的电极上，产生比先前试验更高的残压。

第一序列在一个极性上，第二序列在相反的极性上，以便检查 SPD 是否有累积效应。

因为是作为比较值来使用，无论是Ⅰ类试验还是Ⅱ类试验，波形总为 8/20。常用的选择 SPD 的方法是比较它的保护特性和被保护设备的冲击耐受电压。对Ⅰ类试验，典型的波形是由 I_{peak} 和 Q 所定义的 I_{imp}，但是它的波形和 8/20 波形在电流上升率方面不同。因此，8/20 波形被用作比较 SPD 保护性能的一般依据。

在 $0.1\times I_n\sim2\times I_n$ 之间可使用很多值，因为有必要找出任何可能产生的盲点(盲点就是较低的电流值产生一个较高的残压值)。应注意在 I_n 时的残压值是一个常规值，该值也可能不是最高值(例如，如果 SPD 有盲点)，这一点很重要。

铭牌上打印的 U_p 值不足以用来做绝缘配合和 SPD 之间的配合。残压的曲线或图表应由制造厂在技术文件中提供。

在 I_n 和 I_{max} 或 I_{peak} 之间应做足够的测量(至少一次)，以便用足够的点给出残压和 I_{max} 或 I_{peak} 的曲线。

A.3.2 用于U_{res}评价的冲击波形

8/20波形用于一端口SPD试验时，允许电流过冲量为5%，这种过冲量对一端口SPD的U_{res}无影响。

而对于二端口SPD，通常有一些串联阻抗，例如，去耦电感。另外，在设备电感边上的并联电容产生一个低通滤波器作用。在这种情况下，过冲波将根据过冲幅值有效地改变U_{res}。由于这个原因，二端口SPD试验时，允许的过冲量限制在5%以内。

A.3.3 反向滤波器对U_{res}确定的影响

当一个反向滤波器和二端口器件一起使用时，其相互作用使得U_{res}产生偏移，并且可能产生一个误导。

以低通滤波器形式的二端口器件在施加脉冲波尾时将产生峰值U_{res}。同样，反向滤波器将起作用并且在脉冲波尾时反向储能。这种组合波和电压的峰值依赖于试验时反向滤波器和器件的参数。

为了确定最坏情况下U_{res}的值，试验脉冲应采用交流系统最大值，并且还应是同极性。即使在这种情况下，试验条件下器件内部所有元件均处于U_{max}。U_{res}值是U_{max}和由于施加的脉冲产生增大的电压的总和。这个值由电压为U_{max}的二极管的直流电压决定。在二极管和二端口器件之间施加脉冲。取决于二端口器件的设计，有必要提供一个交流电源来起动内部工作或提供一个诊断器件。

注：这项试验不适合含有隔离变压器的SPD。

A.3.4 SPD的动作负载试验

动作负载试验由预处理试验和动作负载试验组成。预处理试验的目的是为了确保器件在冲击应力下无劣化。动作负载试验的目的是确保器件在运行条件下的热稳定性。

无论是Ⅰ类试验还是Ⅱ类试验，试验的严酷程度取决于I_{imp}(各自的I_{max})的幅值以及I_n与I_{imp}之间的比值。在I_{imp}(各自的I_{max})给定的情况下，比值越大则越严格，对于Ⅲ类试验，试验的严酷程度与U_{oc}有关。

预处理试验是指对SPD施加15次波形为8/20的标称放电电流，模拟其使用中预期的最小电应力。

Ⅲ类试验的预处理试验与Ⅰ类和Ⅱ类试验相同，除了用制造商宣称的U_{oc}来代替标称放电电流，并且试验中用到复合波发射器。预处理试验所施加的电压为U_c。每个冲击与50/60 Hz之间保持同步，从0°角开始叠加冲击，每次冲击增加30°，这样做的原因是一些SPD，例如火花间隙，对这些角度敏感，特别是对工频续流敏感。Ⅲ类试验适当的耦合是很重要的，它决定于发生器的结构和施加的U_c能起到避免电涌流入发生器的作用。

15次冲击被分成3组，每组5次。两组间的间隔时间(30 min)应足以使试品冷却。

预处理试验后，为了找出可能的盲点，应在以下电流值追加冲击：$0.1\times I_{imp}$(或I_{max})、$0.25\times I_{imp}$(或I_{max})、$0.5\times I_{imp}$(或I_{max})、$0.75\times I_{imp}$(或I_{max})和I_{imp}(或I_{max})。每次冲击之间有一个热冷却。盲点对应于一个比I_{imp}(或I_{max})低的电流值，这个电流值能使在I_{imp}(或I_{max})正常工作的SPD失效。典型的示例是在一个ZnO压敏电阻上，并联一个火花间隙，如果间隙不击穿，全部电涌便加在ZnO压敏电阻上，而ZnO压敏电阻或许不能耐受和间隙相同的电应力，导致失效。

Ⅲ类试验的动作负载试验需要使用一个开路电压为U_{oc}的复合波发生器。

A.3.5 TOV失效试验

这是一个强制性试验。这个试验是考虑在HV系统发生故障产生的TOV时，提供SPD失效模式的信息。这个试验只适用于TT或IT系统，并且不适用于那些连接在相与中性点或者相与相之间的

SPD。TOV 的工作条件在表 1 中被描述。

注：虽然这个试验根据 IEC 61643-1 是非强制性的，但在 GB/T 16895.22—2004 中，这个试验是需要进行的。

SPD 是包围在一个木制的立方体盒子中。试验本身将会产生一个持续 200 ms 的 TOV。持续时间限定在 200 ms 是模拟故障的切除时间。发生器的短路电流能力设置为 300 A 以模仿典型情况。试验过后，SPD 可能失效但并不引起其他危害。

A.3.6 Ⅰ类、Ⅱ类和Ⅲ类试验在试验环境上的不同之处

Ⅰ类试验是模拟部分传导雷击电流冲击的情况。Ⅰ类试验的 SPD 通常用于与雷电保护系统相连接的大电流保护区域。这些 SPD 通过连接 LPS 和电源线来实现他们之间的等电位。Ⅰ类试验所使用的脉冲电流持续时间比Ⅱ类和Ⅲ类试验长的多。

Ⅱ类和Ⅲ类试验模拟感应过电压、远距离的雷击电压和操作过电压。根据Ⅱ类和Ⅲ类的 SPD 试验并不用来连接 LPS 实现等电位。

对于Ⅰ类和Ⅱ类试验，有特定的电流通过 SPD，而Ⅲ类试验中通过 SPD 的电涌电流的大小则决定于 SPD 的性质。

Ⅲ类试验是通过发电机的开路电压 U_{oc} 来确定的。而短路电流 I_{sc} 则由 U_{oc} 和 2 Ω 的虚拟阻抗得到的。发生器阻抗模拟了装置的阻抗。Ⅲ类试验的最大电流是 10 kA，研究显示，入口处的绝缘击穿电压水平限制了进入装置的电涌水平。这些 SPD 将装入设备中。对于Ⅲ类试验，试验中通过 SPD 的电流会较短路电流 I_{sc} 低，原因是 SPD 拥有与短路不同的特性。

A.3.7 短路耐受能力试验与过电流保护（如果有）的配合

该试验提供 SPD 在故障状况下，内部的连接是否具有承受短路电流的能力，而不至于造成火灾、爆炸或闪络之类的灾害。

短路水平耐受值是由厂家提供的。

该试验的目的是为了检查 SPD 内部连接的性能。为了实现这个目的，保护元件（MOV、GDT、间隙等）用与试品体积相似的仿制品代替，以确保与原样品一致的特性。由于 SPD 具与保护装置并联，短路电流试验的次数应与并联电流路径的数相等，每不同的电流路径都按照其对应的短路电流容量进行试验。这样试验的目的是为了模拟少数元件失效的所有可能的失效条件。

短路电流应该在 5 s 内终止。5 s 被认为是具有代表性的最大的故障切除时间。

附 录 B
（资料性附录）
在某些系统中 U_c 和标称电压之间的关系示例及 ZnO 压敏电阻 U_p 和 U_c 之间的关系示例

B.1 U_c 和系统标称电压之间的关系

表 B.1 给出了 U_c 和系统标称电压之间的关系。

表 B.1 U_c 和系统标称电压之间的关系

依据 GB/T 16935.1—2008 的系统标称电压		GB/T 16895.22—2004 给出的 U_c 值示例			
三相四线制，中线接地	三相三线制或三相四线制，中线不接地	在 TN 系统[a]中，SPD 安装在相和 PE 或 PEN 之间或在 TT 系统[a]中 SPD 安装在相和中线之间 U_c 最小值	在 TT 系统[a]中 SPD 安装在相和地之间或中线和地之间 U_c 最小值	在 IT 系统中 SPD 安装在相和地之间或中线和地之间 U_c 最小值	在 TT、TN 或 IT 系统中，SPD 安装在相和相之间 U_c 最小值
TT 和 TN 系统	IT 系统	电压调整率等于 10%的情况	$1.5\times U_0$ 的值已被使用的情况	$\sqrt{3}\times U_0$ 的值已被使用的情况	电压调整率等于 10%的情况
V	V	V	V	V	V
120/208		132	180		229
127/220	220	140	191	220	242
	230,240			240	264
	260,277,347			347	382
220/380,230/400	380,400	253	345	400	440
240/415,260/440	415	286	390	415	484
277/480	440,480	305	416	480	528
[a] 在某些情况下可能需要较高的值(例如，在 TT 系统中中线断线)。					

B.2 ZnO 压敏电阻 U_p 和 U_c 之间的关系

在描述 SPD 的特性方面，U_p/U_c 之值是一个重要参数，这个比值取决于所使用的元件。表 B.2 给出了 ZnO 压敏电阻元件的 U_p/U_c 的典型值，该值与元件的大小及所施加的电流 I_n 有关。

表 B.2　ZnO 压敏电阻的 U_p/U_c

I_n(8/20) kA	等效直径 mm	U_p/U_c
1	14	3.3
2.5	20	3.8
5	32	4.1
10	40	4.6
20	60	4.6

更低和更高的比值可通过其他技术获得。制造厂可提供它们特殊产品的比值。

注：其他参数(例如电涌耐受)也随生产工艺的不同而发生变化。

附 录 C
（资料性附录）
环境—LV 系统中的电涌电压

C.1 概述

三种情况会引起低压系统中产生电涌过电压：

——自然现象，如雷击，通过直击或感应产生过电压；

——人为因素，如在输变电系统或低压系统终端用户进行的负载或电容器操作；

——非人为因素，如电力系统的故障和恢复或电力系统与信号/通信系统不同系统之间互相作用产生的过电压。

本部分中考虑的冲击过电压是超过两倍峰值工作电压（2.0 p.u.），持续时间从微秒级到毫秒级。低于两倍峰值工作电压的过电压或者由于电力设备的操作及设备的损坏引起的持续时间较长的过电压同样不在考虑范围内。因为普通的电涌保护器不对这类低幅值和持续时间长的电涌起作用，它们需用与本部分讨论所不同的保护方式进行保护。

本附录介绍和总结了 IEC/TR 62066 中低压系统的电涌电压的重要信息，方便使用本标准。

C.2 雷电过电压

雷电是不可避免的事件，它会通过几种机理影响低压系统（包括电力系统和信号/通信系统）。最明显的干扰是系统受到直击雷。但其他耦合机理也会引起系统电压升高，在此将讨论引起低压系统过电压的三种耦合方式。在讨论过电压时，也考虑与过电压相关的过电流情况，由过电压引起的初始电流也是本附录一个重要方面，三种类型如下：

a) 直击于电力系统，发生于 MV/LV 配电变压器的原边侧、LV 配电系统（架空的或隐埋的），同时也侵入到个别建筑物中；

b) 非直接闪络：雷击附近物体，通过感应耦合或公用路径耦合在 LV 配电系统中产生过电压。虽然非直接闪络产生的过电压和电流低于直接闪络所产生的过电压和电流，但其出现的频率更大；

c) 直击到防雷系统或最终用户建筑物的外部（建筑物的钢件及水管、暖气管、升降梯等非电气部分），这会产生两种影响：一是雷电流通过建筑物外部产生感应耦合；二是雷电流从建筑物注入到 LV 系统，从而不可避免地在 LV 系统中导体和地或装置等电位排之间要用 SPD。对一个闪络，在最终用户使用电器时出现的过电压将反映耦合路径的性能，例如闪络点和终端用户之间的距离及接地情况、接地电阻、SPD 的数量及配电系统的分支。

C.2.1 由 MV 传输到 LV 系统的电涌

在 MV 系统中，由于雷击发生的过电压注入到 LV 配电系统有两种不同的方式：

——通过 MV/LV 变压器的电容和电感耦合；

——通过接地耦合。

传递的电涌幅值依赖于很多参数：

——LV 接地方式（TT、TN、IT）；

——LV 线路和负载的特性；

——LV过电压保护装置；

——MV和LV接地间的耦合状况；

——变压器的结构。

如果雷电直击MV线路，避雷器动作或火花间隙击穿使电涌电流转移到接地系统，并且在MV和LV系统之间产生阻性的耦合，从而导致过电压进入LV系统中。根据接地阻抗的不同，通过变压器的过电压幅值可能远高于容性耦合的情况。

在TN系统中，如果用户装置内的中性点接地，将会产生轻度的过电压。值得注意的是，这种类型的电阻耦合可以通过在变压器的LV侧安装一个独立的接地系统来避免。

通过容性耦合和感性耦合输入到MV/LV侧的过电压其典型的取值是相和中性线间相对地电压的2%，是相和地间电压的8%。这些值对于负载LV电路是相对典型的。当变压器的LV侧开路或者轻载时，这个值会显著的升高，决定于LV系统。

感应雷在MV系统中产生的电涌(通常小于1 kA)比直击雷要小得多，并且实际中过电压输入到LV系统仅仅是通过容性耦合，其值不会超过几千伏。在这种情况下，LV系统(至少是在距离雷击不远的部分)所直接感应的过电压一般比从MV侧输入的要高。如果有一个SPD动作或者放电发生，电流将会较小，相应的阻性耦合的情况也被忽略。

C.2.2 直击于LV配电系统引起的过电压

由于雷电流通道的有效阻抗较高，因此实际上可认为雷电流为一理想的电流源。因此，产生的过电压由雷电流通道的瞬态有效阻抗的大小决定。

导线遭受雷击，第一时刻的电压取决于导线的特征阻抗(电涌阻抗)，电流(I)最初分为两部分，且电涌电压(U)为：

$$U = Z \times I/2$$

式中：

U ——电涌电压；

Z ——线路的电涌阻抗；

I ——电涌电流。

假设电流为10 kA，电涌路径阻抗为400 Ω时，很显然，预期的电涌电压为2 000 kV。因此，大多数情况下闪络通常会在导线和地之间发生。发生闪络后，有效阻抗以一定数量下降，其下降程度取决于接地电阻。假设雷电流为10 kA，阻抗低至10 Ω时，导线上电压为100 kV。

在架空线与电缆联合系统中，由于电缆电涌路径阻抗比架空线低，从而其产生过电压略有降低，其降低程度依电流持续时间和系统的对地电容量而定。然而降低的程度不能完全避免低压系统中超过标称绝缘水平的过电压。因此，直击雷将会对系统造成损坏。

C.2.3 LV配电系统中的感应过电压

由于闪络会使电磁场发生改变，电涌被引入到离闪络点相当大范围内的架空线上。可从下面公式粗略估计导线上产生的过电压(U)：

$$U = 30 \times k \times (h/d) \times I$$

式中：

I ——雷电流；

h ——导线离地高度；

k ——系数，取决于雷电流反击的速率；

d ——发生闪络点到导线距离。

参数k的变化很小(1.0～1.3)。

对于电流为 30 kA 的中等程度的雷电流，当架空线距地面高度为 5 m，1 km 范围内的瞬时过电压将超过 5 kV。在这种情况下，即使距离为 10 km 时，100 kA 的电流产生的电压为 1.8 kV。

C.2.4 雷击防雷系统或一个邻近的区域而引起的过电压

当雷击建筑物，该建筑物采用 LV 配电系统并联供电方式时，雷电流通过可利用的不同路径流入大地。这些路径本地接地点（建筑物接地），同样也包含通过金属相连接的远距离接地，主要是电缆馈线。

来自于雷电保护系统接闪端的电涌电流通过引下线输入接地系统。这样，雷电流至少被分成了两部分，一部分流入建筑物的接地系统，另一部分通过电缆线路流向远方接地（电流通常也可能沿着其他路径，例如金属管道和其他传导装置），电流的分配与阻抗成反比，冲击电流起始阶段，电流的分配取决于电感的分配，随后电流变化率低时，电流的分配取决于电阻的分配。

当几个建筑物电气上有连接时，有效电阻值降低，雷电流从建筑物本身输入到 LV 系统的电流将随着连接到一起的建筑物的数量的增加而增加。

不同国家，中性点的连接方式不同，所以雷电流的传播方式也不尽相同。在设计系统时应该考虑这些不同。

在可以利用的路径中，电流的传播将会引起过电压，特别是在导线和接地之间。取决于 LV 装置的设置以及 SPD 的使用与否，这些过电压可以被放大或者降低。试验结果基本符合先前的叙述，并且显示出了入端中点接地的优越性，以及考虑阻抗、电感和相互之间耦合的重要性。

同样值得注意的是，由于直击雷落在建筑物或某部分上而导致的接地点电位上升，超过了低压装置的绝缘耐受水平，从而引起闪络，同时应注意，过电压将会传播到与其连接在同一个的低电压配电网的相邻建筑物（设备），除非该建筑物（设备）安装有等电位的 SPD 装置。

同样的，即使一个建筑物没有直接遭受雷击也可能产生过电压，这是通过配电网络传播所导致。除此之外，如果已经给出了一个地域的雷电密度，现有的高大建筑物虽然降低了雷击直击附近低矮建筑物的概率，但却不可避免地增加了传导过电压的概率。

接地体和导线之间的过电压作用在与其连接设备的绝缘上，这些设备通常都会根据 GB/T 16935.1—2008 具有足够的耐受水平。电力设备的工作元器件会承受到导线之间出现的过电压。乍一看上去，最坏的情况可能是过电压施加到电力设备的工作元器件，这可能也是正常的情况。然而，对地过电压会带来一些问题，它不仅作用于电力设备绝缘，而且会改变电力系统和可能连接到设备的通讯系统之间的参考电位。

C.3 操作过电压

操作冲击产生的过电压、电流及其持续时间通常比雷电冲击产生的电压、电流及持续时间低。然而，在某些情况下，特别是在建筑物内部或接近操作过电压起始处，操作冲击产生的电应力将会高于雷电冲击产生的电应力。必须知道操作冲击产生的能量，以便选择合适的 SPD。包括故障和熔断器瞬态动作在内的操作持续时间比雷电冲击持续时间更长。

通常在一个电气装置内任何开关动作、故障开始、中断等，总会伴随着暂时过电压的产生。在一个系统中发生的突变将会引起高频阻尼振荡（由网络的谐振频率决定），直到系统再次稳定到一个新的状态。

操作过电压的幅值取决于许多参数，如回路类型、操作种类（关、开、重燃）、负载、断路器或熔断器。

操作产生的振荡频率由系统特性和谐振特性决定，在这种情况下，可能引起很高的过电压。通常，操作与系统工频发生谐振的可能性很小，然而，如果系统开关频率特性接近系统中一个或多个谐振频率，将会发生瞬态谐振。

C.3.1 综述

操作电涌的典型波形取决于低压装置的响应。在大多数情况下,会产生鸣震波,其频率通常为每微秒几十万赫兹。上升最大速率为每微秒几千伏。电涌持续时间范围较大。如果由熔断器动作引起的操作过电压被排除,典型的持续时间(到半峰值)从 1 μs～50 μs。统计显示,产生高幅值和持续时间很长(大于 100 μs)的电涌的可能性较低。

C.3.2 断路器和开关操作

断路器和开关广泛用于每个电气装置和控制设备中,以便在过载或短路情况下断开电气设备或由开关控制设备动作来对电气设备进行保护和控制。开关操作的频率依其使用的场合而定,在工业上其使用频率较高,在家庭中其使用频率相对较低。

阻性负载的操作电流是在电气设备的额定电流范围内。而对于使用开关模式进行供电的设备,设备的操作电流高于额定电流。因此,如对于一个功率为 100 W 的电视机,其额定电流为 0.4 A,而涌入的电流约为 20 A,高达 50 倍。

无论对于手动开关或电动开关,每次操作过程中都会产生电弧。由于电感和电容相互作用使电压发生改变,从而引起高频振荡。该振荡会使线路之间以及线路与地之间的电压改变,电气设备绝缘总电压由导体部分和其他回路承担。与经由公共配电网进入用户的过电压相比,由用户装置开关操作引起的过电压不经过衰减,其瞬态幅值反而会更高一些。

C.3.2.1 在用户室内的断路器和开关操作

与合闸相比,分闸会产生更高幅值的电压。在分闸时,在负载侧比在线路侧有更高的电涌幅值。无论如何,这点对于设备的设计,尤其是绝缘方面的设计是个关键的问题。如果有与其并联的设备,该设备也将承受电应力。由于线路侧与整个系统及其他设备相联,故与负载侧相比,线路侧的过电压更应考虑。

C.3.2.2 在供电系统(LV 和 HV)中断路器和开关的操作

在每一个供电系统中,电气设备上都能观察到瞬态过电压。在地下供电系统中,几乎所有的瞬态过电压都是机械操作引起的。

在高压和低压装置中,具有电感性的设备,如变压器、阻抗线圈、接触器线圈和继电器等与电源并联,设备的操作都会引起振荡,产生高达几千伏的过电压。因为有线路的自感,这种情况也存在于纵向电感线圈中,例如,导体线圈和纵向阻抗线圈中,或系统自身的开断中。

在电源侧,操作过电压由开关操作、旋转电机的刷状电弧、电机或变压器负载突然下降以及功率因数补偿电容器组的操作引起。

在极少数情况下,这种过电压的频率和能量比雷电过电压在低压装置上的频率和能量要高。

低压电源操作引起的瞬态过电压,幅值可能达到数千伏。低压系统操作时,一定条件下,过电压最大值可以被限制,可通过电源系统安装保护电器来限制过电压,预期最大幅值为 6 kV 的电压,一般不超过低压用户内部装置耐受值。

与操作过电压对应的另一些现象是高压供电系统发生短路和接地故障。接地故障可以在无故障导线上引起线—地过电压,范围在线电压之间。而且,同时也产生瞬态过电压,这种瞬态过电压会从高压电源侧传递到低压电源侧。

C.3.3 熔断器动作(限流熔断器)

熔断器广泛被用于配电系统和电力装置,用来保护过流并断开短路回路。例如,如果熔断器动作,配电系统断开一个短路的回路，该动作产生近似于三角波的一个过电压，频率相对较低。过电压发生在系统的线线间，也可能出现在线和保护地线之间，取决于接地的中性导体，或者取决于一个 IT 系统，或者取决于接地电容。因此，该过电压也作用于裸露导电部件绝缘和其他回路。当然，相对于由动作电流开断引起的过电压，这种过电压很少发生。过电压通过母线也会传输到同一配电系统的其他用电设备中。

和开关动作引起的其他电涌相比，熔断器动作引起电涌的概率较少。但此时断开短路的回路，可能产生强烈的电涌，影响因素主要有短路电流的上升率、熔断器的额定电流及特性、回路的电感。

由安装在靠近母线排的熔断器断开配电系统馈线的短路是非常重要的，因为由熔断器动作产生的过电压会影响到与同一母线排相连的其他一些用电设备。实际的统计情况表明，在低压公共供电系统中，发生此种故障是非常少见的。然而，当考虑工业配电系统时，这种类型的故障具有一定的代表性，发生此种短路并非少见。

附 录 D
（资料性附录）
部分雷电流计算

根据图 D.1，一个带有 LPS 系统的建筑物遭受雷击。雷击电流 I_L 将会沿着避雷针流入被击建筑物的接地系统。这将导致电压潜在升高，继而产生闪络或者 SPD 的动作，所以雷电流 I_L 部分进入了系统的 4 条线路中。

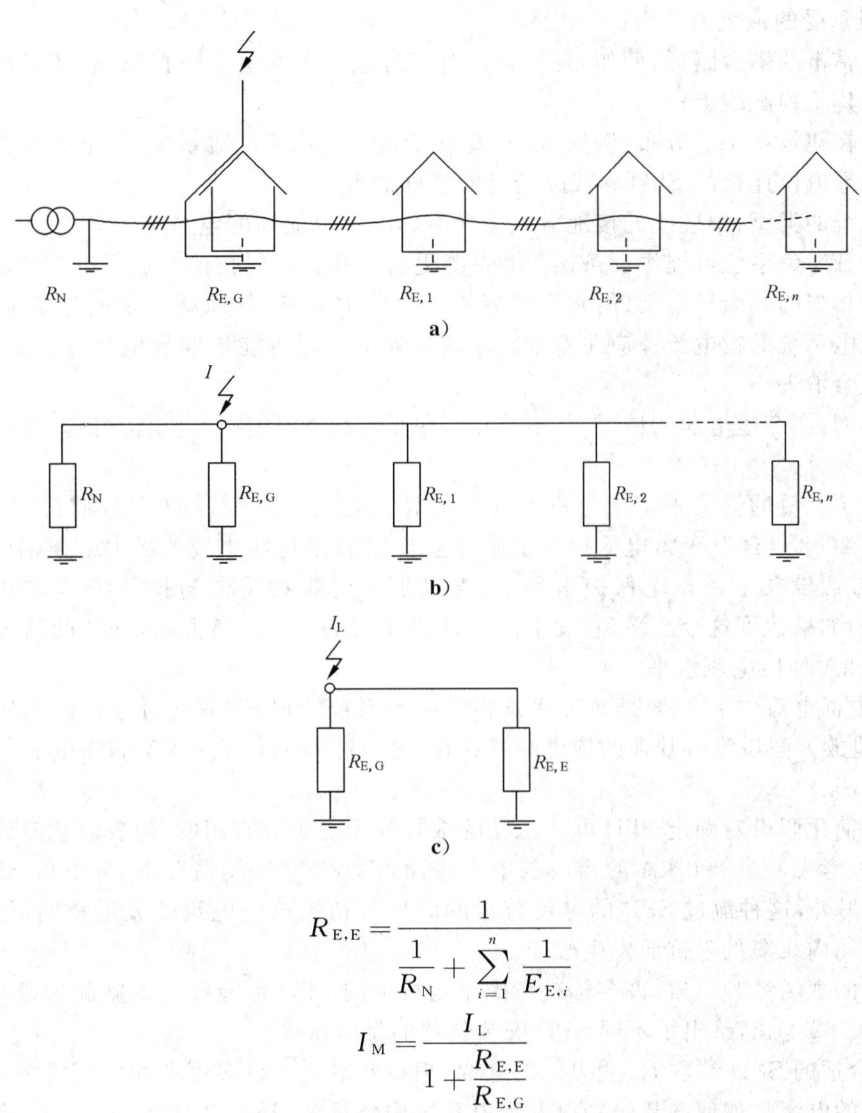

$$R_{E,E}=\frac{1}{\frac{1}{R_N}+\sum_{i=1}^{n}\frac{1}{E_{E,i}}}$$

$$I_M=\frac{I_L}{1+\frac{R_{E,E}}{R_{E,G}}}$$

说明：

R_N ——中线接地电阻；

$R_{E,G}$——被击建筑物的接地电阻；

$R_{E,i}$ ——第 i 个建筑物接地电阻；

$R_{E,E}$——除建筑物的接地电阻以外的总接地电阻；

I_L ——被击建筑物的雷电流；

I_M ——进入电源系统的雷电流。

注：这种计算，临近建筑物的接地电阻 $R_{E,E}$ 等于或小于建筑物雷击的接地电阻 $R_{E,G}$。

图 D.1 进入配电系统部分雷电流总和的简易计算

经过分配的部分电流 I_m 会在系统和设施中产生过电压，并作用在绝缘和相连的仪器设备上。因此，不仅受到雷击的建筑物有危险，与建筑物相邻的建筑物或设施也存在危险。

简化网络[图 D.1 b)和 c)]可用于简单计算流入配电系统的部分电流 I_m。

注：该计算只对能量分配有效(雷电流的波尾)。

SPD 在电涌的条件下承受的应力是许多复杂且相关联的参数的函数，包括：

——建筑物中 SPD 的位置：它们位于主配电盘或者是二级配电盘的设施内，甚至是在最后一级用户的设备前边；

——SPD 上游的元件：例如熔断器、导线横截面积等，都可能会限制整个系统的电涌承受能力和 SPD 所承受的最大电应力；

——设备与雷击的耦合路径：例如，是经过雷电直击建筑物的雷电防护系统，还是由于附近的雷击感应到建筑物配线上；

——雷电流在建筑物中的分布：例如，雷电流中有多少进入了接地系统，剩下多少雷电流通过配电系统和等电位连接的 SPD 寻找路径流向远处的大地；

——配电系统的类型：中性线的接地方式会显著影响雷电流在配电系统的分布。例如，中性线多重接地的 TN-C 系统可提供一条比 TT 系统更直接和更低阻抗的泄放雷电流的路径；

——与设备相连的其余导电装置：它们将分流一部分雷电流，从而减少了通过等电位连接 SPD 而流入配电系统的雷电流。应注意到由于这些导电装置可能被非导电物体代替，这部分分流功能可能会消失；

——波形类型：在产生电涌的情况下，不能仅简单地考虑 SPD 传导的电流峰值，还必须考虑电涌的波形。

人们已经做了大量的尝试来定量分析电气环境和设施内不同位置的 SPD 将经受的“威胁等级”。GB/T 21714.4—2008 已经基于雷电保护水平通过考虑 SPD 上可能出现的最大电涌幅值来阐述这个问题。例如，该标准假设在Ⅰ类雷电保护水平下，直接击中建筑物雷电防护系统的雷电流幅值可高达 10/350 200 kA。如果达到这个水平，它发生的统计概率仅为 1%。换言之，99%的情况下放电电流将小于假设的 200 kA 峰值电流水平。

另外，假定电涌电流中的 50%是通过建筑物的接地系统泄放，50%通过连接到三相四线配电系统的等电位 SPD 泄放。假设没有其他的导电装置存在，这意味着初始 200 kA 的雷电流分配到每个 SPD 中的电流都是 25 kA。

电流分布的简化假设对确定 SPD 可能承受的威胁等级是十分有用的，但要注意考虑假设条件。在上述例子中，已经考虑一个 200 kA 的雷电放电。进而可知在 99%的情况下，等电位 SPD 的威胁水平将小于 25 kA。另外，这种流过 SPD 的电流分量的波形与初始放电电流的波形相同，然而实际电流波形可能由于建筑物内线缆的阻抗而发生改变。

基于长时间的现场经验积累，许多标准考虑了运行中的 SPD 可能经受的威胁等级。例如 IEEE 标准 C 62.41.1 和 C 62.41.2，给出了不同 SPD 安装位置的暴露水平。

从上可知，合适的 SPD 参数 I_{max} 和 I_{imp} 的选取，很显然取决于许多复杂和相互关联的参数。用户不仅要考虑到注入的电流是如何在建筑物以及配电系统中传播的，还要考虑到与放电电流的幅值和波形相关的概率统计问题。

必须注意到，通过电力线路、电话线以及数据线进入建筑物的电涌对建筑物内电子系统造成破坏的概率远大于雷电直击建筑物本身造成破坏的概率。

有些建筑物没有或可能不需要 LP 系统，这样的话，也许不需要高电流的Ⅰ类 SPD，而采用低保护水平 U_p 的Ⅱ类 SPD。

由于上述问题的复杂性，应牢记选择 SPD 最重要的一点是在预期电涌发生时 SPD 限制电压的性能，而不是其所能耐受的能量大小(I_{imp}、I_{max} 和 U_{oc})。一个具有低限制电压的 SPD，可以确保对设备提供足够的保护，而一个具有高耐受能量的 SPD 仅能延长其运行寿命。

附 录 E
（资料性附录）
由高压系统和地之间故障引起低压系统的TOV

E.1 概述

在HV/LV变压器高压侧发生故障时(例如,变压器内部失效或一个间隙放电,见注),就会有电流I_m流过变压器的接地电阻R。由于接地电阻与低压网络的连接,一个高$U_{TOV(HV)}$会出现在低压网络,持续时间等于高压网络故障清除的时间(大约10 ms到数小时)。

注:变压器LV侧暂时过电压,可能来自于:

——HV裸露的导电部分的电位极度提升导致HV和LV之间的绝缘损坏;

——HV/LV变压器的内部故障或者高压导线掉落在低压线导致HV和LV直接接触;

——通过接地连接之间的耦合导致在LV中性点和LV导线上,甚至在用户接地连接或者附近通信系统上产生过电压。

潜在的暂时过电压情况更详细的讨论见GB/T 16895.10—2010,在这种情况下,连接在带电导线和地之间的SPD会过载而无法承受这种电应力。以下TT系统的示例就说明了这一点,此种情况也发生在TN或IT系统(见下面其他的示例)。

E.2 TT系统的示例——可能的暂时过电压的计算

E.2.1 高压系统由接地故障引起的低压装置可能出现的电应力

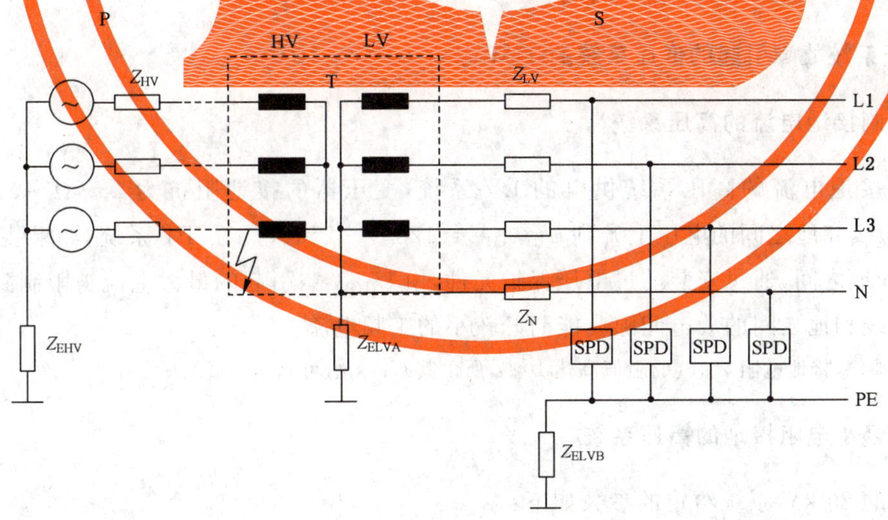

说明:

P——HV系统;

S——LV系统;

T——变压器。

图E.1 由高压系统接地故障引起的暂时工频过电压

阻抗的定义：

Z_{EHV}——高压系统的接地网阻抗(取决于高压系统星形点的处理)；

Z_{ELV}——低压系统的接地网阻抗(为 Z_{ELVA}与 Z_{ELVB}之和)；

Z_{LV}、Z_{N}——线路阻抗、中线阻抗。

如果变压器低压侧的星形点接地(如图 E.1),HV 系统的接地故障就会影响 LV 系统的电压。而且,即使两个变压器星形点的公共接地线不存在,接地故障(变压器的一个气隙被击穿或者是内部故障)也会引起 LV 星形点电压上升。高压系统的接地电流流经阻抗 Z_{ELVA}引起变压器星形点电压上升。因此,Z_{ELVA}和接地电流值决定 LV 系统的暂时工频过电压。

E.2.2 高压系统的特性

E.2.2.1 带有限制接地电流的高压系统

由于 HV 系统采用了消弧线圈接地,接地电流被限制到 I_{earth}=5 A～10 A,以保证电弧自己熄灭。

阻抗 Z_{ELV}=100 Ω～500 Ω,因此,高压系统接地阻抗残压和接地电流仅由 Z_{EHV}决定,与短路功率、接地阻抗 Z_{LVA}和 Z_{LVB}无关。

E.2.2.2 中线低阻接地的高压系统

对于完全地下系统,接地电流的限制已不再有接地电流自熄的机会(在电缆中绝缘故障损坏绝缘)。因此,高压系统会随中线低阻接地,其动作次数增多。通常,接地电阻应将接地短路电流限制到 I_{earth}≈2 A。

对于额定电压为 U_{n}=20 kV 的 HV 系统,此时适合这种要求的接地电阻为 Z_{EHV}≈5 Ω,小电站的变压器常常无昂贵的过电流保护,因此,熔断器用于断开短路电流,断开时间取决于熔断器的额定电流,大约为 100 ms。

E.2.3 由高压系统故障引起的低压系统的 TOV

E.2.3.1 有限制接地电流的高压系统

由有限制接地电流的高压系统供电的 LV 系统,变压器的接地阻抗为 2.5 Ω～5 Ω。接地电流 I_{earth}=50 A,中线和地之间的电压上升到 $U_{TOV(HV)}$=125 V～250 V。在 TT 系统,如果装有过电压保护元件,在中线和地之间,通过安装的过电压保护元件,由 $U_{TOV(HV)}$引起的最大电流被限制到小于 50 A 以下。因此在中线和地之间的放电间隙应能断开较小的工频电流。

注：在某些地区,接地电阻 Z_{ELVA}的阻值高达 10 Ω,所以其 $U_{TOV(HV)}$可高达 500 V。

E.2.3.2 中线经小电阻接地的高压系统

假设典型的 20 kV 系统给定的参数如下：

Z_{EHV}=5 Ω,$P_{short\ \ ciruit}$=100 MVA,U_{n}=20 kV。

其 LV 系统特性为：

Z_{ELVA}=1 Ω,U_{n}=230 V。

Z_{ELVB}=5 Ω,Z_{LV}=Z_{N}=150 mΩ。

在 Z_{ELVA}产生的 TOV 为 $U_{TOV(HV)}$≈1 200 V。

通过安装在中线和地之间的过电压保护元件的最大电流取决于 Z_{ELVA}与 Z_{ELVB}和 Z_{N} 之和的比值,

在本例中,可以计算的电流≈200 A。

E.2.4 结论

——具有限制接地电流的高压系统引起的 LV 系统暂态工频过电压 $U_{TOV(HV)}$≈250 V,时间不确定;

——因 $U_{TOV(HV)}$ 引起的通过中线和地之间的过压元件最大电流是 50 A;

——中线经低阻接地的高压系统引起 LV 系统暂时过电压可上升到 $U_{TOV(HV)}$≈1 200 V;

——通过接在中线和地之间的过压元件由 $U_{TOV(HV)}$ 引起的电流,取决于配电变压器接地阻抗与配电变压器外面的 LV 系统中线接地阻抗之比值,该电流在数百安范围内。

E.3 根据 GB/T 16895.10—2010 确定的暂时过电压的值

在特殊应用时,用户需要知道关于暂时过电压的系统参数,以便评估设备保护和 SPD 潜在失效之间的最佳平衡。IEC 61643-1 论述了这一点,并且可选择的暂时过电压试验被推荐在 SPD 上进行,以便检查如果 SPD 损坏,不会导致一个危险的情况。

$U_{TOV(HV)}$ 的值取决于故障电流 I_m 和变压器的接地电阻 R。在多点接地系统,该电阻为从故障点观察到的接地网络的电阻。其最大值由 GB/T 16895.10—2010 定义为:

U_0 + 250 V r.m.s,持续时间超过 5 s

这种情况涉及 HV 系统较长的断开时间,例如,高压系统中电感接地。

注:在某些地区,其值高达 U_0+500 V,持续时间超过 5 s。

U_0 + 1 200 V r.m.s,持续时间到 5 s

这种情况涉及 HV 系统较短的断开时间,例如高压系统固定接地。

下列符号适用于本附录(直接来自于 GB/T 16895.10—2010):

I_m:在高压系统中,流过配电变压器裸露导体接地电极的接地故障电流;

R:配电变压器裸露导体接地电极的电阻;

U_0:低压系统的线—中线电压;

U_f:LV 系统裸露导体部件和地之间的故障电压;

U_1:配电变压器 LV 设备的电压;

U_2:用户系统 LV 设备的电压。

条款 E.3 和图 E.11 的计算来自于 GB/T 16895.10—2010。图 E.2~图 E.10 说明的是在美国使用的典型情况。

HV
LV
U_1
U_2
L1
L2
L3
PEN
U_f
I_m
R
$U_1=U_0$
$U_2=U_1=U_0$
$U_f=R\times I_m$
TN—a
HV
LV
U_1
U_2
L1
L2
L3
PEN
U_f
I_m
R
R_B
$U_1=R\times I_m+U_0$
$U_2=U_0$
$U_f=0$
TN—b

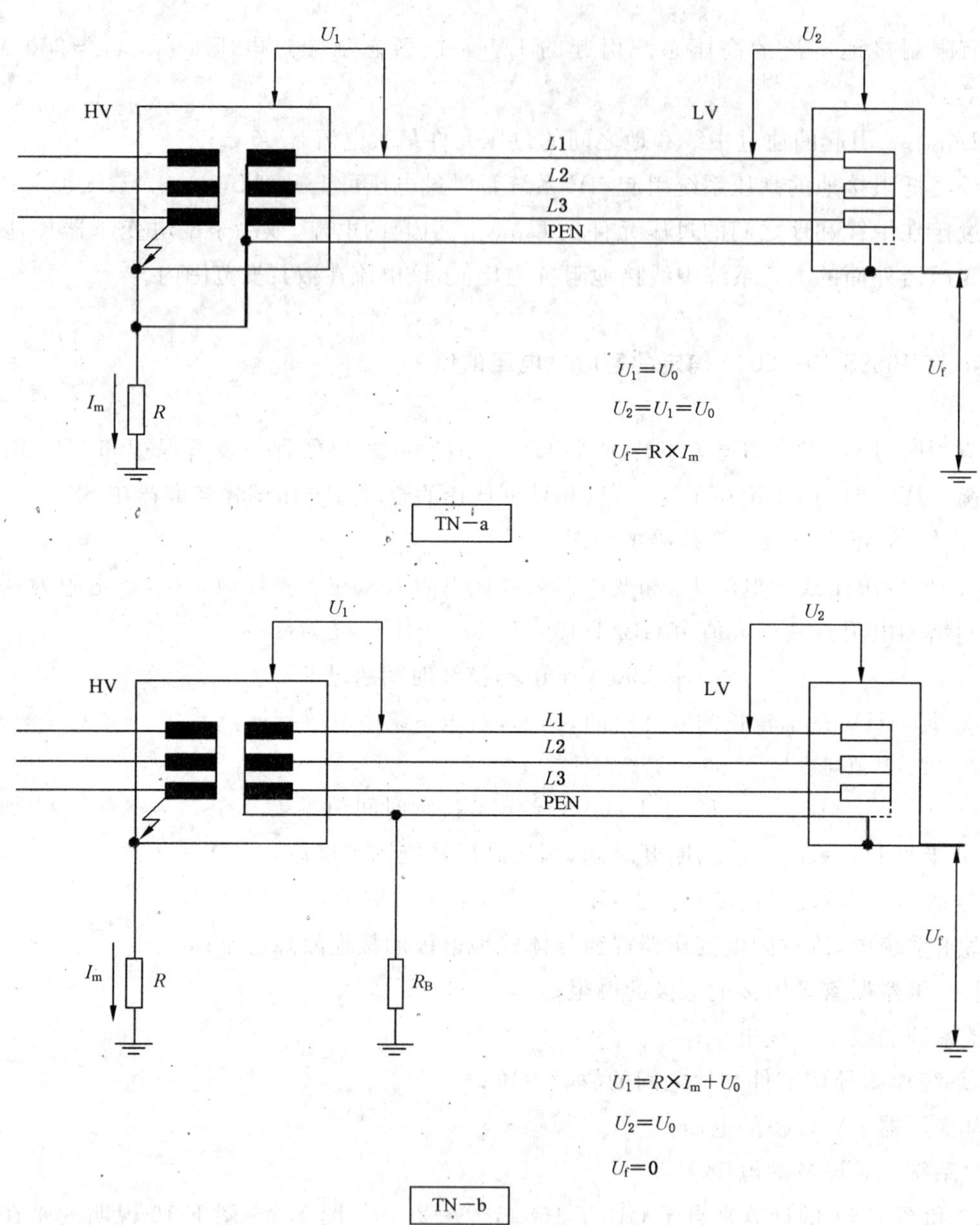

图 E.2 TN 系统

U_1
U_2
HV
LV
$L1$
$L2$
$L3$
N
$U_1=U_0$
$U_2=R\times I_m+U_0$
$U_f=0$
U_f
I_m
R
R_A
TT—a
U_1
U_2
HV
LV
$L1$
$L2$
$L3$
N
U_f
I_m
R
R_B
R_A
$U_1=R\times I_m+U_0$
$U_2=U_0$
$U_f=0$
TT—b

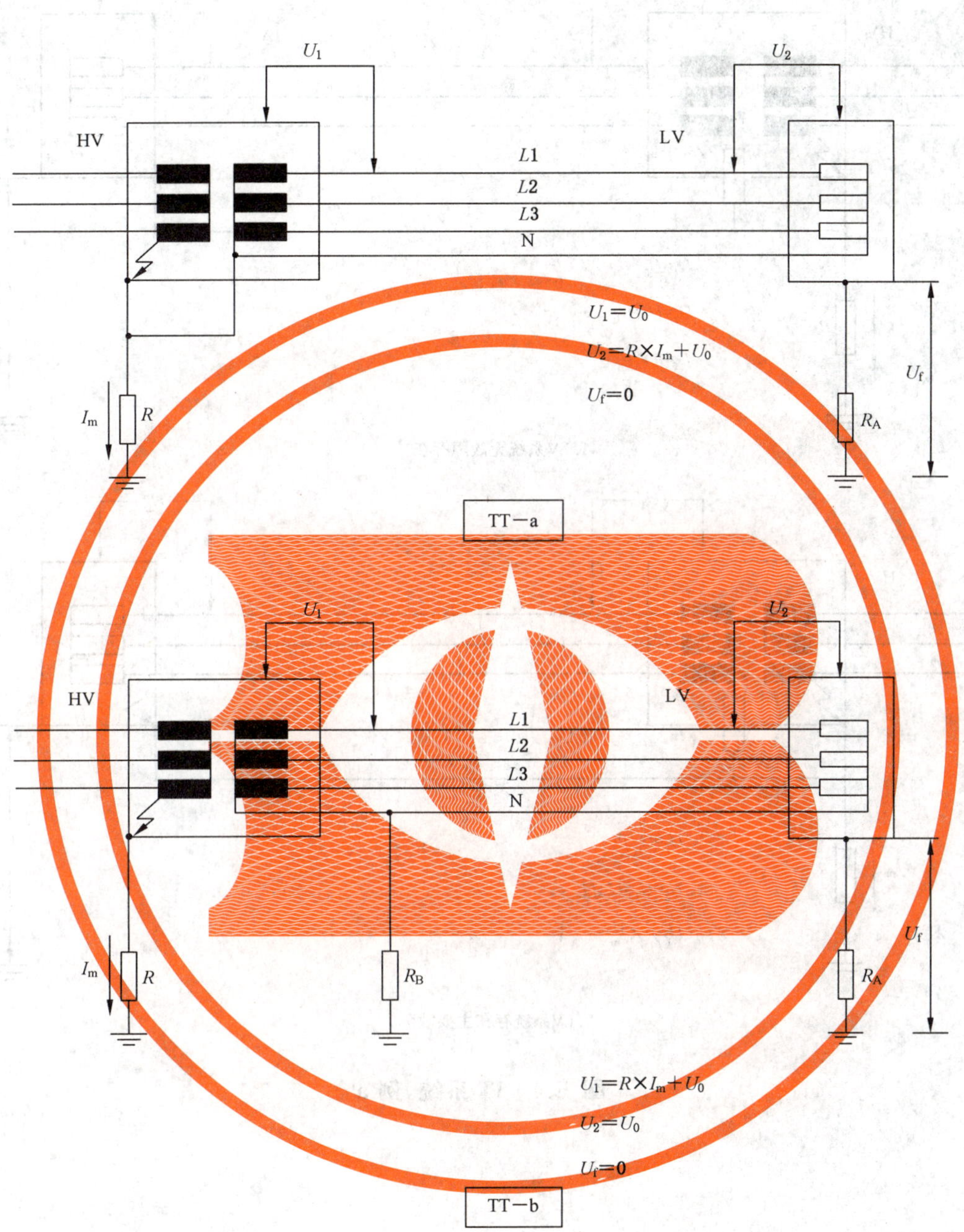

图 E.3 TT 系统

U_1
U_2
HV
LV
Z
$U_1=U_0$
$U_2=U_1=U_0$
$U_f=R\times I_m$
I_m
R
U_f
1. LV系统无故障存在
U_1
U_2
HV
LV
Z
$U_1=U_0\sqrt{3}$
$U_2=U_1=U_0\sqrt{3}$
$U_f=R\times I_m$
I_m
R
U_f
2. LV系统存在主要故障

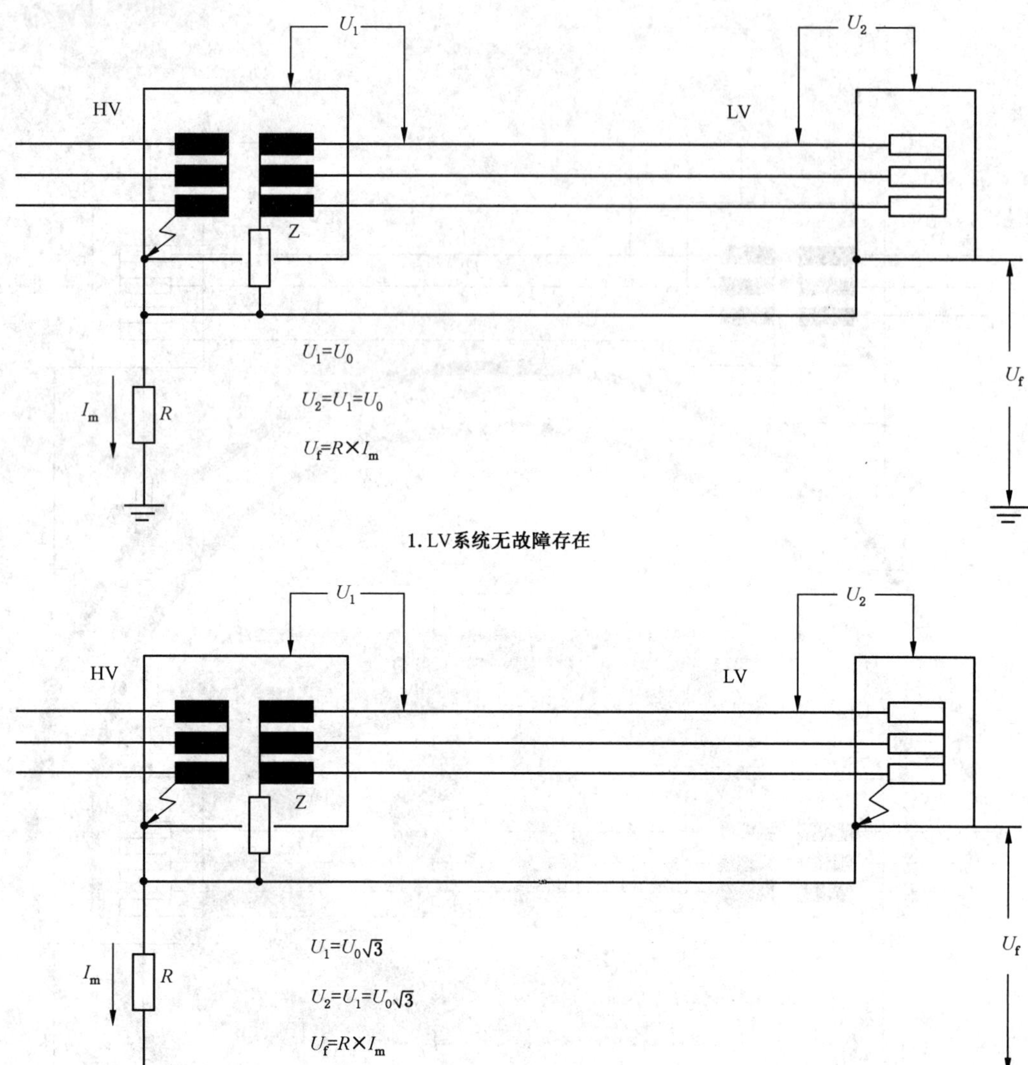

图 E.4 IT 系统,例 a

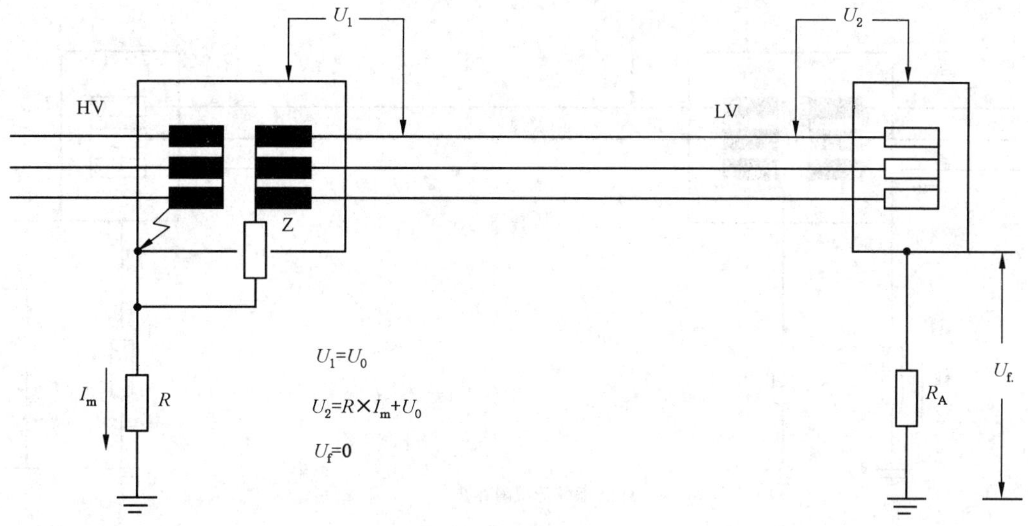

1. LV系统无故障存在

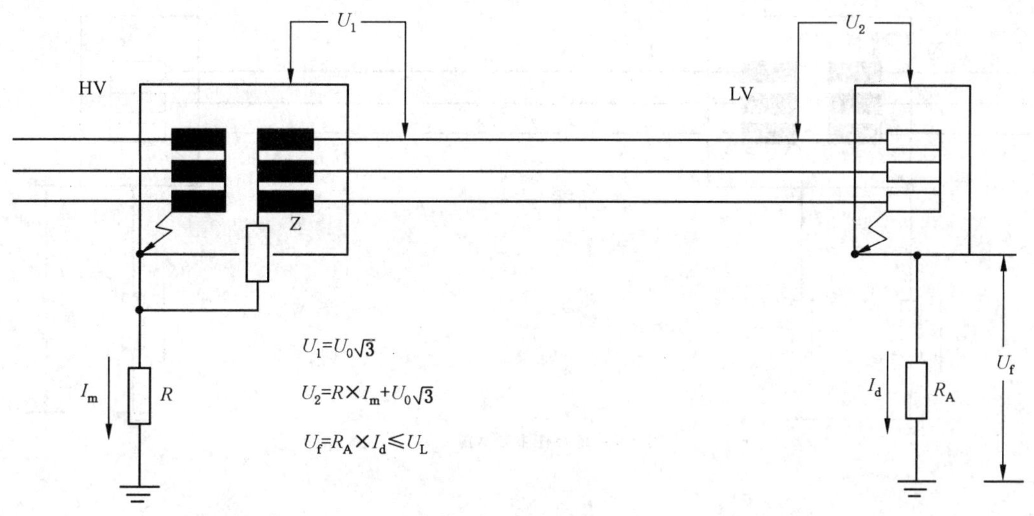

2. LV系统存在主要故障

图 E.5 IT 系统,例 b

U_1
U_2
HV
LV
$U_1=R\times I_m+U_0$
$U_2=U_0$
$U_f=0$
I_m
R
Z
R_A
U_f
1. LV系统无故障存在
U_1
U_2
HV
LV
$U_1=R\times I_m+U_0\sqrt{3}$
$U_2=U_0\sqrt{3}$
$U_f=R_A\times I_d\leqslant U_L$
I_m
R
Z
I_d
R_A
U_f
2. LV系统存在主要故障

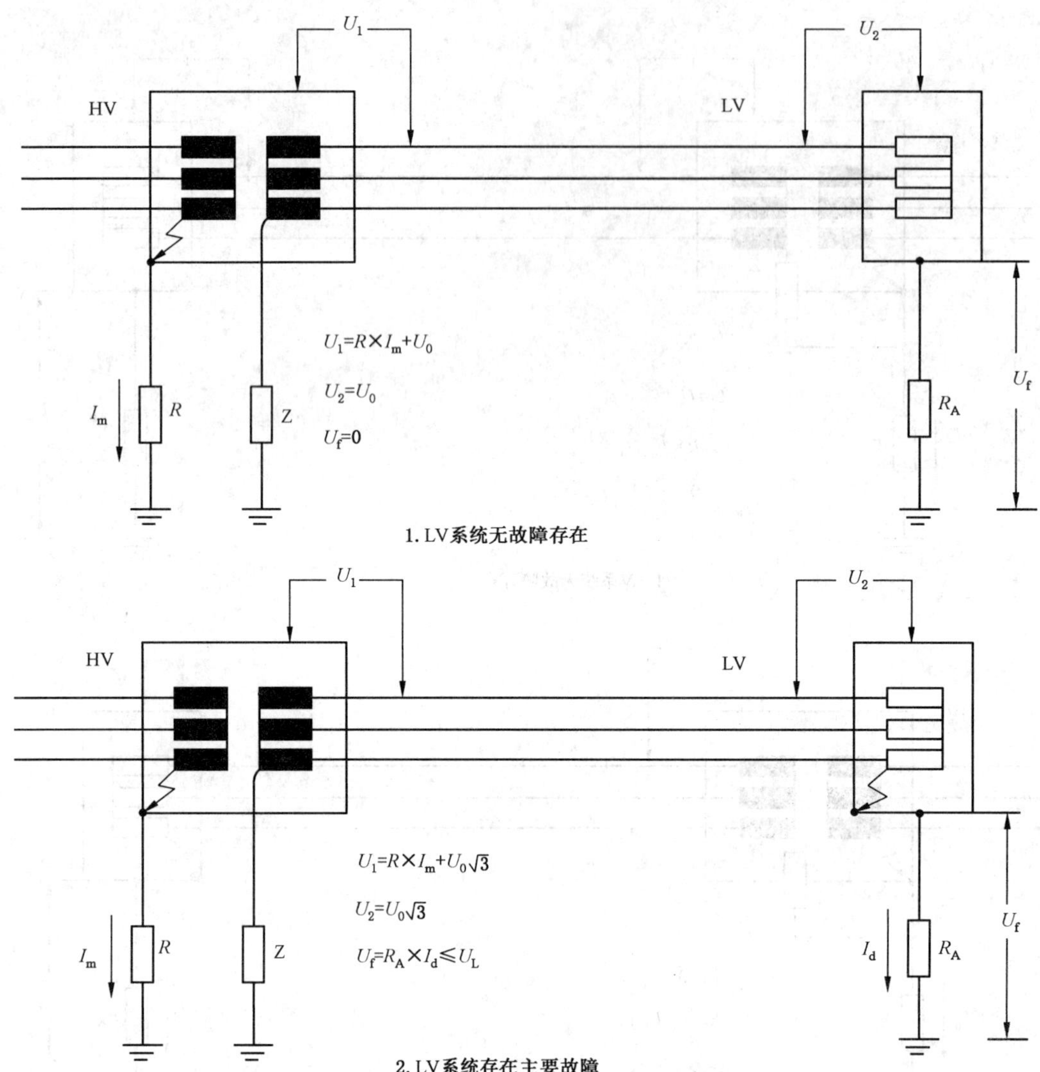

图 E.6 IT 系统,例 c1

U_1
U_2
HV
LV
$U_1=R\times I_m+U_0$
$U_2=U_0$
$U_f=0$
I_m
R
R_A
U_f
1. LV系统无故障存在
$U_1=R\times I_m+U_0\sqrt{3}$
$U_2=U_0\sqrt{3}$
$U_f=R_A\times I_d\leq U_L$
I_d
2. LV系统存在主要故障

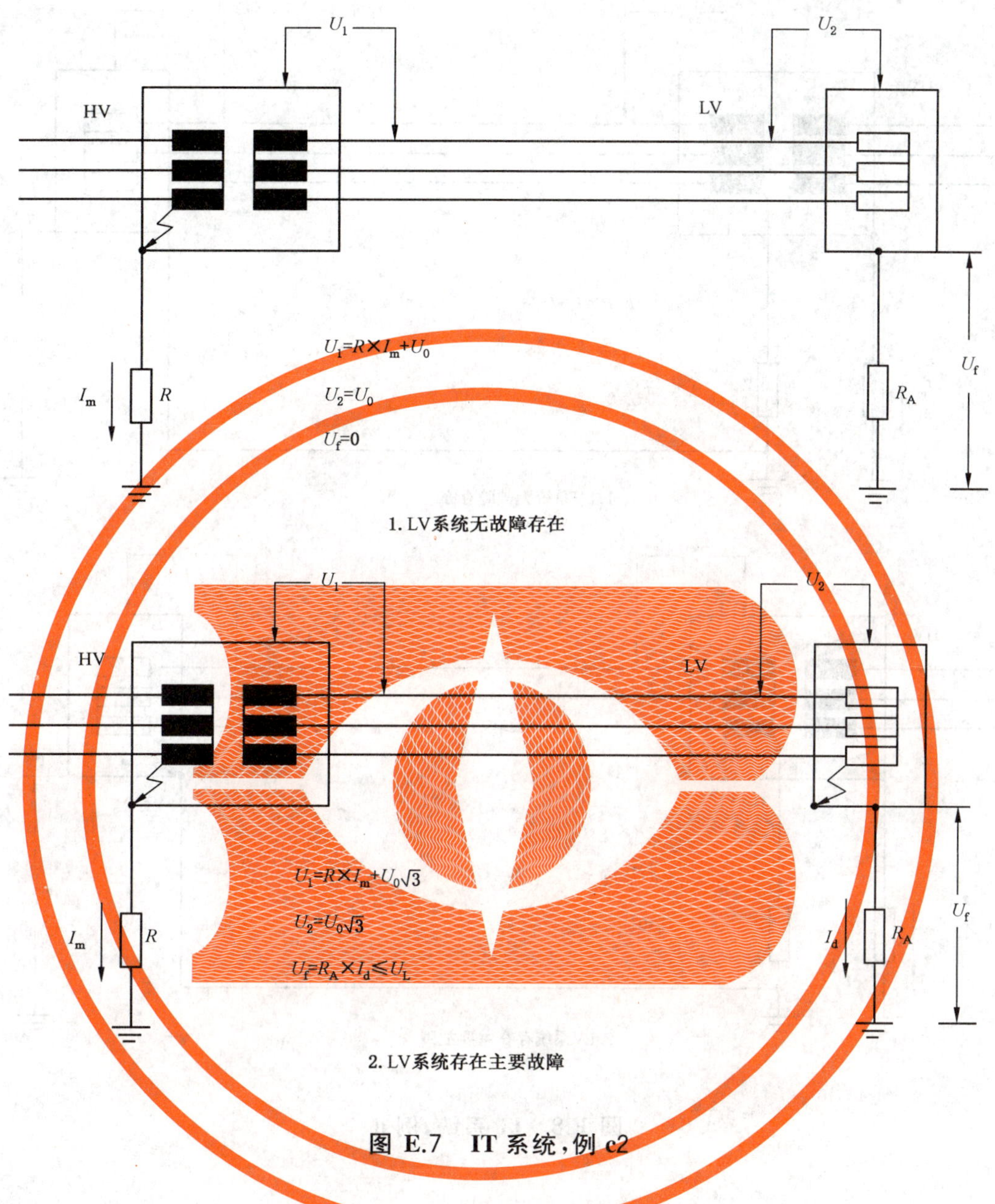

图 E.7　IT 系统，例 c2

U1
U2
HV
LV
$U_1=R\times I_m+U_0$
$U_2=U_0$
$U_f=0$
I_m
R
Z
U_f
1. LV系统无故障存在
U1
U2
HV
LV
$U_1=R\times I_m+U_0\sqrt{3}$
$U_2=U_0\sqrt{3}$
$U_f=0$
I_m
R
Z
U_f
2. LV系统存在主要故障

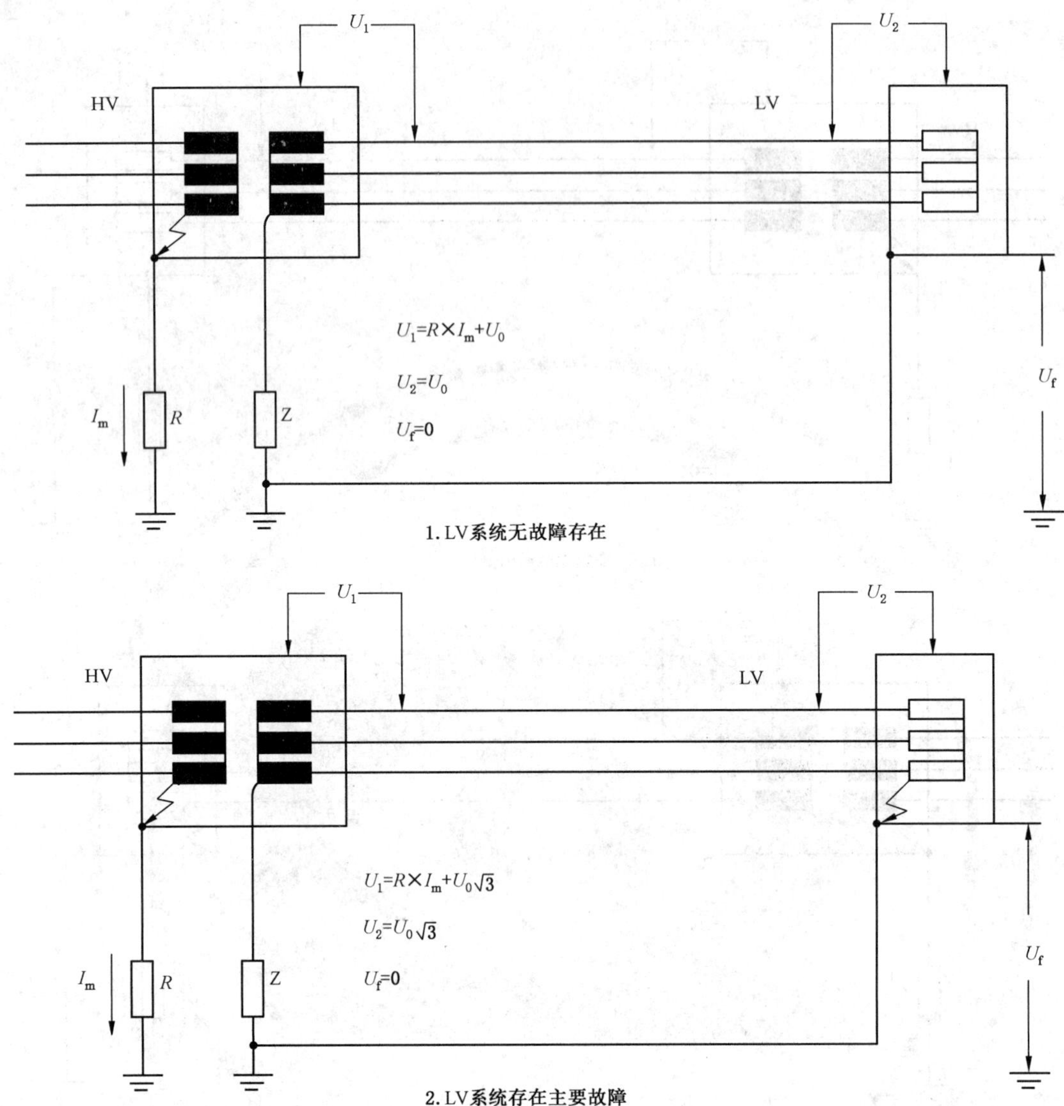

图 E.8　IT 系统，例 d

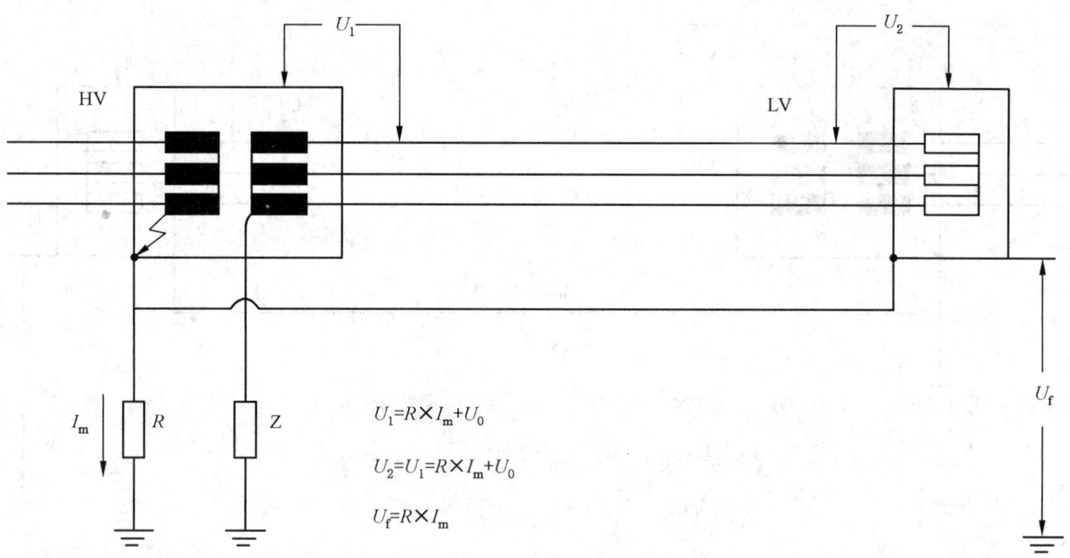

1. LV系统无故障存在

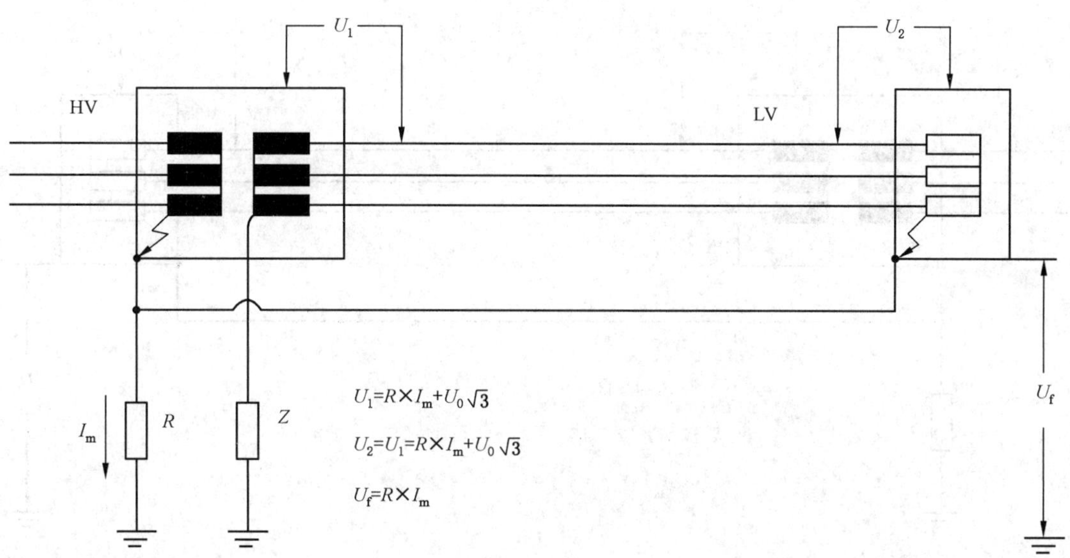

2. LV系统存在主要故障

图 E.9 IT 系统，例 e1

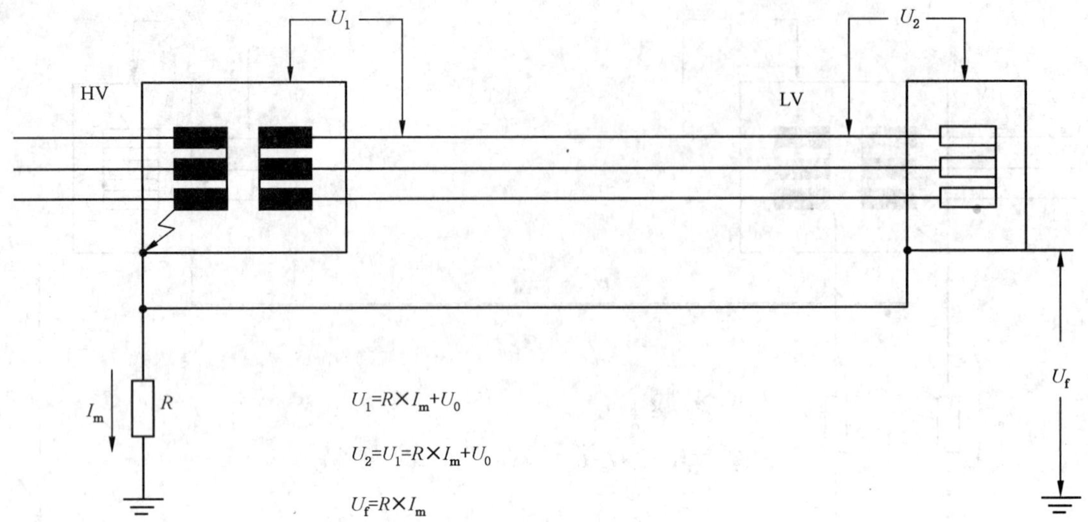

1. LV系统无故障存在

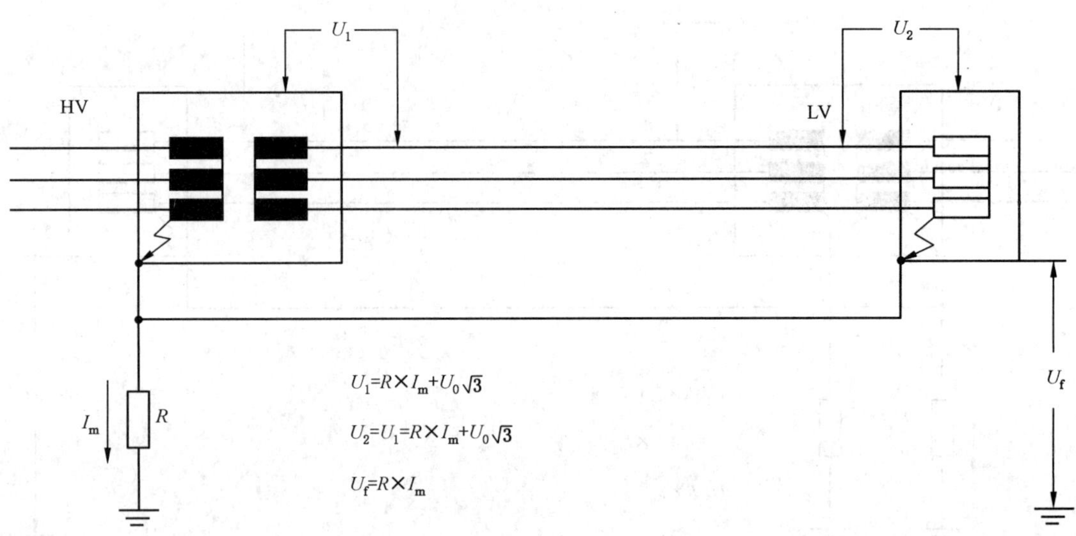

2. LV系统存在主要故障

图 E.10 IT 系统,例 e2

E.4 美国 TNC-S 系统暂时过电压值

下面的讨论基于图 E.11。该图所示为配电变压器高压侧故障时的工频续流的分配。在本例中,假定变压器和用户引入线的接地电阻是 15 Ω。

$U_1=U_0$,这里 U_0 是二次侧最大工作电压。

Z_L 是变压器和用户配电柜之间的导线的阻抗。

电表间隙具有 1 500 V~2 500 V 的冲击放电电压。

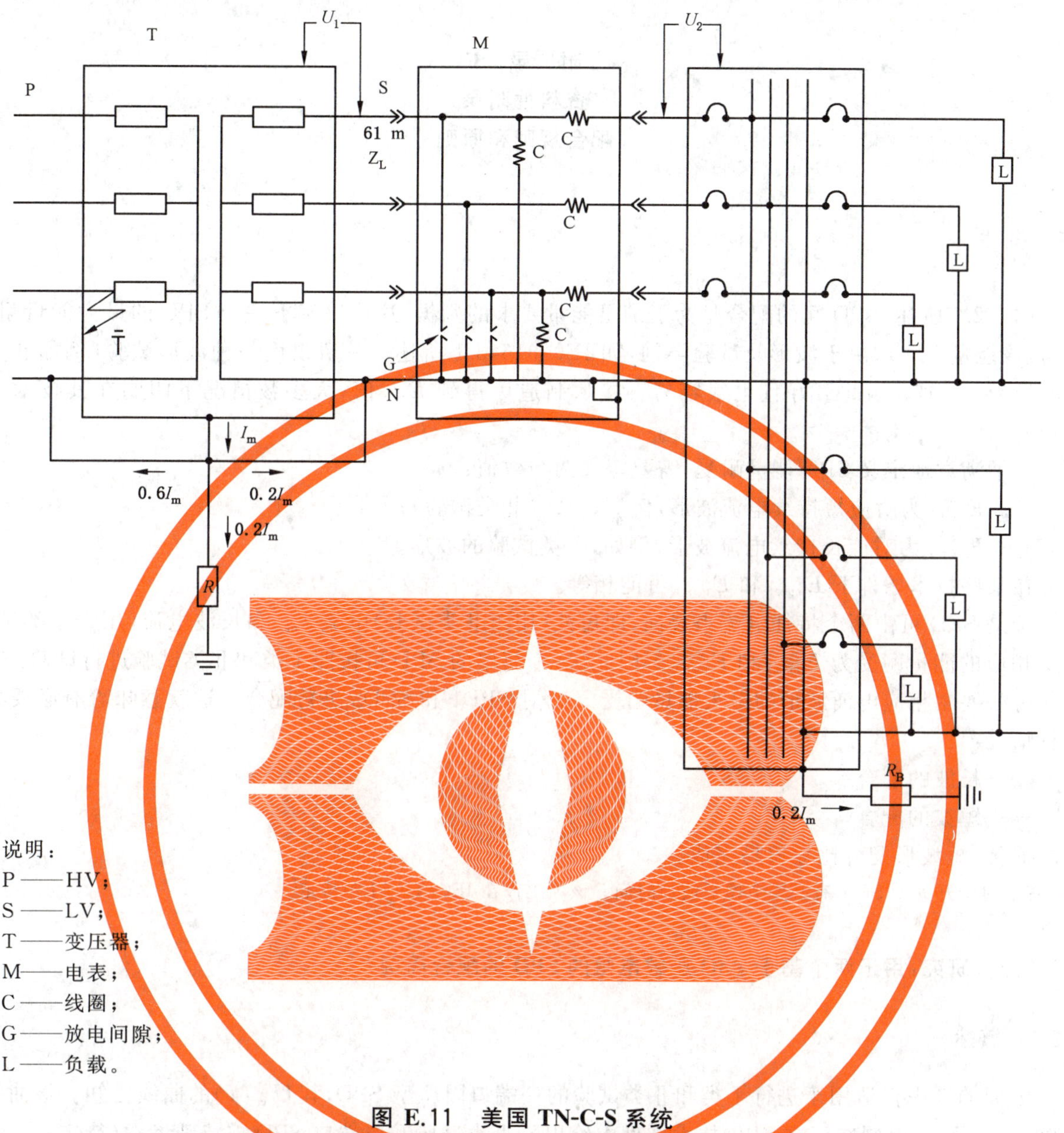

说明：

P——HV；

S——LV；

T——变压器；

M——电表；

C——线圈；

G——放电间隙；

L——负载。

图 E.11　美国 TN-C-S 系统

以北美 23 kV/13.2 kV Y 型配电回路典型情况为实例，其最大的故障电流（I_m）为 10 kA。阻抗（Z_L）为 0.041 Ω 的典型三绕组次级导体用于 3 kVA～25 kVA 三相安装的单相架空线配电变压器。距离大约 60 m 的 4/0 AWG（根据 GB 17464—2012，其等效值为 25 mm^2）铜用于计算。故障电流分配的假设是基于计算和在阶段故障条件下，现场测量多点接地配电回路。

例如，$U_0=132$ V；$U_1=U_0=132$ V；

$U_2=U_0+0.2\times I_m\times Z_L=132+0.2\times 10\ 000\times 0.04=214$ V。

虽然这表明过电压是系统正常电压的 1.78 倍（1.78 p.u），如果假定 $R\gg R_B$，则表明，在上述同样故障条件下，所得到的值 $U_2=294$ V 或者是系统正常电压的 2.45 倍（2.45 p.u.），其暂时过电压（TOV）将持续到由熔断器熔断或前方的断路器断开或自动重合闸而清除故障。这些器件将根据故障隔离器件的特性在 0.016 s～1.5 s 之间动作。降低用户导线的长度和减小故障电流可以降低严酷的条件。

该示例虽然表明一次故障能产生 2.45 倍系统正常电压的过电压，但这是极少见的情况。配电回路有 10 kA 的故障电流是非常罕见的。大部分的故障电流小于 4 kA，因此，TOV 将会大大减少。较长距离的二次侧用户是不常见的，较短距离的用户过电压较低。通常二次侧用户不超过 30 m，因此，如果故障电流是 4 kA，并且二次侧用户小于 30 m，其 TOV 大约是 1.24 倍的系统标称电压或者是 148.4 V。

附 录 F
（资料性附录）
配合规则和原则

F.1 概述

如6.2.6所述，SPD间的配合是为了满足能量要求的判椐，这取决于下一个SPD的最大能量耐受。然而，该能量有时取决于波形及试验类别，如IEC 61643-1所述。一般仅用一种波形试验（例如Ⅱ类试验波形为8/20）。因此最好且也很容易直接从制造厂得到E_{max}值（大多数情况下印刷在其技术文件中）。

为了满意地定义SPD能量耐受，需要定义两个数值：

——$E_{max\ S}$为对应短持续电流波形，例如，8/20（Ⅱ类试验）；

——$E_{max\ L}$为对应长持续电流波形，例如，Ⅰ类试验的波形。

在某些技术条件下$E_{max\ S}$和$E_{max\ L}$可能相等。

于是SPD可由两个特征电流来表征，即短波（用于Ⅱ类试验）电流I_{max}和长波电流（用于Ⅰ类试验）I_{imp}，相应的能量耐受为$E_{max\ S}$和$E_{max\ L}$。因此，一个简单的SPD可按照Ⅰ类和Ⅱ类试验进行试验。

有必要用相应电涌波形的最大能量耐受E_{max}对SPD1和SPD2进行配合。这就意味着有必要处理两种情况：

——长波的配合；

——短波的配合。

通常，短波形配合比较容易完成。

注：对于开关型SPD，有必要考虑长波前时间。该项工作在IEC/TC 81中待定。

F.2 分析研究：用于两个基于ZnO压敏电阻的SPD的配合简例

F.2.1 概述

下面的考虑仅适用于进行Ⅰ类和Ⅱ类试验的一端口限压型SPD，其$U_{res}(I)$的曲线已知。该曲线用8/20波测量，并由制造厂在SPD技术文件中给出。Ⅲ类试验和二端口SPD需特殊考虑（待定）。

下面的示例有助于理解配合的过程。首先，SPD1和SPD2是由ZnO压敏电阻组成，才可能进行分析研究。应注意，这种分析研究仅基于电流分配。为了确保满足能量判椐，或许要另外进行计算，这通常很困难。

——如果两个ZnO压敏电阻片直径相同（因而有相同的标称放电电流I_n和相同的能量耐受；相同的I_{max}和I_{imp}），但有不同的电压保护水平U_{p1}和U_{p2}（不同的厚度），则有下面的计算公式：

$$I_{n1}=I_{n2}$$

$$I_{max1}=I_{max2}$$

$$I_{imp1}=I_{imp2}$$

那么$U_{res}(I)$可能的曲线如图F.1所示。如果$U_{p1}>U_{p2}$，此时，曲线a对应于SPD1，曲线b对应于SPD2。

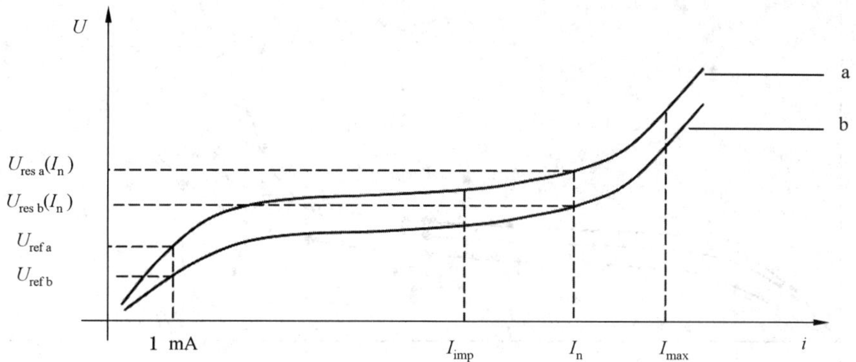

图 F.1 具有相同的标称放电电流的两个 ZnO 压敏电阻

如果 l 大于数米(典型的在 5 m～10 m),通常用短波进行配合。

在长波情况下,去耦合效应降低,因此,SPD2 应耐受总的侵入电涌,SPD2 能耐受与相同设计的 SPD1 相同的电应力。

如果 $U_{p1}<U_{p2}$,此时曲线 a 对应于 SPD2,曲线 b 对应于 SPD1,大部分电流将流过 SPD1。这时,通过第二个 SPD 的电流小于侵入电流。

在上述两种情况下,两个 SPD 具有相同的通流能力,能满足能量判据。

讨论第一种情况是为了解释原理,尽管很少能获得具有相同的能量耐受能力的两个 SPD。

——如果两个 ZnO 压敏电阻有不同的标称放电电流:

对应于此的实际应用情况是 $I_{n1}>I_{n2}$ 和 $E_{max1}>E_{max2}$。此外,SPD1 和 SPD2 还具有 $U_{res1}(I_{n1})>U_{res2}(I_{n2})$的特性。因此,$U_{res}(I)$曲线如图 F.2 所示,图中未表明阻抗,因为很难对它进行分析研究。此时,图 F.2 可以看作为短波配合,大部分电流将流过第一个 SPD。但确定长波配合较为困难。要用一个长波波形且幅值比两条曲线交叉点(见图 F.2)低的侵入电流值进行配合,很难完成。如 U_{res2} 曲线所示,大部电流都通过 SPD2,因为在这个电流水平下,U_{res2} 的曲线比 U_{res1} 的低。为此有必要在两个 SPD 之间加入一个电感。

因此,有必要在 I 从 $0.1\times I_{n2}\sim I_{max1}$ 之间比较 $U_{res}(i)$-I 曲线,而不是比较由制造厂在技术文件中给出的 $U_{res1}(I_{n1})$和 $U_{res2}(I_{n2})$(分别与 U_{p1} 和 U_{p2} 对应),以检查它们是否彼此相交。交点(如果有)的电流值 I_{cr} 应尽可能低。

此时,能量判椐实现的概率很高,较低的 I_{cr} 成功的概率更大。如果有任何疑问,通过第二个 SPD 的能量计算是必要的,应考虑 SPD 之间的阻抗和长波。这种能量计算不易用分析方法来做。

如果因为信息不充分而无法得到这些曲线,或者由于需要简单而快速的结果,则有必要在同一水平比较曲线 U_{res1} 和 U_{res2}。此时,较易且较佳的配合条件是 $U_{res1}(I_{n1})<U_{res2}(I_{n2})$。当然,保守的曲线(如图 F.2 所示)适合这种情况,但是这种 ZnO 压敏电阻或许有不必要的裕度。此外,该 ZnO 压敏电阻在耐受来自于网络暂时过电压时可能会有问题。

即使第二个 SPD 电流较低,也不可能满足长波下的能量判椐,有必要计算通过第二个 SPD 的能量。而且,检查被保护设备是否仍能被保护也是必要的(因为 ZnO 压敏电阻的非线性,SPD2 中低电流也可能引起高电压)。

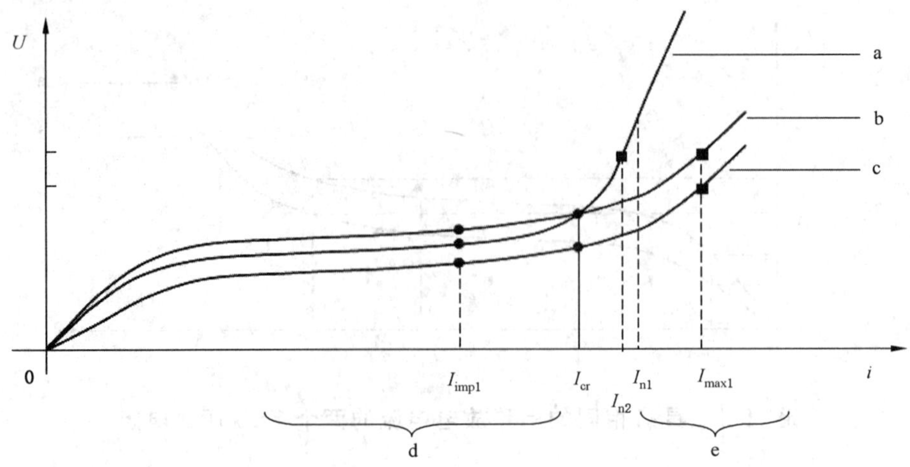

说明：

a——SPD2 对应曲线；

b——SPD1 对应曲线(与 SPD2 曲线相交)；

c——SPD1 对应保守曲线(与 SPD2 曲线不相交)；

d——长波电涌电流范围；

e——短波电涌电流范围。

图 F.2 具有不同标称放电电流的两个 ZnO 压敏电阻

F.2.2 结论

任何情况下,需要配合的两个 ZnO 压敏电阻,应按下列 5 个步骤进行：

a) 确认在没有任何 SPD 的情况下可能出现的过电压,应区分长波和短波；

b) 选择合适 SPD1 以耐受这种过电压,如果从步骤 a)得不到信息,用一个有足够裕度的 SPD(见第 7 章),并从厂方得到 I_{max1} 和 I_{imp1} 的值,然后把这些值与步骤 a)中所给数据综合考虑；

c) 然后根据保护特性的期望选择 SPD2；

d) 比较曲线 $U_{res}(I)$中 I 的值,从 $0.1\times I_{n2}\sim I_{max1}$ 的部分,决定交叉点 I_{cr},如果 I_{cr} 足够小,(典型值为 $0.1\times I_{n2}$),就不必计算第二个 SPD 中的能量。无论 SPD 之间的距离如何,能量配合都可满足。如有任何疑问,考虑 SPD 之间的阻抗,计算通过第二个 SPD 中的能量并检验能量配合判据,如果得不到这样的曲线,则用下列简化方法选择 SPD2；

若 SPD2 有相同的标称放电电流:$U_{res1}(I_n)<U_{res2}(I_n)$；

若 SPD2 有较小的标称放电电流:$U_{res1}(I_{n2})<U_{res2}(I_{n2})$；

最好再计算 SPD2 中的能量,以验证能量判据且检查设备仍能得到保护。

e) 重复各步骤直到步骤 c),给出一个满意的结果。

注 1：小电流下的电压值(通常称参考电压)不适合配合。

注 2：在任何情况下(有或无 ZnO 压敏电阻),考虑 EMC(电磁兼容)要求流过 SPD2 的电流应尽可能小。

注 3：$U_{res}(I)$是最大值曲线,有必要考虑由于制造公差带来的曲线变化范围。

注 4：前面的研究可以被推广到两个以上的 SPD。

F.3 分析研究:带空气间隙的 SPD 和带 ZnO 压敏电阻的 SPD 间的配合

F.3.1 概述

另一个常用情况是用间隙代替 SPD1,SPD2 为 ZnO 压敏电阻,见图 F.3。当在 SPD2 过载之前，就发生火花放电，这样的情况下就完成配合了。

在火花放电前，有

$$U_1 = U_{res2}(i) + L \times di/dt$$

通常，当 $U_{res2}(i)$ 的值未知，下列公式给出一个保守的结论：

$$U_1 = U_{ref2}(i) + L \times di/dt$$

U_{ref2} 是 ZnO 压敏电阻 2 的参考电压，参考电压是电阻片的特性参数，它非常接近 $U-I$ 特性曲线的拐点电压。

只要 U_1 超过间隙动态放电电压（U_{dyn}）时，配合便完成了，并且只有很小一部分电流流经第二个 SPD。这取决于 ZnO 压敏电阻（SPD2）的特性、间隙（SPD1）的动态放电电压、侵入电涌的上升率和幅值、i 及 SPD 之间的距离 d（电感 L、阻抗 Z 的阻性分量 R 可忽略）。

F.3.2 间隙和 ZnO 压敏电阻间的去耦电感估算值计算示例

如一个现代蜂窝式通讯基站，由于内部物理空间的限制，其后方 SPD 的 MOV 可将瞬态电压降到远低于前方 SPD 的间隙的触发电压，这将阻止间隙动作，并允许所有故障能量到达 SPD 的 MOV。在较大的空间里，SPD 之间的电缆距离要长一些，这样可提供足够大的电感而使间隙放电。

总是存在这样的可能性：侵入的瞬态电涌可通过并联回路进行疏散，使得电压降低到不足以使间隙放电的程度。这时，下游的 SPD 应具有足够的额定通流能力，独自吸收所有能量。

当有很高的能量时，间隙不动作将使过高的能量到达下游的的 SPD，并将使之破坏。级间配合可通过两者之间足够的串联去耦电感来保证在超过下游 SPD 所承受能量范围之上的所有过电压能量下间隙能够动作来实现。

要求确保配合的电感值可经过简单计算得到。首先，要知道间隙的参数，火花间隙典型的放电电压低于 4 kV，时间在 200 ns 以内。

其次，下游的 SPD 参数应知道，一个交流 275 V 的典型部件，大约 430 V 开始限制电压，在 8/20 的Ⅱ类试验时，I_n 为 5 kA。

然而应该知道，间隙是按Ⅰ类试验，采用 10/350 波或等效长尾波。下游 SPD 的峰值电流必须降格至能承受这类脉冲带来的额外能量。降格因数假设为 4∶1，因此，峰值电流额定值将从 5 kA 降至 1.25 kA，10 μs 上升时间将产生 125 A/μs 的 di/dt。

确保间隙的可靠动作的电感值可以用如下公式计算：

$$U = L \times di/dt + I \times R$$

式中：

U ——火花间隙放电电压；

di/dt ——脉冲的上升率；

$I \times R$ ——下游 SPD 的电压降（注意 R 是非线性值）。

由上式可得出

$$L = \frac{U - I \times R}{di/dt}$$

假定间隙在 200 ns 内放电，通过后方的 SPD 的电流为：

$$I = 0.2/10 \times 1\ 250\ \text{A} = 25\ \text{A}$$

电压 $I \times R$ 在 600 V 时：

$$L = \frac{4\ 000 - 600}{125 \times 10^{-6}}$$

或

$$L = 27.2\ \mu\text{H}$$

电感可以是一个单一的集中电感,或是 27.2 m 长的电力电缆并假定其电感为 1 μH/m,或者是一段电缆和小电感的组合。

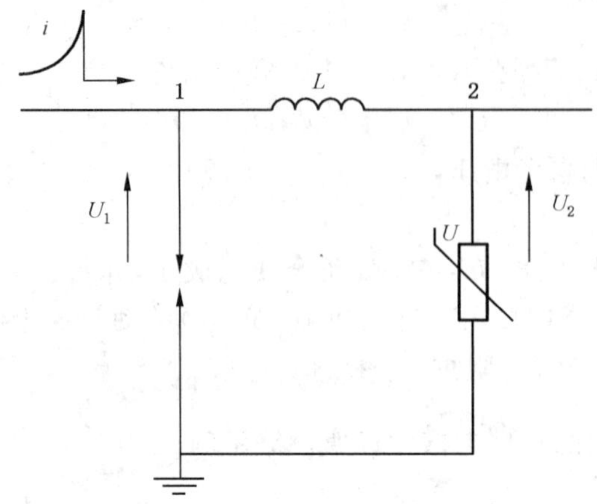

说明:

L——电感。

图 F.3 带间隙的 SPD 和带 ZnO 压敏电阻的 SPD 的配合示例

通过这个示例,可以获得设计这种配合的一般条件。

F.3.3 结论

若选择带间隙的 SPD1,则 SPD2 必须满足以下要求。

——与Ⅰ类试验波形有关的侵入电涌:

$$U_{dyn} < U_{ref2} + L \times I_{peak2}/10$$

——与Ⅱ类试验波有关的侵入电涌:

$$U_{dyn} < U_{ref2} + L \times I_{peak2}/8$$

这些规则给出一个的结果偏于保守。当必须采用一个较小值的 L 时,需用计算机模拟来检查配合是否实现。

注:其他情况可给出更严格的结果。尤其是用正待考虑的长波,IEC/TC 81 目前正在研究更长的波前时间:100 μs。

F.4 分析研究:两个 SPD 的常规配合

通过对两个 ZnO 压敏电阻或间隙-ZnO 压敏电阻的研究,证明了配合问题的复杂性。考虑到 $u-i$ 曲线不易获知,而实际中存在较大偏差,分析研究仅采用简单的示例。当通过第二个 SPD 的能量必须考虑时,进行模拟是更容易的。上述分析方法的主要目的在于让用户更好地理解这一现象。

无论 SPD 技术如何,上述所给出的一般性规则尤其是 6.2.6 中所述能量判据仍可利用。

为达到一个可接受的配合,通常要求制造厂或用户进行模拟或试验,或使用下述简化的方法。

有可能在设备中安装了一个特性未知的 SPD。因为设备在其寿命内可变化,应该注意在缺少配合时该 SPD 不会过载。

F.5 能量通过方法

F.5.1 概述

如 GB/T 21714.4—2008 所述,标准冲击参数的配合是选择和配合 SPD 的过程,这种方法的主要优点是可把 SPD 看成是一个黑箱(见图 F.4)。这里,对于在输入端口给定的电涌,不但开路电压,而且输出电流(例如进入短路)均可确定("允许能量通过"原则)。输出特性转化成等值"2 Ω-复合波"电应力(开路电压 1.2/50,短路电流 8/20),这种方法的优点是对 SPD 的内部设计不必具备专门的知识。

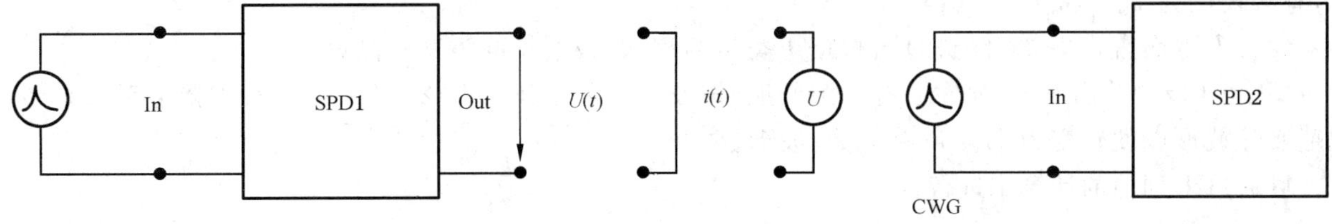

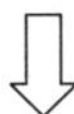

转换为类似的标准冲击-1, 2/50, 8/20 with z_1 =2 Ω

U_{oc}**SPD1/输出**≤U_{oc}**SPD2/输入**

说明:

U ——负载电压。

图 F.4 LTE—标准脉冲参数的配合方法

配合方法的目的是将 SPD2 的输入值(如放电电流)和 SPD1 的输出值(如保护电压水平)进行比较。

对于分级保护,必须考虑能够通过下级 SPD 放电(而没有损坏)的等效输入综合冲击应等于或高于前级 SPD 的等效输出综合冲击。

为了可靠的配合,等效综合冲击应由最坏情况决定(I_{max} 、U_{max} 、允许通过能量)。

设计去耦合元件的最严情况是短路回路,但对于配合的目的而言,是太严酷了。比较实际的作法是在其中引入一个"负载侧电压"(以下称为"反电压")。

火花间隙下游的 SPD 通常包含 ZnO 压敏电阻,这样一个 SPD 的残压在任何情况下都比一个系统标称电压的峰值要高(例如,在一个交流系统中标称电压为 240 V,其峰值电压为 $\sqrt{2}\times 240=340$ V,低于安装的 SPD 的参考电压)。这个系统标称电压的峰值相应于 SPD 的最小残压,因此系统标称电压峰值可看成最小的反电压。用短路代替一个假设的反电压,会导致选出的去耦合元件尺寸过大。

注 1:在 SPD1 的特性与 SPD2 的特性差别很大时,这种方法可提供较理想的结果。当 SPD1 的特性与 SPD2 的特性差别很大时,以致于在 SPD2 上的电涌状态是类似侵入电流状态。例如在一个火花间隙和 MOV 配合时,即满足上述状态。

注 2:使用该方法的限制条件如下:

——为了确保得到一个保守的结果,在这个方法中去耦合元件应作为第二个 SPD 的一部分;

——为了确保得到一个保守的结果,当次级 SPD 包括一个开关元件时,反电压取为 0;

——由于该方法无法真实确切地模拟开关元件,当第二个 SPD 包括一个开关元件时,有可能结果偏低;在这种情况下,应谨慎使用这种方法;

——侵入到装置入口的电涌的波形,必须把电流波和电压波看成是同样波形(10/350 或 8/20),电涌电流的幅值通常是可知的,而电涌电压幅值的大小取决于系统的波阻抗;

——研究必须考虑 SPD 特性曲线的公差。

F.5.2 方法

下面讨论的方法可给出两个 SPD 之间去耦合元件(阻抗)的保守值。这意味着,如果这样的阻抗装在两个 SPD 之间,配合将比计算预期的要好。

方法:基础的方法是把每个 SPD 的输出表示为一个等值的复合波发生器,由空载电压 U_{oc} 1.2/50 和一个短路电流 I_{sc} 8/20 决定,发生器的阻抗为 2 Ω($U_{oc}=2\times I_{sc}$)。

根据Ⅲ类试验的 SPD 试验,已由这样一个 CWG(复合波发生器)测试。对于Ⅱ类试验的 SPD 的试验,有必要认为 $I_{sc}=I_{max}$。

就直击雷而言,上一级的 SPD 可根据Ⅰ类试验测试,或根据Ⅱ类试验测试。

每个 SPD 的输出电压,通常会有一个波形,该波形与 1.2/50 及 8/20 的波形没有直接关系。有必要规范实际波形以便转变为 1.2/50 和 8/20 波形。

可通过下列值的计算来进行:

u 的峰值 $=\widehat{u}$,$\int u\,\mathrm{d}t$ 和 $\int u^2\,\mathrm{d}t$;

i 的峰值 $=\widehat{i}$,$\int i\,\mathrm{d}t$ 和 $\int i^2\,\mathrm{d}t$ 。

注:公式和表格中的单位应该一致。

这些值用于表 F.1。

表 F.1

电压	$\widehat{u}$	$\int u\,\mathrm{d}t$	$\sqrt{\int u^2\,\mathrm{d}t}$
电 流	$\widehat{i}$	$\int i\,\mathrm{d}t$	$\sqrt{\int i^2\,\mathrm{d}t}$

同样的表格,对幅值为 1 V(表 F.2)的 CWG 是:

表 F.2

电压	1	70×10^{-6}	6×10^{-3}
电流	0.5	12×10^{-6}	2×10^{-3}

因此,用表 F.1 中每个单元除以表 F.2 中相应的值,得到表 F.3。

表 F.3

电压	$\widehat{u}$	$\int u\,\mathrm{d}t/(70\times10^{-6})$	$\sqrt{\int u^2\,\mathrm{d}t(6\times10^{-3})}$
电流	$\widehat{i}\times2$	$\int i\,\mathrm{d}t/(12\times10^{-6})$	$\sqrt{\int i^2\,\mathrm{d}t(2\times10^{-3})}$

表 F.3 中给出了 $U_{oc(CWG)}$ 的 最大值,与 CWG 的 U_{oc} 等效的值相当于 SPD 的输出。

一旦下级的 SPD 用一个开路电压为 $U_{oc\ test}$ 的 CWG 按照Ⅲ类试验进行了试验,(或在Ⅱ类试验时用一个等效的 CWG),就可以立刻说配合是否满意。只要核实 $U_{oc\ test}>U_{oc\ CWG}$ 就足够了。

当输入参数给定时,SPD 的输出值可用模拟软件来计算。不必每次进行计算,由于这些值可由制造厂来计算。对每一个产品,对一个给定的电应力,制造厂可算出等效 CWG 脉冲的输出(I_{imp} 对Ⅰ类试验或 I_{max} 对Ⅱ类试验或 $U_{oc\ max}$ 对Ⅲ类试验),同时应注意 SPD 特性曲线的公差和任何盲点(有时,SPD 输出端的最重要的应力不是由 I_{imp}、I_{max} 和 $U_{oc\ max}$ 的最大值决定,而是由较低的值决定)。

附　录　G
（资料性附录）
应用示例

注：本附录为 SPD 在家庭、工业设施以及无线塔上的应用提供了假设的系统。本附录仅在有限的情况下，为演示本部分包含的应用准则，试图提供有关 SPD 选择的资料，而不是给出所有设备或系统中的唯一配置。

G.1　家庭的应用

MV 电网：架空线 10 km。

LV 电网（230/400 V）：架空线 1 000 m，地下电缆 200 m。

N_g：2 次/km^2/年（见 4.1.1）。

被保护建筑物位置：平原。

电气装置的构成：由一个 S 型 RCD 在入口处保护（耐受 3 kA 8/20，见 6.2.4.3），装置入口处短路电流为 3 kA，在房子入口处（地面）有一个主配电盘和在第一层有辅助配电盘。

被保护建筑物接地电阻：50 Ω。

LV 网的接地系统：TT 系统；配出一相和中线。

被保护电器的特性：电气洗衣机、电脑、入口处的警报器、录像机和电视机等。

根据风险分析（见第 7 章），使用 SPD 可能有好处（N_g 的较高值，变压器 MV 和 LV 侧的架空线电子电器等）。

由于是架空线，中等强度的雷电流预期为⇨入口处每根导线标称放电电流（I_n）≥5 kA 8/20。

入口处，警报器需要保护（敏感元件）⇨U_p≤1.5 kV。这可由一台一端口 SPD 完成，它由Ⅱ类试验来测试，U_p=1.5 kV。

入口处，短路电流 3 kA(r.m.s)⇨SPD 的短路耐受电流≥3 kA r.m.s（见 5.5.4）。对此，制造厂建议使用一个熔断器或者一个有短路断开特性的 RCD 断路器（后备保护）。如果入口处用的是一个 S 型 RCD，当侵入的电涌超过 3 kA 8/20 时，就不能保证入口处保护的连续性。

由于有 RCD 存在，不需要附加的间接接触保护。在 SPD 内有一个热脱离器。

由于是一个 TT 系统，为避免相与中线之间产生太高的过电压，建议一个 SPD 有三种保护模式（相对中线、中线对地及相对地，见 6.1.1）。

其他需要保护的电器仅需要在相与中线之间保护，因为它们不接地。除非出于安全目的把洗衣机接地，在这种情况下，相与地和中线与地之间的保护可能是必需的。

注：若电视天线接地，则需额外增加保护。

在入口处 SPD 和其他电器之间的距离，尤其在第一层，是很长的（分别为 10 m 和 20 m），紧靠被保护电器的其他 SPD 是必须的（6.1.2）。一个应该靠近洗衣机安装，一个靠近录像机机和电视机。另一个接在第一层的配电盘上，也可直接与电脑插头相连（计算机与配电盘之间的距离很小）。

其他的 SPD 可认为电涌电流较低，I_n = 2 kA，Ⅱ类试验已经足够。在制造厂的资料中建议 U_p=0.8 kV。

20 m 的距离足够使装在入口处的 SPD 与第一层的 SPD 之间产生解耦，但 10 m 的距离对入口处 SPD 和其他地面上的 SPD 由于低的 U_p 值=0.8 kV，不足以充分解耦。对其他地面上的 SPD 最好选择另一个 U_p 的 SPD，例如 U_p=1.5 kV。

对这些 SPD，安装处短路电流较低，制造厂已安装了必要的脱离器（热敏式和短路式）。见图 G.1。

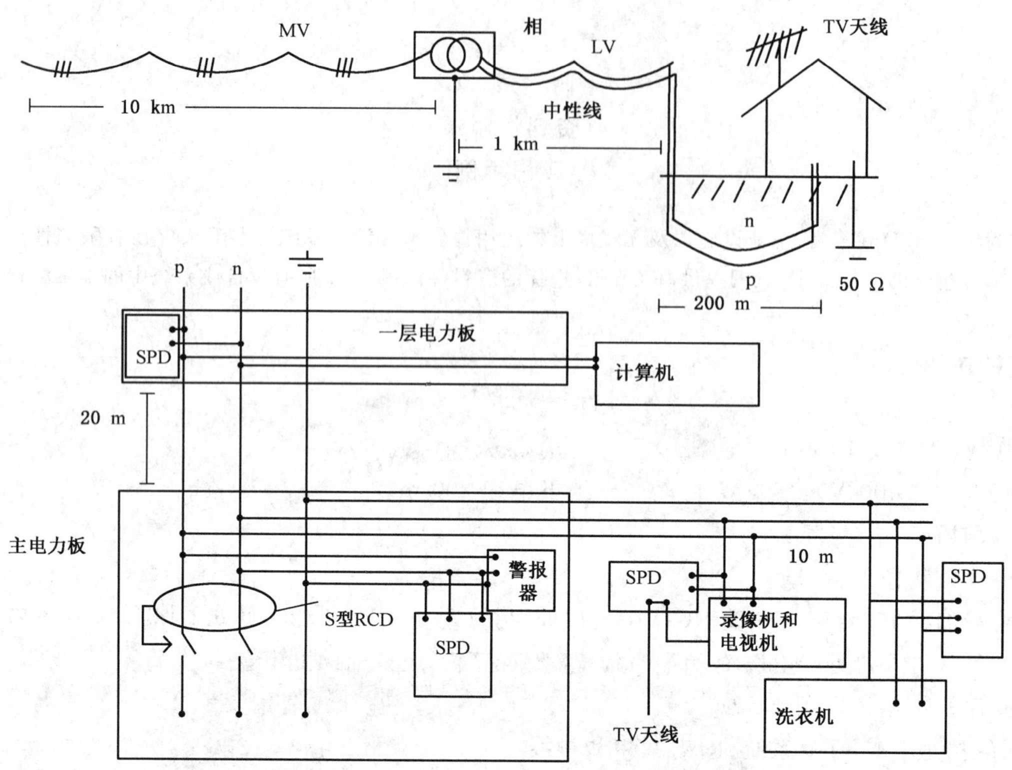

图 G.1 家庭的安装

G.2 工业应用

MV 网:架空线路 10 km。

LV(230/400 V)电网:2 根 100 m 长的地下电缆。

N_g:0.5 次/(km^2 · a)(见 4.1.1)。

被保护建筑物的位置:平原。

电气装置的构成:MV/LV 变压器在主建筑 MB 内部。

LV :TN-C 配电系统为主体建筑 MB 中的主配电盘 MDB 提供三相电。以 TN-C 系统和 TN-C-S 系统分别为独立建筑物 B1 和建筑物 B2 提供三相电。B1 和 B2 与主体建筑 MB 都相距约 100 m。

被保护的设备:

主建筑 MB——电源(MV/LV 变压器)向工业制造设备供电,包括空调、工厂照明、工业电动机控制器、变速驱动以及数控(CNC)机床。

建筑物 B1——一般的办公设备,包括影印机、传真机、局域网、离 DB1 很近的电话交换机(PABX)。

建筑物 B2——过程控制设备,包括用于工厂管理的可编程逻辑控制器(PLC)、管理控制和数据采集系统(SCADA)、称重设备、监视器、一般距 DB2 50 m。

建筑物的接地:主体建筑 MB 的接地电阻测量是 11 Ω,建筑物 B1 和 B2 的接地电阻分别是 49 Ω 和 51 Ω,当通过 TN-C 系统的 PE 导体连接时,整个接地系统的接地电阻大约是 7 Ω。MB、B1 和 B2 建筑物中分别设有 EB,EB1 和 EB2 等电位连接排。

风险分析(见第 7 章):虽然设备未暴露在直击雷影响的区域内,但是 MV/LV 变压器的 MV 侧需要用 MV 避雷器进行防护(因为 MV/LV 变压器必须使用 MV 架空线路)。因为变压器的地电位上升,电涌电流也可以流过当地接地系统,所以需要在建筑物 B1 和 B2 的入口处和变压器的 LV 侧安装

LV SPD。

保护原则:在风险分析中对这种需要连续工作的工业设备分类为典型的具有“重要性”的对象。这样用一套分布式电涌保护,既为主配电盘 MDB 提供了入口点保护,也为建筑物 B1 和 B2 中的独立配电盘 DB1 和 DB2 提供保护。

主建筑:主配电盘内的 SPD 连接到各相和主等电位排 EB 之间。这些 LV SPD 应该用Ⅱ类试验进行测试。例如,一个标称放电电流 I_n 为 10 kA(与 MV 避雷器 I_n 相同),其电压保护水平 $U_{p1} \leqslant 1.2$ kV 的 SPD,可安装在该位置以确保与后级 SPD 协调。

SPD 的短路耐受能力(以及开关型 SPD 的额定断开续流)需和 MDB 处的预期短路电流配合。这通过安装脱离器来实现,脱离器是由制造厂商指定的外部串联连接过流装置(如熔断器、断路器等),或者是 SPD 内部的脱离器。

在建筑物内部有许多不同类型的具有不同电压耐受能力的设备,包括敏感性设备(根据 GB/T 16935.1—2008电压耐受能力 $U_W=1.5$ kV)。这种设备离安装在设备入口处的 SPD 相距 30 m。这可能会导致电压振荡(见 6.1.4)。

在这样情况下,设备的最大电压可能达到 $2\times U_{p1}$,其中 U_{p1} 是入口处 SPD 的保护水平。在这样的一个例子里,描述了一种最严酷的情况,按照 6.1.4,U_{p1} 应小于 1.5 kV×0.8/2(即 600 V)。由于可能存在的 TOV,如此低的保护水平会增加 SPD 失效的概率。于是设计者宁愿选择有更高 U_p 的 SPD(对 TOV 不够敏感的),例如 $U_{p1}=2.5$ kV 的 SPD。这种情况下,在设备的前端可能需要一个附加的 $U_{p2} \leqslant$ 1 200 V($0.8\times U_W$)的 SPD。由于已经很接近这种敏感性设备性能,不需要再除以 2。

若使用的是较低电压保护水平 U_{p1}($U_{p1} \leqslant 600$ V)的 SPD,不需要再使用第二级的 SPD。这个过程强调的是设备的电压耐受 U_W(绝缘配合)。

可能需要较低电压保护水平 U_p(如果使用的是两级 SPD,则为 U_{p2}:如果使用的是单级 SPD,则为 U_{p1})用以避免设备故障(见 6.1.4,考虑了冲击抗扰度)。

连接在 SPD1 和 EB 之间的线路长度不满足 6.1.3 的规定。由于这个原因,需要在 SPD1 和 PEN 之间附加一个导体。而 SPD2 和 PEN 之间的线路能满足 6.1.3 的规定,因而不需要附加导体。

数据和控制回路的保护应符合 GB/T 18802.22—2008。

建筑物 1:建筑物 B1 和主体建筑 MB 之间的给定距离是 100 m,在各相和等电位排之间安装Ⅱ类试验的 SPD(SPD3)。假定安装的 SPD 的标称放电电流 I_n 为 5 kA,电压保护水平 $U_p \leqslant 1$ kV(根据安装在 B1 内的敏感性设备,$U_p \leqslant 1$ kV 是必要的。因为建筑物很小,而设备离 DB1 很近,不需要考虑 2 倍电压效应,见 6.1.4)。这部分强调的是设备的电压耐受 U_W(绝缘配合)。可能需要较低的电压保护水平 U_p 以避免设备的故障。

连接到 SPD3 和 EB1 之间的线路长度满足 6.1.3 的规定,因而不需要附加导体。

数据和控制回路的保护应符合 GB/T 18802.22—2008。

建筑物 2:B1、B2 和主体建筑 MB 之间都相距 100 m,因而在各相和 PE 导体/排、PEN 导体/排之间都需安装 SPD(SPD4)。这些 LV SPD 应通过Ⅱ类试验测试。假定 SPD 的标称放电电流 I_n 为 5 kA,电压保护水平 $U_p \leqslant 1.2$ kV。

在建筑物内部有许多不同类型的具有不同电压耐受能力的设备,包括敏感性设备(根据 GB/T 16935.1—2008 电压耐受能力 $U_W=1.5$ kV)。这种设备离安装在设备入口处的 SPD 相距 50 m。这会导致振荡(见 6.1.4)。在这种最严酷的情况下,设备的最大电压水平可能是 $2\times U_{p1}$,其中 U_{p1} 是入口处 SPD 的保护水平。按照 6.1.4,U_{p1} 应该小于 1.5 kV×0.8/2(即 600 V)。应像建筑物 1 一样考虑暂时过电压。入口处 SPD(SPD4)的电压 U_{p1} 可能高达 1.2 kV。这种情况下,需要在设备 Eq 前端安装一个 U_{p2} 小于或等于 1 200 V($0.8\times U_W$)的 SPD(SPD5)。若使用的 SPD 的 $U_{p1} \leqslant 600$ V,则不需要使用第二级的 SPD。这部分强调的是设备的电压耐受 U_W(绝缘配合)。可能需要较低电压保护水平 U_p(如果使用的是两级 SPD,则为 U_{p2};如果使用的是单级 SPD,则为 U_{p1})用以避免设备故障(见 6.1.4 的注)。

若需在可移动设备附近安装一个附加的SPD(SPD5),则这个SPD应能在各相与中线之间以及中线与PE级之间提供保护。这要求是考虑设备距离在DB2中与NPE等电位联结点达到50 m而引起中线的电位上升的风险,见图K.5。

SPD4和EB2之间线路长度以及连接SPD5中线到PE级之间的线路长度满足6.1.3的规定,因而不需要另外的导体。

数据和控制回路的保护应符合GB/T 18802.22—2008。

见图G.2和图G.3。

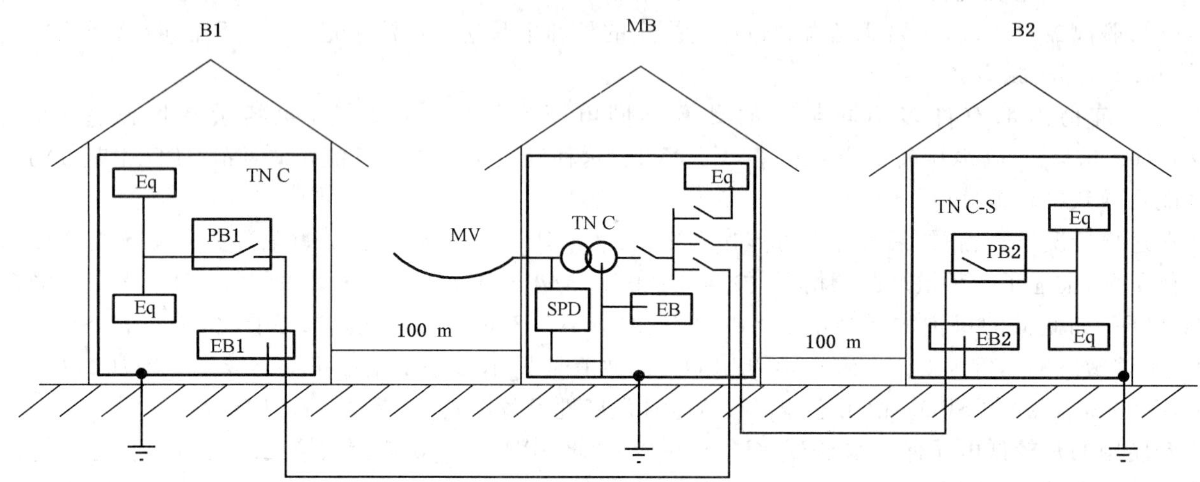

说明:

B1、B2——建筑物1、2;

MB ——主体建筑;

EB ——等电位连接;

DB ——配电盘;

Eq ——负载设备。

图G.2 工业装置

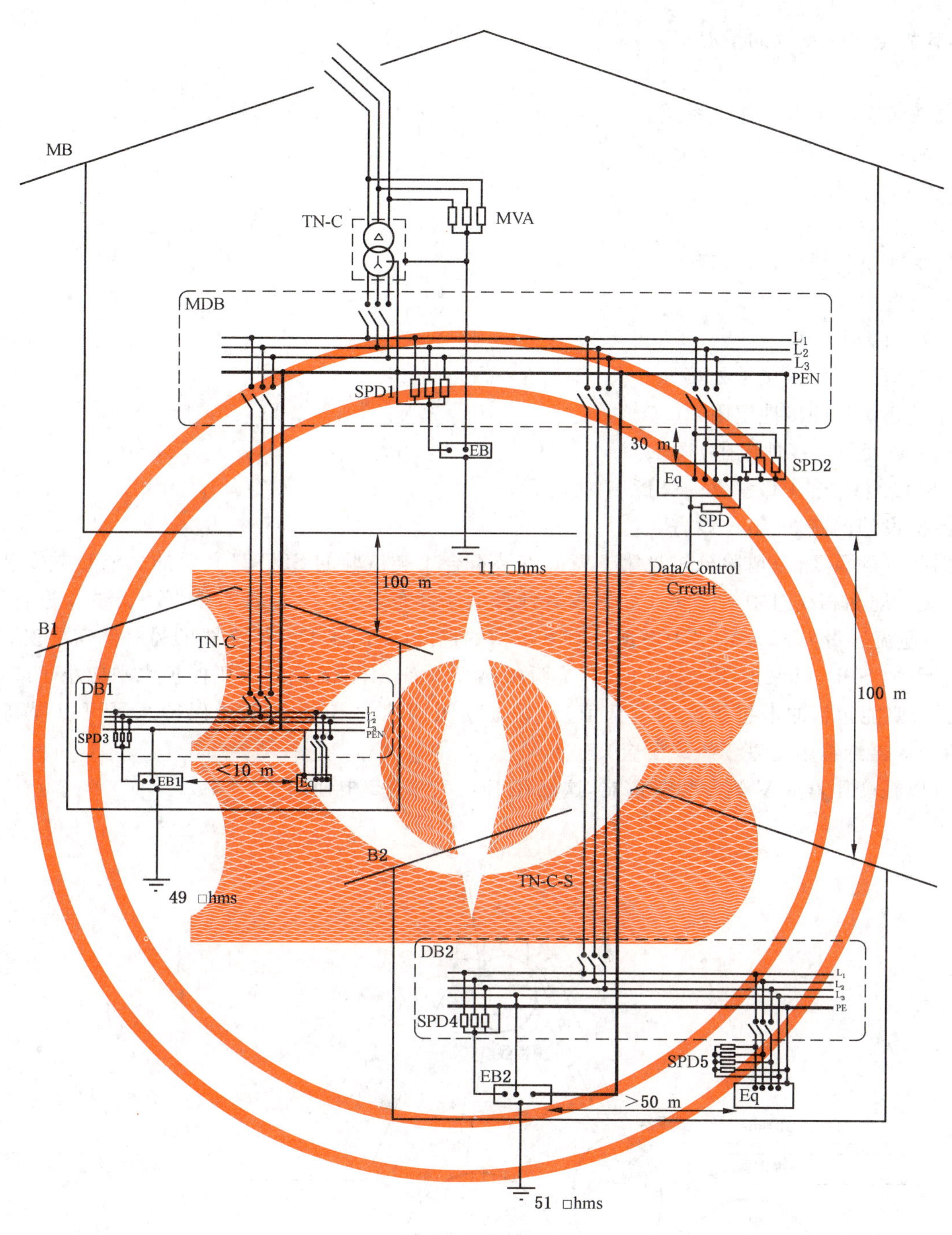

说明：

B1、B2——建筑物 1、2；

MB ——主建筑；

EB ——等电位连接；

MDB ——主配电盘；

Eq ——负载设备；

DB ——配电盘；

MVA ——中压避雷器。

图 G.3 工业装置电路

G.3 具有雷电保护系统的情况

无线塔装有一个雷电保护系统。

MV 网：架空线 10 km。

LV 网：架空线 500 m。

N_g：6 次/(km^2 · a)。

被保护建筑物的位置：山顶。

电气装置的构成。

中线在山脚下接地。

设备接地局部保护接地处接地。

被保护建筑物的接地电阻：10 Ω。

MV/LV 变压器接地电阻：10 Ω。

LV 网接地系统：TT 系统；一相和中线配置。

被保护设施的特性：电子设备。

根据装置的重要性（风险分析见第 7 章），安装符合Ⅰ类试验的 SPD 是必要的。SPD 被安装在相线对地，中线对地和相线对中线之间。如果没有计算电流分布，这些 SPD 都需依据Ⅰ类试验进行测试，并且 SPD 的通流容量为 25 kA，因为塔顶会有直击雷的危险（见附录 D），架空线的另一侧需要安装具有相同通流容量的 SPD，以保护变压器。例如，靠近敏感性设备 SPD 的预期电压保护水平应小于或等于 1.5 kV（可能需要能包括冲击抗扰度的较低值）。靠近变压器端的 SPD 的电压保护水平可以提高到6 kV（典型的变压器绝缘耐受基于绝缘配合）。

也可以在变压器 MV 侧安装避雷器，这已在 IEC 60099-5 中强调过。

见图 G.4。

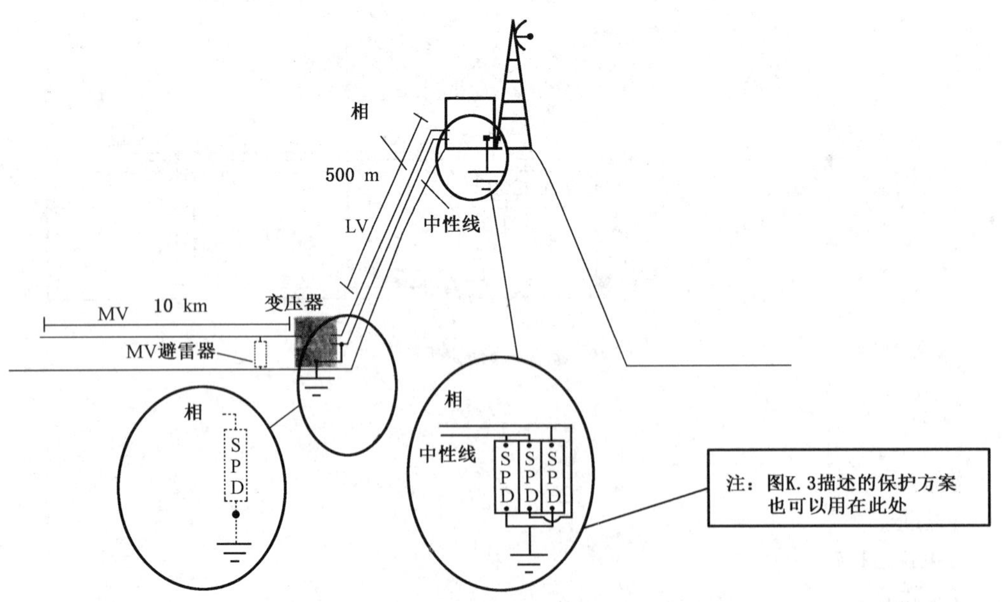

图 G.4 一个雷电保护系统示例

附 录 H
（资料性附录）
风险分析的应用示例

GB/T 16895.10—2010 描述的简化风险分析方法如下，基本有两种情况：

——在年均雷暴日大于 25 d 的区域，且设施包含架空线路或由架空线路供电，应在入口处安装 SPD。

——如果上述的条件有一条不满足（例如年均雷暴日小于 25 d 或地下电缆）时，按下列几种情况考虑雷击损害后果：

- A：与人身安全相关的（雷击直接影响生命，如安全设施、医院的医疗设备）；
- B：与公共设施相关的（失去对大量人群的服务或国家文物损失，如 IT 中心、博物馆）；
- C：与商业或工业活动相关的（生产损失、经济损失等，如旅馆、银行、工厂、商业市场、农场）；
- D：与人群相关的（对雷击人身安全没有直接影响，如大的住宅、教堂、办公楼、学校）；
- E：与个人相关的（对雷击人身安全没有直接影响，如住宅、小办公室）。

A～C 的情况应在设施入口处安装 SPD。

D～E 的情况应根据计算结果安装 SPD。按下面的计算公式来确定惯用长度 d。

如果 $d > d_c$，推荐采用保护。

d：所考虑的建筑物的电源线的惯用长度，单位为 km，最大值为 1 km。这段距离与第一个节点相关，节点处至少有两个分叉线，在这里电应力减小了。在连接盒处安装的 SPD 也认为是一个节点。

d_c：临界长度；

D 中的 $d_c = 1/N_g$，以 km 为单位；

E 中的 $d_c = 2/N_g$，以 km 为单位。

这里 N_g 是地面落雷密度。

注：每年 25 个雷暴日相当于每年每平方公里 2.24 的雷闪次数，可由下面的公式推导出来：

$$N_g = 0.04 T_d^{\ 1.25}$$

式中：

T_d——每年的雷暴日。

$$d = d_1 + d_2/4 + d_3/4$$

一般 d 小于 1 km。

式中：

d_1——连接到建筑物的 LV 架空线长度，小于 1 km；

d_2——建筑物未屏蔽的 LV 地下电缆长度，小于 1 km。考虑到地下电缆的阻尼效应，需除以 4。在架空线—地下线缆的连接处通常安装 SPD，这样减小电应力的倍数可能大于 4 倍；

d_3——建筑物的 HV 架空线长度，小于 1 km。考虑到变压器的衰减效应，需除以 4。根据对一些变压器的试验结果，这个数字是相对保守的。

HV 地下电缆的长度可以忽略。

屏蔽的 LV 地下电缆长度可以忽略。

以下给出了这种方法的应用以及确定 d 的示例。

下图中的粗虚线表示地面。它上方的线表示架空线，下方的线表示地下电缆。方框代表所考虑的建筑物，两个圆形符号代表变压器。

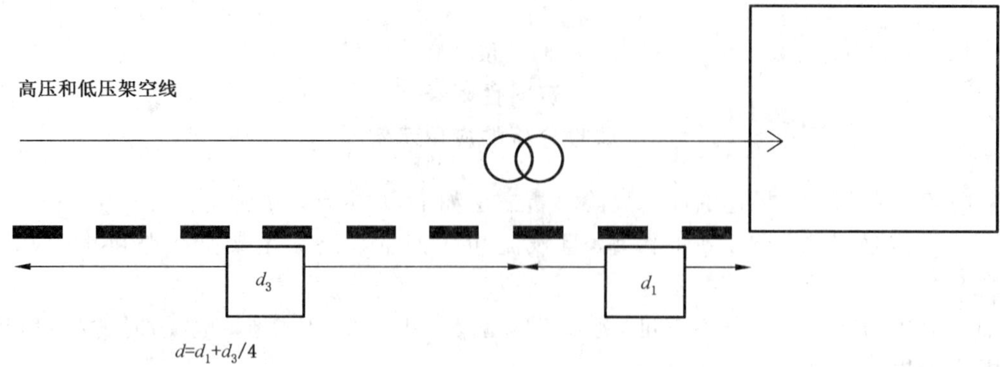

建筑由 LV 架空线供电，配电变压器离建筑物的距离小于 1 km。

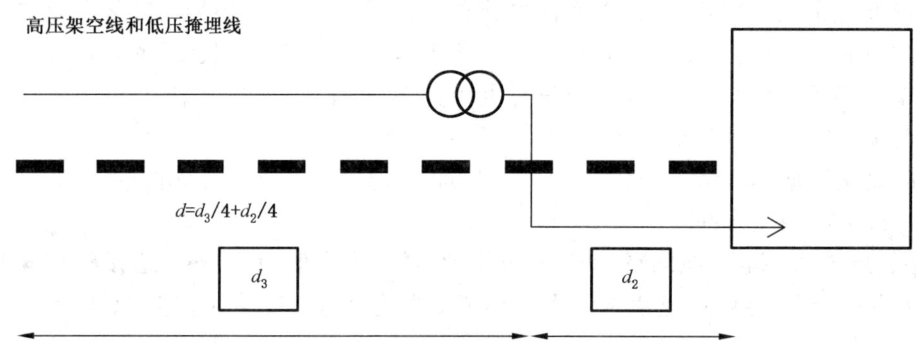

建筑由 LV 地下电缆供电，配电变压器离建筑物的距离小于 1 km。

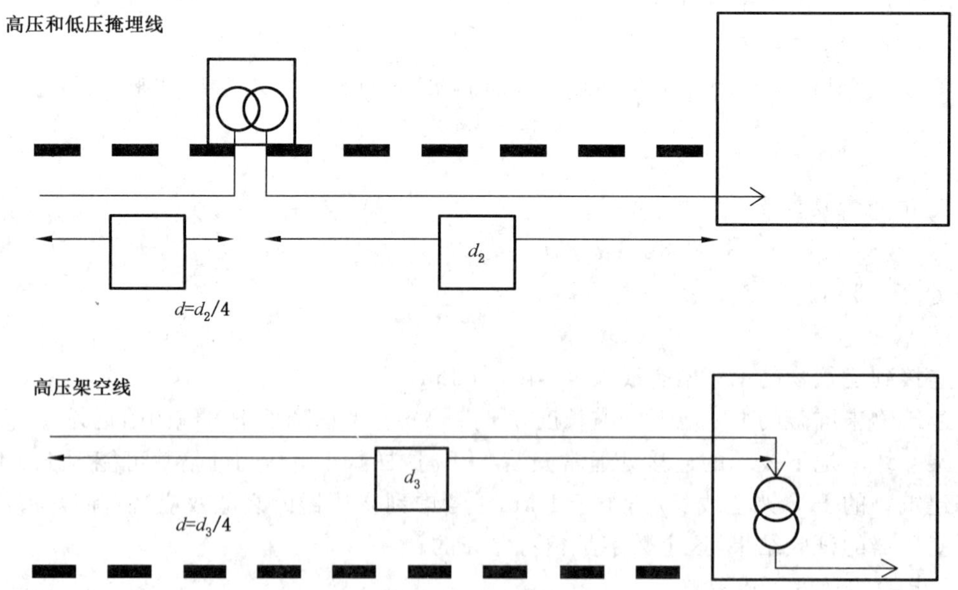

建筑由 LV 地下电缆供电，配电变压器位于建筑物内。

示例 1:博物馆。将 HV/LV 变压器和博物馆电气入口用 500 m 长的地下电缆连接起来,给博物馆供电。雷暴日为 20 d。

即使使用了地下电缆且雷暴日低于 25 d,由于属于情况 B,仍推荐安装 SPD。

示例 2:将 HV/LV 变压器和电气入口用 200 m 长的架空线连接起来给私人住宅供电。雷暴日为 27 d。

由于连接了 LV 架空线以及雷暴日大于 25 d,推荐安装 SPD。

示例 3:雷暴日为 20 d 的学校(根据 $N_g=1.7$)。这由直接位于建筑物内部的 HV 变压器供电,HV 架空线 750 m 长。属于情况 D。

雷暴日小于 25 d,需根据实际长度 d 的计算来评估使用 SPD。

$$d=d_1+d_2/4+d_3/4=0+0+0.187\ 5=0.187\ 5$$

$$d_c=1/N_g=0.59$$

由于 $d<d_c$,所以不需要安装 SPD。

示例 4:雷暴日为 20 d 的教堂(根据 $N_g=1.7$)。由将 HV 变压器和教堂电气入口处用 500 m 长的架空线供电,HV 架空线长 2 km,属于情况 D。

雷暴日小于 25 d,需根据实际长度 d 的计算来评估是否使用 SPD。

$d=d_1+d_2/4+d_3/4=0.5+0+0.25=0.75$　　　（d_3 限制在 1 km 之内）

$d_c=1/N_g=0.59$

由于 $d>d_c$,所以推荐安装 SPD。

示例 5:雷暴日为 20 d 的小办公室(根据 $N_g=1.7$)。这段距离不清楚。属于情况 E。

雷暴日小于 25 d,需根据实际长度 d 的计算来评估是否使用 SPD。由于距离未知,所以采用最严酷的情况进行计算。如 $d_1=1$ km,$d_2=1$ km,$d_3=1$ km,则

$d=d_1+d_2/4+d_3/4=1+0.25+0.25=1.5$　　　（根据规定,限制在 1 km 之内）

$d_c=1/N_g=0.59$

由于 $d>d_c$,所以推荐安装 SPD。

附 录 I
（资料性附录）
系统电应力

注：本附录是第 4 章的扩充，如果信息与前面的特定条款有关，会标识在后面的[]中。

I.1 雷电过电压和电流[4.1.1]

I.1.1 影响 SPD 需要的配电系统方面的因素

GB/T 16895.10—2010 中 443 说明，若装置采用地下电缆或架空线供电但雷暴日在 25 d 以下时，没有必要用 SPD，除非按装置用途考虑的允许风险值非常低。

选择导则是考虑一般情况的装置，如果正在考虑的装置的具体因素是异常的，可能对于电涌保护有更大的需求。上述因素在 I.1.1.1 和 I.1.1.2 中考虑到了。

应该进行基于侵入电涌的可能性和保护与结果之间的经济平衡进行的风险分析。

GB/T 16895.10—2010 中 443 关于风险分析正在修订。

I.1.1.1 雷击活动

决定雷击于装置时危险程度的最重要的数据是当地落雷密度 N_g。当 N_g 未知时，从雷暴日水平(从雷区分布图中得出每年雷暴日的 N_k 数)可得到粗略的估计，可用特定公式 $N_g=0.04\times N_k^{1.25}$ 来计算。

N_g 提供了关于雷电活动的精确估计的高度地方化的信息，从而使在特定的地点和沿着进入电气装置通道的风险得到精确估计。同时它也考虑了由于年份和电涌的大小而引起的变化。决定 N_k时这些因素未包括在内，因此，$N_k=25$ 就不能用于决定 SPD 是否需要。

I.1.1.2 装置的暴露

采用地下电缆供电时，电缆并不总能够保护设备，尤其是直击雷或雷击其附近时，这在 GB/T 16895.10—2010 中并没有考虑。这就是为什么地下电缆供电不能单独用来决定 SPD 的需求的原因。

I.1.2 建筑物内部电涌电流的分配

图 I.1 给出了雷直击于建筑物的情况下电涌电流分配的典型示例。更详细的情况见附录 D。

注 1：雷电冲击电流包括两个关键参数，第一个是快速上升时间，用于决定由于电感效应引起的电压值。第二个是长持续时间，主要与冲击能量有关。高频效应在后一阶段没有体现，因此可用欧姆律电阻来计算电流分布。

在单独估算(例如，通过计算)是不可能的情况，假设 50％的总雷电流(I)通过给定建筑物的雷电保护系统的接地端入地，剩余 50％电流(I_s)分散在进入建筑物服务管线中，如外部的导电部分，电源和通信线等。在每个设备中流动的电流值(I_i)可用 $I_i=I_s/n$ 来估计，n 为设备个数。

对单个导体中流过电流的估计为 I_V。在没有屏蔽的电缆中，电缆电流 I_i 根据导体数 m 来分配。$I_V=I_i/m$。

在电缆有屏蔽层的情况下，两端必须直接接地或经过 SPD 接地，在这种情况下，电缆中大部分的雷电流流入屏蔽层(通常 50％)，小部分雷电流进入内部导体，在所有情况下 SPD 应尽可能安装在屏蔽层的连接点附近。

注 2：SPD 的 I_{peak} 或 I_{max} 的优选值对应于 I_V。

注 3：雷直击架空线的情况可用一个相似的方法来考虑。

注 4：括号中的值是在没有金属管时使用的。

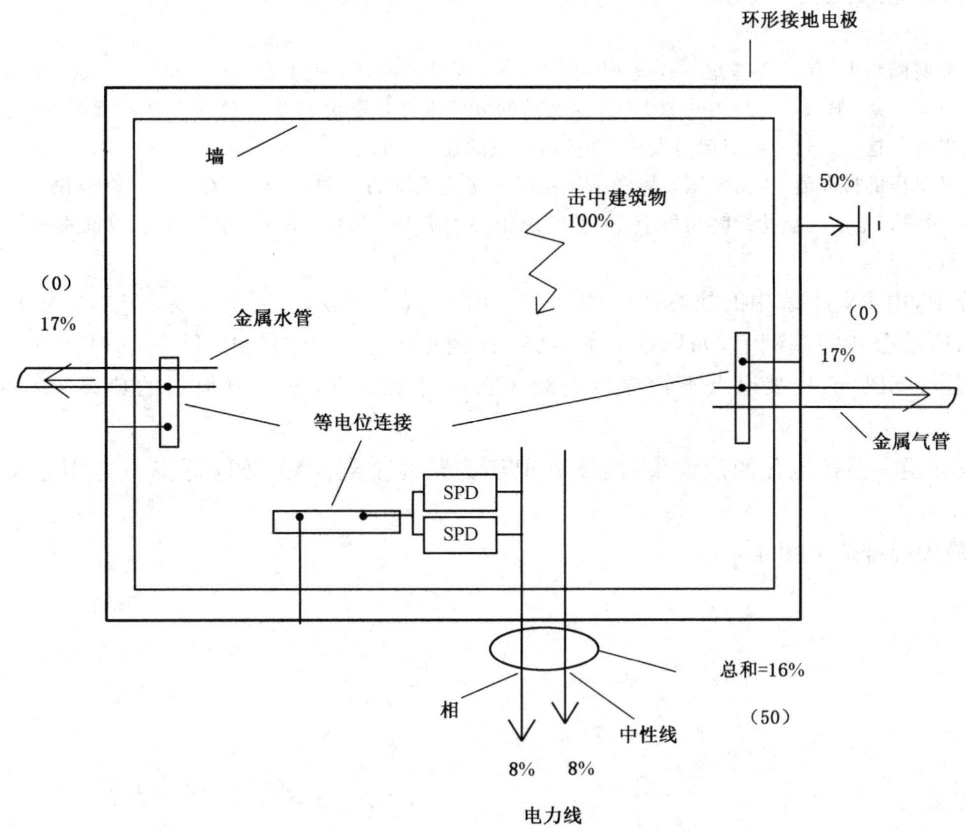

注：当未用金属管时采用括号中数值。

图 I.1 进入外部设施(TT 系统)的雷电流分配示例

图 I.1 给出了典型情况，即 50% 的总电流通过建筑物接地流入地下，而另外 50% 通过外部设施分流。

I.2 操作过电压[4.1.2]

由操作电涌引起的过电压的更多资料可参照 C.3。

I.3 暂时过电压 U_{TOV}[4.1.3]

在 LV 系统由于故障引起的暂时过电压可通过两个参数定义：

——k_1 是最大电压和系统标称电压之比，通常在 1.05～1.1，这包含了电压水平的正常调节。

$$U_{cs}=k_1\times U_0$$

——k_2 是系统最大过电压和电力系统的 U_{cs} 之比。当一个三相低压系统故障时，非故障相电压可升至额定值的 1.25 倍到理论上的 $\sqrt{3}$ 倍。

注 1：在单相、三线(分相)系统，k_2 可高至 2。

总的暂时过电压可表示为：

$$U_{TOV(LV)}=k_1\times k_2\times U_0=k_2\times U_{cs}$$

注 2：暂时过电压通常由事故引起，比如低压配电系统的故障，电容器动作和电动机停机、起动，这些过电压是短时的。由三相供电系统故障引起的暂时过电压持续时间从 0.05 s 到最大 5 s。单相电动机起动，若中线连接不好，将会引起很大的过电压。典型情况是它将达到 5 s。因此，暂时过电压持续时间根据本部分来选择，从 0.05 s～5 s；

注 3：在某些网络中，有必要考虑一个短时（低于 5 s）暂时过电压，由高压系统故障引起（$U_{TOV(HV)}$），它为 U_0＋1 200 V（见 GB/T 16895.10—2010）。这么高的电压值将会导致 SPD 失效。在这些情况下，就要做适当的试验以确保这一失效不会引起对人员、设备和设施的任何危险。U_0＋1 200 V 的值是最大持续时间为 5 s 的暂时过电压的最大值，根据低压装置和高压系统中接地系统的不同类型，此值有可能有或没有（见附录 E）。另外，暂时过电压可能持续时间长于 5 s 的情况由 GB/T 16895.10—2010 决定，而且可能由于持续时间长导致失效。

本部分中，由 LV 系统中的故障产生的 TOV，用 $U_{TOV(LV)}$ 表示。而 HV 系统中，则用 $U_{TOV(HV)}$ 表示。

在上面所给公式的基础上，如果有可能的话，在理论上绘一条网络中 U_{TOV} 和时间的变化曲线。实际上，尤其是在 SPD 的安装地点不知道该曲线。在这种情况下，仅知道很少的典型点，很难绘制上述曲线。

通常仅知道一些标准化的最大值，曲线就退缩为某几个点。对 SPD 选择有特别意义的时间值为 200 ms 和 5 s。

U_{TOV} 最大标准值见图 4。

附 录 J
（资料性附录）
选择 SPD 的判据

注：本附录是第 5 章的扩充，如果信息与前面的特定条款有关，会标识在后面的[]中。

J.1 U_T 暂时过电压特性[5.5.1.2]

SPD 暂时过电压 U_T 的典型曲线见图 J.1。

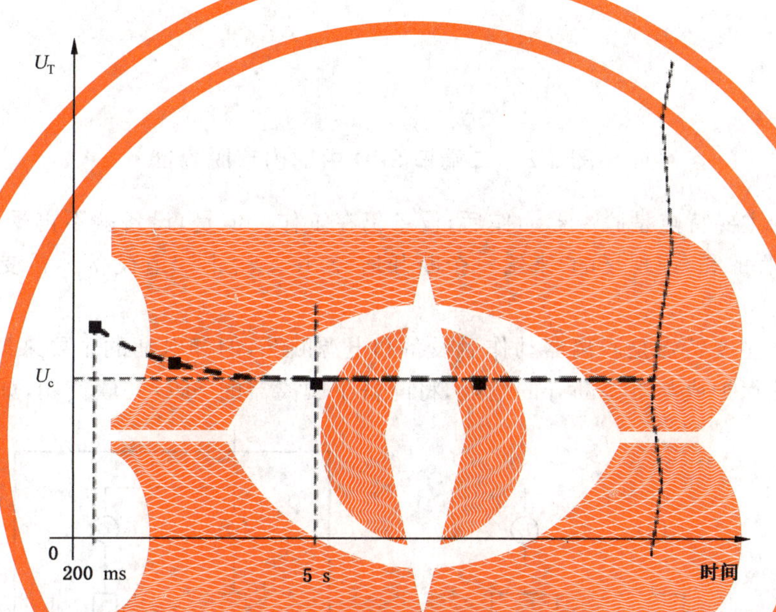

注：暂时过电压可能有几秒的持续时间，当暂时过电压持续时间超过 5 s 时被认为是对 SPD 的永久作用，对时间超过 5 s 的曲线对应值相当于 U_c 的恒定值。

图 J.1 SPD 的 U_T 典型曲线

J.2 SPD 失效模式[5.5.4]

如 5.5.4 所讨论的那样，当 SPD 处于失效模式时，失效模式对装置的影响必须考虑。

若一个 SPD 的失效模式是开路(由 SPD 本身的一个非线性元件提供，或与 SPD 串联的内部或外部脱离器提供，且与供电系统是断开的)，这样就保证了在 SPD 失效时供电的连续性。然而在系统后备保护动作之前，必须特别注意 SPD 的断开能力，仔细研究 SPD 脱离器及后备保护之间的配合。

对二端口 SPD 或与干线相连的一端口 SPD，如图 J.2 中分别所示的情况 a 和 b，该 SPD 的内部脱离器依据其 SPD 中的位置决定了其能否提供连续供电。

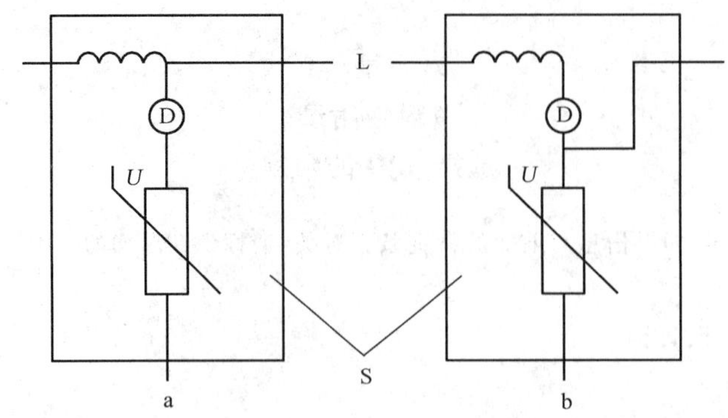

说明：
D——脱离器；
S——SPD；
L——连接线。

图 J.2 二端口 SPD 中的内部脱离器

在情况 a 时的主要特点是脱离器动作后，设备仍在工作。但是，设备就不再受到保护了。若未用一个故障指示器（远程的和/或现场的）来给一个断开信号，用户就不知道设备不再受保护，这样将更易受到侵入电涌。

在情况 b 时的主要特点是脱离器动作后设备和电源断开，但和电涌的主要来源也断开了。

为了减少缺乏保护或与电源断开的危险，将配备了脱离器的 SPD 并联使用，如图 J.3 所示。

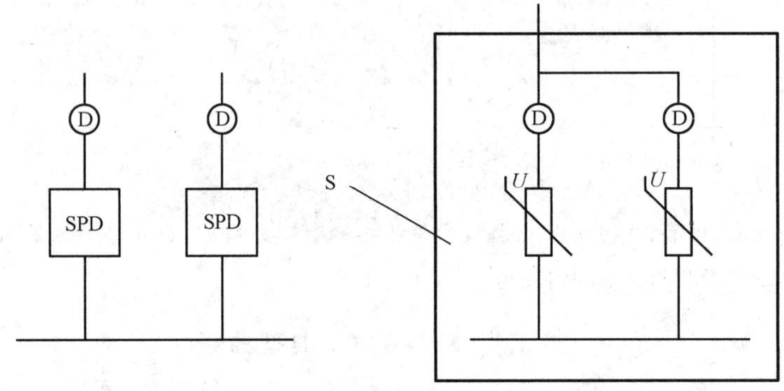

说明：
D——脱离器；
S——包括两个保护元件（ZnO 压敏电阻）和两个脱离器的完整的 SPD。

图 J.3 并联 SPD 的使用

若 SPD 的失效模式属于短路模式（由于 SPD 自己或是由于附加电器），引起后备保护跳闸，其状况与上述情况 b 类似。

除非制造厂表明了一个特定的失效模式，可假定 SPD 可能是上述任意失效模式。为了得到失效模式的单一模式（短路或开路条件），就要用一个附加电器（如用一个过流脱离器，见图 J.3）。

在 SPD 失效时，存在一个暂时的、不确定的状态，为了得到 SPD 失效后的确定状态（开路或短路），需要采用附加电器（如热熔式脱离器）。

注：GB 16895.21—2011 描述了安全应用准则。

附 录 K
（资料性附录）
SPD 的应用

注：本附录是第 6 章的扩充，如果信息与前面的特定条款有关，会标识在后面的[ ]中。

K.1 SPD 的安装和保护效果[6.1]

K.1.1 保护和安装的可能模式[6.1.1]

图 K.1～K.5 给出了各种接地的替代选项（见 5a 和 5b）

注 1：最好的是使用两种方式来保持较低的保护水平和在安装时的最小应力。SPD 应保持共同接地点与 PE 连接线尽可能的短。

合理的安装应遵循以下 5 个步骤：

注 2：下面的步骤适用于连接在线或中线与地之间的 SPD，其他的 SPD 可能需要另外的规则。

a） 确定放电电流路径。

b） 标识设备端子上能产生附加电压降的导线[图 K.6a）和 K.6b）]。

注 3：在图 K.6 中，U_{res} 是 SPD 根据类别Ⅰ和类别Ⅱ试验得到的残压或限制电压。

c） 合理安排每一设备导线的路径，从而避免产生不必要的电感耦合，见图 K.6c）、图 K.6d）和图 K.7。

注 4：如果不可能有一个单独的接地点，就必须装两个 SPD，像图 K.6d）。

d） 设备和 SPD 之间应等电位联接。

e） 应依据配合的需求选择 SPD。

应采取措施降低装置未保护部分和保护部分的电感耦合，通过分离施感源和干扰电路、限制回路面积和选择一定回路角度都可以减少互感（见图 K.7），当电流传输线是回路面积的一部分，使其靠近电缆能够降低感应电压[见图 K.7a）]。

通常，较好的方法是将保护线从非保护线中单独分离出来，采取措施避免电源和通信电缆之间的瞬态交叉干扰[见图 K.7b）]。

图 K.7 是考虑 EMC 方面的 SPD 安装。

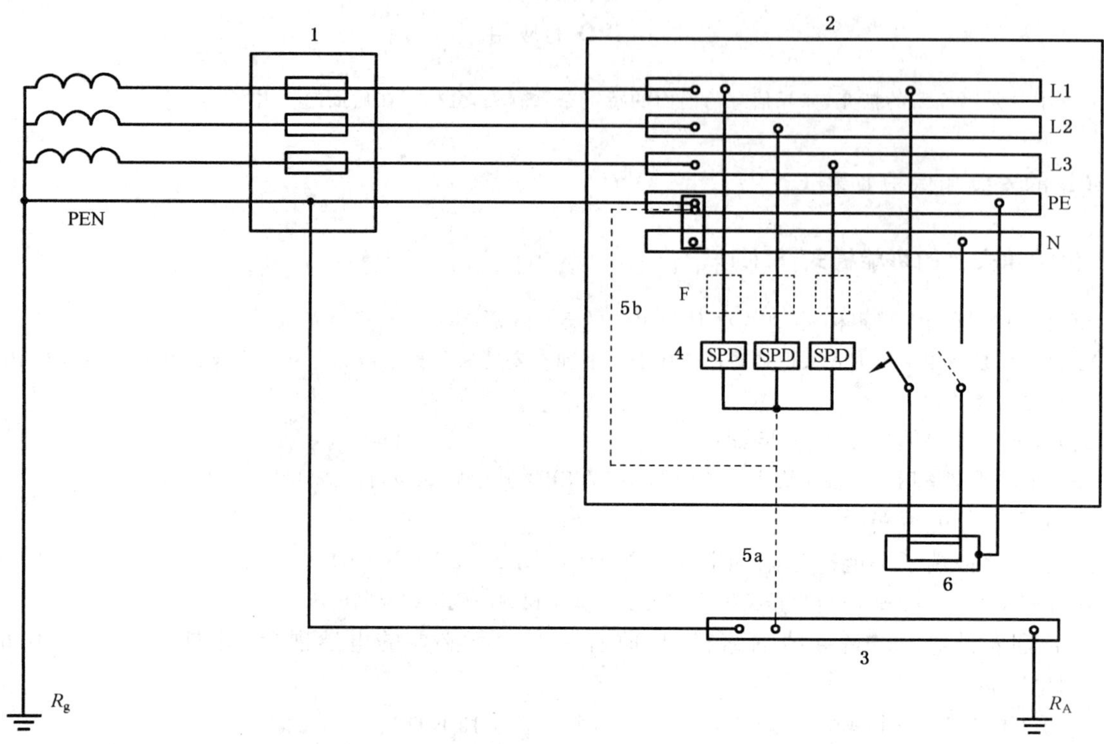

说明：

1 ——装置的电源入口；

2 ——配电盘；

3 ——总接地端子或排；

4 ——电涌保护器；

5 ——SPD 的接地，5a 或 5b 处；

6 ——被保护设备；

F ——SPD 制造厂要求装设的保护器(例如熔断器、断路器、RCD)；

R_A——装置的地电极(接地电阻)；

R_g——供电系统的地电极(接地电阻)。

图 K.1 SPD 在 TN 系统中的安装

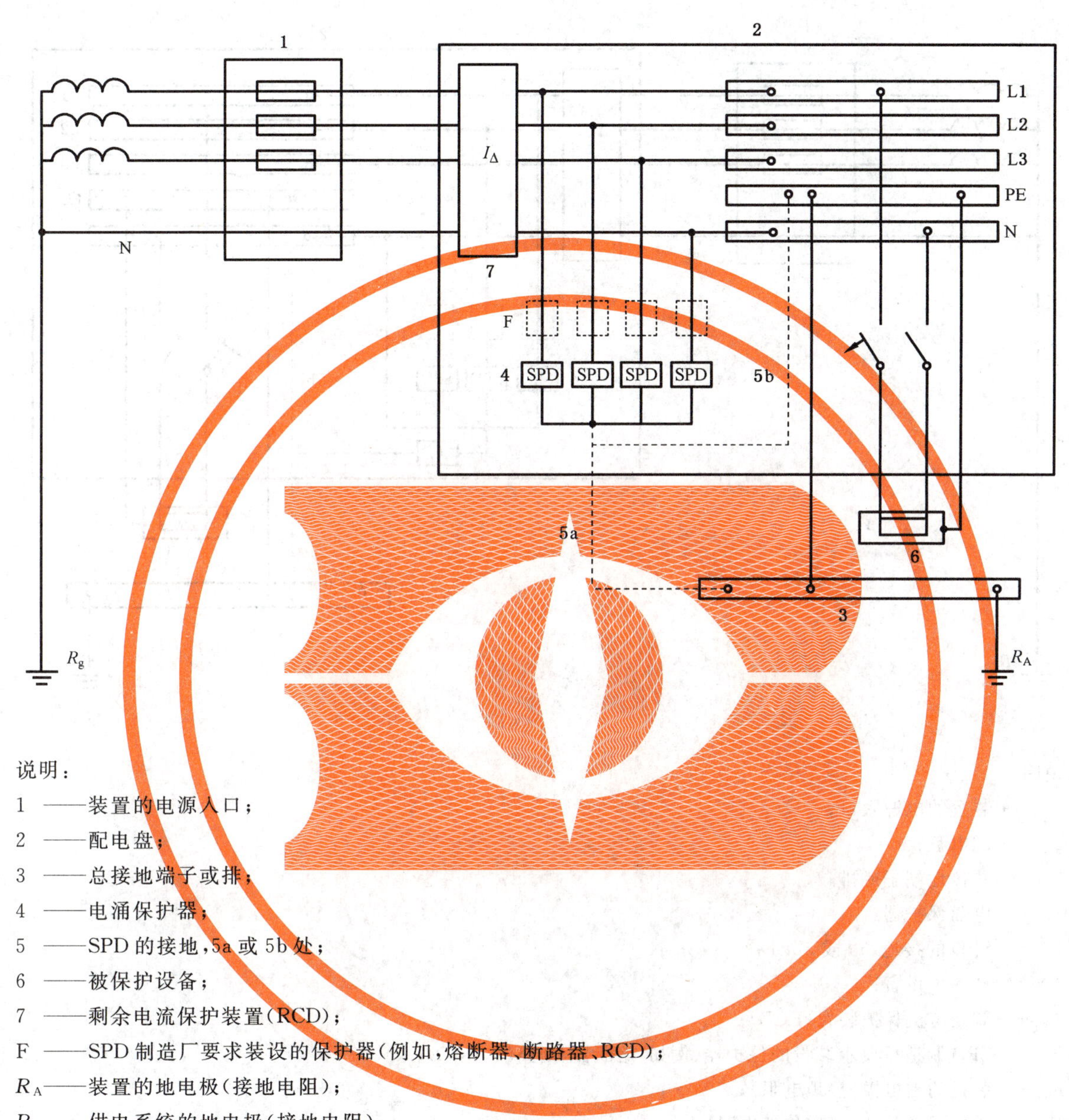

说明：

1 ——装置的电源入口；

2 ——配电盘；

3 ——总接地端子或排；

4 ——电涌保护器；

5 ——SPD 的接地，5a 或 5b 处；

6 ——被保护设备；

7 ——剩余电流保护装置(RCD)；

F ——SPD 制造厂要求装设的保护器(例如，熔断器、断路器、RCD)；

R_A——装置的地电极(接地电阻)；

R_g——供电系统的地电极(接地电阻)。

a) 连接类型 1

图 K.2 SPD 在 TT 系统中的安装

(SPD 在 RCD 的后方)

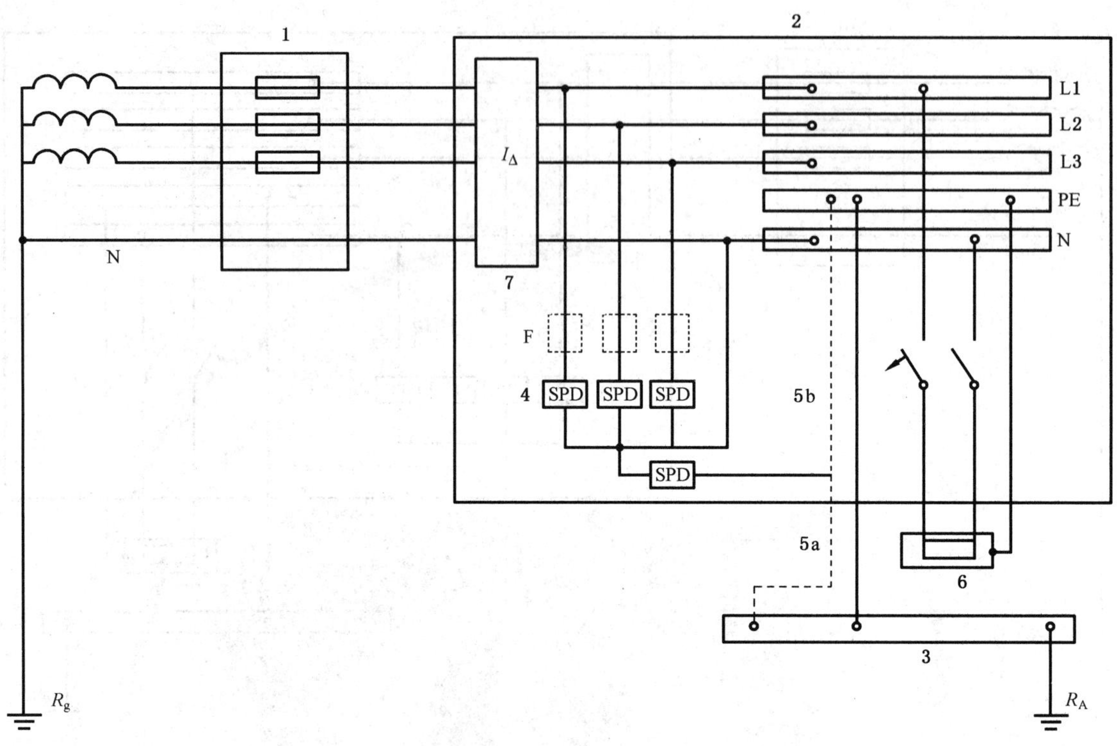

说明：

1 ——装置的电源入口；

2 ——配电盘；

3 ——总接地端子或排；

4 ——电涌保护器；

5 ——SPD的接地，5a或5b处；

6 ——被保护设备；

7 ——剩余电流保护装置(RCD)；

F ——SPD制造厂要求装设的保护器(例如，熔断器、断路器、RCD)；

R_A——装置的地电极(接地电阻)；

R_g——供电系统的地电极(接地电阻)。

b) 连接类型2

图 K.2 (续)

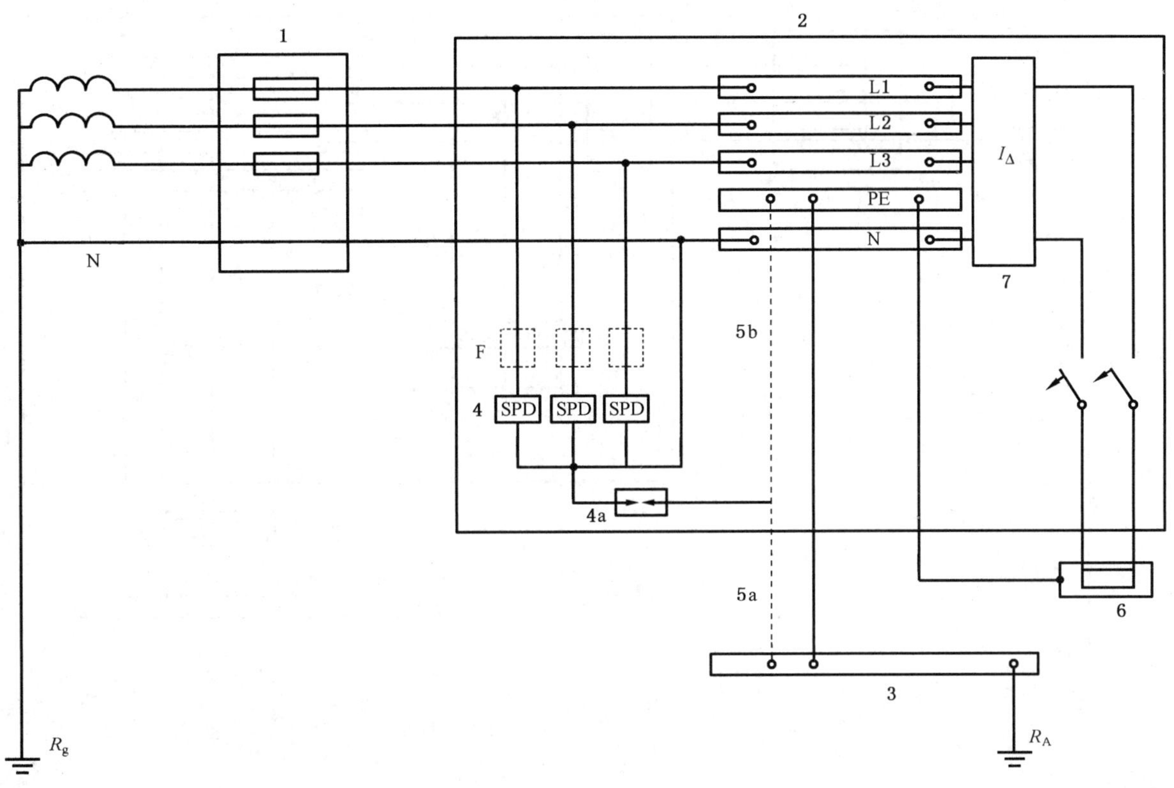

说明：

1 ——装置的电源入口；

2 ——配电盘；

3 ——总接地端子或排；

4 ——电涌保护器；

4a ——依照 GB 16895.22—2004 所述的 SPD 或火花间隙；

5 ——SPD 的接地，5a 或 5b 处；

6 ——被保护设备；

7 ——剩余电流装置(RCD)；

F ——SPD 制造厂要求装设的保护器(例如，熔断器、断路器、RCD)；

R_A——装置的地电极(接地电阻)；

R_g——供电系统的地电极(接地电阻)。

图 K.3 SPD 在 TT 系统中的安装(SPD 装在 RCD 的前方)

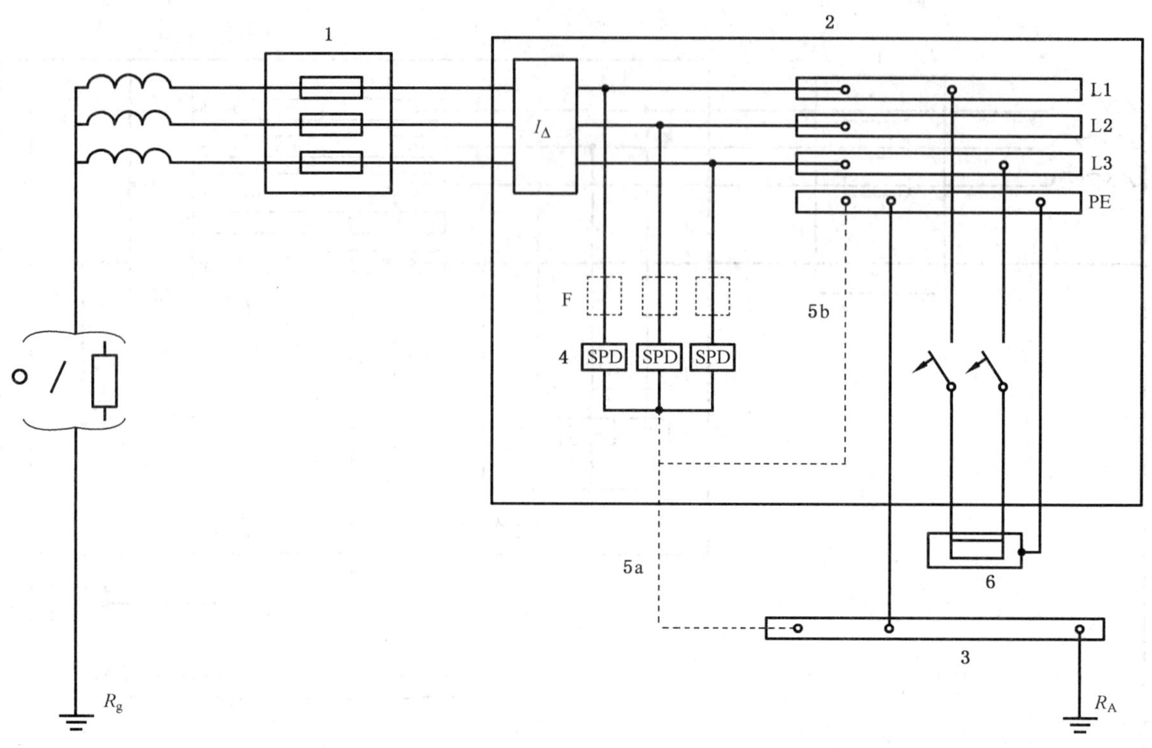

说明：

1 ——装置的电源入口；

2 ——配电盘；

3 ——总接地端子或排；

4 ——电涌保护器；

5 ——SPD 的接地，5a 或 5b 处；

6 ——被保护设备；

7 ——剩余电流保护装置(RCD)；

F ——SPD 制造厂要求装设的保护器(例如，熔断器、断路器、RCD)；

R_A——装置的地电极；

R_g——供电系统的地电极；

O/——开路或阻抗。

图 K.4 SPD 在没有中线 IT 系统中的安装

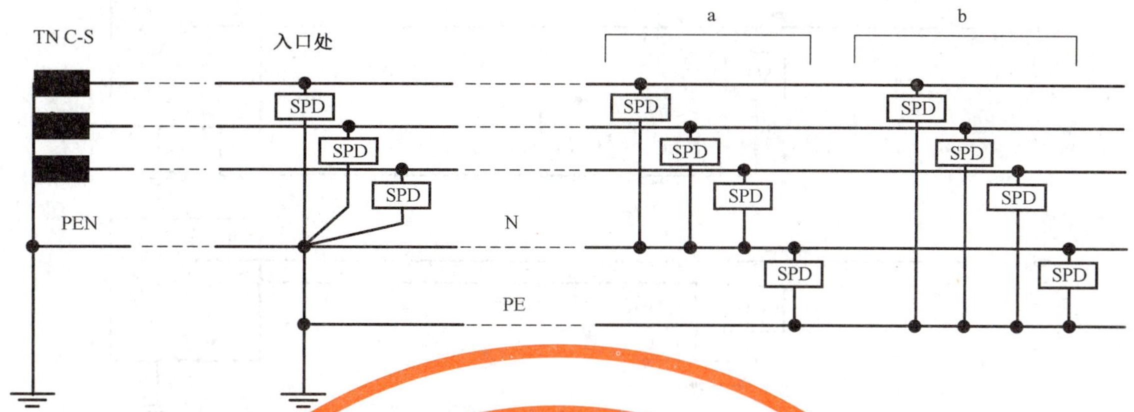

说明：

如果设备和安装入口处之间的距离太大(见 6.1.4)，可能要连接额外的 SPD：

a——连接 L-N 和 N-PE 间的 SPD；

b——连接到 L-PE 和 N-PE 间的 SPD。

图 K.5 在 TN C-S 系统中装置进线处 SPD 的具体安装模式

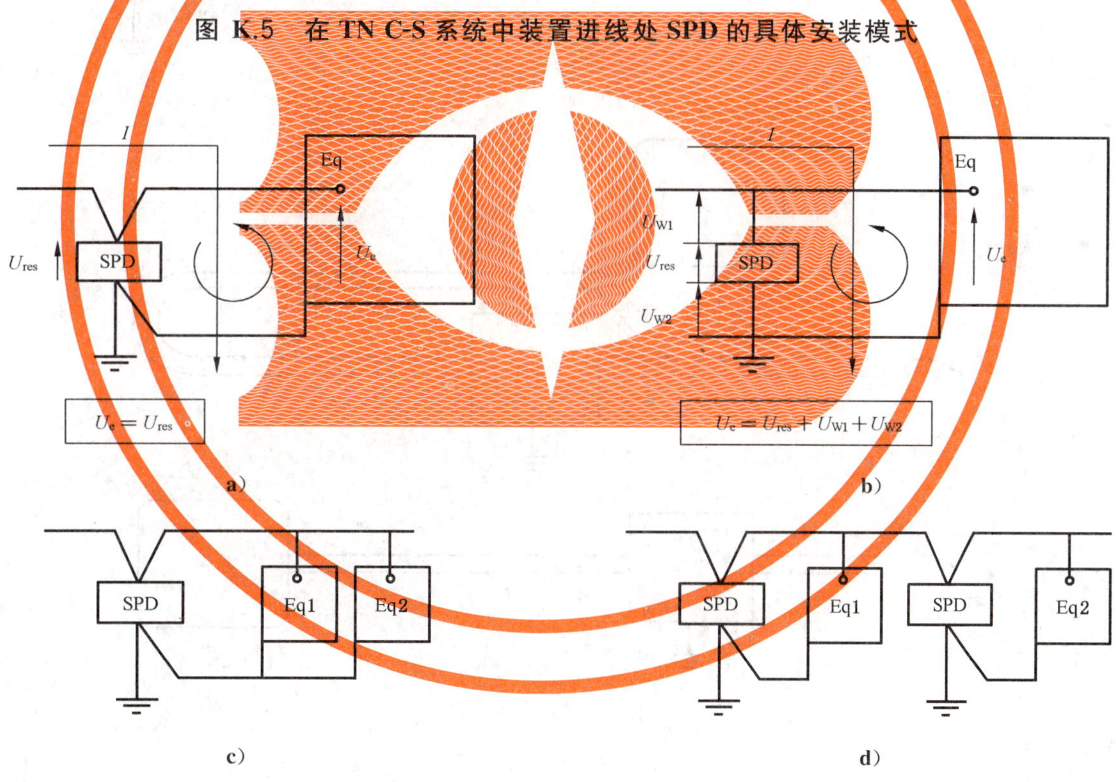

说明：

Eq——设备；

a)、c)、d)接线图是可接受的；

假如 U_{W1} 和 U_{W2} 电压足够低，b)的接线图也是可以接受的。

注： 当电流 I 流过 SPD，由于电流进入导线和电极形成的回路产生磁场，它将会产生感应电压加到 SPD 上，这个合成电压将会出现在设备端子上。

图 K.6 安装一端口 SPD 的通用方法

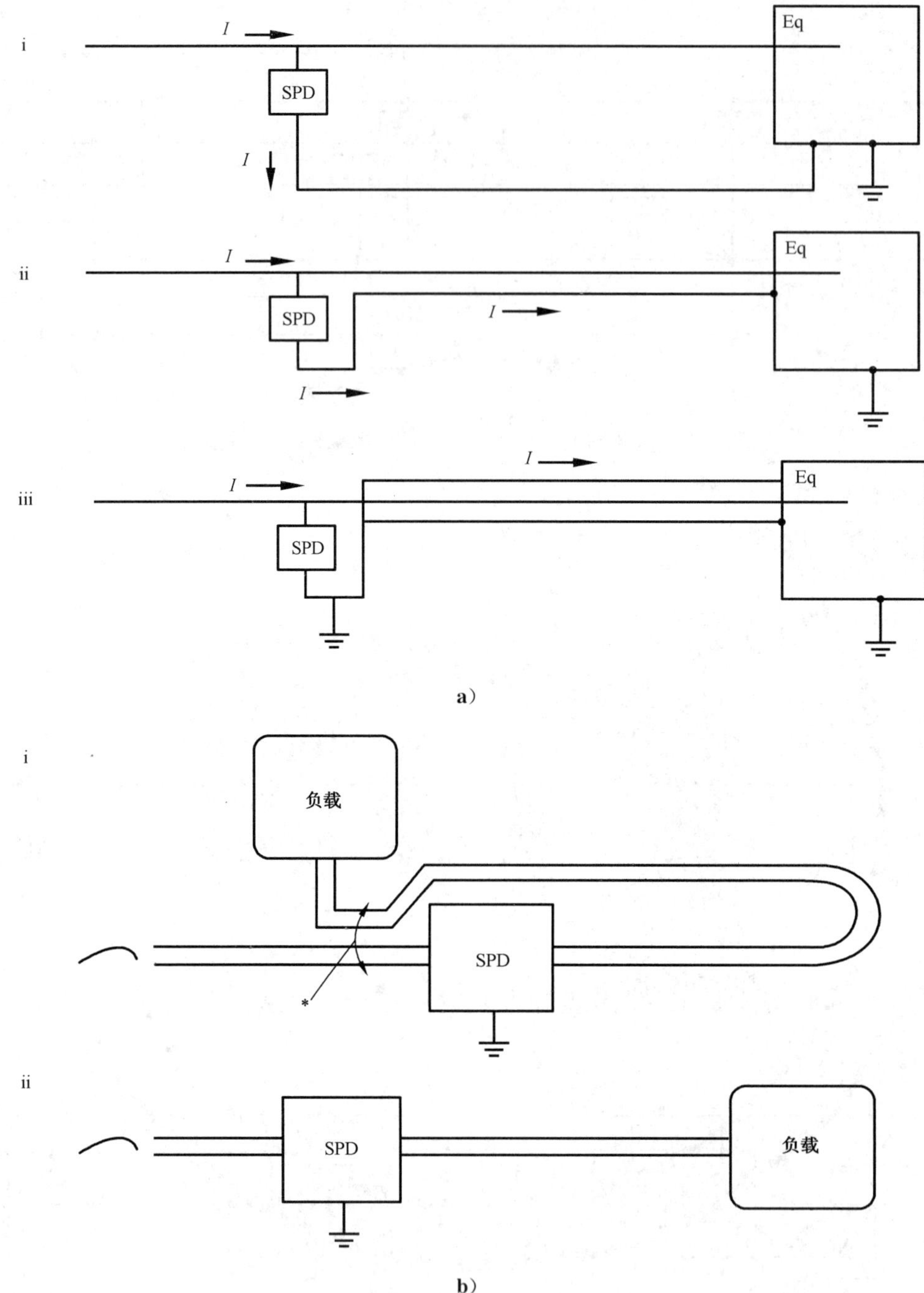

说明：

a) 电磁耦合：

i 不好的方法——巨大的回路面积会由 di/dt 引起 $d\phi/dt$ 增高；

ii 较好的方法——小的回路面积，$d\phi/dt$ 较低；

iii 最好的方法——电缆的屏蔽使屏蔽内部 $d\phi/dt\approx 0$。

b) 感应耦合：

i 不好的安装模式——感应将发生在 * 处；

ii 好的安装模式——SPD 将电缆前、后端很好地隔离开。

图 K.7 关于 EMC 方面 SPD 可接受的和不可接受的安装示例

K.1.2 振荡现象对保护距离的影响[6.1.2]

通常,使用一个靠近保护设备的 SPD 是不够的。由于 EMC 原因,SPD 最好安装在装置入口处(它可以较好的转移电流,以避免由于电涌电流引起的电磁干扰),以保护装置(避免导体间闪络等),如果设备不在安装在入口处 SPD 的保护距离之内,必要的话,需要在靠近设备处安装另一个 SPD。同时有必要研究两者之间的配合(见 6.2.6)。

需要附加的 SPD 的原因是由电涌冲击引起的振荡或行波可能会比出现在被保护设备处的预期电压要高得多。图 K.8 就是这种系统物理的和电的表述。

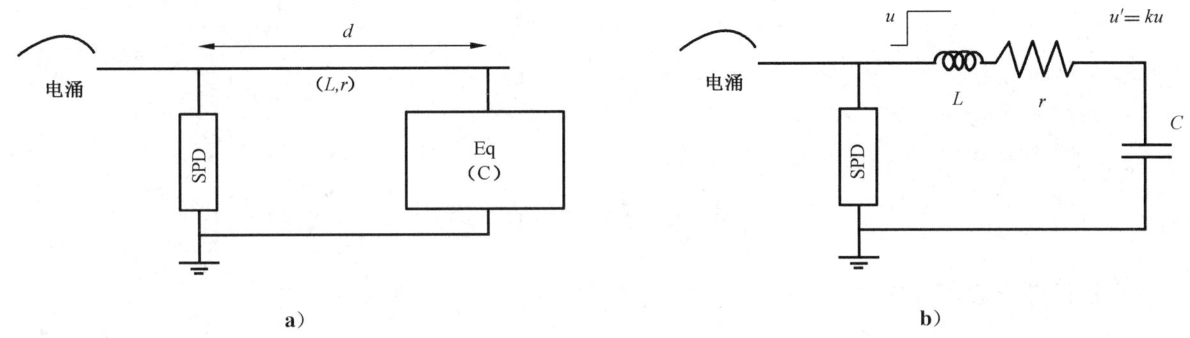

图 K.8 SPD 保护设备的物理和电的等效图

设备上出现的电压取决于电涌的频率和导体的长度。取决于 r 值,L 和 C 之间的振荡将设备端电压从 U' 提升到 kU。k 值取决于许多参数,实际上,当设备是一个高阻抗回路时,k 小于 2。

图 K.9 给的电路相当运用一个 5 kA 8/20 的脉冲电源加在 ZnO SPD 上,它与一个具有 5 nF 负载电容的设备是分开的。对这个电路进行了模拟,产生的响应见图 K.10。它展示了被保护设备端电压如何会较在 SPD 上的过电压高两倍。

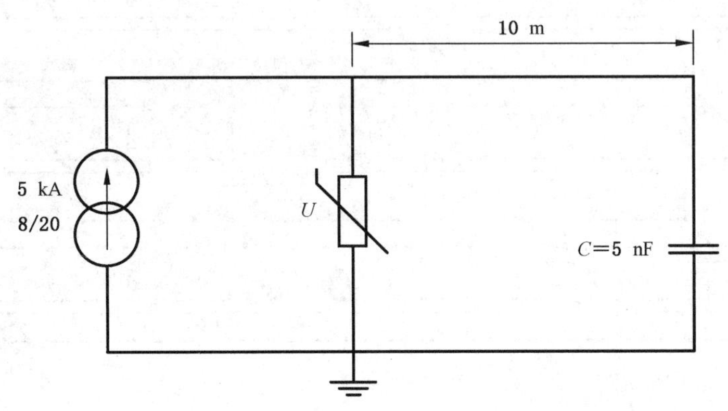

图 K.9 介于 ZnO SPD 和被保护设备之间可能的振荡

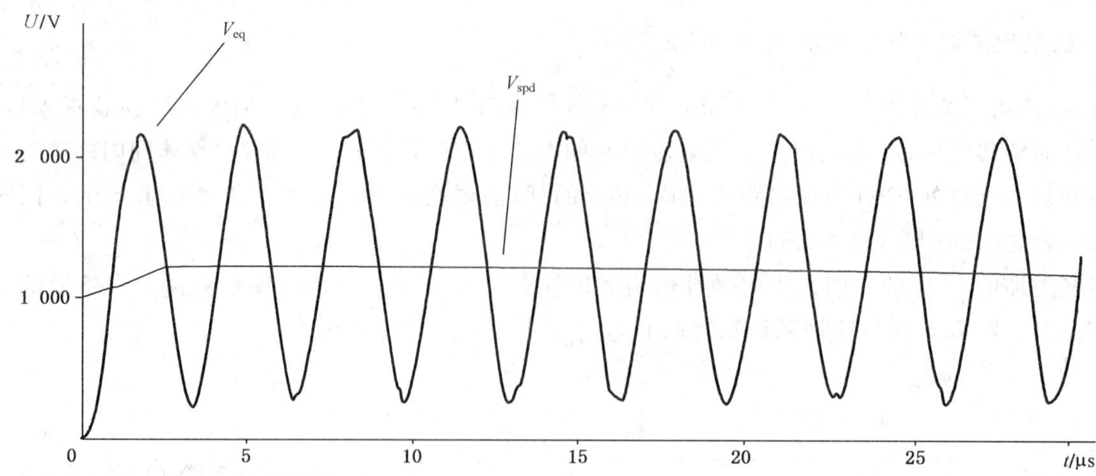

说明：

V_{spd}——SPD上的电压；

V_{eq}——设备端子上的电压。

图 K.10 两倍电压的示例

K.1.3 保护区域概念[6.1.6]

图K.11根据GB/T 21714.4—2008直击雷防护要求，展示一个保护区内建筑配电系统和防雷保护电器的详细分布。

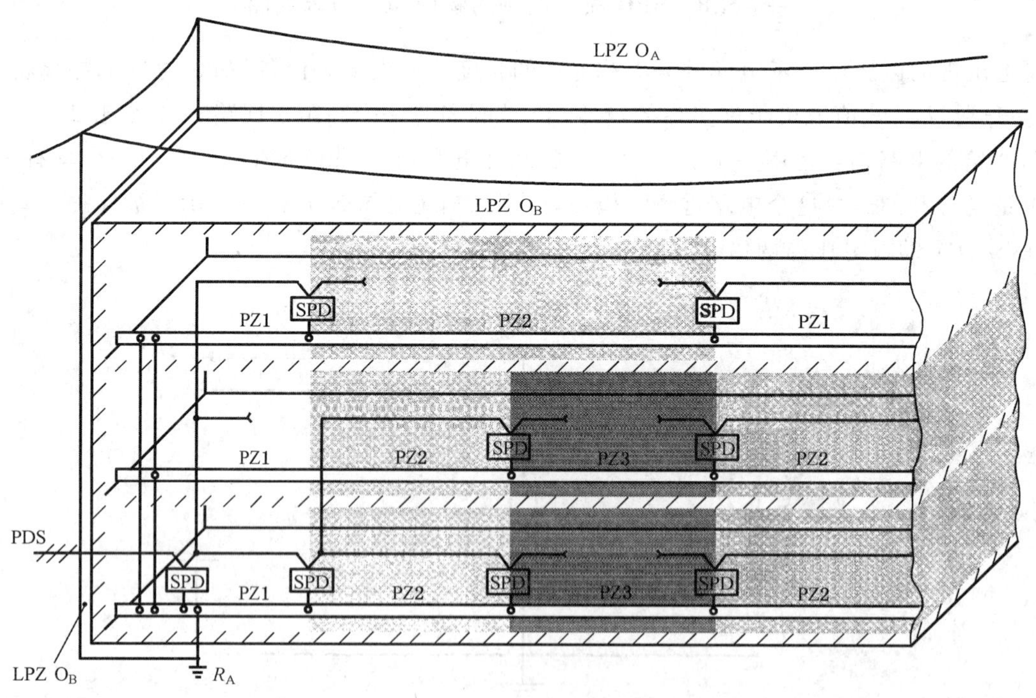

说明：

LPZ——雷电保护区；

PZ——保护区；

PDS——电力配电系统；

SPD——电涌保护器。

图 K.11 建筑物内部保护区的细分

保护区定义如下：

——雷电保护区 O_A(GB/T 21714.4—2008)

遭受直击雷的区域，因此可能会承担全部雷电流。在此区域出现的电磁场。

——雷电保护区 O_B(GB/T 21714.4—2008)

不会遭受直击雷的区域，但会出现未衰减的电磁场。可能传导未衰减的雷电流和操作电涌电流。

——保护区 1

遭受到部分直击雷的区域，传导的雷电流和/或操作电流跟保护区 O_A 或 O_B 相比是较小的。

——保护区 2

跟保护区 1 相比其残余雷电流和/或操作电涌电流有所减小。

——保护区 3

振荡引起的电涌、耦合电磁场和内部操作电涌相对保护区 2 有所减小。

在保护区边界安装 SPD 将使传导来的威胁参数降低，SPD 之间的配合按 6.2.6 进行。这些电器的性能参数应和装置安装点的传导来的威胁参数相配合(见 6.2.1 和 6.1.5)。

注：假如根据 GB/T 21714.4—2008 要用 Ⅰ 类试验的 SPD，则它应当安装在保护区 1 和 LPE OB 区的边缘。

根据 6.1.4 每安装一个 SPD，就创建了一个新的保护区。

K.2 SPD 的选择

K.2.1 U_c 的选择[6.2.1]

对大多数 SPD 来说，当暂时过电压持续时间超过 5 s 时，应当被视为永久性电压。因此，U_c 的选择应根据正常条件和超过 5 s 的故障条件(暂时过电压)来确定。

a) 正常条件

1) 相线和中线之间

在相线和中线之间 SPD 的 U_c 应比 U_{cs} 高(通常为 $1.10\times U_0$，即 10% 的电压调整率，假如考虑由于 SPD 的老化和其他不正常状况，再增加 5% 的系数，则应取 $1.15\times U_0$)。

2) 相线之间

相间 SPD 的 U_c 应比 U_{cs} 高(即为 $1.10\times\sqrt{3}\times U_0$)。

注 1：在某些情况下，根据电压调整限度(例如在巨大建筑，电压调整以入户表计为准)，U_{cs} 可能大于上述限值(分别为 10% 和 $10\%\times\sqrt{3}$)。

有时电压调整波动较小(如 5%)，这种情况下，取较低的值就足够(例如，U_c 可能仅比 $1.05\times U_0$ 高(相应于 $1.05\times\sqrt{3}\times U_0$)。

3) 相地之间或中线与地之间

- 对 TT 和 TN 系统，介于相和地或中线和地之间的 SPD 的 U_c 应比 U_{cs} 高(通常 $1.10U_0$)；
- 对 IT 系统，见下面所述的不正常条件：

注 2：假如电压来自一个二次带中间抽头的变压器，则 U_c 有两个值，一个 U_c 为 $1.0\times U_{cs}$，另一个为 $\sqrt{3}/2\times U_{cs}$。

由于存在谐波，工作电压的峰值也会增高，因此有必要提高 U_c 的值，使其比没有谐波时 U_c 的值高。

b) 非正常条件(故障条件)

有时在选择接在相和地之间 SPD 的 U_c 时，有必要考虑到具体的故障条件，这样做可以避免当系统故障时，损坏过多的 SPD。对于 IT 系统，注意这种故障条件是很重要的。

TT 和 TN 系统在接地故障条件下,相和地间的电压可能会超过 U_{cs},这是由于高压系统或低压系统的故障条件下,电压最大幅值取决于接地情况。与此相关的资料见 4.1.3.2。那么 U_c 的选择就应根据故障条件下的实际电压值。它不可能用一个足够高的 U_c 去保证系统故障时不损坏 SPD,因为这样的话,保护水平将会很差。一般情况下,合适的 U_c 值比 $1.5U_0$ 高,与系统布局无关。

对于 IT 系统的接地故障,相和地之间的电压为 $\sqrt{3}\times U_0$,这种故障在低压系统中由于持续时间较长可能被当做一个永久状况考虑。

此种状况,建议 U_c 高于相-相电压。

SPD 的 U_c 和电力系统标称电压之间的关系示例见附录 B。

K.2.2 配合问题[6.2.6.2]

为了较好地解释这个问题,图 K.12 是一个典型的用电感分隔两个 ZnO 压敏电阻的配合示例。SPD2 具有较低的 U_p 和 I_n 值。由于电感的作用,在电涌波前大部分电涌电流都流过了 SPD1,SPD2 的电流将逐渐增加,增长快慢与电感和 SPD2 的特性给出的时间常数有关。这样,越来越多的总电流将随着时间的推移流过 SPD2。

图 K.12 表示的是全电流和通过 SPD1 和 SPD2 的电流和 SPD1 和 SPD2 上的电压。

——在这个应用中最大能量耐受 E_{max} 是指 SPD 能够耐受而不劣化的最大能量,它能通过试验结果获得(Ⅰ类试验 I_{imp} 或Ⅱ类试验 I_{max} 的动作负载试验中的能量测量)或根据制造厂资料如 I_{max}(Ⅱ类试验)或 I_{peak}(Ⅰ类试验),$U_{res}(I_{max})$ 或 $U_{res}(I_{peak})$ 计算得出。

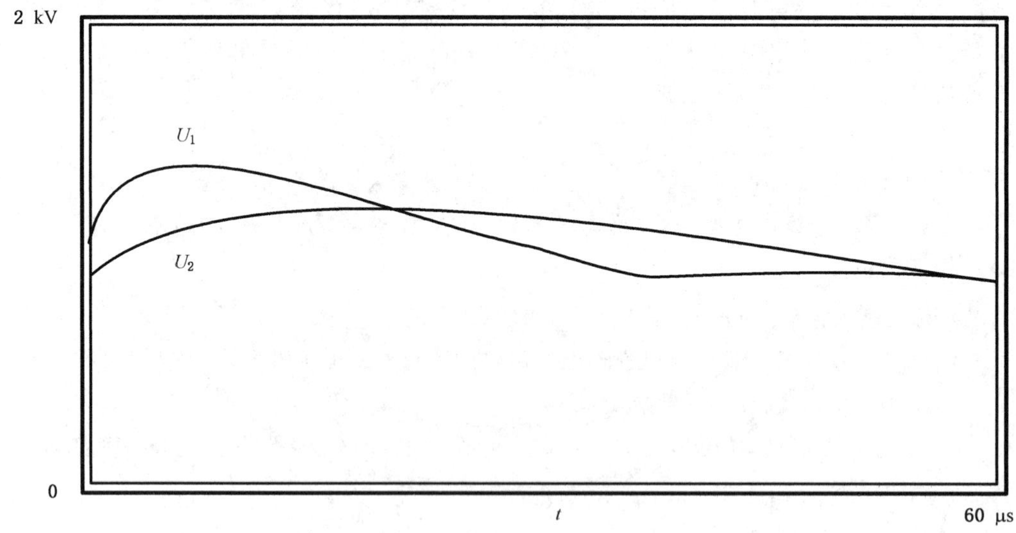

说明:

U_1——第一级 SPD 端残压;

U_2——第二级 SPD 端残压。

a) ZnO 压敏电阻残压

图 K.12 两级 ZnO 压敏电阻的配合

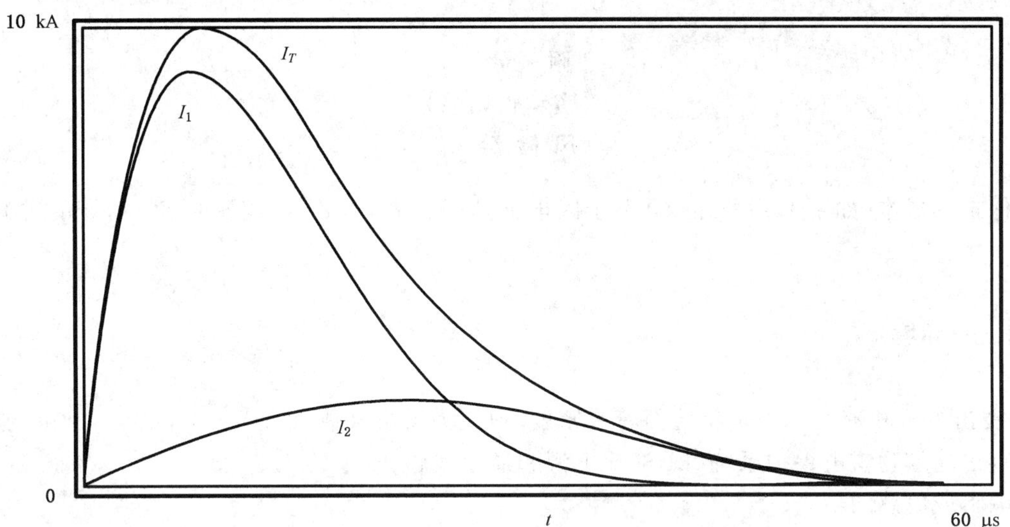

说明：

I_T ——总电流；

I_1 ——第一级 SPD 端电流；

I_2 ——第二级 SPD 端电流。

b） 两级 ZnO 压敏电阻之间电流分配

图 K.12（续）

两个 SPD 之间的线路距离为 d，其相对应的阻抗 Z 可以当作一个去耦元件。

——对于限压型 SPD，去耦合阻抗通常仅影响短波(如 8/20)。对长波(如 10/350)这种由于线路造成的去耦阻抗几乎没有影响。可能需要附加的去耦元件来提供适当的协调。

——如果前级 SPD 是开关型，必须考虑下列两种特性：

- 可能会有一个盲点，该处电流低于 I_{imp}，间隙端子间电压很低，以至于间隙不放电，因此它就不能保护第二个 SPD，间隙在电涌波前时段放电是很重要的；
- 对长波前时间，去耦合元件所起作用不如在 8/20 或 10/350 下有效，目前 TC 81 正在研究长波前时间情况。

通常有必要处理两种电涌的配合问题：

——长波电涌的配合(例如对Ⅰ类试验)；

——短波电涌的配合(例如对Ⅱ类试验)。

注：应当强调，两个配合的 SPD 最大能量耐受至少等于两个 SPD 中较低的能量耐受值。当一个新 SPD(SPD2)连接到一个已有 SPD(SPD1)的系统时，必须保障两者正确配合。

K.2.3 应用情况[6.2.6.3]

在一个装置中，整体配合总是比上述简单示例复杂的多，事实上：

——导线长度或像脱离器这样的附加器件的存在可给系统叠加一个电感。多个 SPD 之间电流的分配也需要研究⟹需要了解实际的安装方案。

——因 SPD 中元件性能的差异可导致在任何特定电流下残压的实际值不确定。另外，通常从制造厂中获得的值是保护水平 U_p，使用时应考虑一个裕度，即：实际电压可比标称值低约 25%。

——对长波和短波，SPD 的能量耐受 E_{max} 是不同的。通常，这个值仅由试验类别给出(Ⅰ类⟹长波，Ⅱ类⟹短波)。有时，能量耐受没有明确给出，需要计算。

附 录 L
（资料性附录）
风险分析

如果保护的成本（如下 E 组所定义）小于因电涌造成设备（如下 A 组～D 组）损坏的维修，建议使用 SPD。

L.1 A 组——环境

A1 雷击方式和密度 N_g（每年地面着雷密度，数值为雷击次数/($km^2 \cdot a$)，见 4.1.1 和 1.1）

——直击建筑物雷电保护系统（LPS）或电源和通信线路；

——电阻或电感的耦合。

风险分析需要考虑所有类型的直击和绕击雷引起的感应能量，包括进入雷电保护系统、电力线，金属电话线、数据电缆、射频电缆、波导管和进入非电力导体如水管。假若无金属导体穿过保护区，光纤电缆通常不受影响。

A2 电源——开关方式及频率

接近或在同一回路上的作为电源开断的电子设备，如发动机控制器，同样会因瞬态载荷可能会损坏或劣化，另外，由于电源使用的操作，系统故障或负载处的内部干扰也会产生瞬态过电压。

A3 暴露和与周围建筑的 LPS 的耦合

损坏会通过雷电流瞬态偶合施加到周围建筑或设施的 LPS，包括地电位升高伴随着电流的消耗。通常，通过电缆线路来分配能量，并不受用户控制，能量的消耗是与当地网络接地电阻的大小有关。

A4 设施或建筑物的位置

——地形；

——相邻建筑和树的屏蔽作用。

在小丘或高山上面或旁边的设施比在山谷或较低位置相同的设施更容易遭受直击雷，类似地，装在高通讯塔上的装置同样有引雷危险，较小和较低位置的设施更容易得到相邻较高的物体的保护，然而这种保护不能阻止能量通过电缆进入设施。

L.2 B 组——设备和设施

B1 设备冲击耐受种类和抗扰水平

制造厂可以对电的和电子设备设计不同的冲击电压耐受水平。越低的保护水平，危险就越大。除非制造厂另有建议，否则最好的办法是假定设备没有任何专门的抗扰措施。正确的保护设计是希望最大能量转移到在电缆入口处和最少的能量向前传送到设备。

B2 接地系统

——接地电阻和阻抗；

——布局和邻近；

——联接到另一个接地系统。

最重要的是通过电流或 SPD 接地棒组成的等电位接地系统。

分开的接地系统应慎重考虑。

B3 电力系统布局

——架空的；

——地下的；

——两者都有。

虽然埋设LV电缆比架空线有较少雷击危险，但雷直击地下电缆附近时也能引起较大的过电压，高阻值的土壤中尤为明显。设计者应考虑埋设电缆的长度，无论是电缆离雷击位置有一定架空距离，还是离MV电力公用网络有一定的架空距离。对于LV和MV电力线，总长度和重量是一个相关的参数，较长较高的线遭受雷击的危险更大，并会将雷电能量传入设施或建筑物。

L.3 C组——经济和服务中断

C1 服务劣化或服务损耗

破坏和损坏使业务难以进行。服务劣化可能有一个定性要素，即对直接的财政损失是额外的。例如：大范围使用自动化和计算机化是解决人工操作的一个办法，但实际上是不可能的。

C2 工作损耗

这包括设备、计算机、通讯和信息技术系统无效服务的实时费用及营业税收和/或商业生产力有关的损失。临界系统例如紧急装置，某个中央信息系统可以有与工作损耗有关的非常高的直接或间接的费用。

商业企业系统停工时，会损失收入，在期望时间内修复和恢复操作将依靠职员的能力、备用品、程序和信息。

C3 设备或设施的修理和替换

物理损坏的花费包括设备替换和直接、间接的重新安装费。设备部件的逐渐劣化可能会由于低幅值持续脉冲引起设备表面随机故障。在失效时不可能立即伴随或有直接的雷电冲击或者操作事件。用于例行的或预防的保养维修费用的增加归结为这种累积作用。

C4 紧急措施

当出现设备损坏或人身伤害时应采用紧急措施，例如消防车、救护车或警察等，公司、个人或社会团体会遭受损失。火警系统和紧急通信系统的损坏必定降低这种装置的效率。通常，要求紧急措施的保护处在一个高水平。

L.4 D组——安全

使用SPD时应考虑由绝缘损坏引起的人身安全问题。

设计者和安装者都应以人的安全为本，每个国家都应意识到职业健康和安全制度的重要性。

L.5 E组——保护的成本

——装置的设计；

——材料和电器；

——SPD的安装。

保护的成本包括SPD、工程设计、管理和电力装置。

GB/T 21714.2—2008提出了雷电电涌风险评估的方法。由设备开关操作产生的电涌的风险评估方法正在考虑中。

附 录 M
(资料性附录)
抗扰度与绝缘耐受

GB/T 17626.5—2008 描述了用来测试电子设备和电子系统对于电涌电压和电流的抗扰度的试验。这些被测试的设备或系统被当作是一个黑盒子,测试的结果根据以下标准进行判定:

a) 性能正常。

b) 功能的暂时丧失或者不需要操作人员就能恢复的性能暂时退化。

c) 功能的暂时丧失或者需要操作人员才能恢复的性能暂时退化。

d) 设备的永久损伤引起的功能丧失(意味着测试失败)。

然而,GB/T 17626.5—2008 的测试探究了相对较低的电涌对电子设备和电子系统的全部影响,包括设备与系统的永久损伤和破坏。还有一些其他的相关测试标准,这些标准没有这么关注功能的暂时性丧失,却更关注设备的实际损伤或破坏。GB/T 16935.1—2008 关注低压系统中的设备的绝缘配合,IEC 61643-1 是低压配电系统的电涌保护器测试标准。另外,这两个标准都关注暂时过电压对设备的影响。GB/T 17626.5—2008 和 GB 17626 系列中的其他标准并不考虑暂时过电压对设备和系统的影响。

永久性的损伤往往是不允许的,因为它会导致系统的停机并花费昂贵的修理或者更换费用。这种类型的故障往往是因为电涌保护不充分或者没有电涌保护,并因此导致高电压或者过电流侵入设备的电路中,造成运行的突然中断、组件故障、永久的绝缘击穿以及起火、冒烟或者电击的危险。然而,任何的功能丧失或设备和系统的性能退化也是不希望发生的,特别是在电涌影响下必须运行的关键设备或系统。

对于在 GB/T 17626.5—2008 中所描述的测试,施加电压测试水平的幅值(安装类别)和得到的电涌电流和对设备的响应有着直接的影响。简而言之,电涌电压等级越高,功能丧失或退化的可能性就越高,除非设备已经设计有合适的抗电涌能力。

为了测试用于低压电力系统中电涌保护器(SPD),IEC 61643-1 的Ⅲ类试验指定了一个带有 2 Ω 虚拟阻抗的组合波发生器,能产生一个 8/20 的短路电流波形和一个 1.2/50 的开路电压波形。GB/T 17626.5—2008 使用相同的组合波发生器来对加电设备和系统进行抗冲击测试,但使用不同的耦合元件,有时也串联一个额外的阻抗。这个标准的电压测试水平(安装类别)的含义和 IEC 61643-1 的开路电压 U_{oc} 的峰值是等效的。这个电压决定发生器端口的短路电流的峰值。由于测试方法的不同,测试结果不能直接进行比较。

设备或系统的抗电涌能力可以通过内置的电涌保护元件或电涌保护器(SPDs),或者外部的 SPD 获得。选择 SPD 最重要的准则之一为 IEC 61643-1 所定义和描述的电压保护水平 U_p。这个参数应该与 GB/T 16935.1—2008 中设备的耐受电压 U_W 相配合,而且应该是在特定条件下所测试的 SPD 端子间所期望的最大电压值。在这个标准中 U_p 只是用来与设备的耐压 U_W 相配合。在相关电应力下电压保护水平的值应该低于在 GB/T 17626.5—2008 中测试的设备的相关电应力下的电压抗冲击等级的值,但是现在不能进行阐述,因为在两个标准之间的波形并不具有可比性。

总体上说,GB/T 17626.5—2008 中设备的抗冲击等级要比 GB/T 16935.1—2008 中的绝缘耐受等级低,然而要考虑 GB/T 16895.10—2010 中暂时过电压对有过低防护等级的 SPD(或内置的冲击防护元件)的影响。因此,非常有必要选择一个用来防护设备发生故障,保持设备在电涌影响下正常运行和耐受大部分暂时过载状况的 SPD。

附 录 N
（资料性附录）
在一些地区中配电盘上安装 SPD 的示例

图 N.1～图 N.5 描绘了一些国家中配电盘上的 SPD 的典型安装。正如本部分的前述，确保导线最短和 SPD 的耐受短路电流与配电盘安装位置的预期短路电流 I_{sc} 相适应是十分重要的。

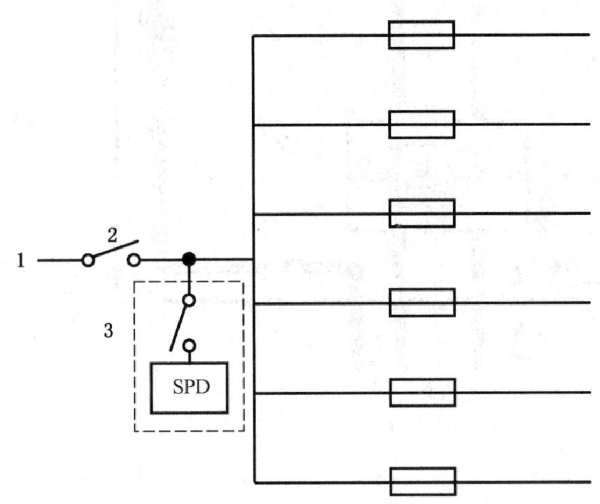

说明：

1——供电进线；

2——主开关（在某些国家叫隔离开关）；

3——SPD 及其脱离器（可能安装在 SPD 内部）。

图 N.1 通过单独隔离开关（可安装在 SPD 壳体内）连接至总开关负载侧的 SPD 的电路图

使用这样的一个脱离器是很实用的，因为它不用断开主开关就可以把 SPD 脱离出来，例如当进行装置的绝缘耐受试验（一些国家也称作闪络试验）时 SPD 就需要被脱离出来。

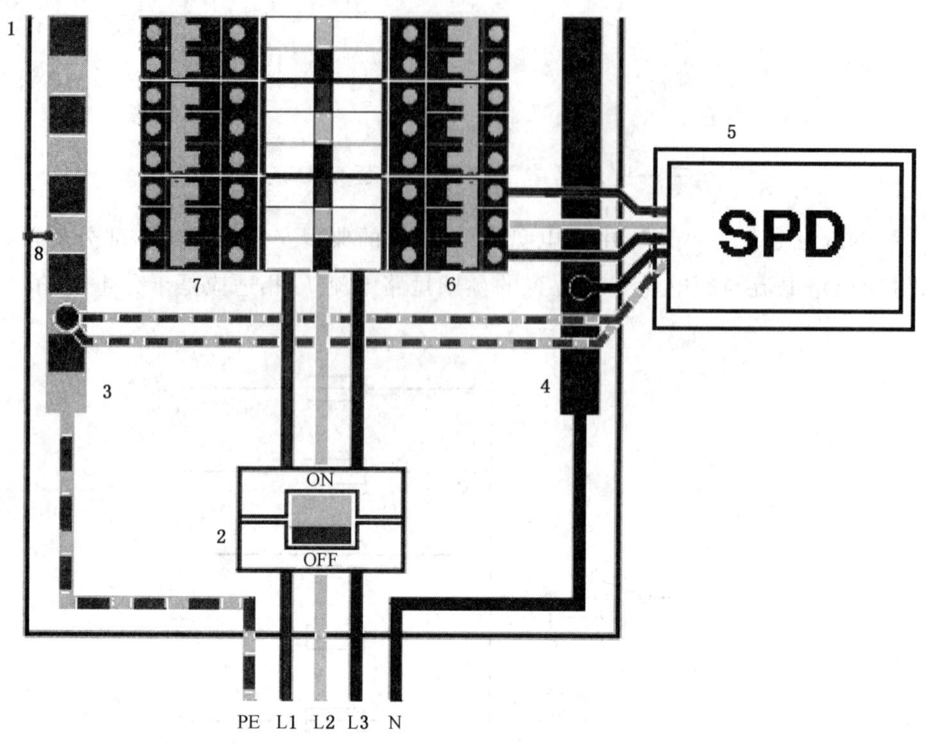

说明：

1——配电盘；

2——主开关(主隔离开关或主电路断路器(MCB))；

3——主接地端；

4——中性点端子；

5——SPD 壳体；

6——下端第一个熔断器盒；

7——可选择的下端第一个熔断器盒；

8——配电箱底座的交联。

图 N.2　与最近的可用 MCB 相连接的 SPD 连接至输入电源(在英国常见的典型 TNS 装置)

MCB 也提供了一种非常方便的方式来保护 SPD，同时也提供了一种隔离的方式。如果配电盘上没有足够的空间，那么考虑到电气安全，SPD 可安装在一个分开的壳体内。这个壳体应该直接安装在配电盘旁边，从而确保连接导线尽可能短。制造一个附加的接地线来进一步最小化连接导线上的电压降。

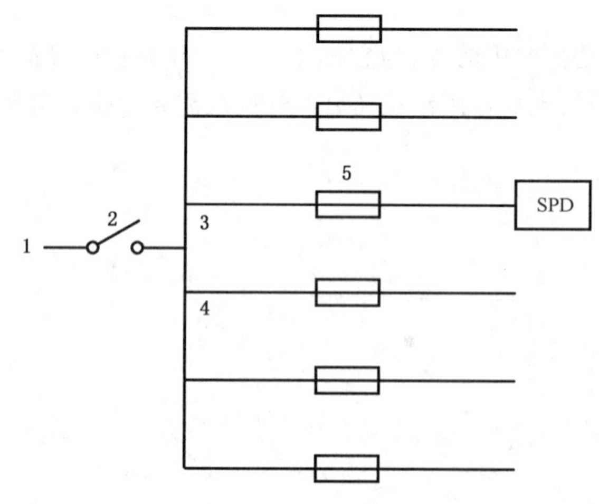

说明：

1——输入电源；

2——主开关(主隔离开关或主电路断路器，MCB)；

3——下端第一个熔断器盒；

4——可选择的下端第一个熔断器盒；

5——熔断器(或 MCB)。

图 N.3　在单相电路中 SPD 通过熔断器(或 MCB)并联在配电盘的第一条外接电路上的接线图

使用合适的熔断器(或 MCB)对于 SPD 的安装和使用都是非常方便的,因为它允许不断开主开关就可以将 SPD 脱离,例如 SPD 需要脱离出来进行绝缘耐受试验。熔断器的规格选择不应削弱 SPD 的冲击电流耐受能力,并与输入电源熔断器相配合。

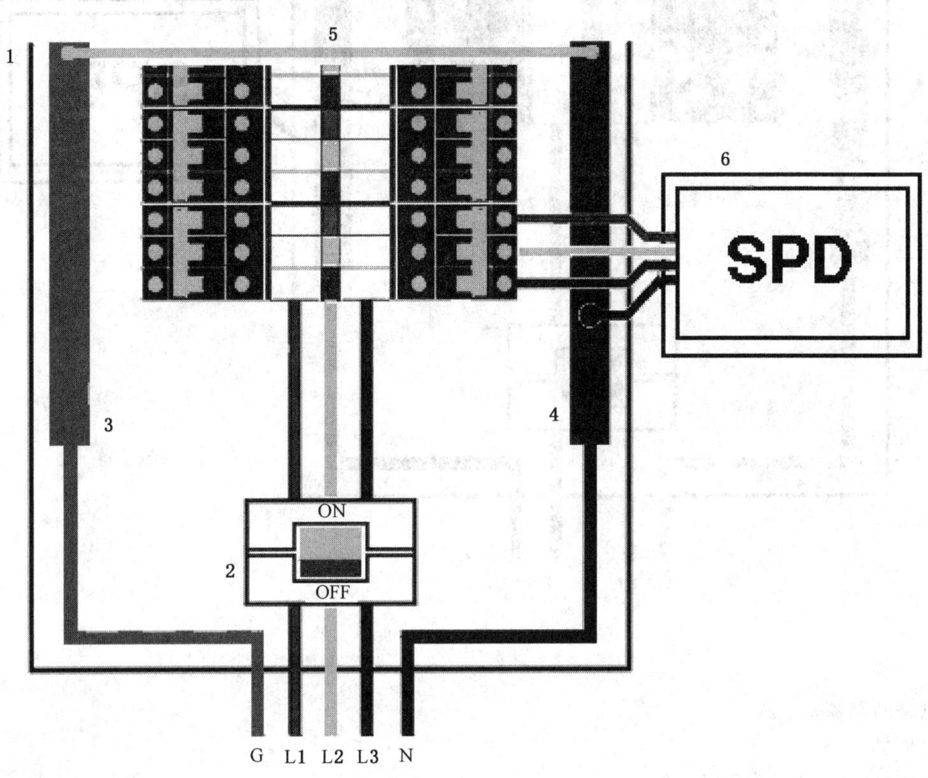

说明:

1——主配电盘;

2——主电路断路器;

3——主接地排;

4——中性线排;

5——G-N(PE-N)连接点;

6——SPD 壳体。

图 N.4 SPD 与输入电源上最近的可用断路器相连接(美国三相 4W+G,TN-C-S 装置)

MCB 的负载端也提供了一个非常方便的连接点来通过熔断器连接 SPD。这样的布置也提供了维护中的一种隔离方式。如果配电盘内没有足够的空间,那么考虑到电气安全,SPD 可安装在一个单独的壳体内。这个壳体应该直接安装在配电箱旁边,从而保证连接的导线尽可能短。

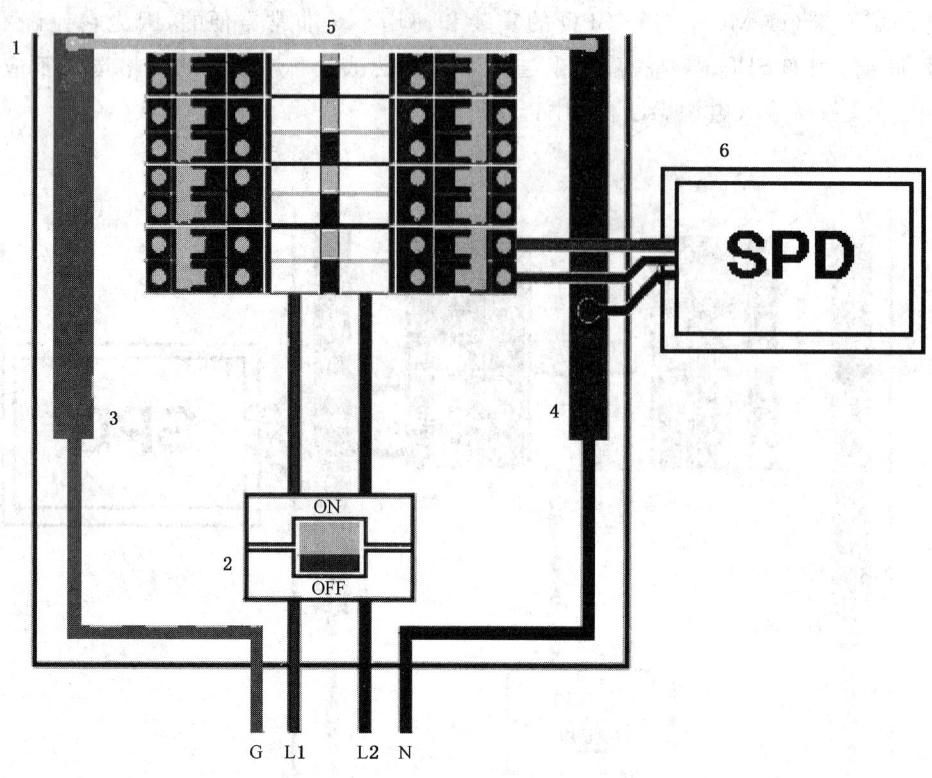

说明：

1——主配电箱；

2——主电路断路器；

3——主接地排；

4——中性线排；

5——G-N(PE-N)连接点；

6——SPD壳体。

图 N.5 SPD与输入电源上最近的可用断路器相连接(美国单相(分离的)3W+G，120/240 V系统——居民住宅和小型办公室的典型应用)

MCB的负载端也提供了一个非常方便的连接点来通过限流熔断器连接SPD。这样的布置也提供了维护中的一种隔离方式。如果配电盘内没有足够的空间，那么考虑到电气安全，SPD可安装在一个单独的壳体内。这个壳体应该直接安装在配电箱旁边，从而保证连接的导线尽可能短。

在美国，根据国家电气规程(NEC)，NEC定义的SPD的额定短路电流必须与在安装处预期故障电流相配合。

附 录 O
（资料性附录）
当设备具有信号端口和电源端口时的配合

为了描述当保护一个具有两种端口的设备的SPD未配合时可能出现的问题，举一个安装有调制解调器的个人计算机为例予以说明。

一个典型的系统可能由未配合的子系统组合而成，这些子系统因为电涌保护未配合而存在风险。尽管每个电源和通信系统可能包括了电涌保护，但是在电涌保护系统之间流动的电涌电流可能会造成个人计算机的电源和通信端口之间的电位差。取决于个人计算机/调制解调器的性能和抗冲击能力，该电位差有可能会导致个人计算机/调制解调器的损坏或者引起设备的操作失败。

第一个例子展示了问题是怎么发生的。这个例子是基于电源和远程通信系统。

在图O.1中一台个人计算机配备了一个调制解调器，调制解调器是通过连接一个包括接地导线的三线插座的支路供电。这个接地导线建立了电源面板上的底座的稳定参考电位。调制解调器的远程通信端口连接在自身位置处的一个金属通讯插座。这个插座连接着一个远程通信界面终端。这个终端面板一般位于建筑物的入口处并包含了远程通讯的SPD。

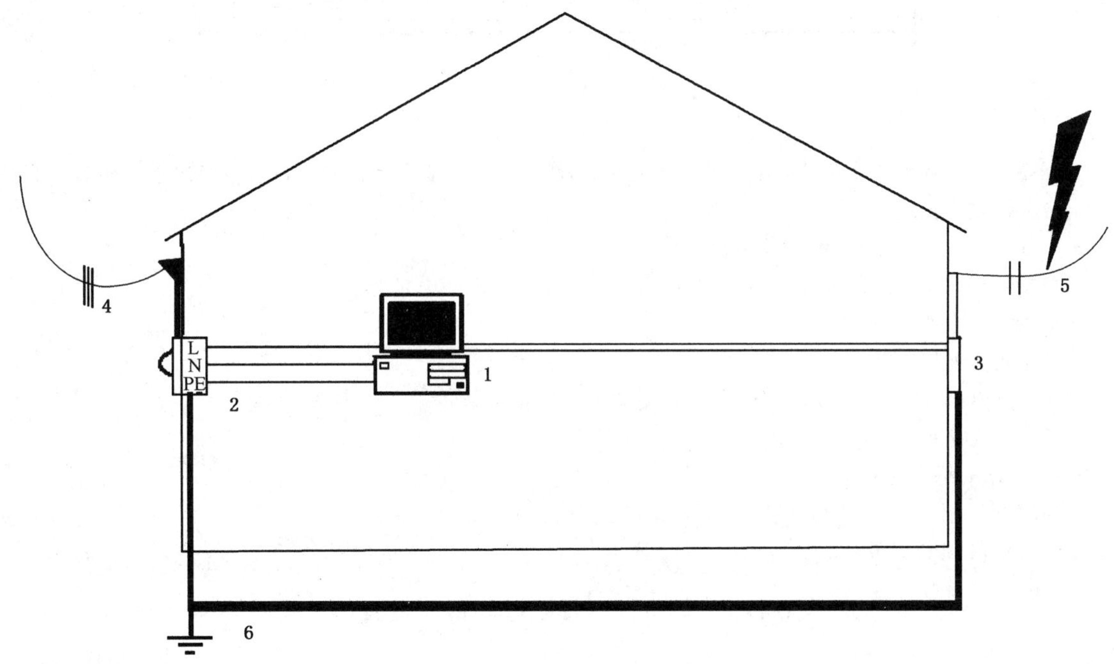

说明：

1——带调制解调器的电脑或有分开的电源端和通信端的类似装置；

2——主配电盘，包括断路器和电源SPD；

3——包含电信SPD的电信接口终端；

4——单相，3线电源线；

5——架空电信线路；

6——等电位连接系统。

图O.1 美国电源和通信系统，带调制解调器的PC的例子

为了展示为电涌保护配合的效果和提出的解决方案的好处，在房间布线系统的全尺寸复制品上进行测量，包括在图O.2中展示的电源、通讯和等电位连接系统。通讯线以典型的方式进行走线，与等电位连接系统保持一定的距离。

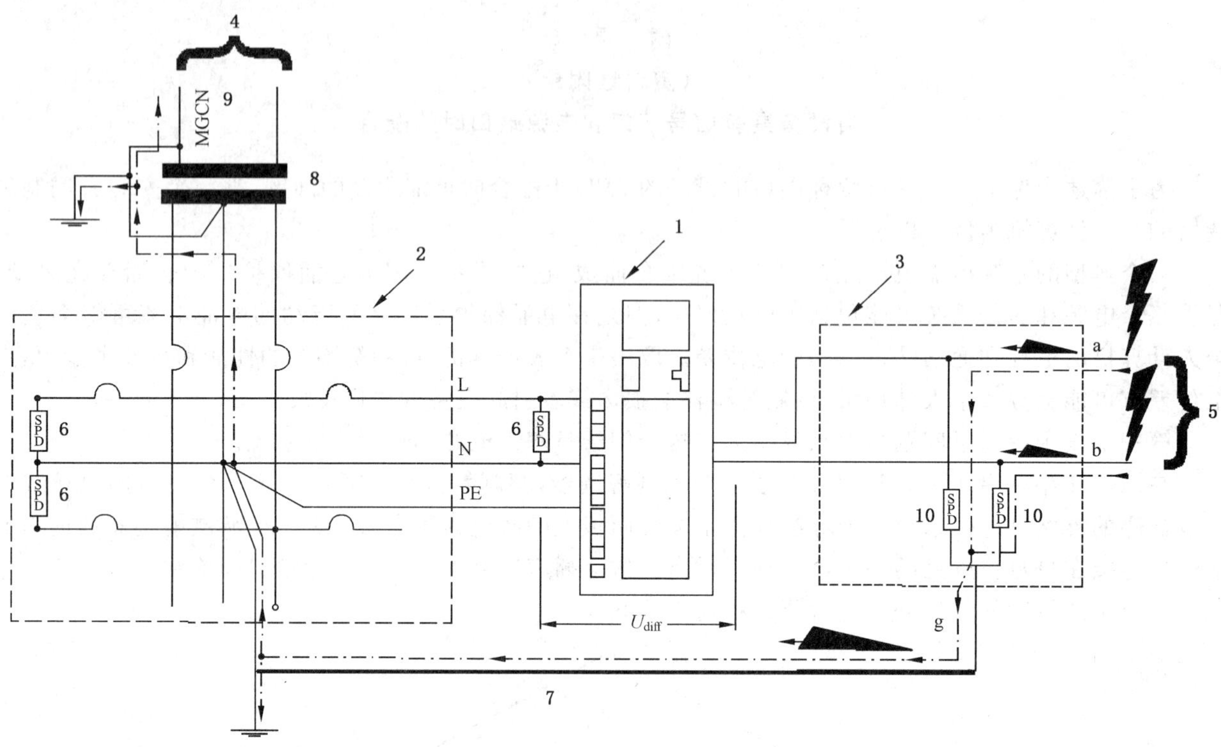

说明：

1 ——配备有调制解调器或者类似电子设备的计算机，调制解调器或者类似电子设备具有电源和远程通信系统有分开的端口；

2 ——主配电盘，包括断路器和电源 SPD；

3 ——包括了远程通信 SPD 的远程通信界面终端；

4 ——单相三线电源线路；

5 ——架空远程通信线路；

6 ——电源 SPD 元件：ZnO 压敏电阻；

7 ——等电位连接系统；

8 ——配电变压器；

9 ——MGCN：多点接地的公共中性点；

10——远程通信 SPD 元件：GDT。

图 O.2 用于试验性测试的电路原理图

图 O.2 给出了由于在电信接口部分的气体放电管动作，在通信电路中如何产生了一个电涌，导致产生加在 PC 上一个电压（电位差）U_{diff}。正如所看到一样，当电信接口部分的气体放电管动作时，电涌电流流入等电位接地系统，导致在通讯端口和 PC 电源端口之间产生了电位差。这是由于电涌电流 I_{surge} 流过水管时，水管电感 L 产生了电位差。产生的压降可以用以下公式计算：

$$U = R \times I_{surge} + L \times dI_{surge}/dt$$

式中：

dI_{surge}/dt ——流经水管的电流的时间变化率；

L ——水管电感加通信端口和等电位接地系统之间的接地电缆的电感。

图 O.3 显示了当从通信接口注入通讯业标准指定的冲击时得到的记录。对于 75 A/μs 的电涌电流变化率，回路中可感应得到峰值为 4.3 kV 的电压。这个感应电压会出现在个人计算机的两个端口之间（但是当然不能将计算机用于试验，这个回路应保持开路以便进行测量，没有必要把个人计算机放在试验中的危险情况中)。

注:8/20 不是在通讯业使用的唯一标准脉冲。ITU 利用 10/700 电压脉冲和 5/300 的电流脉冲(100 A),这可产生 10 A/μs 的电流变化率为。GB/T 18802.21 也使用许多不同的波形。

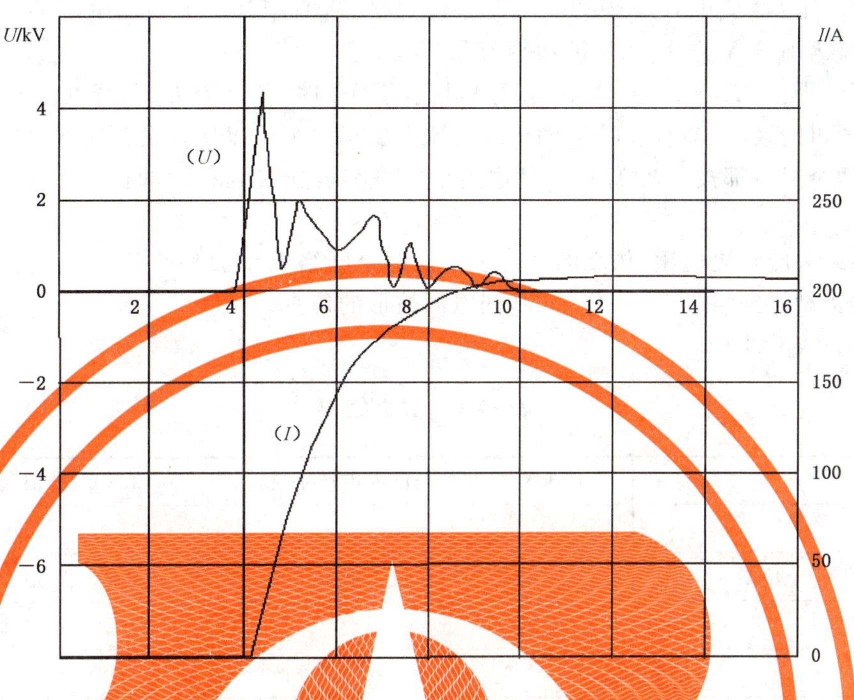

说明:

I ——通讯 SPD 上的电流:50 A/div,di/dt=75 A/μs;

U ——通讯端口和保护接地导线(PE)之间的电压:2 kV/div,最大 4.3 kV。

水平时基:2 μs/div。

图 O.3 电涌过程中个人计算机/调制解调器的参考点之间所记录的电压

图 O.4 中描述了第二种实例。这描述一个电源(TT、相和中性点)提供了连接通讯线路的装置。对于两个网络等电位连接到本地的接地点,SPD 被安装在这些线路的入口处。为了研究这种情况,对一个实际的事例进行了仿真。这个事例中,两个连接点是不同的,而且被一个电感(相当于这两点之间的距离)所分开。另一个 SPD(二极管)也被直接连接在设备前面的通讯线路上。L2 是气体放电管 GDT 和二极管之间的距离,L1 是通讯线路连接点和电源线连接点之间的距离。

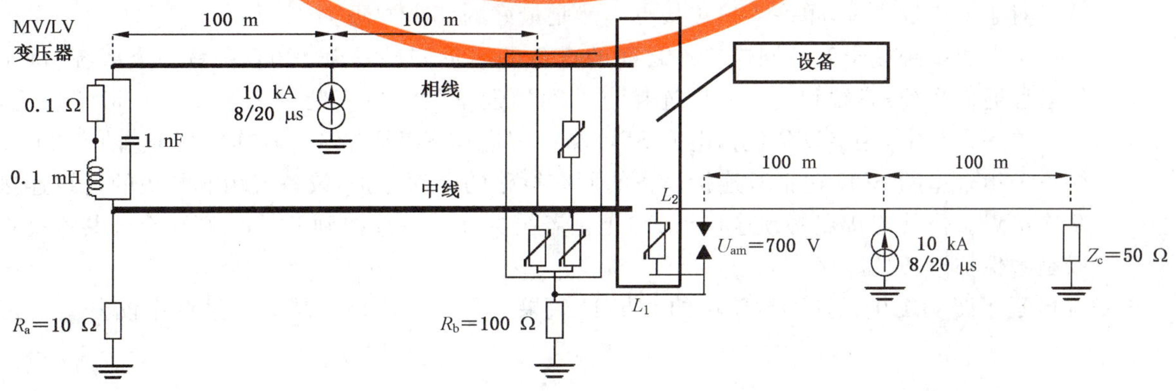

图 O.4 用于仿真的典型的 TT 系统

电涌电流对图 O.2 中远程通讯电路的影响已经通过计算机仿真进行了分析，而且已经得到了与实际测试相同的结果。变压器的高频模型和线路(两条线路都是 200 m)上的传播效应都被采用。电源的 SPD 是 ZnO 压敏电阻类型(限压元件)，远程通信线路的 SPD 是一个气体放电管(开关元件)。

接地阻抗 R_b 和气体放电管的放电电压(U_{am})是这次研究用到的参数。电源的 SPD(三种保护模式)标称放电电流为 10 kA 的，电压保护水平为 1.5 kV。

可得到以下结果：当 $L_1=L_2=10$ m，雷电击中电力网络时，长度为 L_1 的导线上有 12.5 kV 的电压降，当雷电击中通讯网络时，会有 35 kV 的压降。这个压降水平足以导致设备内产生闪络。

因此，即使两个网络都被 SPD 保护并且这两个网络都被连接到相同的接地系统上，也可能发生内部闪络。

为了使这些结果能够更通用，仿真的时候也要在两个网络上添加一些负载，结果是相同的。另外，也进行带有其他类型的网络(TN 和 IT)和不同电涌波形的仿真。

结果被归纳在表 O.1 中。

表 O.1 仿真结果

TN 系统	10 kA 8/20 浪涌侵入电源系统	10 kA 8/20 浪涌侵入通信线路
L_1 上的电压降	12 kV	35 kV
IT 系统，中相阻抗＝1 000 Ω	10 kA 8/20 浪涌侵入电源系统	10 kA 8/20 浪涌侵入通信线路
L_1 上的电压降	8 kV	35 kV
TT 系统	10 kA 8/20 浪涌侵入电源系统	10 kA 8/20 浪涌侵入通信线路
L_1 上的电压降	8 kV	23 kV

可以看出，关于设备闪络风险的结果与所有类型的电源系统相同。设备的最大耐受能力通常为 2.5 kV 左右，所以轻微冲击(只有 10 kA)产生的电压(8 kV～35 kV)大大超过了电涌耐受能力。

注：10 kA 10/350 对于通讯线路来讲是不切实际的。当冲击电流为 2 kA 时，线路就会融化，通讯网络的测量值大约为 100 A，但是使用 10 kA 的值主要用于电源方面和通讯方面的比较。

合理的解决方法

为了避免以上的问题，有两种可能的解决方法：

——找到电缆线路的另一种路径，从而减少各种的线路(上述例子中所描述的远程通信和电源线)之间的回路尺寸，同时也降低了电感 L。但是对于已经存在的建筑物来说，不是一件简单的事情。对于新建筑来说，单一入口连接点当然是最好的解决方法。

——在位于电源系统端子和共同连接点之间的设备的附近安装一个 SPD，在另一个系统(例子中的远程通信系统)终端和这个共同连接点之间的设备附近也安装一个 SPD。一般情况下，在一个单一方案中，这些设备包括电源 SPD 和远程通信 SPD，有时也称作“多用途的 SPD”。这样一个组合型的 SPD 包括对连接设备的所有线路的电涌保护，设备将用非常短的引线连接公共连接点。公共连接点必须连接到 PE 上。若公共连接点连接到 PE 上，则这个公共连接点可以是被保护设备的外壳。

图 O.5 展示了图 O.1 中描述的试验中的 SPD 的效果。图 O.5 应该与图 O.3 进行比较。

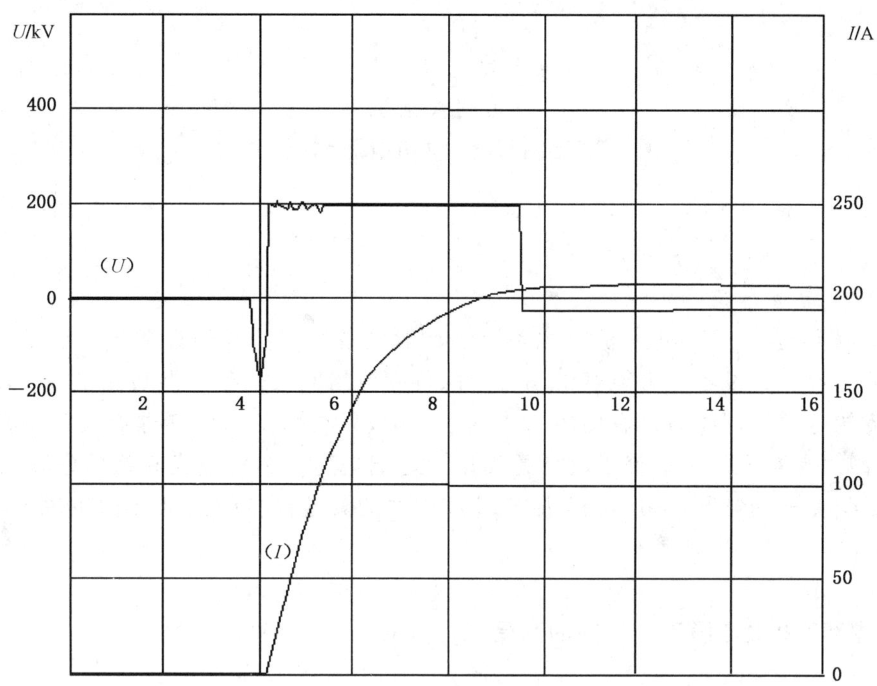

说明：

I ——侵入电信 SPD 的电流　$\mathrm{d}i/\mathrm{d}t=75\ \mathrm{A}/\mu\mathrm{s}$；

U——保护体(PE)和电信端口之间的电压：200 V/div　最大 200 V。

水平扫描：2 μs/div。

图 O.5　多用途 SPD 应用于图 O.1 的电路时的电压和电流波形

附 录 P
（资料性附录）
短路后备保护和电涌耐受

P.1 简介

电涌电流不仅会流过 SPD，也会流过线路上的其他设备。这些其他设备包括后备过流保护设备和其他类型的故障电流保护设备。可能发生不希望的跳闸或熔断。了解这些设备的耐受能力对于防止这些元件限制装置的电涌处理能力是有用的。在本附录中，只给出了与熔断器有关的信息。对于其他的技术，实际的电涌耐受能力过于依赖于设备的类型。这就是为什么机械式断路器（CB）不在本附录的考虑之中，但是 SPD 或 MCB 的制造厂可提供与 SPD 相关的其他设备的信息，例如断路器（MCB，MCCB，RCD 等）。

P.2 8/20 和 10/350 单次电涌下熔断器的耐受性

用 I^2t 进行波形计算并且与熔断器生产厂商提供的 I^2t（1 ms）比较，是推测熔断器单次电涌耐受能力的一种可能的方法。

通过知道冲击的峰值就能够估算出冲击的 I^2t，见以下公式：

——对于 10/350 波

$$I^2t = 256.3 \times I_{crest}^2$$

——对于 8/20 波

$$I^2t = 14.01 \times I_{crest}^2$$

这里，I_{crest} 的单位为 kA，I^2t 的单位为 $A^2 \cdot s$。

例如：

——为了耐受 8/20，9 kA 电涌电流的单次冲击，后备保护熔断器必须有一个最小的弧前值，该值必须大于：

$$I^2t = 14.01 \times 9^2 = 1\ 134.8\ A^2 \cdot s$$

注：对于 32 A 的 gG 型圆管式熔断器的典型弧前值为 1 300 $A^2 \cdot s$。

——为了耐受 10/350，5 kA 的冲击电流的单次冲击，后备保护熔断器必须有一个最小的弧前值，该值必须大于：

$$I^2t = 256.3 \times 5^2 = 6\ 407.5\ A^2 \cdot s$$

注：对于 63 A 的 gG 型 NH 熔断器的典型弧前值为 6 500 $A^2 \cdot s$。

——一个具有 24 000 A^2t 的弧前值的新熔断器（100 A gG 型圆管式熔断器）能够耐受的 8/20 单次冲击电流为：

$$I_{crest} = \sqrt{\frac{24\ 000}{14.01}} = 41.4\ kA$$

P.3 预处理和动作负载试验的熔断器影响因素（降低系数）

在 IEC 61643-1 中描述的试验方法中，熔断器不仅要耐受单次冲击，还要耐受一个完整的序列（预处理试验和动作负载试验）。这些冲击能够降低熔断器的性能，从而降低了它们相对于单次冲击下的耐受能力(见 P.2)。

为了能够通过所有的预处理试验和动作负载试验,试验显示中要在单次冲击耐受值的基础上乘以0.5～0.9 的降低系数。

需要考虑的三个主要因素:

——I_n 与 I_{max}或 I_{imp}之间的比例

预处理试验预处理是在 I_n(15 次冲击)下进行,而动作负载试验是在 I_{max}或 I_{imp}(0,1;0,25;0,5;0.75 和 1 倍 I_{max}或 I_{imp})的情况下进行。如果 I_n 值低于 I_{max}或 I_{imp}的峰值,由在 I_n下进行的预处理试验引起的老化与 I_{max}或 I_{imp}应力相比可以忽略。相反,如果 I_n 值接近或者高于 I_{max}或 I_{imp}的峰值,预处理试验的冲击不能够被忽略。

——与熔断器单次冲击耐受能力相比的绝对值

当 I_n、I_{max}或 I_{imp}值接近最大值 I_{crest}(见图 O.2)时,每次冲击熔断器性能就会降低;反之,如果它们与最大值 I_{crest}相差比较大,影响就可以被忽略。

——熔断器的偏差

熔断器生产厂家应该根据熔断器标准给出产品的偏差。这个偏差与真实的电涌耐受能力无关,也不能用于与之相关的计算。

P.4 熔断器单次冲击耐受能力降低系数估计范围的特殊示例

一个圆管式柱状 100 A 的 gG 熔断器假设能有 41.4 kA 8/20 波形的单次冲击耐受。

对于一个具有 I_{max}=40 kA 和 I_n=20 kA 的Ⅱ类试验的 SPD,经验显示这个熔断器不能够通过全部的预处理试验和动作负载试验。

正确的后备熔断器应是一个熔断值最小为 40 000 $A^2\cdot s$ 的 125 A gG 的熔断器。从 P.2 中可以看出,一个最小熔断值为 40 000 $A^2\cdot s$ 的熔断器能够耐受 53.4 kA,8/20 波单次冲击。

在这个示例中,熔断器的单次 8/20 冲击电流耐受最大值和通过全部测试的实际耐受值的比例为0.75。

在表 P.1 中,给出了一些遵循相同的分析得出的特征值,其中对于Ⅱ类试验 SPD,I_{max}是 I_n 的两倍;对于Ⅰ类试验 SPD,I_n 等于 I_{imp}。

表 P.1 单次冲击耐受能力和通过全部预处理/动作负载试验的耐受能力的比值的示例

熔断器的典型额定电流/A	典型弧前值,由 P.2 中的简化公式得到的电流峰值和实际试验值							
	Cyl gG				NH gG			
	弧前值	计算值	试验值	比率	弧前值	计算值	试验值	比率
	$I^2t/(A^2\cdot s)$	8/20	8/20		$I^2t/(A^2\cdot s)$	10/350	10/350	
25	800	7.6	5	0.66				
32	1 300	9.6	7	0.73				
40	2 500	13.4	10	0.75				
50	4 200	17.3	15	0.87				
63	7 500	23.1	17	0.73				
80	14 500	32.2	25	0.78				
100	24 000	41.4	30	0.72	20 000	8.8	5	0.57

表 P.1（续）

熔断器的典型额定电流/A	典型弧前值，由 P.2 中的简化公式得到的电流峰值和实际试验值							
	Cyl gG				NH gG			
	弧前值	计算值	试验值	比率	弧前值	计算值	试验值	比率
	I^2t/($A^2 \cdot s$)	8/20	8/20		I^2t/($A^2 \cdot s$)	10/350	10/350	
125	40 000	53.4	40	0.75	33 000	11.3	7	0.62
160					60 000	15.3	10	0.65
200					100 000	19.75	15	0.76
250					200 000	27.93	20	0.72
315					300 000	34.21	25	0.73

参 考 文 献

注：与引用相关的条款标识在下面的[ ]中。

[1] IEC 60038,IEC standard voltages.

[2] IEC 60364-4-42,Electrical installations of buildings—Part 4-42:Protection for safety—Protection against thermal effects.

[3] IEC 60364-4-43,Electrical installations of buildings—Part 4-43:Protection for safety—Protection against overcurrent.

[4] IEC 60999-1,Connecting devices—Electrical copper conductors—Safety requirements for screw-type and screwless-type clamping units—Part 1:General requirements and particular requirements for clamping units for conductors from 0,2 mm^2 up to 35 mm^2(included).

[5] IEC/TR 61000-5-6:2002,Electromagnetic compatibility (EMC)—Part 5-6:Installation and mitigation guidelines—Mitigation of external EM influences,under consideration.

[6] IEC/TR 62066:2002,Surge overvoltages and surge protection in low-voltage a.c.power systems—General basic information.

[7] IEEE C62.41.1,IEEE guide on the surge environment in low-voltage (1 000 V and less) AC power circuits.

[8] IEEE C62.41.2,IEEE recommended practice on characterization of surges in low-voltage (1 000 V and less) AC power circuits.

[9] IEC 61643-21,Low-voltage surge protective devices—Part 21:Surge protective devices connected to telecommunications and signalling networks—Performance requirements and testing methods.

[10] IEC 61643-22,Low-voltage surge protective devices—Part 22:Surge protective devices connected to telecommunications and signalling networks—Selection and application principles.

[11] Sharing of the current in case of direct strike to the structure [Annex I,I.1.2]

A.ROUSSEAU, P. AURIOL, A. RAKOTOMALALA, Lightning distribution through earthing systems,Hobart Lightning Protection Workshop,1992.

H.ALTMAIER,D.PELZ,K.SCHEIBE,Computer simulation of surge voltage protection in low voltage systems,ICLP,1992.

[12] Temporary overvoltages [4.1.3]:

M. CLEMENT, J. MICHAUD, Overvoltages on the low voltage distribution networks, CIRED,1993.

[13] Surge coordination between SPDs and RCDs or overcurrent devices [6.2.4.3]:

J.SCHONAU,F.NOACK,R.BROCKE,Coordination of fuses and overvoltages protection devices in low voltage mains.Fifth International Conference on Electrical Fuses and their Applications,1995.

[14] Coordination of SPDs [6.2.6]:

P. HASSE, P. ZAHLMANN, J. WIESINGER, W. ZISCHANK, Principle for an advanced coordination of surge protective devices in low voltage systems,ICLP 1994.

A.ROUSSEAU,T.PERCHE,Coordination of surge arresters in the low voltage field,INTELEC, 1995.F.MARTZLOFF,J.S.LAI,Coordinating cascaded surge protective devices:high-low versus low-high,IEEE IAS,1991.

J.HUSE et al.,Coordination of surge protective devices in power supply systems:need for a secondary protection,ICLP,1992.

[15] Risk analysis [Clause 7]:

A.ROUSSEAU,Choice of low voltage surge arresters based on risk analysis,Power Quality,1995.

General advice on protection of electronic equipment within or on structures against lightning, BS6651 Informative Appendix C,British Standards Institution,1992.

[16] Information [Annex A]:

IEC 60099-4:2004,Surge arresters—Part 4:Metal-oxide surge arresters without gaps for a.c.systems,1998.

[17] Environment [Annex C]:

IEEE Recommended practice on surge voltages in low-voltage a.c.power circuits C 62-41,1991.

[18] Application principles [Annex G]:

IEC 60099-5,Surge arresters—Part 5:Selection and application recommendations,1995.

[19] IEC 62305-3,Protection against lightning—Part 3:Physical damages to structures and life hazard.

ICS 77.150.30
H 62

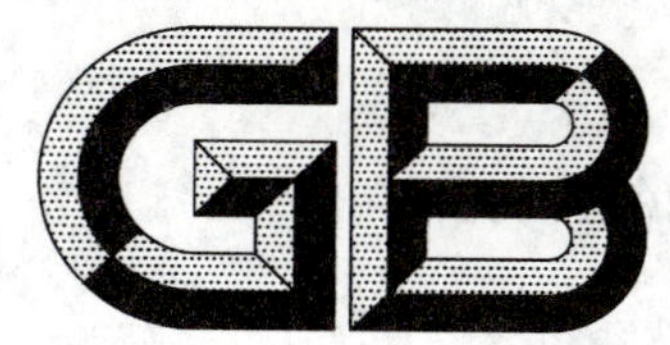

中华人民共和国国家标准

GB/T 18813—2014
代替 GB/T 18813—2002

2014-12-05 发布　　　　2015-05-01 实施

中华人民共和国国家质量监督检验检疫总局
中国国家标准化管理委员会　发布

前　言

本标准按照 GB/T 1.1—2009 给出的规则起草。

本标准代替 GB/T 18813—2002《变压器铜带》。本标准与 GB/T 18813—2002 相比，主要变化如下：

——增加了合金的代号表示；

——增加了厚度＞2.5 mm～3.0 mm、宽度≤610 mm 规格的带材；

——带材宽度范围进行了修改：厚度 0.1 mm～＜0.5 mm 带材，宽度由 600 mm 改为 610 mm；厚度 0.5 mm～2.5 mm 带材，宽度由 1 000 mm 改为 1 050 mm；

——带材的厚度允许偏差进行了加严；

——带材剪切边部毛刺规定进行了加严；

——增加了“化学成分分析按 YS/T 482 的规定进行”的规定；

——增加了“带材的外形尺寸检测按 GB/T 26303.3 的规定进行”的规定；

——增加了“试样制备按 YS/T 815 的规定进行”的规定；

——增加了“取样方法按 YS/T 668 的规定进行”的规定。

本标准由全国有色金属标准化技术委员会(SAC/TC 243)归口。

本标准起草单位：中铝洛阳铜业有限公司、中铝上海铜业有限公司、宁波兴业盛泰集团有限公司、白银有色集团股份有限公司、有色金属技术经济研究院。

本标准主要起草人：朱迎利、郭慧稳、韦卫、邵胜忠、杨群央、李健、李双龙、陈伟文、沈立邦、陈晖。

本标准所代替标准的历次版本发布情况为：

——GB/T 18813—2002。

变 压 器 铜 带

1 范围

本标准规定了变压器用铜带的要求、试验方法、检验规则、标志、包装、运输、贮存、质量证明书和订货单(或合同)内容等。

本标准适用于绕制变压器线圈用铜带。

2 规范性引用文件

下列文件对于本文件的应用是必不可少的。凡是注日期的引用文件,仅注日期的版本适用于本文件。凡是不注日期的引用文件,其最新版本(包括所有的修改单)适用于本文件。

GB/T 228.1—2010 金属材料 拉伸试验 第1部分:室温试验方法

GB/T 351 金属材料电阻系数测量方法

GB/T 4340.1 金属材料 维氏硬度试验 第1部分:试验方法

GB/T 5121(所有部分) 铜及铜合金化学分析方法

GB/T 5231 加工铜及铜合金牌号和化学成分

GB/T 8888 重有色金属加工产品的包装、标志、运输和贮存

GB/T 26303.3 铜及铜合金加工材外形尺寸检测方法 第3部分:板带材

YS/T 478 铜及铜合金导电率涡流检测方法

YS/T 482 铜及铜合金分析方法 光电发射光谱法

YS/T 668 铜及铜合金理化检测取样方法

YS/T 815 铜及铜合金力学性能和工艺性能试样的制备方法

3 要求

3.1 产品分类

3.1.1 牌号、状态、规格

带材的牌号、状态和规格应符合表1的规定。

表1 牌号、状态和规格

牌号	代号	状态	规格/mm	
			厚度	宽度
TU1 T2	T10150 T11050	软化退火(O60)	0.10~<0.50	≤610
			0.50~3.00	≤1 050
注:经供需双方协商,也可供应其他牌号、状态和规格的带材。				

3.1.2 标记示例

产品标记按产品名称、标准编号、牌号(或代号)、状态和规格的顺序表示。标记示例如下:

用 T2(T11050)制造的、软化退火(O60)状态、厚度为 0.5 mm、宽度为 200 mm 的带材标记为：

变压器带 GB/T 18813-T2O60-0.5×200

或 变压器带 GB/T 18813-T11050O60-0.5×200

3.2 化学成分

产品的化学成分应符合 GB/T 5231 中相应牌号的规定。

3.3 外形尺寸及允许偏差

3.3.1 带材的厚度允许偏差应符合表 2 的规定。

3.3.2 带材的宽度允许偏差应符合表 3 的规定。

3.3.3 带材的外形应平直。带材的侧边弯曲度应不大于 2 mm/m。

3.3.4 带材的边缘分为剪切边、圆角和圆边三种。具体如下：

a) 带材的剪切边应切齐，无裂边和卷边。厚度不小于 0.4 mm 的带材，其边部毛刺应不大于 0.03 mm；厚度小于 0.4 mm 的带材，其边部毛刺应不大于 0.02 mm。

b) 圆角如图 1 所示。带材边部不应有尖角、粗糙或凸出的边棱。

c) 圆边如图 2 所示。A 点允许为尖角，但不应为粗糙或凸出的边棱。

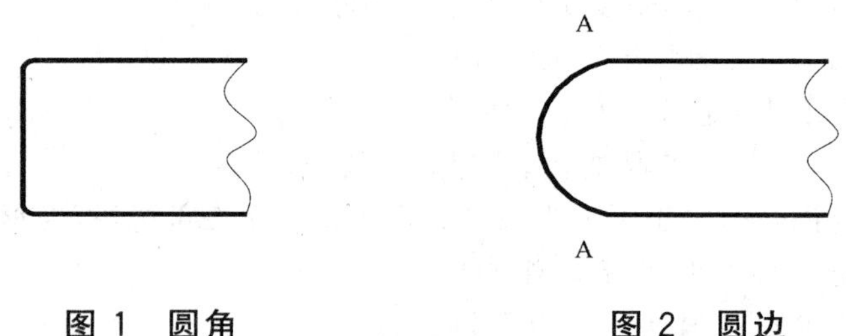

图 1 圆角　　**图 2 圆边**

表 2 厚度允许偏差

单位为毫米

厚度	宽度							
	≤200		>200~400		>400~610		>610~1 050	
	厚度允许偏差[a]							
	普通级	高精级	普通级	高精级	普通级	高精级	普通级	高精级
0.10~0.20	±0.010	—	±0.010	—	±0.010	—	—	—
>0.20~0.30	±0.015	±0.010	±0.020	±0.010	±0.020	±0.010	—	—
>0.30~0.50	±0.020	±0.015	±0.025	±0.020	±0.030	±0.020	—	—
>0.50~0.70	±0.030	±0.025	±0.035	±0.030	±0.040	±0.035	±0.050	±0.040
>0.70~1.10	±0.035	±0.030	±0.040	±0.035	±0.045	±0.040	±0.060	±0.050
>1.10~1.50	±0.045	±0.040	±0.045	±0.040	±0.050	±0.045	±0.070	±0.050
>1.50~2.50	±0.050	±0.045	±0.055	±0.050	±0.070	±0.060	±0.090	±0.080
>2.50~3.00	±0.055	±0.050	±0.060	±0.055	±0.080	±0.070	±0.100	±0.090

[a] 当需方要求厚度允许偏差为(+)或(−)单向偏差时，其值应为表中数值的 2 倍。

表 3　宽度允许偏差

单位为毫米

宽度	厚度					
	≤1.0		>1.0～1.5		>1.5～3.0	
	宽度允许偏差[a]					
	普通级	高精级	普通级	高精级	普通级	高精级
≤100	±0.20	±0.10	±0.30	±0.20	±0.40	±0.25
>100～300	±0.30	±0.15	±0.40	±0.25	±0.50	±0.30
>300～610	±0.50	±0.30	±0.60	±0.40	±0.60	±0.50
>610～1 050	±0.80	±0.60	±0.80	±0.70	±0.80	±0.70
[a] 当需方要求宽度允许偏差为(+)或(−)单向偏差时，其值应为表中数值的 2 倍。						

3.4　力学性能

带材的室温拉伸试验结果应符合表 4 的规定。厚度小于 0.20 mm 的带材，其室温拉伸试验结果仅供参考或由供需双方商定。进行硬度试验时，试验结果仅供参考。

表 4　力学性能

牌号	状态	抗拉强度 R_m/MPa	伸长率 $A_{11.3}$/%	维氏硬度 HV
TU1、T2	O60	195～260	≥35	45～65

3.5　电性能

在 20 ℃的温度下测试，带材的电性能应符合表 5 的规定。

表 5　电性能

牌号	导电率[a]/%IACS	电阻系数/(Ω·mm²/m)
TU1	≥100	≤0.017 241
T2	≥98	≤0.017 593
[a] 导电率＝100%×0.017 241/电阻系数。		

3.6　表面质量

3.6.1　带材的表面应光滑、清洁，不允许有分层、裂纹、起皮、起刺、气泡、压折、夹杂和绿锈。

3.6.2　带材的表面允许有轻微的、局部的、不使带材厚度超出其允许偏差的划伤、斑点、凹坑、辊印等缺陷。

3.6.3　带材表面轻微的氧化发红、发暗和轻微的、局部的油迹、水迹不做判废依据。

4 试验方法

4.1 化学成分

带材的化学成分的分析按 GB/T 5121(所有部分)或 YS/T 482 的规定进行,仲裁时按 GB/T 5121(所有部分)的规定进行。

4.2 外形尺寸及允许偏差

带材的外形尺寸测量按 GB/T 26303.3 的规定进行。

4.3 力学性能

带材的拉伸试验按 GB/T 228.1—2010 的规定进行。试样号为 GB/T 228.1—2010 附录 B 中的 P02。维氏硬度试验按 GB/T 4340.1 的规定进行。

4.4 电性能

带材的电性能试验按 GB/T 351 或 YS/T 478 的规定进行。仲裁试验按 GB/T 351 的规定进行。

4.5 表面质量

带材的表面质量应用目视进行检验。

5 检验规则

5.1 检查和验收

5.1.1 带材应由供方技术监督部门进行检验,保证产品质量符合本标准及订货单(或合同)的规定,并填写质量证明书。

5.1.2 需方对收到的产品按本标准及订货单(或合同)的规定进行检验,如检验结果与本标准及订货单(或合同)的规定不符时,应以书面形式向供方提出,由供需双方协商解决。属于表面质量及尺寸偏差的异议,应在收到产品之日起一个月内提出;其他质量异议,应在收到产品三个月内提出。如需仲裁,仲裁取样应由供需双方在需方共同进行。

5.2 组批

带材应成批提交验收,每批应由同一牌号、状态和规格组成。每批重量应不大于 6 500 kg(如为同一熔次,可不限定组批量)。

5.3 检验项目

每批带材应进行化学成分、外形尺寸及允许偏差、拉伸试验、电性能和表面质量的检验。如有要求,带材还应进行维氏硬度试验。

5.4 取样

带材取样应符合表 6 的规定。取样方法按 YS/T 668 的规定进行。力学性能试样制备按 YS/T 815的规定进行。

表 6 取样

检验项目	取样规定	要求的章条号	试验方法的章条号
化学成分	供方每熔次取 1 个试样，需方每批取 1 个试样	3.2	4.1
外形尺寸及允许偏差	逐卷	3.3	4.2
拉伸试验	每批任取 2 卷，每卷沿轧制方向任取 1 个试样	3.4	4.3
维氏硬度	每批任取 2 卷，每卷任取 1 个试样	3.4	4.3
电性能	每批任取 2 卷，每卷任取 1 个试样	3.5	4.4
表面质量	逐卷	3.6	4.5

5.5 检验结果的判定

5.5.1 化学成分不合格时，判该批带材不合格。

5.5.2 外形尺寸和表面质量不合格时，判该卷带材不合格。

5.5.3 当力学性能、电性能的试验结果中有试样不合格时，应从该批带材（包括原检验不合格的那卷带材）中另取双倍数量的试样进行重复试验，重复试验结果全部合格，则判整批带材合格。若重复试验结果仍有试样不合格，则判该批带材不合格，或由供方逐卷检验，合格者交货。

6 标志、包装、运输、贮存和质量证明书

6.1 厚度小于 1.0 mm 的带材，每卷带材应有内衬直径为 500 mm 或其他规格的衬筒，且应卷紧、卷齐。

6.2 带材的标志、包装、运输、贮存和质量证明书应符合 GB/T 8888 的规定。

7 订货单（或合同）内容

订购本标准所列产品的订货单（或合同）应包括下列内容：

a） 产品名称；

b） 牌号；

c） 状态；

d） 尺寸规格；

e） 带材的边缘种类；

f） 重量（或卷数）；

g） 维氏硬度（有要求时）；

h） 本标准编号；

i） 其他。

ICS 47.020.50
U 42

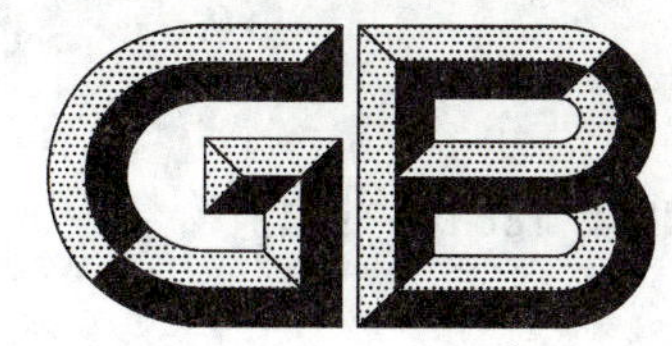

中华人民共和国国家标准

GB/T 18816—2014
代替 GB/T 18816—2002

船用热交换器通用技术条件

General specification for marine heat exchanger

2014-02-19 发布　　2014-06-01 实施

中华人民共和国国家质量监督检验检疫总局
中国国家标准化管理委员会　发布

前　言

本标准按照 GB/T 1.1—2009 给出的规则起草。

本标准代替 GB/T 18816—2002《船用热交换器通用技术条件》。本标准与 GB/T 18816—2002 相比，主要技术变化如下：

——适用范围中增加了“蒸发器”(见第 1 章，2002 年版的第 1 章)；

——修改了强度计算方法(见 3.2，2002 年版的 3.2)；

——修改了材料要求(见 3.3，2002 年版的 3.3)；

——增加了封头形状系数表(见表 3)；

——增加了 U 形管热交换器管板的最小厚度计算方法(见 3.2.5)；

——修改了热交换器 Ω 膨胀节开口宽度要求(见 3.4.9，2002 年版的 3.4.10)；

——修改了温度测量装置的设置要求(见 3.4.15、3.4.16，2002 年版的 3.4.15、3.4.16)；

——修改了筒体对接焊缝的对口错边量要求(见 3.5.3，2002 年版的 3.5.3)；

——修改了管板与管子胀接后的管板变形凸凹量要求(3.8.4，2002 年版的 3.8.4)。

本标准由中国船舶工业集团公司提出。

本标准由全国船用机械标准化技术委员会(SAC/TC 137)归口。

本标准主要起草单位：中国船舶工业综合技术经济研究院、南通中船机械制造有限公司、大冶斯瑞尔换热器有限公司、湖北迪峰换热器有限公司、营口市船舶辅机厂、山西汾西重工有限责任公司、营口职业技术学院。

本标准主要起草人：魏华兴、刘士文、顾桂平、项祥勇、张平、黄涛、范菊兰、孙猛。

本标准所代替标准的历次版本发布情况为：

——GB/T 18816—2002。

船用热交换器通用技术条件

1 范围

本标准规定了船用冷却器、冷凝器、加热器和蒸发器等热交换器的要求、试验方法、检验规则、标志、包装和贮存等。

本标准适用于设计压力不大于2.5 MPa，介质温度不超过350℃的滑油、燃油、液压油、导热油、海水、淡水、蒸汽、空气、氨、溴化锂、R22和R134a(或其他制冷剂)等热交换器的设计、制造和验收。

2 规范性引用文件

下列文件对于本文件的应用是必不可少的。凡是注日期的引用文件，仅注日期的版本适用于本文件。凡是不注日期的引用文件，其最新版本(包括所有的修改单)适用于本文件。

GB/T 700—2006 碳素结构钢

GB/T 711—2008 优质碳素结构钢热轧厚钢板和钢带

GB 713—2008 锅炉和压力容器用钢板

GB/T 1173—1995 铸造铝合金

GB/T 1176—1987 铸造铜合金技术条件

GB/T 1348—2009 球墨铸铁件

GB/T 1527—2006 铜及铜合金拉制管

GB/T 1591—2008 低合金高强度结构钢

GB/T 1800.1—2009 产品几何技术规范(GPS) 极限与配合 第1部分：公差、偏差和配合的基础

GB/T 2040—2008 铜及铜合金板材

GB/T 2059—2008 铜及铜合金带材

GB/T 3191—2010 铝及铝合金挤压棒材

GB/T 3625—2007 换热器及冷凝器用钛及钛合金管

GB/T 4238—2007 耐热钢钢板和钢带

GB/T 7028 船用柴油机空气冷却器试验方法

GB/T 8163—2008 输送流体用无缝钢管

GB/T 8890—2007 热交换器用铜合金无缝管

GB/T 9439—2010 灰铸铁件

GB/T 11037 船用锅炉及压力容器强度和密性试验方法

GB/T 11038 船用辅锅炉及压力容器受压元件焊接技术条件

GB/T 11352—2009 一般工程用铸造碳钢件

GB/T 14845—2007 板式换热器用钛板

CB/T 1036 船用板式冷却器

CB/T 3300 船用管壳式滑油、淡水冷却器

CB/T 3820 船用翅片管热交换器

CB/T 3866 船用大气冷凝器

JB/T 4730.2—2005 承压设备无损检测 第2部分:射线检测

中国船级社 材料与焊接规范 2012

3 要求

3.1 设计与结构

3.1.1 热力计算

3.1.1.1 热交换器的热力按式(1)计算:

$$Q = KA\Delta T_m \Psi \eta \qquad \cdots\cdots(1)$$

式中:

Q ——换热量的数值,单位为瓦(W);

K ——总传热系数的数值,单位为瓦每平方米摄氏度[W/(m^2·℃)];

A ——换热面积的数值,单位为平方米(m^2);

ΔT_m——对数平均温差的数值,单位为摄氏度(℃);

Ψ ——温度修正系数,一般应大于0.8;

η ——清洁系数,一般应不大于0.85。

注1:冷却器的换热量为被冷却介质的放热量。

注2:冷却器的换热面积为被冷却介质的接触金属壁面冷却总面积。

注3:加热器的换热量为被加热介质的吸热量。

注4:加热器的换热面积为被加热介质接触的加热金属壁面总面积。

注5:冷凝器的换热量为气体冷凝时的总放热量或气体焓值的变化量。

注6:冷凝器的换热面积为气体接触的冷凝金属壁面总面积。

注7:蒸发器的换热量为蒸发介质冷凝时的总放热量。

注8:蒸发器的换热面积为蒸发介质接触的冷凝金属壁面总面积。

3.1.1.2 热交换器的热力计算的总传热系数 K 值、压力损失值应接近试验值,其误差不大于5%。

3.1.1.3 热交换器的总传热系数 K 值一般应满足表1的要求。

表1 热交换器的总传热系数

热交换器种类	介 质	总传热系数 K 值/[W/(m^2·℃)]
冷却器	水/水	≥800
		≥1 000(板式)
	油/水	≥150
		≥200(板式)
	空气/水	≥60
加热器	水/蒸汽	≥1 200
	水/水	≥800
	油/蒸汽	≥150
	空气/蒸汽	≥20
冷凝器	蒸汽/水	≥1 200
	R22、R134a/水	≥900

表 1（续）

热交换器种类	介　　质	总传热系数 K 值/[$W/(m^2 \cdot ℃)$]
冷凝器	R717（氨）/水	≥800
	溴化锂	
蒸发器	R22、R134a/空气	≥30
	R717（氨）/空气	
	溴化锂/空气	

3.1.1.4　进行热交换器热力计算时，规定的各种管材管内液体的最大流速不应超过表 2 中规定的数值。

表 2　热交换器各种管材管内液体最大流速

管材种类		最大流速/(m/s)
钛		4
紫铜、黄铜		2
镍铜	BFe10-1-1	2.5
	BFe30-1-1	3
钢		3

3.1.2　强度计算

3.1.2.1　热交换器主要受压元件材料的许用应力[σ]确定如下：

a)　金属温度不高于 50 ℃时，按式(2)计算，取式(2)中计算结果的较小者：

$$\left.\begin{array}{l}[\sigma]=R_{m}/2.7\\ [\sigma]=R_{eH}/1.5\end{array}\right\}\qquad\cdots\cdots(2)$$

b)　金属温度高于 50 ℃时，按式(3)计算，取式(3)中计算结果的较小者。但当金属温度不高于 250 ℃时，可不考虑式(3)中的第 3 个公式：

$$\left.\begin{array}{l}[\sigma]=R_{m}/2.7\\ [\sigma]=R_{eH}^{T}/1.5\\ [\sigma]=R_{m100\,000}^{T}/1.5\end{array}\right\}\qquad\cdots\cdots(3)$$

c)　铜、铝及其合金材料，按式(4)计算：

$$[\sigma]=R_{m}/3.0\qquad\cdots\cdots(4)$$

d)　对于铸铁材料，按式(5)计算：

$$[\sigma]=R_{m}/5.0\qquad\cdots\cdots(5)$$

式中：

$[\sigma]$　——材料许用应力的数值，单位为兆帕(MPa)；

R_{m}　——材料在环境温度下的抗拉强度的数值，单位为兆帕(MPa)；

R_{eH}　——材料在环境温度下屈服点的数值，单位为兆帕(MPa)；

R_{eH}^{T} ——材料在金属温度下屈服点的数值或 0.2%规定非比例伸长应力的数值，单位为兆帕(MPa)；

$R_{m100\ 000}^{T}$ ——材料在金属温度下的 100 000 h 平均破断应力的数值，单位为兆帕(MPa)。

3.1.2.2 热交换器圆筒厚度计算按式(6)进行，且最小厚度应满足式(7)的计算结果。

$$\delta_1 = \frac{pD_0}{2[\sigma]\Phi - p} + 0.75 \qquad \cdots\cdots(6)$$

$$\delta_1 \geqslant 3 + D_0/1\ 500 \qquad \cdots\cdots(7)$$

式中：

δ_1 ——圆筒最小计算厚度的数值，单位为毫米(mm)；

p ——设计压力的数值，单位为兆帕(MPa)；

D_0 ——圆筒内径的数值，单位为毫米(mm)；

Φ ——焊缝系数。Φ 的取值规定为：对于设计压力大于 1.57 MPa 或筒体金属温度大于 150 ℃或筒体的计算厚度大于 16 mm 时，$\Phi=0.85$，否则取 $\Phi=0.60$。

3.1.2.3 热交换器的椭圆形封头和扁球形封头分别按图 1 和图 2，其最小厚度按式(8)进行计算：

$$\delta_2 = \frac{ypD_1}{2[\sigma]} + 0.75 \qquad \cdots\cdots(8)$$

式中：

δ_2 ——封头最小厚度的数值，单位为毫米(mm)；

y ——封头形状系数，y 的取值按表 3 选取。对于无孔封头，可根据 δ_2/D_1 值和 H/D_1 值选取；对于开孔而未加强的封头，可根据 $d/\sqrt{D_1\delta_2}$ 值和 H/D_1 值选取，其中 d 为封头最大开孔直径(椭圆孔按长轴计算)，H 为封头外部高度，单位为毫米(mm)；

D_1 ——封头外径的数值，单位为毫米(mm)。

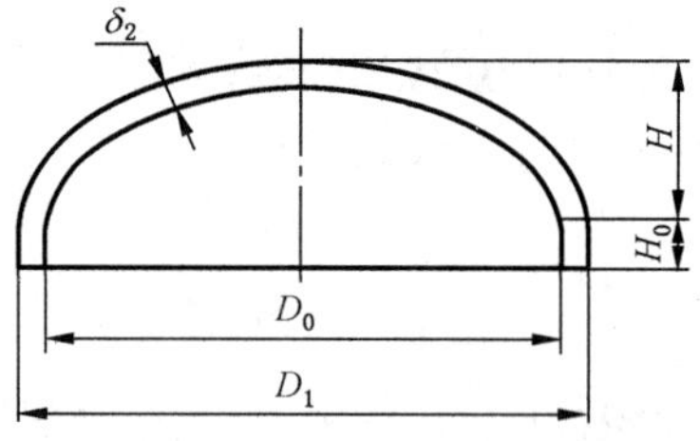

图 1 椭圆形封头

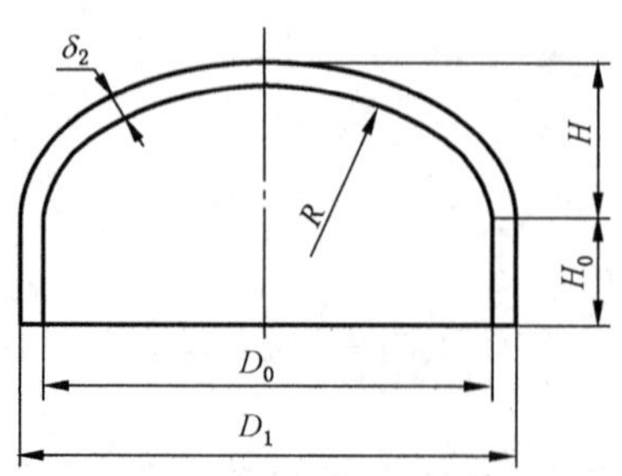

图 2 扁球形封头

表 3　封头形状系数

δ_2/D_1	0.002			0.005			0.01			0.02			≥0.04		
H/D_1	0.20	0.25	0.30	0.20	0.25	0.30	0.20	0.25	0.30	0.20	0.25	0.30	0.20	0.25	0.30
y	2.20	1.25	0.84	1.51	1.00	0.70	1.45	0.99	0.70	1.35	0.97	0.70	1.30	0.96	0.70
$d/\sqrt{D_1\delta_2}$	0.5			1.0			2.0			3.0			4.0		
H/D_1	0.20	0.30	0.40	0.20	0.30	0.40	0.20	0.30	0.40	0.20	0.30	0.40	0.20	0.30	0.40
y	1.30	0.80	0.59	1.45	0.99	0.81	1.80	1.42	1.25	2.15	1.75	1.60	2.85	2.15	1.95

3.1.2.4　热交换器平封头(水室)按图 3。热交换器平封头的最小厚度确定如下：

a)　圆形平封头最小厚度按式(9)计算：

$$\delta_3 = C_1 D\sqrt{\frac{p}{[\sigma]}} + 0.75 \qquad (9)$$

式中：

δ_3——封头最小厚度的数值，单位为毫米(mm)；

C_1——计算系数，C_1 按表 4 选取；

D——筒体计算直径的数值，单位为毫米(mm)。

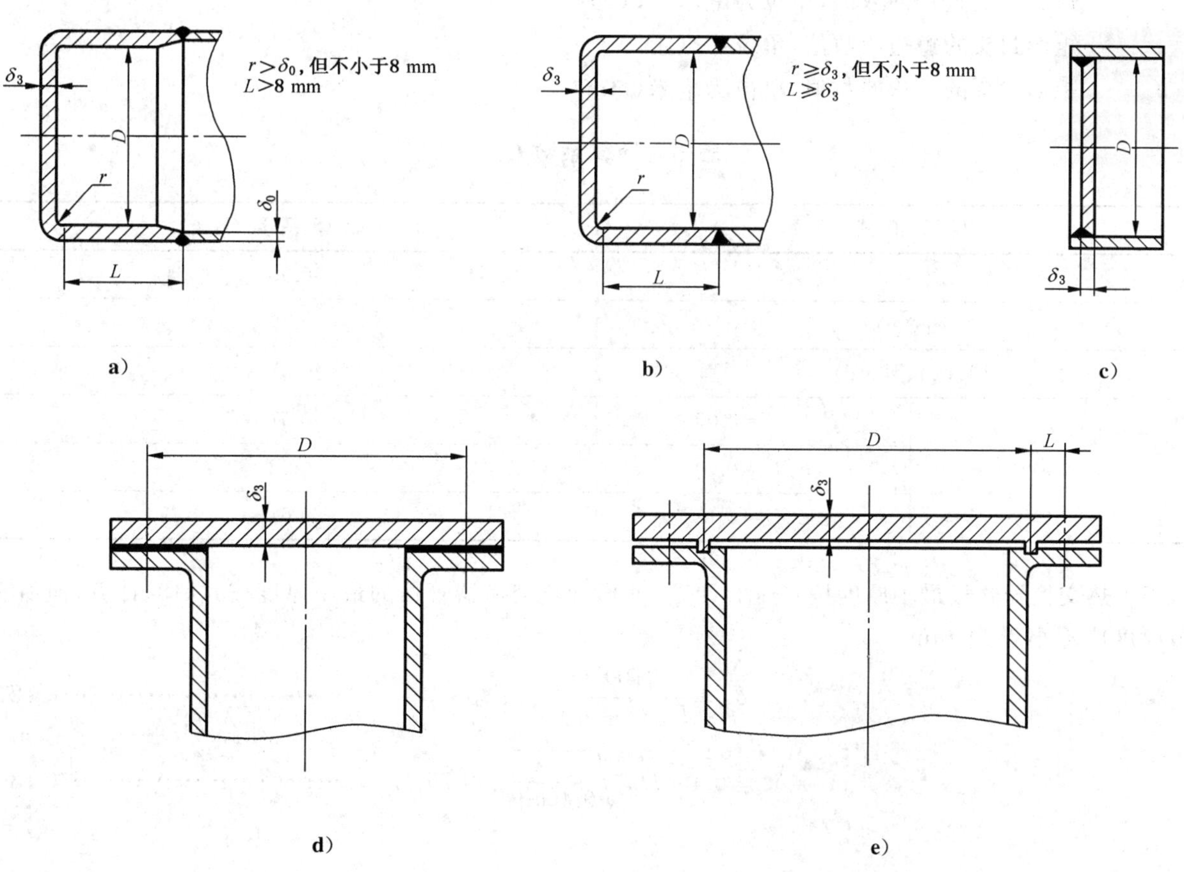

图 3　平封头

表 4 计算系数 C_1

封头形式		计算系数 C_1
图 3 a)		0.38
图 3 b)		0.43
图 3 c)、图 3 d)		0.52
图 3 e)	$L/D=0.05$	0.57
	$L/D=0.10$	0.62
	$L/D=0.15$	0.67

b) 矩形封头最小厚度按式(10)、式(11)计算：

$$\delta_3 = C_2 D_e \sqrt{\frac{P}{[\sigma]}} + 0.75 \qquad (10)$$

$$D_e = a\sqrt{\frac{2}{1+(a/b)^2}} \qquad (11)$$

式中：

C_2——计算系数，C_2 按表 5 选取；

D_e——封头当量直径的数值，单位为毫米(mm)；

a ——矩形封头的短边的数值，单位为毫米(mm)；

b ——矩形封头的长边的数值，单位为毫米(mm)。

表 5 计算系数 C_2

封头形式		计算系数 C_2
图 3 a)		0.38
图 3 b)		0.50
图 3 c)、图 3 d)		0.57
图 3 e)	$L/D=0.05$	0.57
	$L/D=0.10$	0.62
	$L/D=0.15$	0.67

3.1.2.5 热交换器管板最小厚度按式(12)计算，U 形管热交换器管板的最小厚度按式(13)计算，但所有管板厚度应不小于 14 mm。

$$\delta_4 = \frac{2PD_t t}{R_m(t-d)} + 0.75 \qquad (12)$$

$$\delta_4 = 0.454 D_g \sqrt{\frac{P}{0.4[\sigma]}} + 0.75 \qquad (13)$$

式中：

δ_4 ——管板最小厚度的数值，单位为毫米(mm)；

D_t ——最外排管列的管孔中心径向距离的数值，单位为毫米(mm)；

t ——两管孔中心距离的数值，单位为毫米(mm)；

R_m——材料在环境温度下的抗拉强度的数值，单位为兆帕(MPa)；

d ——管孔直径的数值，单位为毫米(mm)；

D_g——垫片压紧力作用中心圆直径的数值，单位为毫米(mm)。

3.1.2.6 板式热交换器的压紧板厚度、法兰连接尺寸应符合 CB/T 1036 的要求。

3.1.3 一般要求

3.1.3.1 热交换器管板与筒体法兰连接的环节螺栓数不应超过螺栓总数的一半。

3.1.3.2 热交换器凡与海水接触的铸铁或碳钢端盖、水室应进行涂塑或其他防蚀处理。

3.1.3.3 热交换器膨胀节应优先选用 Ω 形膨胀节。Ω 形膨胀节应用无缝管弯制。

3.1.3.4 热交换器换热管与管板的胀接有气密性要求时，紫铜换热管的设计压力不应大于 0.6 MPa。

3.1.3.5 热交换器温度计安装后其尾端应超过被测管轴线，见图 4。

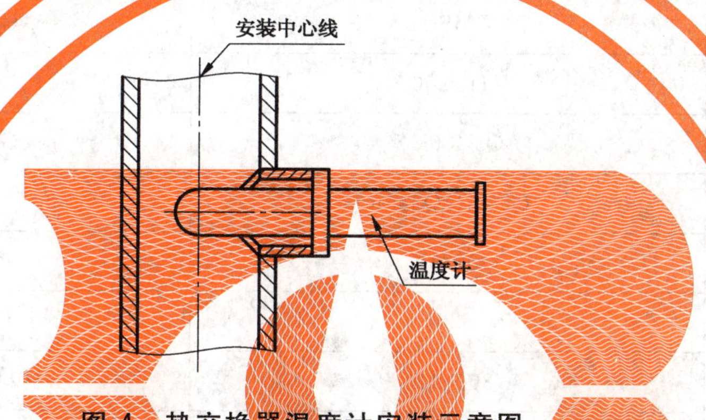

图 4 热交换器温度计安装示意图

3.1.3.6 板式冷却器压紧板表面应进行防蚀处理。

3.1.4 结构

3.1.4.1 热交换器管板宜采用管板兼法兰式结构，见图 5，且优先选用图 5 a)的形式。

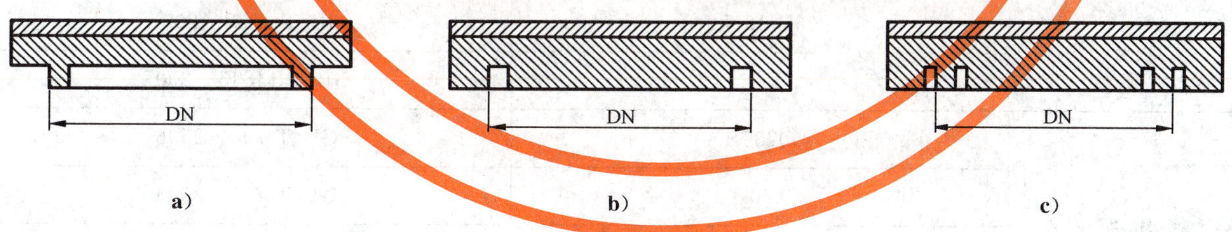

图 5 热交换器管板结构示意图

3.1.4.2 热交换器端盖、水室内的介质为海水时应安装防蚀板。

3.1.4.3 冷却器被冷却侧和冷却介质侧应设有温度测量装置的接口。

3.1.4.4 加热器应设有温度、压力测量装置接口；被加热侧应设有安全阀；加热侧加热介质为蒸汽时，应设有安全阀。

3.1.4.5 板式海水冷却器应配有相应的海水过滤器。

3.1.4.6 冷凝器气体侧应设有温度、压力测量装置和安全阀接口(大气冷凝器除外)。

3.1.4.7 排气接头应在最高位置，排泄接头应在最低位置。

3.2 材料

3.2.1 热交换器的板材选用应符合表6的要求。

表6 热交换器板材选用

热交换器零件名称	材料牌号	标准编号/规范
筒体	Q235B	GB/T 700—2006
	20	GB/T 711—2008
	360、410	材料与焊接规范(2012)
	HSn62-1、H62	GB/T 2040—2008
	ZAlSi12	GB/T 1173—1995
	HT200	GB/T 9439—2010
	QT400-15	GB/T 1348—2009
	Q245R、Q345R	GB 713—2008
管板	Q235B	GB/T 700—2006
	20	GB/T 711—2008
	360、410	材料与焊接规范(2012)
	Q345	GB/T 1591—2008
	HSn62-1、H62	GB/T 2040—2008
	HSn62-1/Q235B复合板材 聚乙烯/Q235B复合板材	按技术规格书
板片	06Cr19Ni9	GB/T 4238—2007
	TA1	GB/T 14845—2007
翅片	Q235B	GB/T 700—2006
	20	GB/T 711—2008
	3A21	GB/T 3191—2010
	T2	GB/T 2059—2008
法兰	Q235B	GB/T 700—2006
	20	GB/T 711—2008
	360、410	材料与焊接规范(2012)
	Q345	GB/T 1591—2008
	HSn62-1、H62	GB/T 2040—2008

3.2.2 热交换器的管材选用应符合表7的要求。

表 7 热交换器管材选用

适用介质	材料牌号	标准编号
海水	BFe30-1-1、BFe10-1-1、HA177-2	GB/T 8890—2007
	TA2	GB/T 3625—2007
	HSn70-1	GB/T 8890—2007
淡水	HSn70-1、H68A	GB/T 8890—2007
	TP2、T2、HSn62-1	GB/T 1527—2006
	10、20	GB/T 8163—2008
蒸汽或其他	10、20	GB/T 8163—2008

3.2.3 热交换器的端盖、水室材料应符合表 8 的要求。

表 8 热交换器端盖、水室材料

适用介质	材料牌号	标准编号
海水	HSn62-1	GB/T 2040—2008
	HT200～HT350	GB/T 9439—2010
	ZCuZn16Si4、ZCuSn3Zn8Pb6Ni1	GB/T 1176—1987
	ZG 200-400	GB/T 11352—2009
	Q235B	GB/T 700—2006
	20	GB/T 711—2008
淡水、蒸汽或其他	HT200～HT350	GB/T 9439—2010
	ZG 200-400	GB/T 11352—2009
	ZAlSi12	GB/T 1173—1995
	Q235B	GB/T 700—2006
	20	GB/T 711—2008

3.2.4 铜及铜合金材料不适用于氨制冷剂介质。

3.2.5 允许采用性能不低于表 6～表 8 规定且符合有关标准或规范的其他材料。

3.3 制造要求

3.3.1 热交换器筒体内壁一般应为整体镗加工，当筒体为卷制而内壁不进行整体镗加工时，应保证筒体内壁与折流板之间的配合间隙不大于表 9 的规定值。

表 9 筒体内壁与折流板之间的配合间隙

单位为毫米

筒体内径	配合间隙
＜450	1.8
450～800	2.6
＞800	3.6

3.3.2 热交换器管板与换热管的连接为胀接时，管板孔的管桥最小尺寸应大于 3 倍的换热管壁厚。

3.3.3 热交换器端盖、水室上的回流隔板的通气孔直径不应大于 6 mm，其倾角不应大于 60°。

3.3.4 热交换器 Ω 膨胀节开口宽度 b 应大于 15 mm，且高度 H 应大于 $1.6R$（见图 6）。

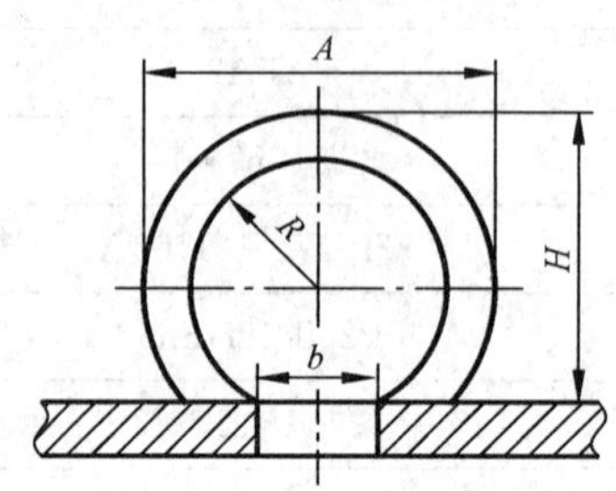

图 6 热交换器 Ω 膨胀节示意图

3.3.5 热交换器 Ω 形膨胀节成形后管外直径的最大值 A 应不大于 1.4 倍无缝管直径（见图 6）。

3.3.6 热交换器换热管长度大于 6 000 mm 时，允许有接头，但最小接管长度应大于 300 mm。

3.3.7 热交换器筒体内壁整体机加工后最小壁厚应不小于设计厚度。

注：设计厚度为图纸标注厚度。

3.3.8 筒体为卷制成形时，筒体同一截面最大最小直径差应不大于 0.5% 筒体的公称直径。

3.3.9 筒体对接焊缝的对口错边量 b 应不大于 $10\%\delta_n$（设计厚度），且对纵缝应不超过 3 mm，对环缝应不超过 4 mm，见图 7。

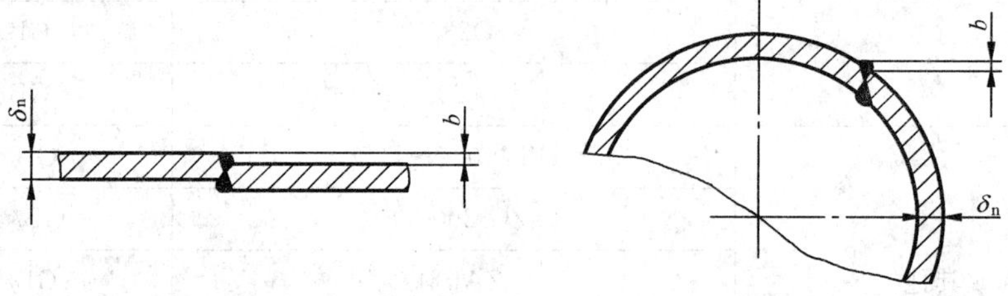

图 7 筒体对接焊缝的对口错边量

3.3.10 筒体对接焊缝的环向和轴向棱角度 E（见图 8）应不大于表 10 的规定值。

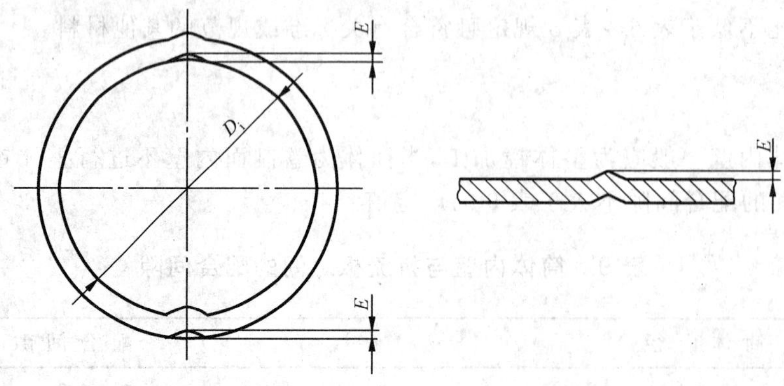

图 8 筒体对接焊缝的环向和轴向棱角度 E

表 10 筒体对接焊缝的环向和轴向棱角度 E

单位为毫米

筒体内径 D_i	棱角度 E
≤300	1.2
>300～460	1.6
>460～600	2.4
>600～900	3.2
>900～1 220	4.0
>1 220～1 520	4.8

3.3.11 管板孔粗糙度 Ra≤6.3 μm。

3.3.12 复合管板的复合层面加工后，其金属复合层最小厚度应不小于 2 mm，塑料复合层应不小于 4 mm。

3.3.13 折流板外径公差应按 GB/T 1800.1—2009 中 IT9 的要求，折流板外径与筒体内径的配合间隙按表 9 规定。

3.3.14 U 形管、蛇形管需拼接时，其错边量不应大于管子壁厚的 15%，且不大于 0.5 mm，其焊接接头在 2 倍设计压力的水压下应无渗漏。

3.3.15 U 形管、蛇形管弯制成形后(见图 9)按表 11 规定直径的钢球，应能顺利从管中通过。

图 9 U 形管、蛇形管弯制成形示意图

表 11 通球直径值

r/d		2～3.5	>3.5～5	>5～10	>10
通球直径	有接头	0.65d	0.70d	0.80d	0.85d
	无接头	0.70d	0.75d	0.85d	0.90d

3.3.16 胀片翅片管进行胀片时，应符合 CB/T 3820 的有关要求。

3.3.17 板式冷却器波纹板的成形和垫片应符合 CB/T 1036 的有关要求。

3.3.18 板式冷却器的组装、液压应符合 CB/T 1036 的有关要求。

3.3.19 端盖、水室内壁的涂层应均匀牢固，不应出现起皮、针孔等缺陷。

3.3.20 铸铁或铸铜端盖、水室在内壁未涂塑和防蚀处理前应能承受2倍设计压力的水压而无渗漏。

3.4 焊接要求

3.4.1 焊材的化学成分、强度应与母材的化学成分、强度相匹配。

3.4.2 对接焊缝的余高不应大于2 mm。

3.4.3 焊缝表面不应有裂纹、气孔、弧坑和夹渣等缺陷。

3.4.4 筒体对接焊缝不应有十字焊缝，两相邻对接焊缝的距离应大于3倍母材板厚且不小于100 mm。

3.4.5 热交换器的设计压力大于1.57 MPa，或筒体金属温度高于150 ℃，或筒体计算厚度大于16 mm，或需要经热处理改善或恢复材料力学性能时，其焊接应符合下列要求：

a) 每台产品应制备对接焊缝产品焊接试板；
b) 产品焊接试板应在相应的对接焊缝的延长部位，采用相同的焊接工艺同时施焊；
c) 产品试板焊缝应进行100%射线无损检测，达到JB/T 4730.2—2005中规定的Ⅱ级以上为合格；
d) 产品焊接试板试验项目按表12的要求；
e) 弯曲试验的压头直径和支辊边缘的内间距按表13的要求；
f) 产品焊接试板试验结果应符合表14的要求；
g) 产品焊接试板任一试样不合格时，允许再取2个试样复试，复试结果合格为合格，否则为焊接试板不合格；
h) 产品对接焊缝应进行不小于20%相应焊缝长度的射线无损检测，达到JB/T 4730.2—2005中规定的Ⅲ级以上为合格；
i) 有冲击试验要求的对接焊缝应进行100%射线无损检测，达到JB/T 4730.2—2005中规定的Ⅱ级以上为合格；
j) 产品焊接试板机械性能试验取样按图10的规定；
k) 试样制备按材料与焊接规范(2012)第1篇第2章和第3篇第7章的规定。

表12 产品焊接试板试验项目

序 号	试验项目	序 号	试验项目
1	熔敷金属的拉伸	4	接头横向拉伸
2	正向弯曲	5	断面宏观检查
3	反向弯曲	6	冲击试验

表13 弯曲试验的压头直径和支辊边缘的内间距

试样材料最大抗拉强度/MPa	压头直径/mm	支辊边缘的内间距/mm
＜460	$2t$	$4.2t$
460～510	$3t$	$5.2t$
注：t 为试样厚度，单位为毫米(mm)。		

表 14 产品焊接试板试验合格标准

试验项目	合 格 标 准
熔敷金属的抗拉强度试验	1） 抗拉强度 R_m 不小于母材规定的最小抗拉强度，且不大于母材规定的最小抗拉强度加上 145 N/ mm^2； 2） 延伸率 $\delta_5 \geqslant (980-R_m)/21.6$，且不低于母材规定的最小延伸率的 80%
弯曲试验	试样弯曲后，试样被拉表面出现的裂纹或其他缺陷长度应不大于 3 mm
接头横向拉伸试验	对接接头的抗拉强度不应低于母材规定的最小抗拉强度
断面宏观检查	不应有未焊透、未熔合以及较大的夹渣或其他缺陷
冲击试验	常温冲击试验，三个冲击试样的算术平均功不应低于 27J

单位为毫米

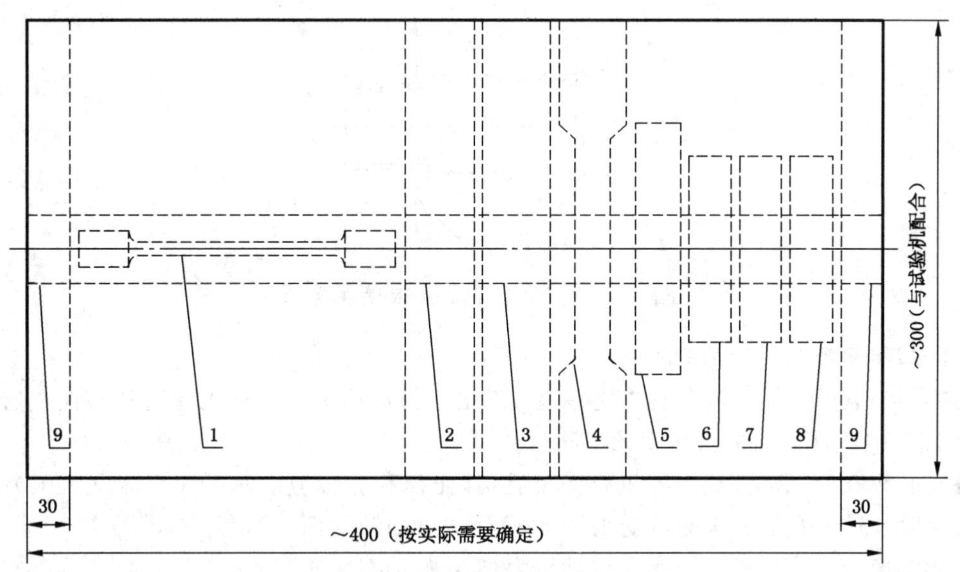

说明：

1——熔敷金属拉伸；
2——正弯（当试板厚度大于 20 mm 时，改取侧弯试样）；
3——反弯（当试板厚度大于 20 mm 时，改取侧弯试样）；
4——接头横向拉伸；
5——断面宏观检查；
6～8——冲击试验；
9——舍弃段。

图 10 产品焊接试板机械性能试验取样

3.4.6 焊接其他要求应符合材料与焊接规范（2012）和 GB/T 11038 的有关规定。

3.5 热处理要求

3.5.1 铸铁或铸铜端盖、水室当量直径大于 1 500 mm 时，应进行人工时效处理。

3.5.2 铸铝件按 GB/T 1173—1995 的要求进行强化热处理。

3.5.3 压制焊接的端盖、水室，凡隔板超过 4 块且当量直径大于 800 mm 时，应进行消除应力热处理。

3.5.4 轧制的黄铜螺纹管、压制的黄铜封头应进行消除应力热处理。

3.6 组装

3.6.1 换热管与管板的胀接长度不应超过管板厚度的90%,且小于两倍管外径或50 mm中的较大者。

3.6.2 双管板胀接宜采用后退式胀接方法,外管板管子胀接减薄率不应超过换热管壁厚的15%。

3.6.3 换热管与管板胀接壁厚减薄率按式(14)计算,其值应不大于12%。

$$q=(t_0-t_1)/t_0\times 100\% \tag{14}$$

式中:

q ——壁厚减薄率,以百分比(率)计(%);

t_0 ——换热管胀接前壁厚的数值,单位为毫米(mm);

t_1 ——换热管胀接后壁厚的数值,单位为毫米(mm)。

3.6.4 管板与管子胀接后的管板变形凸凹量不应大于管板直径的0.15%。

3.6.5 换热管与管板胀接后应齐平管头,管头伸出管板的长度不应大于1.5 mm。管孔翻边直径D与管孔直径d_1的差值应小于2.5 mm,见图11。

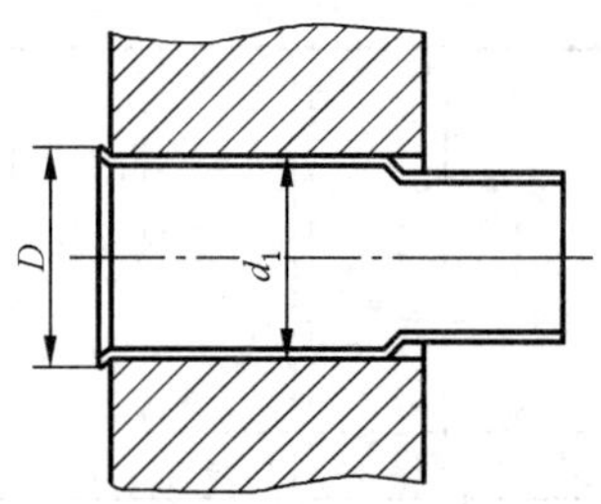

图11 换热管与管板胀接示意图

3.6.6 空气冷却器侧板与翅片的间隙一般应小于0.5 mm。

3.6.7 热交换器组装后其壳程和管程应能承受1.5倍设计压力的液压而无渗漏和塑性变形。附件安装后应能承受1.25倍设计压力的液压而无渗漏。

3.6.8 重叠安装串联使用的热交换器重叠安装后,其壳程和管程应能承受1.5倍设计压力的液压而无渗漏和塑性变形。附件安装后应能承受1.25倍设计压力的液压而无渗漏。

3.6.9 真空热交换器的真空腔应能承受设计压力加上0.1 MPa的液压。

3.6.10 对于空气冷却器空气侧,当侧板没有密封要求时,不做气密性要求;当有密封要求时,应能承受下列要求的气压,不应有渗漏:

a) 当侧板小于700 mm时,压力为1.05倍设计压力;

b) 当侧板不小于700 mm时,压力为0.05 MPa。

3.6.11 制冷系统(冷凝器、蒸发器)的制冷剂侧应能承受表15规定压力的气压,不应有泄漏。

表15 制冷系统(冷凝器、蒸发器)制冷剂侧气密性试验压力

单位为兆帕

制冷剂	冷凝器试验压力	蒸发器试验压力
R717(氨)	2.2	1.7
R134a	1.4	1.1
R22	2.2	1.7

3.7 性能要求

3.7.1 热交换器的实际换热面积不应小于设计计算的换热面积。

3.7.2 热交换器的实际总传热系数不应小于设计计算值。

3.7.3 热交换器的压力损失应小于表 16 的要求。

表 16 热交换器的压力损失

单位为兆帕

热交换器类型	介质空间压力损失	
滑油、淡水冷却器(管壳式)	0.05(壳程侧)	0.05(管程侧)
空气冷却器	0.002(低速机)、0.005	0.05
油加热器(管壳式)	0.05(油腔侧)	—
冷凝器	—	0.05(管程侧)
板式冷却器	0.04	
蒸发器	0.004(制冷剂侧)	

4 试验方法

4.1 材料

检验热交换器主要零部件的材质证明。结果应符合 3.2 的要求。

4.2 外观

目测检验热交换器的外观。结果应符合 3.3.19、3.4.3、3.4.4 的要求。

4.3 尺寸

用直尺、卡尺、测厚仪、表面粗糙度比较样块、焊缝检验尺和样板等工具检验热交换器的尺寸。结果应符合 3.3.1～3.3.14、3.4.2、3.4.4、3.6.1～3.6.6 的要求。

4.4 通球

用钢球对弯制后的 U 形管、蛇型管进行通球检验。结果应符合 3.3.15 的要求。

4.5 翅片管

翅片管检验按 CB/T 3820 规定的方法进行。结果应符合 3.3.16 的要求。

4.6 板式冷却器波纹板

板式冷却器波纹板的成形和垫片检验按 CB/T 1036 规定的方法进行。结果应符合 3.3.17 的要求。

4.7 板式冷却器的组装、液压

板式冷却器的组装、液压试验按 CB/T 1036 规定的方法进行。结果应符合 3.3.18 的要求。

4.8 焊接

4.8.1 核对焊材与热交换器母材的化学成分、强度。结果应符合 3.4.1 的要求。

4.8.2 焊接检验按 GB/T 11038 规定的方法进行。结果应符合 3.4.5、3.4.6 的要求。

4.9 热处理

检查热处理报告。结果应符合 3.5 的要求。

4.10 强度和密封性

按 GB/T 11037 规定的方法对热交换器进行强度和密封性试验。结果应符合 3.3.14、3.3.20、3.6.7～3.6.10 的要求。

4.11 制冷系统热交换器的气密性

制冷系统热交换器的气密性试验按下列方法之一进行：

a) 水浸法：将热交换器全部浸没在水中，然后缓慢向热交换器内充入氮气或空气。压力升到试验压力后，保压 5 min。检查各接头和密封部位不应有气泡逸出；

b) 发泡剂法：缓慢向热交换器内充入氮气或空气，待压力升到试验压力后，保压 15 min。在密封及接头部位涂发泡剂，无气泡逸出；

c) 保压法：缓慢向热交换器内充入氮气或空气，待压力升到试验压力后，保压 24 h。前 6 h 压力降不应超过 2%，其余 18 h 应保持压力稳定，不应再有压力降(不包括环境温度变化的影响)。

以上试验结果应符合 3.6.11 的要求。

4.12 换热面积

测量并计算热交换器工艺介质接触金属换热面的总外表面积。结果应符合 3.7.1 的要求。

4.13 总传热系数和压力损失

热交换器总传热系数和压力损失的测定试验，按下列要求进行：

a) 空气冷却器的总传热系数和压力损失的测定试验按 GB/T 7028 规定的方法进行；

b) 滑油、淡水冷却器的总传热系数和压力损失的测定试验按 CB/T 3300 规定的方法进行；

c) 大气冷凝器的总传热系数和压力损失的测定试验按 CB/T 3866 规定的方法进行；

d) 板式冷却器的总传热系数和压力损失的测定试验按 CB/T 1036 规定的方法进行；

e) 蒸发器的总传热系数和压力损失测定参照滑油、淡水冷却器的测定试验方法进行。

结果应符合 3.7.2 和 3.7.3 的要求。

5 检验规则

5.1 检验分类

热交换器的检验分为型式检验和出厂检验。

5.2 型式检验

5.2.1 热交换器有下列情况之一时，应进行型式检验：

a) 新产品试制、定型或鉴定；

b) 转厂生产的首制产品；

c) 产品材料、结构、工艺有较大改变,可能影响产品性能;

d) 主管检验机构有要求。

5.2.2 热交换器型式检验的项目和顺序按表17的规定。

表17 热交换器检验项目和顺序

序号	检验项目	型式检验	出厂检验	要求章条号	试验方法章条号
1	材料	●	●	3.2	4.1
2	外观	●	●	3.3.19、3.4.3、3.4.4	4.2
3	尺寸	●	●	3.3.1~3.3.14、3.4.2、3.4.4、3.6.1~3.6.6	4.3
4	通球	●	●	3.3.15	4.4
5	翅片管	●	●	3.3.16	4.5
6	板式冷却器波纹板	●	●	3.3.17	4.6
7	板式冷却器的组装、液压	●	●	3.3.18	4.7
8	焊接	●	●	3.4.1、3.4.5、3.4.6	4.8
9	热处理	●	●	3.5	4.9
10	强度和密封性	●	●	3.3.14、3.3.20、3.6.7~3.6.10	4.10
11	制冷系统热交换器的气密性	●	●	3.6.11	4.11
12	换热面积	●	—	3.7.1	4.12
13	总传热系数和压力损失	●	—	3.7.2、3.7.3	4.13
注:●必检项目;—不检项目。					

5.2.3 热交换器型式检验的样品数量为一台。

5.2.4 热交换器所有样品全部检验项目符合要求,则判为型式检验合格。若有不符合要求的项目,允许在采取纠正措施后进行复验。若复验符合要求,则仍判热交换器型式检验合格;若复验时仍有不符合要求的项目,则判热交换器型式检验不合格。

5.3 出厂检验

5.3.1 每台热交换器均应进行出厂检验。

5.3.2 热交换器出厂检验的项目和顺序按表17的规定。

5.3.3 全部检验项目符合要求的热交换器,判为出厂检验合格。若有任一项不符合要求,允许在采取纠正措施后进行复验。若复验符合要求,则仍判该热交换器出厂检验合格;若复验时仍有不符合要求的项目,则判该热交换器出厂检验不合格。

6 标志、包装、贮存

6.1 标志

每台热交换器应有铭牌,其内容包括:

a) 名称;

b) 型号;

c） 设计压力，单位为兆帕（MPa）；

d） 试验压力，单位为兆帕（MPa）；

e） 换热面积，单位为平方米（m^2）；

f） 质量，单位为千克（kg）；

g） 制造日期；

h） 出厂编号；

i） 制造厂名；

j） 船检标志。

6.2 包装

热交换器出厂前，应放尽内部积水，并用压缩空气吹干。对接头、接管法兰面应进行油封。所有接口应用螺塞或盖板封死。待油漆干燥后方可进行包装。

6.3 贮存

热交换器应贮存在干燥、通风的仓库内，不应露天贮存。

ICS 19.100
J 04

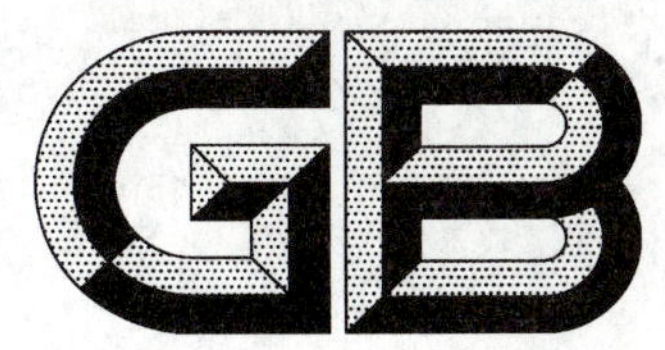

中华人民共和国国家标准

GB/T 18851.5—2014

无损检测　渗透检测
第5部分：温度高于50 ℃的渗透检测

Non-destructive testing—Penetrant testing—
Part 5: Penetrant testing at temperatures higher than 50 ℃

(ISO 3452-5:2008, MOD)

2014-05-06 发布　　　　2014-12-01 实施

中华人民共和国国家质量监督检验检疫总局
中国国家标准化管理委员会　发布

前　言

GB/T 18851《无损检测　渗透检测》分为以下6个部分：

——第1部分：总则；

——第2部分：渗透材料的检验；

——第3部分：参考试块；

——第4部分：设备；

——第5部分：温度高于50 ℃的渗透检测；

——第6部分：温度低于10 ℃的渗透检测。

本部分为GB/T 18851的第5部分。

本部分按照GB/T 1.1—2009给出的规则起草。

本部分使用重新起草法修改采用ISO 3452-5:2008《无损检测　渗透检测　第5部分：温度高于50 ℃的渗透检测》。

本部分与ISO 3452-5:2008的技术性差异及其原因如下：

——关于规范性引用文件，本部分做了具有技术性差异的调整，以适应我国的技术条件，调整的情况集中反映在第2章“规范性引用文件”中，具体调整如下：

- 用等同采用国际标准的GB/T 5097代替了ISO 3059(见第11章)；
- 用等同采用国际标准的GB/T 12604.3代替了ISO 12706(见第3章)；
- 用等同采用国际标准的GB/T 18851.1代替了ISO 3452-1(见第4章)；
- 用等同采用国际标准的GB/T 18851.2代替了ISO 3452-2(见第7、第8和第10章)；
- 用等同采用国际标准的GB/T 18851.3代替了ISO 3452-3(见第9章)；
- 用等同采用国际标准的GB/T 20737代替了EN 1330-1和EN 1330-2(见第3章)。

本部分由全国无损检测标准化技术委员会(SAC/TC 56)提出并归口。

本部分起草单位：宝钢集团上海金艺检测技术有限公司、上海诚友实业集团有限公司、上海威诚邦达检测技术有限公司、上海材料研究所、上海市工程材料应用评价重点实验室、上海新美达探伤器材有限公司。

本部分主要起草人：宋华南、罗云东、于宝虹、张义凤、邵志航、金宇飞、王滨、赵成。

引　言

当温度高于50 ℃时，渗透检测材料的性能会受到影响。GB/T 18851.1和GB/T 18851.2规定了10 ℃～50 ℃时渗透材料的使用和检验。GB/T 18851的本部分提出了高于50 ℃的渗透检测材料及其应用。

本部分介绍了与工作温度相关的渗透产品检验工艺，以及用户如何确认产品使用说明书中所推荐的工艺参数(工艺方法)是适用的。

渗透检测产品可以是为确保高温检测质量而专门研制的产品，但能在常温下使用的渗透检测产品，在某些情况下也适用于较高的检测温度。

无损检测　渗透检测
第5部分：温度高于50 ℃的渗透检测

1　范围

GB/T 18851的本部分规定了专用于高温(高于50 ℃)的检测要求以及合适的检测产品的鉴定方法。它仅适用于与产品使用说明书相一致的温度范围。

2　规范性引用文件

下列文件对于本文件的应用是必不可少的。凡是注日期的引用文件，仅注日期的版本适用于本文件。凡是不注日期的引用文件，其最新版本(包括所有的修改单)适用于本文件。

GB/T 5097　无损检测　渗透检测和磁粉检测　观察条件(GB/T 5097—2005，ISO 3059:2001，IDT)

GB/T 12604.3　无损检测　术语　渗透检测(GB/T 12604.3—2013，ISO 12706:2009，IDT)

GB/T 18851.1　无损检测　渗透检测　第1部分：总则(GB/T 18851.1—2012，ISO 3452-1:2008，IDT)

GB/T 18851.2—2008　无损检测　渗透检测　第2部分：渗透材料的检验(GB/T 18851.2—2008，ISO 3452-2:2006，IDT)

GB/T 18851.3　无损检测　渗透检测　第3部分：参考试块(GB/T 18851.3—2008，ISO 3452-3:1998，IDT)

GB/T 20737　无损检测　通用术语和定义(GB/T 20737—2006，ISO/TS 18173:2005，IDT)

3　术语和定义

GB/T 12604.3和GB/T 20737界定的术语和定义适用于本文件。

4　高温渗透检测要求

渗透材料应通过鉴定，以及在包含检测温度下的型式检验。

除非本部分或产品使用说明书另有规定，否则GB/T 18851.1的总则总是适用的。

应符合产品使用说明书的相关规定。

5　安全警示

设备和渗透检测产品均应在安全方式下操作、存储和使用，并符合产品使用说明书的相关规定。

本部分所要求的观察条件与10 ℃～50 ℃时实施渗透检测的观察条件相同，安全警示相同。

除10 ℃～50 ℃时的安全警示外，还应特别注意高温下的危险因素。皮肤灼伤、易燃及易挥发等都是常见的由温度变化引起的潜在危害。工作区域应保持良好的通风，并严格评估工作人员的暴露等级。

所有关于健康和安全、环保等方面的要求，均应符合相关的国际、国家和地方法规。

6 人员资格

按本部分进行检测的人员应具备相关资格(参照 GB/T 9445)。检测人员应掌握高温检测的相关知识(如渗透时间、材料特性等)。

7 检测产品等级

渗透检测产品应按 GB/T 18851.2—2008 表 1 中的类型、方法和方式进行分类,但应增加渗透产品的高温灵敏度说明。

适用于 10 ℃～50 ℃的产品可在正常分类方式中增加说明以确认其是否适用于高于 50 ℃的高温检测,例如:类型Ⅰ,方法 C,方式 a,等级 2,温度 M,(ICa-2/M)。

8 产品的一般特性

14.2 提到的参考渗透产品是用于比对(见 14.3)的渗透材料,适用于 10 ℃～50 ℃的温度范围,它们应符合 GB/T 18851.2 的要求。

制造商应说明产品的热稳定性,并应对受检渗透材料进行至少高于最高检测温度 20 ℃的检验。

应根据制造商推荐的工艺参数选择合适的渗透检测产品。

9 参考试块

应根据参考试块试验确定渗透检测产品的适用温度范围(见附录 A 或 GB/T 18851.3 的 1 型试块)。

在使用参考试块前,应采用适当的方法清洗试块,并用合适的非水基湿式显像剂对试块有无显示进行检验。当无显示时该试块方可使用。在去除预检验显像剂直至渗透检测结束的全过程中不得再用裸露的双手接触试块(以免污染)。可使用干净的白色棉质或其他适用于高温环境的手套辅助操作。

附录 A 的对比试块只能使用一次,且应成对使用。其中一块应在第 12 章给定的温度下进行检验,另一块则应在渗透检测材料适用的 10 ℃～50 ℃及邻近温度下进行检验(见第 8 章)。

注:对 1 型试块进行高温操作会导致残渍难以去除。应特别注意试块的适用性。

10 设备

高温检验需用到 GB/T 18851.2 未列出的设备:

a) 恒温器:其温度能稳定达到至少高于最高检验温度 50 ℃;

b) 检验温度下适用的手套;

c) 检验温度下适用的刷子;

d) 表面温度计(接触式):显示误差±5 ℃。

11 观察条件

观察条件应符合 GB/T 5097 的要求。

12 检验温度

温度等级及检验点见表1。对于工作温度高于50 ℃的材料，检验间隔最大为50 ℃。检验温度见表1。

表1 检验温度

温度等级	允许范围	检验点温度	误差
M:中温	50 ℃～100 ℃	50 ℃和100 ℃	±5 ℃
H:高温	100 ℃～200 ℃	100 ℃、150 ℃和200 ℃	±5 ℃
A、B:制造商的特殊规定	A ℃～B ℃	A ℃、B ℃和50 ℃间隔	±5 ℃

13 鉴定规程

制造商负责鉴定检验，如果渗透产品在规定范围内使用则不必在现场再作检验。

除非制造商另作说明，渗透检测产品在使用前应置于室温环境内。渗透产品在进行下述检验时，试块温度下降不应超过10 ℃。

注：达到检验温度的金属块可用作保温器。

a) 按第12章选定温度检验点。
b) 确保恒温器已稳定达到工作温度。
c) 按渗透产品使用说明书选择使用温度下的鉴定时间。
d) 对每一个放入恒温器的参考试块执行如下操作：
   1) 将按第9章准备好的参考试块放入恒温器直至其自身温度超过检验点温度20 ℃；
   2) 将试块从恒温器中取出，当其温度达到检验点温度（±5 ℃）时，在其被检表面施加充足的渗透剂，应能正确、完整的覆盖表面；
   3) 立即将参考试块放回恒温器并维持其在检验温度下直至达到鉴定时间；
   4) 从恒温器中取出参考试块并按产品使用说明书去除剩余的渗透剂；
   5) 按渗透产品使用说明书施加显像剂；
   6) 在渗透产品使用说明书规定的时间内，按第11章规定的观察条件检查参考试块。
e) 在所有要求的检验温度点重复上述过程。

14 结果评价

14.1 概述

检验结果应说明受检渗透材料的性能与参考渗透产品是否相似或更优。如使用定量评估法，受检渗透材料的显示应至少与参考渗透产品显示的90%相同。

应出具详细的检验报告，包括结果、检验参数、所用设备和工艺规程等。

14.2 1型参考试块

1型参考试块用于定量评估。使用裂纹深度30 μm和50 μm的试块，统计覆盖至少80%宽度的连续显示的数量，并与使用同一类型渗透剂(譬如都是1级灵敏度的Ⅰ型渗透剂，或都是2级灵敏度的Ⅱ

型渗透剂)的初始校准结果(在 10 ℃～50 ℃时)相比较。

14.3 附录 A 对比试块

附录 A 中的对比试块用于质量评估。使用一对对比试块和同一类型渗透剂(譬如都是 1 级灵敏度的Ⅰ型渗透剂,或都是 2 级灵敏度的Ⅱ型渗透剂),比较一块在高温下、另一块在 10 ℃～50 ℃时的检验结果。

附 录 A
（资料性附录）
渗透对比试块

渗透对比试块由同一试块剖开后具有相似大小的两部分组成，见图 A.1。

试块样本可按如下方法制作。

从厚约 8 mm～10 mm 的 T3 状态（热处理）2024 铝合金上切割约 76 mm 长、51 mm 宽的铝合金板。76 mm 的长度方向与板材的轧制方向平行。试块被不均匀加热，并经水淬火处理以产生热裂纹。通过对置于支架内的试块底面中心喷射燃气火焰可产生热裂纹，喷射时火焰不应沿任何方向移动。在试块正面中心 10 mm～12 mm 区域内放置一个 510 ℃、或 527 ℃、或相当的温度指示物。调整燃烧炉的热度，缓慢加热（大约 4 min）试块至温度指示物融化，迅速用冷水对试块进行淬火处理。沿试板 51 mm 宽度方向的双面热影响区中心将其切割成两块相似的样本。使用前应用毛刷与煮沸的液体溶剂用力擦洗试块。

单位为毫米

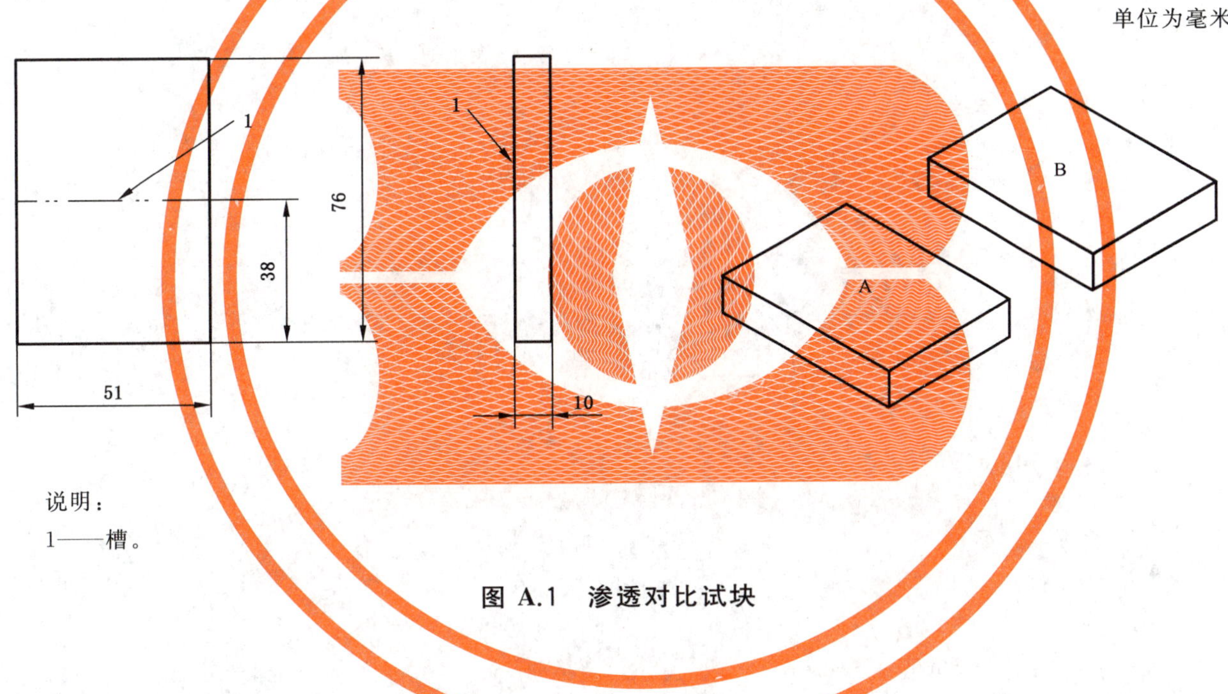

说明：

1——槽。

图 A.1 渗透对比试块

参 考 文 献

[1] GB/T 9445 无损检测 人员资格鉴定与认证
[2] ISO/IEC 17025 检测和校准实验室能力的通用要求

ICS 19.100
J 04

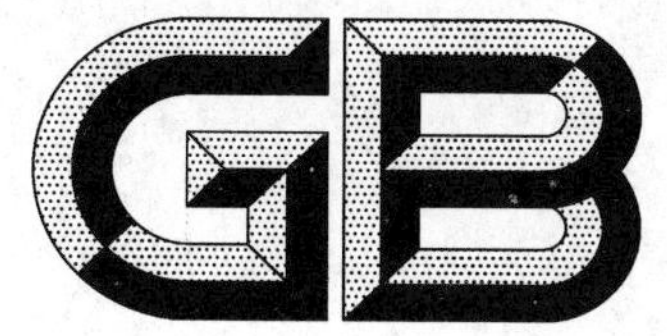

中华人民共和国国家标准

GB/T 18851.6—2014

无损检测 渗透检测 第6部分:温度低于10℃的渗透检测

Non-destructive testing—Penetrant testing—Part 6:Penetrant testing at temperatures lower than 10℃

(ISO 3452-6:2008,MOD)

2014-05-06 发布 2014-12-01 实施

中华人民共和国国家质量监督检验检疫总局
中国国家标准化管理委员会 发布

前言

GB/T 18851《无损检测 渗透检测》分为以下6个部分:

——第1部分:总则;

——第2部分:渗透材料的检验;

——第3部分:参考试块;

——第4部分:设备;

——第5部分:温度高于50℃的渗透检测;

——第6部分:温度低于10℃的渗透检测。

本部分为GB/T 18851的第6部分。

本部分按照GB/T 1.1—2009给出的规则起草。

本部分使用重新起草法修改采用ISO 3452-6:2008《无损检测 渗透检测 第6部分:温度低于10℃的渗透检测》(英文版)。

本部分与ISO 3452-6:2008的技术性差异及其原因如下:

——关于规范性引用文件,本部分做了具有技术性差异的调整,以适应我国的技术条件,调整的情况集中反映在第2章"规范性引用文件"中,具体调整如下:

- 用等同采用国际标准的GB/T 5097代替了ISO 3059(见4.1、4.2.5和5.4.3);
- 用等同采用国际标准的GB/T 18851.1代替了ISO 3452-1(见第3.1);
- 用等同采用国际标准的GB/T 18851.2代替了ISO 3452-2(见第6章);
- 用等同采用国际标准的GB/T 18851.3代替了ISO 3452-3(见5.2)。

本部分由全国无损检测标准化技术委员会(SAC/TC 56)提出并归口。

本部分起草单位:宝钢集团上海金艺检测技术有限公司、上海新美达探伤器材有限公司、上海材料研究所、上海诚友实业集团有限公司、上海市工程材料应用评价重点实验室、上海威诚邦达检测技术有限公司。

本部分主要起草人:张文凤、罗云东、于宝虹、周伟、邵志航、金宇飞、李莉、赵成。

引　言

当温度低于10 ℃时,渗透检测材料的性能会受到影响。GB/T 18851.1和GB/T 18851.2规定了10 ℃～50 ℃时渗透材料的使用和检验。GB/T 18851的本部分提出了低于10 ℃的渗透检测材料及其应用。

本部分介绍了与工作温度相关的渗透产品检验工艺,以及用户如何确认产品使用说明书中所推荐的工艺参数(工艺方法)是适用的。

渗透检测产品可以是为确保低温检测质量而专门研制的产品,但能在常温下使用的渗透检测产品,在某些情况下也适用于较低的检测温度。

无损检测 渗透检测 第6部分:温度低于10 ℃的渗透检测

1 范围

GB/T 18851的本部分规定了专用于低温(低于10 ℃)的检测要求以及合适的检测产品的鉴定方法。本部分仅适用于与产品使用说明书相一致的温度范围。

2 规范性引用文件

下列文件对于本文件的应用是必不可少的。凡是注日期的引用文件,仅注日期的版本适用于本文件。凡是不注日期的引用文件,其最新版本(包括所有的修改单)适用于本文件。

GB/T 5097 无损检测 渗透检测和磁粉检测 观察条件(GB/T 5097—2005,ISO 3059:2001,IDT)

GB/T 18851.1 无损检测 渗透检测 第1部分:总则(GB/T 18851.1—2012,ISO 3452-1:2008,IDT)

GB/T 18851.2 无损检测 渗透检测 第2部分:渗透材料的检验(GB/T 18851.2—2008,ISO 3452-2:2006, IDT)

GB/T 18851.3 无损检测 渗透检测 第3部分:参考试块(GB/T 18851.3—2008,ISO 3452-3:1998, IDT)

3 低温渗透检测

3.1 总则

除非本部分或产品说明书另有规定,否则GB/T 18851.1的总则总是适用的。

制造商负责鉴定检验,如果渗透产品在规定范围内使用则不必在现场再作检验。

3.2 技术原则

低温时可能会遇到一些特殊的问题:

a) 被检件表面存在湿气或结冰;

b) 与较高温度相比,溶剂及非水基湿式显像剂的挥发率较低;

c) 当使用喷罐时,压力及喷雾质量可能会受到影响;

d) 在工作温度下,某些渗透剂可能产生沉淀,这种情况下,应在标准温度(10 ℃~50 ℃)范围内进行检验。

3.3 安全警示

所有关于健康和安全、环保等方面的要求,均应符合相关的国际、国家和地方法规。

基于不同的温度范围,一些特殊的规定应强制执行:

a) 当使用加热设备时(无论是加热被检件、材料还是工作环境),应禁止检测剂喷雾及挥发物与火焰或热工件表面接触。

b) 检测人员应穿戴防护服及手套，避免与极低温部件直接接触。手套的材料不能影响检测结果。

c) 极低温度下，某些工具(钢笔、照相机等)可能无法正常工作。应采取措施，在使用之前将其置于合适的温度环境中(如将它们放在检测人员的贴身衣物内)，或使用在这种环境下能够工作的工具。

3.4 参考试块

使用参考试块应当心。可将试块放入冰柜冷却，当其温度达到渗透检测材料所要求的温度时将其取出。低温工件接触温暖环境时，工件表面会有湿气凝结，其温度也会很快上升。

实际上，检验应在“真实的条件下”进行：工件、检测人员和渗透检测材料都应在实际的低温条件下或在一个能模拟实际低温条件的温度和湿度的“温控室”内。

3.5 黏度与渗透检测

即使温度降低，液体或气体黏度增高，较高的黏度一般不会妨碍渗透检测。

毛细作用远强于黏度的影响——非常黏稠，甚至成凝胶状的渗透剂，也能得到很好的裂纹检测效果。

3.6 人员资格

按本部分进行检测的人员应具备相关资格(参照 GB/T 9445)。检测人员应掌握低温检测的相关知识(如渗透时间、材料特性等)。

4 低温渗透检测工艺

4.1 总则

检测规则如下：

a) 表面及其不连续处不应有任何污物，包括因表面预处理而残留的堵塞物。

b) 可采用最简便的方法对工件施加渗透剂。

c) 当渗透结束时，按制造商推荐，使用干净的软布与清洗剂去除工件表面多余的渗透剂(低温条件下应避免使用水作为清洗剂)。

d) 低温渗透检测一般不在装置内进行。应将非水基湿式(溶剂)显像剂喷洒在被检件上。低温条件下，溶剂挥发速度远低于正常水平。因此，应注意溶剂的挥发时间，确保得到准确的显示。

e) 观察条件应符合 GB/T 5097 的要求。

4.2 特殊要求

4.2.1 表面预处理

在+10 ℃～−5 ℃时，水分，不论是液体(蒸汽)、霜冻甚至结冰是主要的问题。

水分不利于低温渗透检测，为避免影响，应注意：

a) 缓慢加热工件表面，使不连续处的水分蒸发；和/或

b) 使用易挥发的水溶性溶剂，如丙酮、异丙醇(通常在施加渗透剂之前使用的清洗剂都是烃基材料，无法去除水分)；

c) 让水分自然蒸发，但应确保不能因水分蒸发使工件温度降低而导致水分在其表面再次凝结。

低于−5 ℃时，检查工件上有无霜冻或结冰。任何霜冻或结冰都应被去除。

4.2.2 渗透剂的施加/渗透时间

渗透剂可以使用压力喷罐喷涂，也可使用其他简便的方式施加。

通常，低温下不连续处的水分无法完全去除，会阻碍渗透剂进入不连续处，因此推荐低温渗透时间为常温(10 ℃～50 ℃)的两倍。

4.2.3 多余渗透剂的去除

即便使用的是水洗型渗透剂，按制造商推荐，使用软布与清洗剂的去除效果也比水洗效果好。

首先，使用软布尽量擦除渗透剂。

然后，用少许清洗剂润湿软布，清除剩余的渗透剂。

最后，用干燥的软布将渗透剂/清洗剂残渍擦拭干净。

放置几分钟，以便溶剂挥发。

4.2.4 显像剂的施加

非水基湿式(溶剂)显像剂是最合适的选择。

使用喷罐喷洒显像剂是最简便的方法。

喷灌应保存在 10 ℃以上，以保证施加的显像剂薄且均匀。

显像剂中的溶剂应在 3 min 内挥发干净，否则，缺陷指示会变得模糊，从而难以评定缺陷。

为满足这一要求，可以使用缓慢流动的热空气加快溶剂的挥发(禁止使用红外加热器)。

根据实际情况，显像时间可适当延长。

4.2.5 观察

观察条件应符合 GB/T 5097 的要求。

5 低温渗透检测材料的检验

5.1 注意事项

许多在 10 ℃～50 ℃下使用的渗透剂和显像剂也可在低温下使用。

应明确规定所使用的脱脂剂/去除剂，因为所使用的脱脂剂最好可溶于水并能快速挥发，所使用的去除剂最好能快速挥发。

制造商应说明渗透产品的最低使用温度。

最低使用温度下，渗透剂不能出现分层。

5.2 参考试块

应使用 GB/T 18851.3 中的试块。

5.3 检验温度

检验应在制造商给出的最低使用温度点进行。

5.4 检验工艺

5.4.1 清洗参考试块

在使用参考试块前，应用适当的方法清洗试块，并用合适的非水基湿式显像剂对试块有无显示进行检验。当无显示时该试块方可使用。在去除预检验显像剂直至渗透检测结束的全过程中不得再用裸露的双手接触试块(以免污染)。可使用干净的白色棉质或其他适用于低温环境的手套辅助操作。

5.4.2 试块温度设置

试块应置于检验温度条件下至少 10 min。

应使用“温控室”。检测人员可在施加渗透剂时进入温控室,完毕后离开,然后再进入室内擦除多余的渗透剂,溶剂挥发适当时间后再施加显像剂。

建议在显像时,每 10 min 检查一次显示情况。

5.4.3 观察条件

观察条件应符合 GB/T 5097 的要求。

6 结果

灵敏度等级应按 GB/T 18851.2 的相关规定执行。

参 考 文 献

［1］ GB/T 9445 无损检测 人员资格鉴定与认证
［2］ GB/T 12604.3 无损检测 术语 渗透检测
［3］ ISO 9001 质量管理体系 要求
［4］ ISO/IEC 17025 检测和校准实验室能力的通用要求

ICS 75.160
D 20

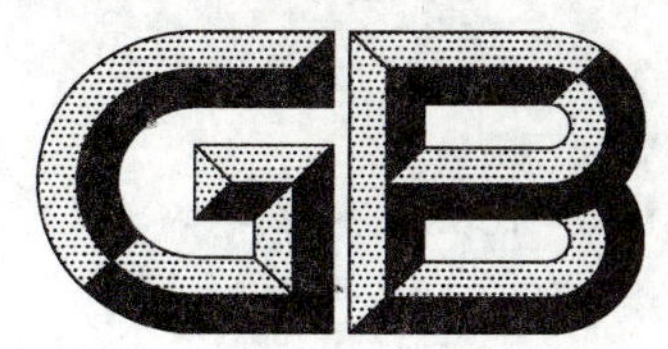

中华人民共和国国家标准

GB/T 18855—2014
代替 GB/T 18855—2008

燃料水煤浆

Coal water slurry for fuel

2014-12-22 发布 2015-06-01 实施

中华人民共和国国家质量监督检验检疫总局
中国国家标准化管理委员会 发布

前　言

本标准按照 GB/T 1.1—2009 给出的规则起草。

本标准代替 GB/T 18855—2008《水煤浆技术条件》。

本标准与 GB/T 18855—2008 相比主要作了如下修改和补充：

——修改了标准的中文名称和英文名称，并将原标准内容、结构及技术要求做了相应修改；

——对水煤浆术语进行重新定义，并修改了英文对应词(见 3.1)；

——增加了燃料水煤浆术语的定义(见 3.2)；

——修改了水煤浆表观黏度术语的定义，并修改了英文对应词(见 3.3)；

——修改了水煤浆粒度术语的定义，并修改了英文对应词(见 3.4)；

——修改了水煤浆基术语的定义，并修改了英文对应词(见 3.5)；

——修改了章标题(见第 4 章)；

——增加了产品等级及代码的表述(见 4.2)；

——在表 1 的规定中，取消了项目的等级划分，根据技术要求对燃料水煤浆产品进行了等级划分；

——在表 1 中删除"浓度"的测试项目；

——在表 1 中增加对"氯含量"的技术要求；

——在表 1 中增加对"煤灰中钾和钠含量"的技术要求；

——在表 1 中增加对"砷含量"的技术要求；

——在表 1 中增加对"汞含量"的技术要求；

——增加了出厂检验的表述(见 5.3)；

——增加了型式检验的表述(见 5.4)；

——增加了判定规则的表述(见 5.5)；

——增加了复检规则的表述(见 5.6)；

——增加了燃料水煤浆产品标识(见第 6 章)。

本标准由中国煤炭工业协会提出。

本标准由全国煤炭标准化技术委员会(SAC/TC 42)归口。

本标准起草单位：煤炭科学研究总院北京煤化工研究分院、国家水煤浆工程技术研究中心、东莞市电力燃料有限公司、厦门鸿益顺环保科技有限公司、福建清源科技有限公司、神华销售集团有限公司、枣庄矿业(集团)有限责任公司、陕煤集团神木张家峁矿业有限公司、山东八一燎原水煤浆有限责任公司、北京神华恒运能源科技有限公司。

本标准主要起草人：丁华、何国锋、林建军、程水平、王清源、邢秀云、刘成录、方刚、姜英、段清兵、谢惠珠、程水燃、苏千德、李晓伟、满慎刚、李增林、王国房、杨震、张波、王子乾。

本标准所代替标准的历次版本发布情况为：

——GB/T 18855—2002；

——GB/T 18855—2008。

燃 料 水 煤 浆

1 范围

本标准规定了燃料水煤浆的术语和定义、质量要求、取样、检验和判定、产品标识、运输和贮存等要求。

本标准适用于作为燃料用的水煤浆。

2 规范性引用文件

下列文件对于本文件的应用是必不可少的。凡是注日期的引用文件，仅注日期的版本适用于本文件。凡是不注日期的引用文件，其最新版本（包括所有的修改单）适用于本文件。

GB/T 212 煤的工业分析方法

GB/T 213 煤的发热量测定方法

GB/T 214 煤中全硫的测定方法

GB/T 219 煤灰熔融性的测定方法

GB/T 1574 煤灰成分分析方法

GB/T 3058 煤中砷的测定方法

GB/T 3558 煤中氯的测定方法

GB/T 16659 煤中汞的测定方法

GB/T 18856.1 水煤浆试验方法 第1部分：采样

GB/T 18856.3 水煤浆试验方法 第3部分：筛分试验

GB/T 18856.4 水煤浆试验方法 第4部分：表观黏度测定

GB/T 25209 商品煤标识

GB/T 25215 水煤浆试验方法导则

3 术语和定义

下列术语和定义适用于本文件。

3.1

水煤浆 coal water slurry; CWS

由煤、水和少量添加剂经过加工制成的具有一定粒度分布、流动性和稳定性的流体。按用途分为燃料用水煤浆和气化用水煤浆。

3.2

燃料水煤浆 coal water slurry for fuel; FCWS

作为燃料用的水煤浆产品，可用于工业锅炉、工业窑炉和电站锅炉等。

3.3

水煤浆表观黏度 apparent viscosity of coal water slurry

浆体温度为20 ℃，剪切速率为100 $^{-1}$时的黏度称为水煤浆的表观黏度，单位为毫帕秒(mPa·s)，采用$\eta_{100\ s^{-1}}$表示。

3.4

水煤浆粒度 granularity of coal water slurry

水煤浆中煤颗粒的大小称为水煤浆粒度，以大于某一特定粒度的物料占水煤浆中干物料的含量表示。

3.5

水煤浆基 basis of coal water slurry

分析结果以水煤浆为基准表示时称为水煤浆基(简称浆基)。例如水煤浆基灰分，以 A_{cws} 表示。

4 质量要求

4.1 外观

黑色黏稠浆体，能流动。

4.2 产品等级及代码

燃料水煤浆按产品质量划分为三级，分别是Ⅰ级燃料水煤浆、Ⅱ级燃料水煤浆、Ⅲ级燃料水煤浆。代码分别是 FCWS-1、FCWS-2、FCWS-3。

4.3 技术要求和试验方法

燃料水煤浆技术要求和试验方法应符合表 1 的规定。基准换算应符合 GB/T 25215 的规定。

表 1 技术要求和试验方法

项 目	单位	技术要求			试验方法
		Ⅰ级	Ⅱ级	Ⅲ级	
发热量($Q_{net,cws}$)	MJ/kg	≥16.80	≥16.00	≥15.20	GB/T 213
全硫($S_{t,cws}$)	%	≤0.30	≤0.45	≤0.55	GB/T 214
灰分(A_{cws})	%	≤6.00	≤7.50	≤8.50	GB/T 212
表观黏度($\eta_{100\ s^{-1}}$)	mPa·s	≤1 500			GB/T 18856.4
粒度($P_{d,+0.5mm}$)[a]	%	≤0.8			GB/T 18856.3
煤灰熔融性软化温度(ST)	℃	≥1 250			GB/T 219
氯含量(Cl_{cws})	%	≤0.15			GB/T 3558
煤灰中钾和钠含量 $w(K_2O)$[b]+$w(Na_2O)$[c]	%	≤2.80			GB/T 1574
砷含量(As_{cws})	μg/g	≤25			GB/T 16659
汞含量(Hg_{cws})	μg/g	≤0.200			GB/T 3058

[a] $P_{d,+0.5\ mm}$——大于 0.5 mm 的物料占水煤浆中干物料的含量，%。
[b] $w(K_2O)$——煤灰中氧化钾的含量，%。
[c] $w(Na_2O)$——煤灰中氧化钠的含量，%。

5 取样、检验和判定

5.1 样品的采取、制备

燃料水煤浆试样按 GB/T 18856.1 的规定进行采取和制备。

5.2 组批

在加工工艺不变的条件下，以单套生产线每 24 h 产量为一批。

5.3 出厂检验

出厂批次检验项目：发热量、全硫、灰分、表观黏度、粒度、煤灰熔融性软化温度。

5.4 型式检验

型式检验项目为表 1 中技术要求规定的全部检验项目。

在下列情况下进行型式检验：

a) 首次投产时；

b) 正常生产时，每半年进行一次型式检验；

c) 加工工艺条件改变、原料煤改变及检修开工后情况；

d) 出厂检验结果与上次型式检验结果有较大差异时。

5.5 判定规则

在型式检验有效周期内，出厂检验项目结果全部符合表 1 规定的各等级技术要求时，则判定该批产品合格。

5.6 复检规则

如出厂检验结果有不符合表 1 中技术指标的规定时，按 GB/T 18856.1 的规定重新抽取双倍样品进行复检，复检结果如仍有一项不符合本标准规定的技术指标时，则判定该批产品为不合格。

6 产品标识

6.1 燃料水煤浆产品进行贸易时，应按 GB/T 25209 的规定进行标识，且标明燃料水煤浆产品等级。

6.2 每批出厂的产品都应附有燃料水煤浆产品标识或质量证明书，并作为燃料水煤浆流通的随行文件。

7 贮存和运输

7.1 向用户销售的符合表 1 要求的燃料水煤浆产品，应贮存在具有搅拌装置的密闭容器中，并定期搅拌。

7.2 燃料水煤浆应用洁净的封闭容器运输或管道输送。

ICS 29.130.20
K 30

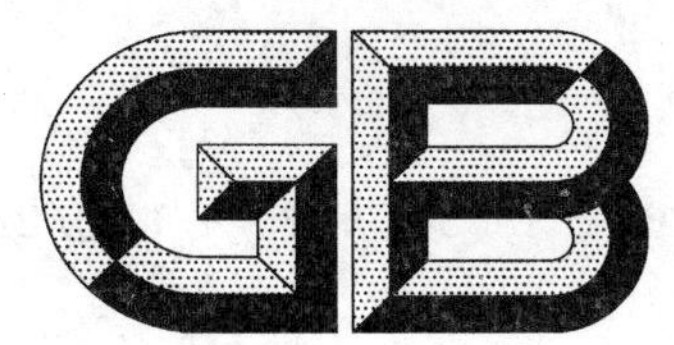

中华人民共和国国家标准

GB/T 18858.7—2014/IEC/PAS 62026-7:2009

低压开关设备和控制设备 控制器-设备接口(CDI) 第7部分:CompoNet

Low-voltage switchgear and controlgear—Controller-device interfaces(CDIs)—Part 7:CompoNet

(IEC/PAS 62026-7:2009,IDT)

2014-06-24 发布　　2015-01-22 实施

中华人民共和国国家质量监督检验检疫总局
中国国家标准化管理委员会　发布

前　言

GB/T 18858《低压开关设备和控制设备　控制器-设备接口》分为以下部分：

——第1部分：总则；

——第2部分：执行器传感器接口(AS-i)；

——第3部分：DeviceNet；

——第7部分：CompoNet。

本部分是GB/T 18858的第7部分。

本部分按照GB/T 1.1—2009给出的规则起草。

本部分与GB/T 18858.1《低压开关设备和控制设备　控制器-设备接口　第1部分：总则》一起使用。

本部分等同采用IEC/PAS 62026-7:2009《低压开关设备和控制设备　控制器-设备接口　第7部分：CompoNet》，本部分在技术内容和编写格式上与IEC/PAS 62026-7:2009《低压开关设备和控制设备　控制器-设备接口　第7部分：CompoNet》一致。

与本标准中规范性引用的国际文件有一致性对应关系的我国文件如下：

——GB/T 5095.1—1997　电子设备用机电元件　基本试验规程及测量方法　第1部分：总则(idt IEC 60512-1:1994)

——GB 4208—2008　外壳防护等级(IP代码)(IEC 60529:2001,IDT)

——GB/T 17626.2—2006　电磁兼容　试验和测量技术　静电放电抗扰度试验(IEC 61000-4-2:2001,IDT)

——GB/T 17626.3—2006　电磁兼容　试验和测量技术　射频电磁场辐射抗扰度试验(IEC 61000-4-3:2002,IDT)

——GB/T 17626.4—2008　电磁兼容　试验和测量技术　电快速瞬变脉冲群抗扰度试验(IEC 61000-4-4:2004,IDT)

——GB/T 17626.5—2008　电磁兼容　试验和测量技术　浪涌(冲击)抗扰度试验(IEC 61000-4-5:2005,IDT)

——GB/T 17626.6—2008　电磁兼容　试验和测量技术　射频场感应的传导骚扰抗扰度(IEC 61000-4-6:2006,IDT)

——GB/T 15969.2—2008　可编程序控制器　第2部分：设备要求和测试(IEC 61131-2:2007,IDT)

——GB/T 18858.1—2002　低压开关设备和控制设备　控制器-设备接口(CDI)　第1部分：总则(IEC 62026-1:2000,IDT)

——GB/T 9387.1—1998　信息技术　开放系统互连　基本参考模型　第1部分：基本模型(idt ISO/IEC 7498-1:1994)

——GB 4824—2013　工业、科学和医疗(ISM)射频设备　骚扰特性　限值和测量方法(CISPR11:2010,IDT)

本部分由中国电器工业协会提出。

本部分由全国低压电器标准化技术委员会(SAC/TC 189)归口。

本部分主要起草单位：上海电器科学研究院。

本部分参加起草单位:欧姆龙(上海)有限公司、常熟开关制造有限公司、深圳市泰永科技股份有限公司、苏州电器科学研究所有限公司、上海诺雅克电气有限公司、上海电器设备检测所。

本部分主要起草人:奚培锋、赵芳。

本部分参加起草人:关鹏、邵建国、贺贵兵、何秀明、徐泽亮、邢琳。

引　言

CompoNet 计划用于但不限于工业自动化领域，这些应用可能包括限位开关、接近传感器、电力-气动阀、继电器、电动机起动器、操作面板、模拟输入、模拟输出和控制器等设备。

本文件的发布机构提请注意，声明符合本文件时，可能涉及以下专利的使用：

——日本专利号 4023342，重复 MAC 地址检测方法，现场总线系统中的从站和主站，以及现场总线；

——日本专利号 4107110，现场总线系统，连接确认方法和主站；

——日本专利号 3293089，PLC 的远程 I/O 系统，以及相应的执行方法；

——日本专利号 3925660 以及在其他国家的对等专利，通信主站的启动控制方法；

——日本专利号 4006605 以及在其他国家的对等专利，减少通信系统中中继器延时的影响；

——日本应用号 2004-059864，通信设备和网络系统；

——日本应用号 2004-022243，连接电缆的连接器；

——日本应用号 2007-167281，减少通信系统中中继器延时的影响；

——日本应用号 2005-252414，带滤波功能的网络中继；

——日本应用号 2005-252758，可编程控制系统的事件通信方法；

——日本应用号 2005-203496，在 PLC 系统中获得网络配置信息；

——日本应用号 2002-334265，网络系统和控制器的 I/O 映射方法；

——日本应用号 2005-252682，事件通信的定时方法；

——日本应用号 2005-105543 以及在其他国家的对等专利，接收数据补偿设备。

本文件的发布机构对于该专利的真实性、有效性和范围无任何立场。

该专利持有人已向本文件的发布机构保证，他愿意同任何申请人在合理且无歧视的条款和条件下，就专利授权许可进行谈判。该专利持有人的声明已在本文件的发布机构备案。相关信息可通过以下联系方式获得：

专利持有人姓名：ODVA，Inc.

地址：2370 E.Stadium Boulevard ＃1000

　　Ann Arbor，Michigan U.S.A.48104

请注意除上述专利外，本文件的某些内容仍可能涉及专利。本文件的发布机构不承担识别这些专利的责任。

低压开关设备和控制设备
控制器-设备接口(CDI)
第7部分:CompoNet

1 范围

GB/T 18858 的本部分规定了在控制器和控制回路设备,如传感器、执行器,以及开关元件之间提供位级和字级通信的接口系统。本接口系统使用圆形或扁平电缆,它们包含一对信号导线,和可选择的一对电源导线。

本部分规定了 CompoNet 的下列特定要求:

——控制器和控制回路设备间的接口要求;

——设备的正常工作条件;

——结构和性能要求;

——一致性认证测试要求。

本部分适用于制定一个使具有该接口的器件能够互换的技术要求。

这些特定要求是附加在 IEC 62026-1 通用要求之上的。

2 规范性引用文件

下列文件对于本文件的应用是必不可少的。凡是注日期的引用文件,仅注日期的版本适用于本文件。凡是不注日期的引用文件,其最新版本(包括所有的修改单)适用于本文件。

IEC 60512-1 电子设备用机电元件 基本试验规程及测量方法 第1部分:总则(Connectors for electronic equipment—Tests and measurements—Parts 1:General)

IEC 60529 外壳防护等级(IP 代码)[Degrees of protection provided by enclosures(IP Code)]

IEC 61000-4-2 电磁兼容 第4-2部分:试验和测量技术 静电放电抗扰度试验[Electromagnetic compatibility(EMC)—Part 4-2:Testing and measurement techniques—Electrostatic discharge immunity test]

IEC 61000-4-3 电磁兼容 第4-3部分:试验和测量技术 射频电磁场辐射抗扰度试验[Electromagnetic compatibility(EMC)—Part 4-3:Testing and measurement techniques—Radiated, radio-frequency, electromagnetic field immunity test]

IEC 61000-4-4 电磁兼容 第4-4部分:试验和测量技术 电快速瞬变脉冲群抗扰度试验[Electromagnetic compatibility(EMC)—Part 4-4:Testing and measurement techniques—Electrical fast transient/burst immunity test]

IEC 61000-4-5 电磁兼容 第4-5部分:试验和测量技术 浪涌(冲击)抗扰度试验[Electromagnetic compatibility(EMC)—Part 4-5:Testing and measurement techniques—Surge immunity test]

IEC 61000-4-6 电磁兼容 第4-6部分:试验和测量技术 射频场感应的传导骚扰抗扰度[Electromagnetic compatibility(EMC)—Part 4-6:Testing and measurement techniques—Immunity to conducted disturbances ,induced by radio-frequency fields]

IEC 61076-2-101 电子仪器的连接器 第2-101部分:圆形连接器 螺丝锁定的M12连接器规范细节(Connectors for electronic equipment—Part 2-101: Circular connectors—Detail specification for M12 connectors with screw-locking)

IEC 61131-2 可编程序控制器 第2部分:设备要求和测试(Programmable controllers—Part 2: Equipment requirements and tests)

IEC 61158-5-2:2007 工业通信网络 现场总线规范 第5-2部分:应用层服务定义 类型2器件(Industrial communication networks—Fields specificatiion—Part 5-2: Application layer service definition—Type 2 elements)

IEC 61158-6-2:2007 工业通信网络 现场总线规范 第6-2部分:应用层协议规范 类型2器件(Industrial communication networks—Fields specificatiion—Part 6-2: Application layer protocol definition—Type 2 elements)

IEC 62026-1 低压开关设备和控制设备 控制器 设备接口(CDI)第1部分:总则[Low-voltage switchgear and controlgear—Controller-device interfaces(CDIs)—Part 1:General rules]

ISO/IEC 7498-1 信息技术 开放系统互连 基本参考模型 第1部分:基本模型(Information technology—Open System Interconnection—Basic Reference Model:The Basic Model)

CISPR 11 工业、科学和医学(ISM)射频设备 电磁骚扰特性 限值和测量方法[Industrial, scientific and medical equipment—Radio-frequency disturbance characteristics—Limits and methods of measurement]

3 术语、定义、符号和缩略语

3.1 术语和定义

下列术语和定义适用于本文件。

3.1.1

信标帧 BEACON

主站生成的报文帧,向从站和中继器通告当前的传输速率和网络连接信息。

3.1.2

位从站 bit slave

数据长度不超过4位的I/O设备。

3.1.3

分支 branch

与干线或分支线形成T连接的一段线缆。

3.1.4

CDI状态指示灯 CDI status indicator

在CompoNet设备上的报告通信链路状态的可视指示。

3.1.5

电路速率 circuit speed

波特率 baud rate

以信号符号/秒或码元/秒表示的传输介质上的通信速率。

注:每一个CompoNet位是用两个码元表示的曼彻斯特码,因此6 M码元/s的电路速率提供传输速率或数据速率是3 Mbits/s。

3.1.6

显式报文　explicit message

请求执行一个特定任务的命令,并将这个任务执行的结果返回给请求实体。

[改写 IEC 62026-3:2007,定义 3.1.22]

3.1.7

输入从站　IN slave

只有输入功能的可寻址 I/O 设备,能够为主站生产输入数据,并不消费数据。

3.1.8

码元　mark

应用于曼彻斯特编码技术并在总线上传输的信号符号。

注:每个数据位运用 2 个码元编码,如,数据"1"编码为"01",数据"0"编码为"10"。

3.1.9

主站　master

控制通信的设备。

注:在一个 CompoNet 网络中只有一个主站。

3.1.10

主站端口　master port

主站或者内置终端器的中继器的端口。

注:在一个干线或者分支线中只有一个主站端口。

3.1.11

混合从站　MIX slave

同时具有输入和输出功能的可寻址 I/O 设备,能够消费来自主站的输出数据和为主站生产输入数据。

注:生产和消费数据的长度可以是不同的。

3.1.12

模块状态指示灯　MS LED

报告 CompoNet 设备的电源和操作状态的可视指示。

3.1.13

节点　node

具有唯一 MAC ID 的设备。

3.1.14

输出从站　OUT slave

只有输出功能的可寻址的 I/O 设备,能够消费来自主站的输出数据,不能为主站生产输入数据。

3.1.15

中继器　repeater

用于扩展网络和通信信号整形的可寻址的设备。

注:中继器能够与主站进行通信,并执行如报文过滤功能,以提高网络的通信效率,它们不是无源设备。

3.1.16

段　segment

节点的一个集合,它们连接在通过主站端口和终端器分界的一条干线或分支线的物理介质上。

3.1.17

从站　slave

具有实际 I/O 数据的可寻址设备。

注：在一个 CompoNet 网络中最大从站数是 384。

3.1.18

从站端口 slave port

在从站设备或者不具有内置终端器的中继器上的端口。

3.1.19

STRNP

针对非参加节点的 STW 命令。

3.1.20

STRP

针对参加节点的 STR 命令。

3.1.21

STWNP

针对非参加节点的 STW 命令。

3.1.22

STWNP 重置 STWNP _ Reset

参数"ResetRequest=1"时 STWNP 命令。

3.1.23

STWNP 运行 STWNP _ Run

参数"Running=1"时的 STWNP 命令。

3.1.24

STWP

针对参加节点的 STW 命令。

3.1.25

STWP 重置 STWP _ Reset

参数"ResetRequest=1"时的 STWP 命令。

3.1.26

STWP Standby 锁定 STWP _ Standby _ Lock

参数"Running=0,UnRegistrant=1"时的 STWP 命令。

3.1.27

STWP Standby 离线 STWP _ Standby _ Offline

参数"Running=0,UnRegistrant=0"时的 STWP 命令。

3.1.28

子分支 sub-branch

另一个分支的分叉。

3.1.29

分支线 sub-trunk

从中继器的主站端口不经过另一个主站端口到终端的最短的通信线路。

注 1：分支线指的是连接到中继器的主站端口的电缆，它是由中继器向下的干线。

注 2：一条干线或者分支线可以通过设备上连接器的菊花链连接进行扩展。

3.1.30

T 型分支 T-branch

通过一个 T 型连接器连接到干线或者分支线的一段电缆。

注：一条干线或者分支线可以通过设备上连接器的菊花链连接进行扩展。

3.1.31

终端电容 terminating capacitor

终端中的电容。

3.1.32

终端电阻 terminating resistor

终端中的电阻。

3.1.33

终端 terminator

用于阻断传输线的阻抗特性，防止反射的装置。

注：在某些情况下，终端可以被嵌入到某个终端设备或连接器中。

注：根据本部分需要，终端包括终端电阻和终端电容。

3.1.34

传输速度(数据速率)

以数据位/s表示的在传输介质上的通信速率。

注：每一个CompoNet位是用两个码元表示的曼彻斯特码，因此以位/s表示的传输速率是以码元/s表示的电路速度的一半。

3.1.35

干线

在同一段中从主站到终端器的最短的通信线路。

注：一条干线或者分支线可以通过设备上连接器的菊花链连接进行扩展。

3.1.36

字从站 word slave

以16位字数据运行的I/O设备。

3.2 符号和缩略语

下列符号和缩略语适用于本文件。

A_EVENT 应用事件通信(application EVENT communication)

B_EVENT 基本内存事件通信(base memory EVENT communication)

BEACON 主站生成的通告帧(notification frame generated by the master)

CDI 控制器设备接口(controller device interface)

CRC 循环冗余校验(cyclic redundancy check)

CN 连接状态(ConNection status)

EPR 期望数据包速率(expected package rate)

EUT 被测设备(equipment under test)

IN 输入数据(input data)

LED 发光二极管(light emitting diode)

LS 最低有效位(least significant bit)

MAC 介质访问控制器(media access controller)

OUT 输出数据(OUTput data)

PHY 物理层(physical layer)

PWB 印刷线路板(printed wiring board)

RMS 方均根(root mean square)

SID 安全标识符(security identifier)

SEM 状态事件矩阵(status event matrix)
STR B_EVENT 帧的读状态(status read of B_EVENT frame)
STW B_EVENT 帧的写状态(status write of B_EVENT frame)
TRG 触发(TRiGger)
UCMM 无连接报文管理器(unconnected message manager)

4 分类

4.1 概述

CompoNet 是一个底层网络,它提供较高层设备(如控制器)和简单工业设备(如传感器和执行器)之间的高速通信。

CompoNet 连接控制器和传感器、执行器。控制器作为主站,传感器和执行器作为从站。提供两种类型的从站。一种是位从站,最多是 4 点数据,另一种是字从站,带有 16 点数据。中继器用来扩展通信长度。

CompoNet 通常由多个网段组成,每一段由一个中继器隔开。每一段都连接在网络上,但从物理层观点来看是分级的。如图 1 所示,有主站的网段称为第一段层,第二段和第三段通过中继器加入到网络中,但是这样外加的段最多不能大于两个。这样,主站和从站之间间隔最多不超过两个中继器或者三个网段。一个网络中能最多使用 64 个中继器。所有的段应在同一传输速率下运行。

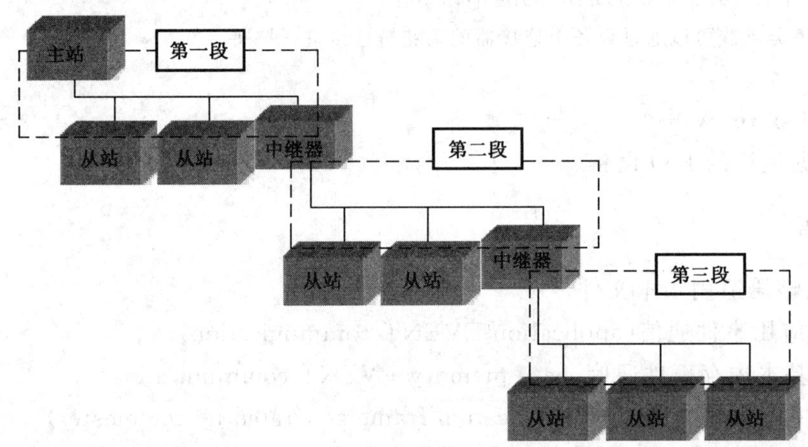

图 1 段层

主站或中继器应连接在段的末端。

总共最多能连接 384 个从站,即 256 个位从站和 128 个字从站。但是,受物理层限制,一段最多有 32 个从站节点或中继器节点。

支持 4 种类型的网络电缆:

——圆形电缆Ⅰ,2 导线的非屏蔽圆形电缆;

——圆形电缆Ⅱ,4 导线非屏蔽圆形电缆;

——扁平电缆Ⅰ,4 导线扁平电缆;

——扁平电缆Ⅱ,带附加屏蔽的 4 导线扁平电缆。

2 导线电缆只传输通信信号,4 导线电缆同时传输通信信号和电源。

传输速率可选:4 Mbit/s;3 Mbit/s;1.5 Mbit/s;93.75 kbit/s。速率决定了干线的最大长度。4 Mbit/s和 3 Mbit/s 时是 30 m,1.5 Mbit/s 时是 100 m,93.75 kbit/s 时是 500 m。除了 4 Mbit/s 外,所有的速率支持分支。

CompoNet 采用曼彻斯特编码技术以达到更高的可靠性。为了隔离,物理层电路使用脉冲变压器和差动的通信收发器。物理层有主站端口和从站端口。主站端口具有一个内嵌的终端,可用于主站和中继器。从站端口没有终端,可用于从站和中继器。

CompoNet 支持 I/O 数据通信和显式报文通信。主站根据配置设定控制所有的通信。主站将通信周期分成多个时间域,将一部分分配给 I/O 通信,其余分配给显式报文通信,实现高效的通信。在每一个周期间隔都为 I/O 通信分配一个时间域,这样可以保证实时性和时间同步;对于显式报文通信,分配的时间域随网络负载而变,因此,实时性是不能保证的。

4.2 网络规范

表 1 是网络规范。

表 1 网络规范

项目		规范
拓扑		使用无源电缆元件的多点和 T 分支方法
传输速率		4 Mbit/s,3 Mbit/s,1.5 Mbit/s,93.75 kbit/s
传输距离		根据通信速率而定
通信周期		根据通信速率而定
通信介质		CompoNet 圆形电缆 CompoNet 扁平电缆
可连接的主站		CompoNet 主站,CompoNet 网络中只允许有一个主站
项目		规范
可连接的中继器		CompoNet 中继器
可连接的从站		CompoNet 字从站、CompoNet 位从站
一个网络中最大中继器数		64
一网段中最大节点数		最多 32 个节点连接到某段主站端口
带中继器网络最大 I/O 节点数		最多 64 个输入、64 个输出字从站,共计 128 个 最多 128 个输入、128 个输出位从站,共计 256 个 使用混合从站的网络遵循附加的规则
无中继器的网络的最大 I/O 节点数		32
可用的节点地址		
字	输入	0~63
字	输出	0~63
位	输入	0~127
位	输出	0~127
中继器		0~63
每个 I/O 节点地址占用的点数		每个字从站节点地址 16 点 每个位从站节点地址 2 点
中继器可用		一个网络中最多 64 个中继器
最多段层数		3
自动数据速率功能		由 MAC 层支持
项目		规范

4.3 部件

CompoNet 网络由下列网络部件构成,如图 2 所示:

——CompoNet 主站:控制通信的设备。一个 CompoNet 网络中只有一个主站。

——CompoNet 从站:生产和消费实际 I/O 数据的设备。有两种类型的从站,字从站和位从站。字从站处理 8 位的数据字。位从站处理 2 位或 4 位的数据单元,以此提高简单设备的通信效率。

——CompoNet 中继器:提供网络扩展和通信信号整形的设备。每个中继器有一个节点地址,它能与主站进行通信,并执行一些提高网络通信效率的智能功能。它们不是无源设备。

——CompoNet 电源:提供 24V DC 的设备。在 4 导线网段,应在主站端口供给电源。在 2 导线网段,每一个从站都要使用独立的电源。

——CompoNet 终端器:改善通信性能的无源设备。终端器应安装在距离主站或中继器的主站端口干线最远的端点。所有的终端器应包含一个连接在信号线之间的电阻,并且 4 导线电缆终端器还应包含一个连接在电源线之间的电容。

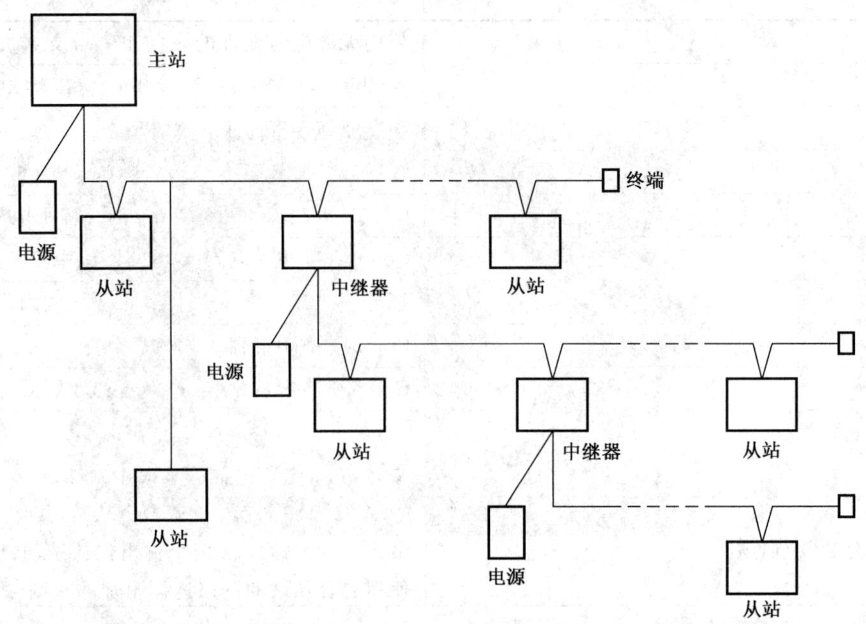

图 2 CompoNet 网络构成

4.4 CompoNet 通信模型

一个 CompoNet 节点的面向对象的抽象通信模型包括下列各项:

——无连接报文管理器(UCMM):处理无连接的显式报文;

——标识对象:标识和提供关于设备的一般信息;

——连接类:分配和管理与 I/O 连接、显式报文连接相关的内部资源;

——连接对象:管理指定的应用-应用相关的通信特定的各种特性;

——CompoNet 连接对象:提供物理的 CompoNet CDI 的配置和状态;

——报文路由:向适当的对象转送显式请求报文;

——应用对象:实现预定的产品功能。

4.5 CompoNet 和 CIP

CompoNet 上层使用的是通用工业协议(Common Industrial Protocol)(CIP)的一个子集以及

IEC 61158-5-2:2007和 IEC 61158-6-2:2007 中规定的服务。

CompoNet、CIP 和 OSI 参考模型(ISO/IEC 7498-1)的关系如表 2 所示。

表 2 OSI 参考模型和 CompoNet

ISO OSI	CompoNet
7	CIP
6	空
5	空
4	空
3	空
2	CompoNet 时间域
1	CompoNet 物理层
0	电缆和连接器

5 特性

5.1 通信周期

5.1.1 概述

在 CompoNet 网络中,主站根据配置控制总线通信。主站将一个通信周期划分为几个时间域或时间槽,如图 3 所示。

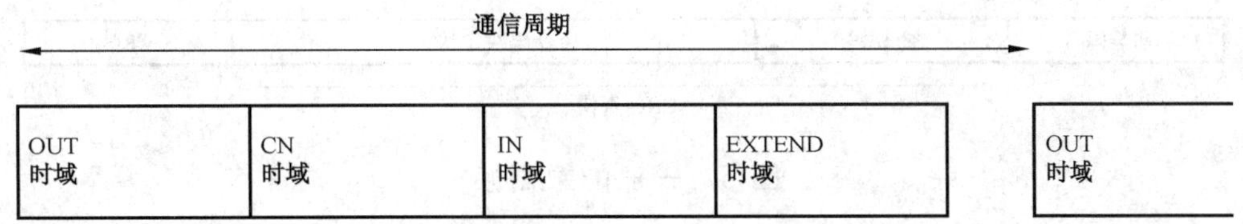

图 3 时间域

5.1.2 时间域

CompoNet 是在主站的严格时间管理下进行仲裁的。通信周期被划分为几个时域,如图 3 所示。OUT 时间域结束后,每个节点都有权利在一个特定的时间将数据发送到网络上。

每个通信周期的第一个域是 OUT 时间域。接着依次是 CN 时间域、IN 时间域和 EXTEND 时间域:

——OUT 时间域:在这个期间主站发送 OUT 帧或者 TRG 帧。

——CN 时间域:在这个期间发送 CN 帧。CN 帧的数量由主站设定。

——IN 时间域:在这个期间所有输入类型的设备按顺序发送 IN 帧。

——EXTEND时间域:在这个期间主站执行报文通信。在这个期间可以发送事件帧,如

A_EVENT帧和 B_EVENT 帧，也应周期性发送 BEACON 帧。主站可以在每个 OUT 时间域开始前，或者在一个空闲的 EXTEND 时间域发送 BEACON 帧。

5.1.3 一个典型的通信周期

主站首先发送 1 个 OUT 帧。OUT 帧的结束触发从站和中继器启动定时器。按 OUT 帧中的"CN Request MAC ID Mask"字段寻址的从站或中继器顺序发送它们的 CN 帧。接着是按预定义的时序，处于参与状态的输入设备依次发送它们的 IN 帧(EventOnly 子状态除外)(如图 4 所示)。接着根据主站安排，总线上可以传送一个事件命令帧以及可能的立即确认帧。主站、从站和中继器都可以发送事件命令帧，如果有必要，在事件命令帧目的 MAC ID 字段中指定的节点发送一个事件确认帧。

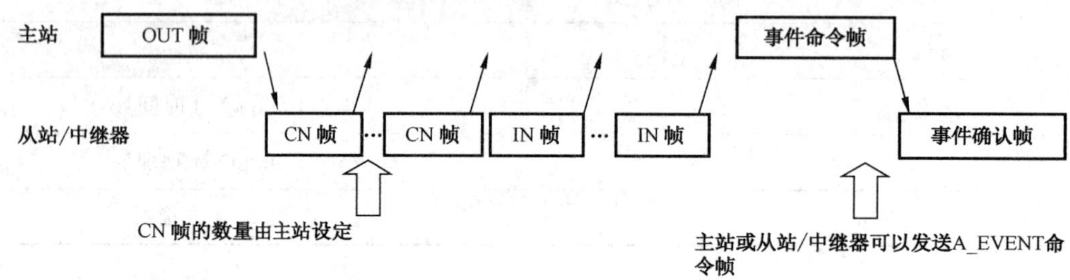

图 4 一个典型的通信周期

5.2 报文协议

5.2.1 报文帧格式

5.2.1.1 概述

一个典型的报文帧包括前导码、命令码、命令码决定的块以及 CRC 校验，如图 5 所示。

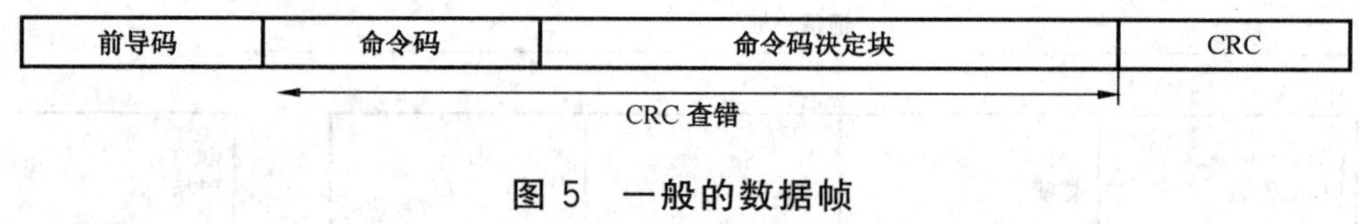

图 5 一般的数据帧

共有 7 类帧：

——OUT：表示输出数据；

——TRG：表示触发；

——CN：表示连接状态；

——IN：表示输入数据；

——A_EVENT：表示应用事件通信；

——B_EVENT：表示底层存储器的事件通信；

——BEACON：由主站产生的通告帧。

命令码定义如表 3 所示。

表 3 命令码

命令码							含义
B0	B1	B2	B3	B4	B5	B6	
0	0	0	1	x	x	x	OUT
0	0	1	1	x	x	x	TRG
0	1	x	x				CN
1	0						IN
1	1	1	x	x	x		A_EVENT
1	1	0	x	x	x		B_EVENT
0	0	0	0	1			BEACON

所有的帧都使用相同的前导码。

使用两种类型 CRC 生成多项式:CRC8(8 位)和 CRC16(16 位)。

5.2.1.2 前导码

报文帧的前导码部分由 10 个码元组成:0011100110。如图 6 所示。

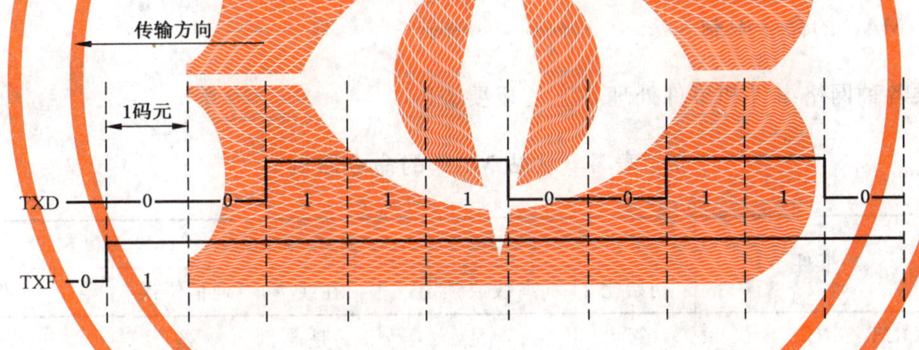

图 6 帧的前导码

5.2.1.3 CRC 生成多项式

使用两种 CRC 生成多项式。如图 7 和图 8 所示。

CRC8 使用的生成多项式为:X8+X7+X4+X3+X+1。

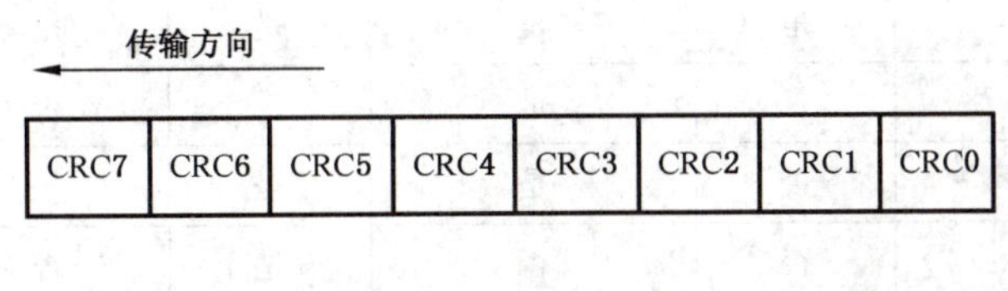

图 7 传输方向

CRC16 使用 CRC-CCITT,生成多项式为:X16+X12+X5+1。

传输方向 ←

CRC15	CRC14	CRC13	CRC12	CRC11	CRC10	CRC9	CRC8	CRC7	CRC6	CRC5	CRC4	CRC3	CRC2	CRC1	CRC0

图 8 传输方向

5.2.1.4 命令码和命令码决定块的传输方向

传输方向是先传输 LSB,如下所述:

——命令码的传输方向是先传输 LSB,即从 B0 开始;

——MAC ID 的传输方向是先传输 LSB;

——长度的传输方向是先传输 LSB;

——输出数据的传输方向是先传输 LSB;换句话说,它是从 Word0_bit0 开始到 Word0_bit15,接下来的字也一样;

——A_EVENT 数据的传输方向是先传输 LSB;换句话说,它是从 Word0_bit0 开始到 Word0_bit15,接下来的字也一样;

——B_EVENT 数据的传输方向是先传输 LSB;换句话说,它是从 Word0_bit0 开始到 Word0_bit15,接下来的字也一样。

5.2.1.5 从站 MAC 的命令限制

表 4 提供各种网络事件和事件处理状态的概要。

表 4 从站 MAC 的命令限制

MAC 功能	事件	状态				
		初始化	离线或锁定	在线	通信错误	仅事件
接收	OUT/TRG	否	是	是	是	是
	CN	否	否	否	否	否
	A_EVENT	否	否	是	否	是
	B_EVENT	否	是	是	否	是
	Poll(B_EVENT)	否	否	是	否	是
	IN	否	否	否	否	否
	BEACON	是	是	是	是	是
	CRC_OK_frame	是	是	是	否	是
发送	CN_frame	否	是	是	是	是
	IN_frame	否	否	是	否	否
	A_EVENT	否	否	是	否	是

CRC_OK_frame 事件指示已接收到一个带有正确 CRC 的帧。该事件是为数据速率检测而定义的。

5.2.2 报文帧类型

5.2.2.1 OUT 帧

5.2.2.1.1 概述

OUT 帧是一个多播报文，它只能由主站生成并传送给网络上所有从站和中继器。OUT 帧用于以下目的：

——从主站传送到网络上所有从站和中继器的 OUT 数据是在一个广播报文中的；

——由这个帧指定需要在随后的 CN 时域请求发送 CN 帧的节点地址；

——检测到 OUT 帧传送完成后，IN 从站锁定它们的输入数据；

——从站和中继器检测到 OUT 帧结束时，启动内部定时器，使用内部定时器可以使它们能正确地加入通信周期中随后的时域；

——根据检测到的 OUT 帧，每个 OUT 从站从这个帧内的预定位置消费各自的 OUT 数据。

图 9 和表 5 给出了 OUT 帧的格式和数据块说明。

前导码	命令码	CN 请求的 MAC ID 掩码	长度	输出数据	CRC16
5 位	7 位	9 位	7 位	0 位～1 280 位	16 位

图 9　OUT 帧格式

表 5　块名称说明

块名称	位数/位	特征说明
命令码	7	表示此帧为 OUT 帧
CN 请求的 MAC ID 掩码	9	由从站或中继器用于确定是否需要在 CN 时间域用一个 CN 帧响应的节点的 MAC ID 范围
长度	7	OUT 数据长度(单位为字)，表示 0 字～80 字
OUT 数据 (OUT 数据块＃0 到＃79)	0～1 280	表示从主站到从站的 OUT 数据。 表示 0 点～1 280 点(以 16 点为单位)

5.2.2.1.2 命令码

图 10 给出了命令码的定义。

B0	B1	B2	B3	B4	B5	B6
0	0	0	1	I/O 刷新	CN 目的	

图 10　OUT 命令码

CN 目的：主站使用这个参数选择哪些节点需要回复 CN 帧，具体参数定义如表 6 所示。

表 6 CN 目的

CN 目的		
B5	B6	说明
1	0	处于参加状态的节点
0	1	处于非参加状态的节点
1	1	处于通信错误状态的节点
0	0	禁止发送 CN_帧

I/O 刷新:如果 I/O 刷新位被清零(见表 7),则没有从从站到主站的 IN 帧发送。从站也不会消费 OUT 帧中的输出数据。

表 7 I/O 刷新

I/O 刷新	
B4	说明
0	禁止 I/O 刷新
1	使能 I/O 刷新

5.2.2.1.3 CN 请求的 MAC ID 掩码

与 CN 请求的 MAC ID 掩码有相同高位的节点,按低位值由低到高的顺序发送 CN 帧。

例如,如果在 STW 中的 CnFrameAddressMask 的值是 4(每个 CN 时间域有 16 个 CN 帧)而且 MAC ID 掩码这个值是 48,那么 MAC ID 范围从 48～63 的节点需要回复 CN 帧。

5.2.2.1.4 长度

这是指输出数据的长度,范围是 0 字～80 字。

5.2.2.1.5 输出长度

输出数据是发送给从站消费的数据。它们始终以字为单位发送。

对于字从站,来自主站 STW 帧设置的"OutBlockPointer[6:0]"决定输出数据在帧中的位置。例如,"OutBlockPointer[6:0]"的值是 3,那么意味着从站的输出数据是从 OUT 帧中输出数据的第 3 个字开始。而从站消费的输出数据字数是由 STR 中的"OutIoModeStatus"参数决定的。

对于位从站,来自主站 STW 帧设置的"OutBlockPointer[6:0]"和它的地址共同决定设备数据在输出数据中的位置。输出数据的一个字对应一组 8 个位从站节点地址(每个地址 2 位)。节点地址的低三位对应字中输出数据的位置。例如,如果三位 LSB 地址是"001",那么"OutBlockPointer[6:0]"指示字中的第二位就是设备数据的起始地址。

主站分配好从站后,从站才能消费从 OUT 帧中接收到的输出数据。

5.2.2.2 TRG 帧

5.2.2.2.1 概述

TRG 帧的功能类似于 OUT 帧,但是它不传送任何输出数据。它只能由主站生成。具有以下用途和含义：

——它指示需要传送 CN 帧的节点地址；

——检测到 TRG 帧传送结束后，IN 从站锁定输入数据；

——检测到 TRG 帧传送结束后，指定的从站和中继器启动内部定时器，顺序地发送预期的 CN 帧和 IN 帧。

图 11 和表 8 给出 TRG 帧的格式和块说明。

前导码	命令码	CN 请求的 MAC ID 掩码	CRC8
5 位	7 位	9 位	8 位

图 11 TRG 帧格式

表 8 块名称说明

块名称	位数/位	特征
命令码	7	标识此帧为 TRG 帧
CN 请求的 MAC ID 掩码	9	用于确定是否属于需要在 CN 时间域回复 CN 响应帧的从站和中继器的 MAC ID

5.2.2.2.2 命令码

图 12 给出了命令码的定义。

<table>
<tr><td>B0</td><td>B1</td><td>B2</td><td>B3</td><td>B4</td><td>B5</td><td>B6</td></tr>
<tr><td>0</td><td>0</td><td>1</td><td>1</td><td>I/O 刷新</td><td colspan="2">CN 目的</td></tr>
</table>

图 12 TRG 命令码

CN 目的：见 5.2.2.1.2。

I/O 刷新：见 5.2.2.1.2。

5.2.2.2.3 CN 请求 MAC ID 码

见 5.2.2.1.3。

5.2.2.3 CN 帧

5.2.2.3.1 概述

从站和中继器使用 CN 帧向主站报告它们的状态。主站在 OUT 帧或者 TRG 帧的“CN Request MAC ID Mask”中指定一组需要报告状态的节点，并在配置时指定发送 CN 帧的数目。

另外，从站可以使用 CN 帧告知主站请求发送一个事件。只能由从站或者中继器发送 CN 帧。

图 13 和表 9 给出了 CN 帧的格式和数据块说明。

前导码	命令码	源 MAC ID	状态位	CRC8
5 位	4 位	9 位	4 位	8 位

图 13　CN 帧格式

表 9　块名称说明

块名称	位数/位	特征
命令代码	4	标识此帧是 CN 帧
源 MAC ID	9	指示 CN 帧的源 MAC ID
状态位	4	指示应用状态

5.2.2.3.2　命令码

图 14 给出了命令码定义。

B0	B1	B2	B3
0	1	重复校验功能状态	A_EVENT 发送请求

图 14　CN 命令码

重复校验功能状态：

从站和中继器通过此位报告它们的重复 MAC ID 检测功能。

对一个非参加的节点，如果此位被复位，则重复 MAC ID 检测被激活。在此状态下，当这个节点发送每个 CN 帧后没有收到一个 STW，则该节点中的 CN 计数器会递增。如果计数器到达 16 时还没有转变到参加状态，则节点进入通信错误状态。

如果是由处于参加状态的节点发送时，这一位将会被忽略。

通过“STW_Standby Locked”操作，可以停止 CN 计数器(见 5.4.3)。一个锁定的节点报告该位为“1”。见表 10。

表 10　重复校验功能状态

B2	说明
0	重复 MAC ID 校验激活
1	重复 MAC ID 校验禁止

A_EVENT 发送请求：

从站或中继器使用该位通知主站它是否需要发送一个 A_EVENT 帧。如表 11 所示。

表 11　A_EVENT 发送请求

B3	说明
1	需要发送一个 A_EVENT
0	不需要发送 A_EVENT

5.2.2.3.3 源 MAC ID

为节点的 9 位 MAC ID。

5.2.2.3.4 状态

从站或中继器使用这几位向主站报告应用的警告和报警状态。如表 12 所示,保留的 2 位应复位为“0”。

表 12 CN 帧状态位

B0	B1	B2	B3
警告	报警	包里	

警告:当出现某些错误,如需要维护时,该位会被置“1”。这种情况可能导致一个问题。如表 13 所示。

表 13 CN 帧的警告位

B0	说明
1	真
0	假

报警:当检测到一些严重的错误,如非易失性内存故障时,该位置“1”。如表 14 所示。

表 14 CN 帧的报警位

B1	说明
1	真
0	假

5.2.2.4 IN 帧

5.2.2.4.1 概述

IN 帧只能由向主站发送输入数据的从站产生。如图 15 和表 15 所示。

前导码	命令码	源 MAC ID	长度	IN 数据	CRC8
5 位	2 位	9 位	5 位	2 位～256 位	8 位

图 15 IN 帧格式

表 15 块名称说明

块名称	位数/位	特征说明
命令码	2	标识此帧为 IN 帧
源 MAC ID	9	指示 IN 数据的源 MAC ID
长度	5	5 位长度的编码,指示输入数据是 2,4,8,16,32,48,…,256 位
IN 数据	2～256	对于字从站的 IN 帧:IN 数据为 8 点～256 点。 对于位从站的 IN 帧:IN 数据固定为 2 点或者 4 点

5.2.2.4.2 命令码

图 16 给出了命令码的定义。

B0	B1
1	0

图 16 IN 命令码

5.2.2.4.3 源 MAC ID

指生产输入数据从站的 MAC ID。

5.2.2.2.4 长度

表 16 给出了长度编码的定义。

表 16 长度编码

B0	B1	B2	B3	B4	说明
0	0	0	0	0	2 位
1	0	0	0	0	4 位
0	1	0	0	0	8 位
1	1	0	0	0	16 位
0	0	1	0	0	32 位
					…（以 16 位为单位增加）
0	1	0	0	1	256 位
1	1	0	0	1	保留
					…
1	1	1	1	1	保留

5.2.2.4.5 输入数据

输入数据的长度应和这个帧的“长度”指示一致。

5.2.2.5 A_EVENT 帧

5.2.2.5.1 概述

A_EVENT 帧用于实现应用层的显式报文通信。所有设备都可发送 A_EVENT 帧。它被用于以下目的：

——主站与从站或中继器间的事件通信；

——从站与中继器间的事件通信，这种通信需要主站作为发出请求客户机的中间代理。请求报文由主站转发给服务器，并将服务器响应回复给初始的客户机。

图 17 和表 17 给出了 A_EVENT 的帧格式和数据块说明。

前导码	命令码	目的 MAC ID	源 MAC ID	长度	事件数据	CRC16
5 位	6 位	9 位	9 位	5 位	0 位～352 位	16 位

图 17 A_EVENT 帧格式

表 17 块名称说明

块名称	位数/位	特征说明
命令码	6	标识此帧为 A_EVENT 帧
目的 MAC ID	9	指示事件数据的目的 MAC ID
源的 MAC ID	9	指示事件数据的源 MAC ID
长度	5	指示 0 字～22 字事件数据的长度(以字为单位)。使用 23～31 为非法
时间数据	0～352	0 字～22 字的事件数据

事件通信在 EXTEND 时间域进行。

5.2.2.5.2 命令码

图 18、表 18 和表 19 给出了命令码的定义。

B0	B1	B2	B3	B4	B5
1	1	1	确认位	命令类型	

图 18 A_EVENT 命令码

确认位:如果该位被置位,接收者应对 A_EVENT 请求回复确认。在 A_EVENT 请求的确认帧中,该位应被清零。在 A_EVENT 请求帧中,该位应被置位。

表 18 A_EVENT 的确认位

B3	说明
0	不需要确认
1	需要确认

命令类型:该部分编码用于表示这个命令是一个请求还是一个确认。一个肯定的确认表示接收者已收到完整的命令并正在处理,但并不意味接收者接受这个命令。一个否定的确认意味着接收者当时没有接收到这个命令。发起者需要稍后重试。

表 19 A_EVENT 的命令类型

B4	B5	说明
0	0	该命令是一个请求
1	0	肯定的确认
1	1	否定的确认,接收者处于忙的状态
0	1	保留

5.2.2.5.3 目的 MAC ID 和源 MAC ID

任一个 A_EVENT 帧的目的 MAC ID 和源 MAC ID 中,必须有一个是主站的 MAC ID。

对于由从站或者中继器发出的 A_EVENT 帧,它的目的 MAC ID 应是主站的 MAC ID。

对于由主站发出的 A_EVENT 帧,它的源 MAC ID 是这个主站的 MAC ID。

5.2.2.5.4 长度

该部分指示事件数据的长度,范围是 0 字～22 字。值 23～31 是非法的。

对于确认帧,该部分应为 0。

5.2.2.5.5 数据

每个 A_EVENT 帧最多可有 22 个字数据。该数据用于显式报文,它的格式在 5.2.3.2 中进行了定义。

在 A_EVENT 数据中的显式报文源和目的地址不同于源和目的 MAC ID 时,表示这个 A_EVENT 是由一个主站代理处理的。

对于一个确认帧,数据应为空。

5.2.2.6 B_EVENT 帧

5.2.2.6.1 概述

B_EVENT 帧是仅为数据链路层设置的事件通信帧。每个节点都有自己的数据链路设定和参数。主站使用 B_EVENT 帧读取或设置这些与数据链路相关的设定和参数。主站也使用 B_EVENT 帧允许从站或者中继器发送 A_EVENT 帧。图 19 和表 20 给出了 B_EVENT 的帧格式和数据块说明。

前导码	命令码	目的 MAC ID	源 MAC ID	长度	事件数据	CRC16
5 位	6 位	9 位	9 位	5 位	16 位～352 位	16 位

图 19 B_EVENT 帧格式

表 20 块名称说明

块名称	位数/位	特征说明
命令码	6	标识此帧为 B_EVENT 帧
目的 MAC ID	9	指示目的 MAC ID
源的 MAC ID	9	指示事件数据源 MAC ID
长度	5	指示 1 字～22 字的事件数据长度
事件数据	16～352	1 字～22 字的事件数据

B_EVENT 帧也用于检测重复 MAC ID 以及其他节点操作。

5.2.2.6.2 命令码

图 20、表 21 和表 22 给出了命令码的定义。

B0	B1	B2	B3	B4	B5
1	1	0	确认位	命令类型	

图 20 B_EVENT 命令码含义

确认位:如果该位被置位,则接收者应对 B_EVENT 请求回复确认。在对 B_EVENT 请求或者"A_EVENT轮询请求"的确认帧中,该位应被清零。在 B_EVENT 请求帧中,该位应被置位。

表 21 B_EVENT 的确认位

B3	说明
0	不需要确认
1	需要确认

命令类型:

表 22 B_EVENT 的命令类型

B4	B5	说明
0	0	这是对于参加节点的请求命令
1	0	肯定的确认
1	1	否定的确认,接收者处于忙的状态
0	1	这是对于非参加节点的请求命令

5.2.2.6.3 目的 MAC ID 和源 MAC ID

对所有 B_EVENT 帧,目的 MAC ID 和源 MAC ID 必须有一个是主站的 MAC ID。

对于由从站或者中继器发出的 B_EVENT 帧,目的 MAC ID 是主站的 MAC ID。

对于由主站发出的 B_EVENT 帧,源 MAC ID 是主站的 MAC ID。

5.2.2.6.4 长度

该部分表示事件数据的长度,范围是 1 字~22 字。0 和 23~31 都是非法的。

对 STR 请求、STW 响应和 A_EVENT 轮询请求,长度都是"1"。

5.2.2.6.5 B_EVENT 数据

5.2.2.6.5.1 概述

图 21、图 22 和表 23 给出了 B_EVENT 帧格式和数据块说明。

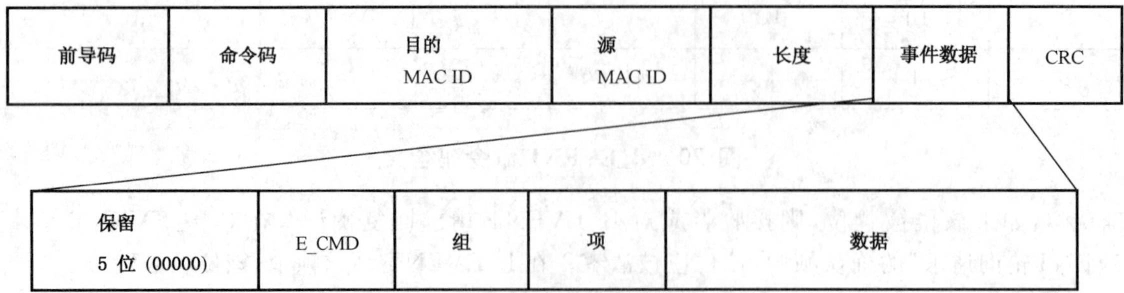

图 21 B_EVENT 报文格式

E_CMD：

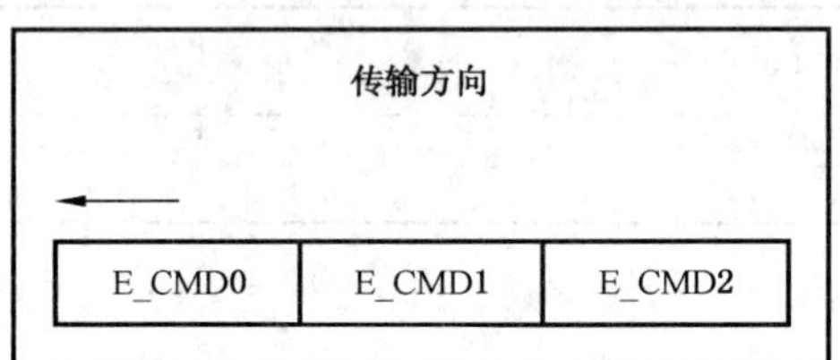

图 22 E_CMD 块

表 23 E_CMD 块含义

E_CMD0	E_CMD1	E_CMD2	含义
0	0	0	读 请求/响应
0	0	1	写 请求/响应
0	1	0	保留
0	1	1	
1	0	0	A_EVENT 轮询请求
1	0	1	保留
1	1	0	
1	1	1	
注：服务内容由 B_EVENT 帧中的 E_CMD 块确定。			

组：对于 STR，该部分应设为“1”；对于 STW，该部分应设为“2”；对于 A_EVENT 轮询请求，该部分应设为“0”，如图 23 和表 24 所示：

——组 1：网络状态；

——组 2：配置；

——组 3：废弃；

——组 4～组 7：保留；

——组 0：A_EVENT 轮询请求。

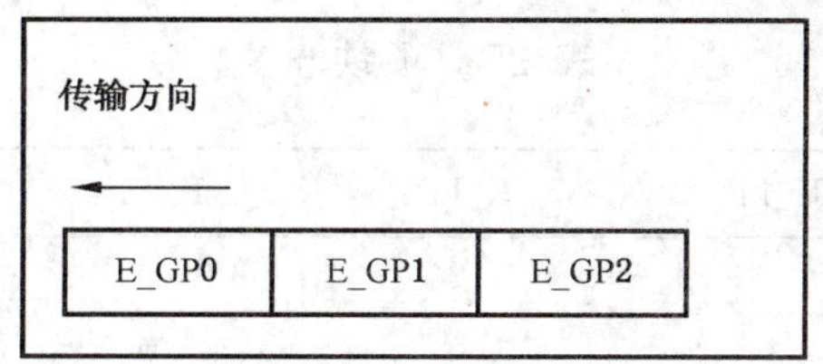

图 23　组块

表 24　组块含义

E_GP0	E_GP1	E_GP2	含义
0	0	0	A_EVENT 轮询请求
1	0	0	网络状态
0	1	0	配置
1	1	0	废弃
0	0	1	保留
1	0	1	
0	1	1	
1	1	1	

项:对于 STR 和 STW,该部分应设为"31";对于 A_EVENT 轮询请求,该部分应时设为"0",如图 24 和表 25 所示:

——项 31:STR 或 STW 操作;

——项 1～项 21:废弃;

——项 0:A_EVENT 轮询请求;

——其他:保留。

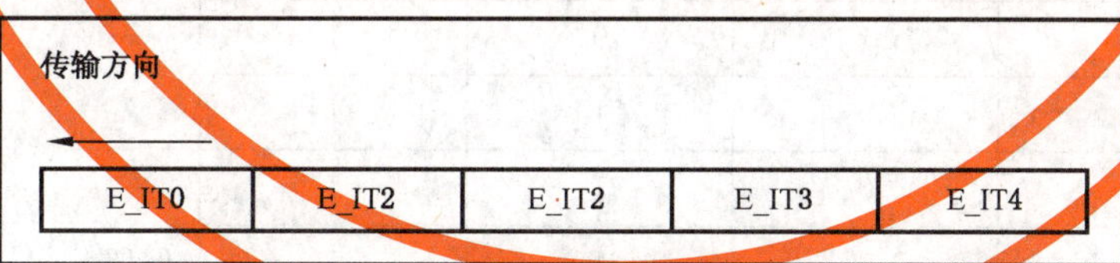

图 24　项块

表 25 项块含义

E_IT0	E_IT1	E_IT2	E_IT3	E_IT4	含义
0	0	0	0	0	A_EVENT 轮询请求
1	0	0	0	0	废弃
0	1	0	0	0	
1	1	0	0	0	
0	0	1	0	0	
1	0	1	0	0	
0	1	1	0	0	
1	1	1	0	0	
0	0	0	1	0	
1	0	0	1	0	
0	1	0	1	0	
1	1	0	1	0	
0	0	1	1	0	
1	0	1	1	0	
0	1	1	1	0	
1	1	1	1	0	
0	0	0	0	1	
1	0	0	0	1	
0	1	0	0	1	
1	1	0	0	1	
0	0	1	0	1	
1	0	1	0	1	
0	1	1	0	1	保留
1	1	1	0	1	
0	0	0	1	1	
1	0	0	1	1	
0	1	0	1	1	
1	1	0	1	1	
0	0	1	1	1	
1	0	1	1	1	
0	1	1	1	1	
1	1	1	1	1	STR 或 STW 操作

数据：指定组 1、组 2 和组 0 的数据结构。

5.2.2.6.5.2 网络状态组

在这个区域除了读以外的命令(E_CMD)都被禁止。对这个组的访问被称为“状态读取”，简称 STR。图 25 提供 STR 的定义。

+0

15	14	13	12	11	10	9	8
E_IT-11111					E_GP-001		

7	6	5	4	3	2	1	0
E_CMD-000			保留[a]				

+1

15	14	13	12	11	10	9	8
供货商 IDVendorID［15：8］							

7	6	5	4	3	2	1	0
供货商 IDVendorID［7：0］							

+2

15	14	13	12	11	10	9	8
序列号 SerialNumber［31：24］							

7	6	5	4	3	2	1	0
序列号 SerialNumber［23：16］							

+3

15	14	13	12	11	10	9	8
序列号 SerialNumber［15：8］							

7	6	5	4	3	2	1	0
序列号 SerialNumber［7：0］							

+4

15	14	13	12	11	10	9	8
设备类型 DeviceType［15：8］							

7	6	5	4	3	2	1	0
设备类型 DeviceType［7：0］							

+5

15	14	13	12	11	10	9	8
中继器模式 RepeaterMode	保留[a]	输入数据模式状态 InIoModeStatus［5：0］					

7	6	5	4	3	2	1	0
保留[a]		输出数据模式状态 OutIoModeStatus［5：0］					

+6

15	14	13	12	11	10	9	8
网关计数 GateCount［1：0］		最后中继器节点地址 LastRepeaterNodeAddress［5：0］					

7	6	5	4	3	2	1	0
保留[a]		控制代码 ControlCode		保留[a]	速度代码 SpeedCode［2：0］		

+7

15	14	13	12	11	10	9	8
产品代码 ProductCode［15：8］							

7	6	5	4	3	2	1	0
产品代码 ProductCode［7：0］							

+8

15	14	13	12	11	10	9	8
主版本 MajorRevision［7：0］							

7	6	5	4	3	2	1	0
保留[a]［7：4］				废弃[b]［3：0］			

[a] 保留部分应为“0”。

[b] 废弃部分应为“0”。

图 25　状态读取(STR 响应)事件数据

STR 字段数据：

a) 供货商 IDVendorID:标识对象的制造商标识对象的供货商 ID 属性由 ODVA 分配；
b) 序列号 SerialNumber:标识对象的序列号属性；
c) 设备类型 DeviceType:标识对象的设备类型属性由 ODVA 定义；
d) 中继器模式 RepeaterMode:真/假；
e) 输入数据模式状态 InIoModeStatus:输入数据和状态的编码长度；
   1) InIoModeStatus[5]:
      ——1:InIoModeStatus[4:0]指示输入数据尺寸；
      ——0:没有输入数据。
   2) InIoModeStatus[4:0]:
      ——00000:2 点;00001:4 点;00010:8 点;00011:16 点；
      ——00100:32 点;00101:48 点;00110:64 点;00111:80 点；
      ——01000:96 点;01001:112 点;01010:128 点;01011:144 点；
      ——01100:160 点;01101:176 点;01110:192 点;01111:208 点；
      ——10000:224 点;10001:240 点;10010:256 点;其他:保留；
f) 输出数据模式状态 OutIoModeStatus:输出数据和状态的编码长度；
   1) OutIoModeStatus[5]:
      ——1:OutIoModeStatus[4:0] 指示输出数据的尺寸；
      ——0:没有输出数据。
   2) OutIoModeStatus[4:0]:
      ——00000:2 点;00001:4 点;00010:8 点;00011:16 点；
      ——00100:32 点;00101:48 点;00110:64 点;00111:80 点；
      ——01000:96 点;01001:112 点;01010:128 点;01011:144 点；
      ——01100:160 点;01101:176 点;01110:192 点;01111:208 点；
      ——10000:224 点;10001:240 点;10010:256 点;其他:保留；
g) 网关计数 GateCount:0,1,2;主站与节点间中继器的数量;对于中继器,2 是无效的；
h) 控制代码 Control code:来自最近一次 BEACON 帧的控制代码值；
i) 最后中继器节点地址 LastRepeaterNode Address:中继器地址,从 BEACON 帧复制；
j) 速度代码 SpeedCode:0:93.75 kbit/s; 1:保留; 2:1.5 Mbit/s; 3:3 Mbit/s; 4:4 Mbit/s;
k) 产品代码 ProductCode:标识对象的产品代码属性；
l) 主版本 MajorRevision:标识对象的主版本属性。

5.2.2.6.5.3 配置组

对这个组的访问被称为“写状态”,简称 STW。该区域不允许读命令。图 26 提供 STW 的定义。

	15	14	13	12	11	10	9	8
+0	E_IT-11111					E_GP-010		
	7	6	5	4	3	2	1	0
	E_CMD-100			保留[a]				
+1	15	14	13	12	11	10	9	8
	供货商 IDVendorID [15: 8]							
	7	6	5	4	3	2	1	0
	供货商 IDVendorID [7: 0]							
	15	14	13	12	11	10	9	8

图 26 配置事件数据(STW 请求)

偏移								
+2	序列号 SerialNumber［31：24］							
	7	6	5	4	3	2	1	0
	序列号 SerialNumber［23：16］							
	15	14	13	12	11	10	9	8
+3	序列号 SerialNumber［15：8］							
	7	6	5	4	3	2	1	0
	序列号 SerialNumber［7：0］							
	15	14	13	12	11	10	9	8
+4	Cn 时间域 CnTimeDomain［15：8］							
	7	6	5	4	3	2	1	0
	Cn 时间域 CnTimeDomain［7：0］							
	15	14	13	12	11	10	9	8
+5	输入时间域 InTimeDomain［15：8］							
	7	6	5	4	3	2	1	0
	输入时间域 InTimeDomain［7：0］							
	15	14	13	12	11	10	9	8
+6	保留[a]					Cn 帧地址掩码 CnFrameAddressMask［2：0］		
	7	6	5	4	3	2	1	0
	保留[a]	输出块指针 OutBlockPointer［6：0］						
	15	14	13	12	11	10	9	8
+7	保留							
	7	6	5	4	3	2	1	0
	保留[a]			复位请求 ResetReqest	保留[a]		未登记 UnRegistrant	运行 Running
	15	14	13	12	11	10	9	8
+8	产品代码 ProductCode［15：8］							
	7	6	5	4	3	2	1	0
	产品代码 ProductCode［7：0］							
	15	14	13	12	11	10	9	8
+9	保留[a]［15：8］(0)							
	7	6	5	4	3	2	1	0
	保留[a]［7：5］(0)			EventOnly 仅事件	保留[a]［7：5］(0)			

[a] 保留部分为“0”。

图 26（续）

STW 字段数据:

a) 供货商 IDVendorID:由 ODVA 分配的标识对象的供货商 ID 属性,通常使用来自 STR 结果的拷贝。

b) 序列号 SerialNumber:标识对象的序列号属性,通常使用来自 STR 结果的拷贝。

c) Cn 时间域 CnTimeDomain:标记计数,由主站设置这个数据。当一个节点转变为“参与”状态时,它应根据这个设置回复一个 CN 帧。

d) 输入时间域 InTimeDomain:标记计数,该数据对于 IN 和 MIX 从站有效。当一个节点变为“参与”状态(除 EventOnly“仅事件”状态)时,它应根据该设置传送一个 IN 帧。

e) Cn 帧地址掩码 CnFrameAddressMask:该数据对于“参与”节点有效。它指示 OUT 或者 TRG 帧后参加节点 CN 帧的数目:

——0:表示在 OUT 或 TRG 帧后有 1 个 CN 帧,具有与“CN Request MAC ID”标识一致的 MAC ID 的节点发送一个 CN 帧;

——1:表示在 OUT 或 TRG 帧后有 2 个 CN 帧,MAC ID 的高 8 位与 OUT 或 TRG 帧内的“CN Request MAC ID”的高 8 位相同的节点发送一个 CN 帧;

——2:4 个 CN 帧,与 MAC ID 的高 7 位进行比较;

——3:8 个 CN 帧,与 MAC ID 的高 6 位进行比较;

——4:16 个 CN 帧,与 MAC ID 的高 5 位进行比较;

——5:32 个 CN 帧,与 MAC ID 的高 4 位进行比较;

——6,7:与值 0 的行为一样。

f) 出块指针 OutBlockPointer:0～79。它指示输出从站从 OUT 帧的何处获取输出数据。见 5.2.2.1.5。

g) 复位请求 ResetRequest:复位这个节点,类似于重新上电。

h) 未登记 UnRegistrant:使能/禁止重复地址检测功能。0:使能;1:禁止。当禁止时,节点停止 CN 计数器,所以当计数器值到达 15 时不会进入重复地址错误状态。

i) 运行 Running:0:非参加状态;1:参加状态。

j) 产品代码 ProductCode:标识对象的产品代码属性。通常使用来自 STR 结果的拷贝。该数据与接收器无关。

k) 仅事件 EventOnly:如果该位被置“1”,则该节点接收到 OUT 或 TRG 帧后不发送 IN 帧。

5.2.2.6.5.4 A_EVENT 轮询请求组

A_EVENT 轮询请求的格式如图 27 所示。

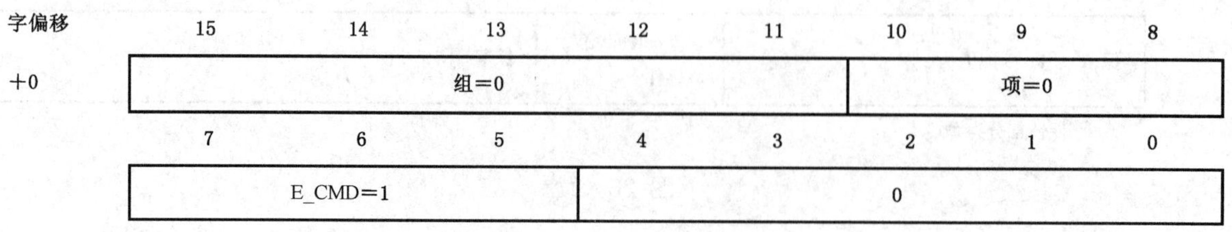

图 27 轮询数据

5.2.2.6.6 **B_EVENT 帧的解码过程**

当接收到一个 B_EVENT 帧时，首先按图 28 所示进行解码。确定接收到的是 STR 帧、STW 帧还是 A_EVENT 轮询请求帧。

如果是一个 STR 请求帧，则按表 26 的规则处理。

如果是一个 A_EVENT 轮询请求帧，则按表 27 的规则处理。

如果是一个 STW 请求帧，则按表 28 的规则处理。如果该 STW 通过了这些检查，那么 STW 请求中的 B_EVENT 数据应当覆写图 26 中所列的配置参数，接着按图 29 所示的流程图处理。

表 29 中定义了该流程图中使用的 STW 命令。

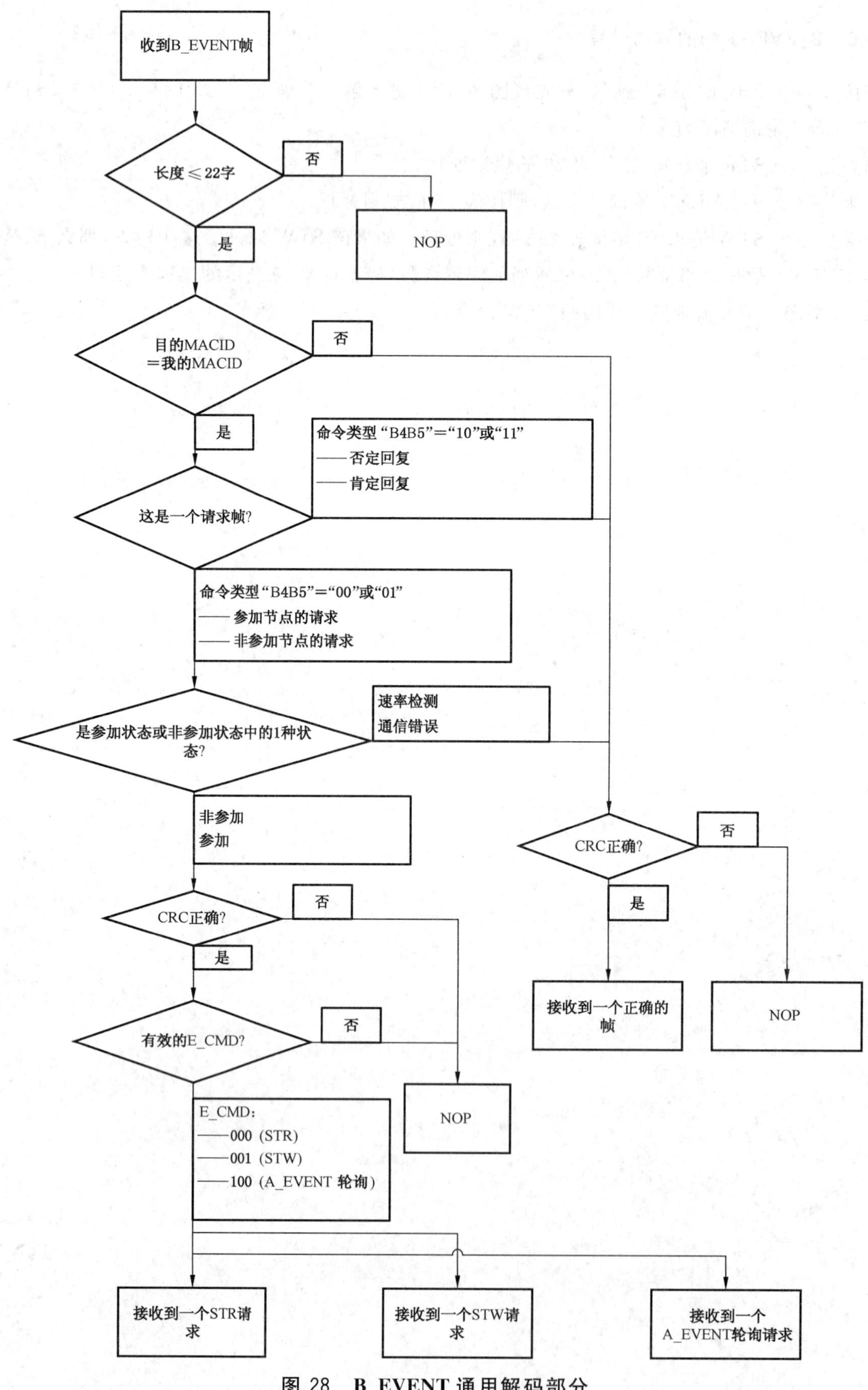

图 28 B_EVENT 通用解码部分

表 26 STR 请求的处理规则

条件					动作
命令码			我的状态	接收缓冲	响应
B3	B4	B5			
1	0	—	—	忙	否定的确认
0	0	—	—	忙	无确认
1	0	1	非参加	空	带事件数据的肯定确认
0	0	1	非参加	空	无确认
—	0	1	参加	空	无确认
—	0	0	非参加	空	无确认
1	0	0	参加	空	带事件数据的肯定确认
0	0	0	参加	空	无确认
—:不用考虑。					

表 27 A_EVENT 轮询请求的处理规则

条件					动作
命令码			我的状态	发送缓冲	确认
B3	B4	B5			
1	—	—	—	—	无确认
—	—	—	非参加	—	无确认
—	—	—	—	—	—
0	0	1	参加	—	无确认
0	0	0	参加	没有 A_EVENT	无确认
0	0	0	参加	A_EVENT 准备好了	发送 A_EVENT
—:不用考虑。					

表 28 STW 请求的处理规则

条件						行为		
命令码			供货商 ID/序列号	我的状态	接收缓冲	确认	B_EVENT 数据	状态转换
B3	B4	B5						
1	0	—	—	—	忙	否定确认	丢弃	不变化
0	0	—	—	—	忙	无确认	丢弃	不变化
1	0	1	符合	非参加	空	肯定确认	覆写	见图 29
0	0	1	符合	非参加	空	无确认	覆写	见图 29
—	0	1	不符合	非参加	空	无确认	丢弃	变为通信错误状态
—	0	1	—	参加	空	无确认	丢弃	不变化
—	0	0	—	非参加	空	无确认	丢弃	不变化
1	0	0	符合	参加	空	肯定确认	覆盖	见图 29
0	0	0	符合	参加	空	无确认	覆盖	见图 29
—	0	0	不符合	参加	空	无确认	丢弃	变为通信错误状态
—:不用考虑。								

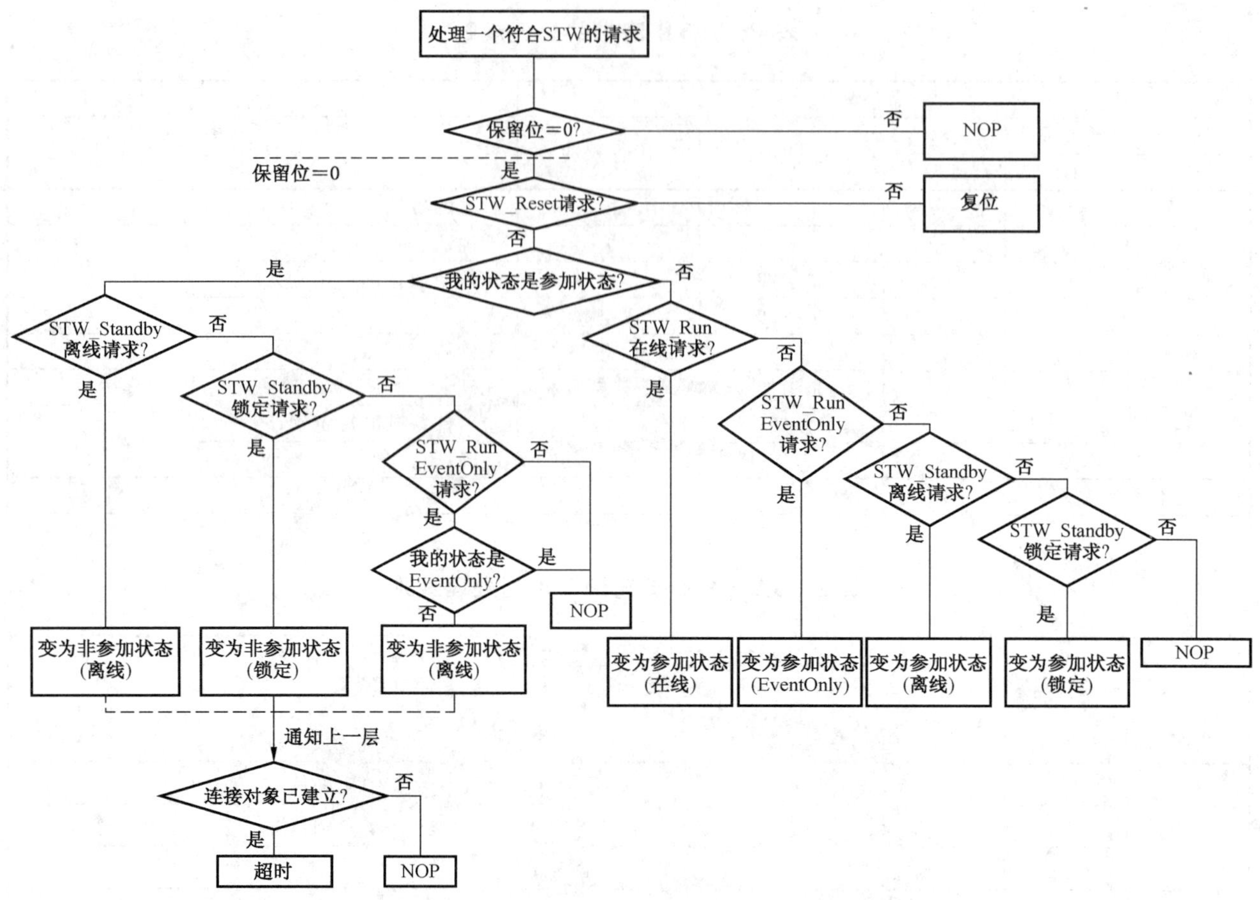

图 29　一个匹配的 STW 请求的处理流程图

表 29　STW 请求命令

STW 请求命令	运行[a]	未登记[a]	复位请求[a]	仅事件[a]	保留[a]
STW_Standby 离线[b]	0	0	0	0	0
STW_Reset[b]	0	0	1	0	0
STW_Standby 锁定[b]	0	1	0	0	0
STW_Run 在线[b]	1	0	0	0	0
STW_Run 仅事件[b]	1	0	0	1	0

[a] 见 5.2.2.6.5。

[b] 见 5.4.2 和图 29。

5.2.2.7　BEACON 帧

5.2.2.7.1　概述

由主站产生的 BEACON 帧用于告知从站和中继器当前的传输速度和网络连接信息。图 30 和表 30给出了 BEACON 帧的格式和数据块说明。

前导码	命令码	控制码	速度代码	最后的中继器节点地址	网关计数	CRC8
5 位	5 位	2 位	3 位	6 位	2 位	8 位

图 30 **BEACON** 帧格式

表 30 块名称说明

块名称	位数/位	特征说明
命令码	5	标识此帧为 BEACON 帧
控制码	2	CN 时域允许的 CN 帧数量
速度代码	3	指示传输速度的代码
最后的中继器节点地址	6	指示此帧经过的最后一个中继器的地址
网关计数	2	指示此帧经过的中继器的数量

5.2.2.7.2 命令码

图 31 提供命令码的定义。

B0	B1	B2	B3	B4
0	0	0	0	1

图 31 **BEACON** 命令码

5.2.2.7.3 控制码

控制码声明了一个总线周期内 CN 帧的数量。这只对非参加节点有效。当节点处于非参加状态时，通信错误节点使用该接收值。表 31 提供控制码的定义。

表 31 **BEACON** 帧的控制码

B0	B1	掩码地址(16 进制)	含义
0	0	03	OUT 或 TRG 帧后有 4 个 CN 帧。MAC ID 的高 7 位与 OUT 或 TRG 帧的“CNRequest MAC ID” 的高 7 位一致的节点发送 CN 帧
1	0	07	OUT 或 TRG 帧后有 8 个 CN 帧。MAC ID 的高 6 位与 OUT 或 TRG 帧的“CNRequest MAC ID” 的高 6 位一致的节点发送 CN 帧
0	1	0F	OUT 或 TRG 帧后有 16 个 CN 帧。MAC ID 的高 5 位与 OUT 或 TRG 帧的“CNRequest MAC ID” 的高 5 位一致的节点发送 CN 帧
1	1	0F	

5.2.2.7.4 速度代码

表 32 给出了速度代码的定义。

表 32 BEACON 帧的速度代码

B0	B1	B2	含义
0	0	0	93.75 kbit/s
1	0	0	保留
0	1	0	1.5 Mbit/s
1	1	0	3 Mbit/s
0	0	1	4 Mbit/s
1	0	1	保留
0	1	1	保留
1	1	1	保留

5.2.2.7.5 最后中继器节点的地址

这是 BEACON 帧通过的最后一个中继器的节点地址。主站发送一个 BEACON 帧时，把这个值复位为 0。见 5.4.6。

当从站或者中继器接收到 BEACON 帧时，复制该值到寄存器中。主站可以通过 STR 获取这个值。如图 25 所示。

5.2.2.7.6 网关计数

当 BEACON 帧每经过一个中继器时，该值加 1。当主站发送一个 BEACON 帧时，将该值初始化置 0。见 5.4.6。

当从站或者中继器接收到 BEACON 帧时，复制该值到 STR 帧中的网关计数字段中。主站可以通过一个 STR 获取该值。见图 25。

接收到 BEACON 帧中的网关计数值大于 2 的从站，不应转变为参加状态。网关计数值大于 1 的中继器不应中继任何报文。

5.2.3 显式报文

5.2.3.1 概述

所有的显式报文通信都以无连接方式使用 A_EVENT 帧实现，如图 32 所示。主站、从站或中继器节点都能发送 A_EVENT 报文。A_EVENT 报文格式支持长请求和响应的分段传输。

当从站或中继器节点需要发送 A_EVENT 帧时，先在其 CN 帧中设置 A_EVENT 发送请求位。然后主站授予从站或中继器发送该请求的权利。主站在下一个 EXTEND 时间域通过发送一个 A_EVENT轮询请求来实现授权。如果请求报文要分段传输，也允许该节点发送每个随后的分段。

当主站向从站或中继器节点发送一个要求响应的 A_EVENT 时，主站通过发起 A_EVENT 轮询请求帧授予从站或中继器节点响应权。

在向从站或中继器节点授权允许时，主站能在任何时间发送 A_EVENT 轮询请求，并根据响应判断设备是否准备好。或者，主站在发送 A_EVENT 轮询请求前，可以等待下一个已将 A_EVENT 发送请求位置位的 CN 帧。

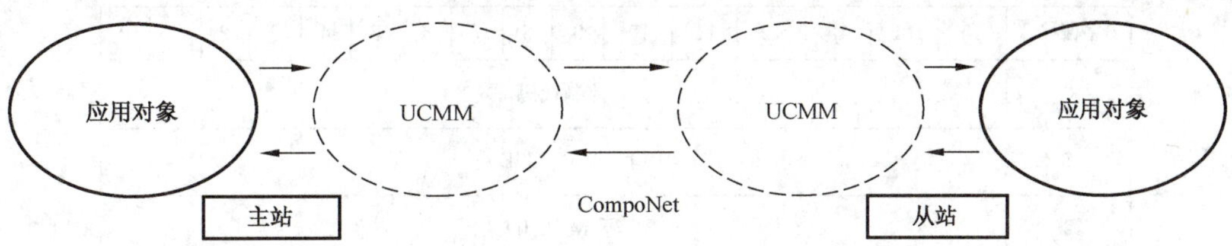

图 32 A_Event 报文流的对象框图

5.2.3.2 显式报文格式

5.2.3.2.1 概述

CompoNet 将显式报文封装到 A_EVENT 帧的事件数据部分，如图 33 所示。

显式报文服务数据首次以小端模式进行编码，缓存区中的每 16 位字封装成八位组在线上传输(先传输高八位，后传输低八位)。

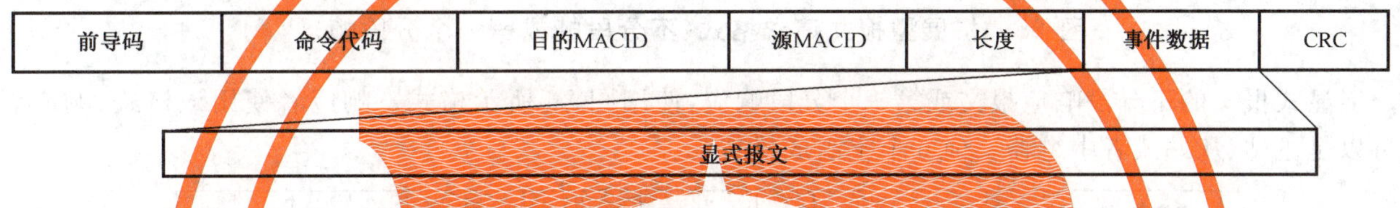

图 33 A_EVENT 报文格式

两类显式报文格式定义如下：

——紧凑格式：一个 8 位组的类型 ID 和实例 ID(必需)；

——扩展格式：CIP EPATH(可选)。

所有的显式报文格式由报文头和服务数据组成。报文头的长度以及由哪些数据字段组成报文头取决于该报文是紧凑型还是扩展型。服务数据的定义如图 40 所示。

对于不分段的显式报文请求，或者分段显式报文请求的第一分段，其紧凑型格式如图 34 所示，扩展型的格式如图 35 所示。前 7 个字组成报文头。图 35 所示“填充扩展路径”的格式参见图 40 中定义的服务数据格式。

字偏移	15	14	13	12	11	10	9	8	7	6	5	4	3	2	1	0
0	控制代码															
1	目的 MAC ID															
2	源 MAC ID															
3	扩展安全 ID								安全 ID							
4	尺寸															
5	保留								服务代码							
6	类 ID								实例 ID							
7～21	服务数据 (0八位组～30八位组)															

图 34 紧凑型报文请求格式(不分段帧或第一个分段帧)

字偏移	15	14	13	12	11	10	9	8	7	6	5	4	3	2	1	0
0	控制代码															
1	目的 MAC ID															
2	源 MAC ID															
3	扩展安全 ID								安全 ID							
4	尺寸															
5	保留								服务代码							
6	保留								扩展路径长度							
7～21	填充扩展路径															
	服务数据															

图 35 扩展型报文请求格式(不分段帧或第一个分段帧)

显式报文的不分段响应报文或第一个分段响应,使用图 36 所示格式。响应者使用该格式,响应者可以是主站、从站或者中继器。前 6 个字组成报文头。

字偏移	15	14	13	12	11	10	9	8	7	6	5	4	3	2	1	0
0	控制代码															
1	目的 MAC ID															
2	源 MAC ID															
3	扩展安全 ID								安全 ID							
4	长度															
5	保留								1	服务代码						
6～21	服务数据 (0八位组～30八位组)															

图 36 紧凑/扩展报文成功响应的格式(不分段帧或第一个分段帧)

对于不成功的响应,使用的报文格式如图 37 所示。前 6 个字组成报文头。

字偏移	15	14	13	12	11	10	9	8	7	6	5	4	3	2	1	0
0	控制代码															
1	目的 MAC ID															
2	源 MAC ID															
3	扩展安全 ID								安全 ID							
4	长度															
5	保留								0x94							
6	一般状态码								附加状态码							

图 37 紧凑/扩展报文不成功响应格式(不分段帧或第一个分段帧)

对于分段报文通信，当请求方接收到第一个应答后，使用如图 38 所示的格式完成第二到最后一个分段的报文交换。相类似的，在传送分段的报文通信时，响应者使用如图 39 所示的格式完成第 2 个到最后一个分段的报文交换。控制代码字段的第 9 位用于决定该报文是否分段。报文头部前 2 个字如图 38和图 39 所示。

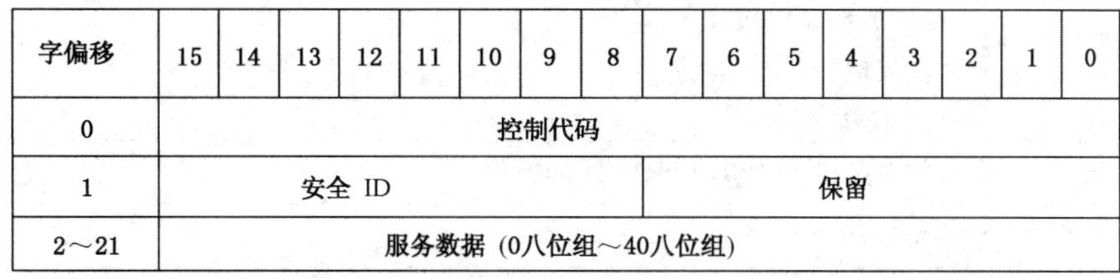

字偏移	15	14	13	12	11	10	9	8	7	6	5	4	3	2	1	0
0	控制代码															
1	安全 ID								保留							
2～21	服务数据 (0八位组～40八位组)															

图 38　紧凑/扩展型的请求报文格式(分段)

字偏移	15	14	13	12	11	10	9	8	7	6	5	4	3	2	1	0
0	控制代码															
1	安全 ID								保留							
2～21	服务数据 (0八位组～40八位组)															

图 39　紧凑/扩展型的响应报文格式(分段)

服务数据如图 40 定义。如果服务数据由奇数个八位组成，则在最后的八位组的位置以值 00 填充。

字偏移	15	14	13	12	11	10	9	8	7	6	5	4	3	2	1	0
n	第1八位组								第2八位组							
$n+1$	第3八位组								第4八位组							
…	…								(填充八位组)							

图 40　服务数据格式

5.2.3.2.2　控制代码(2 个八位组)

表 33 显示控制代码的定义。

表 33 控制代码定义

位	名称	说明
15	帧类型	0 表示请求,1 表示响应
14	响应/请求	请求帧该位总是设置为 1,响应帧该位设置为 0
13～12	报文类型[a]	00:紧凑型显式报文 01:扩展型显式报文 10:(保留) 11:(保留)
11～10	保留	该位总是设置为 0,并保留供扩展用
9～8	分段类型	见表 35
7～0	分段计数	分段计数,如果是单帧,第一个分段头部计数值设置为 0
[a] 对于响应报文,报文类型总是设置为 0。		

5.2.3.2.3 目的 MAC ID

目的 MAC ID 指示 A_EVENT 报文的接收者。如果目的 MAC ID 不同于帧头部的对应值,则需要路由。

5.2.3.2.4 源 MAC ID

源 MAC ID 指示 A_EVENT 报文的发送者。如果 A_EVENT 报文服务器产生一个响应,该值应在 A_EVENT 报文的源 MAC ID 指示。

5.2.3.2.5 SID

安全标志符或 SID 用于匹配发送和接收。客户端选择该值,服务器端将该值回馈给发送端。所选的值是供货商特定的。

如果主站是客户端,SID 值范围是 0x00～0x7f(0～127)。

如果从站是客户端,SID 值范围是 0x80～0xff(128～255)。

5.2.3.2.6 扩展 SID

客户端选择该值,服务器端将该值回馈给发送端。所选的值是供货商特定的。

5.2.3.2.7 尺寸

服务数据的八位组尺寸范围规定:0x0～0xffff(0～65535)。

——不分段帧:紧凑型报文请求帧长度 0x00～0x1E(0～30),响应帧长度 0x00～0x20(0～32);

——分段帧:紧凑型报文请求帧长度 0x1f～0xffff(31～65535);响应帧长度 0x21～0xffff(33～65535);

——EPATH 报文的尺寸取决于 EPATH 的长度。

5.2.3.2.8 EPATH 长度

EPATH 以 16 位字表示尺寸。

5.2.3.2.9 一般和附加状态代码

不成功的响应报文应当包含一个一般错误代码,该代码指示失败的原因。可以选择包含附加状态代码以提供更多信息。

CompoNet 接收器在数据链路层确认每个分段报文。接收到第一个分段后接收者无法立即通知发送方存在过长数据错误。只有在接收到所有的分段之后,接收者才检查接收的报文,然后返回一个带有状态代码的响应。

接收者不能完全处理过长的报文。如果第一个分段的显式报文请求的长度大于接收方的缓存长度,接收方将返回状态代码"报文长度大于接收缓存长度(0x23)"。

对于不支持的报文类型,接收方应返回带有状态代码"不支持的报文格式(0x24)"的紧凑型报文响应。

5.2.3.2.10 数据编码例程

以下是数据传输的一个例子。

假设:主站发送一个设置单个属性请求,该请求含 4 个八位组数据:0x1234(字)和 0x5678(字),发送到 MAC 地址为 D0 的从站的类 0x64,实例 0x01,属性 0x65。控制代码为 0x4000。

在主站的应用中,这个 EM 请求如表 34 所示。

表 34 数据编码例程

字偏移	15 14 13 12 11 10 9 8	7 6 5 4 3 2 1 0	说明	
0	40	00	控制代码	
1	00	D0	目的 MAC ID	
2	01	C0	源 MAC ID	
3	扩展安全标志符	安全标志符	扩展 SID	SID
4	00	05	尺寸	
5	保留	10	保留	服务代码
6	64	01	类 ID	实例 ID
7	65	34	属性 ID	
8	12	78	服务数据	
9	56	填充(00)		

当从站接收该请求时,使用上面给出的头部格式信息解码字 0 到字 6 中的信息,根据 CIP 定义解码从字 7 开始的服务数据。因此从站能够知道这是设置单个属性服务请求,路径为类 0x64,属性 0x65,设置值是 0x1234、0x5678。

5.2.3.3 分段协议

5.2.3.3.1 概述

本条内容定义大于 A_EVENT 帧允许的最大长度 44 字节的报文如何分段和重新组合。

重要:主站应当支持以分段方式发送和接收报文。对于从站和中继器这种功能是可选的,但对于主站是必需的。

显式报文发送方检查每个待发送报文的长度,如果报文长度大于 44 字节,就采用分段协议进行处理。

分段协议位于 A_EVENT 事件数据字段一个称为控制代码的字内。如表 33 所示。

5.2.3.3.2 分段协议内容

分段类型:它指出报文是单帧也就是不分段报文,还是分段报文的第一个分段、中间的一个分段,还是最后一个分段。如表 35 所定义。

表 35 分段类型值

值	定义
0	单帧,分段计数字段应为 0[a]
1	第一个分段,分段计数字段应为 0[b]
2	中间分段[c]
3	最后分段[d]

[a] 指示其为不分段的报文。

[b] 指示其为连续分段的第一段。

[c] 指示其为中间分段,该报文不是第一段也不是最后一段,指示其后还有更多分段报文。

[d] 标志其为最后的分段。通常用于指示前面已传输了一个或多个分段。

分段计数:分段计数标识每个独立的分段,以便接收方能判断是否有报文丢失。每成功接收一个分段,该值加 1,当分段计数达到 256[分段计数=(分段计数+1)mod 256]时,该值重归 0。

如果分段类型值不为 0,表示该次传输的报文仅是这个显式报文的一部分,不是全部的报文。

报文分段由数据链路层确认完成。接收方只在数据链路层为每个分段返回确认。

发送侧功能如下:

——发送方通过将控制代码,扩展安全标志符和安全标志符字段设置为应用指定的值确定报文的头部,它还要初始化 MAC 地址字段和其他字段,见 5.2.3.2。

——接着,发送方将相应的分段协议信息装入报文。发送方保存插入到报文的分段计数。第一个分段和中间分段应该是全长度的 A_EVENT 帧,否则就应使用不分段报文或者分段报文的最后一个分段。

——接着,发送方取出下一片服务数据信息装入这个报文。

——如果发送方是从站或者中继器,应将 CN 帧的"A_EVENT 发送请求"位置位,通知主站它需要发送一个报文。如果这是该报文的第一次传送,将启动一个显式报文定时器。

——发送方发送报文,并等待数据链路层的正确确认。

——如果发送方没有接收到正确的确认,发送方将尝试最后一次发送。重传机制如 5.2.4 定义。如果重传失败,应用能够被通知检测到一个错误,并且不能进行请求传输。

如果接收到正确的确认,发送方继续进行正常处理。如果发送方是从站或者中继器,接收到正确的确认后将清除 CN 帧中的"A_EVENT 发送请求位"。

接收侧有关的初始化状态包括等待分段报文的第一个分段或者等待接收一个完整的显式报文。

接收侧功能如下:

——如果报文头部指示该报文是分段显式报文,接收方要检查分段协议以决定该报文是否有效。如果接收方已接收到序列中的第一个传送(在初始状态)并且分段字段不等于第一个分段,接收方将丢弃该分段。

——如果接收到的是一个单帧,分段计数为 0,接收方将做下列事情:

- 处理这个报文;
- 复位到初始化状态。

——如果该分段指示这是第一个分段,则分段计数应等于0,且该报文的长度应为允许的最大长度。在这种情况下,应保存该报文分段。如果该分段指示这是第一个分段,且分段计数不等于0,则丢弃该报文分段。

——如果分段计数比先前接收的计数大1,并且这个分段指示这是中间分段或者最后一个分段,安全标志符与先前接收到的安全标志符相同,并且是一个整长度的分段,则会接收下一个分段。该分段附加到前面接收到的分段之后,保存该分段相关的计数。

——如果分段计数等于先前接收分段的计数,安全标志符也等于先前接收到的安全标志符值,该分段没有指示这是第一个分段,则接收到重新发送的分段,接收方无需任何动作。

——如果分段计数不是比先前接收到的值大1,也不等于先前接收到的值,则丢弃该报文。接收方复位到初始状态。

——在接收到最后一个分段后,接收者继续处理报文。

事件/动作矩阵如表36,发送侧和接收侧的分段协议格式的定义如表37所示。

表36　分段传输

事　件	条　件	行　为
发送第一个分段	该报文不能作为不分段显式报文发送,A_EVENT数据的长度应为22字	分段计数=0,分段类型=第一个分段。组装然后发送满长度的报文,等待返回肯定确认
等待肯定确认时出现超时(只在主站是发送者时有效。定时器值在5.6.3.5中定义)	需要重试,见5.2.4	重传先前发送的报文分段,然后等待返回肯定确认
	所有重试失败。见5.2.4	不再尝试发送该报文,发出必需的内部指示
显式报文定时器计时满(只在从站或中继器是发送者时有效,见5.2.4)	无	不再尝试发送该报文,发出必需的内部指示
接收到第一个分段或者中间分段的肯定确认报文	无	在每个事件列组装和发送下一个分段。从站或中继器发送者需要清除CN帧中的"A_EVENT发送请求"位,然后,如果已准备好发送下一个分段,再重新置位
接收到最后一个分段相关的肯定确认	无	指示该报文已成功抵达远程地址,如果发送方是主站则启动显式报文定时器,如果发送方是从站或中继器则清除CN帧中的"A_EVENT发送请求"位
发送"中间"分段(不是第一个,也不是最后一个分段)	报文的剩余部分不能在一个分段中发送完,A_EVENT数据长度应为22个字	将先前的分段计数加1,分段=中间分段。使用与之前相同的安全标志符。组装和发送满长度报文分段,等待返回肯定确认
发送最后的分段	报文的剩余部分能在一个分段中发送完毕,"服务数据"的长度不能为0	分段计数加1,分段=最后分段。安全标志符相同。组装和发送报文分段,等待返回肯定确认
已发送显式请求报文的最后一个分段	在接收到最后一个分段的确认前接收到相关的响应报文	丢弃接收到的响应报文

表37引用的初始状态定义为等待分段传送中的第一个分段，或等待接收一个完整的显式报文，即一个不分段报文的状态。

表37 分段接收

事件	条件	行为
接收第一个分段	由于数据长度超限或者类型不明，接收方不能处理该分段，见5.2.3.2.10	检测到错误，等待最后一个分段
	分段计数不等于0	丢弃该分段，并复位到初始状态
	分段计数=0，非满长度报文	丢弃该分段，并复位到初始状态
	分段计数=0，满长度报文	保存分段协议字和相关的报文分段。保存扩展安全标志符和安全标志符。如果接收者还在接收前一个未完成的分段报文，则丢弃先前的报文，开始处理这个新的分段报文
接收的分段=中间分段	未接收到第一个分段	放弃该报文分段
	分段计数比先前接收到的分段计数大1，安全标志符与先前接收的相同，并且是满长度报文	保存分段计数和相应的报文分段
	分段协议字控制代码等于先前接收的对应字段，安全标志符与先前接收的相同，并且是满长度报文	丢弃该报文分段
	非满长度报文	丢弃该报文分段，并复位到初始状态
	安全标志符与先前接收的不相同	丢弃该报文分段，并复位到初始状态
	分段计数即不等于也不比先前接收的分段计数大1	丢弃该报文分段，并复位到初始状态
	接收的数据太多	丢弃该报文分段，并复位到初始状态
接收的分段类型=最后的分段	未接收到第一个分段	丢弃该报文分段
	接收第一个分段时检测到错误	如果接收者是服务器端，返回一般状态指示错误发生的响应；如果接收者是客户机端，应通知应用，并复位到初始状态
	分段计数比先前接收到的分段大1，且安全标志符相同，服务数据长度不为0	处理接收到的显式报文
	分段协议字控制代码等于先前接收到的分段协议字控制代码，且安全标志符与先前接收到的相同，服务数据长度不为0	丢弃该报文分段
	服务数据长度为0	丢弃该分段，并复位到初始状态
	安全标志符与先前接收到的不相同	丢弃该分段，并复位到初始状态
	分段计数不是等于或比先前接收的分段计数大1	丢弃该分段，并复位到初始状态
	接收到错误长度的数据，实际数据长度与第一个分段中声明的长度不匹配	丢弃该分段，并复位到初始状态
接收不分段报文	正在接收一个分段报文	不再处理相关的分段报文。处理接收到的不分段报文，复位到初始状态

5.2.4 显式报文客户机/服务器定时要求

5.2.4.1 概述

本条规定对设备的显式报文定时要求，可能出现两种不同的超时条件，下列章节中将进行说明。

5.2.4.2 链路层确认超时

CompoNet 使用数据链路层确认机制来提高通信效率。接收者一旦接收到一个 A_EVENT 帧，应立即回应一个肯定的或者否定的确认。

如果主站是报文请求者，在 10 次发送后都不能成功接收到来自接收者的数据链路层的响应，它将停止等待，并可以延时一段时间安排重试。如果主站接收到否定的确认，主站会重发请求直到接收到肯定的确认，或者 2 s 后再重发。

如果从站或者中继器是报文请求者，它没有数据链路层确认的超时机制。从站和中继器设备依靠显式报文超时事件识别一个失败的显式报文传送。

5.2.4.3 显式报文超时

显式报文定时器用于检测不成功的显式报文传送。该定时器由客户端和服务器端共同维护。客户机、服务器、主站、从站、中继器设备的定时器行为是各不相同的。载入定时器的值是根据设备的分类和数据传输速率，如表 38 所示。

表 38 显式报文超时值

设备分类	传输速率	缺省值/s
主站		2
从站或中继器	4 Mbit/s	3
	3 Mbit/s	4
	1.5 Mbit/s	8
	93.75 kbit/s	115

——主站定时器行为：

主站作为客户端，在等待来自从站或中继器的响应时，需要运行一个显式报文定时器。当主站得知最后一个请求帧已经发送完毕时，启动该定时器。如在接收到来自从站或中继器的最后一个响应帧前，该定时器到达计时值，则认为本次传输超时。应将这个超时事件通知应用。

主站作为服务器时不运行显式报文定时器。

——从站或中继器定时器行为：

从站或者中继器作为客户端，应在显式报文传输的请求和响应阶段分别运行一个显式报文定时器。

在请求阶段，当应用设置 CN 响应帧的“A_EVENT 发送请求”标志，指示准备好传送该请求时，从站或中继器启动定时器。当应用得知最后一个请求帧发送完毕时，定时器被清零。若最后一个请求发送完毕之前，定时器超限，该设备应复位或者清除 CN 响应帧的“A_EVENT 发送请求”标志位，并且通知应用超时事件发生。

在响应阶段，当应用得知最后一个请求帧发送完毕时，从站或中继器启动定时器。如果在接收到来自于主站的最后一个响应帧之前，定时器到达定时时间，应当通知应用出现了超时事件。

从站或者中继器作为服务器向主站发送响应时，需要运行一个显式报文定时器。当应用设置

CN 响应帧的“A_EVENT 发送请求”标志，指示准备好传送该响应时，启动该定时器。如果在最后一个响应帧发送完毕之前，定时器到达定时时间，从站或中继器应复位或者清除 CN 响应帧的“A_EVENT 发送请求”标志位，并且通知应用超时事件发生。

5.3 CompoNet 通信对象类

5.3.1 概述

可以用一组对象的集合模型化一个节点内的通信：CompoNet 通信对象管理和提供报文的交换。

一个对象提供一个节点内数据结构的抽象表示。一个对象类是一组表现相同类型的对象，对象实例是类内部中一个特定对象的实际表示。对象类的每一个实例都有一组相同的属性，但每个实例具有一组自己特有的属性值。

一个对象实例和/或对象类都具有属性，都提供服务和有实现的行为。

属性是一个对象和/或对象类的特性，属性提供状态信息或管理对象的操作。服务用于触发对象类或实例执行某个任务。对象的行为表示它怎样响应特定的事件。

所使用的主要通信对象在下几节列出(见 5.3.2～5.3.6)。数据类规范和编码的说明见附录 D，附加通信对象的定义见附录 E。

5.3.2 标识对象类定义(类 ID:01_{Hex})

标识对象标识和提供关于节点的一般信息。这个标识对象完全按 IEC 61158-5-2:2007 中 6.2.1.2.2 和 IEC 61158-6-2:2007 中 4.1.8.2 规定。

Componet 设备不支持心跳(Heartbeat)间隔属性。

5.3.3 报文路由对象类定义(类 ID:02_{Hex})

报文路由对象提供一个报文连接点，客户机通过这个连接点可以寻址这个节点内的任意对象类或实例的一个服务。这个报文路由对象完全按 IEC 61158-5-2:2007 中 6.2.1.2.4 和 IEC 61158-6-2:2007 中 4.1.8.3 规定。

5.3.4 连接对象类定义(类 ID:02_{Hex})

5.3.4.1 概述

这个连接类分配和管理与 I/O 连接有关的内部资源，由连接类产生的特定实例作为连接实例或连接对象。

在 IEC 61158-5-2:2007 和 IEC 61158-6-2:2007 中完整规定了这个连接类。这包括：

——连接对象类和实例的属性和服务(见 IEC 61158-5-2:2007 中 6.2.3 和 IEC 61158-6-2:2007 中 4.1.8.8)；

——连接定时(见 IEC 61158-5-2:2007 中 6.2.3)；

——连接实例行为(见 IEC 61158-6-2:2007 中 7.2)。

CompoNet 使用预定义的基于连接的通信进行 I/O 数据交换，这里没有定义基于连接的显式连接。本条说明这部分的通信模型。

5.3.4.2 实例属性

5.3.4.2.1 实例类型，属性 2

仅支持值 1，I/O 连接类型。

5.3.4.2.2 期望包速率,属性 9

选择这个值以得到要求的连接超时,在这个连接类中的 I/O 看门狗定时器对传输速率为 93.75 kbit/s时最高限制为 650 ms,其他速率时为 200 ms。此时使用的连接超时乘法因子为 4,所以这个属性的最大值(与速率相关)如表 39 所示。

表 39 期望包速率的最大值

数据速率	最大值
93.75 kbit/s	162 ms
其他速率	50 ms

CompoNet 不使用预消费定时器。

5.3.4.2.3 CIP 生产连接 ID,属性 10

CompoNet 设备不支持生产连接 ID 属性。

5.3.4.2.4 CIP 消费连接 ID,属性 11

CompoNet 设备不支持消费连接 ID 属性。

5.3.4.2.5 生产屏蔽时间,属性 17

CompoNet 设备不支持生产屏蔽时间属性。

5.3.4.2.6 连接超时乘法因子,属性 18

CompoNet 设备不支持连接超时乘法因子属性,乘法因子值是固定值 4。

5.3.4.2.7 连接绑定列表,属性 19

CompoNet 设备不支持连接绑定列表属性。

5.3.4.3 连接对象属性访问规则

表 40 规定 CompoNet 连接对象属性访问规则。

表 40 CompoNet 连接对象属性访问规则

属 性	I/O 连接状态		
	配置[a]	已建立	超时
状态(State)	读取	读取	读取
实例类型(Instance_type)	读取	读取	读取
传输类触发器(transportClass_trigger)	读取/设置	读取	读取
生产连接尺寸(Produced_connection_size)	读取/设置	读取	读取
消费连接尺寸(Consumed_connection_size)	读取/设置	读取	读取
期望包速率(expected_packet_rate)	读取/设置	读取/设置	读取/设置
开门狗超市动作(watchdog_timeout_action)	读取/设置	读取/设置	读取/设置
生产连接路径长度(produced_connection_path_length)	读取	读取	读取
生产连接路径(Produced_connection_path)	读取/设置	读取	读取
消费连接路径长度(consumed_connection_path_Length)	读取	读取	读取
状态(State)	读取/设置	读取	读取
[a] 只有在 CompoNet 链接对象执行分配服务时 I/O 连接才处于可配置状态,通过这个服务的参数载入可设定值。			

5.3.4.4 连接对象服务

5.3.4.4.1 概述

本条定义 CompoNet 连接对象的服务。

5.3.4.4.2 连接对象类服务

CompoNet 设备不支持创建和清除服务。

5.3.4.4.3 连接对象实例服务

CompoNet 设备不支持清除服务。

5.3.4.4.4 通过 CompoNet 链接对象创建服务

5.3.4.4.4.1 概述

通过 CompoNet 链接对象使用分配服务(服务代码 $4B_{Hex}$)创建 I/O 连接并初始化希望的连接。

5.3.4.4.4.2 分配行为(服务代码 $4B_{Hex}$)

这是用于为从站或中继器执行预定义主/从连接组分配的服务。下面斜体字所列的状态码是在附录 B 中定义的,由附加代码值定义的 CompoNet 链接对象如 5.3.4.4.4.4 所示。

分配服务将下列步骤绑定到一个命令:

——创建连接对象;

——配置连接对象。

如果接收设备(即从站或中继器)不支持预定义主/从连接组,将返回一个出错响应。出错响应中的一般错误代码设置为 0x08,指示*不支持这个服务*。

在这个询问中设备校验分配选择参数,如果设备不支持在分配选择变量(包括保留位)中指定的一个连接参数,那么会返回一个出错响应。在出错响应中的一般错误代码设置为 0x02,指示资源不可用,附加代码设置为对象特定值 0x02。

如果分配选择八位组全部未置位,即所有位都为 0,设备返回一个出错响应。在这个响应中的一般错误代码设置为 0x09,指示检测到无效的属性数据,并且附加代码设置为对象特定值 0x02。

对于中继器,分配服务仅用于修改 EPR(期望包速率)和显式报文定时器,中继器的分配选择应为 0x02。

如果分配处于 EventOnly 子状态的从站或中继器,从站或中继器将返回出错响应,这个响应中的一般错误代码设置为 0x10,指示设备状态冲突。

如果这个正被请求的连接是从站或中继器支持的,并且已分配给这个主站,从站或中继器返回一个出错响应,这个响应中的一般错误代码设置为 0x0B(已处于请求模式/状态),并且附加代码设置为对象特定值 0x02。当主站可能与从站或中继器失步时可以选择发送释放请求,除非请求的 I/O 连接处于超时状态。这时从站或中继器重新分配这个 I/O 连接,发送重新分配然后回到配置状态。

如果所请求的连接要使用的资源不可用,就会返回出错响应,它的一般错误代码设置为 0x02(资源不可用),并且附加代码设置为对象特定值 0x04。

重要:如果已记录一个错误,就不会分配所请求的连接。如果这个请求不能全部实现,就不会执行所请求的任何分配。

分配选择属性指示激活预定义主/从连接组的哪一个连接对象,当主/从连接对象改变状态时,可能需要更新这个八位组。

如果连接超时时间字段内的值超出范围,返回一个出错响应,它的一般错误代码设置为 0x20 指示*无效的参数*。

一旦分配参数有效,任意已分配的 I/O 连接转换到配置状态。将 5.3.5.5.3.2 规定的缺省连接值装入连接属性,用连接超时时间属性参数中的值配置 ERP 属性,然后这个 I/O 连接转换到已连接状态。

不激活/看门狗定时器功能如 IEC 61158-5-2:2007 中 6.2.3 所示。

5.3.4.4.4.3 释放行为(服务代码 $4C_{Hex}$)

接收设备,即从站或中继器检查请求中的释放选择参数,如果从站或中继器不支持在释放选择变量(包括保留位)中指定的一个连接,就返回一个出错响应。它的一般错误代码设置为 0x02 指示资源不可用,并且附加代码设置为对象特定值 0x02。

如果分配选择八位组全部未置位,即所有位都为 0,从站或中继器返回一个出错响应。在这个响应中的一般错误代码设置为 0x09,指示检测到无效的属性数据,并且附加代码设置为对象特定值 0x02。

重要:如果检测到一个错误,就不会释放任何指定的连接,如果这个请求不能完整地被执行,就不会执行任何请求的释放。

如果指定的连接处于不存在状态,就返回一个出错响应。在出错响应中的一般错误代码被置为 $0B_{Hex}$来指示*已处于请求模式/状态*。

一旦选择释放参数有效,从站或中继器应保证它处于可以停止使用指定连接的状态。如果不是这样,返回一个出错响应。出错响应中的一般错误代码被置为 $0C_{Hex}$来指示*在当前模式/状态不能执行服务*。

如果请求有效,从站或中继器释放与指定连接相关的所有资源。

5.3.4.4.4.4 CompoNet 链接对象特定的错误代码

表 41 列出 CompoNet 链接对象特定的错误代码,这些代码嵌在出错响应报文的附加代码字段。表 41提供这些代码,在前述章节已有详细说明。

表 41 CompoNet 链接对象特定的附加错误代码

值	含 义
02	无效的分配/释放选择参数。在接收到分配/释放主站/从站连接设置(Allocate/Release_Master/Slave_Connection_Set)请求并在如下情况时返回: 1) 从站或中继器不支持选择参数中指定的选择; 2) 请求从站或中继器分配/释放已分配/释放的连接; 3) 分配选择/释放八位组所有位为 0 或包含无效的码元组合
04	预定义主/从连接组要使用的资源不可用

5.3.4.5 从站连接对象特性

5.3.4.5.1 概述

本条展示从站或中继器设备内预定义主/从连接组相关的连接对象的外部可见特性。为从站或中继器设备定义的主/从连接对象是多播轮询连接,可以接收主站的多播轮询命令,返回相应的响应。

重要:本条进一步提炼 IEC 61158-5-2:2007 中 6.2.3 连接对象使用的信息。除了这里提到的以外,IEC 61158-5-2 中 6.2.3 所指定的所有信息(即服务、属性等)全部适用本条所述的连接对象。

5.3.4.5.2 连接实例 ID

现存的每个连接对象都被指定一个连接实例 ID，它在连接类内多个连接对象中标识这个连接对象。表 42 展示从站或中继器设备用于标识预定义主/从连接对象的实例 ID。

表 42 预定义主/从连接的连接实例 ID

连接实例 ID 号	说明
1	引用多播轮询 I/O 连接

重要：从站或中继器应为它支持的预定义主/从连接保留表 42 的实例 ID。

5.3.4.5.3 从站连接实例属性

本条定义从站或中继器在预定义主/从连接对象内使用的缺省属性值。

表 43 为预定义主/从连接对象定义属性值。在连接对象在从不存在状态转换到配置状态时（见 5.4.3.5.4）将这些缺省值初始装载到属性。不支持的属性未列出。

表 43 缺省的多播轮询连接对象属性值

属性 ID（十进制）	属性名称	缺省值	说明
1	状态（State）	01	指示多播轮询连接对象处于配置状态
2	实例类型（Instance_type）	01	指示这是一个 I/O 连接
3	传输类触发器（transportClass_trigger）		输入和混合从站是 0x82；输出从站和中继器是 0x80
7	生产连接尺寸（Produced_connection_size）		无指定缺省值，实现应按应用实际初始化这个属性
8	消费连接尺寸（Consumed_connection_size）		无指定缺省值，实现应按应用实际初始化这个属性
9	期望包速率（expected_packet_rate）	0	应配置期望包速率
12	开门狗超市动作（watchdog_timeout_action）	0	转换到超时状态
13	生产连接路径长度（produced_connection_path_length）		无指定缺省值，实现应用缺省的 produced_connection_path 属性内的八位元组数初始化这个属性
14	生产连接路径（Produced_connection_path）		无指定缺省值，实现选择一个应用对象作为缺省值参考，并初始化这个属性
15	消费连接路径长度（consumed_connection_pathLength）		无指定缺省值，实现应用缺省的 consumed_connection_path 属性内的八位元组数初始化这个属性
16	消费连接路径（consumed_connection_path）		无指定缺省值，实现选择一个应用对象作为缺省值参考，并初始化这个属性

5.3.4.5.4 预定义主/从连接实例行为

图 41 是预定义主/从 I/O 连接对象状态转换图。

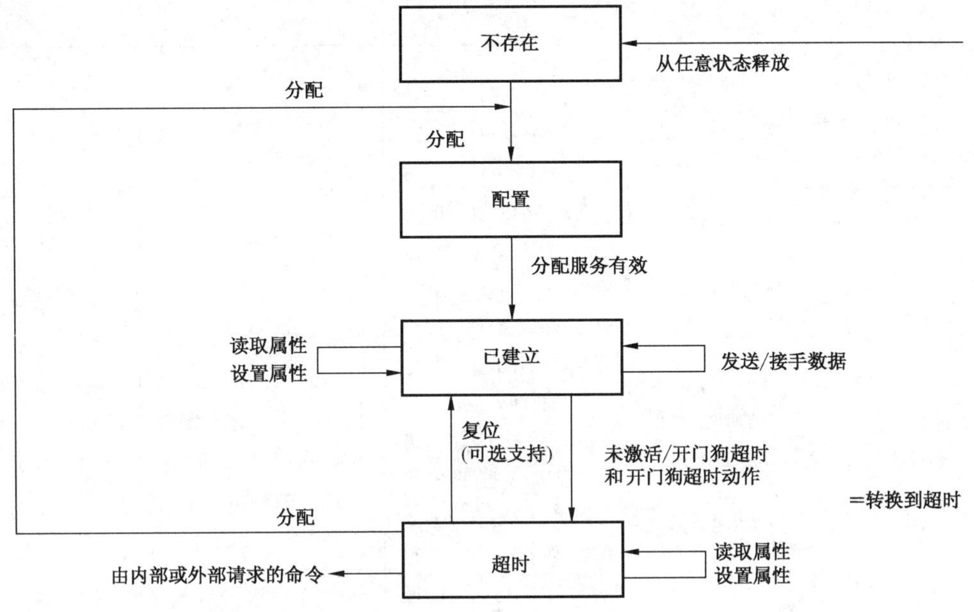

图 41 预定义主/从 I/O 连接对象状态转换图

下面展示的状态事件矩阵或 SEM 提供预定义主/从连接组内 I/O 连接的行为的正式定义。这个 SEM 继承和/或超过在 IEC 61158-6-2:2007 中 7.2.1 的 I/O 连接对象状态事件矩阵中展示的反应。

重要:下面展示的 SEM 并不规定遵照产品特定、内部逻辑相关的规则。任何对连接类或连接对象实例访问的企图都需要通过产品特定的校验。这可能造成表 44 中未指示的出错。此外,这也可能造成从连接对象送到应用和/或一个特定应用对象的产品特定的指示。特定要求是预定义主/从 I/O 连接对象应展示由 SEM 和属性定义指定的外部可见行为。

表 44 预定义主/从 I/O 连接状态事件矩阵

事件	I/O 连接对象状态			
	不存在	配置	已建立	超时
CompoNet 链接对象接收到一个通过所有出错检查的分配请求,这个请求指定预定义主/从 I/O 连接	对每个请求的 I/O 连接例示一个连接对象并将属性设置为 5.3.4.5.3 指定的缺省值,转换到配置状态	这是 5.3.4.4.4 说明的一个出错情况	这是 5.3.4.4.4 说明的一个出错情况	将属性设置为5.3.4.5.3 指定的缺省值,转换到配置状态
CompoNet 链接对象接收到一个通过所有出错检查的释放请求,这个请求指定预定义主/从 I/O 连接	这是 5.3.4.4.4 说明的一个出错情况	N/A	释放所有相关资源,转换到不存在状态	释放所有相关资源,转换到不存在状态

表 44（续）

事件	I/O 连接对象状态			
	不存在	配置	已建立	超时
CompoNet 链接对象分配装入连接实例的服务参数	N/A	转换到已连接状态	N/A	N/A
设置单个属性(Set_Attribute_Single)	如 IEC 61158- 6-2:2007 中 7.2.1 所述	按内部逻辑和 5.3.4.3 的规则校验和服务请求。如果这是有效的请求，设置 expected_packet_rate 属性，然后在 Apply_Attribute 事件/配置状态下按第 1 卷第 3 章*I/O 连接状态事件矩阵*规定的步骤执行，并转换到已建立状态，返回相应的响应	内部逻辑和 5.3.4.4.3的访问规则校验和服务请求，返回相应的响应	按内部逻辑和5.3.4.3 的访问规则校验和服务请求，返回相应的响应
读取单个属性(Get_Attribute_Single)	如 IEC 61158-6-2:2007 中 7.2.1 说明	按内部逻辑和 5.3.4.4.3的访问规则校验和服务请求。返回相应的响应	按内部逻辑和 5.3.4.3 的访问规则校验和服务请求。返回相应的响应	按内部逻辑和5.3.4.3 的访问规则校验和服务请求。返回相应的响应
复位(Reset)	如 IEC 61158-6-2:2007 中 7.2.1 说明	如 IEC 61158-6-2:2007 中 7.2.1 说明	如 IEC 61158-6-2:2007 中 7.2.1 说明	如 IEC 61158-6-2:2007 中 7.2.1 说明
接收数据(Receive_Data)				
发送信息(Sent_Message)				
未激活/开门狗过期(Inactivity/Watchdog Timer expires)				

如果一个实现检测到不支持表 44 指示的任一显式报文服务，即返回一个指示服务不支持(一般错误代码 08)的出错响应。

5.3.4.6 从站或中继器设备状态转换特性

5.3.4.6.1 连接实例行为

在一个成功的 STW 后，一个输入从站进入 ONLINE 子状态(参加)，并且反应到 OUT/TRG 帧，发送携带有效输入数据的 IN 帧，即使它还未被分配。在主站成功分配这个从站之前，主站即使接收到输入数据也不将这些数据转给它的应用，在被分配前从站也不更新它的输出。

对于中继器，一个成功的 STW_Run Online 或 STW_Run EventOnly 使它转换到已参加状态并开始转发。一个成功的分配服务使处于 ONLINE 子状态的中继器转换到已建立连接状态。

从站或中继器进入已建立状态后，它监视 OUT/TRG 帧。如果超过 4 倍 ERP 时间没有收到 OUT/TRG 帧，这个连接马上转换到超时状态。

有两个事件可以使输出从站转换到 IDLE 状态。一个带有禁止 I/O 更新位的 OUT 帧或 TRG 帧被应用对象解释为 receive_idle 事件。一个带有使能 I/O 更新位的 OUT 帧被应用对象解释为一个运行事件。

5.3.4.6.2 连接步骤

图 42 表示连接步骤：

——步骤 A：主站向非参加从站或中继器设备发送一个 TRG-帧并识别离线设备，离线设备向主站回复 CN 帧。

——步骤 B：主站向发送过 CN 帧的从站或中继器设备发送 STR 请求，从站或中继器设备在接收到 STR 请求后，发送附带有它自己的制造商 ID 和系列号的 STR 响应。STR 请求和 STR 响应都是使用 B_EVENT 报文发送的。

——步骤 C：主站将接收到的制造商 ID 和系列号加到一个 STW 请求将它发送到相应的设备。任一设备如接收到的制造商 ID 和系列号与它自己的制造商 ID 和系列号不匹配，立即转换到通信故障状态。这些 STW 请求和 STW 响应都使用 B_EVENT 报文发送。

——步骤 D：主站向在线从站或中继器设备发送分配请求，分配请求和分配响应使用 A_EVENT 报文发送。

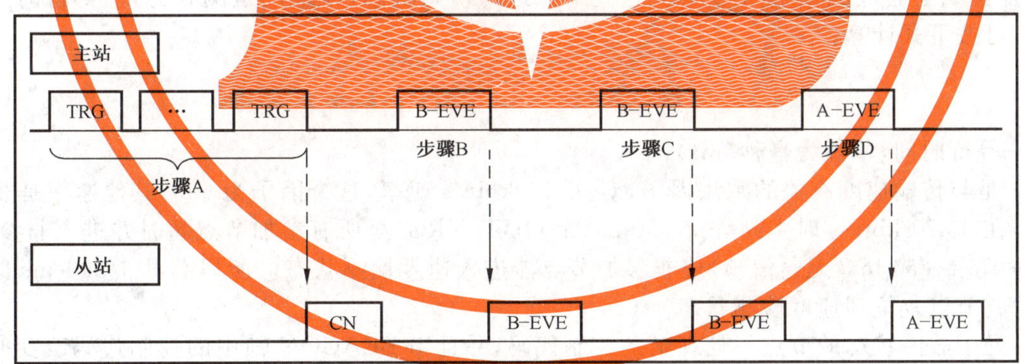

图 42 预定义主/从 I/O 连接状态转换图

5.3.4.6.3 参加流程图

图 43 表示建立连接的流程。

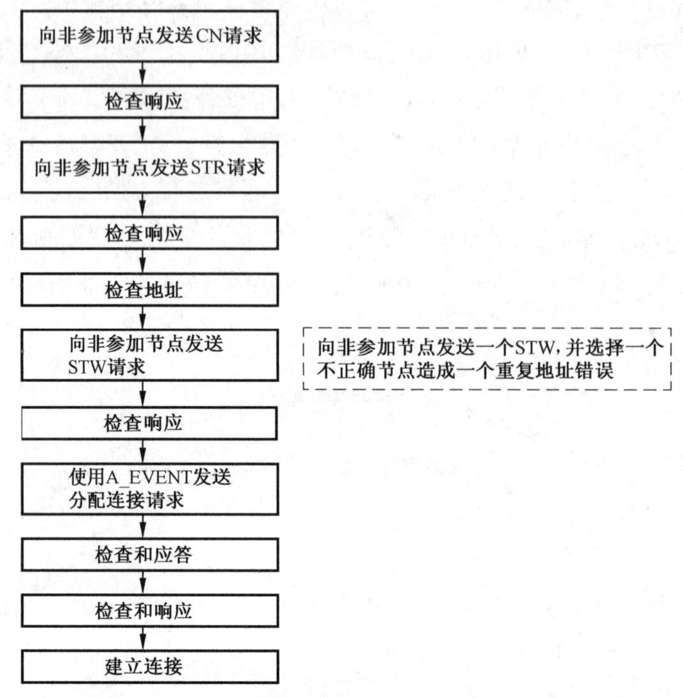

图 43 建立连接的流程

5.3.4.7 主站通信特性

本部分不展示主站内连接对象的各种特性。主站应当知道怎样配置与它相关的从站或中继器的参数,并且展示与这些从站或中继器正确接口必需的外部行为,这是对主站的要求。

当它复位或上电时,主站应至少等到这些节点进入初始状态(即速度检测状态)。等待时间随传输速度而变,可按下式计算:

$$t = v \times 2$$

式中:

t ——等待时间,单位为毫秒(ms);

v ——是与传输速度有关的乘法因子,对 93.75 kbit/s 速率,这个因子为 650,其他速率是 200。

例如,在 93.75 kbit/s 时主站等待 650ms(无 OUT/TRG)至所有参加节点超时并进入非参加状态。然后主站再等待 650 ms(无通信帧)使非参加节点能进入速度检测状态。所以总共 1 300 ms 的等待时间,保证所有节点复位到速度检测状态。

注意:处于故障状态的节点不处理新的控制代码,并且当 BEACON 帧中的控制代码改变时会造成冲突。

主站应监视它的连接是否超时,对输入和混合节点,通常倾向通过检测丢失输入帧检测超时,也可以选择通过检测 CN 帧的丢失检测超时。对输出节点或中继器,通过检测 CN 帧的丢失检测超时。

5.3.5 CompoNet 链接对象类定义(类 ID:$F7_{Hex}$)

5.3.5.1 概述

CompoNet 链接对象用于提供物理附件的配置和状态。一个产品对每个物理网络附件应支持一个(并且只支持一个)CompoNet 链接对象,并且是实例 1。

5.3.5.2 CompoNet 链接对象类属性

CompoNet 链接对象的类属性如表 45 定义。

表 45 CompoNet 链接对象的类属性

属性 ID	实现必需	访问规则	名称	数据类型
1～7	这些类属性是可选的并在 IEC 61158-5-2:2007 中 5.2.1.2 的说明			

5.3.5.3 CompoNet 链接对象类服务

CompoNet 链接对象支持在表 46 中所列的类服务。

表 46 CompoNet 链接对象类服务

服务代码	实现必需	服务名称	说明
0x0E	条件[a]	读取单个属性 (Get_Attribute_Single)	用于读取 CompoNet 链接对象的属性
[a] 如果支持任何类属性，这是必需的。			

5.3.5.4 CompoNet 链接对象实例属性

5.3.5.4.1 概述

CompoNet 链接对象的实例属性如表 47 定义。

表 47 CompoNet 链接对象实例属性

属性 ID	实现需要	访问规则	NV	名称	数据类型	说明	值的语义
1	必需	读取	NV	MAC ID	UINT	这个设备的 MAC ID	见 5.3.5.4.2
2	必需	读取	V	数据速率	USINT		见 5.3.5.4.3
3				保留			
4				保留			
5	条件[c]	读取	V	分配选择	OCTET		见 5.3.5.4.4
6	条件[a]	读取	V	节点地址开关已改变	BOOL		见 5.3.5.4.5
7	条件[b]	读取	V	数据速率开关已改变	BOOL		见 5.3.5.4.6
8	条件[a]	读取	V	节点地址开关值	UINT		见 5.3.5.4.7
9	条件[b]	读取	V	数据速率开关值	USINT		见 5.3.5.4.8
10	必需	设置	V	显式报文定时器	UINT		见 5.3.5.4.9
11	条件[b]	读取	V	激活节点表	512 位阵列	指示节点状态，每个 MAC ID 一位	1＝节点在参加状态 0＝节点在不参加状态

表 47（续）

属性 ID	实现需要	访问规则	NV	名称	数据类型	说明	值的语义
12	条件[b]	读取	V	字输入节点状态表	64 OCTET 阵列	字输入节点状态，每个节点一个 OCTET	见 5.3.5.4.11
13	条件[b]	读取	V	字输出节点状态表	64 OCTET 阵列	字输出节点状态，每个节点一个 OCTET	见 5.3.5.4.11
14	条件[b]	读取	V	位输入节点状态表	128 OCTET 阵列	位输入节点状态，每个节点一个 OCTET	见 5.3.5.4.11
15	条件[b]	读取	V	位输出节点状态表	128 OCTET 阵列	位输出节点状态，每个节点一个 OCTET	见 5.3.5.4.11
16	条件[b]	读取	V	中继器节点状态表	64 OCTET 阵列	中继器节点状态，每个节点一个 OCTET	见 5.3.5.4.11

[a] 当设备有节点地址开关并且能设置成在线值以外的另一个值时需要这个属性。

[b] 主站需要这个属性，但其他节点不允许。

[c] 从站需要这个属性，但主站不允许。

5.3.5.4.2 MAC ID

这个属性指示设备的 MAC ID，值的范围是 0～511。表 48 表示为每个设备种类分配的 MAC ID。

表 48 MAC ID 范围

值	设备类
0x0000～0x003F(0～63)	字从站(输入和混合)
0x0040～0x007F(64～127)	字从站(输出)
0x0080～0x00FF(128～255)	位从站(输入和混合)
0x0100～0x017F(256～383)	位从站(输出)
0x0180～0x01BF(384～447)	中继器
0x01C0(448)	主站
0x01C1～0x01FF(449～511)	保留

如果对某一设备类型设置了无效的 MAC ID 值，这个设备将转换到通信故障状态。

5.3.5.4.3 数据速率

这个属性指示所选择的数据速率，表 49 表示可能的属性值。

表 49 数据速率

值	说明
0	93.75 kbit/s
1	保留
2	1.5 Mbit/s
3	3 Mbit/s
4	4 Mbit/s
5～255	保留

5.3.5.4.4 分配选择

这个属性指示所选择的通信类型如表 50 所示。

表 50 分配选择

位	7	6	5	4	3	2	1	0
含义	保留						I/O	保留

5.3.5.4.5 节点地址开关已改变

这个属性指示上电以后节点地址开关已经改变。

5.3.5.4.6 数据速率开关已改变

这个属性指示上电以后数据速率开关已经改变。

5.3.5.4.7 节点地址开关值

这个属性指示节点地址开关的当前值。

5.3.5.4.8 数据速率开关值

这个属性指示数据速率开关的当前值(如表 51 所示)。

表 51 数据速率开关值

值	含义
0	93.75 kbit/s
1	保留
2	1.5 Mbit/s
3	3 Mbit/s
4	4 Mbit/s
5～255	保留

5.3.5.4.9 显式报文定时器

这个属性以秒为单位。

5.3.5.4.10 激活节点表

CompoNet 链接对象的实例属性 11 由 512 位阵列组成,每个 MAC ID 占据一位。最低位对应于 MAC ID=0,最高位对应于 MAC ID=511。如果节点是在参加状态,意味着这个节点可以接受显式报文的访问,对应这个节点的 MAC ID 位应被置为“1”。如果节点不是在参加状态,意味着这个节点可能丢失,或节点处于“非参加”状态,意味着这个节点不能支持显式报文,那么这位应被清为“0”。

5.3.5.4.11 点状态

实例属性 12、13、14、15 和 16 指示所有从站或中继器节点的一般状态。这些位的定义如表 52 和表 53所示。

表 52 节点状态八位组的位定位

位	名称	定义
0～3	节点网络状态	见表 53
4	通信故障标记	“真”指示在这个节点地址存在一个通信故障
5	超时标记	“真”指示主站已检测到一个连接超时
6～7		保留,所有位为 0

表 53 节点网络状态的位定义

位 0～位 3	节点网络状态说明
0000	不存在
0001	离线
0010	锁定
0011	在线
0100	仅事件
0101	通信故障
0110～1111	保留

5.3.5.5 CompoNet 链接对象实例服务

5.3.5.5.1 概述

本条说明 CompoNet 链接对象支持的公共服务和对象类特定服务。

5.3.5.5.2 公共服务

表 54 规定要求的公共服务。

表 54 CompoNet 链接对象公共服务

服务代码	实现必需	服务名称	说明
0x0E	必需	读取单个属性(Get_Attribute_Single)	返回指定属性的内容
0x10	必需	设置单个属性(Set_Attribute_Single)	用于修改 CompoNet 链接对象属性

5.3.5.5.3 对象类特定服务

5.3.5.5.3.1 概述

CompoNet 链接对象支持表 55 所示下列对象类服务。

表 55 CompoNet 链接对象类特定服务

服务代码	实现必需	服务名称	服务说明
0x4B	条件[a]	分配	请求使用预定义主/从连接组
0x4C	条件[b]	释放	指示不再使用预定义主/从连接组内的特定连接,指示的连接被释放(清除)

[a] 对从站这是必需的,对中继器是可选的,而对主站是不允许的。

[b] 如果支持分配服务,这个服务就是必需的。

5.3.5.5.3.2 分配(服务代码:$4B_{Hex}$)

图 44 表示在分配请求的服务数据字段内的规定。

字节偏移	7	6	5	4	3	2	1	0
0	分配选择							
1	保留							
2	期望包速率 (低)							
3	(高)							
4	显式报文定时器 (低)							
5	(高)							

图 44 分配请求服务数据

分配选择:如表 56 所示,分配选择参数指定在一个八位数元内,每个位指定要分配的一个连接。如果这个位被置为 1,请求就分配这个特定的连接,如果这个位被置为 0,表示请求不希望分配这个连接。

表 56 分配选择八位组内容

位	7	6	5	4	3	2	1	0
含义	保留						I/O	保留

在从站或中继器接收到一个分配请求时,应确认保留的位未被置位。服务器将丢弃使用了保留位的任何请求,并返回一个出错。

期望包速率:这个参数用作分配连接的 EPR,它的数值如表 57 定义。

表 57 EPR 值

值	含 义
0x0000～0xFFFF	0x0000 选择缺省值 当速率是 93.75 kbit/s 时,缺省值是 162 ms。所有其他速率缺省值是 50 ms,分辨率是 1 ms

显式报文定时器:这个值用于覆盖 5.2.4.3 中定义的缺省显示报文定时器值时。见表 58。

表 58 显式报文定时器

值	含 义
0x0000～0xFFFF	0x0000 选择缺省值。分辨率是 1 s

成功响应服务数据字段参数:图 45 表示在成功分配响应的服务数据字段内应指定的信息。

字节偏移	7	6	5	4	3	2	1	0
0	保留(00)							
1	保留(00)							

图 45 分配响应服务数据

被请求分配服务的服务器的行为:这个服务用于分配在 5.3.4.4.4.2 中所说明的连接。

5.3.5.5.3.3 释放服务(服务代码:$4C_{Hex}$)

这个服务用于释放一个服务器内的指定的连接。

请求服务数据字段参数:在释放请求的服务数据字段内指定的信息如图 46 所示。

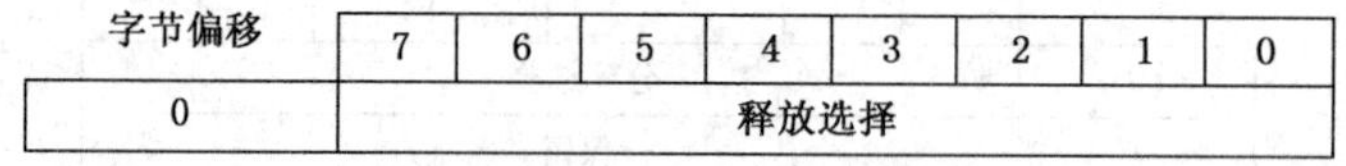

字节偏移	7	6	5	4	3	2	1	0
0	释放选择							

图 46 释放请求服务数据

服务数据字段的信息如表 59 所示。

表 59 释放主/从连接组请求参数

名称	数据类型	说 明
释放选择	Octet	指定释放哪一个连接

如表 60 所示在一个八位组内指定释放选择参数,如果这个位被置为 1,一个请求使特定连接释放。如果这个位被置为 0,表示请求者不要求释放这个连接。

表 60 释放选择八位组内容

位	7	6	5	4	3	2	1	0
含义	保留						I/O	保留

服务器接收到释放请求时，它要校验所有保留位未被置位，如果请求中使用了保留位，服务器将丢弃这个请求并返回一个出错。值为 00 也是无效的。

成功响应服务数据字段参数：无。

5.3.5.5.4 释放主/从连接组服务器行为

这个服务用于释放在 5.3.4.4 中说明的连接。

5.3.6 CompoNet 中继器对象(类 ID：$F8_{Hex}$)

5.3.6.1 概述

本条包含 CompoNet 中继器对象的对象说明。

5.3.6.2 中继器类服务

表 61 定义中继器对象的类属性。

表 61 中继器类属性

编号	实现必需	访问规则	名称	数据类型	属性说明	值的含义
1～7	这些类属性是可选的，并在 IEC 61158-5-2:2007 中 6.2.1.2 内说明					

5.3.6.3 中继器类服务

中继器对象支持表 62 所示的类服务。

表 62 中继器类服务

服务代码	实现必需	服务名称	说明
0x0E	条件[a]	读取单个属(Get_Attribute_Single)	用于读出一条中继器属性
[a] 只要支持任何类属性就是必需的。			

5.3.6.4 实例属性

5.3.6.4.1 概述

中继器对象的实例属性如表 63 定义。

表 63　中继器类的实例属性

属性编号	实现必需	访问规则	NV[a]	名称	数据类型	说明	值的含义
1	必需	读取	V[b]	从站端口电源电压	UINT		单位:100 mV
2	必需	读取	V	从站端口最大电源电压	UINT		单位:100 mV
3	必需	读取	V	从站端口最小电源电压	UINT		单位:100 mV
4	必需	读取	NV	从站端口电源电压门限	UINT		单位:100 mV
5	必需	读取	V	主站端口电源 ON/OFF	BOOL		5.3.6.4.6

[a] 非挥发存储器。

[b] 挥发存储器。

5.3.6.4.2　从站端口电源电压

这个属性应正确反映当前施加在从站端口的电压,至少从 0 V～28 V d.c,这个属性的分辨率是 100 mV,如果电压超过测量限制应使用限制值。

5.3.6.4.3　从站端口最大电源电压

这是从复位起监测到的从站端口电压的最大值,这个属性的分辨率是 100 mV。

5.3.6.4.4　从站端口最小电源电压

这是从复位起监测到的从站端口电压的最小值,这个属性的分辨率是 100 mV。

5.3.6.4.5　从站端口电源电压门槛值

这个属性的分辨率是 100 mV,缺省值是 140,如果属性 1 低于这个门槛,这个节点应通过设置 CN 帧的报警位(状态的 B0)向主站报告这个情况。如果这不是报警位的唯一原因,供货商应提供关于报警位含义的信息。

5.3.6.4.6　主站端口电源 ON/OFF

当电压值超过 21 V 时,这个属性值为 1。当电压值低于 3 V 时,它为 0。当电压在 3 V 和 21 V 之间时,它为 1 或 0。这个属性只能为 0 或 1。

5.3.6.5　实例服务

本条说明中继器对象支持的公共服务。

表 64 定义公共服务。

表 64　中继器的公共服务

代码	服务	说明
0x05	复位(Reset)	用于复位中继器对象属性
0x0E	读取单个属性(Get_Attribute_Single)	用于读出一条中继器对象属性
0x10	设置单个属性(Set_Attribute_Single)	用于修改一条中继器对象属性

复位服务参数如图 47 定义。

字偏移	15	14	13	12	11	10	9	8	7	6	5	4	3	2	1	0
n	服务代码(0x05)								类ID(0xF8)							
n+1	实例ID(0x01)								属性编号							

图 47　复位服务参数

支持复位服务的属性列在表 65 中。

表 65　复位属性

属性编号	名称
2	从站端口最大网络电源电压
3	从站端口最小网络电源电压

5.4　网络访问状态机

5.4.1　概述

本条定义每个产品应当实现的网络访问状态机。

网络访问状态机说明如下：

——影响产品通信能力的网络事件；

——通信前要执行的任务。

5.4.2　网络访问事件

网络访问状态机使用 STR 和 STW B_EVENT，概述如下：

STR：主站使用 B_EVENT 帧可实现从从站或中继器获取信息的读状态操作。状态信息包括：

——Vendor ID：由 ODVA 分配的 CompoNet 制造商 ID；

——SerialNumber：制造商管理的设备唯一编号；

——RepeaterMode：True/False 指示它是一个中继器或从站；

——InIoModeStatus：输入数据的状态和长度；

——OutIoModeStatus：输出数据的状态和长度；

——GateCount：这个节点和主站之间的中继器数目，从 BEACON 帧中得到；

——LastRepeaterNodeAddress：最近的中继器节点地址，这可从 BEACON 帧得到。

STW：主站使用 B_EVENT 帧的写状态操作可实现对从站或中继器设置参数。这些参数包括：

——Vendor ID：由 ODVA 分配的 CompoNet 制造商 ID；

——SerialNumber：制造商管理的设备唯一编号；

——CnTimeDomain：在 OUT/TRG 帧之后启动 CN 传送的时间；

——InTimeDomain：在 OUT/TRG 帧之后启动 IN 传送的时间；

——CnFrameAddressMask：指示在当前通信周期内哪些从站可以发送 CN 帧；

——OutBlockPointer：0～79，指示输出从站从输出帧的哪个位置取得它的数据；

——Running：允许执行正常的在线操作(参加/非参加)；

——UnRegistrant:允许执行重复地址检测;

——EventOnly:用于配置、参数化、调查等的特殊在线状态(见图 50)。

下列事件决定在处理网络状态机时出现的转换:

——BEACON_OK:接收到一个具有有效 CRC,并且速度代码与当前速度设定匹配的 BEACON 帧。

——Network Timeout:一个从站或中继器用看门狗定时器监视网络通信,在非参加状态接收到任何正确报文帧时,重新触发看门狗定时以防止超时。在参加状态应接收到 OUT 或 TRG 帧。在从参加转换到非参加状态时也应重新触发定时器。网络看门狗定时器的超时值由数据速率决定,如表 66 所示。

表 66 数据速率和看门狗定时器时间

数据速率	看门狗定时器
4 Mbit/s;3 Mbit/s;1.5 Mbit/s	200 ms
93.75 kbit/s	650 ms

——CN Counter Overflow:节点在"UnRegistrant=0"的"非参加"状态时 CN 计数器是有效的。当它用一个 CN 帧回答主站时计数器递增 1。如果这个计数值达到 16,这个节点转换到通信故障状态。在节点进入离线状态时这个 CN 计数器复位到 0。

按数据字段内的参数设定,有多个 STW 操作:

——*STW_Dup*:一个 VendorID 或 SerialNumber 与节点自己的值不同的 STW;

——*STW_Run*:一个 Running=1 并且它的 VendorID 和 SerialNumber 值与节点匹配的 STW:

- *STW_Run Online*:如果"EventOnly=0";
- *STW_Run EventOnly*:如果"EventOnly=1";

——*STW_Standby*:一个"Running=0"并且它的 VendorID 和 SerialNumber 值与节点匹配的 STW,将这个节点转换到"Non_participated"状态:

- *STW_Standby Offline*:如果"UnRegistrant=0";
- *STW_StandbyLocked*:如果"UnRegistrant=1"。

Online 和 EventOnly 子状态可以不互相直接转换。对一个 Online 的节点,一个 Run=1 并且 EventOnly=1 的 STW 使这个节点转变到 Offline。对一个在 EventOnly 的节点,一个 Run=1 并且 EventOnly=0 的 STW 对它没有影响。

重要:在完成 STW 接收后的 500 μs 内应当实施从站状态的转换。主站设备在发送 STW 后应有 500 μs 时间允许从站转换状态。

5.4.3 状态转换图

图 48、表 67、图 49 和图 50 给出网络访问的概图。

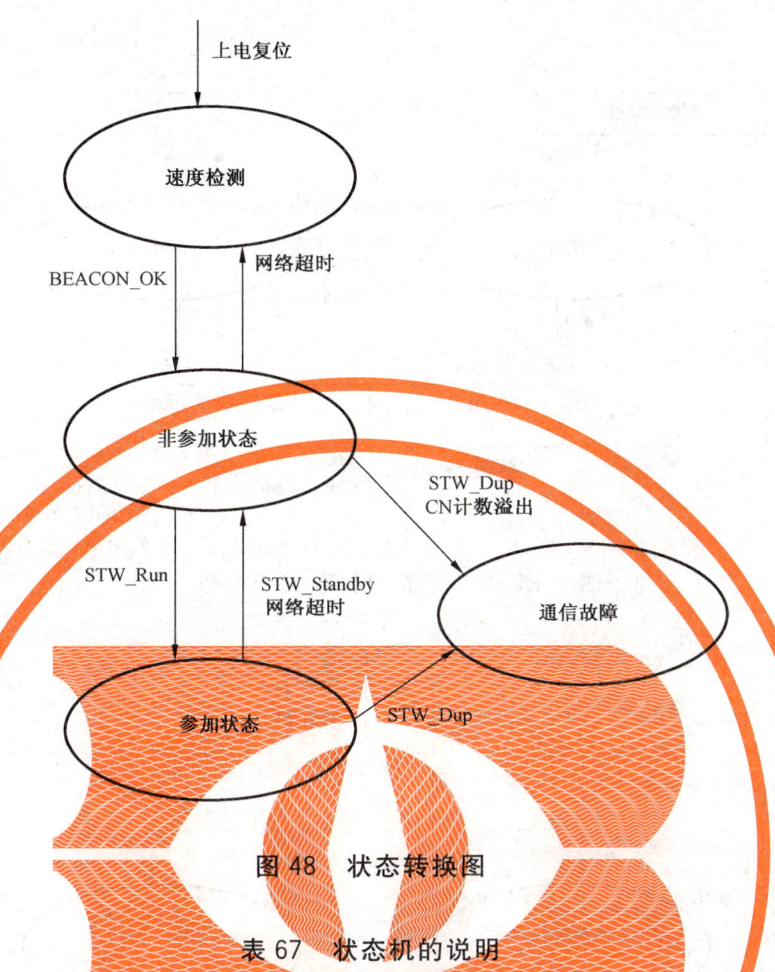

图 48　状态转换图

表 67　状态机的说明

状态		说明	可能的操作
速度检测		初始化和数据速率检测	检测数据速率
非参加状态	离线	等待主站允许参加	可进行读状态(STR)和写状态(STW)操作 可操作非参加的 CN 帧 通过主站的 STW 帧设置通信参数
	锁定	主站不允许参加	STR 或 STW 非参加的 CN
参加状态	在线	参加所有的网络通信	所有的网络操作
	EventOnly	仅参加事件通信	事件通信
通信故障		检测到重复 MAC ID 故障	通信故障 CN 帧

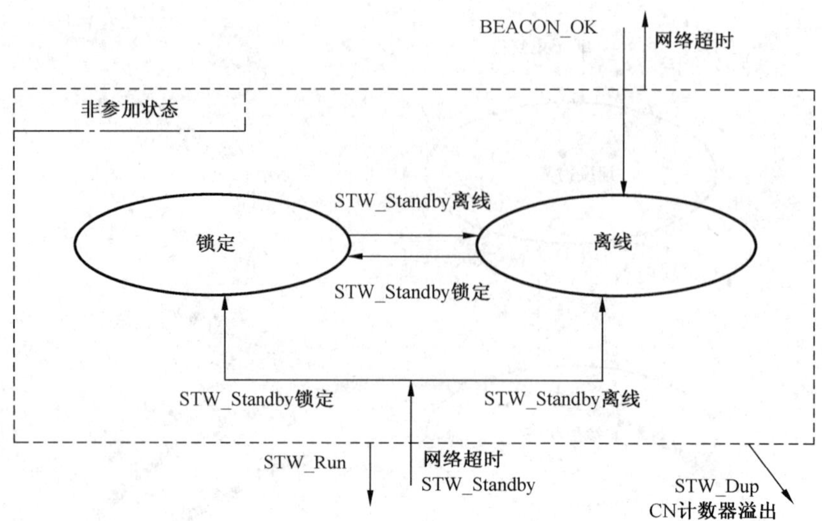

图 49 非参加状态的子状态

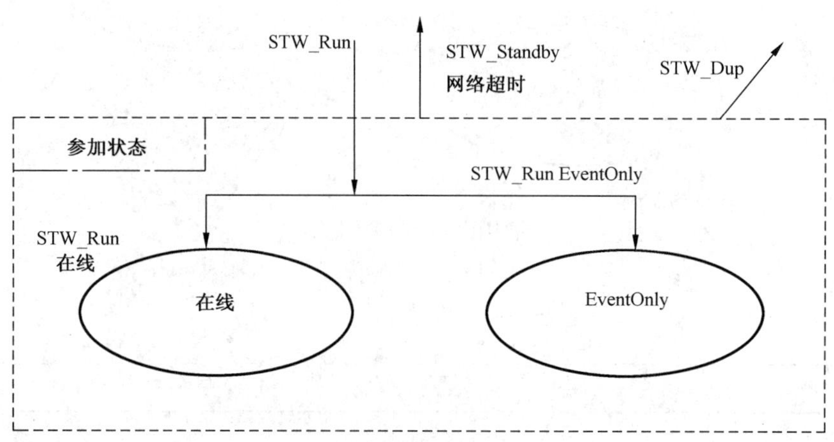

图 50 参加状态的子状态

锁定状态:未经主站配置的节点最终会转换到通信故障状态。主站可使它转换到锁定状态以防止发生这个情况。锁定状态的 LED 指示与离线状态相同。

仅事件(EveneOnly)状态:处于仅事件状态的从站忽视 OUT/TRG 帧的数据,并不需要用输入帧回答。然而它可以处理显式报文,这行为可用于某些应用。如可以使用备用的通用 I/O 节点在线更换故障的 I/O 节点,只要这个 I/O 节点具有不同的缺省数据长度并可通过显式报文更改数据长度。仅事件状态与在线状态的 LED 状态显示相同。

5.4.4 数据速率自动检测

图 51 表示数据速率自动检测。

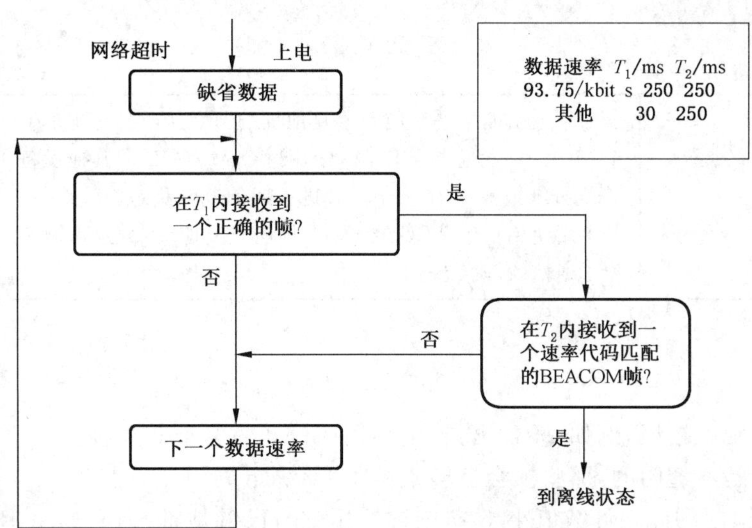

图51　数据速率检测原理

除了速度检测状态以外都不需要关心BEACOM帧的速度代码参数。

5.4.5　重复MAC ID检测

有三种检测重复MAC ID的方法:主站检测、从站或中继器检测和用STW事件检测。

这个过程从主站发出CN帧请求从网络采集信息开始。从响应中主站可以确定在I/O数据区是否有重叠。有些模块因为I/O长度可能需要占用多个MAC ID,如在MAC ID 128的一个有4位输入数据的位从站,应当也占用了MAC ID 129。然而这个设备在它的CN帧响应中只报告它的MAC ID在128。如果其他节点使用MAC ID 129发送它的CN帧响应,主站就会标识这个节点是重复MAC ID节点。

主站可以实现附加的数据叠加条件使节点进入通信故障状态。

如果多个节点同时处于同一个MAC ID,由于数据冲突,主站可能无法成功地接收这些节点的CN帧,这时主站会连续地询问这些设备的CN帧。如果冲突持续,这些设备的CN帧计数超过它的最大值(15),这些节点自己会标识为重复MAC ID节点。

如果没有数据冲突并且主站获取了一个CN帧响应,主站将发一个STR,询问节点的VendorID和SerialNumber。如果再次有多个节点使用这个MAC ID,并且STR的询问不成功,节点的CN帧计数器最终会超过最大计数值。如果这个STR询问成功,当主站试图用在接收到的STR响应内的这个MAC ID所使用的VendorID和SerialNumber,发送一个STW去配置这个从站时,就会检测到这个重复MAC ID的问题。所有使用这个MAC ID的设备都会接收这个STW,并且由于不匹配的标识信息,所有而不是一个会自行标识为重复MAC ID节点。见表68。

表68　重复MAC ID检测机制

由主站检测	主站检测到I/O数据区的一个重叠。 主站用带有已知错误VendorId编号“0xFFFF”(STW_Dup)的一个STW报文,强制这个节点进入通信故障状态
由从站或中继器自行检测	如果在接收指定编号的CN帧请求后没有执行对这个节点的STW,同时这个节点又处于非参加状态,这个节点的CN计数器会溢出并进入到通信故障状态。CN计数器的限制值是15。 主站会使用一个TRG或OUT帧向重复地址发送CN帧请求,可以检测节点是否处于通信故障状态

表 68（续）

STW 检测	如果主站能从一个使用重复地址的节点接收到正确的 CN 或 STR 响应，它向这个 MAC ID 发送一个 STW，使用这个 MAC ID 的其他设备在接收到包含不正确的 VendorId 或 SerialNumber 时进入通信故障状态。 主站使用一个 TRG 或 OUT 帧向重复地址发送 CN 帧请求，可以检测节点是否处于通信故障状态

5.4.6 中继器行为

如果在这个帧内发现错误，例如 CRC 出错，中继器应停止重复或转发帧。

中继器对所有帧是不透明的，那些帧会被转发由表 69 决定。

如果 BEACON 帧内的门限计数值小于 2，中继器用它自己的地址替换“Last Repeater Address”并且将 BEACON 的门限计数值增 1。并重新计算 CRC 覆盖这个变化。如果门限计数值是 2，则不转发 BEACON，见图 52。

表 69 帧的转发方向

方向	帧类型	中继器动作	标记
下行	OUT_frame	是	在接收的同时转发
	TRG_frame	是	在接收的同时转发
	A_EVENT	是	在接收的同时转发[a]
	B_EVENT	是	在接收的同时转发[a]
	CN_frame	否	
	IN_frame	否	
	BEACON_fram	是	接收、修改和转发
上行	OUT_frame	否	
	TRG_frame	否	
	A_EVENT	是	在接收的同时转发
	B_EVENT	是	在接收的同时转发
	CN_frame	是	在接收的同时转发
	IN_frame	是	在接收的同时转发
	BEACON_fram	否	
[a] 如果报文的目的地是这个中继器，应停止转发。			

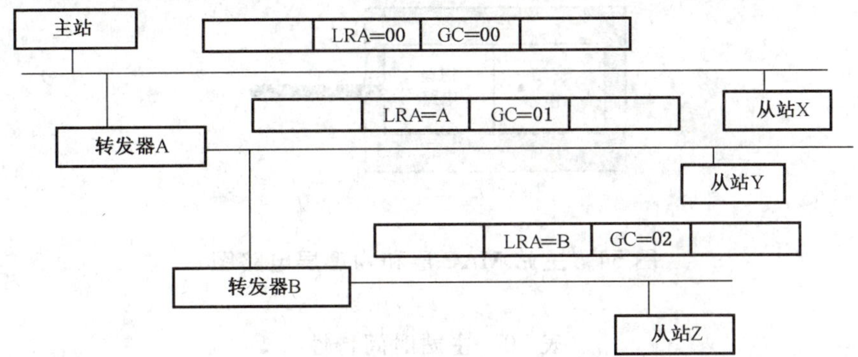

说明：

LRA——上一个中继器地址；

GC ——门限计数。

图 52 由中继器修改的 BEACON

5.5 I/O 连接

CompoNet 只支持单点输入和多播输出 I/O 连接，I/O 连接不支持分段传送。如图 53 所示。

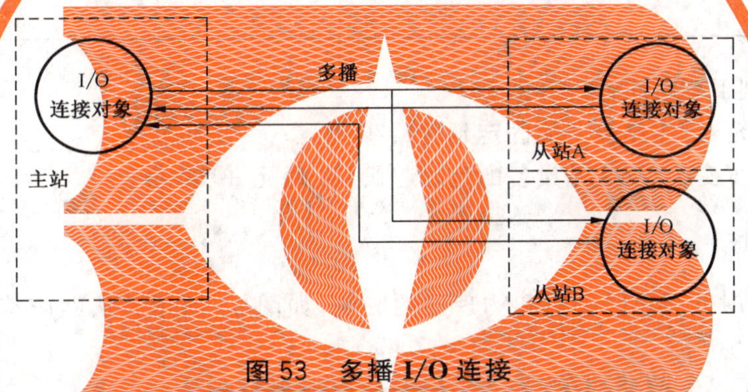

图 53 多播 I/O 连接

主站使用一个 OUT 帧向消费从站发送输出数据，输出数据最大长度是 1 280 位，生产从站使用一个 IN 帧向主站发送输入数据(帧格式见 5.2.2.1 和 5.2.2.4，通信格式见 5.1.3)

5.6 TDMA

5.6.1 概述

本条定义报文的时间规范。

5.6.2 数据链路的时间特性

5.6.2.1 术语的定义

下列术语用于时间特性的描述：

——接收延时：从一个帧结束到 MAC 层正确地解码和指示出这个帧的时间；

——传送延时：从上层启动帧的传送进入 MAC 层起，至将这个帧完整送到物理层电路的时间。

5.6.2.2 主站时间特性

在主站内的处理时间受 MAC 层和物理层的影响，如图 54 所示。主站应符合表 70 所示的时间参数。

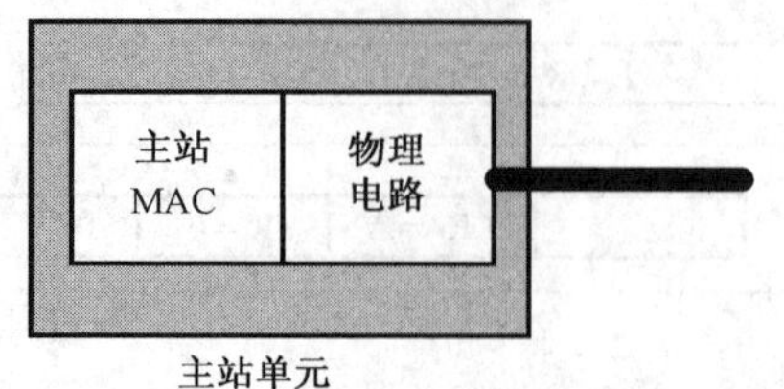

图 54　主站 MAC 层和物理层电路图

表 70　主站时间特性

方向	层	详细	最小	最大
发送和接收	主站 MAC 层	MAC 层延时	26 码元	30 码元
发送	物理电路	物理电路传送延时[a]	0 ns	45 ns
接收	物理电路	物理电路接收延时[a]	0 ns	105 ns
发送和接收	物理电路	物理电路延时	0 ns	150 ns
[a] 见 5.7.3.5。				

根据表 70 可得到下列时间：

——*主站的固定延时*(主站设备的固定延时)：26 码元；

——*主站的最大可变延时*(主站设备的延时起伏)：4 码元＋150 ns。

5.6.2.3　从站时间特性

在从站内的处理时间受 MAC 层和物理层的影响，如图 55 所示。从站应符合表 71 所示的时间参数。

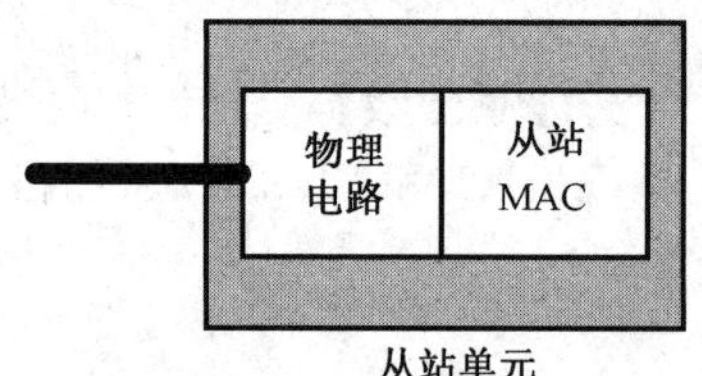

图 55　从站 MAC 层和物理层电路图

表 71　从站时间特性

方向	层	详细	最小	最大
发送和接收	从站 MAC 层	除 EVENT 帧以外的 MAC 层帧延时	26 码元	29 码元
发送和接收	站 MAC 层	除 STW 帧以外的 EVENT 帧 MAC 层延时	25 码元	27 码元
接收和发送	从站 MAC 层	STW 帧的 MAC 层延时	30 码元	32 码元
发送	物理电路	物理电路传送延时	0 ns	45 ns
接收	物理电路	物理电路接收延时[a]	0 ns	105 ns
发送和接收	物理电路	物理电路延时	0 ns	150 ns
[a] 见 5.7.4.5。				

根据表 71 可得到下列时间：

——*从站的固定延时*(从站设备对于 OUT、BEACON、CN、IN 帧的固定延时):26 码元；

——*从站的最大可变延时*(从站设备对于 OUT、BEACON、CN、IN 帧的延时起伏):3 码元+150 ns；

——*从站固定的事件延时*(从站设备对于除 STW 帧以外的 A_EVENT 和 B_EVENT 帧的固定延时):25 码元；

——*从站最大可变事件延时*(从站设备对于除 STW 帧以外的 A_EVENT 和 B_EVENT 帧的延时起伏):2 码元+150 ns；

——*从站固定的 STW 延时*(从站设备对于 STW 帧的固定延时):30 码元；

——*从站最大可变的 STW 延时*(从站设备对于 STW 帧的延时起伏):2 码元+150 ns。

5.6.2.4 中继器时间特性

在中继器内的处理时间受 MAC 层和物理电路的影响，如图 56 所示。中继器应符合表 72 所示的时间参数。

图 56 中继器 MAC 层和物理层电路图

表 72 中继器时间特性

方向	层	详细	最小	最大
转发	从站 MAC 层	MAC 层转发延时	32 码元	35 码元
	物理电路	物理电路转发延时	0 ns	150 ns
发送	物理电路	物理电路传送延时	0 ns	45 ns
接收	物理电路	物理电路接收延时	0 ns	105 ns
接收和发送	从站 MAC 层(从站端口)	除 EVENT 帧以外的 MAC 层帧延时	见表 71	
接收和发送	从站 MAC 层(从站端口)	除 STW 帧以外的 EVENT 帧 MAC 层延时		
接收和发送	从站 MAC 层(从站端口)	STW 帧的 MAC 层延时		
接收和发送	物理电路(从站端口)	物理电路延时		

根据表 72 可得到下列时间：

——*固定的转发延时*(转发的固定延时):32 码元；

——*最大可变的转发延时*(转发的延时起伏):3 码元+150 ns。

5.6.2.5 电缆传输延时

使用的电缆应符合表 73 所列时间参数。

表 73 电缆传输延时

说明	最小	最大
电缆传输延时	0 ns/m	8 ns/m

按表 73 可以得到下列时间：

电缆总延时最大值＝8 ns/m×最大电缆长度

这里最大电缆长度在表 74 中定义。

表 74 最大电缆长度

数据速率	规定长度/m	计算长度/m
4 Mbit/s	30	30
3 Mbit/s	30.5	31
1.5 Mbit/s	100	203
93.75 kbit/s	500	506

5.6.2.6 传输过程

图 57 表示传输过程。

单位为码元

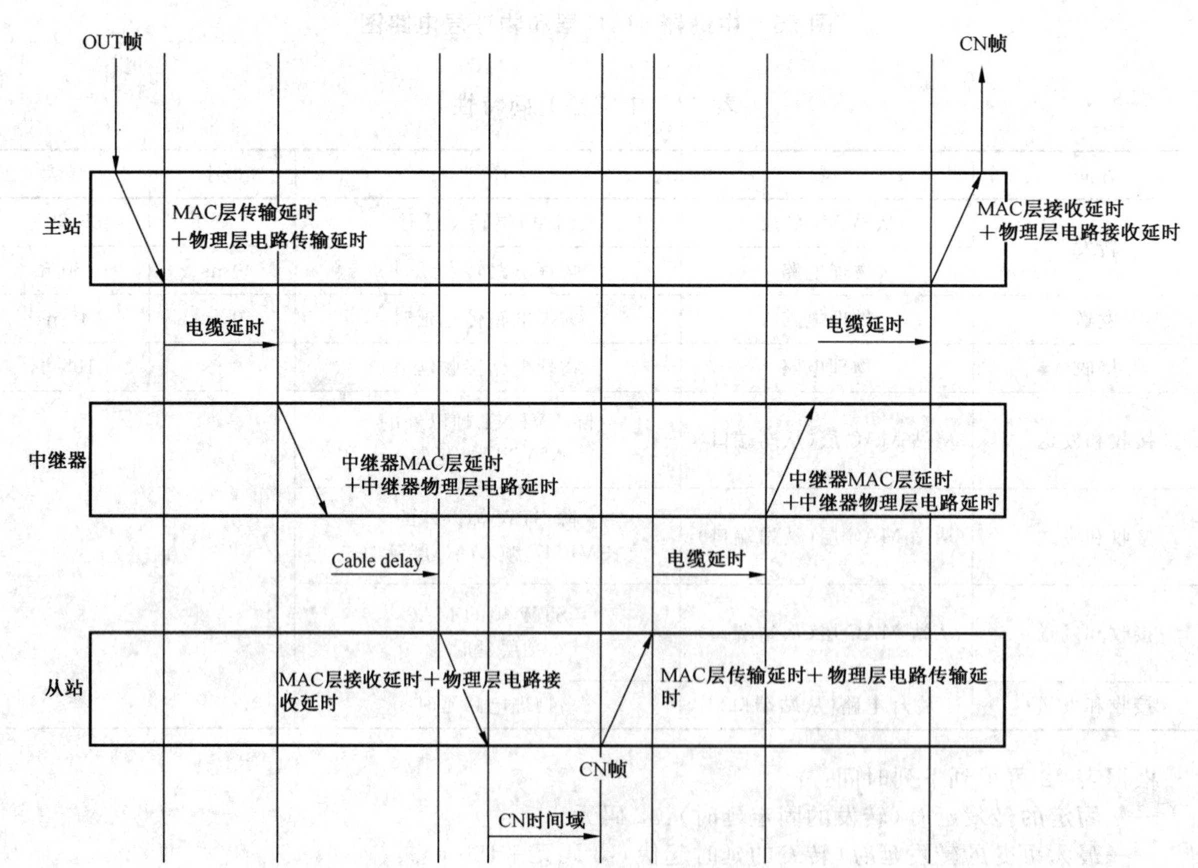

图 57 传输过程

5.6.3 时间域计算

5.6.3.1 术语定义

时间域计算使用的参数如表 75 所示。

表 75 时间域计算中的参数

参数	定义	值
效率	曼彻斯特转换效率,1 位=2 码元	2
频率变化	$\pm 500\times 10^{-6}$	1001/1000
中继器固定延时	中继器固定延时	32 码元
固定延时	=主站固定延时+主站最大可变延时+从站固定延时	56 码元+150 ns
延时起伏	=从站最大可变延时+(最大电缆总延时×6)+(中继器最大可变延时×4)	750 ns+(最大电缆总延时×6)+15 码元
边界校正	IN/CN 频率差的边界。 最大:0.57 码元 每个帧位置频率计算的边界,最大:0.07 码元 总计=0.57+0.07=0.64 码元	1 码元

5.6.3.2 帧标记

帧的码元数列于表 76。

表 76 帧的码元

帧	标准的码元
BEACON	(5+5+2+3+6+2+8)×2=62 码元
OUT	(5+7+9+7+Nwo×16+[(Nbo+7)/8×16+16] ×2=88+[Nwo+(Nbo+7)/8] ×32 码元
TRG	(5+7+9+8)×2=58 码元
CN(CN_Std_Marks)	(5+4+9+4) ×2=60 码元
WordIN (WordIN_Std_Marks)	(5+2+9+5+16+8) ×2=90 码元
BitIN (BitIN_Std_Marks)	(5+2+9+5+2+8) ×2=62 码元
EVENT	(5+6+9+9+5+Ned×8+16) ×2=100+Ned×16 码元
注 1:Nwo 是一个字输出从站的总字数。 **注 2**:Nbo 是一个位输出从站的总节点数。 **注 3**:Neb 是一个 EVENT 帧的以八位组计的事件数据长度。	

5.6.3.3 CN 帧时间域和输入帧时间域

传输周期模型示于图 58。在这个模型中在每个帧位置需要乘以频率变量。

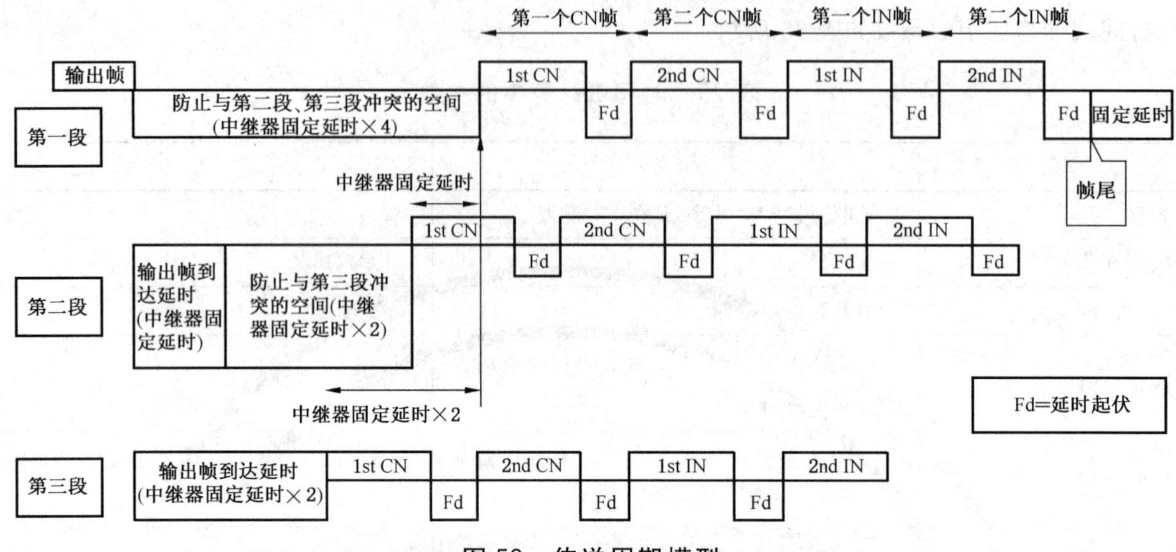

图 58 传送周期模型

在上电或物理复位后,从站或中继器要通过接收到的 BEACON 帧的门限计数值知道它们被连接到的段层。缺省的 CN 时间域在 5.6.3.4 讨论。

在网络上的主站可以按它的预定时策略修改在一个总线周期 CN 帧的数目,主站计算所有其他节点的时间,并通过 STW 帧将它发送到从站和中继器。表 77 和表 78 表示怎样计算 CN 帧时间域和输入帧时间域的资料。

表 77 在第一段的节点的时间域设定

设定	在第一分段的时间域
CN＃0	“中继器固定延时”×4
CN＃1	(CN＃0+CN_Std_Marks+“延时起伏”+“边界校正”)×“频率变量”
CN＃(cn_last)	[CN＃(cn_last−1) +CN_Std_Marks+“延时起伏”+“边界校正”]×“频率变量”
WordIN＃0	[CN＃(cn_last) +CN_Std_Marks+“延时起伏”+“边界校正”]×“频率变量”
WordIN＃(win_last)	[WordIN＃(win_last−1)+ CN_Std_Marks+“延时起伏”+“边界校正”]×“频率变量”
BitIN＃0	〈当有字输入时〉 [WordIN＃(win_last)+ WordIN_ Std_Marks+“延时起伏”+“边界校正”]×“频率变量” 〈在没有字输入时〉 [CN＃(cn_last) +CN_Std_Marks+“延时起伏”+“边界校正”]×“频率变量”
BitIN＃(bin_last)	[BitIN＃(cn_last-1)+BitIN _Std_Marks+“延时起伏”+“边界校正”]×“频率变量”
Tail end	〈在结尾有 WordIN 时〉 [WordIN＃(win_last)+ WordIN_ Std_Marks+“延时起伏”+“边界校正”]×“频率变量” 〈在结尾有 BitIN 时〉 [BitIN＃(win_last)+BitIN _Std_Marks+“延时起伏”+“边界校正”]×“频率变量” 〈在结尾没有 WordIN/BitIN 时〉 [CN＃(cn_last) +CN_Std_Marks+“延时起伏”+“边界校正”]×“频率变量”

表 78　在第二段和第三段节点的时间域设定

设定	第二段时间域	第三段时间域
CN＃n	CN＃n(第一段)－RFD×2	CN＃n(第一段)－RFD×4
IN＃n	WordIN＃n(第一段)－RFD×2	WordIN＃n(第一段)－RFD×4
BitIN＃n	BitIN＃n(第一段)－RFD×2	BitIN＃n(第一段)－RFD×4
注：RFD 是中继器固定延时。		

5.6.3.4　CnDefaultTimeDomain

图 59 表示 CnDefaultTimeDomain 周期模型。

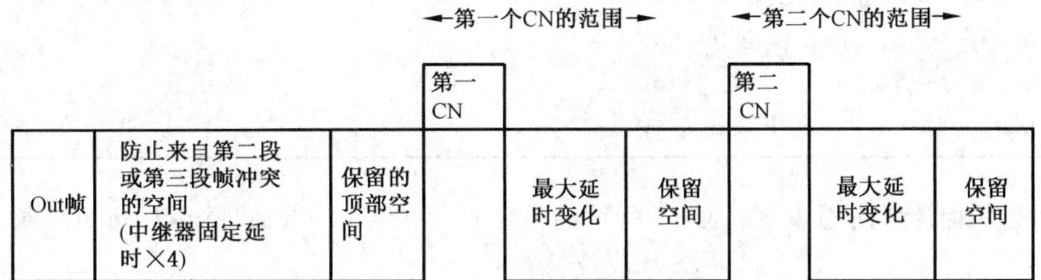

图 59　CnDefaultTimeDomain 周期模型

为给出一个安全的边界即保留空间，在计算中继器的 CnDefaultTimeDomain 时在 MAC 中继器延时前后插入一个码元。

表 79　用于 CnDefaultTimeDomain 计算的中继器延时

方向	层	详细	最小	最大
中继器	从站 MAC 层	MAC 层中继器延时	32 码元	36 码元
	物理层	物理层中继器延时	0 ns	150 ns

根据表 79 可以得到表 80 中所用的时间：

——*中继器可变延时*(中继器的延时起伏)的最大值:4 码元＋150 ns。

表 80　CnDefaultTimeDomain 计算参数

项目	定义	值
效率	曼彻斯特转换效率 1bit＝2 码元	2
频率变化	$\pm 500\times 10^{-6}$	1001/1000
中继器固定延时	固定的中继延时＝32 码元	32 码元
顶部保留空间	保留空间	26 码元
保留空间	保留空间	4 Mbits/s:18 码元； 3 Mbits/s:19 码元； 1.5 Mbits/s:21 码元； 93.75 kbits/s:23 码元

表 80（续）

项目	定义	值
最大可变延时	（从站变化延时最大值） +[总计电缆延时最大值×6] +[中继器可变延时最大值×4] +（边界校正） 4 Mbits/s：750/125+20+[(8×30)/125]×6=38 码元； 3 Mbits/s：750/166+20+[(8×31)/166]×6=37 码元； 1.5 Mbits/s：750/333+20+[(8×203)/333]×6=53 码元； 93.75 kbits/s：750/5 347+20+[(8×506)/5 347]×6=27 码元	4 Mbits/s：38 码元； 3 Mbits/s：37 码元； 1.5 Mbits/s：53 码元； 93.75 kbits/s：27 码元
注：4 Mbits/s 时一个码元的长度是 125 ns； 3 Mbits/s 时一个码元的长度是 166 ns； 1.5 Mbits/s 时一个码元的长度是 333 ns； 93.75 kbits/s 时一个码元的长度是 5 347 ns。		

所有从站或中继器都使用表 81、表 82 所示的方法计算的 CnDefaultTimeDomain 值。附录 G 列出平滑值。

表 81 第一段设定

设定	在第一段的时间域
CN#0	（中继器固定延时）×4+顶部保留空间
CN#1	（CN#0+ CN_Std_Marks+“保留空间”+“最大变化延时”）×“频率变量”
CN#(cn_last)	[CN#(cn_last−1)+ CN_Std_Marks+“保留空间”+“最大变化延时”]×“频率变量”

表 82 第二和第三段设定

设定	第二段的时间域	第三段的时间域
CN#0	CN#n(第一段)−RFD×2	CN#n(第一段)−RFD×4
注：RFD 是中继器固定延时。		

5.6.3.5 事件时间域

本条指导性地说明如何计算 EVENT 通信的时间，图 60 表示一个主站的模型。

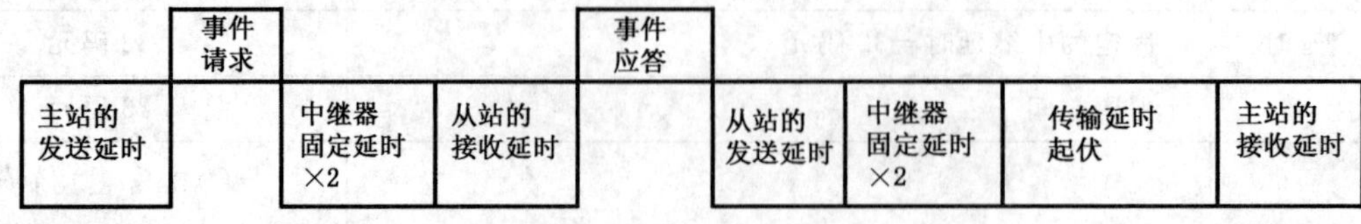

图 60 主站事件通信模型

使用下列公式和表 83 所列参数计算事件时间域的长度。

"主站发送延时"
+"事件请求长度"×"频率变量"
+"中继器固定延时"×2
+"从站接收延时"
+"时间应答长度" ×"频率变量"
+"从站发送延时"
+"中继器固定延时"×2
+"传送延时起伏"
+"主站接收延时"

对于中继器或从站,图 61 表示一个资料性的 Event 通信模型。

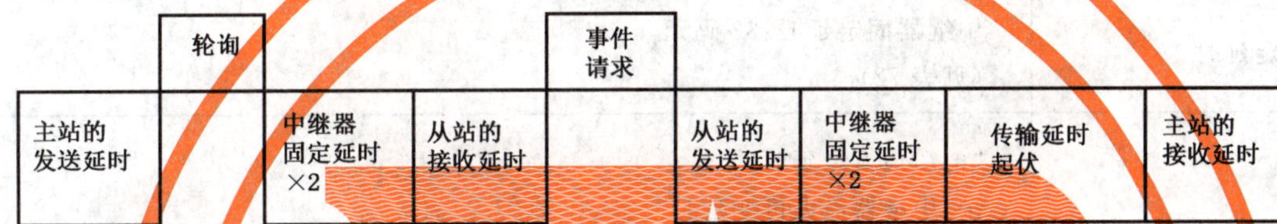

图 61 从站事件通信模型

使用下列公式和表 83 所列参数计算事件时间域的长度。

"主站发送延时"
+"轮询长度"×"频率变量"
+"中继器固定延时"×2
+"从站接收延时"
+"时间请求长度" ×"频率变量"
+"从站发送延时"
+"中继器固定延时"×2
+"传送延时起伏"
+"主站接收延时"

表 83 事件时间域计算参数

参数	值
主站发送延时	"主站发送延时"+"主站接收延时" ="主站的固定延时"+"主站最大延时变动" =30 码元+150 ns (见表 70)
主站接收延时	
从站接收延时	"从站接收延时"+"从站发送延时": 除 STW 外的 EVENT 帧:27 码元+150 ns B_EVENT STW 帧:32 码元+150 ns (见表 71)
从站发送延时	

表 83(续)

参数	值
事件请求长度	STR 请求:132 码元; STW 请求:420 码元; A_EVENT:804 码元 (见 5.2)
轮询长度	POLL:132 码元 (见 5.2)
事件回复长度	STR 响应:388 码元; STW 响应:132 码元; 一个 EVENT 响应:100 码元 (见 5.2)
中继器固定延时	中继器固定延时:32 码元 (见表 72)
传送延时起伏	“电缆最大总延时”×6 +“中继器最大可变延时”×4 =600 ns+(“电缆最大总延时”×6) ns+12 码元 (见 5.6.2.5 和 5.6.2.3)
频率变量	1001/1000 (见表 75)

5.7 物理层

5.7.1 概述

本条规定 CompoNet 物理层规范。

5.7.2 物理信号

CompoNet 使用曼彻斯特(Manchester)编码技术,两个符号表示一个转化的曼彻斯特编码位,如图 62和表 84 所示。

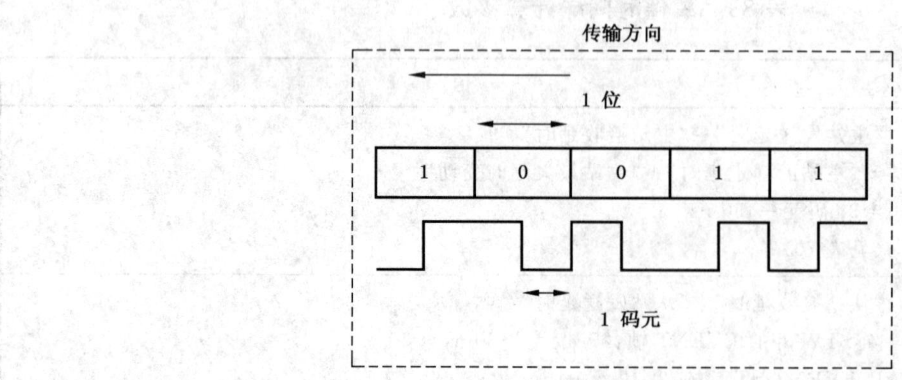

图 62 曼彻斯特编码(反向)

表 84 CompoNet 曼彻斯特编码

符号(码元)	含义	曼彻斯特编码符号(反向)
{H,L}	0	0
{L,H}	1	1
{L,L}{H,H}	非法	—

5.7.3 主站端口要求

5.7.3.1 主站端口连接器

表 85 指示了允许的主站端口连接器。

表 85 允许的主站端口连接器

连接器	开放式	扁平Ⅰ	扁平Ⅱ
主站	插座	插座	插座

注：主站端口不允许连接固定连接的电缆[1)]。

5.7.3.2 主站端口供电

当由主站端口向这个网段上的下游从站供应电源时，应该通过下列两种方法提供电源：

——通过主站端口连接到网络的内部电源供电；

——通过主站上的一组电源端子或者主站端口的电源插头连接到网络的外部电源供电，如5.7.11.2.2所示。所有情况的电源连接和离主站端口距离都需遵循 5.7.11.1.1 的规定。

当电源通过主站端口的插座外部提供时，应使用开放式插座。主站端口的电源需遵循表 110 的规范。

5.7.3.3 主站端口阻抗

所有主站端口应该遵循表 86 和表 87 规定的阻抗限制。

表 86 接收时主站端口的阻抗

频率/MHz	阻抗/Ω	
	最小值	最大值
0.75	140	163
1	139	162
1.5	137	159
3	125	146
4	116	135

1) 固定连接的电缆是指从设备上扩展用于连接到网络，并且用户不使用专用工具无法拆除的电缆。

表 87 发送时主站端口的阻抗

频率/MHz	阻抗/Ω	
	最小值	最大值
0.75	81	94
1	83	97
1.5	86	100
3	91	106
4	92	108

5.7.3.4 主站端口要求

5.7.3.4.1 发送信号要求

当主站端口按图 64 配置时,发送的信号应满足图 63、表 88、表 89 的规定。具体细节参考第 9 章。图 63 中垂直轴为($V_{BDH}-V_{BDL}$)。

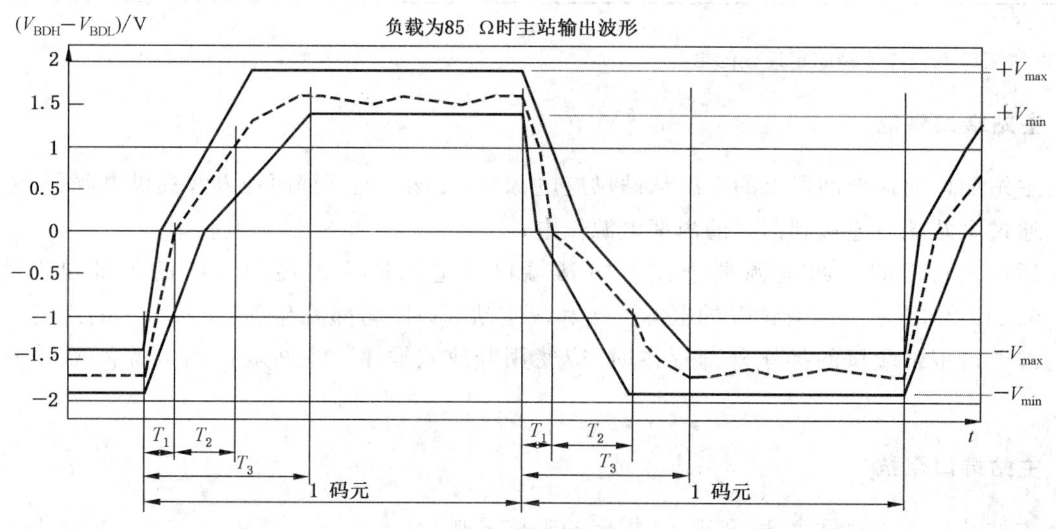

图 63 主站端口传输掩码

表 88 数据速率为 4 Mbit/s、3 Mbit/s 和 1.5 Mbit/s 时主站端口传输规范

符号	极限特性	内容
$+V_{max}$	1.90 V	
$+V_{min}$	1.40 V	
$-V_{max}$	−1.40 V	
$-V_{min}$	−1.90 V	
T_1	11 ns～27 ns	通过 0 V 点
T_2	8 ns～32 ns	从 0V 开始,往下通过点 −1.0 V,或者往上通过 1.0 V
T_3	75 ns	电压波形值在 $+V_{min}$～$+V_{max}$ 或者 $-V_{min}$～$+V_{max}$
T_3～数值反转点	$-V_{min}$～$-V_{max}$,或者 $+V_{min}$～$+V_{max}$	

表 89　数据速率为 93.75 kbit/s 时主站端口传输规范

符号	极限特性	内容
$+V_{max}$	1.90 V	
$+V_{min}$	1.40 V	
$-V_{max}$	−1.40 V	
$-V_{min}$	−1.90 V	
T_3	1/8 码元	电压波形值在$+V_{min}$～$+V_{max}$，或者$-V_{min}$～$+V_{max}$之间
T_3～数值反转点	$-V_{min}$～$-V_{max}$， 或者$+V_{min}$～$+V_{max}$	

图 64 指出传输掩码的测量方法，图中电阻应为金属膜或者碳膜类型。

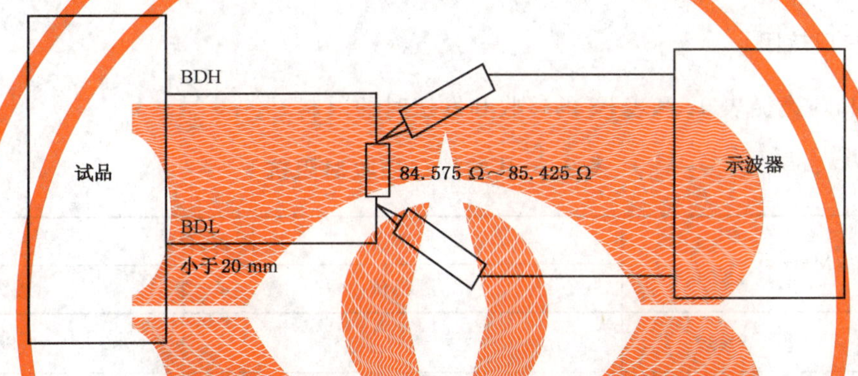

图 64　主站或者从站端口输出波形的测试电路

5.7.3.4.2　主站端口接收信号要求

接收器应遵循 5.7.5。

5.7.3.5　主站端口物理电路延迟

主站端口物理电路应遵循以下规定：

——发送时最大延迟不超过 45 ns；

——接收时最大延迟不超过 105 ns。

5.7.4　从站端口要求

5.7.4.1　从站连接器

从站要求应使用固定连接的电缆或者表 91 定义的接插件连接从站。当使用固定连接电缆时，电缆应当裁剪为规定的长度且用表 90 规定的插头接入。固定连接电缆的长度应当遵循表 108 的规定。

固定连接电缆长度最小应为 50cm。

表 90　固定连接电缆允许的连接器

连接器	扁平Ⅰ	扁平Ⅱ
从站	插头[a]	插头[a]
[a] 当使用固定连接时，在固定连接电缆的端头应提供一个插头而不是插座。		

表 91 从站端口允许的连接器

连接器	开放式	扁平Ⅰ	扁平Ⅱ
从站	插座	插座	插座

设计用于 4 Mbit/s 的网络不应包含固定连接电缆。使用固定连接电缆的从站应当标识出其不能用于不允许使用 T 分支的网络配置。

5.7.4.2 从站电源

从站可以有两种供电方式,从网络供电,或者从外部供电。

由网络电源供电的节点应当满足表 110 的要求。

在使用外部电源供电时,连接到从站端口的本地电源应当满足表 111 的要求。供给节点的电源应依据 5.7.11.1.3 要求与其来源隔离。

5.7.4.2.1 从站端口抗阻

所有从站端口应遵循表 92 和表 93 的接收和发送时的限制。

表 92 从站端口接收时阻抗

频率/MHz	阻抗/Ω	
	最小值	最大值
0.75	847	985
1	821	955
1.5	754	877
3	558	649
4	477	554

表 93 从站端口发送时阻抗

频率/MHz	阻抗/Ω	
	最小值	最大值
0.75	137	160
1	143	166
1.5	154	180
3	181	210
4	194	225

5.7.4.3 从站端口要求

5.7.4.3.1 发送信号的要求

一个从站端口当按图 64 配置时,发送信号应遵循图 65、表 94 和表 95 的要求。详见第 9 章。

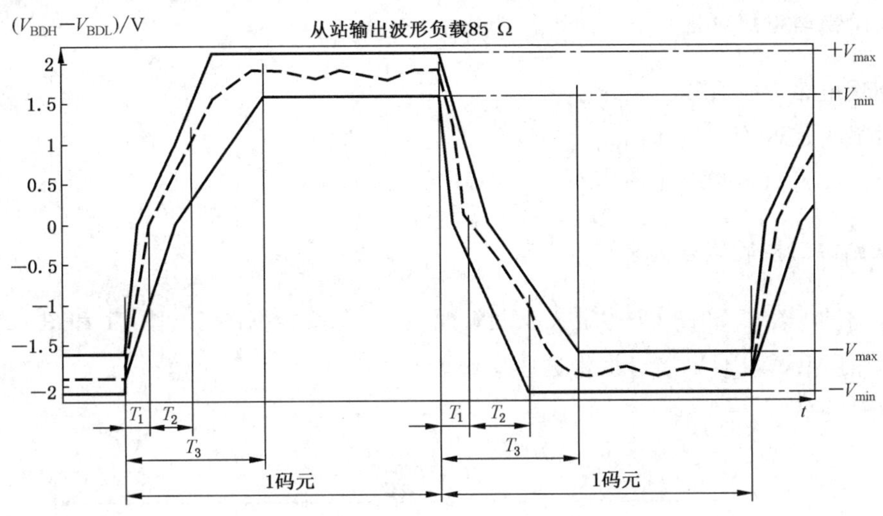

图 65 从站发送掩码

表 94 数据速率为 4 Mbit/s、3 Mbit/s 和 1.5 Mbit/s 时从站发送信号规范

符号	极限特性	注释
$+V_{max}$	2.12 V	
$+V_{min}$	1.57 V	
$-V_{max}$	−1.57 V	
$-V_{min}$	−2.12 V	
T_1	8 ns～18 ns	过零点
T_2	5 ns～20 ns	从 0 点开始,向上通过(−1,0)点,或者向下通过(1,0)点
T_3	75 ns	$-V_{min}$或者$+V_{max}$～$+V_{min}$或者$-V_{max}$
T_3～数值反转点	$-V_{min}$～$-V_{max}$,或者$+V_{min}$～$+V_{max}$	

表 95 波特率为 93.75 kbit/s 时从站发送信号规范

符号	极限特性	注释
$+V_{max}$	2.12 V	
$+V_{min}$	1.57 V	
$-V_{max}$	−1.57 V	
$-V_{min}$	−2.12 V	
T_3	75 ns	电压波形值在$+V_{min}$～$+V_{max}$,或者$-V_{min}$～$+V_{max}$之间
T_3～数值反转点	$-V_{min}$～$-V_{max}$,或者$+V_{min}$～$+V_{max}$	

从站发送掩码测量方法见第9章。

5.7.4.3.2 从站端口接收信号要求

接收器应遵循5.7.5规定。

5.7.4.4 从站端口物理电路延迟

从站端口物理电路应符合以下要求：

——发送时最大延迟不超过45 ns；

——接收时最大延迟不超过105 ns。

5.7.5 主站和从站端口接收信号要求

接收器应按图66、图67和图68的定义正确解码信号，并按根据图70、图71和图72所表示的相应MAC/PHY信号向MAC/PHY接口报告这些事件。

下列图中纵轴为($V_{BDH}-V_{BDL}$)。

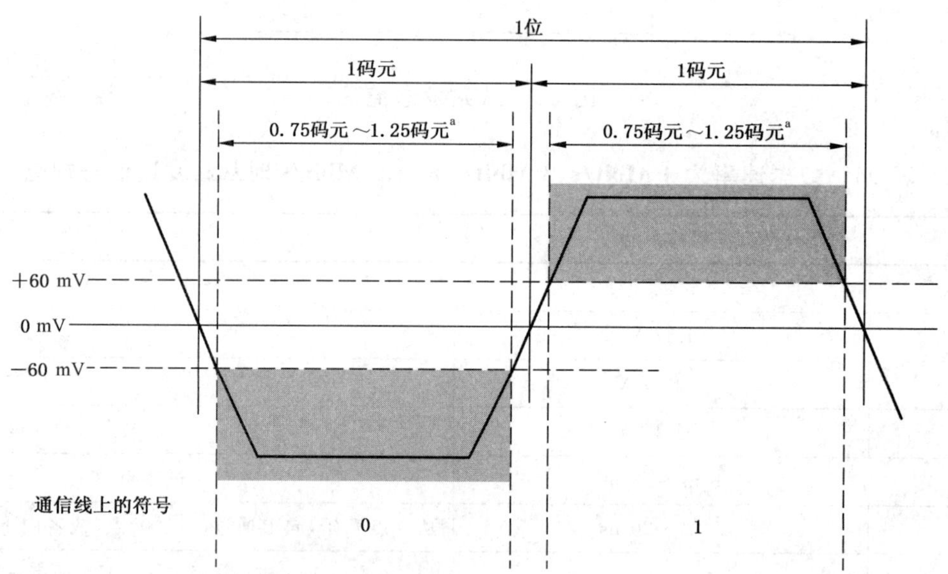

[a] 含义：当($V_{BDH}-V_{BDL}$)≤−60 mV，60 mV≤($V_{BDH}-V_{BDL}$)时，6/8码元＜t＜10/8码元。

图66 接收掩码1

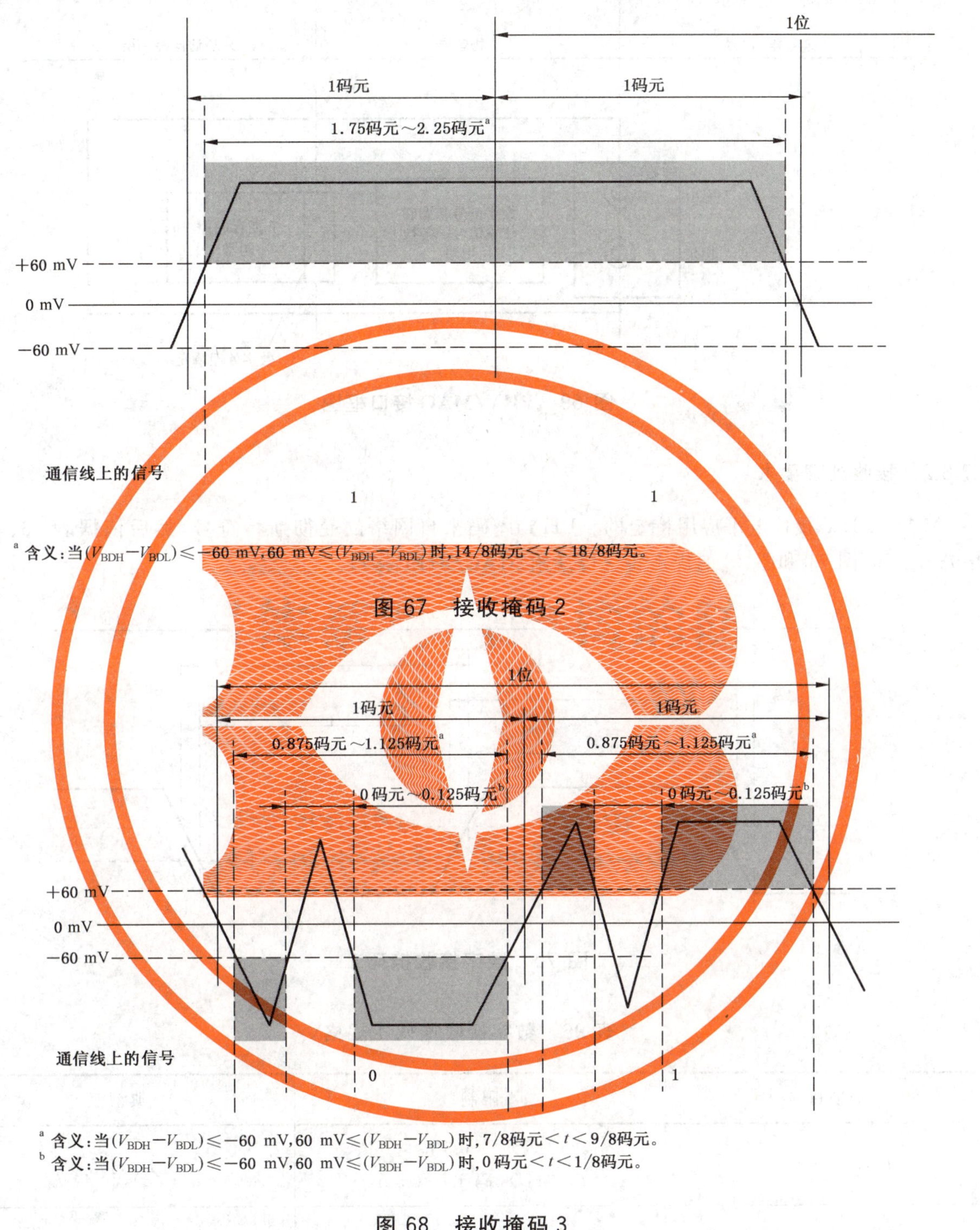

[a] 含义：当$(V_{BDH}-V_{BDL})\leqslant -60$ mV，60 mV$\leqslant(V_{BDH}-V_{BDL})$时，14/8码元$<t<$18/8码元。

图 67 接收掩码 2

[a] 含义：当$(V_{BDH}-V_{BDL})\leqslant -60$ mV，60 mV$\leqslant(V_{BDH}-V_{BDL})$时，7/8码元$<t<$9/8码元。

[b] 含义：当$(V_{BDH}-V_{BDL})\leqslant -60$ mV，60 mV$\leqslant(V_{BDH}-V_{BDL})$时，0码元$<t<$1/8码元。

图 68 接收掩码 3

5.7.6 数字处理要求

5.7.6.1 概述

本条描述图 69 所示在 PHY/MAC 接口内部的数字处理要求。

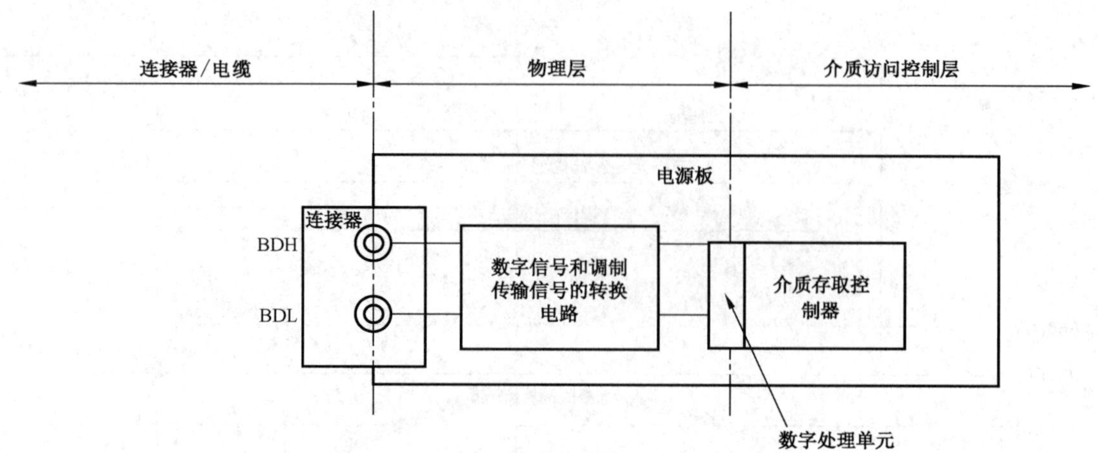

图 69　PHY/MAC 接口框图

5.7.6.2　接收处理要求

MAC/PHY 接口电平应用特定的。PHY 译码来自网络的曼彻斯特符号，然后依据表 96、表 97、表 98、图 70、图 71 和图 72 的规定将它传递给 MAC/PHY 接口。

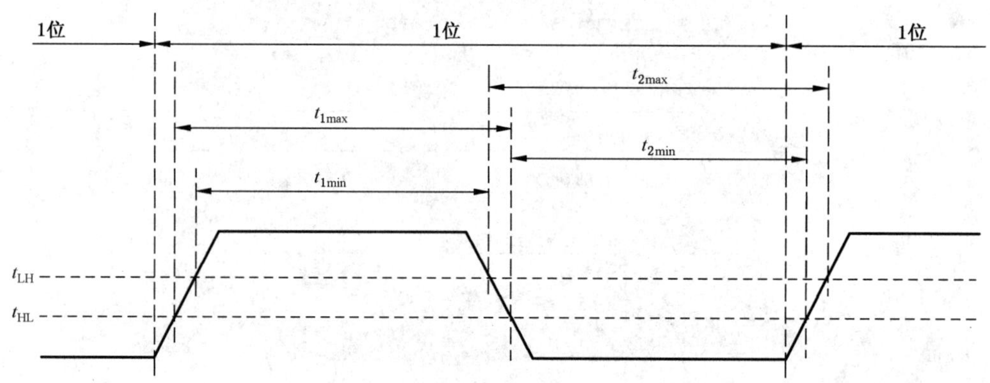

图 70　数字接收掩码 1

表 96　数字接收掩码 1 规格

项目	限制	典型值
$T_1(t_{1max}-t_{1min})$	5/8 [码元]+0.5 ns≤T_1 T_1≤11/8[码元]−0.5 ns	1 [码元]
$T_2(t_{2max}-t_{2min})$	5/8 [码元]+0.5 ns ≤ T_2 T_2≤ 11/8 [码元]−0.5 ns	1 [码元]
注：本表适用图 70 和图 70 所示的反向信号模式。		

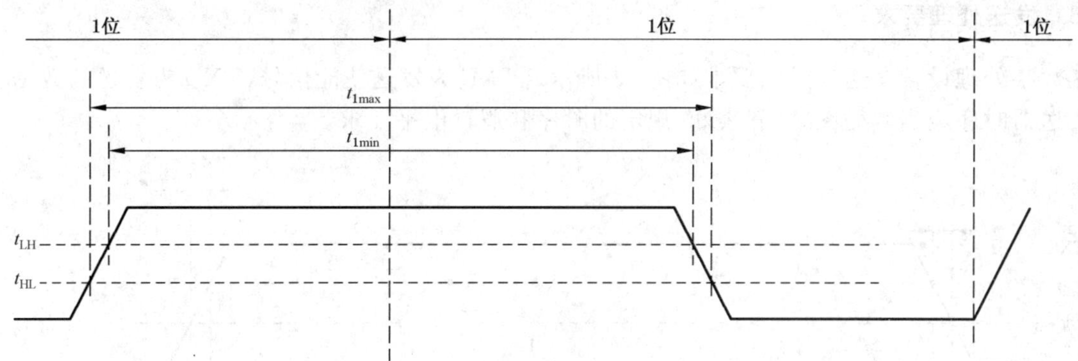

图 71　数字接收掩码 2

表 97　数字接收掩码 2 规格

项目	调整	典型值
$T(t_{1max}-t_{1min})$	13/8[码元]+0.5 ns≤T≤19/8[码元]−0.5ns	1[码元]
注：本表适用图 71 和图 71 所示的反向信号模式。		

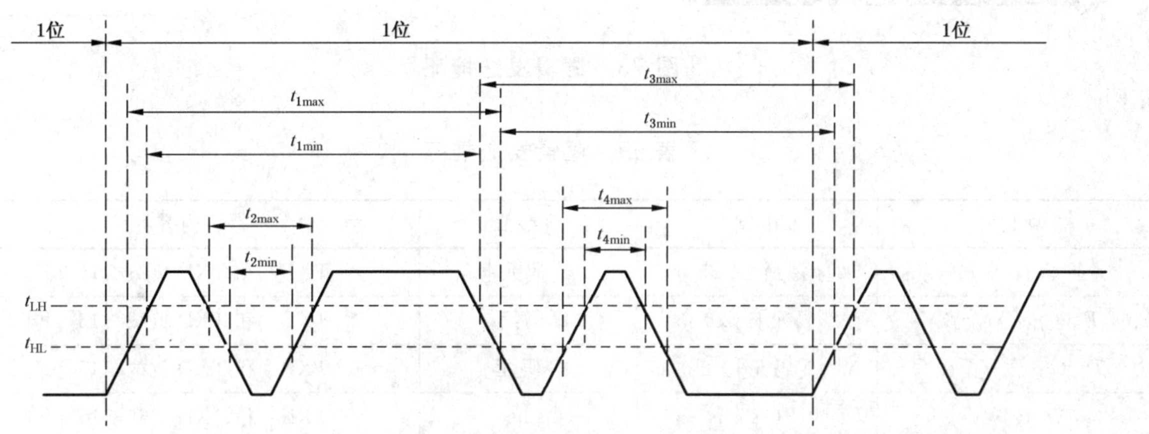

图 72　数字接收掩码 3

表 98　数字接收掩码 3 规格

项目	限制	典型值	注释
$T_1(t_{1max}-t_{1min})$	7/8[码元]+0.5 ns≤T_1≤9/8[码元]−0.5 ns	1[码元]	实际信号
$T_2(t_{2max}-t_{2min})$	T_2≤2/8[码元]−0.5 ns	1/8[码元]	噪声
$T_3(t_{3max}-t_{2min})$	7/8[码元]+0.5 ns≤T_3≤9/8[mark]−0.5 ns	1[码元]	实际信号
$T_4(t_{4max}-t_{4min})$	T_4≤2/8[码元]−0.5 ns	1/8[码元]	噪声
注：本表适用图 72 和图 72 所示的反向信号模式。			

5.7.6.3 发送处理要求

从数字处理设备发送信号的要求如图 73 所示。TXE 为发送使能信号，TXD 为发送的数据。发送器时序应当遵循图 73 和表 99 规定的时序和逻辑电平要求。

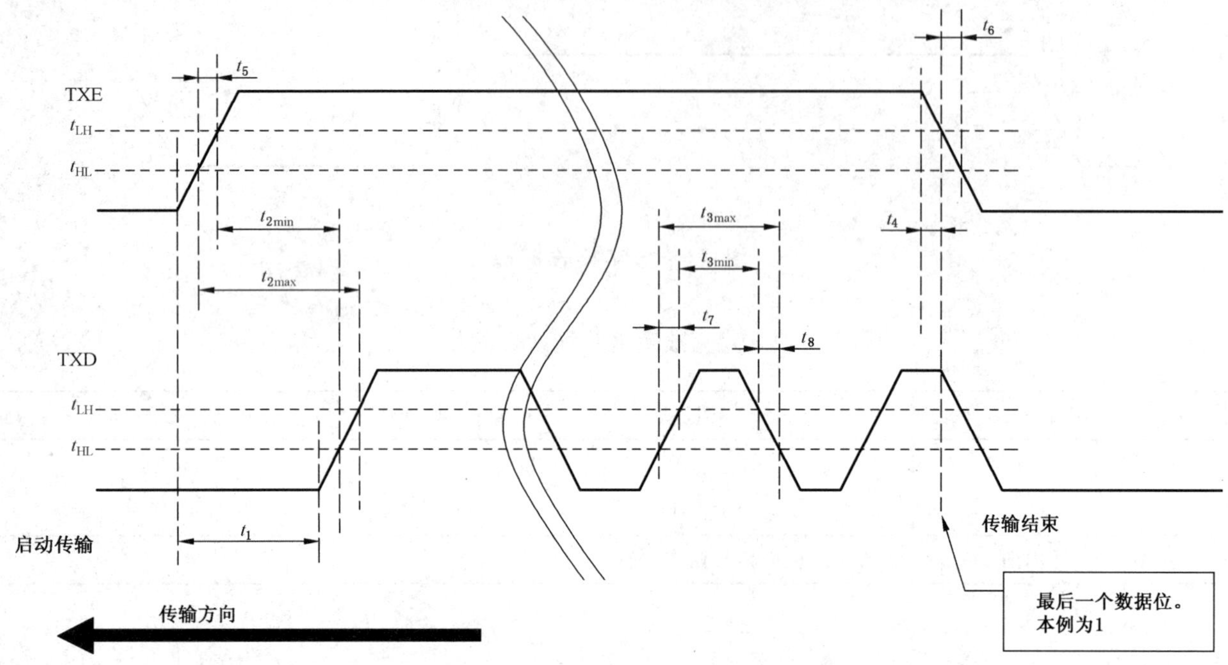

图 73 逻辑发送掩码

表 99 逻辑发送规范

项目	限制	典型值	内容
t_1	2[码元]±0.25 ns	2[码元]	TXE 和 TXD 负载≤15[pF]
$T_2(t_{2max}-t_{2min})$	2[码元]±2.0 ns	2[码元]	TXE 和 TXD 负载≤15[pF]
T_3[a]$(t_{3min}-t_{3max})$	X[b] [码元]±2.0 ns	X[码元]	TXE 和 TXD 负载≤15[pF]
t_4	±0.25 ns	0 ns	TXE 和 TXD 负载≤15[pF]
t_5 最大宽度	1.9 ns	—	TXE 负载≤15[pF]
t_6 最大宽度	1.9 ns	—	TXE 负载≤15[pF]
t_7 最大宽度	1.9 ns	—	TXD 负载≤15[pF]
t_8 最大宽度	1.9 ns	—	TXD 负载≤15[pF]
[a] 该时序同样适用于反向模式。 [b] $X=\{1,2,3\}$。			

5.7.7 推荐电路和器件参数

5.7.7.1 推荐电路

本条给出一个实现的具体例子，如图 74 和图 75 所示。

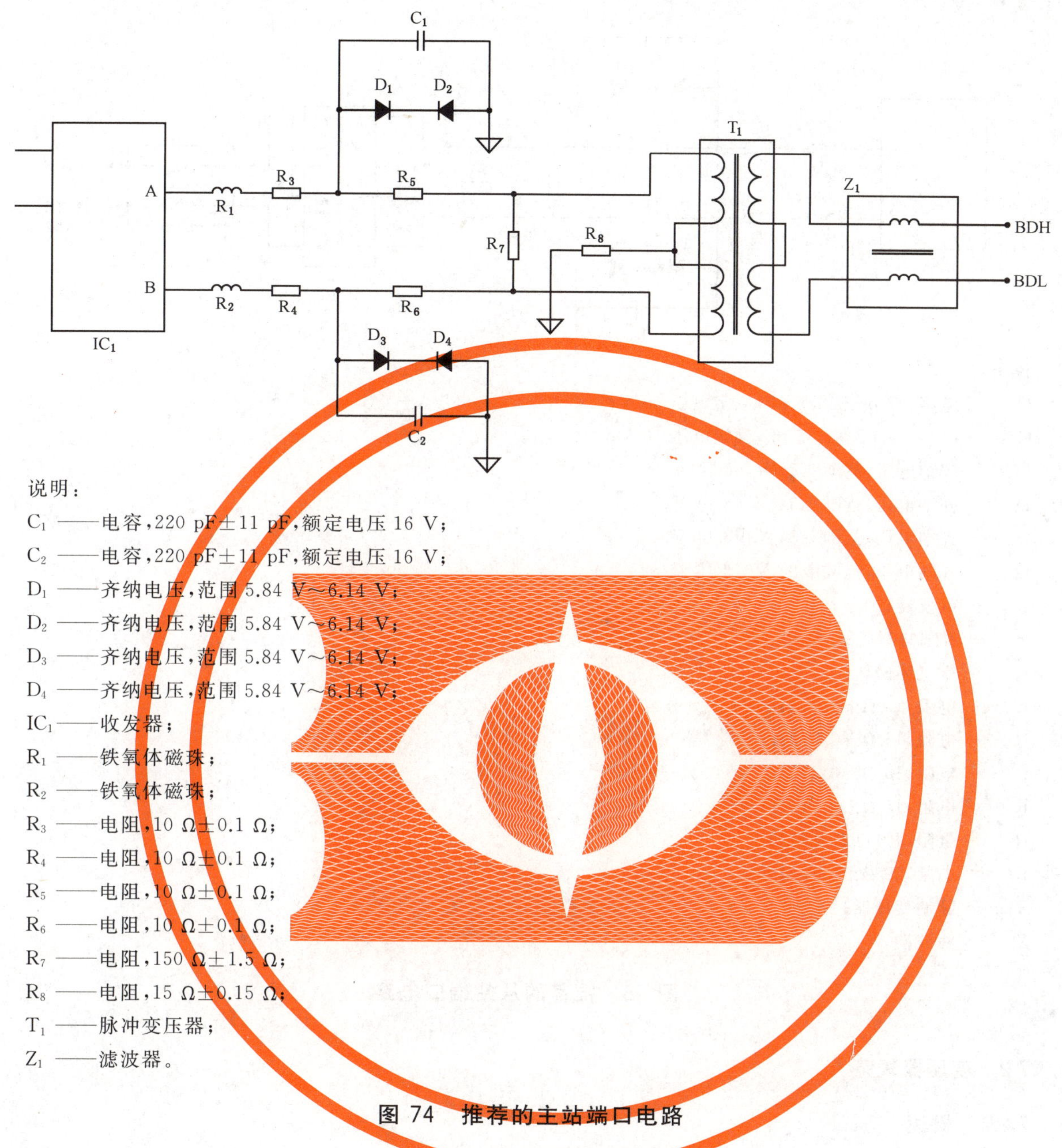

说明：

C_1 ——电容，220 pF±11 pF，额定电压 16 V；

C_2 ——电容，220 pF±11 pF，额定电压 16 V；

D_1 ——齐纳电压，范围 5.84 V～6.14 V；

D_2 ——齐纳电压，范围 5.84 V～6.14 V；

D_3 ——齐纳电压，范围 5.84 V～6.14 V；

D_4 ——齐纳电压，范围 5.84 V～6.14 V；

IC_1——收发器；

R_1 ——铁氧体磁珠；

R_2 ——铁氧体磁珠；

R_3 ——电阻，10 Ω±0.1 Ω；

R_4 ——电阻，10 Ω±0.1 Ω；

R_5 ——电阻，10 Ω±0.1 Ω；

R_6 ——电阻，10 Ω±0.1 Ω；

R_7 ——电阻，150 Ω±1.5 Ω；

R_8 ——电阻，15 Ω±0.15 Ω；

T_1 ——脉冲变压器；

Z_1 ——滤波器。

图 74　推荐的主站端口电路

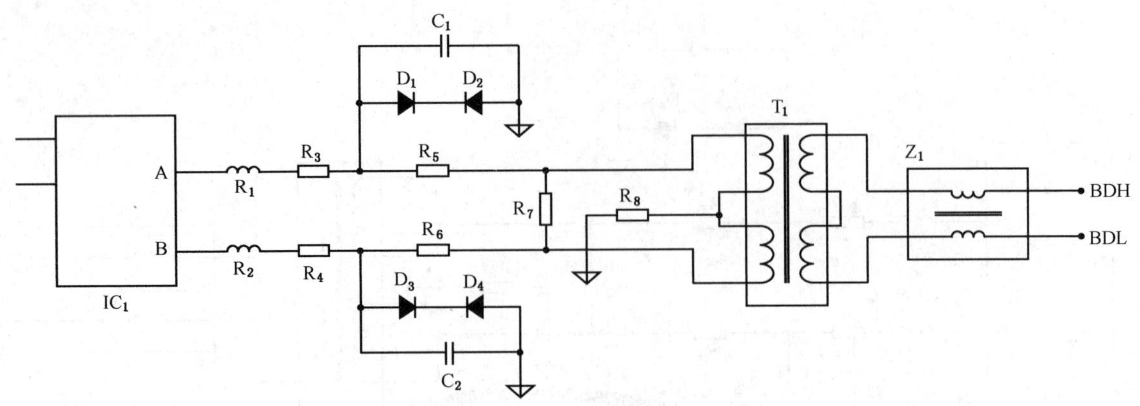

说明：

C_1 ——电容，47 pF±2.35 pF，额定电压 16 V；

C_2 ——电容，47 pF±2.35 pF，额定电压 16 V；

D_1 ——齐纳电压，范围 5.84 V～6.14 V；

D_2 ——齐纳电压，范围 5.84 V～6.14 V；

D_3 ——齐纳电压，范围 5.84 V～6.14 V；

D_4 ——齐纳电压，范围 5.84 V～6.14 V；

IC_1——收发器；

R_1 ——铁氧体磁珠；

R_2 ——铁氧体磁珠；

R_3 ——电阻，15 Ω±0.15 Ω；

R_4 ——电阻，15 Ω±0.15 Ω；

R_5 ——电阻，15 Ω±0.15 Ω；

R_6 ——电阻，15 Ω±0.15 Ω；

R_7 ——电阻，1 000 Ω±10 Ω；

R_8 ——电阻，22 Ω±0.22 Ω；

T_1 ——脉冲变压器；

Z_1 ——滤波器。

图 75 推荐的从站端口电路

5.7.7.2 变压器规范

5.7.7.2.1 概述

本条给出实现的例子，如图 76 和表 100 所示。

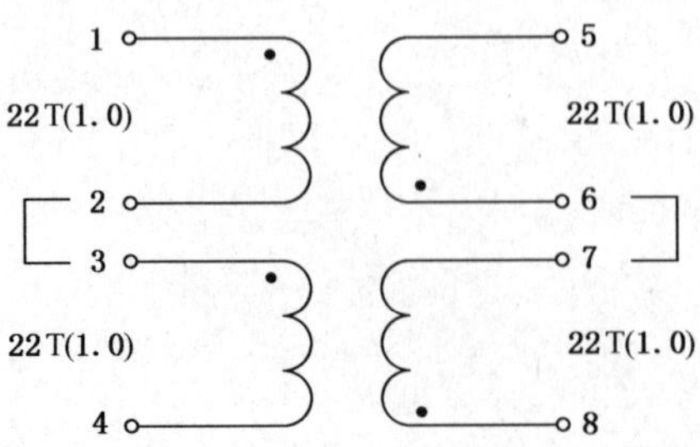

图 76 变压器符号

表 100 脉冲变压器规范

规范	特 性
周围环境温度	−10 ℃～85 ℃
周围环境湿度	25%～95%
脉冲频率	23.4 kHz～4 MHz
最小感抗	10 kHz 和 0.1 V 时 6.5 mH,2-3 短路(1-2-3-4)
传输比	(3-4)/(1-2)1.0±0.02 (6-5)/(1-2)1.0±0.02 (8-7)/(1-2)1.0±0.02
开路阻抗最小值(1-2-3-4)	2 和 3、7 和 6 短路。 23.4 kHz～31.25 kHz,在 0.1 V 时,0.8 kΩ 31.25 kHz～93.4 kHz,在 0.1 V 时,1.2 kΩ 93.4 kHz～3 MHz,在 0.1 V 时,3 kΩ 3 MHz～4 MHz,在 0.1 V 时,2 kΩ
最大漏电感(1-2-3-4)	1.5 μH 在 1 MHz 和 0.1 V(8-7-6-5)时
最大分布电容(1-2-3-4)	17 pF 在 1 MHz 和 0.1 V(6-7)时
最大绕组电容	55 pF 在 10 MHz 和 0.1 V(1-2-3-4)-(8-7-6-5)时
耐受电压	500 V a.c.1 min,600 V a.c.1 s 初级绕组、次绕组和铁心
最小绝缘电阻	500 V DC 100 MΩ 初级绕组、次绕组和铁心
铁心	见 5.7.7.2 中铁心规范
绕线	可软焊的聚酯铜线
绕线线径	AWG 38

5.7.7.2.2 铁心规范

本条描述一个实现例子,如表 101 所示。

表 101 变压器铁心规范

参 数	符号	规 范 值
初始磁导率	μ_i	10 000±3 000
最大相对损耗系数	$\tan\delta/\mu_i$	7.0×10^{-6} 在 10 kHz
初始磁导率的温度系数	$\alpha_{\mu ir}$	-0.5×10^{-6}～$+1.5\times10^{-6}$,在−30 ℃～+70 ℃
饱和磁通密度[H=1 194 A/m]	B_s	400 mT 在 25 ℃正常值
剩余磁通密度	B_r	90 mT 在 25 ℃正常值
矫顽力	H_c	7.2 A/m 在 25 ℃正常值
最低居里温度	T_c	120 ℃
最小磁滞材料常数	η_B	1.4×10^{-6}/mT
最大失调因素	D_F	2×10^{-3}
密度	d_B	4.9×10^3 kg/m^3 正常值
电阻率	ρ_v	0.15 m 正常值

5.7.7.3 收发器规范

CompoNet 应使用支持 RS-485 的收发器,同时收发器应当满足表 102 所示规定。表 103 和表 104 提供对发送和接收的附加要求。

表 102 收发器规范

规 范	最小值	典型值	最大值
驱动器差分输出电压,V_{OD} [R=27 Ω(RS-485];见图 77	1.5 V	—	5.0 V
共模输出电压,V_{OC}(R=27 Ω 或 50 Ω)	—	—	3 V
短路输出电流(−7 V ≤V_O≤+12 V)	—	—	250 mA
输入到输出的传播延迟 TPLH,TPHL (差分电阻 R_L=54 Ω,C_{L1}=C_{L2}=100 pF);见图 78	2 ns	10 ns	15 ns
驱动器 O/P 到 O/P 时间偏移(差分负载电阻 R_L=54 Ω,C_{L1}=C_{L2}=100 pF)	0 ns	0 ns	5 ns
驱动器上升/下降时间 T_R,T_F (差分负载电阻 R_L=54 Ω,C_{L1}=C_{L2}=100 pF)	—	2 ns	10 ns
驱动使能到输出有效时间	—	10 ns	25 ns
驱动禁止时间	—	10 ns	25 ns
收发器差分输入阈值电压 V_{TH}最小值	−0.05 V	—	+0.05 V
输入电压滞后量,ΔV_{TH}	50 mV	—	100 mV
输入电阻	12 kΩ	—	—
逻辑使能输入电流(RE)	−1 μA		+1 μA
短路输出电流(V_{OUT}=GND 或 VCC)	7 mA	—	85 mA
输入到输出的传播延迟 TPLH,TPHL(C_L=15 pF)	18 ns	25 ns	40 ns
最大时滞|TPLH−TPHL|	—	0 ns	5 ns
运行温度	−40 ℃	—	+85 ℃
最大绝对 V_{dc}	—	—	7 V

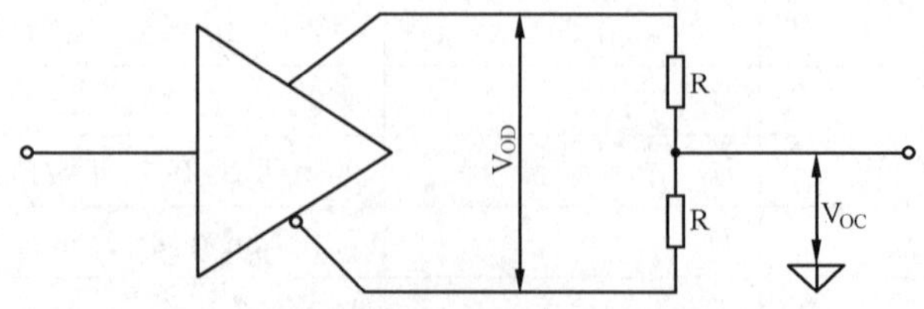

图 77 驱动器电压测量电路

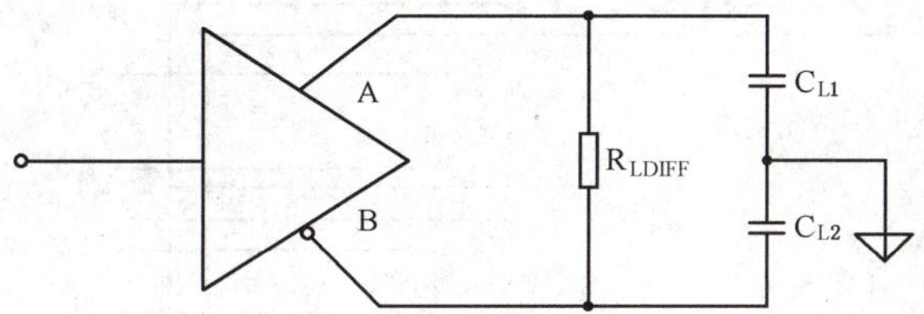

图 78　传输延迟测试电路

表 103　发送

输入			输出	
RE	DE	DI	B	A
X	1	1	0	1
X	1	0	1	0
X	0	X	Z	Z

表 104　接收

输入			输出
RE	DE	A-B	RO
0	0	≥+0.05	1
0	0	≤−0.05	0
0	0	输入开路	1
1	0	X	Z

5.7.8　隔离

主站端口和从站端口应使用变压器耦合到网络。

通信端口与应用电路隔离，机架接地到通信线的隔离电压最少为 500 V(交流有效值)，在 47 Hz～63 Hz 条件下要求耐受 60 s。

对于简单的从站，网络电源提供的绝缘可能就能满足要求。

对于连接有附加供电电源的情况，应提供网络端口包括网络电源和附加电源之间的隔离。

对于非网络供电的从站，外部电源需要提供与电源隔离，如表 111 和表 112 所示。

图 79、图 80、图 81 和图 82 为一些实现电路的例子。

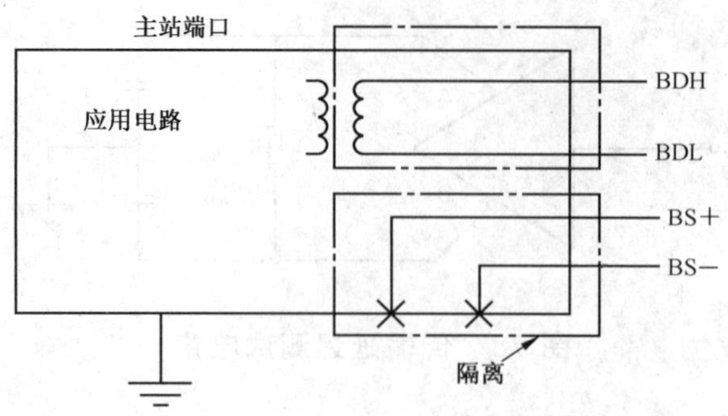

图 79 主站端口隔离的图例

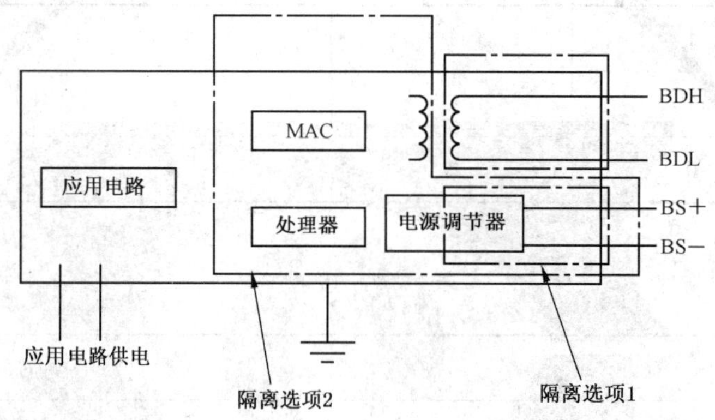

图 80 与其他电源连接的 I/O 模块的隔离图例

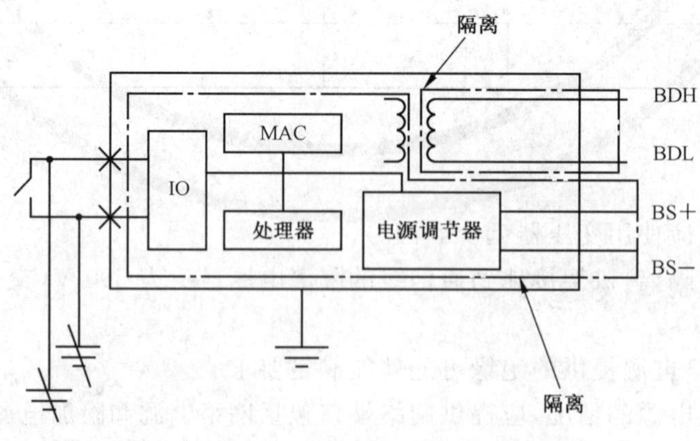

图 81 需要连接到信号线未接地设备的简单从站的隔离图例

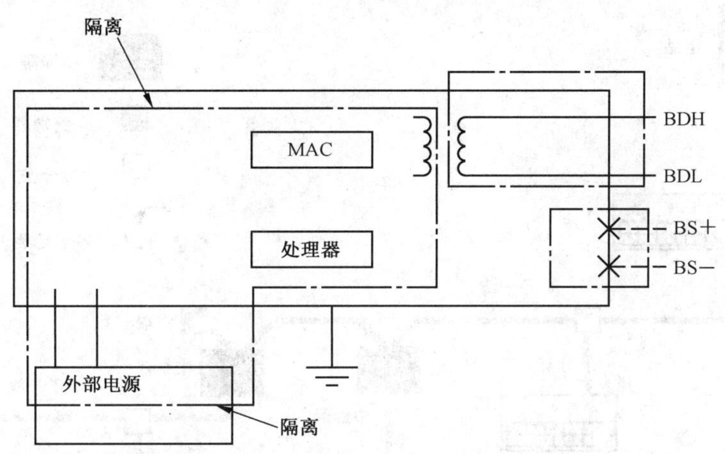

图 82 非网络供电从站的隔离图例

5.7.9 传输介质

CompoNet 支持表 105 所示电缆。但每个网段只能使用一种电缆。

表 105 电缆类型

电缆类型	规范	允许电流
CompoNet 圆形电缆Ⅰ	2 芯圆形电缆,见 8.2.3 描述	N/A
CompoNet 圆形电缆Ⅱ	4 芯圆形电缆,见 8.2.4 描述	最大 4 A
CompoNet 扁平电缆Ⅰ	4 芯扁平电缆,见 8.2.5 描述	5 A
CompoNet 扁平电缆Ⅱ	4 芯扁平电缆,见 8.2.6 描述	5 A

每种电缆导线的信号和颜色应符合表 106 的定义。

表 106 电缆导线颜色

信号名称	CompoNet 圆形电缆Ⅰ	CompoNet 圆形电缆Ⅱ	CompoNet 扁平电缆
BS+	—	红色	红色
BDH	白色	白色	白色
BDL	黑色	蓝色或绿色	蓝色
BS−	—	黑色	黑色

5.7.10 网络拓扑

5.7.10.1 概述

CompoNet 支持多点和 T 型分支网络拓扑。电缆系统中任何两个节点间的电缆距离不应超过这个波特率下允许的最大电缆长度。在干线电缆的每个端点都需要终端。CompoNet 支持多网段结构。一段网络最大支持 32 个从站节点和中继器节点。典型的拓扑示于图 83。

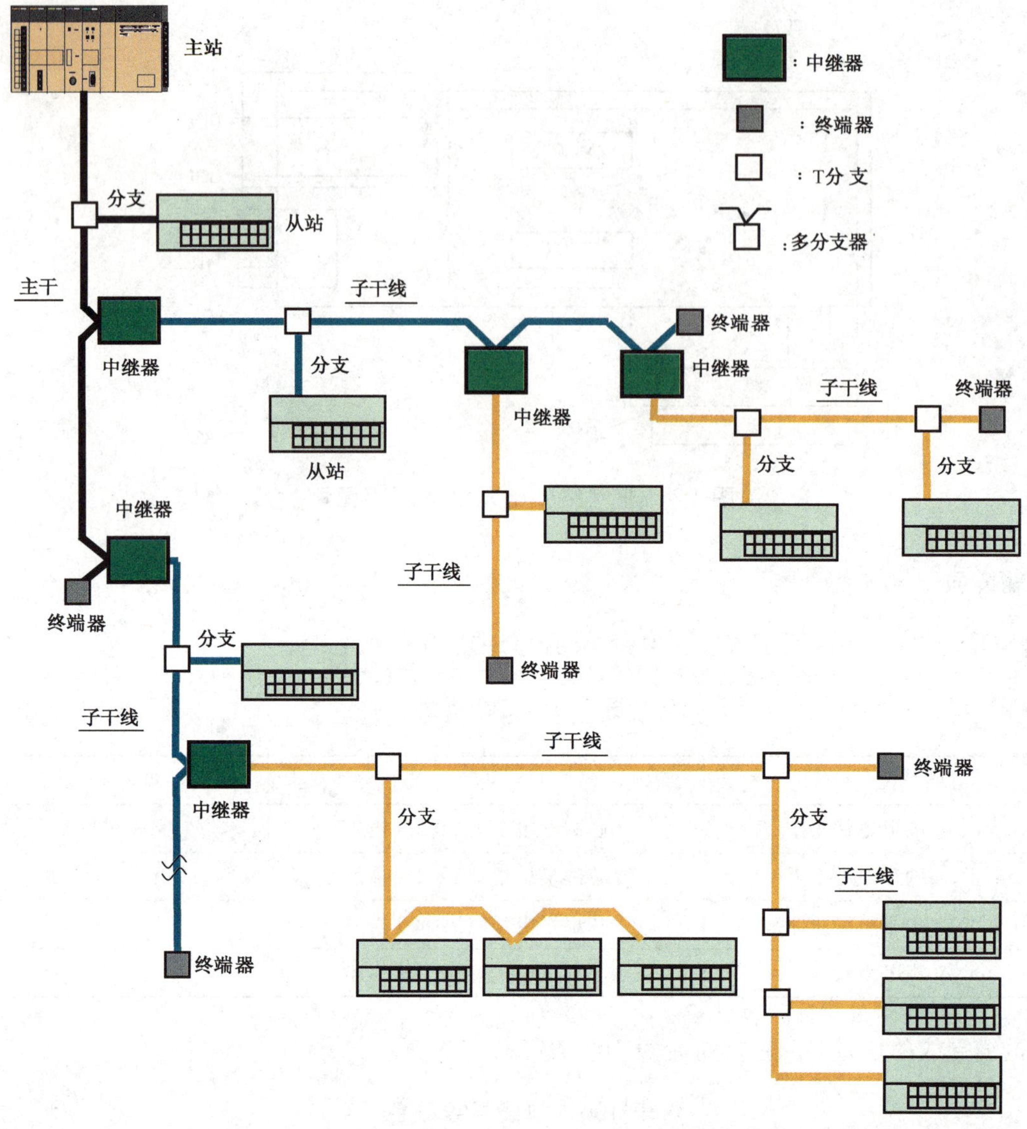

图 83　介质拓扑

5.7.10.2　网段

CompoNet 网络通常由被中继器分隔的若干网段组成。每个网段都连接到网络中，但从物理层的观点来看它是分级的。如图 1 所示，主站所在网段称为第一网段层。使用中继器能加入第二和第三网段层，但是这种额外加入的网段不能超过二段。因此确保从站与它的主站的距离不会超过二个中继器，或者三个网段。一个网络中最多使用 64 个中继器。所有网段应工作于同样的通信速率。中继器应将它的主站端口速率设置为等于从站端口速率。

5.7.10.3　网段中终端的布置

终端布置在主站和中继器的主站端口的内部，除这些内部电阻外，还需在网络中主站端口的对端添加一个终端，如图 84 所示。

主站端口的连接位置取决于网络拓扑。对于一般的布线，主站端口应位于干线或者分支干线的一端。对于柔性的布线，主站端口能自由连接。

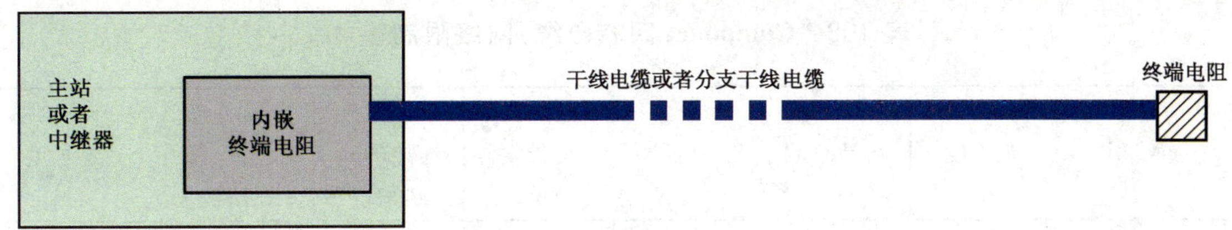

图 84 终端电阻位置

5.7.10.4 一个网段的设备数

一个网段中可以连接 1 个主站端口和 32 个从站端口，如图 85 所示。这包括中继器的从站端口和在属于网段一部分的任何 T 分支上的从站端口。

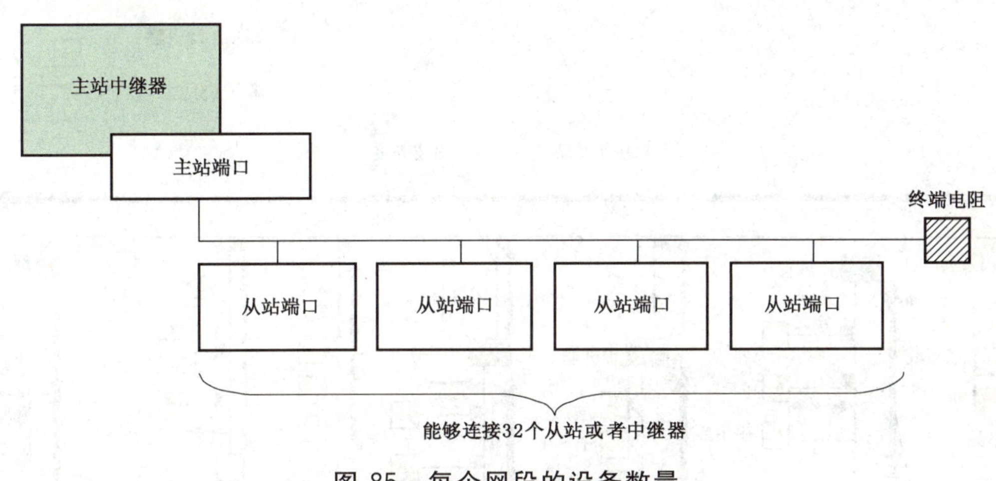

图 85 每个网段的设备数量

5.7.10.5 电缆类型和长度

干线长度、分支干线长度、一个分支线的最大长度、分支线总长度和最大设备数量均与传输速率有关。表 107、表 108 和图 86 定义与传输速率相关的限制值。

图 87 指示应能接受的分支限制。

表 107 CompoNet 圆形电缆 Ⅰ：网络限制

传输速率 kbit/s	布线形式	主干线最大长度 m	从站总数	一个分支线的最大长度 m	分支线总长度 m	单分支线连接的从站数量	最大子分支电缆长度 m	子分支电缆总长度 m
4 000	一般[a]	30	32	0	0	0	0	0
3 000	一般	30	32	0.5	8	1	0	0
1 500	一般	100	32	0	0	0	0	0
		30	32	2.5	25	3	0	0
93.75	一般	500	32	6	120	1	0	0

[a] 见 5.7.10.6.2。

表 108 Componet 四芯电缆:网络限制

传输速率 kbit/s	布线形式	干线最大长度 m	从站总数	一个分支线最大长度 m	分支线总长度 m	单分支线连接的从站数量	分支电缆最大长度 m	分支电缆总长度 m
4 000	一般	30	32	0	0	0	0	0
3 000	一般	30	32	0.5	8	1	0	0
1 500	一般	30	32	2.5	25	3	0.1	2
93.75	柔性[a]	200	32	如果总布线长度小于或等于 200 m,可使用柔性布线				

[a] 见 5.7.10.6.3。

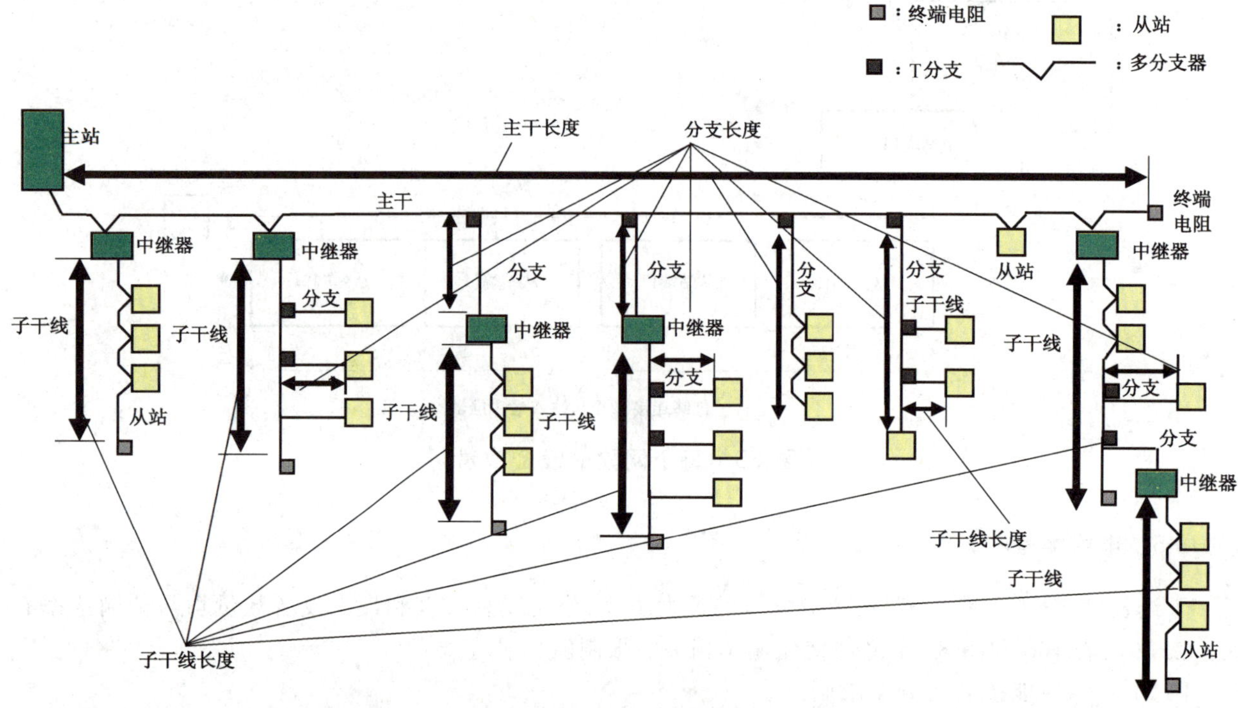

图 86 电缆长度限制说明

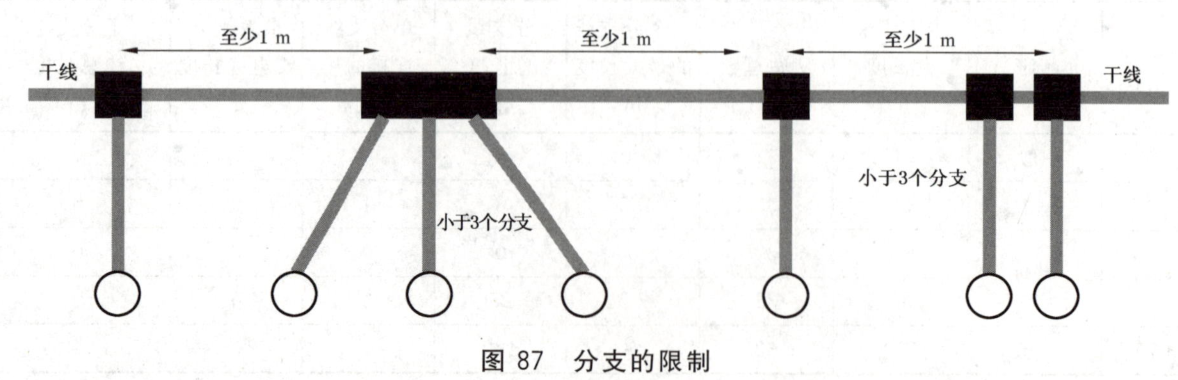

图 87 分支的限制

5.7.10.6 网段的布线类型

5.7.10.6.1 概述

在一个网段中有两种布线形式:一般布线和柔性布线。

如图 88 所示,CompoNet 圆形电缆Ⅰ只能用于一般布线,但是适合所有数据率。CompoNet 4 芯电缆支持 4 Mbit/s、3 Mbit/s 和 1.5 Mbit/s 速率下的一般布线方式。在 93.75 kbit/s 的速率下,4 芯扁平电缆支持柔性的布线方式。

在 93.75 kbit/s 的速率下,有以下设计原则:

——干线长度需要支持长距离通信(一般布线大约 500 m);

——尽可能减少接线方法的限制(柔性布线);

——在 93.75 kbit/s 速率下最好使用圆形电缆Ⅰ,它可用于一般布线方式。圆形电缆Ⅱ、扁平电缆Ⅰ和扁平电缆Ⅱ可用于柔性布线方式。

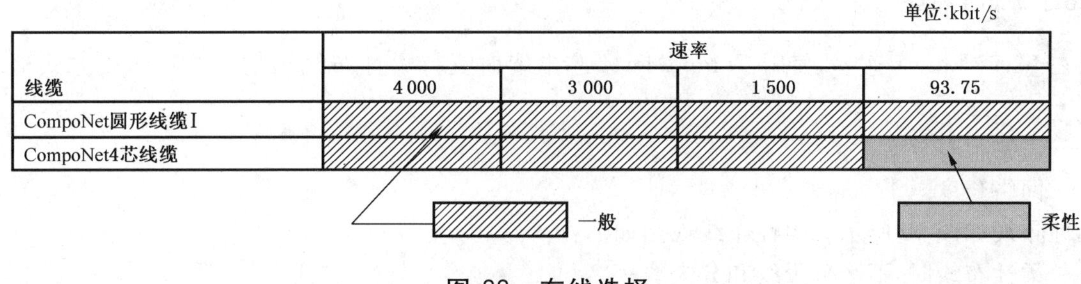

图 88 布线选择

5.7.10.6.2 一般布线

一般布线如图 89 所示。

限制条件:

——主站端口应连接到干线或者分支线的一端;

——一个网段只连接一个主站端口;

——终端连接到干线或分支线的另一端;

——通过多分支(菊花链)将一个从站端口连接到干线或分支线;

——通过子分支器将一个从站端口连接干线或分支线;

——通过一个子分支器将一个从站端口连接到分支线;

——任何通信电缆端点不能开路或者不连接,它应连接到主站端口、从站端口或者终端;

——$L_1>L_2$,$L_3>L_4$,$L_5>L_6$,如图 89 所示。

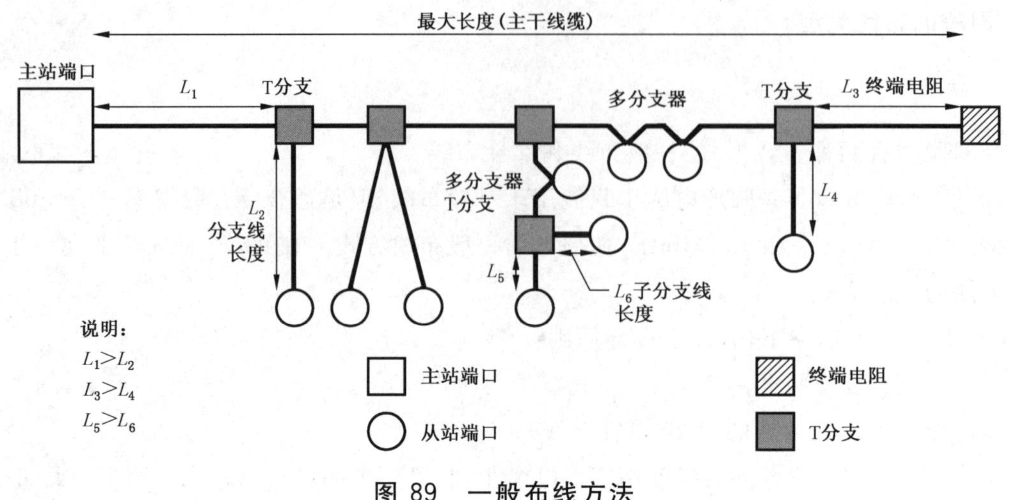

图 89 一般布线方法

5.7.10.6.3 柔性布线

只在 93.75 kbit/s 速率,使用 CompoNet 4 芯电缆时支持柔性布线结构。这种布线方式适合下列应用:

——需要很多分支;

——网络长度短。

柔性布线如图 90 所示。柔性布线规则如下:

——柔性布线时,不区分干线和分支线;

——一个网段只连接一个主站端口;

——主站端口能放置在网段的任何位置(不一定要连接到端点);

——终端连接到离主站端口最远(电缆长度,不是安装的地理位置的距离)的端点;

——一个分支上可加多个分支点;

——应将所有电缆的长度计算在规定的总电缆长度内;

——任何电缆端点不能开路(不连接)。端点应连接到主站端口、从站端口或者终端电阻。

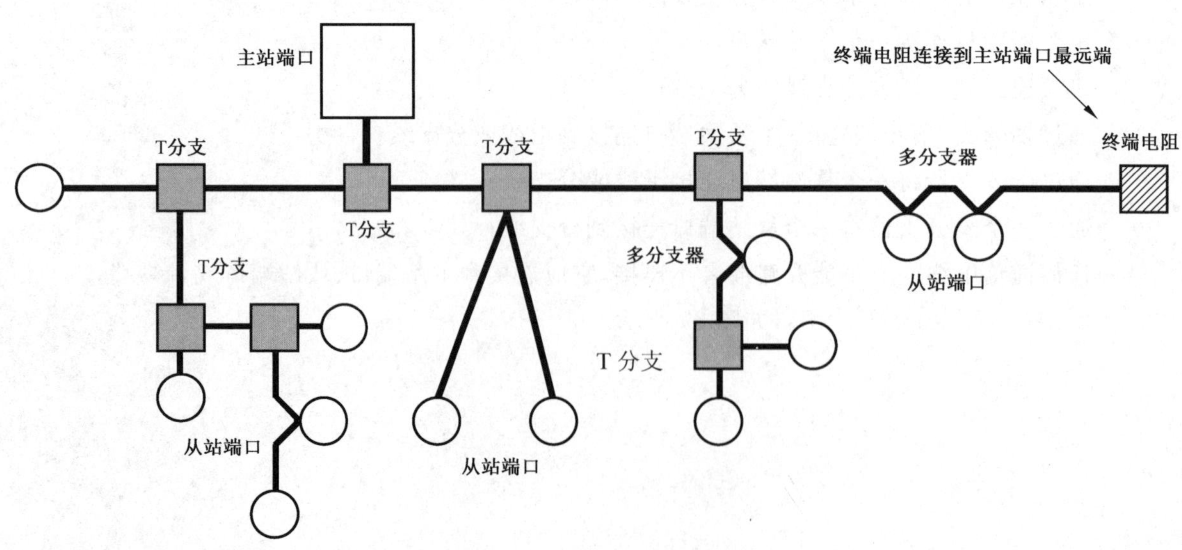

图 90 柔性布线方法

5.7.10.7 网络终端器

终端应当放置在离主站设备或者中继器的主站端口最远的主干线电缆的端点上。终端器的定义如表 109 所示。

表 109 电阻特性

项目	特性
额定功率	1/4 W
阻抗	121 Ω
最大精度	1%
金属膜	

5.7.11 链路供电

5.7.11.1 CompoNet 电源供应

5.7.11.1.1 主站端口网络电源的规范

网络电源只能由主站端口提供，不支持中间插入跨接电源。网络电源应遵循表 110 的要求。图 79 为一个示例。

表 110 网络电源规范

规范	参数
输出电压	24 V±2.4 V 直流
最大输出波纹	600 $mV_{峰峰值}$
温度范围	厂家规定
过压保护	是(未规定电压值)
过流保护	是(持续电流： 最大 5 A)
最大合闸过冲	5%
输出电流	持续 5 A
隔离(基于 IEC 61131-2)	2.3 kV 交流

5.7.11.1.2 在从站端口的本地电源规范

连接到从站端口的本地电源应符合表 111 的规范。

表 111　本地电源规范

规　　范	参　　数
输出电压	14 V～26.4 V 直流
最大输出波纹	600 $mV_{峰峰值}$
温度范围	厂家规定
过压保护	是(未规定电压值)
过流保护	是
最大启动界限	5%
隔离(基于 IEC 61131-2)	2.3 kV 交流

5.7.11.1.3　在节点的外部电源规定

当节点由外部电源供电时,要求如表 112 所示。

表 112　节点外部电源规范

规　　范	参　　数
隔离	交流 2.3 kV(基于 IEC 61131-2)

5.7.11.2　电源分派方法

5.7.11.2.1　概述

本条描述在使用 4 芯电缆时如何给网络供电。对于使用 2 芯电缆的网络,每个设备需要本地网络电源,不能适用于本条所述情况。

图 91 表述了网络电源分派方法。

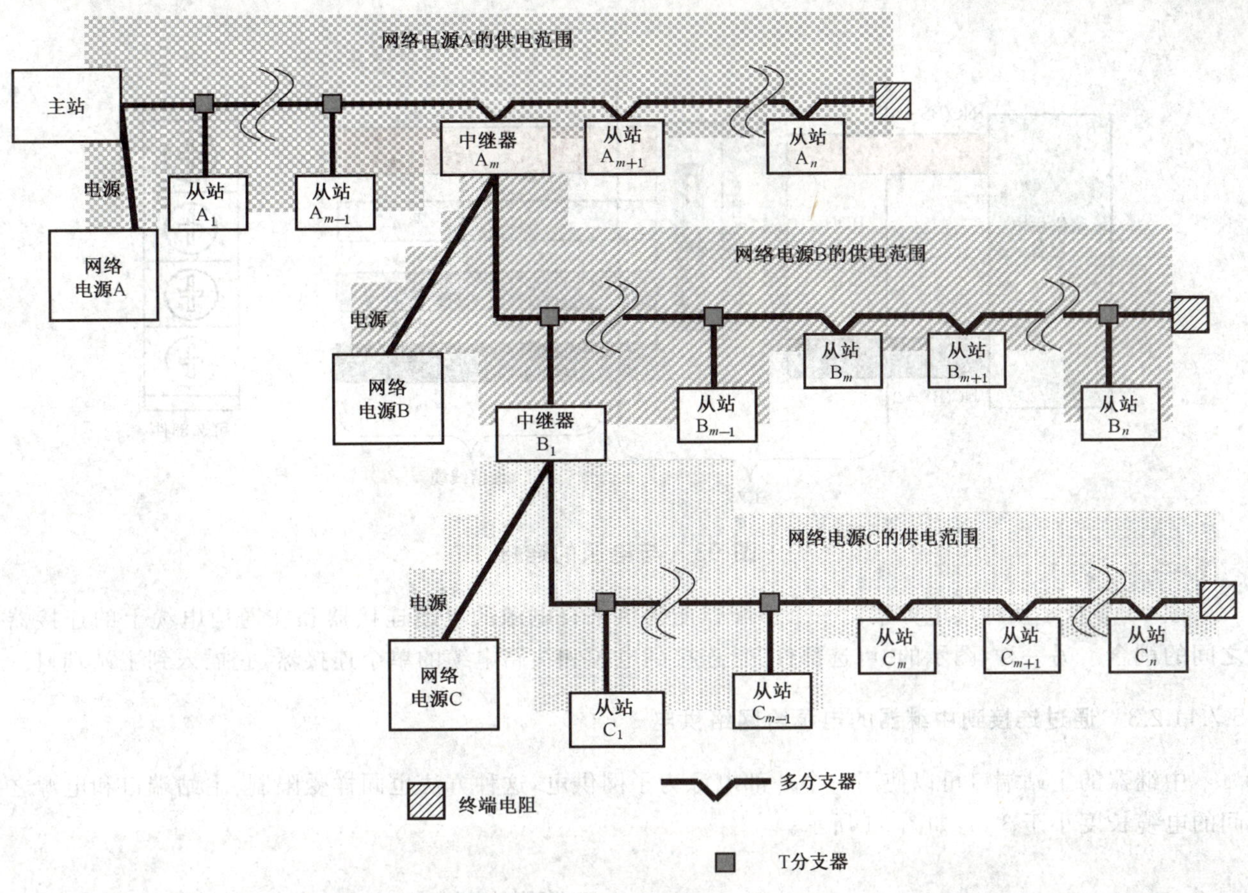

图 91　网络电源分派方法

5.7.11.2.2　通过连接到主站的电源给网络供电

图 92 和图 93 表示通过主站为网络供电的情况，主站和电源之间的供电电缆的长度不能超过 3 m。

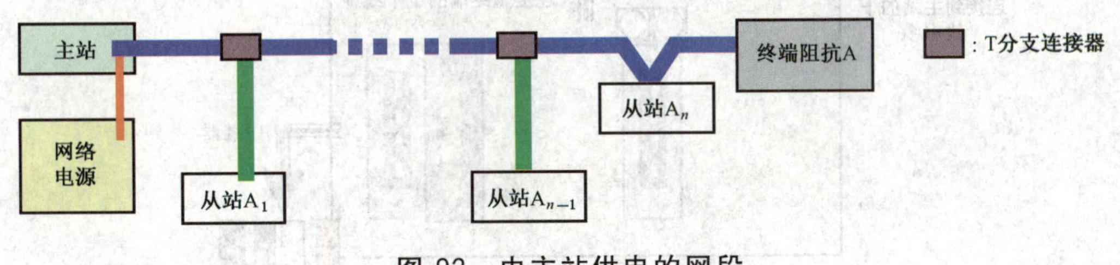

图 92　由主站供电的网段

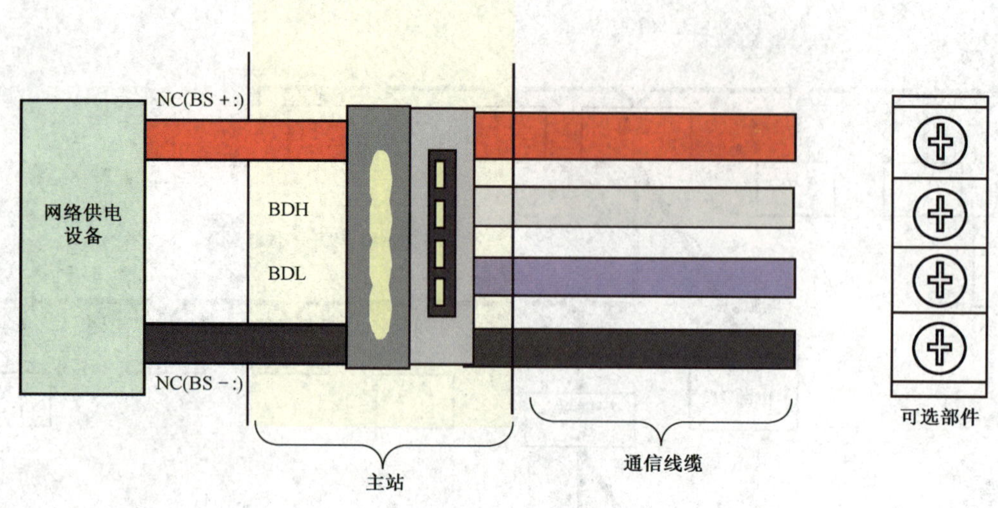

图 93 与电源的连接

图 93 显示了两种供电方案。一个适配器能提供来自电源的电缆连接器和在通信电缆上的连接器之间的耦合。另一种,图示的“可选部件”是连接到电源和线路电缆的单个连接器,它插入到主站端口。

5.7.11.2.3 通过连接到中继器的电源给网络供电

中继器的主站端口可以使用一个外部电源为子网供电,这种方法也同样受限制:主站端口和电源之间的电缆长度小于 3 m,如图 94 所示。

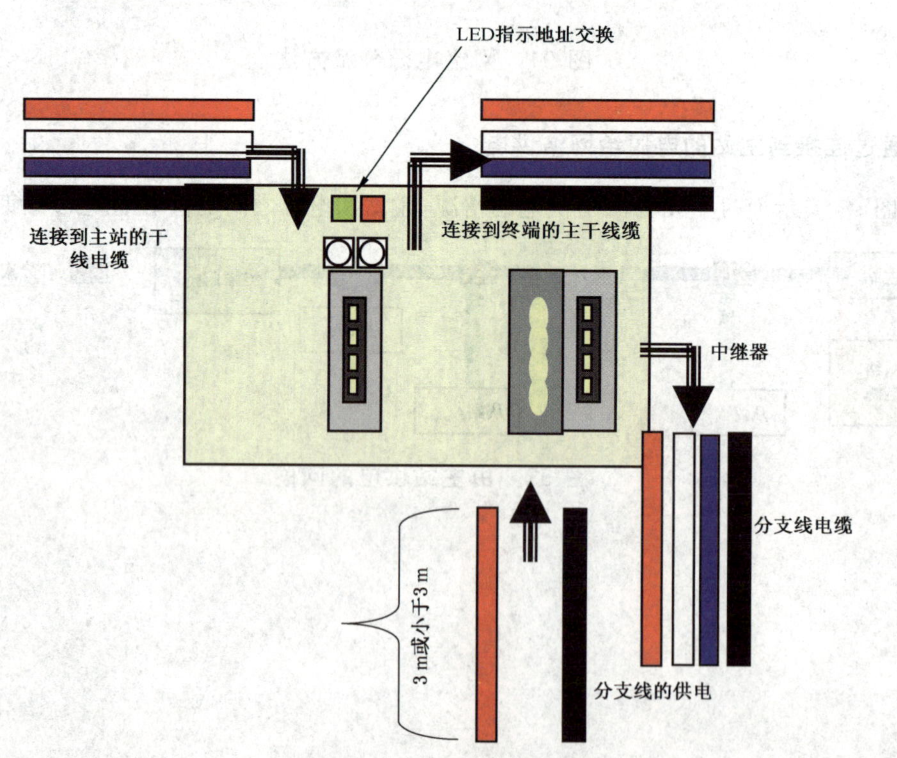

图 94 通过中继器供电的网段

中继器 A_m 的供电范围:

——网络电源 A 连接到主站的电源连接器,给从站 A_1 到 A_n,及中继器 A_m 供电;

——网络电源 B 用于给连接在中继器 A_m 以下的中继器 B_m 和分支电缆上的从站 B_1 到 B_n 供电。中继器 B_m 的供电范围：

——网络电源 C 供给连接在中继器 B_1 以下的分支电缆上的从站 C_1 到 C_n 的电源；

——网络电源 C 连接到中继器 B_1 的端子 BS+C/BS-C。

5.7.12 中继器的实现

中继器应由以下部分组成：

——一个从站端口如图 5.7.4 所示；

——一个主站端口如图 5.7.3 所示；

——一个内置电源或者外部电源端口，对于外部电源端口，连接器需遵循 5.7.11.1.1 的规定；

——可寻址的 MAC 控制器遵循 5.7.6 规定。

传播延迟要求如 5.6.2.4 所定义。

简化方框图如图 95 所示。

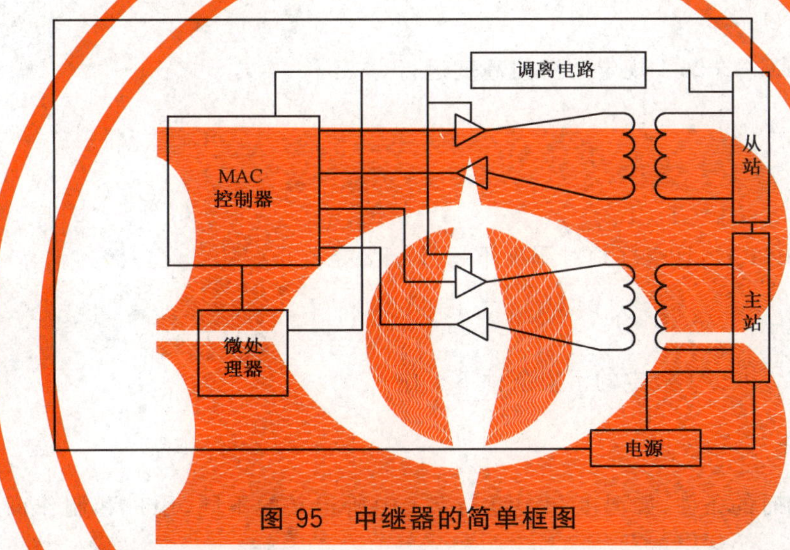

图 95 中继器的简单框图

应使用为主站的主站端口规定的同样方法为中继器主站端口的下游从站供电。在任何情况下，主站端口的电源要遵循 5.7.11.1 规定。

在中继器从站端口的电源应该和中继器主站端口电源隔离。

从站端口侧的网络电源应该和主站端口的电源隔离。

6 产品信息

依据 IEC 62026-1。

7 常规服务、安装和运输条件

7.1 常规服务条件

7.1.1 概述

Component CDI 的组件应当能在以下条件下运行。

如果运行条件不同于本条给定的条件，用户需要列出与标准条件的差别，并向制造商咨询在此条件下的适用性。

7.1.2 周围空气温度

7.1.2.1 圆形电缆Ⅰ

通常此电缆应在周围环境温度−10 ℃～+60 ℃使用。

7.1.2.2 圆形电缆Ⅱ、扁平电缆Ⅰ、扁平电缆Ⅱ

通常此电缆工作温度范围是−10 ℃～+55 ℃。

7.1.2.3 其他 CDI 组件

所有其他的 CDI 组件应在环境温度−5 ℃～+40 ℃工作,除非特别定义如特殊执行器或传感器等。在可允许的环境温度范围下应保持操作特性。

7.1.3 海拔高度

组件应当能在 IEC 62026-1 规定的海拔高度运行。

7.1.4 气候条件

7.1.4.1 湿度

器件应能工作在 40 ℃,且空气相对湿度不超过 85%条件下。

7.1.4.2 污染程度

器件应能在 IEC 62026-1 规定的污染条件下工作。

7.2 存储和运输条件

如果运输和存储时的条件,如温度和湿度与 7.1 中所定义的不同,用户和制作商应作一个特别的协商。

7.3 安装

按照 IEC 62026-1 的规定安装元件。

8 结构和性能要求

8.1 指示灯和配置开关

8.1.1 状态指示灯

8.1.1.1 概述

设备可以有 1 个模块状态指示灯和 1 个 CDI 状态指示灯。如果两个都有,他们应遵循以下规定并且与其他指示灯有明显的区别。

8.1.1.2 模块状态指示灯

模块状态指示灯应使用一个双色指示灯(绿/红)指示设备是否有电和是否正常。指示灯的状态应按表 113 的规定。

表 113　模块状态指示灯

指示灯状态	含　义
不亮	未通电
绿色	工作正常
绿色闪烁	待机
红色闪烁	可恢复故障
红色	不可恢复故障
红-绿色闪烁	设备自检
注：指示灯闪烁频率见 8.1.1.5。	

8.1.1.3　CDI 状态指示灯

CDI 状态指示灯应是一个双色指示灯(绿/红),应按表 114 规定指示通信链路的状态。

表 114　CDI 状态指示灯

指示灯状态	含　义
不亮	设备未通电,或设备正在检测速率
绿色闪烁	设备已知道数据速率但是没有上线。 如果是从站设备,等待 STW 和分配。 如果是中继器设备,等待 STW
绿色	设备已上线。 如果是从站设备,已分配和建立 I/O 连接。 如果是中继器设备,已开始中继
红色闪烁	设备得知超时,或者设备速率检测超时
红色	设备通信错误,检测到重复 MAC ID
红-绿色交替闪烁	处于设备自检
注：指示灯闪烁频率见 8.1.1.5。	

8.1.1.4　上电时的模块状态指示灯和 CDI 状态指示灯

上电时,应执行下列指示灯测试顺序：

——CDI 状态指示灯关闭；

——模块状态指示灯亮绿色,持续 0.25 s±0.1 s；

——模块状态指示灯亮红色,持续 0.25 s±0.1 s；

——模块状态指示灯亮绿色；

——CDI 状态指示灯亮绿色,持续 0.25 s±0.1 s；

——CDI 状态指示灯亮红色,持续 0.25 s±0.1 s；

——CDI 状态指示灯关闭。

两个指示灯的状态根据表 113 和表 114。

8.1.1.5 指示灯闪烁频率

除非在这部分有特别说明，指示灯的闪烁频率应该为每 1 s±0.5 s 闪烁一次。指示灯点亮时间和关闭时间应各持续 0.5 s±0.25 s。

8.1.2 开关

8.1.2.1 概述

设备可以根据设备类型设置一些开关：

——主站设备可以设置数据速率开关。

——从站和中继器设备可以设置节点地址开关。

8.1.2.2 数据速率开关

如果使用开关设置数据速率，其编码应如表 115 所示。

表 115 数据速率开关编码

位速率	开关设置
4 Mbit/s	0
3 Mbit/s	1
1.5 Mbit/s	2
93.75 kbit/s	3

从站和中继器应没有数据速率开关。

8.1.2.3 节点地址设置开关

节点地址开关和设置值由设备开关类型决定。

如果使用 DIP(双列直插式封装)：

——应是二进制格式；

——最高位到最低位的方向应该是从左到右或者是从上到下；

——除非特别标注，开关的接通位置应该在上面或右面。

如果使用旋转或者拨盘开关：

——应是十进制格式；

——较大的数始终在左面或者上面。

8.1.2.4 设备类型、节点地址开关和它们的设定范围

表 116 总结了不同设备类型的节点地址设置开关和它们的设定范围。

表 116 地址开关

设备类型	地址开关
字从站	设定范围 0～63。二进制或者十进制格式。地址大于 63 时不能参加通信
位从站	设定范围 0～127。二进制或者十进制格式。地址大于 127 时不能参加通信
中继器	设定范围 0～63。二进制或者十进制格式。地址大于 63 时不能参加通信

8.1.3 CompoNet 标记

8.1.3.1 概述

本条定义了以下标记：

——指示灯；

——开关和设备类型；

——连接器。

8.1.3.2 指示灯标记

指示灯应用它们的全称或者缩写标记，如表 117 规定。

表 117 指示灯标记

类　型	全　称	缩　写
模块状态指示灯	模块状态	MS
CDI 状态指示灯	网络状态	NS

8.1.3.3 节点地址开关和设备类型标记

节点地址开关和设备类型应用它们的全称或者缩写标记，如表 118 规定。

表 118 节点地址开关和设备类型标记

<table>
<tr><th colspan="2">设备类型</th><th>标记定义</th><th>设备标记显示</th><th>开关标记</th></tr>
<tr><td rowspan="3">字从站</td><td>输入</td><td>标签：IN
颜色：橙色
颜色代码：2.5YR/6/13
字体大小：最小高度 1.5 mm</td><td>IN</td><td rowspan="3">以下一种：
节点地址
NA
字节点地址
WORD NODE ADR</td></tr>
<tr><td>输出</td><td>标签：OUT
颜色：黄色
颜色代码：2.5Y8/14
字体大小：最小高度 1.5 mm</td><td>OUT</td></tr>
<tr><td>混合</td><td>标签：IN
颜色：橙色
颜色代码：2.5YR/6/13
标签：输出
颜色：黄色
颜色代码：2.5Y8/14
字体大小：最小高度 1.5 mm</td><td>IN OUT</td></tr>
</table>

表 118（续）

<table>
<tr><th colspan="2">设备类型</th><th>标记定义</th><th>设备标记显示</th><th>开关标记</th></tr>
<tr><td rowspan="3">位从站</td><td>输入</td><td>标签:BITIN
颜色:橙色
颜色代码:2.5YR/6/13
字体大小:最小高度 1.5 mm</td><td>BIT IN</td><td rowspan="3">以下一种:
节点地址
NA
位节点地址
BIT NODE ADR</td></tr>
<tr><td>输出</td><td>标签:位输出
颜色:黄色
色代码:2.5Y8/14
字体大小:最小高度 1.5 mm</td><td>BIT OUT</td></tr>
<tr><td>混合</td><td>标签:位输入
颜色:橙色
颜色代码:2.5YR/6/13
标签:位输出
颜色:黄色
颜色代码:2.5Y8/14
字体大小:最小高度 1.5 mm</td><td>BIT IN
BIT OUT</td></tr>
<tr><td colspan="2">中继器</td><td>标签:RPT
颜色:绿色
颜色代码:10GY6/10
字体大小:最小高度 1.5mm</td><td>RPT</td><td>以下一种:
节点地址
NA
中继器节点地址
RPT NODE ADR</td></tr>
</table>

这些标签可以是黑白的。但是,如果标签使用彩色,则必须使用以上定义。以上显示的标签文本用于单个节点地址的设备。对于使用多个设备,应该在以上标签文本后立即跟随包含“×N”的标记文字。“N”表示使用的地址数量。例如,如果有一个输入设备使用两个节点地址,那么标签应显示“IN×2”。如果一个节点使用地址的数是可随用户配置变化的(如一个 I/O 模块组件),那么标签应显示“IN×_”。

8.1.3.4 连接器的标记

连接器的标记可以使用全名或颜色来指示各管脚和线缆的含义,具体定义见表 119。

表 119 连接器定义

信号名称	管脚号	开放式连接器	扁平连接器 I
BS+	1	BS+	红
BDH	2	BDH	白
BDL	3	BDL	蓝
BS−	4	BS−	黑

8.2 CompoNet 电缆

8.2.1 概述

本条描述了以下电缆的规范：

——圆形电缆Ⅰ；

——圆形电缆Ⅱ；

——扁平电缆Ⅰ；

——扁平电缆Ⅱ。

8.2.2 电缆描述模板

一个电缆描述定义了它的数据线对的规范、直流电源线对的规范、通用规范、电缆的拓扑和电缆的物理构成。数据和电源线缆对的方向也需符合规范要求。表120、表121、表122、表122和表29定义了一个电缆描述应当定义的最小字段。

表120 电缆描述:数据线对规范

特性		规范
物理特性	导线对尺寸	〈尺寸〉〈材质〉;〈#〉股
	绝缘材料直径	〈尺寸〉
	颜色-(BDH,BDL)	
	绞线距离	〈#〉/〈距离〉
	双绞线屏蔽带	〈材质〉
电气特性	阻抗	82 Ω～115 Ω(1 MHz,两芯电缆) 95 Ω～132 Ω(1 MHz,四芯电缆)
	最大传播延时	6.5 nS/〈距离〉
	最大线间电容	〈#〉pF/〈距离〉,100 kHz
	一导线与其他导线连接屏蔽后的最大电容	〈#〉pF/〈距离〉,〈#〉kHz
	最大不平衡电容	〈#〉pF/〈距离〉,〈#〉kHz ASTM D4566
	最大 DCR(20 ℃时)	〈#〉Ω/1 000 m〈距离〉
	最大衰减	〈#〉dB/〈距离〉,在 8 MHz; 〈#〉dB/〈距离〉,在 6 MHz; 〈#〉dB/〈距离〉,在 4 MHz; 〈#〉dB/〈距离〉,在 3 MHz; 〈#〉dB/〈距离〉,在 93.75 kHz

表 121 电缆描述:直流电源线对规范

特性		规范
物理特性	导线对尺寸	〈#〉〈材质〉;〈#〉股
	绝缘材料直径	〈#〉
	颜色-(BS+,BS-)	
	绞线距离	〈#〉/〈距离〉
	双绞线屏蔽带	〈材质〉
电气特性	最大 DCR(20 ℃时)	〈#〉Ω/1 000 m

表 122 电缆描述:通用规范

特性		规范
物理特性	几何图形	
	整体编织屏蔽	〈#〉%覆盖率,〈#〉〈材质〉
	加蔽线	〈#〉〈材质〉,〈#〉股
	外径	〈尺寸〉最小到〈尺寸〉最大
	圆度	半径的变化,外径的百分比〈#〉%
	护套标记	供应商名称和部件号以及附加标记
电气特性	最大 DCR(编织+胶带+泄放)20 ℃时	〈#〉Ω/〈距离〉
适用环境特性	机构认证	
	挠度	〈#〉弯曲半径时圈数,〈#〉度数,〈#〉拉力,〈#〉圈数/分,〈方法〉
	弯曲半径	〈#〉x 直径(安装)/〈#〉直径(固定)〈方法〉
	运行环境温度	〈#〉℃到〈#〉℃
	储存温度	〈#〉℃到〈#〉℃
	最小拉力	〈#〉kg
	连接器兼容性	〈开放式,扁平式,M12 式...〉
	拓扑兼容性	〈干线,支线...〉
	独有特性	应用规范

8.2.3 圆形电缆Ⅰ描述

圆形电缆Ⅰ遵循以下规范:

——数据线对规范,见表 123;

——电源线对规范,见表 124;

——通用规范,见表 125。

表 123 圆形电缆Ⅰ:数据线规范

特性		规范
物理特性	导线对尺寸	0.75 mm^2 ±0.075 mm^2 或者 18 AWG,铜(镀锡),最少 17 股,最大绞线距为 1 绞/50 mm
	绝缘材料直径	2.3 mm±0.23 mm
	颜色-(BDH,BDL)	BDH:白色;BDL:蓝色(首选)或者黑色(可选)
	绞线距离	最大绞线距 1 绞/92mm
	双绞线屏蔽带	N/A
电气特性	阻抗	97 Ω±14.55 Ω(1 MHz)
	最大传播延时	6.5 nS/m(6 MHz～40 MHz,20 ℃)
	最大线间电容	100 pF/m(100 kHz,20 ℃)
	一个导线与其他导体线连接到屏蔽后的最大电容	N/A
	电容不平衡	N/A
	最大 DCR(20 ℃时)	25.1 Ω/1 000 m
	最大衰减	116 dB/1 000 m,在 8 MHz; 88 dB/1 000 m,在 6 MHz; 60 dB/1 000 m,在 4 MHz; 45 dB/1 000 m,在 3 MHz; 4.6 dB/1 000 m,在 93.75 kHz

表 124 圆形电缆Ⅰ:直流电源线对规范

特性		规范
物理特性	导线对尺寸	N/A
	绝缘材料直径	N/A
	颜色-(BS+,BS−)	N/A
	绞线距离	N/A
	双绞线屏蔽带	N/A
电气特性	最大 DCR(20 ℃时)	N/A

表 125 圆形电缆Ⅰ:通用规范

特 性		规 范
物理特性	几何图形	1 对双绞线
	整体编织屏蔽	N/A
	加蔽线	N/A
	外径	大约 6.6 mm
	圆度	90%～110%
	护套标记	供应商名称和部件号以及附加标记
电气特性	最大 DCR(编制+胶带+屏蔽)20 ℃时	N/A
适用环境特性	机构认证	N/A
	挠度	由供应商定义
	弯曲半径	由供应商定义
	运行环境温度	−10 ℃～+60 ℃
	储存温度	−20 ℃～+65 ℃
	最小拉力	最大 29.48 kg
	连接器兼容性	开放式
	拓扑兼容性	干线,支线

8.2.4 圆形电缆Ⅱ描述

以下规范适用于圆形电缆Ⅱ:

——数据线对规范,见表 126;

——电源线对规范,见表 127;

——通用规范,见表 128;

——物理配置,见图 96。

表 126 圆形电缆Ⅱ:数据线对规范

特 性		规 范
物理特性	导线对尺寸	0.75 mm^2±0.075 mm^2 或者 18 AWG,铜(镀锡),最少 17 股,最大绞线距为 1 绞/50 mm
	绝缘材料直径	2.3 mm±0.23 mm
	颜色-(BDH,BDL)	BDH:白色;BDL:蓝色(首选)或者绿色(可选)
	绞线距离	无
	双绞线屏蔽带	无

表 126(续)

特性		规范
电气特性	阻抗	120 Ω−18 Ω~120 Ω+12 Ω(1 MHz)
	最大传播延时	6.5 nS/m(6 MHz~40 MHz,20 ℃)
	最大线间电容	73 pF/m(100 kHz,20 ℃)
	一个导线与其他导线连接到屏蔽后的最大电容	N/A
	最大不平衡电容	7 260 pF/1 000 m,100 kHz
	最大 DCR(20 ℃时)	25.1 Ω/1 000 m
	最大衰减	116 dB/1 000 m,在 8 MHz; 88 dB/1 000 m,在 6 MHz; 60 dB/1 000 m,在 4 MHz; 45 dB/1 000 m,在 3 MHz; 4.6 dB/1 000 m,在 93.75 kHz

表 127 圆形电缆Ⅱ:直流电源线规范

特性		规范
物理特性	导线对尺寸	0.75 mm^2 ±0.075 mm^2 或者 18 AWG,铜(镀锡),最少 17 股,最大绞线距为 1 绞/50 mm
	绝缘材料直径	2.3 mm±0.23 mm
	颜色-(BS+,BS−)	BS+:红色;BS−:黑色
	绞线距离	无
	双绞线屏蔽带	无
电气特性	最大 DCR(20 ℃时)	25.1 Ω/1 000 m

表 128 圆形电缆Ⅱ:通用规范

特性		规范
物理特性	几何图形	非双绞,4 线绞,按旋转顺序:黑,白,红,蓝(首选)或绿(可选)
	整体编织屏蔽	N/A
	加蔽线	N/A
	外径	大约 7.6 mm
	圆度	90%~110%
	护套标记	供应商名称和部件号以及附加标记

表 128（续）

特　　性		规　　范
电气特性	最大 DCR(编织＋胶带＋泄放)20 ℃时	N/A
适用环境特性	机构认证	N/A
	挠度	由供应商定义
	弯曲半径	由供应商定义
	运行环境温度	－10 ℃～＋60 ℃
	储存温度	－20 ℃～＋65 ℃
	最小拉力	29.48 kg
	连接器兼容性	M12,开放式
	拓扑兼容性	干线,支线

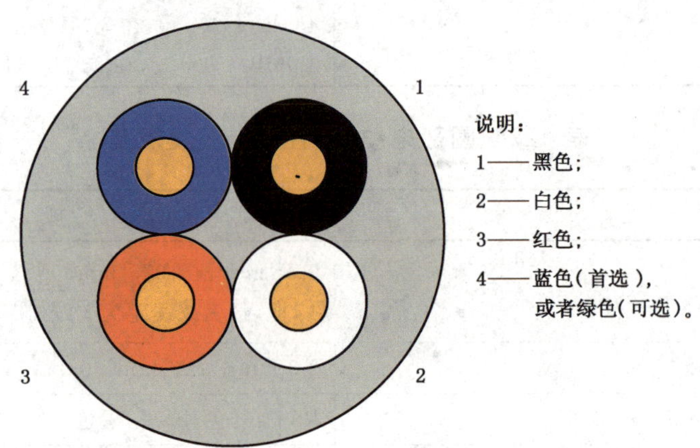

图 96　圆形电缆Ⅱ的外形

8.2.5　扁平电缆Ⅰ描述

以下规范适用于扁平电缆Ⅰ：

——数据线对规范,见表 129；

——电源线对规范,见表 130；

——通用规范,见表 131；

——物理配置,见图 97 和图 98。

表 129　扁平电缆Ⅰ:数据线对规范

特　　性		规　　范
物理特性	导线对尺寸	0.18 mm^2±0.18 mm^2(0.5 mm^2),20 股,铜(镀锡),最大绞线距为 1 绞/25 mm
	绝缘材料直径	2.54 mm±0.06 mm
	颜色-(BDH,BDL)	BDH:白色,BDL:蓝色
	绞线距离	无
	双绞线屏蔽带	无

表 129（续）

特　　性		规　　范
电气特性	阻抗	120 Ω±12 Ω(1 MHz)
	最大传播延时	5.9 ns/m(6 MHz～40 MHz,20 ℃)
	最大线间电容	54.4 pF/m(1 kHz,20 ℃)
	一个导线与其他导线连接到屏蔽后的最大电容	无
	最大不平衡电容	6 050 pF/1 000 m,100 kHz ASTM D4566
	最大 DCR(20 ℃时)	37.5 Ω/1 000 m
	最大衰减	106 dB/1 000 m,8 MHz 81 dB/1 000 m,6 MHz 55 dB/1 000 m,4 MHz 42 dB/1 000 m,3 MHz 5.1 dB/1 000 m,93.75 kHz

表 130　扁平电缆Ⅰ:直流电源线对规范

特　　性		规　　范
物理特性	导线对尺寸	0.18 mm^2 ±0.008 mm^2(0.75 mm^2),30 股,铜(镀锌),最大绞线距为 1 绞/30 mm
	绝缘材料直径	2.54 mm±0.06 mm
	颜色-(BS+,BS−)	BS+:红色,BS−:黑色
	绞线距离	无
	双绞线屏蔽带	无
电气特性	最大 DCR(20 ℃时)	25.1 Ω/1 000 m

表 131　扁平电缆Ⅰ:通用规范

特　　性		规　　范
物理特性	几何图形	扁平 4 线
	整体编织屏蔽	N/A
	加蔽线	N/A
	外径	宽:10.16 mm − 0.5 mm 到 + 0 mm;高:2.54 mm ± 0.06 mm
	圆度	N/A
	护套标记	供应商名称和部件号以及附加标记
电气特性	最大 DCR(编制+胶带+泄放)20 ℃时	无

表 131（续）

特　　性		规　　范
适用环境特性	机构认证	由供应商定义
	挠度	由供应商定义
	弯曲半径	由供应商定义
	运行环境温度	−10 ℃～+55 ℃
	储存温度	−20 ℃～+65 ℃
	最小拉力	18.14 kg
	连接器兼容性	扁平连接器Ⅰ
	拓扑兼容性	干线，支线

说明：

1——红色；

2——白色；

3——蓝色；

4——黑色。

图 97　扁平电缆Ⅰ外形

单位为毫米

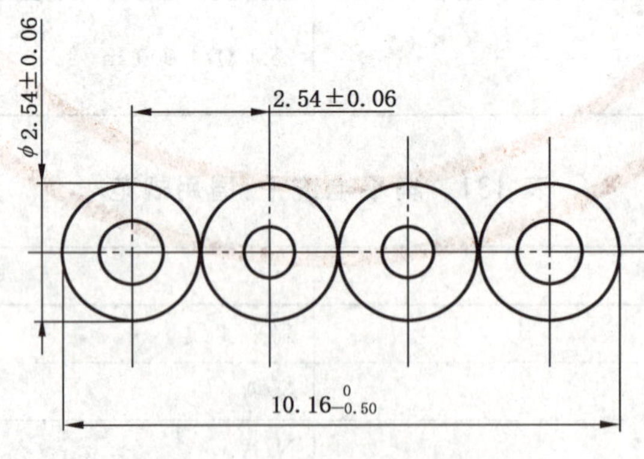

图 98　扁平电缆Ⅰ尺寸

8.2.6　扁平电缆Ⅱ描述

以下规范适用于扁平电缆Ⅱ：

——数据线对规范，见表 132；

——电源线对规范，见表 133；

——通用规范,见表 134;
——物理配置,见图 99 和图 100。

表 132 扁平电缆Ⅱ:数据线对规范

特 性		规 范
物理特性	导线对尺寸	0.18 mm^2 ±0.18 mm^2(0.5 mm^2),20 股,铜(镀锌),最大绞线距为 1 绞/25 mm
	绝缘材料直径	2.54 mm±0.06 mm
	颜色-(BDH,BDL)	BDH:白色,BDL:蓝色
	绞线距离	无
	双绞线屏蔽带	无
电气特性	阻抗	120 Ω−24 Ω 到 120 Ω+12 Ω(1 MHz)
	最大传播延时	6.3 nS/m(1 kHz,20 ℃)
	最大线间电容	89 pF/m(100 kHz,20 ℃)
	一个导线与其他导线连接到屏蔽后的最大电容	无
	最大不平衡电容	8910 pF/1 000 m,100 kHz ASTM D4566
	最大 DCR(20 ℃时)	37.5 Ω/1 000 m
	最大衰减	114 dB/1 000 m,8 MHz 86 dB/1 000 m,6 MHz 59 dB/1 000 m,4 MHz 45 dB/1 000 m,3 MHz 5.5 dB/1 000 m,93.75 kHz

表 133 扁平电缆Ⅱ:直流电源线对规范

特 性		规 范
物理特性	导线对尺寸	0.18 mm^2 ±0.008 mm^2(0.75 mm^2),30 股,铜(镀锡),最大绞线距为 1 绞/30 mm
	绝缘材料直径	2.54 mm±0.06 mm
	颜色-(BS+,BS−)	BS+:红色,BS-:黑色
	绞线距离	无
	双绞线屏蔽带	无
电气特性	最大 DCR(20 ℃时)	25.1 Ω/1 000 m

表 134　扁平电缆Ⅱ:通用规范

特　　性		规　　范
物理特性	几何图形	扁平 4 线
	整体编织屏蔽	无
	加蔽线	无
	外径	宽:12.5 mm±0.3 mm;高:4.56 mm±0.2 mm
	圆度	N/A
	护套标记	供应商名称和部件号以及附加标记
电气特性	最大 DCR(编制+胶带+泄放)20 ℃时	无
适用环境特性	机构认证	由供应商定义
	挠度	由供应商定义
	弯曲半径	由供应商定义
	运行环境温度	−10 ℃～+55 ℃
	储存温度	−20 ℃～+65 ℃
	最小拉力	36.28 kg
	连接器兼容性	扁平连接器Ⅱ
	拓扑兼容性	干线,支线

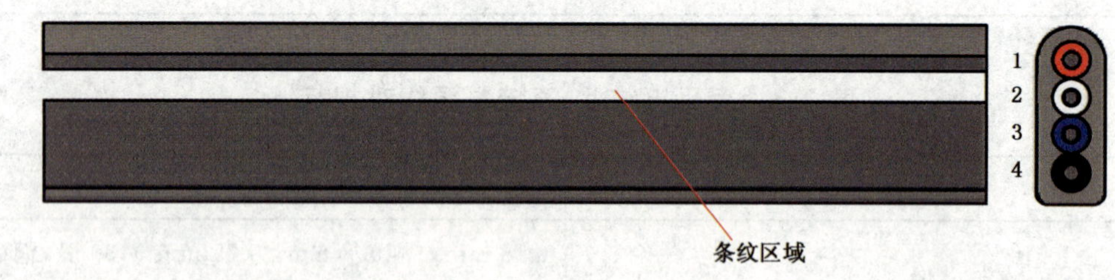

说明:

1——红色;

2——白色;

3——蓝色;

4——黑色。

图 99　扁平电缆Ⅱ外形

如图 99 所示,在电缆的 3/4 区域上方标记有一条对比条纹。

单位为毫米

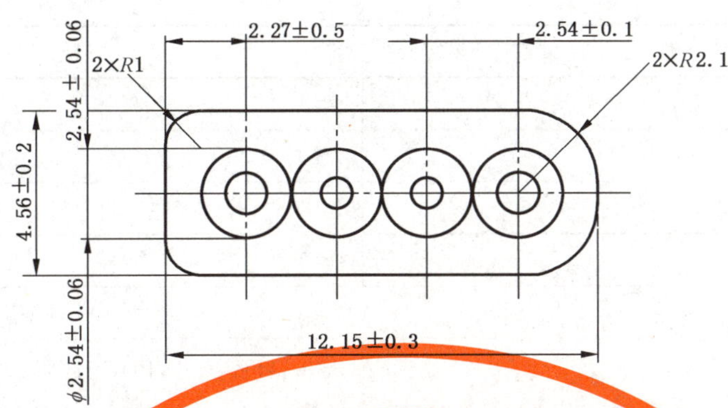

图 100 扁平电缆Ⅱ尺寸

8.3 终端器

8.3.1 概述

终端由终端电阻和终端电容组成。

8.3.2 终端电阻

在干线和分支线的末端，BDH 和 BDL 之间应连接一个 121 Ω±1.21 Ω、0.25 W 的金属膜电阻器。

8.3.3 终端电容

在所有使用 4 线电缆网络的干线和分支线末端，BS+ 和 BS− 之间应连接一个 0.01 μF±0.001 μF，耐压 50 V 以上的直流电容。

8.4 连接器

8.4.1 概述

本条包括以下连接器的规范：

——开放式连接器；

——扁平连接器Ⅰ；

——扁平连接器Ⅱ；

——密封 M12 连接器。

8.4.2 模板

连接器的描述定义公头和母头的方向、通用规范、连接规范、电气规范和环境规范。表 135 定义了一个连接器描述需要规范的最小范围。

在这个规范中，插头是公的连接器，与之相配的是插座这是母的连接器。适配器是电缆附件，用于连接同一种类型的电缆，并且同一种类型的连接器可以有公的或母的。它们通常被用于网络中支持分支和多分支拓扑。

表 135 连接器描述规范

特性		规范
插头通用特性	针脚数	〈#〉
	连接螺栓	〈#〉
	连接螺栓螺纹	〈#〉
	旋转	〈#〉
	标准	〈#〉
	针脚排列	BS+:针脚〈#〉,BDH:针脚〈#〉,BDL:针脚〈#〉,BS-针脚〈#〉
插座通用特性	针脚数	〈#〉
	连接螺栓	〈#〉
	连接螺栓螺纹	〈#〉
	旋转	〈#〉
	标准	〈#〉
	针脚排列	BS+:针脚〈#〉,BDH:针脚〈#〉,BDL:针脚〈#〉,BS-针脚〈#〉
物理特性	触点表面镀层要求	底层镀镍超过〈#〉μm, 镀金超过〈#〉μm
	触点最低寿命	〈#〉插拔次数
	连接点物理尺寸	符合×××××
电气特性	最低工作电压	30 V 直流
	接点最小额定电流	〈#〉A
	接点最大电阻	〈#〉mΩ(最初) 〈#〉mΩ(最终)
环境特性	防水	〈#〉
	防油	〈#〉
	运行温度	〈#〉℃到〈#〉℃
	储存温度	〈#〉℃到〈#〉℃
	机械冲击	符合标准 测试条件
	振动	符合标准 测试条件
电缆	可连接电缆	〈圆形电缆Ⅰ,…〉

8.4.3 连接器描述的接合规范:开放式、扁平Ⅰ、扁平Ⅱ

所有连接器插头的外形都应符合图 101 和图 102 的规范。

单位为毫米

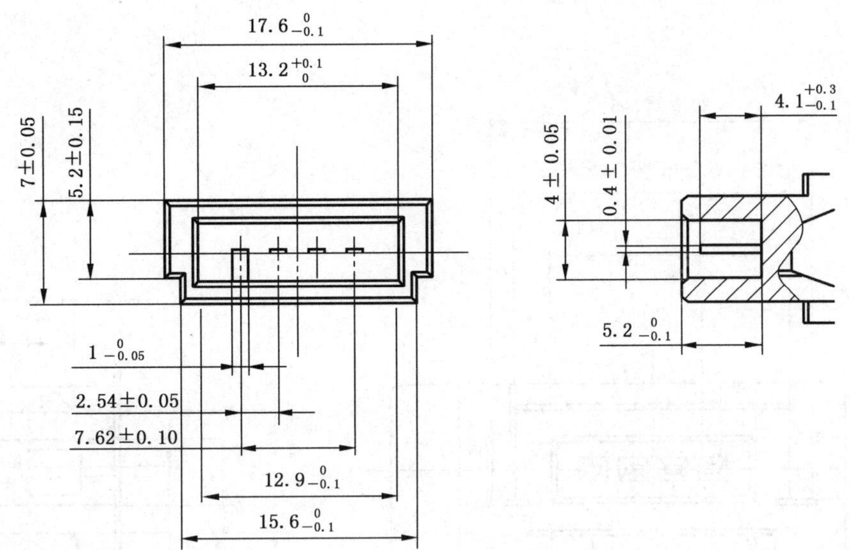

图 101　插头连接器的接合尺寸

单位为毫米

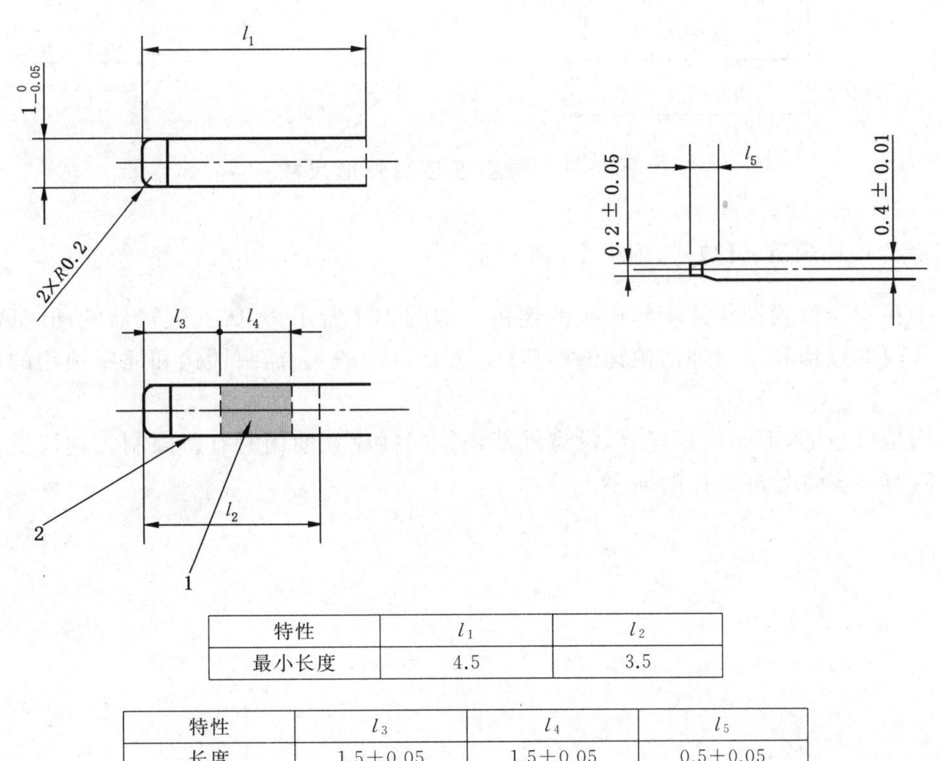

特性	l_1	l_2
最小长度	4.5	3.5

特性	l_3	l_4	l_5
长度	1.5±0.05	1.5±0.05	0.5±0.05

说明：

1——接触区域；

2——导向区域。

图 102　插头连接器的连接点尺寸

所有连接器插座的外形都应符合图 103 的规范。插座连接点的尺寸没有指出。插座的设计应该满足插头。

单位为毫米

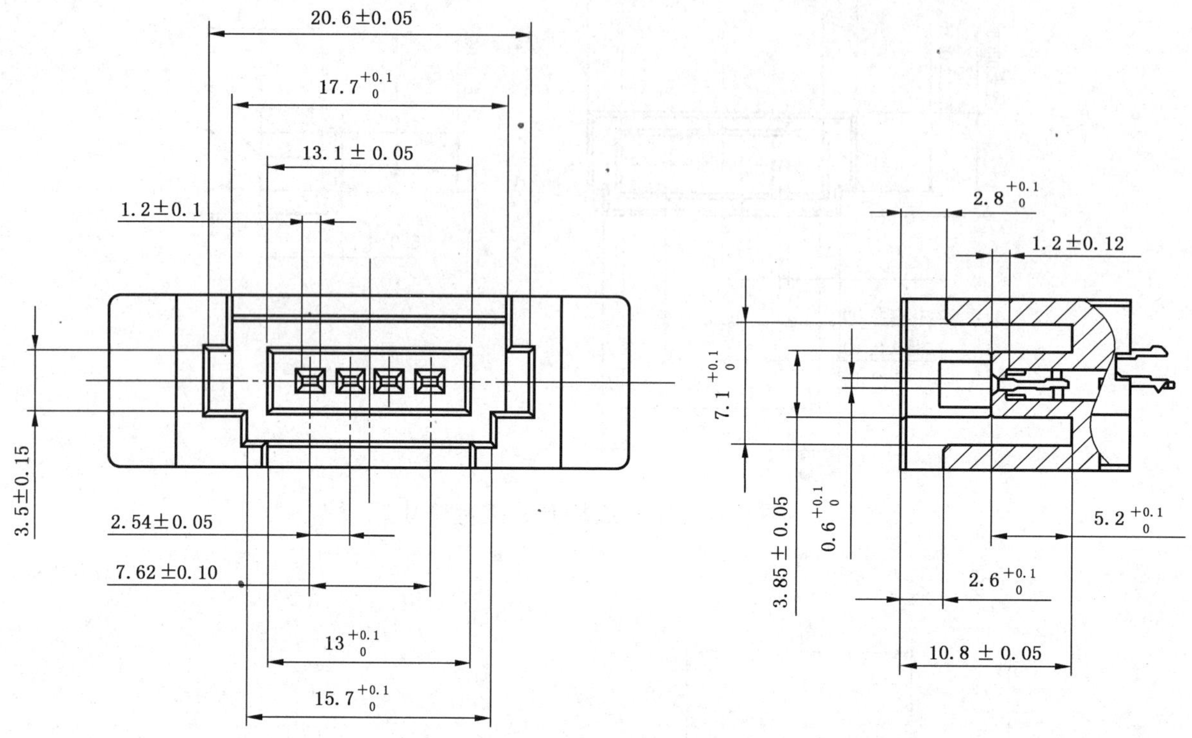

图 103 插座连接器外形尺寸

8.4.4 连接器的锁钩规范:开放式、扁平Ⅰ、扁平Ⅱ

锁钩用于在配合位置锁住插座和插头的连接。如图 104 所示,开放式连接器的插座区域、外形Ⅰ和外形Ⅱ应包含内部锁钩和用于外部锁钩的凹口(这个是可选的)。插头锁钩和插座锁钩的设计需要相互兼容。

外部锁钩是可选的,但是根据经验,没有外部锁钩的插座在使用时有所限制。建议供应商的样本要清楚地指出所有不支持外部锁钩的插座。

单位为毫米

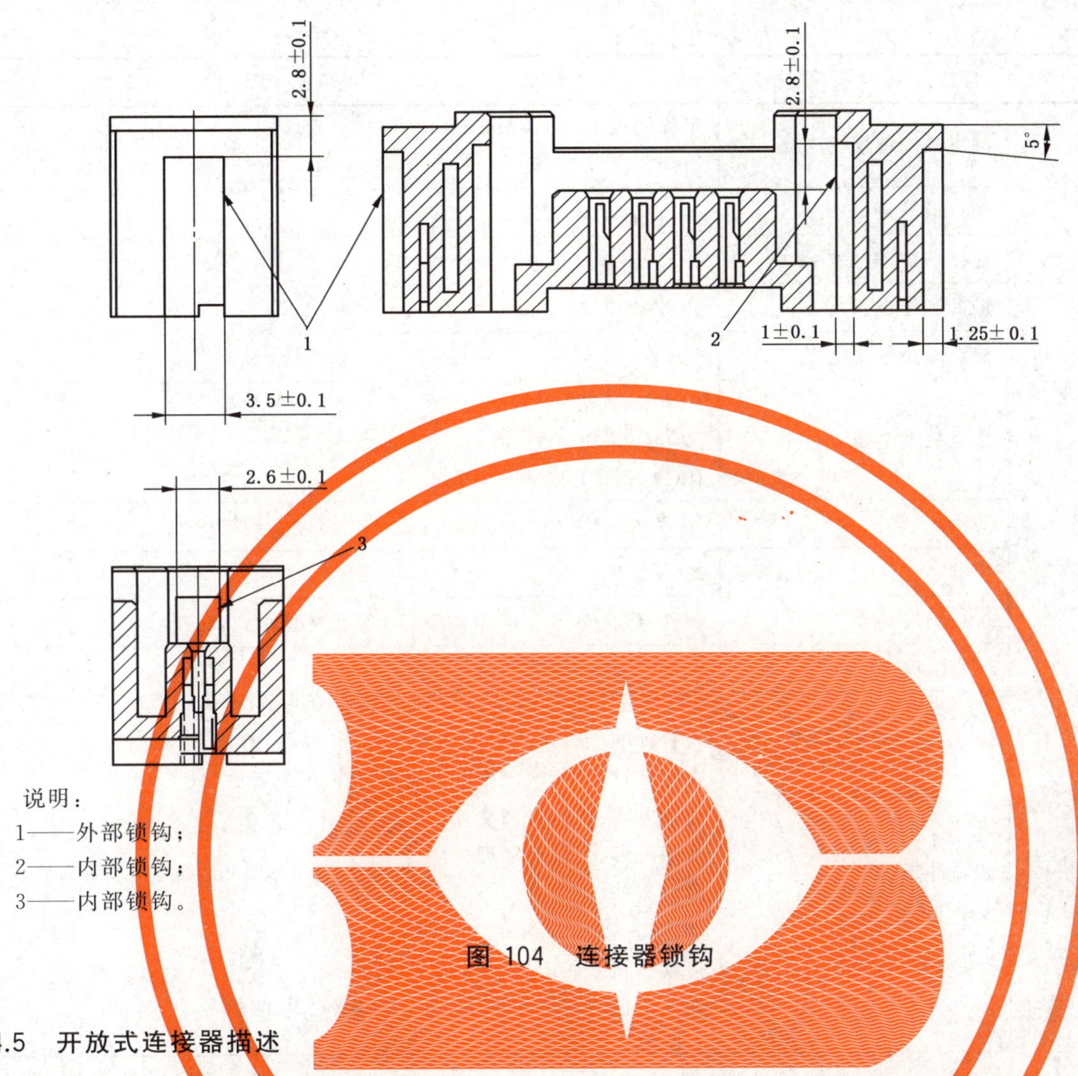

说明：
1——外部锁钩；
2——内部锁钩；
3——内部锁钩。

图 104 连接器锁钩

8.4.5 开放式连接器描述

表 136 定义了开放式连接器的规范。图 105 和图 106 定义了针脚排列和几何图形。

表 136 开放连接器规范

特性		规范
插头通用特性	针脚数	4
	连接螺栓	N/A
	连接螺栓螺纹	N/A
	旋转	N/A
	标准	由供应商定义
	针脚排列	BS+:针脚 1;BDH:针脚 2;BDL:针脚 3;BS-:针脚 4
插座通用特性	针脚数	4
	连接螺栓	N/A
	连接螺栓螺纹	N/A
	旋转	N/A
	标准	由供应商定义
	针脚排列	BS+:针脚 1;BDH:针脚 2;BDL:针脚 3;BS-:针脚 4

表 136 （续）

特性		规范
物理特性	触点表面镀层要求	里面镀镍超过 2.0 μm， 镀金超过 0.4 μm
	触点最低寿命	插拔次数 100 次
	连接点物理尺寸	符合 8.4.3
电气特性	最低工作电压	30 V 直流
	接点最小额定电流	5 A[a,b]
	接点最大电阻[c]	40 mΩ(最初) 50 mΩ(最终) IEC 60512-1 和见图 107
环境特性	防水	N/A
	防油	N/A
	运行温度	−30 ℃～+55 ℃时全功率，70 ℃线性衰减到 2.5 A[b]
	储存温度	−35 ℃～+80 ℃
	机械冲击	符合标准 在测试过程中，电流中断不得超过 1 μs 或者更长。 连接电阻：50 mΩ 或更小。 外观与形状：没有物理损坏。 测试条件 加速度：490 m/s² 持续时间：11 ms 在 3 个轴的 6 个方向分别进行 3 次(总共 18 次)
	振动	符合标准 在测试过程中，电流中断不得超过 1 μs 或者更长。 连接电阻：50 mΩ 或更小。 外观与形状：没有物理损坏。 测试条件 频率：10 Hz～500 Hz 扫频时间：20 min 振幅：1.52 mm 或 98 m/ s² 在 3 个轴各 2 h(共 6 h)
电缆	可连接电缆	圆形电缆Ⅰ，圆形电缆Ⅱ，扁平电缆Ⅰ(由供应商定义规范)

[a] 不支持当网络有电时插拔连接器。

[b] 额定电流衰减的情况见图 108。

[c] 这里包括 IDC 接线的电阻和插座与插头连接点的电阻(见图 108)。

单位为毫米

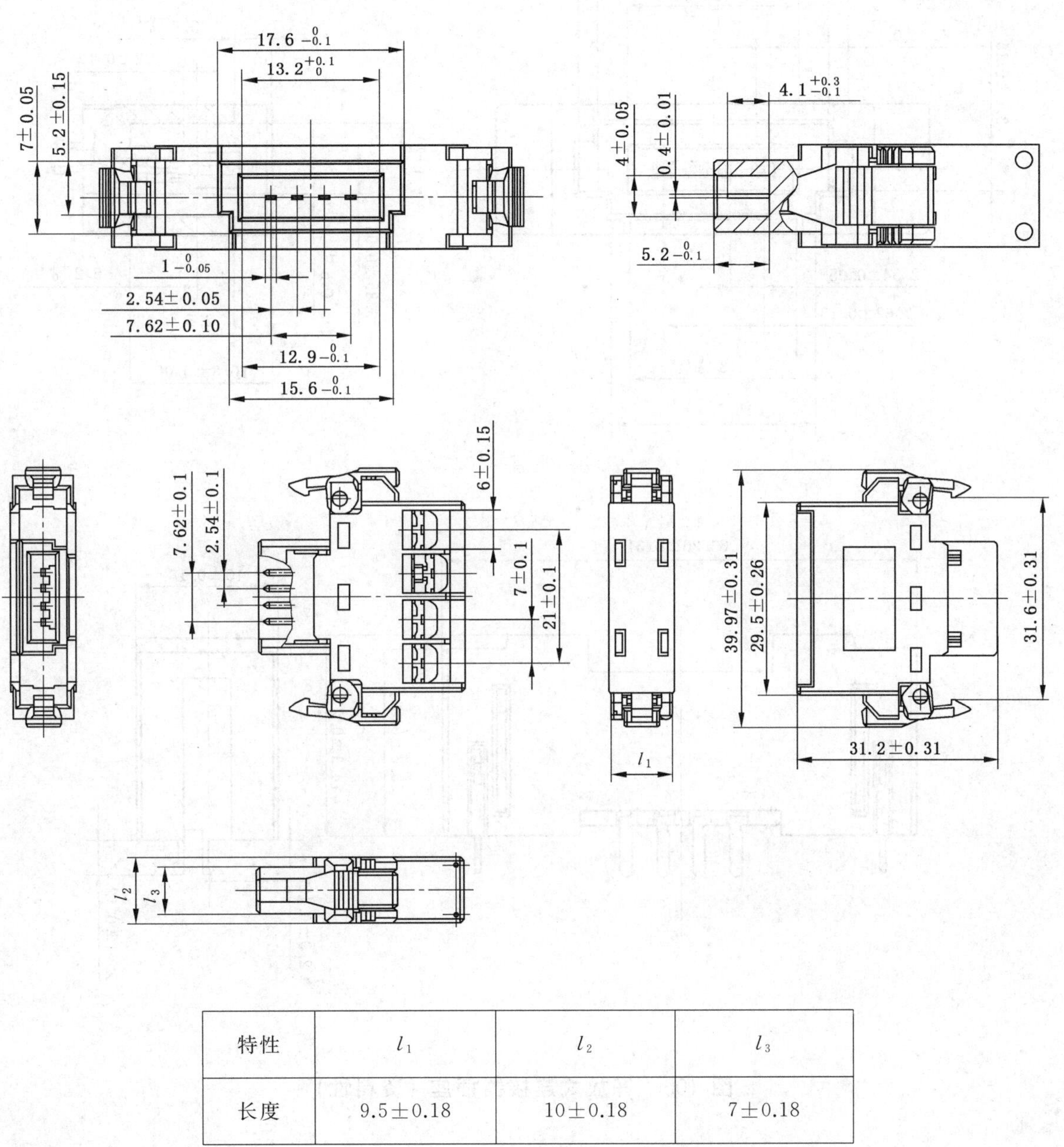

特性	l_1	l_2	l_3
长度	9.5±0.18	10±0.18	7±0.18

图 105 开放式连接器插头(资料性)

单位为毫米

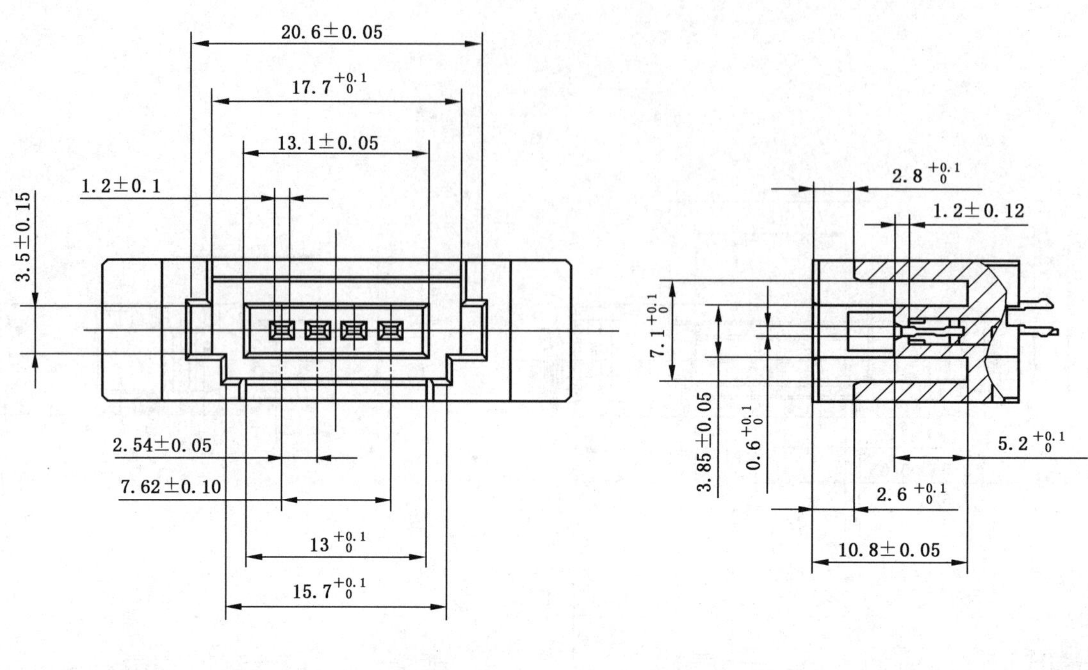

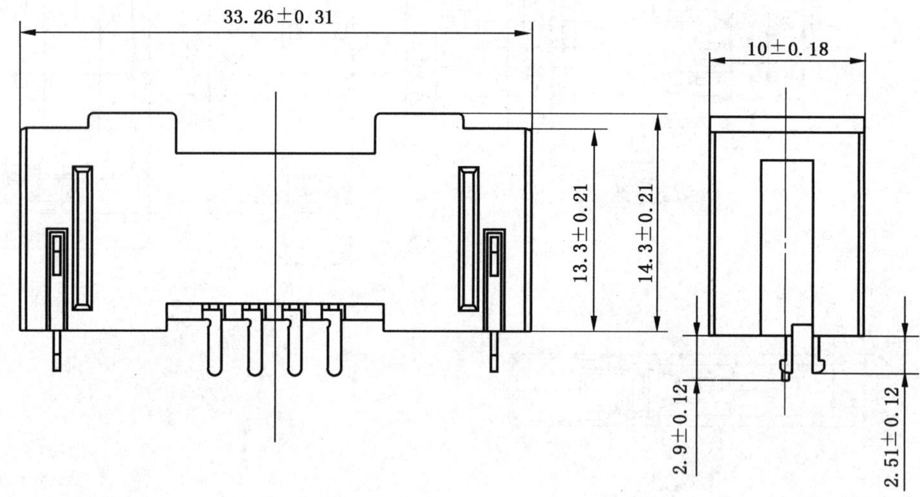

图 106 开放式连接器插座(资料性)

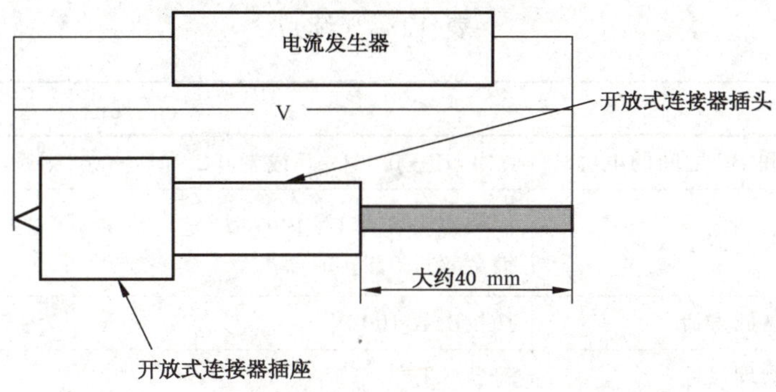

图 107　测量连接电阻的方法(开放式连接器)

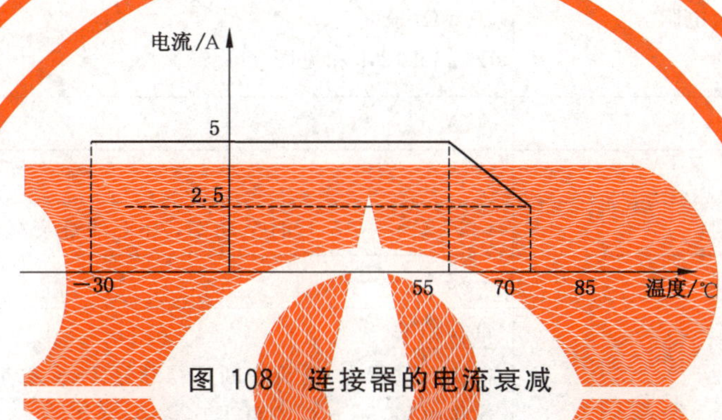

图 108　连接器的电流衰减

8.4.6　扁平连接器Ⅰ的描述

表 137 定义了扁平连接器Ⅰ的规范。图 109 和图 110 定义了输出针脚和几何图形。

表 137　扁平连接器Ⅰ规范

特性		规范
插头通用特性	针脚数	4
	连接螺栓	N/A
	连接螺栓螺纹	N/A
	旋转	N/A
	标准	由供应商定义
	针脚排列	BS+:针脚 1;BDH:针脚 2;BDL:针脚 3;BS-:针脚 4
插座通用特性	针脚数	4
	连接螺栓	N/A
	连接螺栓螺纹	N/A
	旋转	N/A
	标准	由供应商定义
	针脚排列	BS+:针脚 1;BDH:针脚 2;BDL:针脚 3;BS-:针脚 4

表 137 （续）

特性		规范
插座通用特性	BS＋和 BS-之间的电容	0.01 μF±0.001 μF 或者 0.22 μF±0.022 μF,最小耐压 50 V[d]
物理特性	触点表面镀层要求	里面镀镍超过 2.0 μm, 镀金超过 0.4 μm
	触点最低寿命	插拔次数 100 次
	触点物理尺寸	符合 8.4.3
电气特性	最低工作电压	30 V 直流
	接点最小额定电流	5 A[a,b]
	接点最大电阻[c]	40 mΩ(最初) 50 mΩ(最终) IEC 60512-1 和见图 111
环境特性	防水	N/A
	防油	N/A
	运行温度	－30 ℃～＋55 ℃时全功率,70 ℃线性衰减到 2.5 A[b]
	储存温度	－35 ℃～＋80 ℃
	机械冲击	符合标准 在测试过程中,电流中断不得超过 1 μs 或者更长。 连接电阻:50 mΩ 或更小。 外观与形状:没有物理损坏。 测试条件 加速度:490 m/s² 持续时间:11 ms 在 3 个轴的 6 个方向分别进行 3 次(总共 18 次)
	振动	符合标准 在测试过程中,电流中断不得超过 1 μs 或者更长。 连接电阻:50 mΩ 或更小。 外观与形状:没有物理损坏。 测试条件 频率:10 Hz～500 Hz 扫频时间:20 min 振幅:1.52 mm 或 98 m/ s² 在 3 个轴各 2 h(共 6 h)
电缆	可连接电缆	扁平电缆 I

[a] 不支持网络有电时插拔连接器。

[b] 额定电流衰减的情况见图 108。

[c] 这里包括 IDC 接线的电阻和插座与插头接点的电阻(见图 111)。

[d] 所有在干线或分支线的插座都必须嵌入 0.01 μF 或 0.22 μF 的电容。对于安装插座的 PCB 板,可以在主站端口和从站端口的 PCB 板上安装电容。见 5.7.3、5.7.4 和图 116。

单位为毫米

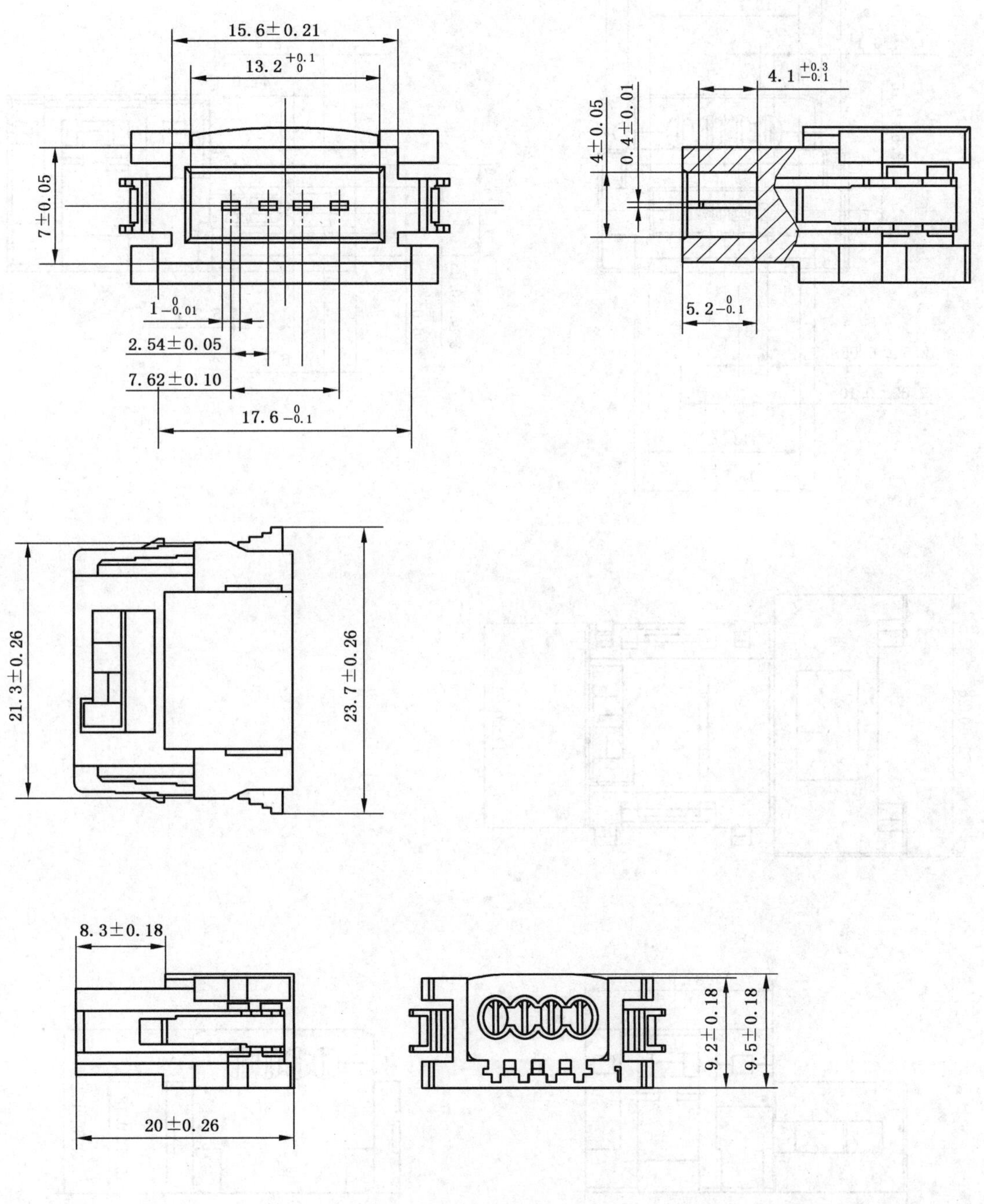

图 109 扁平电缆 I 插头

单位为毫米

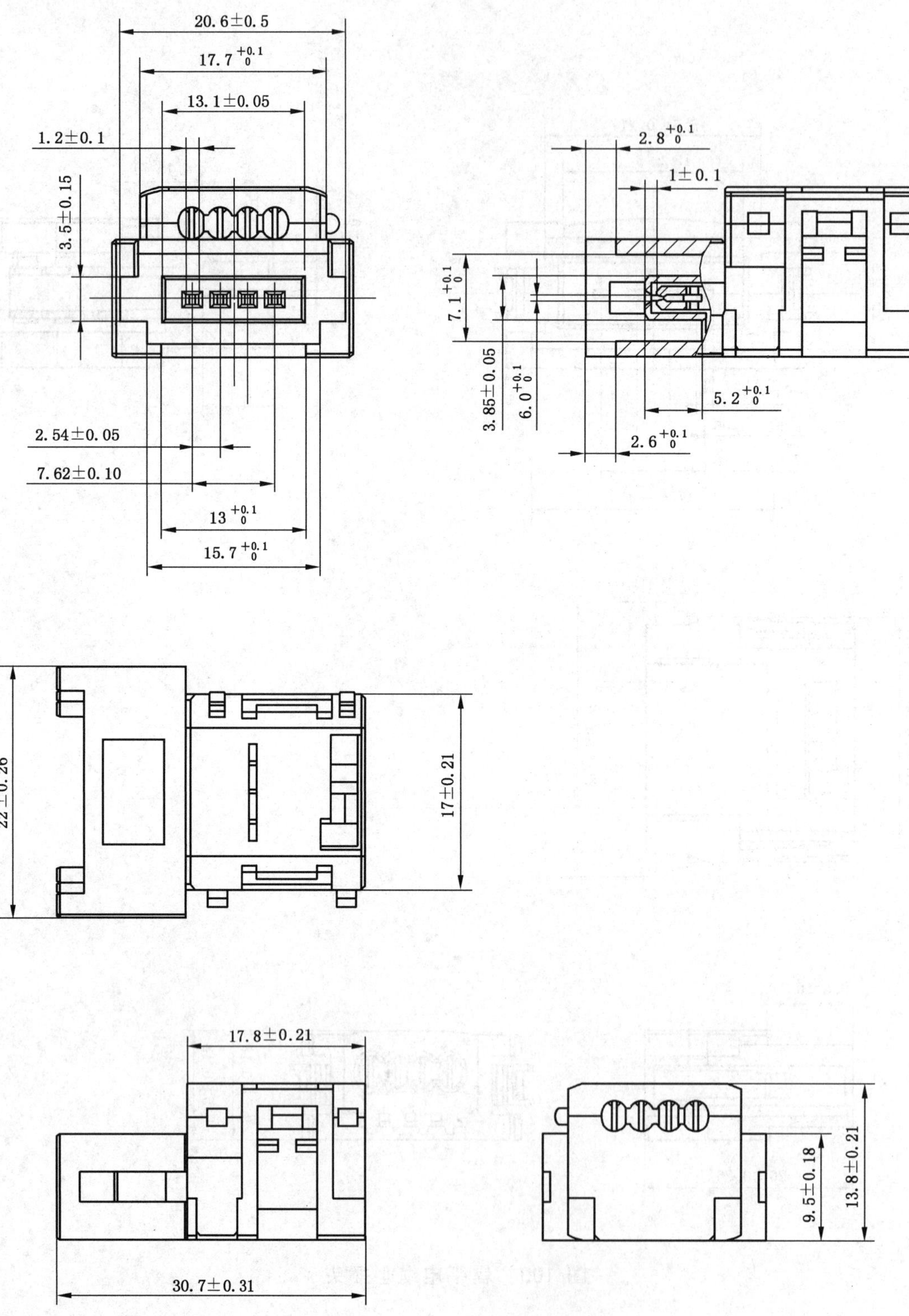

图 110 扁平电缆Ⅰ插座（资料性）

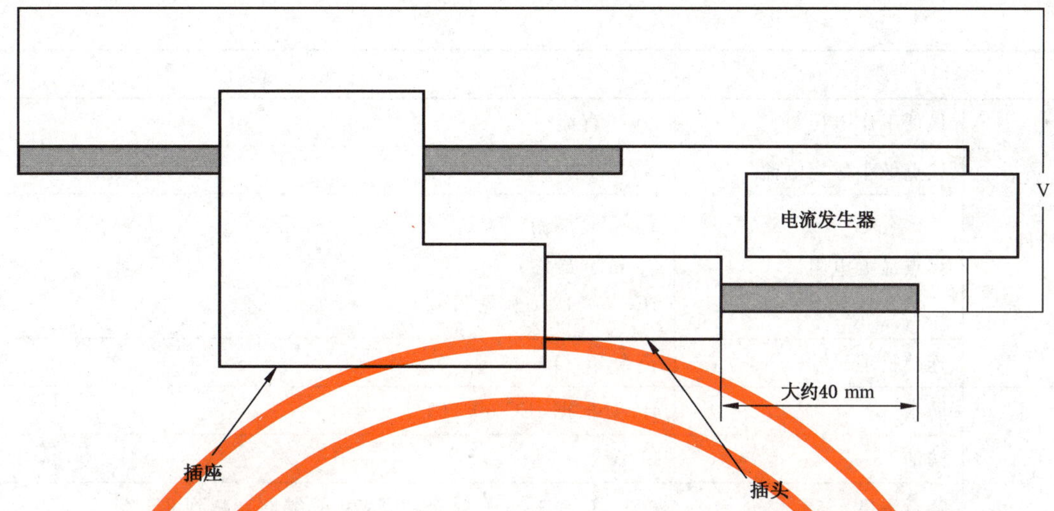

图 111 测量连接电阻的方法(扁平电缆Ⅰ、Ⅱ连接器)

在 PCB 板上安装插座的情况下,应在 PCB 针脚到插头上电缆 40 mm 末端处测量连接电阻。

8.4.7 扁平连接器Ⅱ的描述

表 138 定义了扁平连接器Ⅱ的规范。图 112、图 113 和图 114 定义了输出针脚和几何图形。

表 138 扁平连接器Ⅱ规范

特性		规范
插头通用特性	针脚数	4
	连接螺栓	N/A
	连接螺栓螺纹	N/A
	旋转	N/A
	标准	
	针脚排列	BS+:针脚 1;BDH:针脚 2;BDL:针脚 3;BS-:针脚 4
插座通用特性	针脚数	4
	连接螺栓	N/A
	连接螺栓螺纹	N/A
	旋转	N/A
	标准	
	针脚排列	BS+:针脚 1;BDH:针脚 2;BDL:针脚 3;BS-:针脚 4
	BS+与 BS-之间的电容	0.01 μF±0.001 μF 或者 0.22 μF±0.022 μF,最小低耐压 50 V 直流[d]
物理特性	触点表面镀层要求	底层镀镍 2.0 μm 以上, 镀金 0.4 μm 以上
	触点最低寿命	插拔次数 100 次

表 138（续）

特性		规范
电气特性	最低工作电压	30 V 直流
	接点最小额定电流	5 A[a,b]
	接点最大电阻[c]	40 mΩ(最初) 50 mΩ(最终) IEC 60512-1 和见图 111
	连接物理尺寸	符合 8.4.3
环境特性	防水	IP54(根据 IEC 60529)
	防油	N/A
	运行温度	−30 ℃～+55 ℃时全功率，70 ℃线性衰减到 2.5 A[b]
	储存温度	−35 ℃～+80 ℃
	机械冲击	符合标准 在测试过程中，电流中断不得超过 1 μs 或者更长。 连接电阻：50 mΩ 或更小。 外观与形状：没有物理损坏。 测试条件 加速度：490 m/s^2 持续时间：11 ms 在 3 个轴的 6 个方向分别进行 3 次(总共 18 次)
	振动	符合标准 在测试过程中，电流中断不得超过 1 μs 或者更长。 连接电阻：50 mΩ 或更小。 外观与形状：没有物理损坏。 测试条件 频率：10 Hz～500 Hz 扫频时间：20 min 振幅：1.52 mm 或 98 m/s^2 在 3 个轴各 2 h(共 6 h)
电缆	可连接电缆	扁平电缆Ⅱ

[a] 不支持网络有电时插拔连接器。

[b] 额定电流衰减的情况见图 108。

[c] 这里包括 IDC 接线的电阻和插座与插头接点的电阻(见图 111)。

[d] 所有在干线或分支线的插座都必须嵌入 0.01 μF 或 0.22 μF 的电容。对于安装插座的 PCB 板，可以在主站端口和从站端口的 PCB 板上安装电容。见 5.7.3、5.7.4 和图 116。

单位为毫米

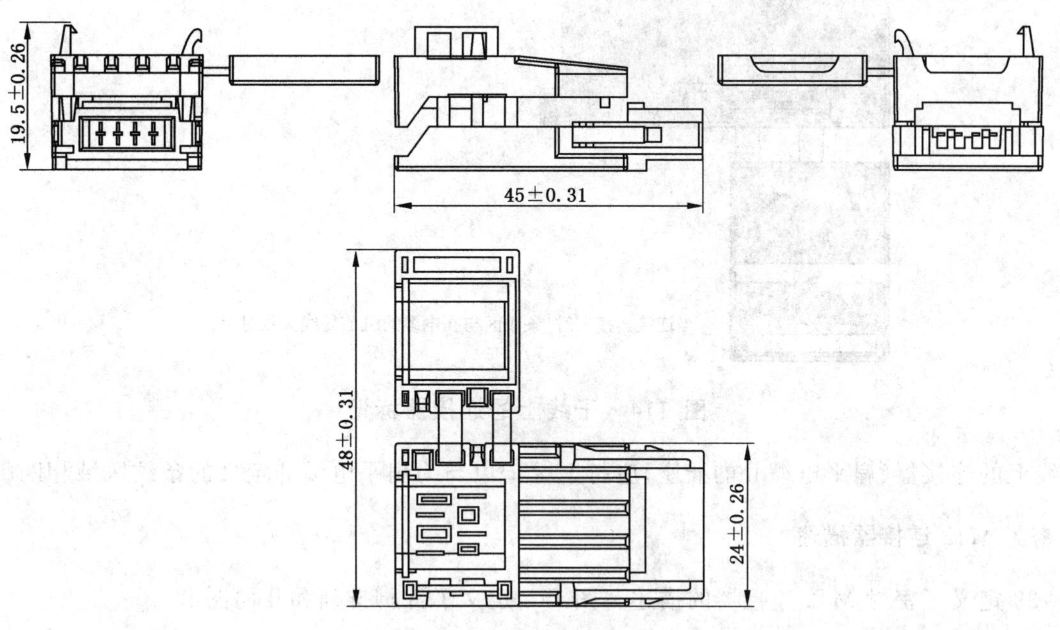

图 112 扁平电缆Ⅱ插头(资料性)

单位为毫米

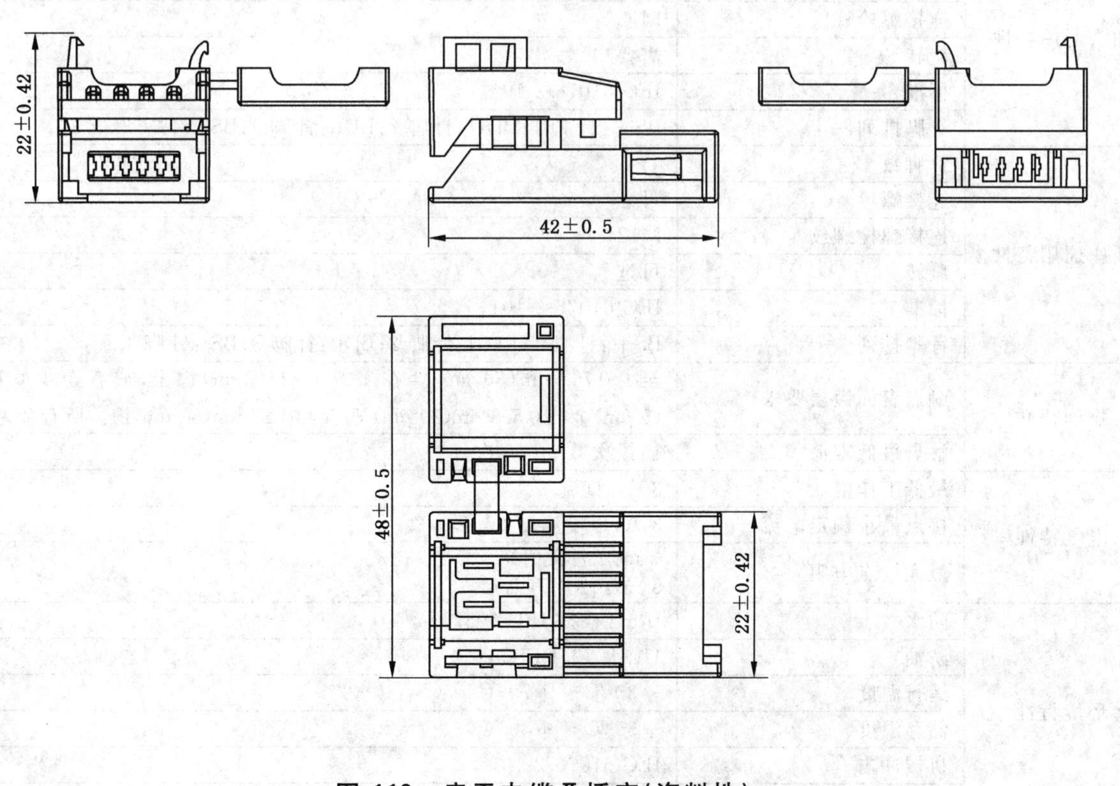

图 113 扁平电缆Ⅱ插座(资料性)

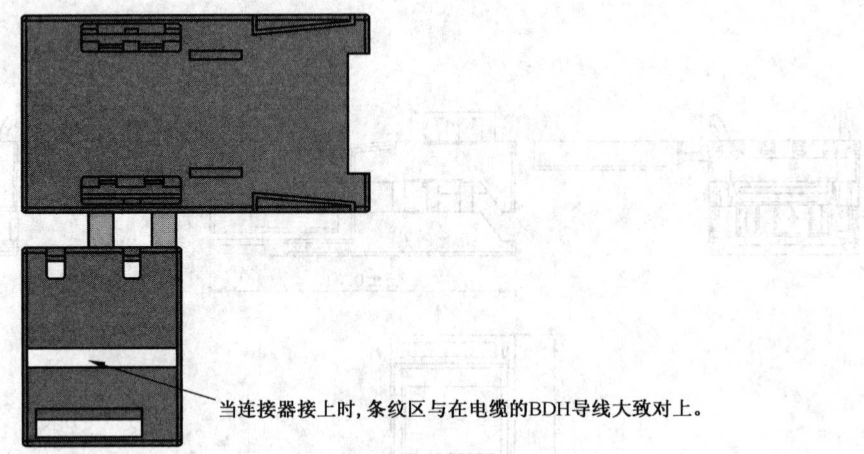

图 114 干线上的连接器标记

干线上的连接器(扁平电缆Ⅱ的插座)应打上标记以与为扁平电缆Ⅱ定义的条纹区域相匹配。

8.4.8 密封 M12 连接器描述

表 139 定义了密封 M12 连接器的描述。图 115 定义了针脚排列和几何图形。

表 139 密封 M12 连接器规范

特性		规范
插头通用特性	针脚数	4
	连接螺栓	公
	连接螺栓螺纹	M12
	旋转	需要
	标准	IEC 61076-2-101
	针脚排列	BS+:针脚 1;BDH:针脚 2;BDL:针脚 3;BS-:针脚 4
插座通用特性	针脚数	4
	连接螺栓	母
	连接螺栓螺纹	M12
	旋转	可选
	标准	IEC 61076-2-101
	针脚排列	BS+:针脚 1;BDH:针脚 2;BDL:针脚 3;BS-:针脚 4
物理特性	触点表面镀层要求	至少 0.762 μm(30 μin)金在 1.27 μm(50 μin)镍上，或者至少 0.127 μm(5 μin)金在 0.508 μm(20 μin)钯-镍和 1.27 μm(50 μin)镍。所有金为 24 K
	触点最低寿命	插拔次数 1 000 次
电气特性	最低工作电压	30 V 直流
	接点最小额定电流	3 A，环境温度 20 ℃
	最大接点电阻	1 mΩ(名义值) 5 mΩ 使用寿命后
环境特性	防水	IP67(根据 IEC 60529)
	防油	UL-1277，RES2 油
	运行温度	−30 ℃～+70 ℃
	储存温度	−35 ℃～+80 ℃
	机械冲击	IEC 61076-2-101
	振动	IEC 61076-2-101
电缆	可连接电缆	圆形电缆Ⅱ

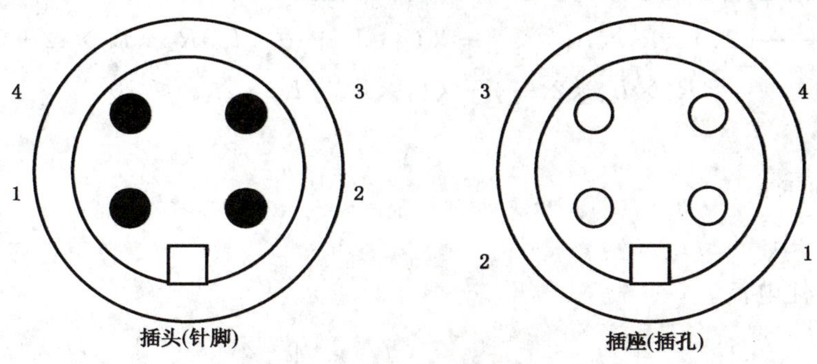

BS+: Pin1;BDH: Pin2;BS−: Pin3;BDL: Pin4

图 115 M12 连接器针脚排列

8.5 节点供电实现

8.5.1 概述

设备使用这些实现方法可以从网络上取电源。

如果设备的 BS+和 BS−连接到网络电源线,需要连接一个 0.01 μF 的电容,见图 116。

设备可以从网络上取电。从站设备可以使用一个限流电阻串接在 BS+线上,见图 116 所示。

8.5.2 节点供电连接的要求

所有节点的设计都应包括图 116 所示的电路。

说明:

R——这可以是一个保险丝或者一个电阻,它的阻值不能超过 10 Ω。

C——0.01 μF(1±10%),温漂±15%,(从最高运行温度到最低温度),耐压最少为直流 50 V。

图 116 链路的电源电路

8.5.3 对由网络供电

CompoNet 并不限制使用网络供电节点的消耗电流。但是应考虑以下要求。

通过网段传输的总电流不能超过电缆线的容量。

网段消耗的总电流不能超过网络电源的容量。

由网络供电节点的工作范围:直流 14 V~26.4 V。

当可能由于直流电源短暂短路造成掉电时,每个节点应能够支持至少 2 ms。

节点 n 的电压跌落必须不大于(从直流 24 V 下降到直流 14 V),见图 117:

$$\{(I_1+I_2+I_3+\cdots+I_n)\times R_1\times L_1\times 2\ +(I_2+I_3+\cdots+I_n)R_2\times L_2\times 2+(I_3+\cdots+I_n)\times R_3\times L_3\times 2+\cdots+(I_n\times R_n\times L_n\times 2)\}<10$$

式中:

R ——电缆的 DCR;

L ——电缆的长度;

I ——节点的消耗电流。

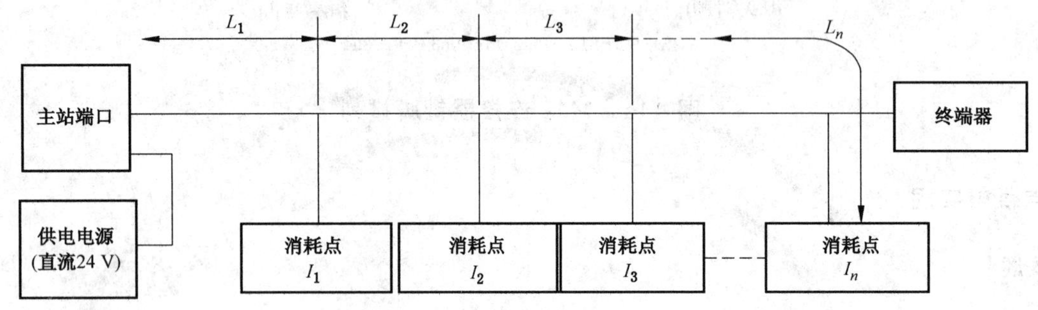

图 117　沿电缆线的电压跌落

由网络供电节点的设计应包含限制浪涌电流、错线保护和支持 2 ms 断电的能力。图 118 提供了一个实现的举例。

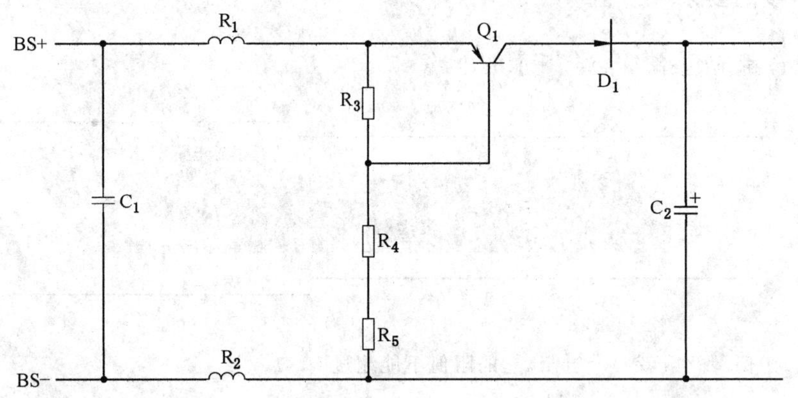

图 118　节点电源设计(资料性)

8.6　错线保护

当 BS+与 BS−线接反时,设备应能够承受错线不被损坏。

测试规范见 9.2.2。

8.7　电磁兼容性

8.7.1　概述

所有抗扰度和发射试验都是型式试验,并且都应该在典型的条件下进行,包括典型的操作和环境、使用推荐的连线,以及在 CompoNet 线缆上通信和数据传输所需要的设备(见 9.2.8 测试规范)。

8.7.2 抗扰度

8.7.2.1 性能标准

测试结果应用以下性能判别标准：

——判别标准 A：当设备在使用过程中，不允许出现在指定限度外的性能降低；

——判别标准 B：不允许实际操作状态和存储数据有所变化。在测试期间，允许性能降低。测试结束后，当设备在使用过程中，不允许出现在指定限度外的性能降低。

8.7.2.2 静电放电抗扰度(ESD)

根据 IEC 61000-4-2 要求，每个极性应该根据以下规则进行十次放电：

——对非金属外壳设备应用空气放电方法，测试电压等级为±8 kV；

——对金属设备外壳设备应用接触放电方法，测试电压等级为±4 kV。

性能判别标准应用 B。

8.7.2.3 辐射射频电磁场抗扰度

根据 IEC 61000-4-3 要求：

——在 80 MHz～1 000 MHz 频率范围内，以 10 V/min 扫描，振幅调制。

性能判别标准应用 A。

8.7.2.4 电快速瞬变脉冲群抗扰度

根据 IEC 61000-4-4 要求：

——5 kHz 的±1 kV 最大测试电压施加在包含 CDI 通讯介质的电缆；

——5 kHz 的±2 kV 最大测试电压施加在其他电缆和端口。

性能判别标准应用 B。

8.7.2.5 浪涌抗扰度

根据 IEC 61000-4-5 要求：

——在 AC 电源主线与地之间施加 5 次最大电压为±2 kV 浪涌；

——在 AC 电源主线之间施加最大电压为±1 kV 的浪涌。

性能判别标准应用 B。

8.7.2.6 传导射频骚扰抗扰度

根据 IEC 61000-4-6 要求：

——在 150 kHz～80 MHz 频率范围内，以 10 V r.m.s 扫描，振幅调制。

性能判别标准应用 A。

8.7.2.7 电压跌落和中断

电源供给需符合 5.7.11.1 指定的规范，排除其他任何进一步的测试要求。

8.7.3 发射

8.7.3.1 辐射发射

测试应该符合 CISPR 11，group1，classA 标准要求。

8.7.3.2 传导发射

测试应该符合 CISPR 11,group1,classA 标准要求。

9 测试

9.1 概述

本章规定型式试验的电气、机械和逻辑要求的测试类型。测试分为了 3 个部分:

——电气测试;

——机械测试;

——逻辑测试。

注:如果 CompoNet 规范作为产品的一个组成部分实现,那么一些逻辑的测试可以由产品本身的行为决定的。一个设备符合这部分的标准并不意味着符合系统的要求或者其他包括 CompoNet 在内的应用要求。CompoNet 功能的特定应用测试不是本部分的范围。

对于一个特定被测设备的测试可以按照以下测试次序。

9.2 电气测试

9.2.1 从站端口操作电压测试

9.2.1.1 测试目的

本测试是用来验证在规定的电源供电电压范围内从站端口操作是否正常。这些测试只被应用于带有 MS 指示灯的设备。

9.2.1.2 测试电路

测试电路如图 119 所示。

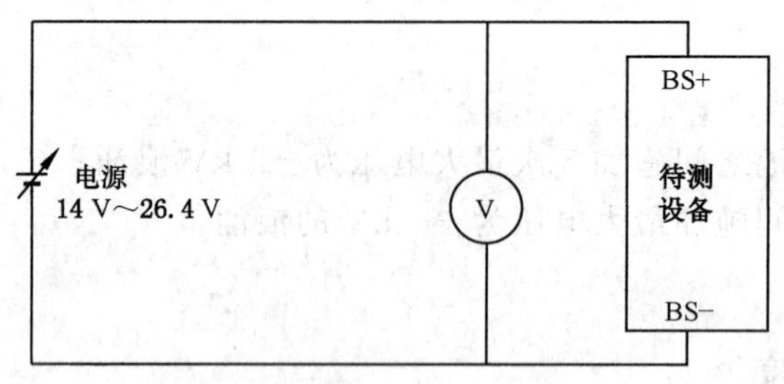

图 119 操作电压测试电路

9.2.1.3 测试过程

将 14 V 电源施加于被测设备,确认设备的 LED 灯指示正确。

然后把 26.4 V 电源施加于被测设备,确认设备的 LED 灯指示正确。

9.2.1.4 符合标准

MS LED 指示灯应该常亮绿色。

9.2.2 电源线的反向连接

9.2.2.1 测试目的

本测试的目的是为了验证一个从站端口对电源反接的保护是否符合要求。

9.2.2.2 测试电路

测试电路如图 120 所示。

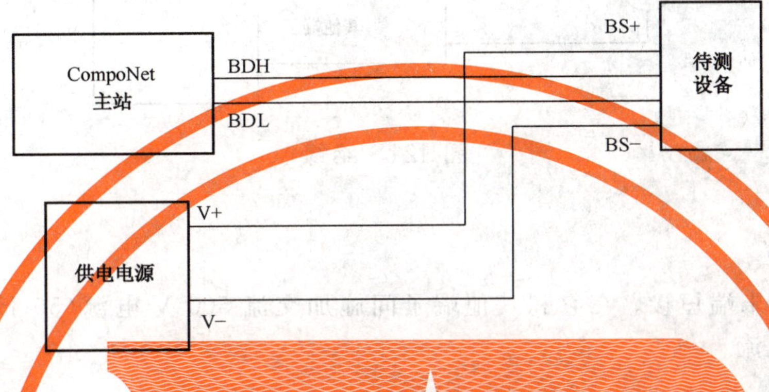

图 120 电源线的反向连接

9.2.2.3 测试过程

被测设备的 BS＋线连接到电源的 V－，BS－连接到电源的 V＋，持续 60 s，然后返回到正常状态。

9.2.2.4 符合标准

当接线返回到正常状态时，校核设备与主站的通信正常。

9.2.3 瞬时电源中断

9.2.3.1 测试目的

本测试的目的是为了验证设备对瞬时电源中断的要求是否符合。

9.2.3.2 测试电路

测试电路如图 120 所示。

9.2.3.3 测试过程

当被测设备与主站正常通信时，切断电源 2 ms。

9.2.3.4 符合标准

瞬时电源中断应不会造成任何通信错误。

9.2.4 绝缘

9.2.4.1 测试目的

本测试的目的是为了验证设备节点的绝缘是否符合要求。

9.2.4.2 测试电路

测试电路如图121所示。

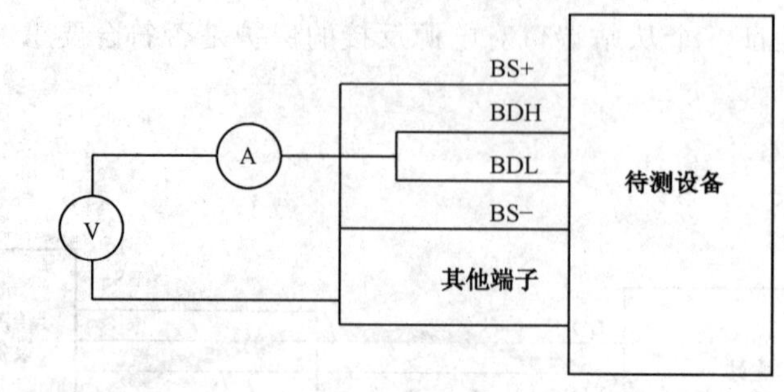

图121 绝缘

9.2.4.3 测试过程

BDH与BDL的末端短接。在它和其他端子间施加交流500 V电源(50 Hz或者60 Hz)持续1 min,并测量其漏电流。

9.2.4.4 符合标准

漏电流小于或等于5 mA。

9.2.5 输入阻抗

9.2.5.1 测试目的

本测试的目的是为了验证物理层的输入阻抗是否符合标准。

9.2.5.2 测试电路

测试电路如图122所示。

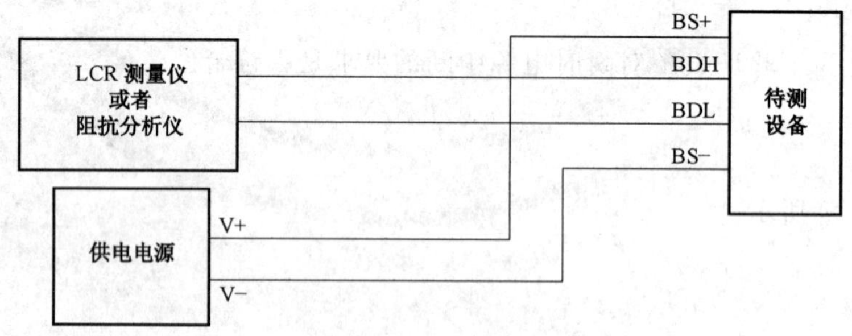

图122 输入阻抗

9.2.5.3 测试过程

被测设备应处于接通状态,应在750 kHz和4 MHz频率测量它的阻抗。

9.2.5.4 符合标准

每个物理层端口的输入阻抗值应在表140(主站)和表141(从站)定义的标准值范围内。

表 140 主站的输入阻抗

频率	阻抗
750 kHz	140 Ω～164 Ω
4 MHz	116 Ω～135 Ω

表 141 从站的输入阻抗

频率	阻抗
750 kHz	847 Ω～985 Ω
4 MHz	476 Ω～555 Ω

9.2.6 输入波形

9.2.6.1 测试目的

本测试目的是为了校验节点的传输波形是否符合标准。

9.2.6.2 测试电路

主站端口的测试电路应如图 64 所示。
从站端口的测试电路应如图 123 所示。

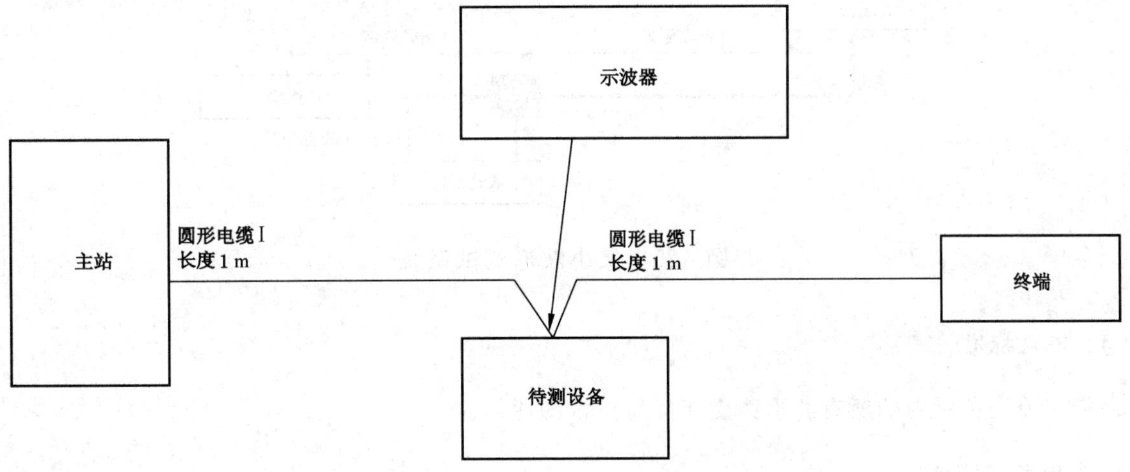

图 123 从站端口的输出从站测试电路

9.2.6.3 测试过程

在一个示波器记录被测设备的 BDH 和 BDL 间的波形。应在两个数据传输速率(4 Mbit/s 和 92.75 kbit/s)进行测试。

9.2.6.4 符合标准

测量的波形应符合 5.7.3.4.1 的要求(主站端口)和 5.7.4.4.1(从站端口)的要求。

9.2.7 最小输入波形

9.2.7.1 测试目的

本测试的目的是为了验证主站端口或从站端口接收信号是否符合规范。

9.2.7.2 测试电路

主站端口和从站端口的测试电路如图 124 所示。

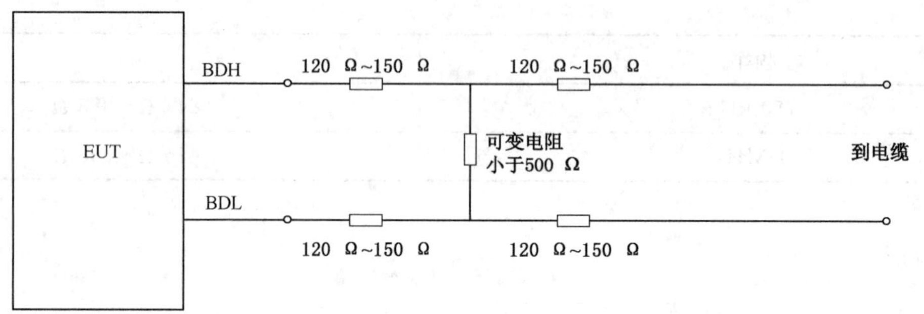

图 124 最小输入波形测试电路

9.2.7.3 测试过程

数据速率应是 4 Mbit/s。调节可变电阻使进入被测设备的传输信号应符合图 125 所示。

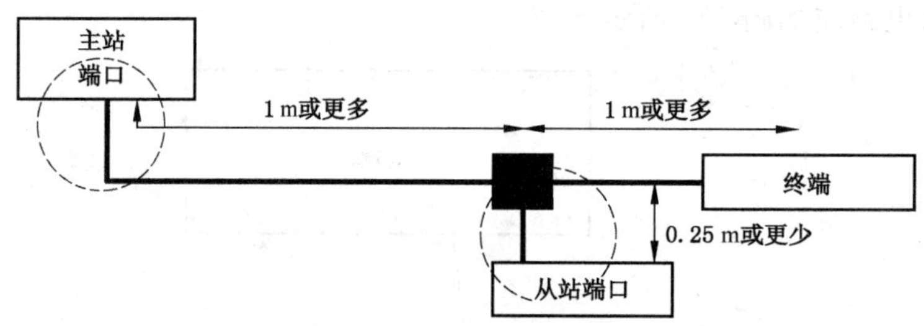

图 125 最小波形测试系统

9.2.7.4 符合标准

在指定掩码范围内的所有波形都应能保持正常的通信。

9.2.8 电磁兼容测试

9.2.8.1 概述

应在被测设备支持的最大波特率工作情况下测试。除非另外指出,执行测试的环境温度是23 ℃±5 ℃。被测设备应置于空气中,应根据厂商的操作手册将它连接到 CompoNet 设备接口,并且施加额定电压供电。

9.2.8.2 抗扰性

9.2.8.2.1 静电放电(ESD)抗扰度

测试应按 8.7.2.2 执行。

9.2.8.2.2 射频电磁场辐射抗扰度

测试应按 8.7.2.3 执行。

9.2.8.2.3 电快速瞬变脉冲群抗扰度

测试应按 8.7.2.4 执行。

9.2.8.2.4 浪涌抗扰度

测试应按 8.7.2.5 执行。

9.2.8.2.5 射频传导骚扰抗扰度

测试应按 8.7.2.6 执行。

9.2.8.3 发射

9.2.8.3.1 辐射发射

测试应按 CISPR 11,group 1,class A 执行。

9.2.8.3.2 传导发射

测试应按 CISPR 11,group 1,class A 执行。

9.3 机械测试

本条没有要求。

9.4 逻辑测试

9.4.1 概述

仅在节点支持要测试的特定功能时才执行逻辑测试。

9.4.2 从站和中继器测试

9.4.2.1 概述

本条包括对以下目的节点的协议测试项目、方法和规范:字输入从站、字输出从站、位输入从站、位输出从站和中继器。混合从站倾向于作为输入从站测试。被测设备也称为目的节点或 DUT。

9.4.2.2 系统配置

测试装置应包括:

——1 个 CompoNet 主站,允许手动传输报文和记录回复;

——1 个 24 V 直流电源。

目标节点的节点地址应设置为 31。

注:这样的地址选择是为了测试时间域的正确性——如果在每个总线周期设置 8 个 CN 帧,那么这个节点在第 4 个总线周期回复 CN 帧,如果设置 16 个 CN 帧,那么在第二个总线周期,如果设置 32 个 CN 帧,那么在每个总线周期的最后 CN 帧的位置。

测试配置如图 126 所示。

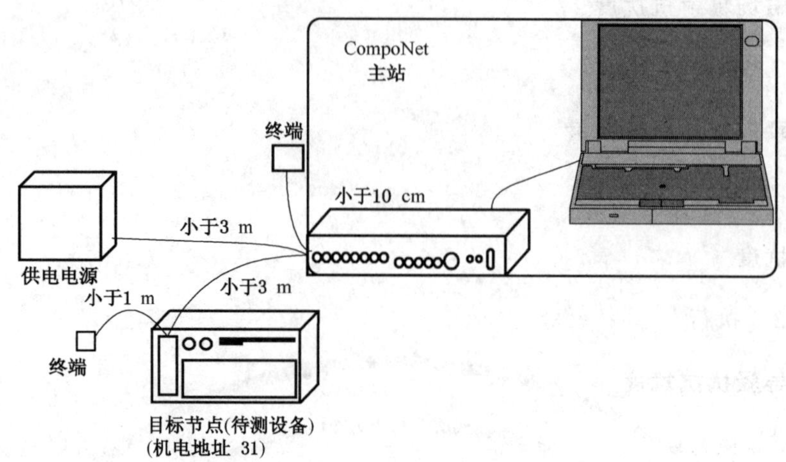

注：对于本身永久附带有电缆的节点，T-分支的长度应该是 0.025 m。

图 126 对从站和中继器被测设备的数据连接测试

9.4.2.3 帧类型测试

9.4.2.3.1 BEACON

9.4.2.3.1.1 测试目的

本项测试的目的是为了检查在 4 Mbit/s、3 Mbit/s、1.5 Mbit/s and 93.75 kbit/s 下设备通信速率检测的正确性。

9.4.2.3.1.2 测试过程

主站应配置成搜索被测设备，并且检查它是否在正常操作状态。测试应按下列步骤进行：

——搜索非参加的被测设备；

——发送 STRNP；

——发送 STWNP_Run；

——发 ALLOCATE；

——发送 poll；

——验证每种情况的响应。

这组测试应该在 4 Mbit/s、3 Mbit/s、1.5 Mbit/s and 93.75 kbit/s 传输速率下分别执行。

9.4.2.3.1.3 符合标准

被测设备应该与主站通信没有错误，并且应接收到正确的响应。

9.4.2.3.2 B_EVENT

9.4.2.3.2.1 测试目的

本项测试是验证对 STR 和 STW 响应的正确性。

9.4.2.3.2.2 测试过程

应进行以下测试项目并且记录相应的响应：

a） 当被测设备在OFFLINE状态时，向被测设备发送STRNP；
b） 当被测设备在OFFLINE状态时，向被测设备发送STWNP；
c） 当被测设备在ONLINE状态时，向被测设备发送STRP；
d） 当被测设备在ONLINE状态时，向被测设备发送STWP；
e） 当被测设备在ONLINE状态时，向被测设备发送STRNP；
f） 当被测设备在ONLINE状态时，向被测设备发送STWNP；
g） 当被测设备在OFFLINE状态时，向被测设备发送STRP；
h） 当被测设备在OFFLINE状态时，向被测设备发送STWP；
i） 当被测设备在ONLINE状态时，向被测设备发送STWP_Reset；
j） 当被测设备在OFFLINE状态时，向被测设备发送STWNP_Reset。

9.4.2.3.2.3 符合标准

由9.4.2.3.2.2执行的测试项目应该分别符合以下标准：

a） STRNP的响应数据应该是正确的供应商代码、设备类型、InIoModeStatus、OutloModeStatus、产品代码和MajorRevison；如果被测设备是一个中继器，那么RepeaterMode应该为1；如果不是，那么应该为0；
b） STWNP应该被确认；
c） STRP应该被确认；
d） STWP应该被确认；
e） STRNP应该不被确认；
f） STWNP应该不被确认；
g） STRP应该不被确认；
h） STWP应该不被确认；
i） 被测设备复位；
j） 被测设备复位。

9.4.2.3.2.4 A_EVENT

这个测试包含在其他测试中。这里不需要单独的测试。

9.4.2.3.3 CN

9.4.2.3.3.1 测试目的

本项测试验证被测设备的重复检测功能。

9.4.2.3.3.2 测试过程

主站应该在不发出任何STR的情况下搜索非参加的被测设备。

9.4.2.3.3.3 符合标准

被测设备应该进行发送直到通信错误状态。

9.4.2.3.4 IN

9.4.2.3.4.1 测试目的

应对包含IN功能的被测设备执行这个测试，如字输入/混合设备及位输入/混合设备。它可以验证 IN 帧的定时。

9.4.2.3.4.2 测试过程

主站需要被配置成在正常操作状态下测试被测设备。应当记录 IN 帧开始发送和前一个 OUT 或 TRG 帧完成之间的时间。

9.4.2.3.4.3 符合标准

记录的时间应该在 STW 的 0.1% “InTimeDomain”范围内。

9.4.2.4 重复 MAC ID 检测

9.4.2.4.1 测试目的

本项测试验证被测设备的重复检测功能。

9.4.2.4.2 测试过程

主站应配置成以参数“Serial Number=0xFFFFFFFF”发布 STWNP。

测试应按以下步骤执行：

a) 搜索非参加被测设备；
b) 发送 STRNP；
c) 以参数“Serial Number =0xFFFFFFFF”发送 STWNP_Run；
d) 检查被测设备。

9.4.2.4.3 符合标准

被测设备应该处于通信错误状态。

9.4.3 主站测试

9.4.3.1 最小通信测试

9.4.3.1.1 目的

本测试验证主站被测设备能够发送 BEACON 帧、OUT 或 TRG 帧初始化与已连接的从站和中继器的通信。

9.4.3.1.2 测试配置

测试装置应包括：

——一个帧分析仪，可以捕获通信线上的报文帧；
——一个 24 V 直流电源。

图 127 显示检测主站被测设备的最小通信的测试配置。

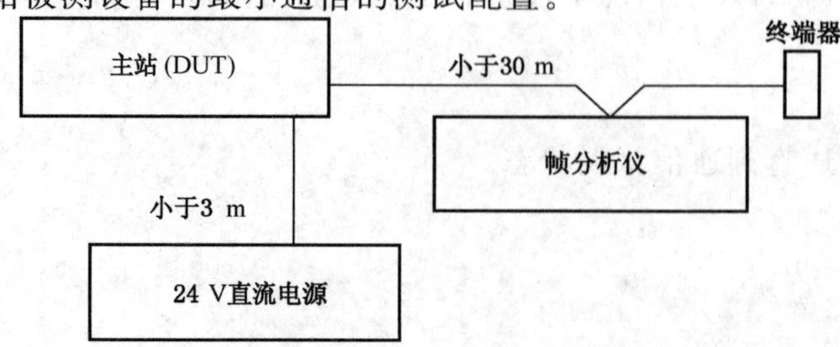

图 127 主站被测设备的最小通信测试配置

9.4.3.1.3 测试过程

测试应该按照以下顺序进行：

a) 按图127配置网络；

b) 运行测试仪的软件并进行设置；

c) 开始捕获网络通信报文；

d) 主站上电；

e) 让被测设备开始通信；

f) 在被测设备开始发送报文帧，捕捉网络通信大约10 s或者分析仪的缓存满后停止捕获；

g) 检查捕获的帧是否符合标准。

9.4.3.1.4 符合标准

9.4.3.1.3执行的测试应该分别符合以下标准：

a) 每30 ms至少发送一个帧；

b) 每250 ms至少发送一个BEACON帧；

c) 在BEACON中的“Speed Code”应该符合当前的数据速率，“Gate Counter”应该为0，并且“Last Repeater Node Address”应该为0；

d) 对非参加节点的请求CN帧有OUT和TRG帧；

e) 在93.75 kbit/s的传输速度下，至少每650 ms应该发送一次OUT和TRG帧；在其他传输速度下，至少每200 ms应该发送一次。

9.4.3.2 代理测试

9.4.3.2.1 目的

本项测试验证主站被测设备的代理功能。

9.4.3.2.2 测试配置

测试装置应包括：

——一个特殊的设备，见图128的“特殊从站1”，它有能力向其他从站发送显式报文；

——一个标准从站；

——一个24 V直流电源。

图128显示了在一个主站被测设备最小通信情况下的测试配置。

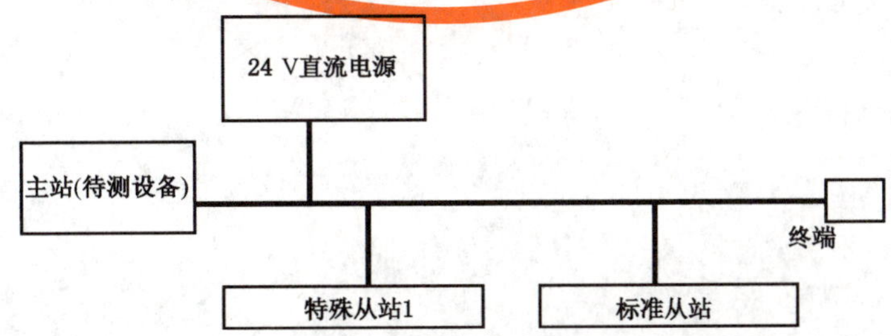

图128 主站被测设备代理测试的测试配置

9.4.3.2.3 测试过程

测试应该按照以下顺序进行：

a) 按图 128 配置网络;

b) 在被测设备和从站间建立 I/O 连接;

c) 让特殊从站 1 发送寻址到标准从站的显式报文请求;

d) 检查由特殊从站 1 接收到的响应。

9.4.3.2.4 符合标准

特殊从站 1 应该能接收到标准从站返回的显式报文响应。

附 录 A
（规范性附录）
CompoNet 公共服务

CompoNet 使用 CIP 的公共服务（见 IEC 61158-5-2:2007 中 6.2.1.3，以及 IEC 61158-6-2:2007 中 4.1.8）。

当前 CompoNet 中没有附加公共服务。

附 录 B
(规范性附录)
CompoNet 出错代码

B.1 概述

CompoNet 应使用 CIP 中定义的出错代码(见 IEC 61158-5-2:2007 中 6.2.1.3.3,以及 IEC 61158-6-2:2007 中 4.1.11)和下列章节定义的出错代码。

B.2 附加的出错代码

在表 B.1 中定义的附加出错代码。

表 B.1 新定义的 CompoNet 附加出错代码

出错代码(十六进制)	错误名称	出错说明
23	缓存溢出	接收的报文大于接收缓冲器能够处理的容量。整个报文被丢弃
24	报文格式错误	服务器不支持接收报文的格式

附 录 C
（规范性附录）
连接路径属性定义

CompoNet 应使用 CIP 连接路径定义（见 IEC 61158-6-2:2007 中 4.1.9）。

当前 CompoNet 没有定义附加的连接路径属性。

附 录 D
(规范性附录)
数据类型规范和编码

D.1 概述

CompoNet 应使用 CIP 定义的数据类型规范与在 IEC 61158-5-2:2007 中第 5 章以及 IEC 61158-6-2:2007 中 4.2 和第 5 章规定的编码。

下面是增加的内容。

D.2 CompoNet CRC 算法

D.2.1 CompoNet CRC 算法

下述 C++子程序通过多项式驱动方法生成 CRC 16 和 CRC 8 校验。

例:

```
CRCH crc;
unsigned short CRC_CCITT = ~crc.crc_ccitt(data,bitsize);
unsigned char CRC8 = ~crc.crc_8(data,bitsize);
```

CRC 生成类定义:

```
class CRCH
{
private:
// CRC-CCITT(CRC-ANSI)
// Left shift (LSB -> MSB)
unsigned short crc_ccitt_word(unsigned short crc, unsigned char dat, int bit_len)
{
int j, flg;
if(bit_len <= 0) {
return crc;
} else if(bit_len > 8) {
bit_len = 8;
}
// 8bit repeating
for (j = 0; j < bit_len; ++j) {
// check, then left-shift
flg = ((crc >> 15) ^ (dat & 1)); // CRC's MSB XORs dat's LSB.
crc <<= 1; // 1bit shift
dat >>= 1;
if(flg) { // Need a logic operation?
crc ^= 0x1021; // CRC-CCITT
```

```
}
}
return crc;
}
// CRC-8
// Left shift (LSB -> MSB)
unsigned char crc_8_byte(unsigned char crc, unsigned char dat, int bit_len)
{
int j, flg;
if(bit_len <= 0) {
return crc;
} else if(bit_len > 8) {
bit_len = 8;
}
// 8bit repeating operation
for (j = 0; j < bit_len; ++j) {
// Check MSB, then left shift;
flg = (((crc>>7) ^ dat) & 0x1); // CRC's MSB XORs dat's LSB
crc <<= 1; // 1bit shift
dat >>= 1;
if(flg) { // Need a logic operation?
crc ^= 0x9b; // CRC-8
}
}
return crc;
}
public:
// CRC-CCITT(CRC-ANSI)
// Left shift (LSB -> MSB)
unsigned short crc_ccitt(unsigned char *data, int bit_len)
{
int i, len;
unsigned short crc;
// Initial value
crc = 0xffff;
len = bit_len >> 3;
for(i = 0; i < len; ++i) {
// Get a octet
crc = crc_ccitt_word(crc, *(data+i), 8);
}
crc = crc_ccitt_word(crc, *(data+i), bit_len & 0x0007);
return crc;
}
```

```
// CRC-8
// Left shift (LSB -> MSB)
unsigned char crc_8(unsigned char * data， int bit_len)
{
int i， len；
unsigned char crc；
// Initial value
crc = 0xff；
len = bit_len >> 3；
for(i = 0； i < len； ++i) {
// Get 1 octet
crc = crc_8_byte(crc， *(data+i)， 8)；
}
crc = crc_8_byte(crc， *(data+i)， bit_len & 0x0007)；
return crc；
}
}；
```

D.2.2 生成 CompoNet CRC 的例子

图 D.1 表示生成 OUT 帧 CRC 的例子。

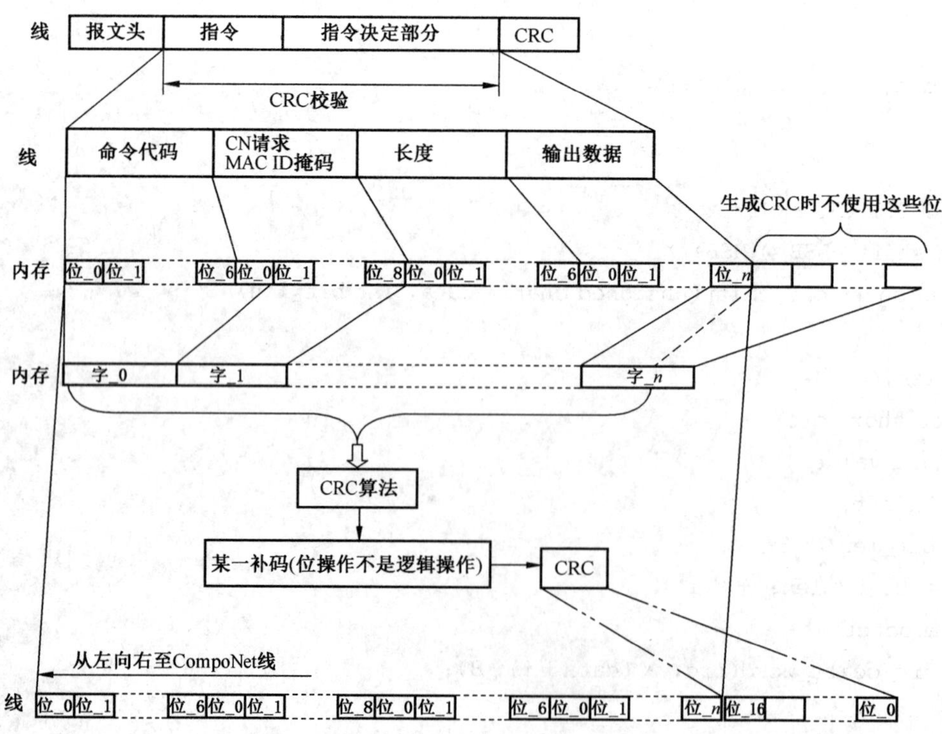

图 D.1 生成 CRC 的例子

附 录 E
(规范性附录)
通信对象库

CompoNet 使用 CIP 的公共服务(见 IEC 61158-5-2:2007 中 6.2.1.3,以及 IEC 61158-6-2:2007 中 4.1.8)。

当前 CompoNet 中没有附加公共服务。

附 录 F
(规范性附录)
值的范围

CompoNet 应使用 IEC 61158-6-2:2007 中 4.1.10 定义的值的范围。除此之外,表 F.1 中定义了 MAC ID 和节点地址范围。

表 F.1 MAC ID 和节点地址范围

设备类	节点地址	MAC ID
主站	0	0x1C0(448)
字输入	0～0x3F	0x0～0x3F(0～63)
字输出	0～0x3F	0x40～0x7F(64～127)
字混合	0～0x3F	0x0～0x3F(0～63)
位输入	0～0x7F	0x80～0xFF(128～255)
位输出	0～0x7F	0x100～0x17F(256～383)
位混合	0～0x7F	0x80～0xFF(128～255)
中继器	0～0x3F	0x180～0x1BF(384～447)
注:混合和输入设备共享相同的 MAC ID 范围。		

附 录 G
(规范性附录)
CN 默认时间域

该附录是关于 CN 默认时间域的附加内容。

默认的 CN 时间域与 BEACON 帧中的控制代码相关。通过 5.6.3 展示的算法计算。表 G.1、表 G.2、表 G.3、表 G.4 中的值是根据计算和取整得出的值。所有的节点应该遵循这些表中的值。

CN 时间域的单位是码元。

表 G.1 4 Mbit/s 数据速率下的 CN 默认时间域

控制代码	节点地址	第 1 段	第 2 段	第 3 段
0	0+4×n	170	106	42
	1+4×n	286	222	158
	2+4×n	402	338	274
	3+4×n	518	454	390
1	0+8×n	170	106	42
	1+8×n	286	222	158
	2+8×n	402	338	274
	3+8×n	518	454	390
	4+8×n	634	570	506
	5+8×n	750	686	622
	6+8×n	866	802	738
	7+8×n	982	918	854
2	0+16×n	170	106	42
	1+16×n	286	222	158
	2+16×n	402	338	274
	3+16×n	518	454	390
	4+16×n	634	570	506
	5+16×n	750	686	622
	6+16×n	866	802	738
	7+16×n	982	918	854
	8+16×n	1 099	1 035	971
	9+16×n	1 216	1 152	1 088
	10+16×n	1 333	1 269	1 205
	11+16×n	1 450	1 386	1 322
	12+16×n	1 567	1 503	1 439
	13+16×n	1 684	1 620	1 556
	14+16×n	1 801	1 737	1 673
	15+16×n	1 918	1 854	1 790

表 G.2　3 Mbit/s 数据速率下的 CN 默认时间域

控制代码	节点地址	第 1 段	第 2 段	第 3 段
0	0＋4×n	170	106	42
	1＋4×n	286	222	158
	2＋4×n	402	338	274
	3＋4×n	518	454	390
1	0＋8×n	170	106	42
	1＋8×n	286	222	158
	2＋8×n	402	338	274
	3＋8×n	518	454	390
	4＋8×n	634	570	506
	5＋8×n	750	686	622
	6＋8×n	866	802	738
	7＋8×n	982	918	854
2	0＋16×n	170	106	42
	1＋16×n	286	222	158
	2＋16×n	402	338	274
	3＋16×n	518	454	390
	4＋16×n	634	570	506
	5＋16×n	750	686	622
	6＋16×n	866	802	738
	7＋16×n	982	918	854
	8＋16×n	1 099	1 035	971
	9＋16×n	1 216	1 152	1 088
	10＋16×n	1 333	1 269	1 205
	11＋16×n	1 450	1 386	1 322
	12＋16×n	1 567	1 503	1 439
	13＋16×n	1 684	1 620	1 556
	14＋16×n	1 801	1 737	1 673
	15＋16×n	1 918	1 854	1 790

表 G.3　1.5 Mbit/s 数据速率下的 CN 默认时间域

控制代码	节点地址	第 1 段	第 2 段	第 3 段
0	0＋4×n	170	106	42
	1＋4×n	304	240	176
	2＋4×n	438	374	310
	3＋4×n	572	508	444
1	0＋8×n	170	106	42
	1＋8×n	304	240	176
	2＋8×n	438	374	310
	3＋8×n	572	508	444
	4＋8×n	706	642	578
	5＋8×n	840	776	712
	6＋8×n	974	910	846
	7＋8×n	1 109	1 045	981
2	0＋16×n	170	106	42
	1＋16×n	304	240	176
	2＋16×n	438	374	310
	3＋16×n	572	508	444
	4＋16×n	706	642	578
	5＋16×n	840	776	712
	6＋16×n	974	910	846
	7＋16×n	1 109	1 045	981
	8＋16×n	1 244	1 180	1 116
	9＋16×n	1 379	1 315	1 251
	10＋16×n	1 514	1 450	1 386
	11＋16×n	1 649	1 585	1 521
	12＋16×n	1 784	1 720	1 656
	13＋16×n	1 919	1 855	1 791
	14＋16×n	2 055	1 991	1 927
	15＋16×n	2 191	2 127	2 063

表 G.4 93.75 kbit/s 数据速率下的 CN 默认时间域

控制代码	节点地址	第 1 段	第 2 段	第 3 段
0	0+4×n	170	106	42
	1+4×n	280	216	152
	2+4×n	390	326	262
	3+4×n	500	436	372
1	0+8×n	170	106	42
	1+8×n	280	216	152
	2+8×n	390	326	262
	3+8×n	500	436	372
	4+8×n	610	546	482
	5+8×n	720	656	592
	6+8×n	830	766	702
	7+8×n	940	876	812
2	0+16×n	170	106	42
	1+16×n	280	216	152
	2+16×n	390	326	262
	3+16×n	500	436	372
	4+16×n	610	546	482
	5+16×n	720	656	592
	6+16×n	830	766	702
	7+16×n	940	876	812
	8+16×n	1 051	987	923
	9+16×n	1 162	1 098	1 034
	10+16×n	1 273	1 209	1 145
	11+16×n	1 384	1 320	1 256
	12+16×n	1 495	1 431	1 367
	13+16×n	1 606	1 542	1 478
	14+16×n	1 717	1 653	1 589
	15+16×n	1 828	1 764	1 700

参考文献

[1] IEC 61000-4-11 Electromagnetic compatibility (EMC)—Part 4-11: Testing and measurement techniques—Voltage dips, short interruptions and voltage variations immunity tests

[2] IEC 61158 (all parts) Digital data communications for measurement and control—Fieldbus for use in industrial control syste

[3] IEC 62026-3:2007 Low-voltage switchgear and controlgear—Controller—device interfaces (CDIs)—Part 3: DeviceNet

[4] TIA/EIA-485-A:1998 Electrical Characteristics of Generators and Receivers for Use in Balanced Digital Multipoint Systems

ICS 71.100.20
G 86

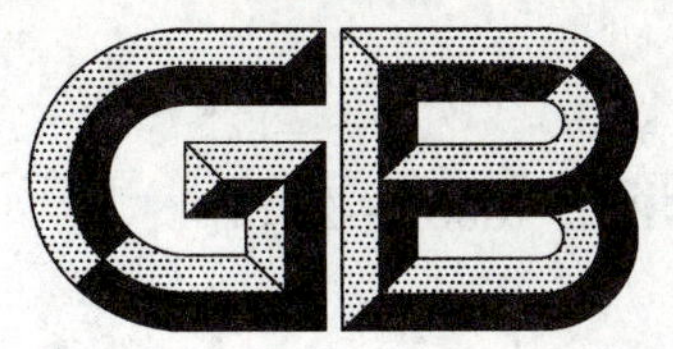

中华人民共和国国家标准

GB/T 18867—2014
代替 GB/T 18867—2002

电子工业用气体 六氟化硫

Gases for electronic industry—Sulphur hexaflouride

2014-12-22 发布 2015-07-01 实施

中华人民共和国国家质量监督检验检疫总局
中国国家标准化管理委员会 发布

前　言

本标准按照 GB/T 1.1—2009 给出的规则起草。

请注意本文件的某些内容可能涉及专利。本文件的发布机构不承担识别这些专利的责任。

本标准代替 GB/T 18867—2002《电子工业用气体　六氟化硫》。与 GB/T 18867—2002 相比,除编辑性修改外主要技术变化如下：

——修改了范围(见第 1 章,2002 年版的第 1 章)；

——修改了规范性引用文件(见第 2 章,2002 年版的第 2 章)；

——修改了技术指标(见第 3 章,2002 年版的第 3 章)；

——修改了抽样、判定和复验(见 4.1，2002 年版的第 5 章)；

——修改了氧＋氩、氮、四氟化碳、二氧化碳含量的测定方法(见 4.3,2002 年版的 4.2、4.3)；

——删除了六氟乙烷、八氟丙烷含量的测定方法(见 2002 年版的 4.4)；

——增加了一氧化碳和甲烷含量的测定方法(见 4.3)；

——修改了水分含量的测定方法(见 4.4,2002 年版的 4.5)；

——修改了标志、包装、贮运及安全(见第 5 章,2002 年版的第 6 章)。

本标准由全国半导体设备和材料标准化技术委员会(SAC/TC 203)提出并归口。

本标准起草单位:黎明化工研究设计院有限责任公司、成都科美特氟业塑胶有限公司、青海信禾高精化工有限公司、佛山市华特气体有限公司、四川众力氟业有限责任公司、上海华爱色谱分析技术有限公司、大连大特气体有限公司、四川中测标物科技有限公司、上海仪盟电子科技有限公司、光明化工研究设计院、上海基量标准气体有限公司、西南化工研究设计院有限公司、核工业理化工程研究院华核新技术开发公司。

本标准主要起草人:黄晓磊、牛学坤、赖明贵、傅涛、刘长庆、任清贵、史淑慧、方正、廖恒易、李晓明、曲庆、杨任、常侠、杨遂平、邓建平、方华、周鹏云。

本标准所代替标准的历次版本发布情况为：

——GB/T 18867—2002。

电子工业用气体　六氟化硫

1　范围

本标准规定了六氟化硫的技术要求、试验方法、标志、包装、贮存及安全等。

本标准适用于硫与氟直接反应并经精制和纯化制备的六氟化硫。该产品主要用作电子工业中化学气相沉积室的清洗剂和等离子蚀刻剂等。

分子式：SF_6。

相对分子质量：146.0564192(按2007年国际相对原子质量计算)。

2　规范性引用文件

下列文件对于本文件的应用是必不可少的。凡是注日期的引用文件，仅注日期的版本适用于本文件。凡是不注日期的引用文件，其最新版本(包括所有的修改单)适用于本文件。

GB 190　危险货物包装标志

GB/T 3723　工业用化学产品采样安全通则

GB 5099　钢质无缝气瓶

GB/T 5832.1　气体湿度的测定　第1部分：电解法

GB/T 5832.3　气体中微量水分的测定　第3部分：光腔衰荡光谱法

GB 7144　气瓶颜色标志

GB/T 8170　数值修约规则与极限数值的表示和判定

GB/T 12022　工业六氟化硫

GB 14193　液化气体气瓶充装规定

GB 15258　化学品安全标签编写规定

GB 16804　气瓶警示标签

GB/T 26571　特种气体储存期规范

GB/T 28726—2012　气体分析　氦离子化气相色谱法

气瓶安全监察规程(2000版)

危险化学品安全管理条例(2002版)

3　要求

六氟化硫的技术指标应符合表1要求。

表1　技术指标

项　目　名　称		指　标
六氟化硫(SF_6)纯度(体积分数)/10^{-2}	≥	99.999
(氧＋氩)(O_2＋Ar)含量(体积分数)/10^{-6}	≤	2.0
氮(N_2)含量(体积分数)/10^{-6}	≤	2.0

表 1（续）

项 目 名 称		指 标
四氟化碳(CF_4)含量(体积分数)/10^{-6}	≤	1.0
一氧化碳(CO)含量(体积分数)/10^{-6}	≤	0.5
二氧化碳(CO_2)含量(体积分数)/10^{-6}	≤	0.5
甲烷(CH_4)(体积分数)/10^{-6}	≤	0.5
水分(H_2O)含量(体积分数)/10^{-6}	≤	3.0
酸度(以 HF 计)(质量分数)/10^{-6}	≤	0.1
可水解氟化物(以 HF 计)含量(质量分数)/10^{-6}	≤	0.8
总杂质含量(体积分数)/10^{-6}	≤	10.0
颗粒		供需双方协商

4 试验方法

4.1 抽样、判定和复验

4.1.1 同一生产线连续稳定生产的六氟化硫构成一批，每批产品质量不超过 2 t。六氟化硫抽样瓶数按表 2 规定从每批产品中随机抽样。当检验结果有任何一项不符合表 1 要求时，应自该批产品中重新加倍抽样检验，若仍有一项指标不符合要求，则该批产品为不合格。

表 2 瓶装六氟化硫产品抽样表

每批产品瓶数	最少抽样瓶数
1～10	1
11～20	2
21～30	3
31～40	4
＞40	5

4.1.2 六氟化硫产品中氧＋氩、氮、水分含量应逐一检验并验收。当检验结果有任何一项指标不符合本标准技术要求时，则判该产品不合格。

4.1.3 六氟化硫采样安全应符合 GB/T 3723 的相关规定。

4.1.4 数值修约规则与极限数值的表示和判定按 GB/T 8170 的规定执行。

4.1.5 采样管线应采用不锈钢管或聚四氟乙烯管。

4.1.6 检验样品应为液相取样。

4.2 六氟化硫纯度

六氟化硫纯度按式(1)计算：

$$\Phi = 100 - (\Phi_1 + \Phi_2 + \Phi_3 + \Phi_4 + \Phi_5 + \Phi_6 + \Phi_7) \times 10^{-4} \quad \cdots\cdots(1)$$

式中：

Φ ——六氟化硫纯度(体积分数)，10^{-2}；

Φ_1——(氧＋氩)含量(体积分数)，10^{-6}；

Φ_2——氮含量(体积分数)，10^{-6}；

Φ_3——四氟化碳含量(体积分数)，10^{-6}；

Φ_4——一氧化碳含量(体积分数)，10^{-6}；

Φ_5——二氧化碳含量(体积分数)，10^{-6}；

Φ_6——甲烷含量(体积分数)，10^{-6}；

Φ_7——水分含量(体积分数)，10^{-6}。

4.3 氧＋氩、氮、四氟化碳、一氧化碳、二氧化碳、甲烷含量的测定

按 GB/T 28726—2012 规定的切割进样的方法测定六氟化硫中的氧＋氩、氮、四氟化碳、一氧化碳、二氧化碳、甲烷含量。

测定条件和步骤见附录 A。

允许采用其他等效的方法测定六氟化硫中的氧＋氩、氮、四氟化碳、一氧化碳、二氧化碳、甲烷含量。当以上测定结果有异议时，GB/T 28726 规定的方法为仲裁方法。

4.4 水分含量的测定

按 GB/T 5832.3 的规定执行。取样时应防止出现冷凝。

允许采用 GB/T 5832.1 或其他等效的方法测定六氟化硫中的水含量。当测定结果有异议时，GB/T 5832.3 规定的方法为仲裁方法。

4.5 酸度含量的测定

按 GB/T 12022 中的规定执行。

4.6 可水解氟化物含量

按 GB/T 12022 中的规定执行。

5 标志、包装、贮运及安全

5.1 标志、包装及贮运

5.1.1 六氟化硫的包装、标志、贮运应符合国家《气瓶安全监察规程》和《危险化学品安全管理条例》的规定。

5.1.2 包装六氟化硫的气瓶应符合 GB 5099 的规定。

5.1.3 推荐使用进行内表面处理的气瓶，气瓶内表面应满足本标准对于水分和颗粒的要求。瓶阀推荐使用 CGA590 和 CGA716。

5.1.4 应防止瓶口被污染和泄漏。

5.1.5 六氟化硫的充装应符合 GB 14193 的相关规定。

5.1.6 六氟化硫的包装标志应符合 GB 190 的相关规定，颜色标志应符合 GB 7144 的规定，标签应符合 GB 16804、GB 15258 规定的要求。

5.1.7 包装容器上应标明“电子六氟化硫”字样。

5.1.8 瓶装六氟化硫的最大充装量按式(2)计算：

$$m = F_r \cdot V \qquad (2)$$

式中：

m ——气瓶内六氟化硫的质量，单位为千克(kg)；

V ——气瓶标明的内容积，单位为升(L)；

F_r——六氟化硫的充装系数，气瓶设计压力为 8 MPa 时，充装系数不大于 1.17 kg/L；气瓶设计压力为 12.5 MPa 时，充装系数不大于 1.33 kg/L。

5.1.9 六氟化硫的充装量按实际称量的质量计。

5.1.10 六氟化硫的保存期限按 GB/T 26571 规定执行。

5.1.11 六氟化硫出厂时应附有质量合格证，其内容至少应包括：

——产品名称、生产厂名称；

——生产日期或批号、充装质量(kg)；

——本标准号及技术指标、检验员号等。

5.1.12 六氟化硫产品应存放在阴凉、干燥、通风的库房内，严禁曝晒，远离热源。

5.2 安全警示

5.2.1 六氟化硫在常温常压下为无色、无臭、无毒的非易燃气体。在火焰中释放出刺激性或有毒烟雾(或气体)。周围环境着火时，允许使用各种灭火剂。

5.2.2 六氟化硫的化学性质不活泼，热稳定性能好，在 204 ℃下，对大多数材料仍能完全保持稳定。加热到 500 ℃以上时，该物质分解生成硫氧化物和氟化物等有毒腐蚀性烟雾。

5.2.3 着火时，应喷雾状水保持钢瓶冷却。

5.2.4 人体吸入六氟化硫时，会窒息。此时应保证空气新鲜、人体处于休息状态，必要时应进行人工呼吸，应及时治疗。

5.2.5 人体皮肤与六氟化硫液体接触，会发生冻伤，应佩戴保温手套。冻伤时应用大量水冲洗，不应脱去衣物，应及时治疗。

5.2.6 应佩戴安全护目镜、面罩。眼睛若溅入六氟化硫，先用大量水冲洗几分钟(应摘除隐性眼镜)，然后及时治疗。

5.2.7 发生泄漏时，应撤离危险区域！保持通风。转动泄漏钢瓶，使漏口朝上，防止液态气体溢出。不应直接将水喷洒在液体上。

5.2.8 个人防护用具：推荐使用带有隔绝式呼吸器的气密式化学防护服。

5.2.9 六氟化硫无毒，有窒息性。但在放电条件下，六氟化硫会分解出一系列含硫的氟化物，当含有这些杂质时便变成有毒物质。应避免吸入放电后的气体。

5.2.10 六氟化硫无腐蚀性。但在放电条件下，其分解产物具有腐蚀性。空气中高浓度引起缺氧，有神志不清和死亡危险。进入污染的工作区域前，检验氧含量。中毒浓度存在时，无气味报警。

附 录 A
（规范性附录）
六氟化硫中的氧＋氩、氮、四氟化碳、一氧化碳、二氧化碳、甲烷含量的测定

A.1 仪器

采用配备氦放电离子化检测器的气相色谱仪测定六氟化硫中的氧＋氩、氮、四氟化碳、一氧化碳、二氧化碳、甲烷含量。

检测限：0.05×10^{-6}（体积分数）。

A.2 原理

以纯化后高纯氦作载气，采用配备切割装置的氦离子化检测器的气相色谱仪，对样品主组分（六氟化硫）切割处理后，采用气相色谱法定性、定量分析样品中的目标组分。

A.3 测定条件

A.3.1 载气：高纯氦，经纯化器纯化。其流速参照相应的仪器说明书。

A.3.2 辅助气：需要采用辅助气的仪器按仪器说明书使用辅助气。

A.3.3 预分离柱：长约 2 m、内径约 3 mm 的不锈钢柱，内装粒径为 0.18 mm～0.25 mm 的 Porapak R（一种高分子聚合物），或其他等效色谱柱。

A.3.4 分析柱：色谱柱Ⅰ：长约 3 m、内径 3 mm 的不锈钢柱，内装粒径为 0.18 mm～0.25 mm 的 5A 分子筛，或其他等效色谱柱。该柱用于分析氧＋氩、氮、一氧化碳、甲烷含量。

色谱柱Ⅱ：长约 2 m、内径约 3 mm 的不锈钢柱，内装粒径为 0.18 mm～0.25 mm 的 Porapak R（一种高分子聚合物），或其他等效色谱柱。该柱用于分析二氧化碳、四氟化碳含量。

A.3.5 标准样品：组分含量的体积分数为 $1\times10^{-6}\sim5\times10^{-6}$，平衡气为氦。

A.3.6 其他条件：载气纯化器温度、色谱柱温度、检测器温度、样气流量等其他条件参考仪器说明书。

A.3.7 参考的切割气路流程示意图参见图 A.1。

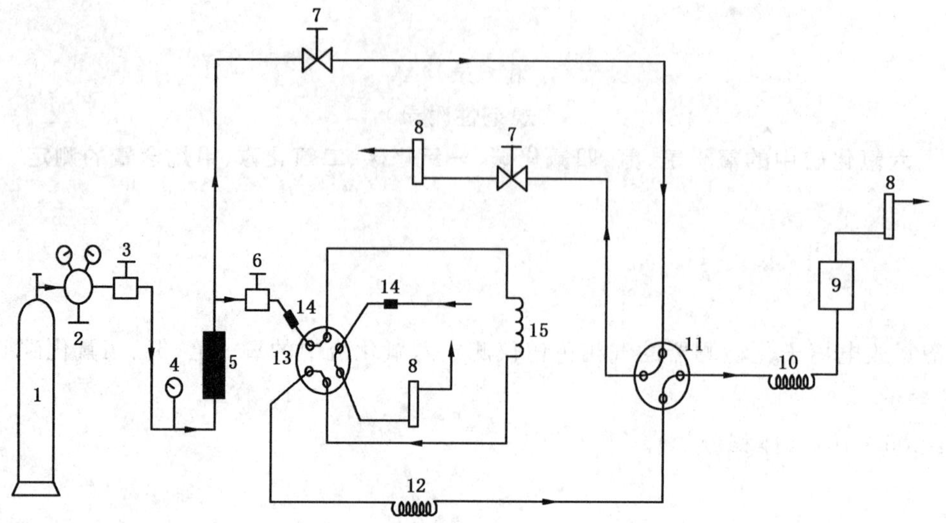

说明：

1 ——高纯氦载气钢瓶；
2 ——钢瓶减压器；
3 ——稳压阀；
4 ——压力表；
5 ——净化管；
6 ——稳流阀；
7 ——流量调节阀；
8 ——流量计；
9 ——检测器；
10——分析柱；
11——切割阀；
12——预分离柱；
13——六通阀；
14——过滤器；
15——定体积量管。

图 A.1 参考的切割气路流程示意图

A.4 分析步骤

开启仪器至稳定后按仪器说明书的操作步骤完成样品分析。

平行测定气体标准样品和样品气至少两次，直至相邻两次测定结果之差不大于指标值的10%，取其平均值。

A.5 结果处理

氧+氩、氮、四氟化碳、一氧化碳、二氧化碳、甲烷含量按式(A.1)计算：

$$\phi_i = \frac{A_i}{A_s} \times \phi_s \quad \cdots\cdots (A.1)$$

式中：

ϕ_i ——样品气中被测组分的含量(体积分数)；
A_i ——样品气中被测组分的峰面积；
A_s ——气体标准样品中相应已知组分的峰面积；
ϕ_s ——气体标准样品中相应已知组分的含量(体积分数)。

典型色谱图见图 A.2。

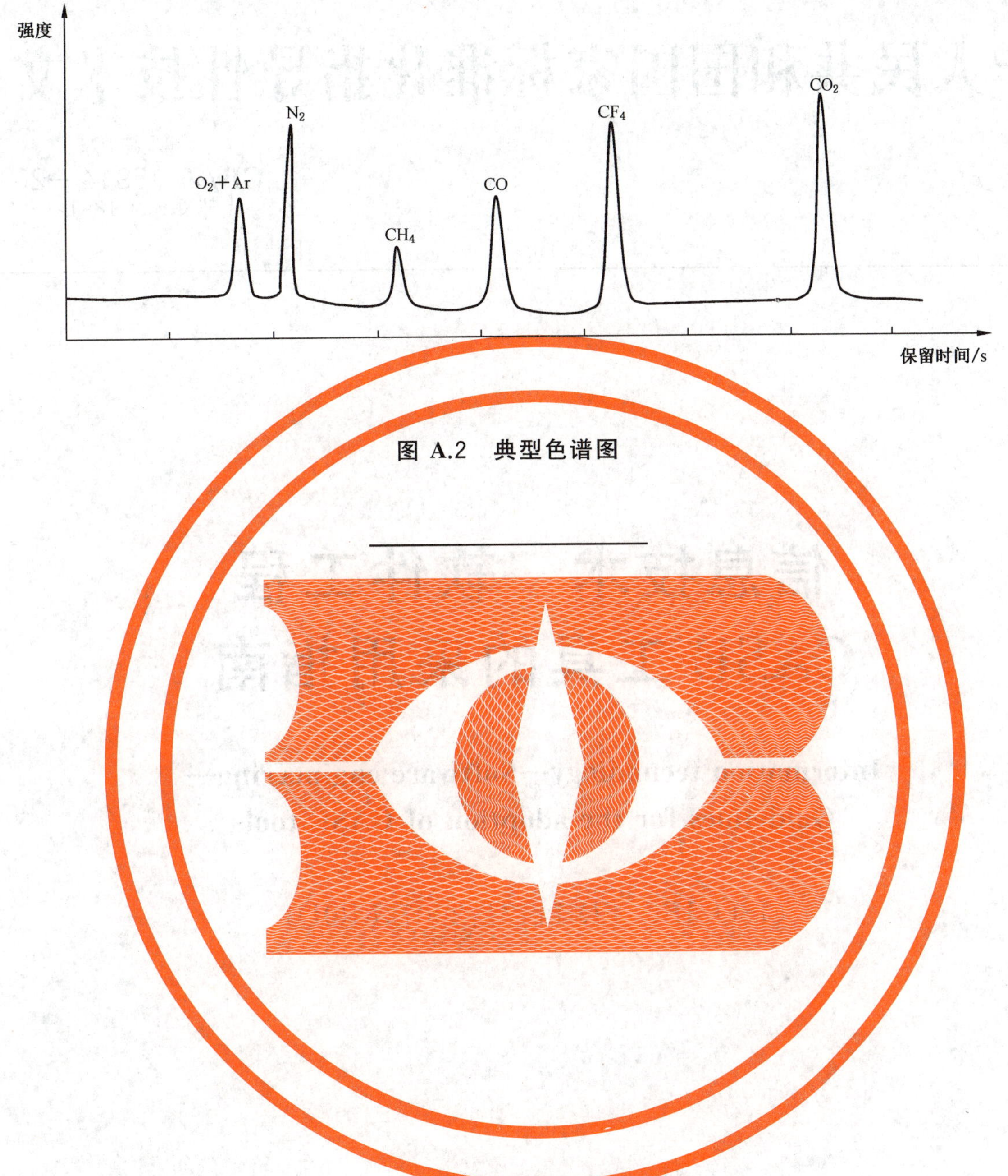

图 A.2 典型色谱图

ICS 35.080
L 77

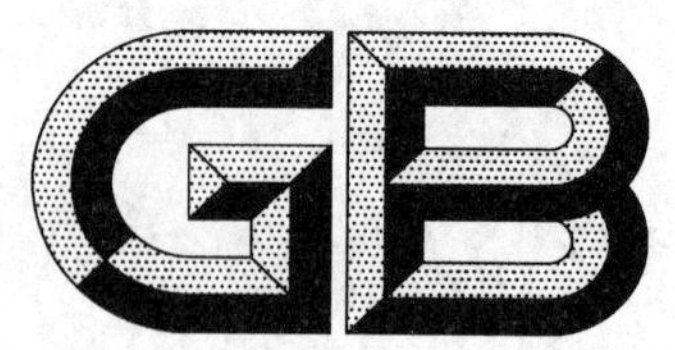

中华人民共和国国家标准化指导性技术文件

GB/Z 18914—2014
代替 GB/Z 18914—2002

信息技术　软件工程
CASE 工具的采用指南

**Information technology—Software engineering—
Guidelines for the adoption of CASE tools**

(ISO/IEC TR 14471:2007,MOD)

2014-09-03 发布　　　　2015-02-01 实施

中华人民共和国国家质量监督检验检疫总局
中国国家标准化管理委员会　发布

前　言

本指导性技术文件按照 GB/T 1.1—2009 给出的规则起草。

本指导性技术文件代替 GB/Z 18914—2002《信息技术　软件工程　CASE 工具的采用指南》。

本指导性技术文件与 GB/Z 18914—2002 相比，主要变化见附录 C 表 C.2。

本指导性技术文件使用重新起草法修改采用 ISO/IEC TR 14471:2007《信息技术　软件工程　CASE 工具的采用指南》。

本指导性技术文件与 ISO/IEC TR 14471:2007 相比，在结构上增加了一章（第 2 章　规范性引用文件）和一个附录（附录 C），删除了一个术语（2.1.3　CASE 要求），详见附录 C 表 C.1。

本指导性技术文件由全国信息技术标准化技术委员会（SAC/TC 28）提出并归口。

本指导性技术文件起草单位：北京邮电大学、中国电子技术标准化研究院、山东省计算中心。

本指导性技术文件主要起草人：袁玉宇、卢立蕾、林杰、刘潇健、张旸旸、杨金翠、高翊、庞浩、王磊、刘翔、路鑫、姜姗、葛生燕、胡文博、郭新伟、胡宇、韩红强、李刚、周鸣乐、韩庆良、李旺。

引　言

在软件发展史上，一些组织在采用计算机辅助软件工程(CASE)工具时遇到了不少问题。由于它们并没有从CASE技术中获得所期望的利益，因此，这些组织迫切需要一种具有说服力的CASE采用过程，以帮助它们成功地采用CASE工具。

ISO/IEC JTC1/SC7/WG4进行的一项调查(见附录A:CASE采用问卷分析)显示这些问题有望得到改进。该项调查认为:CASE工具将展现新的能力并且变得更加易于使用;另外，使用者的期望变得越来越高，CASE工具能更好地满足他们的要求。然而，该项调查表明，一些长期未得到解决的问题仍然存在。在将CASE技术用于实际项目之前，并没有对项目给予足够的重视，另外，使用者还反映需要增加高层管理的支持，需要整个CASE采用过程的支持，以及引入该技术的组织准备。本指导性技术文件阐述了使用者反映的这些要求。

本指导性技术文件的目的是为CASE采用提供一种推荐的做法。它为成功采用CASE技术所要应用的过程和活动提供了指南。本指导性技术文件的应用将有助于最大限度地从CASE技术中得到回报，并降低投资风险。但本指导性技术文件并不规定符合性准则。

信息技术　软件工程
CASE工具的采用指南

1　范围

由于CASE采用是一个较广的技术过渡问题，本指导性技术文件阐述了适用范围广泛的计算组织的CASE采用实践。而且，本指导性技术文件既不限定也不强制推行特定的开发标准、软件过程、设计方法、方法论、技术、编程语言以及生存期范型。

本指导性技术文件将：

——确定若干关键的成功因素(CSF)；

——提出一套采用过程；

——在考虑到组织和文化环境影响的情况下，指导成功的采用过程。

下列团体为潜在的使用对象：

——CASE用户；

——信息系统管理员；

——首席信息官(CIO)；

——CASE供应商；

——软件工程顾问；

——与获取CASE工具和技术有关的人员。

本指导性技术文件阐述了CASE工具采用方面的问题，最好与指导CASE工具评价和选择的GB/T 18234—2000一起使用。本指导性技术文件是对处理这些问题一般方面的有关国家标准的补充。

2　规范性引用文件

下列文件对于本文件的应用是必不可少的。凡是注日期的引用文件，仅注日期的版本适用于本文件。凡是不注日期的引用文件，其最新版本(包括所有的修改单)适用于本文件。

GB/T 18234—2000　信息技术　CASE工具的评价和选择指南(ISO/IEC 14102:1995，IDT)

3　术语和定义、缩略语

3.1　术语和定义

下列术语和定义适用于本文件。

3.1.1

成功采用　successful adoption

使用CASE工具能可测量地满足组织唯一定义的采用目标的程度。

3.1.2

采用过程　adoption process

一个组织广泛使用CASE工具的一组活动。

3.2 缩略语

下列缩略语适用于本文件。

CASE 计算机辅助软件工程(Computer Aided Software Engineering)

CSF 关键成功因素(Critical Success Factor)

4 采用的关键成功因素(CSF)

本指导性技术文件的基本目标之一是确定能使CASE采用成功的主要关键因素。为了成功地把CASE技术引入组织,宜考虑技术、管理、组织和文化等一系列综合因素。这些因素在适用时宜通过采用过程予以监控。附录B中提供了这些过程与因素的交叉引用表。

需要考虑和评估以下关键成功因素:

a) 目标设定:为CASE采用定义一组清晰的、可测量的目标和期望,包括业务目标和技术目标;

注1:为CASE的采用而设定的一组可测量目标如:"在单元测试活动中生产率提高20%"、"需求规格说明活动的质量改进16%"、"在面向对象设计活动中复用率增加50%"、"60%的项目宜使用CASE工具"等。

b) 管理支持:高级管理层积极鼓励CASE采用的程度,包括但不限于分配必要资源的意愿;

c) 工具使用策略:一项清晰的关于工具使用范围的策略的定义;

注2:策略的例子可包括对于一组特定应用类型的工具使用,由某一特定业务部门或整个公司范围使用。

d) 采用过程的总计划:对于将工具纳入到组织内各部门的整个过程的计划与设计;

e) 参与度:参与CASE采用工作的人员成为积极主动、有上进心的参与者的程度;

f) 方法可调整性:调整的意愿和技术可行性。必要时,调整现有组织方法和使用CASE工具的典型用法,以实现一致的方法集;

注3:例如,现有的面向过程的方法和候选的面向对象的程序设计工具可能无法调整为一组一致的方法。

g) 培训:对于参与采用过程的每个人,在每一步都提供必要而适当的培训和信息;

h) 专家支持:在试点项目进行期间,把工具用于各组织部门的例行工作时,需要专家对工具的使用提供热情支持;

注4:分派到试点项目的专家(或权威)组,宜具有综合技能,包括:推广新技术的能力、使用工具的经验、具有组织的过程和规程方面的经验,以及在组织内的影响力。

i) 试点项目:在决定最终采用之前,受控试点项目的执行;

j) 工具能力:工具在其软硬件环境中的技术能力,以满足预定范围内所定义的目标;

k) 平稳过渡:需要考虑如何确保组织有能力同时运用新旧两种方法,直到整个组织部门已完全变更到新方法。

5 CASE采用概述

5.1 综述

本指导性技术文件将描述一组能应用于范围广泛的环境中的采用过程,在这些环境中,"成功"的定义可依组织进行调整。成功的CASE采用远比随意性的采用活动要求更高。本章将说明主要的采用过程,图1所示为各过程的概述。CASE工具的采用包括4个主要过程:

a) 准备过程;

b) 评价和选择过程;

c) 项目试点过程;

d) 推广过程。

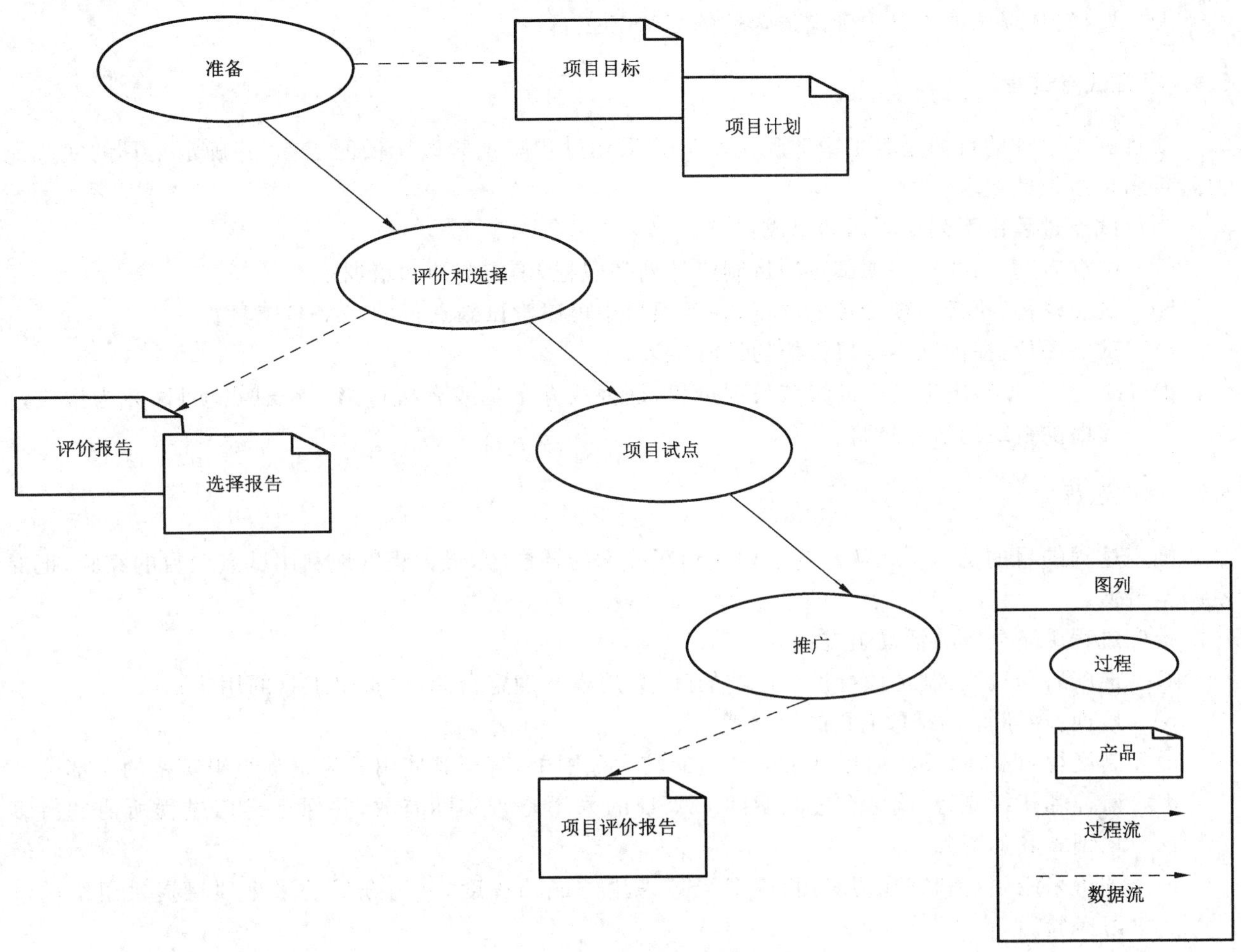

图 1 CASE 工具采用过程概述

5.2 准备过程

准备过程的目的是确立 CASE 采用工作的总目标，建立高层指导，以及规定各方面的管理工作（如：日程安排、资源、成本）。

准备过程由下列 4 项活动组成：

a) 设定目标：确定 CASE 的采用目标，即 CASE 有助于哪些业务目标的实现；

b) 验证可行性和可测量性：对采用 CASE 的项目，制定并验证技术和经济上可行的和可测量的子目标；

c) 制定方针：结合关键成功因素，为 CASE 工具的采用提供原理说明和总的方针；

d) 制定计划：编制一项整个采用项目的计划。

5.3 评价和选择过程

评价和选择过程的目的是从各候选工具中确定最合适的 CASE 工具，并确保推荐的工具符合原来的目标。

在 GB/T 18234—2000 中完整地定义了评价和选择过程，其组成如下：

a) 准备：定义对 CASE 工具要进行的评价和选择的目标和需求；

b) 构造：基于 GB/T 18234—2000 中对 CASE 工具特征的描述，详细阐述一组结构化的需求；

c) 评价:产生技术评价报告,它将作为选择子过程的主要输入;
d) 选择:从候选的工具中确定最合适的 CASE 工具。

5.4 项目试点过程

项目试点过程的目的是为了帮助确认 CASE 采用过程早期阶段所做的工作,并确定工具的实际能力是否满足组织的要求。

项目试点过程由下列 4 项活动组成:

a) 试点启动:为执行一项试点项目制定计划和规程,确定资源和培训;
b) 试点执行:执行一项受控的项目,在此项目中可以尝试新获得的 CASE 工具;
c) 试点评价:提供试点项目性能的评价结果;
d) 决定下一步:决定是否继续该采用过程,是否放弃工具或者执行第二个试点项目,并为推广过程提供组织的学习经验。

5.5 推广过程

推广过程的目的是为了在从当前过程转到新技术的转换中,最大程度地利用试点项目的经验,把混乱减至最低。

推广过程由下列 5 项活动组成:

a) 推广启动过程:制定执行推广过程的计划、规程并确定资源,草拟出工具的用法;
b) 培训:培训新 CASE 工具的使用者;
c) 制度化:把工具逐步应用到目标环境的较大范围中,直至其使用成为正常组织实践的一部分;
d) 监控和持续支持:确定在过渡期间 CASE 的采用是否实际有效,并保证推广过程所需的持续培训和其他资源;
e) 评价采用项目和完成情况:测量 CASE 采用的成功程度,并为今后的采用项目提供组织的学习经验。

6 准备过程

6.1 综述

CASE 采用工作的第一个过程是明确 CASE 的采用目标和制定项目计划。准备过程的 4 项主要活动是:

a) 设定目标;
b) 验证可行性和可测量性;
c) 制定方针;
d) 制定计划。

从评审业务目标开始,定义并确认 CASE 的采用目标。业务目标是一种高层次的目标(如:提高组织的竞争地位,提高生产率),它不受任何特定的软件工程生存周期目标的束缚。然而,业务目标宜用来派生 CASE 采用目标的核心(可能交替)内容(如改进过程、提高设计质量)。这些目标都与软件工程生存周期的过程有关,以确保组织功能和性能的有效性。

验证可行性和可测量性的活动要检查业务目标与 CASE 采用目标的一致性,并评估技术上与经济上的有效性。

制定方针的活动要为 CASE 采用过程的剩余部分确定方向。在该活动中,第 4 章给出的关键成功因素宜针对特定的 CASE 采用工作加以调整。准备过程的最后一项活动是制定一个把此工具纳入组织部门的整体计划。准备过程的概述如图 2 所示。

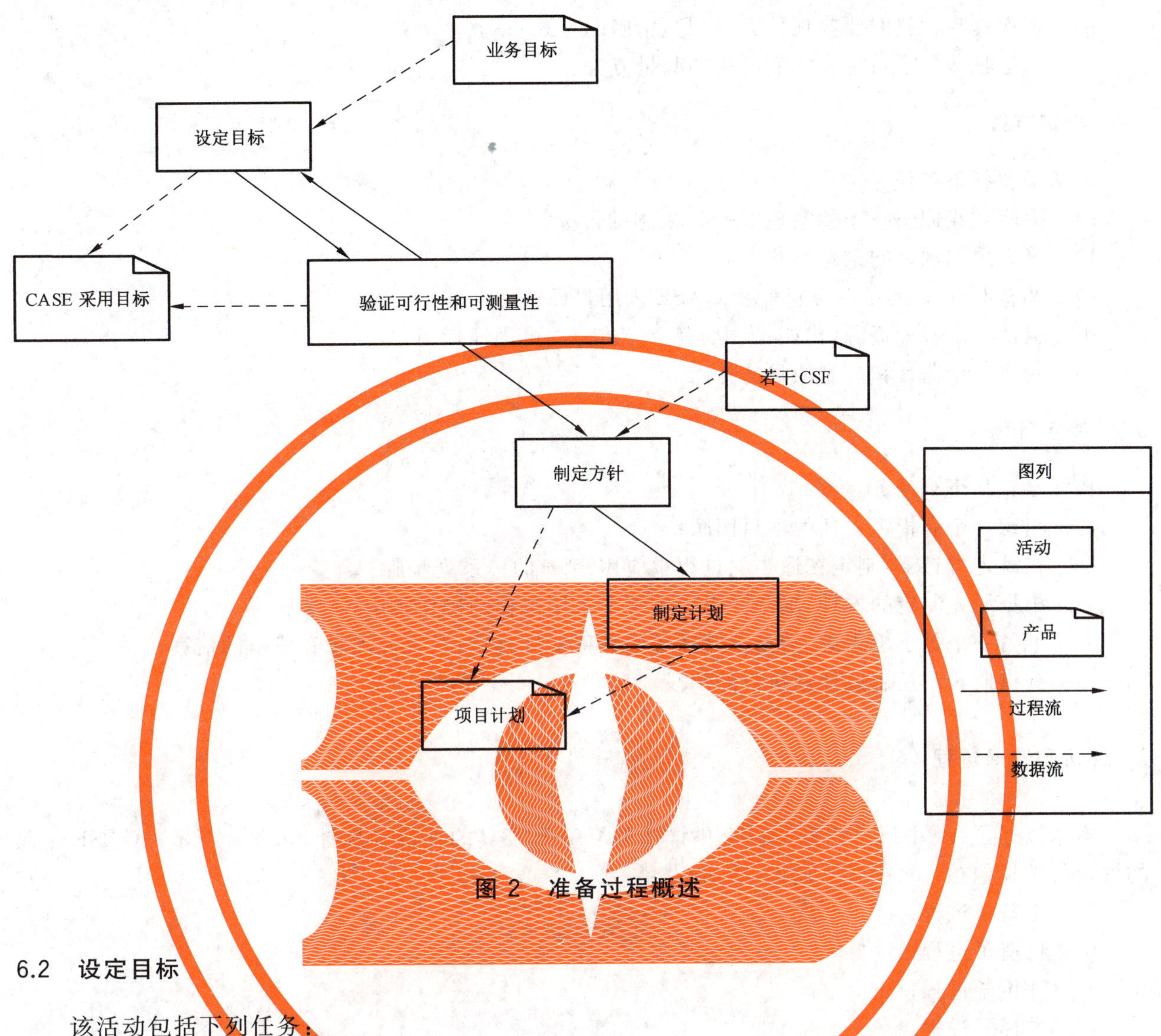

图 2 准备过程概述

6.2 设定目标

该活动包括下列任务：

a) 评审(现有的)业务目标；

b) 评审组织或组织部门中软件工程的策略影响；

c) 把业务目标分解到软件工程的策略影响层；

d) 确定几个备选方案，使 CASE 能帮助满足业务目标；

e) 提问"我们要实现什么?"

f) 从备选方案中选择并设定 CASE 采用目标；

g) 基于这些目标定义和量化 CASE 采用工作的期望。

6.3 验证可行性和可测量性

该活动包括下列任务：

a) 制定在技术上和经济上可行的和可测量的子目标；

b) 分析竞争对手(如：他们使用什么技术?)；

c) 进行技术分析(如：技术上可行吗?)；

d) 评估组织当前的软件工程能力及成熟度等级；

e) 评审当前和近期的 CASE 使用状况；

f) 确定潜在的可用工具;
g) 再次提问:"我们要实现什么"(用更精确的方式);
h) 确定具体的子目标和它们所用的测量方法。

6.4 制定方针

该活动包括下列任务:
a) 提问:"我们怎样才能实现CASE采用的目标?"
b) 确定采用项目的策略路线;
c) 调整CSF以满足业务目标和CASE采用目标;
d) 提供一个各种资源(比如:人力、资金、支持)的可用性指南;
e) 制定一个监督和控制项目的指南。

6.5 制定计划

该活动包括下列任务:
a) 组织一个有指定责任的项目团队;
b) 在既定方针下,制定在适当的过程中应用CSF的一系列步骤;
c) 根据原先制定的方针,确定一组用于整个采用过程的操作指南;
d) 准备一个关于里程碑、活动及其任务的日程安排,以及对资源需求和成本的估算;
e) 提供监督和控制该计划执行的手段。

7 评价和选择过程

本章概述了在GB/T 18234—2000中详述的CASE工具的评价和选择,如图3所示。CASE工具的评价与选择包括4个主要子过程(活动):
a) 准备子过程;
b) 构造子过程;
c) 评价子过程;
d) 选择子过程。

关键的一步是细述一组需求,以此来评价候选CASE工具,并成为选择决策的基础。GB/T 18234—2000中定义的CASE工具特征是需求构造的基础,它在评价和选择过程的所有步骤中发挥核心作用。为使采用获得成功,宜应用GB/T 18234—2000中的步骤。

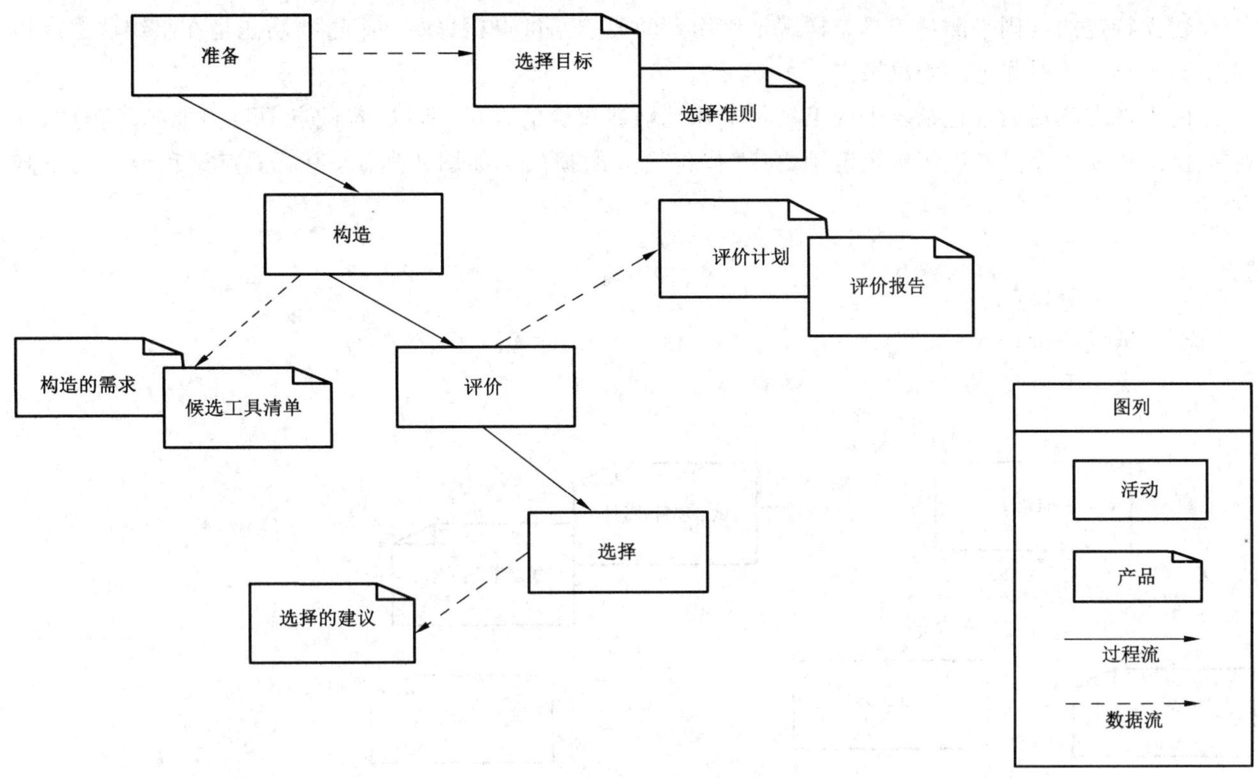

图3 评价和选择概述

8 项目试点过程

8.1 综述

项目试点过程执行的目的是为CASE工具在拟定的环境中提供现实的试验。虽然在评价和选择过程中行使了该工具，但该过程不要求实际运用工具。评价和选择过程从候选工具中确定对组织最具潜力的工具。项目试点的目的就是保证它确实能在组织的实际应用中执行。

对于那些由组织使用的工具来说，试点将具有典型性，它要纳入打算使用此工具的开发项目的许多特征。人员规模对项目规模宜具有代表性。人员宜选积极主动的问题解决者。团队中至少有一名成员宜具有领导素质，并赢得技术人员的尊重。构造试点项目要便于客观地确认目标和策略，但它的范围和风险将是有限的，而且项目的持续时间宜相对较短。

项目试点的目的是：

a) 验证工具能否在实际应用中满足CASE采用工作的总目标，以及针对试点项目所确立的所有目标；
b) 验证评价和选择工作以及从中获得的经验和信息；
c) 确定此工具是否满足所需的性能目标，是否适合在本组织内采用；
d) 估算此工具在整个生产环境中的成本及效益；
e) 确定在组织内的适当使用范围；
f) 基于该工具的使用，确定是否对现有方法进行任何必要的修改；
g) 收集必要的信息来辅助推广计划的制定(见第9章)；
h) 积累工具使用所有方面的内部经验；
i) 提供做出采用决策所需的数据。

建立特定的准则来测量工具怎样满足使用者的要求。试点项目的一个重要功能是在组织认定或拒绝购买工具决策时作为一个决策点。

由于试点项目通常包括较少的工具副本并且培训较少的人员，所以，若试点项目不能满足预期，则它提供的重要信息可使组织避免范围更广、代价更大的损失。如图 4 所示，项目试点过程要执行下列活动：

1） 试点启动；

2） 试点执行；

3） 试点评价；

4） 决定下一步。

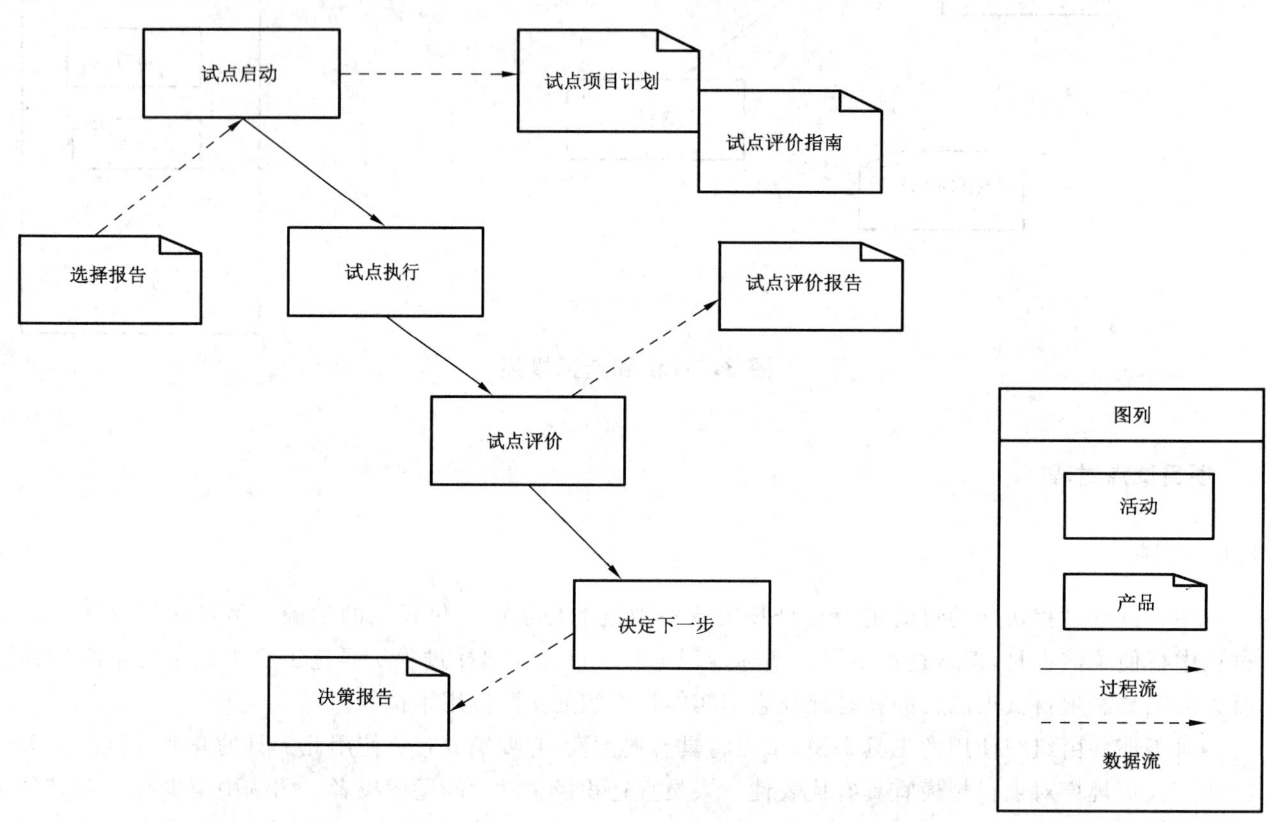

图 4 项目试点过程概述

8.2 试点启动

此活动包括下列任务：

a） 基于选择报告和 CASE 采用的目标，确定试点项目的目标；

b） 确定试点项目的特征。这些特征宜包括：验证的领域和范围、项目的规模、项目的代表性和可扩展性、基于项目目标的项目持续时间、关键性和所涉及的风险，以及资源约束（如人力、财力和时间）；

c） 确定评价准则和指标。用来决定是否继续该采用过程，是否放弃工具或者执行第二个试点项目。样本准则可包括目标可实现性、工具能力和方法可调整性；

d） 确定和计划所需的资源。用以完成试点项目的所有方面，所确定的资源宜包括：人员、硬件、有关软件、专家支持、管理支持和资金等；

e) 获取 CASE 工具。基于选择决策，在生产环境中安装，并将其定制到试点工作所需的程度；

f) 制定规程、标准及约定。在试点项目中将对工具的使用进行管理。对于组织中已有的规程、标准和约定，宜对照试点项目加以调整；

g) 确定试点项目所需的培训类型和质量。作为例行使用的工具其推广过程的一部分，该任务宜为要制定的长期培训计划提供依据并与之配合。

8.3 试点执行

该活动包括下列任务：

a) 执行试点项目。在受控或实验室环境中，可以尝试新获得的 CASE 工具；

注：通常可建立一种受控或实验环境，在此可测量和监视研究结果、过程及(前后)条件。

b) 解决试点项目执行期间所遇到的任何问题。这是为了保持积极的态度，并让参与该试点项目的人员意识到预期有不确定性这一事实，这是该方法的一部分；

c) 在项目试点期间，做好对工具进行维护和更新的准备。由于软件工程这一领域是动态的，因此，CASE 工具使用者宜应对供应商产品的偶尔更新；

d) 利用各种适当的支持。包括：销售热线、当地销售商的支持、来自 CASE 专家的内部支持、访问其他组织和其他工具使用群体中有经验的使用者等；

e) 根据预定义的评价准则和指标进行定期评审。这种评审起到对试点项目的进展进行周期性测量的作用。更重要的是，这一数据将作为后面两项活动(试点评价和决定下一步)的基础。

8.4 试点评价

评价准则包括：

a) CASE 采用目标的可实现性；

b) 工具使用策略；

c) 工具能力；

d) 方法可调整性；

e) 试点的执行；

f) 平稳过渡；

g) 供应商支持。

本活动包括下列任务：

1) 确定作为试点评价活动的一部分而应执行的所有任务和子任务(例如：测量、评级和评估)，并安排日程表；

2) 根据预定义的评价准则和指标来准备试点评价所必需的数据集；

3) 对每个评价准则应用评级和评估值；

4) 进行试点评价；

5) 准备评价报告。该报告宜包括：评价结果、能影响工具对组织有用性的试点的潜在问题和显著特征、组织内适合使用工具的项目或单位。此外，宜包括今后关于改进该工具采用过程的信息。

8.5 决定下一步

组织宜决定是否继续该采用过程，是否放弃该工具或进行第二个试点项目。在工具采用过程的这一步，组织已经作了相当大的投资，已经执行了其工具选择过程，购买了该工具，培训了使用该工具的人员，并在试点项目中使用了该工具。如果试点项目可以满足CASE采用目标和评价准则的关键条件，组织即可转入推广过程。

然而，该工具在试点项目中可能连最低限度的组织要求都无法满足。如果试点项目不能实现它的目标，组织宜从中吸取教训。试点项目的失败可能是因为工具不适合所执行的功能。在此条件下，组织需要重新考虑其选择过程。组织的需求定义可能没有描述它的实际需要，在此情况下，管理层和工具使用者需要重新考虑如何定义组织的需求。导致试点项目失败的其他原因可能包括：培训不够、项目不当或者启动资源不够。

如果通过解决一些已知的问题就极有可能实现CASE的采用目标，那么组织宜只考虑第三种选择(进行第二个试点项目)。宜设计第二个试点项目来回答那些悬而未决的问题。表1所示为供选择的决策示例。

在做出最终采用决定之前，市场上可能会出现某种新产品(能提供附加或更好的功能，或趋于成为事实上的标准)。这时，即使试点项目已经成功完成了，也可导致重申部分(或全部)评价和选择过程。

表1 供选择的决策示例

供选择的决策	适用条件	潜在的动作
采用工具	——CASE采用目标能达到满意级 ——已经满足了评价准则的所有关键条件 ——已经表明更大规模的工具使用有很大的成功概率	——可考虑增量途径(即使试点项目显示了积极的结果，仍不足以确保全局化) ——转入推广过程
放弃工具	——CASE采用目标不能达到满意级 ——不能满足评价准则的关键条件 ——不能表明更大规模的工具使用有合理的成功可能性	——调查失败的原因(如：需求定义、选择工具错误、试点项目不适当) ——从失败中吸取教训，更新组织的CASE采用过程
进行第二个试点	——澄清一些悬而未决的问题后，CASE采用目标可达到满意级 ——采取一些补救工作后，可满足评价准则的关键条件	——宜设计第二个试点项目来回答那些悬而未决的问题 ——基于第一次试点项目的经验改进整个试点过程

9 推广过程

9.1 综述

组织宜在其各部门内采用能带来效益的工具。CASE采用工作的最后过程，是在组织的各部门内推广和例行使用该工具。这一过程的主要目标是实现从当前的做法到基于充分利用试点项目经验的新技术的平稳过渡。推广过程例行使用的主要活动包括：

a) 推广启动；

b) 培训；

c) 制度化；

d) 监控和持续支持；

e) 评价采用项目和完成情况。

推广过程的概述如图5所示。

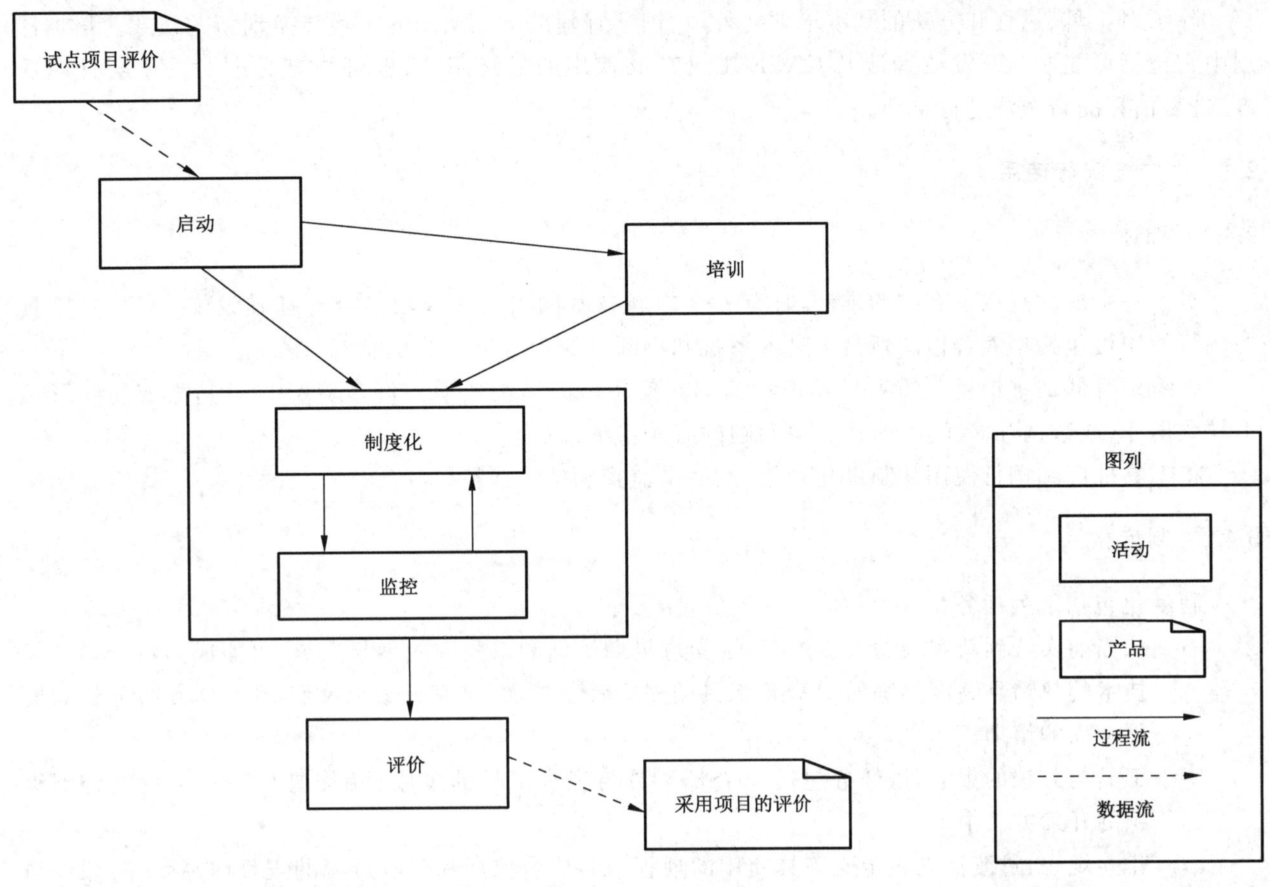

图 5 推广过程概述

9.2 推广启动

启动活动包括以下任务：

a) 为工具的使用制定推广策略(如大爆炸式、增量式),选择正确的项目；
b) 制定一项里程碑、活动及任务的推广计划,并且估算资源需求及成本；
c) 制定适当的信息宣传沟通与推广计划；
d) 选择参加推广过程的人员。试点项目参与人员(特别是权威)宜有资格与组织的其他部门分享关于新工具的能力信息以及在实际使用工具中所学到的经验教训信息；
e) 根据试点项目的评价结果在更广范围内获取工具；
f) 利用管理支持来解决在推广过程中出现的组织和(或)文化方面的问题(如:人力、财力等资源分配、适时决策、冲突的解决,以及过程的重新设计)；
g) 制定一个培训计划表。该培训计划表宜包括选派培训人员以及他们要接受的培训。

9.3 培训

培训活动包括对一组早期使用者的初步培训,以及对现有员工技能不断升级的培训;还包括对组织中应对工具的使用提供支持的系统管理者的培训,内容包括帮助实现桌面功能以及此工具与其他工具的集成。

培训应覆盖整个推广过程,并尽量从任务开始就进行培训工作。对推广过程开始后的数月之内都用不着的工具、过程或方法的培训应安排在实际使用时再进行。

除了对工具、过程和方法的基本培训之外，培训还宜辅助员工从旧的实践转换到新的实践。培训计划中宜包括可能参与开发或者涉及CASE工具产品使用的最终用户，也可能有必要对关于会计或成本/进度估算的新做法进行培训。

9.4 推广到例行使用

9.4.1 综述

对于一个成功且成本有效的推广，宜有一个把新技术同当前实践相结合的基础设施。CASE工具的例行使用可包括培养合格的新员工进入系统和不断升级现有员工的技能。

组织不宜低估维护复杂的CASE工具的例行使用所必需的资源。许多CASE工具需要能够管理工具数据库（或数据存储库）并回答相关问题的有经验的人员。

将工具推广到例行使用从制度化开始，然后是监控和持续保持。

9.4.2 制度化

制度化包括下列任务：

a) 从当前实践到新实践的人员过渡：接受过早期培训的试验中的参与人员，可能成为急于尝试新技术的热情且高度熟练的CASE工具的先行者。然而，未来开发者在使用工具方面可能需要更全面的培训；
b) 工具与方法的集成：该任务包括CASE工具与现有工具的集成，以及把CASE工具整合到组织的开发方法中；
c) 建立规程：过渡活动宜定义工具使用的规程[如：质量保证和验收过程的规程（包括定时评审与所使用的方法），以及把现有工具与数据存储库相结合的规程]；
d) 确定组织内的推广角色：因为推广工作涉及到文化上的改变，因此在整个推广工作中，确定和管理关键角色的需求十分重要。这些角色包括高层管理人员、改变代理，以及目标组；
e) 应用CASE工具的一致性：使用标准规程能使软件生存周期各阶段之间的过渡更加平稳。在采用新工具前要考虑现有的做法。

9.4.3 监控和持续支持

对推广到例行使用这一步骤进行持续的监控和评估，是确定采用是否实际有效以及如果出错就提供及早警告所必不可少的。

需要有一个测量系统来确定一个新的CASE工具是如何有效地提高生产力或质量，以及如何有效地实现组织目标。为此，宜在采用工具之前，执行当前系统的一次基线测量。在整个过程中，组织宜保持一致的数据采集规程。该数据宜包括工具使用者的反映。

在推广和例行使用期间，宜有持续的管理支持、专家支持、资源支持和持续的培训。

9.5 评价采用项目和完成情况

采用过程的最后一项活动，宜按照组织最初定义的期望和需要来评价采用项目的执行结果。这一步的结果宜测量采用项目在多大程度上是成功的，并确定该采用项目的显著特征，以及为今后在组织中采用项目提供改进采用过程的信息。

附 录 A
（资料性附录）
CASE 采用问卷分析

已准备了一项调查来了解如何在组织中使用CASE工具。问卷就有关CASE采用工作的目标和特征以及关键成功因素来征求反馈。1995年初，国际标准化组织JTC1/SC7对各成员国进行了这项调查，其结果汇总如下。本附录中的数字旨在指出一个总的趋势，不能把它们当作实际数值，而应关注其所显示的趋势。

总共收到41份答卷。典型的答卷者是一个MIS(管理信息系统)组织的项目经理，负责中等规模项目(20～100个工程师)。CASE采用工作的焦点放在专注于多个阶段、集成若干个工具的一组项目上。

答卷者引用的主要目标是：

a) 质量改进 83%；

b) 生产率 72%；

c) 可维护性 52%。

CASE选择和采用的决策者往往是项目经理，并得到高层管理者的支持。大部分项目都制定了适中的CASE采用工作计划。只有约三分之一的项目在全面实施CASE工具之前进行了试点项目。

当问到对其项目的成功如何评级时，70%指出至少获得部分成功。这一事实是令人鼓舞的，它可显示项目比往年获得了更大的成功，或者表明该次调查的答卷者可能已做了自我选择。该调查也问到了答卷者怎样评价工具使用的难易程度，约有一半答卷者认为工具的难度为中等，三分之一认为工具“容易”，16%认为工具“难”。然而，答卷者感觉早期CASE工具难以使用，这可表明，当前这一代工具较易使用，或者说使用者已经习惯于这些工具的能力和界面。

几乎80%的答卷者都指出，CASE采用的结果，改变了其工作过程。这表明这些答卷者的组织正试图研究工具、过程和方法间的相互影响。

确定了一组CASE工具采用的潜在的关键成功因素，要求答卷者根据下列问题对每个因素评级：

1) 该因素的使用程度；和

2) 该因素对全局的重要性。

级别划分从“弱(1)”到“强(5)”为理解整体趋势，把关于5个级别的积极类别(“4”和“5”)结合起来表示强烈“使用”和强烈“重要”。第一个分析用来检验答卷者在实际实施中使用每个因素的程度，结果概括如下：

在实际工作中使用的主要因素：

a) 工具能力 70%；

b) 目标设定 67%；

c) 技术质量 60%；

d) 管理支持 60%；

e) 专家支持 60%；

f) 工具使用策略 50%。

这些结果分成两大类：工具特征；目标、策略和支持。工具的技术质量和针对它们的管理支持似乎是有效实施CASE工具的关键因素。

收到的评级为“重要”(独立于实际使用)的主要因素如下：

a) 管理支持 80%；

b) 目标设定 75%；

c) 参与度 72%；

d） 工具能力　　　72％；

e） 培训　　　　　62％；

f） 工具使用策略　58％。

各因素的“重要”和因素的实际“使用”之间总的趋势是类似的，但有些区别值得注意。工具的技术特征（工具质量和工具能力）对“使用”比对“重要”有更高的评级，而管理支持和目标设定则被普遍认为在理论上和实际使用中都很重要。当真正涉及项目时，答卷者似乎更关注工具的特征。此外，专家支持也是具体实施项目中的主要关键成功因素之一，但在项目的实际使用中并没有获得如此高的独立评级的“重要”权重。

本次调查还能得出下列结论：

a） 答卷者似乎对工具的技术特征比较满意。这与以往出现的很不成熟的工具形成了对照。工具的技术能力为成功采用工具提供了一个重要的先决条件；

b） 对关键成功因素的评级表明，目标、策略和支持代表成功的CASE采用工作的主要组成部分，已经建立起提高对这些因素重要性的认识基础。从过程和方法的改变上来讲，采用工作似乎是某种规划。提高质量和可维护性的长期目标以及提高生产率的短期目标都得到了高度评价。然而，采用过程系统计划的实际使用并不均衡。例如，试点项目只在三分之一的项目中使用。本指导性技术文件通过提供CASE采用过程的规章式方法，部分地填补了这一空白。

附 录 B
（资料性附录）
采用过程和关键成功因素的交叉引用表

采用过程和关键成功因素的交叉引用表如表 B.1 所示。

表 B.1 采用过程和关键成功因素的交叉引用表

		设定目标	管理支持	工具使用策略	采用过程总计划	参与度	方法可调整性	培训	专家支持	试点项目	工具能力	平稳过渡
准备	输入	业务目标	关键成功因素	CASE采用目标	关键成功因素	关键成功因素	关键成功因素	关键成功因素	关键成功因素	关键成功因素	关键成功因素	关键成功因素
	动作	目标制定	获得批准	制定策略	制定计划	制定计划	制定计划	制定计划	选择专家	制定计划	制定准则	制定计划
	输出	CASE采用目标	管理的支持方针	工具的使用策略	项目计划	参与度计划	调整的计划	培训计划	支持的计划	试点项目的计划	工具能力准则	过渡计划
评价和选择	输入	CASE采用目标	支持方针	工具的使用策略	项目计划	参与度计划	调整的计划	培训计划	支持的计划	试点项目的计划	候选工具的清单	—
	动作	评价和选择目标设定	支持评价和选择	应用工具使用策略	执行计划的活动	动员参与度	评审方法论	编写培训教材	支持活动	制定评价指南	评审工具	—
	输出	确认的目标	管理支持的评价	更新的工具使用策略	计划与实际的对照	参与度评价	调整的指南	培训教材	支持的评价	试点项目的评价指南	选择的工具	—
试点项目	输入	CASE采用目标	支持的方针	更新的工具使用策略	项目的计划	参与度计划	调整的指南	培训计划	支持计划	试点项目的计划	选择的工具	推广计划
	动作	设定试点项目目标	支持试点项目	应用更新的策略	执行计划的活动	动员参与	进行调整	培训	支持活动	进行项目试验	使用工具	评价推广计划
	输出	确认的目标	管理支持的评价	最后的工具使用策略	计划与实际的对照	参与度评价	调整的评价	培训的评价	支持的评价	决策报告	能力的评价	更新的推广计划
推广	输入	CASE采用目标	支持的方针	最后的工具使用策略	项目计划	参与度计划	改过的调整指南	培训计划	支持计划	—	调整的能力	试点项目的经验
	动作	设定推广目标	支持推广	应用策略	执行计划的活动	动员参与	进行调整	培训	支持活动	—	使用工具	执行推广
	输出	达到的目标测量值	管理支持的评价	测量成功	采用项目的评价	参与度的评价	调整的评价	培训的评价	专家支持的评价	—	测量成功	采用项目的评价

附 录 C
（资料性附录）
与相应标准差异

本指导性技术文件与 ISO/IEC TR 14471:2007 相比，主要变化如表 C.1 所示。本指导性技术文件与 GB/Z 18914—2002 相比，主要变化如表 C.2 所示。

表 C.1 本指导性技术文件与 ISO/IEC TR 14471:2007 差异

本指导性技术文件的章条号	本指导性技术文件与 ISO/IEC TR 14471:2007 差异	备 注
2	原文无该章“规范性引用文件”	不符合国家标准规范编写要求，故增加该章，且后续章号依次增加 1
3	原文 2.1.3“CASE 要求”被删除	正文全文没有对其引用，故删除
5.1	原文 4 与 4.1 之间的正文无标题，本文件增加二级标题“5.1 综述”	不符合国家标准规范编写要求，故为悬置段增加章条号
6.1	原文 5 与 5.1 之间的正文无标题，本文件增加二级标题“6.1 综述”	不符合国家标准规范编写要求，故为悬置段增加章条号
8.1	原文 7 与 7.1 之间的正文无标题，本文件增加二级标题“8.1 综述”	不符合国家标准规范编写要求，故为悬置段增加章条号
9.1	原文 8 与 8.1 之间的正文无标题，本文件增加二级标题“9.1 综述”	不符合国家标准规范编写要求，故为悬置段增加章条号
9.4.1	原文 8.3 与 8.3.1 之间的正文无标题，本文件增加二级标题“9.4.1 综述”	不符合国家标准规范编写要求，故为悬置段增加章条号
附录 C	原文无该附录	不符合国家标准规范编写要求，故为悬置段增加章条号

表 C.2 本指导性技术文件与 GB/Z 18914—2002 差异

本指导性技术文件的章条号	本指导性技术文件与 GB/Z 18914—2002 差异	备 注
1	原文 1：确定若干关键的成功因素 修改为：确定若干关键的成功因素(CSF)	
1	原文 1 结尾处：本指导性技术文件阐述了针对 CASE 工具的产品的评价、选择和采用方面的问题。 修改为：本指导性技术文件阐述了 CASE 工具采用方面的问题，最好与指导 CASE 工具评价和选择的 GB/T 18234—2000 标准一起使用。	原文翻译不准确，CASE 工具的评价和选择是 CASE 采用的内容之一，不宜平行使用 **注：**GB/T 18234—2000 标准是信息技术 CASE 工具评价和选择指南

表 C.2（续）

本指导性技术文件的章条号	本指导性技术文件与 GB/Z 18914—2002 差异	备　注
2	原文 2 的引文： GB/T 8566—2001 信息技术 软件生存周期过程(idt ISO/IEC 12207:1995) GB/T 16260—1996 信息技术软件产品评价 质量特性及其使用指南(idt ISO/IEC 9126:1991) 被删除	
3	原文 3“术语和定义”和 4“符号和缩略语” 合并为:术语、定义及缩略语	
3.2	原文 4 缩写： CIO 首席信息官 MIS 管理信息系统 被删除	
4	原文 5:第 5 章 修改为:第 4 章	章节调整
4	原文 5:关键成功因素包括： 修改为:需要考虑和评估以下关键成功因素：	
5	原文 6:第 6 章 修改为:第 5 章	章节调整
5.1	原文 6 与 6.1 之间的正文无标题,本文件增加二级标题“5.1 综述”	为符合国家标准规范编写要求,悬置段增加章条号
5.2	原文 6.2:启动 修改为:准备 相应的图 3 也做一致修改	
6	原文 7:第 7 章 修改为:第 6 章	章节调整
6.1	原文 7 与 7.1 之间的正文无标题,本文件增加二级标题“6.1 综述”	为符合国家标准规范编写要求,悬置段增加章条号
7	原文 8:第 8 章 修改为:第 7 章	章节调整

表 C.2（续）

本指导性技术文件的章条号	本指导性技术文件与 GB/Z 18914—2002 差异	备　注
7	原文 8：启动 修改为：准备	
8	原文 9：第 9 章 修改为：第 8 章	章节调整
8	原文 9：标题及正文的“试验”都改为“试点”，标题改为“项目试点过程”	原文将“pilot”翻译为“试验”不准确，不如“试点”更适合
8.1	原文 9 与 9.1 之间的正文无标题，本文件增加二级标题“8.1 综述”	为符合国家标准规范编写要求，悬置段增加章条号
9	原文 10：第 10 章 修改为：第 9 章	章节调整
9	原文 10：标题及正文的“过渡”都修改为“推广”	一方面，从汉语习惯来理解“过渡”，则后续还有其他过程，事实上这是最后一个过程；另一方面，从本章内容来看，过渡过程主要是实现技术在组织内的推广
9.1	原文 10 与 10.1 之间的正文无标题，本文件增加二级标题“9.1 综述”	为符合国家标准规范编写要求，悬置段增加章条号
9.4.1	原文 10.3 与 10.3.1 之间的正文无标题，本文件增加二级标题“9.4.1 综述”	为符合国家标准规范编写要求，悬置段增加章条号

参考文献

[1] GB/T 8566—2007 信息技术 软件生存周期过程(ISO/IEC 12207:1995、ISO/IEC 12207:1995/Amd.1:2002、ISO/IEC 12207:1995/Amd.2:2004,MOD)

[2] GB/T 16260.1—2006 软件工程 产品质量 第1部分:质量模型(ISO/IEC 9126-1:2001,IDT)